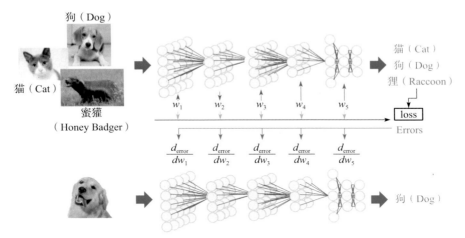

图 1-1　深度学习方法

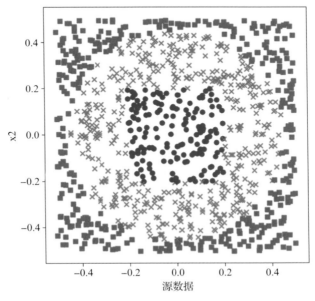

图 2-19　可视化样本数据

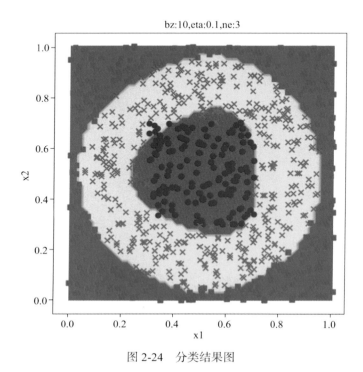

图 2-24　分类结果图

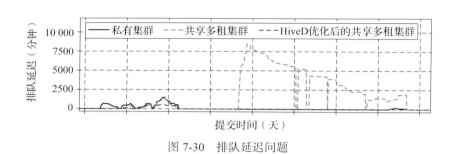

图 7-30　排队延迟问题

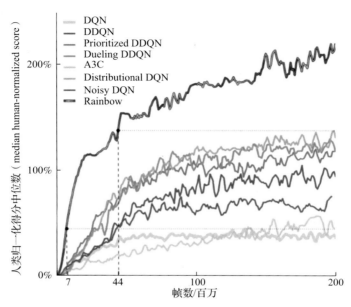

图 10-9　应用了不同技巧的 DQN 的表现（图片来源文献 [1]）

```
if mpi.get_rank() <= m:
    grid = mpi.comm_world.split(0)
else:
    eval = mpi.comm_world.split(
        mpi.get_rank() % n)
...
if mpi.get_rank() == 0:
    grid.scatter(
        generate_hyperparams(), root=0)
    print(grid.gather(root=0))
elif 0 < mpi.get_rank() <= m:
    params = grid.scatter(None, root=0)
    eval.bcast(
        generate_model(params), root=0)
    results = eval.gather(
        result, root=0)
    grid.gather(results, root=0)
elif mpi.get_rank() > m:
    model = eval.bcast(None, root=0)
    result = rollout(model)
    eval.gather(result, root=0)
```

```
@ray.remote
def rollout(model):
    # perform a rollout and
    # return the result


@ray.remote
def evaluate(params):
    model = generate_model(params)
    results = [rollout.remote(model)
        for i in range(n)]
    return results

param_grid = generate_hyperparams()
print(ray.get([evaluate.remote(p)
    for p in param_grid]))
```

　　a）分布式控制　　　　　　　　　　　　b）分层控制

图 10-12　分布式控制和分层控制的编程模式的差别。用同一种颜色加粗的代码
　　　　　　可以归类为实现同一个目的的代码模块（图片来源文献 [4]）

```
grads = [ev.grad(ev.sample())
    for ev in evaluators]
avg_grad = aggregate(grads)
local_graph.apply(avg_grad)
weights = broadcast(
    local_graph.weights())
for ev in evaluators:
    ev.set_weights(weights)
```
a）全局规约

```
samples = concat([ev.sample()
    for ev in evaluators])
pin_in_local_gpu_memory(samples)
for _ in range(NUM_SGD_EPOCHS):
    local_g.apply(local_g.grad(samples))
weights = broadcast(local_g.weights())
for ev in evaluators:
    ev.set_weights(weights)
```
b）本地多GPU

```
grads = [ev.grad(ev.sample())
    for ev in evaluators]
for _ in range(NUM_ASYNC_GRADS):
    grad, ev, grads = wait(grads)
    local_graph.apply(grad)
    ev.set_weights(
        local_graph.get_weights())
    grads.append(ev.grad(ev.sample()))
```
c）异步计算

```
grads = [ev.grad(ev.sample())
    for ev in evaluators]
for _ in range(NUM_ASYNC_GRADS):
    grad, ev, grads = wait(grads)
    for ps, g in split(grad, ps_shards):
        ps.push(g)
    ev.set_weights(concat(
        [ps.pull() for ps in ps_shards])
    grads.append(ev.grad(ev.sample()))
```
d）分片参数服务器

图 10-13　四种 RLlib 策略优化器步骤方法的伪代码。每次调用优化函数时，都在本地策略图和
　　　　　远程评估程序副本阵列上运行。图中用橙色高亮 Ray 的远程执行调用，用蓝色高亮
　　　　　Ray 的其他调用（图片来源文献［4］）

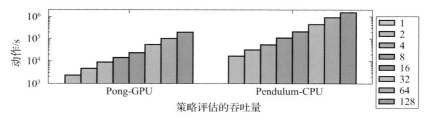

图 10-14　策略评估的吞吐量从 1 到 128 核几乎呈线性扩展（图片来源文献［4］）

深度学习系统设计

理论与实践

Design of Deep Learning Systems: Theory and Practice

人工智能系统小组 著

机械工业出版社
CHINA MACHINE PRESS

近年来人工智能特别是深度学习技术得到了飞速发展，这背后离不开计算机硬件和软件系统的不断进步。在可见的未来，人工智能技术的发展仍将依赖于计算机系统和人工智能相结合的共同创新模式。本书介绍了前沿的系统和人工智能相结合的研究工作，包括 AI for Systems 和 Systems for AI，以帮助读者更好地寻找和定义有意义的研究问题。同时，本书从系统研究的角度出发设计实验课程，通过操作和应用主流及最新的框架、平台和工具来鼓励读者动手实现和优化系统模块，以提高解决实际问题的能力，而不仅仅是了解工具使用。

本书主要面向相关领域的本科生、研究生、教师、工程师和研究员，帮助他们完整地了解支持深度学习的计算机系统架构，并通过解决实际问题来学习深度学习完整生命周期下的系统设计。

北京市版权局著作权合同登记 图字：01-2024-3168 号。

图书在版编目（CIP）数据

深度学习系统设计：理论与实践/人工智能系统小组编著 . —北京：机械工业出版社，2024.6
ISBN 978-7-111-75936-2

Ⅰ.①深… Ⅱ.①人… Ⅲ.①机器学习 Ⅳ.①TP181

中国国家版本馆 CIP 数据核字（2024）第 107890 号

机械工业出版社（北京市百万庄大街 22 号 邮政编码 100037）
策划编辑：梁 伟 责任编辑：梁 伟 韩 飞
责任校对：张勤思 杨 霞 景 飞 责任印制：单爱军
北京虎彩文化传播有限公司印刷
2024 年 10 月第 1 版第 1 次印刷
184mm×260mm · 31.5 印张 · 2 插页 · 701 千字
标准书号：ISBN 978-7-111-75936-2
定价：149.00 元

电话服务　　　　　　　　　网络服务
客服电话：010-88361066　机 工 官 网：www.cmpbook.com
　　　　　010-88379833　机 工 官 博：weibo.com/cmp1952
　　　　　010-68326294　金 书 网：www.golden-book.com
封底无防伪标均为盗版　机工教育服务网：www.cmpedu.com

宝剑锋从磨砺出，三载铸剑，三载磨砺。六年的教学实践和沉淀之后，这本教材终于问世，来到了读者面前。

　　从2017年起，我就在构思人工智能本科专业的知识体系及课程设置。一方面，考虑如何及时地把最新科技成果纳入课堂教学，让学生探究性、创新性地学，让教师研究性地教；另一方面，思考人工智能教学中有哪些内容是"经典内容"，需要持之以恒地去深入挖掘。

　　微软亚洲研究院从建院起就与西安交通大学在科学研究、人才培养、教学课程等领域开展深入且广泛的合作。2017年，在筹备人工智能拔尖人才培养试验班时，我认为人工智能工具与平台的使用能力对于未来人工智能专业的学生而言是不可或缺的，便邀请微软亚洲研究院周礼栋院长及其团队，为西安交通大学人工智能本科专业设计一门人工智能系统的课程。我的提议得到微软亚洲研究院的认可和支持，在周礼栋院长的指导下，多位研究员和工程师依托微软亚洲研究院在系统领域的科研成果，对标国际一流课程标准，经过与西安交通大学多位老师精诚合作，于2020年完成了课程的设计及教案和实验的研发，课程名为"人工智能系统"。这门课程于2021年春季学期开始在西安交通大学人工智能学院讲授，时至今日已经培养出三届人工智能本科毕业生，经过三年迭代，这门课程的教案最终沉淀形成了这本教材。

　　"人工智能系统"课程对于人工智能专业的重要性不言而喻，不仅能使学生深入了解深度学习的基本原理，还将培养他们优化算法、提高计算效率和性能的能力。此外，这门课程还教授并行计算和分布式系统的知识，这对于设计和实现高效的人工智能算法非常关键。在安全性和稳定性方面，这门课程为学生提供了设计安全可靠系统的基础，以防止恶意攻击和系统故障。总之，这门课程为人工智能专业的学生提供了全面的基础知识和技能，有助于学生更深入、更有效地学习和应用人工智能技术。

　　这本书凝结了微软亚洲研究院的研究员们和西安交通大学人工智能学院的老师们在科研和教学当中的心血，既有翔实的概念和理论的介绍，又有丰富的实践案例，还有最前沿的创新成果，经过反复的优化、打磨与真实授课的迭代之后才与广大读者见面。这本书不仅是适合相关领域学生、教师、科研人员阅读的经典教材，更是提供了人工智能领域产教融合的良好案例。

目前以 ChatGPT 为代表的大语言模型技术受到社会的广泛关注，更是掀起了新一轮的人工智能发展的浪潮。希望这本书能够帮助读者在人工智能的浪潮中勇立潮头。

郑南宁

中国工程院院士

IEEE Fellow

西安交通大学人工智能与机器人研究所所长

西安交通大学原校长

近年来，人工智能技术迅速发展，从理论研究到工程实践都取得了显著突破，在互联网、金融、工业、科学研究等领域都得到了广泛应用。然而，支撑这些技术的计算机系统同样有了巨大的革新和进步。从硬件架构到软件平台，从算法加速优化到分布式计算，所有这些创新都在不断推动人工智能向前发展。可以说，人工智能和计算机系统相互交织、彼此推动，形成了一个紧密的协同创新体系。

2017 年，作为国内人工智能领域人才培养的先驱，西安交通大学郑南宁院士筹备人工智能拔尖人才培养试验班时，敏锐地看到了人工智能与计算机系统之间不可分割的联系，于是邀请微软亚洲研究院为人工智能本科专业设计一门人工智能系统的课程，以便本科生在学习算法和应用的同时，打好计算机系统的基础。经过三年的课程设计与三年的授课实践，这门课程的教案最终沉淀形成了本书。

当前市面上的大部分人工智能教材，尤其是深度学习和机器学习相关的教材，往往集中于算法和应用层面，而对支撑这些算法运行的计算机系统讨论甚少。然而，只有深入理解和掌握了基础系统，才能更好地设计、优化和实现先进的人工智能算法、模型与应用。本书旨在弥补这一空缺，提供系统化、体系化的学习路径，帮助读者全面掌握支持深度学习的计算机系统架构和设计方法。

本书凝聚了微软亚洲研究院系统组及相关部门的同人在深度学习系统领域多年的宝贵经验和研究成果。书中介绍的许多内容，已经在顶级系统研究学术会议上发表、转化为产品或在开源社区取得了一定的影响力。本书不仅全面总结了业界的研究成果和工程实践，还为读者提供了深入理解人工智能系统设计与实现的全景视角。教材的内容安排系统且全面，不仅介绍了框架与核心算子编译优化，也涵盖了自动化机器学习、大规模分布式训练与平台调度等训练技术，同时全面介绍了推理部署、稀疏量化、模型安全等内容。每一章节都力求从理论到实践，帮助读者理解系统问题抽象，掌握系统研究的方法，并将理论知识应用于实际问题。当前本领域的研究和工程实践仍在快速发展与演化，希望读者在阅读的过程中，跳出具体的知识和技术，专注于更加本质且经得起时间检验的系统设计原则和方法论。

作为计算机系统领域的一名研究者，我深知技术与教育结合的重要性。希望这本教材不仅能帮助读者了解前沿的技术，还能使读者掌握相关的设计原则和方法论，并培养系统性思维。愿这本书成为读者在人工智能系统领域学习与探索的重要助手，助力大家在未来的科研和职业生涯中取得新的成就。

周礼栋

微软全球资深副总裁

微软亚太研发集团首席科学家

微软亚洲研究院院长

2022 年底，ChatGPT 的问世标志着人工智能时代的到来。就像互联网曾深刻改变我们的工作与生活方式一样，大模型技术也将带来革命性的变革。譬如，2024 年 5 月在太仓举办的全国软件创新大赛上，众多获奖作品都巧妙地运用了大模型技术，显著提升了工作效率，使生活更加便捷。当前，计算机类专业的部分学生已开始借助 ChatGPT 等大模型工具来编写代码、生成文档。这一现象引发了教育工作者的思考，在多个教学研讨会上，与会者纷纷呼吁要积极拥抱大模型，转变传统的教学理念和方式。

  在人工智能时代，计算机类专业必须进行新的探索以应对新的变化。计算机本科教学体系经过 50 年的演进，大致经历了四个阶段。第一个阶段是 20 世纪 70 年代中期至 80 年代中期的"百花齐放"时期，当时的技术发展尚无明确的主流，从巨型机、大型机、小型机到微机，各类计算机并存，因此课程设计涵盖了计算机体系结构、计算机组成原理以及微机原理与接口等内容。随着技术的逐渐成熟，进入"独尊儒术"的第二个阶段，这一阶段从 20 世纪末延续至 21 世纪初，技术以单机为主。随后，21 世纪前 20 年迎来了互联网时代，分布式计算和互联网技术占据了主导地位，这是第三个阶段。如今，我们正迈入第四个阶段——拥抱人工智能。2023 年 6 月，我在苏州主持了题为"人工智能时代，计算机课程体系该如何变革"的秀湖会议，与会者从多方位探讨了新时代课程设计的思路。会上，微软工程师分享了他们与西安交通大学合作开设的"人工智能系统"课程并获得广泛好评，大家也翘首以盼相关教材的出版。如今，这本教材终于面世了。

  郑纬民院士在多个场合强调，人工智能领域需要重视培养基础理论与算法、应用、系统等方面的人才。众所周知，大模型对算力的需求极为庞大，构建并优化相应系统就成为大模型领域的必要工作，因此系统领域的人才培养至关重要。目前，与人工智能相关的教材主要聚焦于基础理论和算法，从引论课到专业课均有覆盖，101 计划也体现了这一点。然而，系统领域的教材相对稀缺，《智能计算系统》[⊖]是这方面具有影响力的教材之一。鉴于当前的实际情况，《智能计算系统》与本书均从深度学习基础导入，降低了学习难度。除部分相似的基础内容外，《智能计算系统》更加强调软硬件全栈，以较大篇幅介绍处理器架构的原理

  ⊖ 陈云霁，李玲，李威，等. 智能计算系统［M］. 北京：机械工业出版社，2020.

与设计，以及编程语言和调试工具。而本书则侧重于面向深度学习的大型软件系统，针对深度学习训练中计算密集和数据密集的特点，专门以较大篇幅介绍适用于深度学习的分布式系统和异构云平台系统；此外，本书内容更加全面、丰富，介绍了推理系统、模型压缩、安全与隐私、利用 AI 优化计算机系统等内容。可以说，本书的出现填补了适应大模型特征的人工智能系统类中文教材的空白。有志于从事人工智能系统研究的学生，通过学习本教材，能够迅速掌握必要的基础知识，顺利入门该领域。

尽管本书的出版推动了人工智能系统系列教材的建设，但对于非人工智能专业的计算机类学科而言，构建适应人工智能时代的本科课程体系依然任重道远。出现的新技术，通常可以通过开设新的选修课程进行介绍，这只是简单的加法。而当该技术至关重要时，仅靠新增几门选修课已不足以解决问题。关键技术如何融入核心课程是一大难题，因为大学生的学习时间有限，不可能在有限的时间内无限地增加新知识。因此，需要做减法，需要对知识进行重构。从面向人工智能时代的本科课程体系建设来看，本书只是万里长征的第一步，但它为知识的重构打下了坚实的基础。本书所展示的面向深度学习的系统构建方法和优化策略，必将在更多基础课程中以全新的面貌呈现。

臧斌宇

上海交通大学教授

CCF 杰出教育奖获得者

近年来，人工智能特别是深度学习技术飞速发展，在自然语言处理、计算机视觉、语音识别、广告与游戏等领域应用广泛，其中大语言模型、多模态更是取得了突破性进展。算法、模型突破的背后离不开计算机硬件提供的大规模算力和高质量的海量数据，如何衔接三者以完成模型的训练与推理则依赖于系统的支撑与优化。在可见的未来，人工智能技术的发展仍将依赖系统和人工智能模型相结合的共同创新模式。需要注意的是，系统正以更大的规模和更高的复杂度赋能和支持人工智能模型与应用的创新与演化，这背后不仅需要开发与设计更多的新系统（Systems for AI），还需要系统性的思维和方法论进行人工智能研发全生命周期的指导。与此同时，人工智能模型作为工具或核心算法也在逐渐为复杂系统设计提供支持（AI for Systems）。

我们注意到，当前的大部分人工智能相关图书，特别是深度学习和机器学习领域的图书，主要集中在讲解人工智能理论、模型、算法或应用方面，与人工智能系统相关的图书并不多见。我们希望本书能填补人工智能系统领域的空白，以更加体系化和普适化的方式介绍相关内容，从而共同促进人工智能算法与系统领域交叉人才的培养。本书创作的初衷是帮助读者完整地了解人工智能系统，特别是深度学习系统的设计，并通过学习剖析实际问题和经典案例，掌握深度学习模型研发完整生命周期下的工程实践。本书的内容及特点可以简要概括为以下几点。

第一，兼顾前沿与经典，带领读者进行启发式思考。本书总结与剖析前沿的系统和人工智能相结合的研究与工程工作，包括 Systems for AI 和 AI for Systems，帮助读者更好地寻找、定义有意义的系统研究与工程问题。同时兼顾系统经典问题，从时间跨度上让读者感受经典系统问题与方法久经考验的魅力。本书既介绍了人工智能系统领域解决方法和优化，又阐述了系统问题的抽象和定义，希望可以启发读者思考，鼓励读者开展新的系统研究与工程工作。

第二，做中学。通过穿插于书中的练习实验，并通过操作及应用主流的框架、平台、工具等，鼓励读者动手实现、实际优化，而不仅仅是停留在理论层面或只了解工具的使用方法，进而提高解决实际问题的能力。本书不仅介绍了业界主流的人工智能系统研究工作，还借助了来自微软亚洲研究院的研究员和工程师在人工智能和计算机系统交叉领域的研究成果、开源系统与实践经验。

第三，体系化。本书围绕深度学习系统全栈进行阐述，同时涵盖深度学习系统的设计原则、工作综述、方法论和工程实践等。通过问题与场景导向，打破计算机子领域界限，各章节涉及计算机、软件工程、人工智能等多学科知识点，让读者能够更加熟悉计算机系统子领域之间的关系，形成跨算法-系统和软-硬件栈的视角。

本书的读者对象为相关领域的本科生、研究生、教师、工程师和研究员。我们不断优化内容安排，加入了前沿和面向教学的高级内容，力求满足更多读者的不同需求。希望本书可以为读者提供启发与引导，也希望读者可以在书中找到自己所需的知识与方法。为了便于阅读和学习本书的内容，建议读者先学习以下前置知识，包括 C/C++/Python、计算机体系结构、数据结构与算法、操作系统、编译原理、计算机网络等。

本书依托于微软亚洲研究院开源的人工智能系统课程相关内容，欢迎访问人工智能系统课程社区（AI-System）、人工智能教育与共建社区（AI-EDU）的基础教程模块以获取更多学习内容、实验、代码和素材。人工智能系统课程社区网址为 http://github.com/microsoft/AI-System。人工智能教育与共建社区网址为 http://github.com/microsoft/ai-edu。

本书的各章内容分别由以下作者撰写：第 1、7、8 章（高彦杰）、第 2 章（胡晓武）、第 3 章（曹莹）、第 4 和 5 章（薛继龙）、第 6 章（苗又山）、第 9 章（张权路）、第 10 章（薛卉）、第 11 章（曹士杰，刘剑毅）、第 12 章（谢佩辰，张宪）、第 13 章（梁傑然、闫宇、曹士杰）。

在本书的编写过程中，我们得到了微软亚洲研究院、西安交通大学的诸多领导、同事和朋友的支持与帮助，在此表示感谢。

高彦杰
2023 年 8 月于北京

本书从构思、编写到出版，得到了很多同事和朋友的帮助。在此，我们要特别感谢以下人士。

微软亚洲研究院的周礼栋院长和西安交通大学的郑南宁院士对"人工智能+系统"重要性的前瞻性预判与教育愿景，推动了本书和课程的产生，在此特表示感谢。

微软亚洲研究院的杨懋副院长、杨凡资深首席研究经理，西安交通大学的辛景民教授、刘剑毅副教授等对本书和人工智能系统课程的设计、创作与应用都给予了重要的支持与指导，在此特表示感谢。

感谢微软亚洲研究院陈昊、孙丽君、马歆等同事在课程与教材的应用与校企合作中的支持与贡献。

感谢微软亚洲研究院系统组的杨懋、杨凡、秦婷婷在课程与图书前期筹划与推动中做出的贡献与支持。感谢林吴翔认真审校了稿件。

本书依托于微软亚洲研究院开源的人工智能系统课程，很多同事在早期设计并创作了相应章节的课程内容，特表示感谢。杨懋、秦婷婷贡献了课程中人工智能系统概述章节内容，张宸贡献了课程中的神经网络的压缩与稀疏化优化章节内容，李元春贡献了课程中人工智能安全与隐私章节内容，熊一帆贡献了课程中的实验，教材的作者们也贡献了对应章节课程中的内容和实验。

感谢微软亚洲研究院设计师欧洋、路丽娜对本书插图的风格设计，以及模版支持与优化。

感谢机械工业出版社和中国计算机学会。

感谢开源社区读者们的反馈、意见与建议。

目录 · CONTENTS

推荐序一

推荐序二

推荐序三

前言

致谢

第1章　人工智能系统概述 …………………………………………… 1

本章简介 …………………………………………………………………… 1

内容概览 …………………………………………………………………… 2

1.1　深度学习的历史、现状与发展 ……………………………………… 2

 1.1.1　深度学习的广泛应用 …………………………………………… 2

 1.1.2　深度学习方法 …………………………………………………… 4

 1.1.3　神经网络基本理论的奠定 ……………………………………… 5

 1.1.4　深度学习算法、模型的现状和趋势 …………………………… 9

 1.1.5　小结与讨论 ……………………………………………………… 12

 1.1.6　参考文献 ………………………………………………………… 12

1.2　算法、框架、体系结构与算力的进步 ……………………………… 13

 1.2.1　大数据和分布式系统 …………………………………………… 13

 1.2.2　深度学习算法的进步 …………………………………………… 15

 1.2.3　计算机体系结构和计算能力的进步 …………………………… 17

 1.2.4　计算框架的进步 ………………………………………………… 18

 1.2.5　小结与讨论 ……………………………………………………… 21

 1.2.6　参考文献 ………………………………………………………… 21

1.3　深度学习系统的组成与生态 ………………………………………… 22

 1.3.1　深度学习系统的设计目标 ……………………………………… 22

 1.3.2　深度学习系统的大致组成 ……………………………………… 24

　　　　1.3.3　深度学习系统的生态 ┈┈┈┈┈┈┈┈┈┈┈┈┈┈┈┈┈┈┈┈┈┈┈ 27

　　　　1.3.4　小结与讨论 ┈┈┈┈┈┈┈┈┈┈┈┈┈┈┈┈┈┈┈┈┈┈┈┈┈┈┈┈┈ 29

　　　　1.3.5　参考文献 ┈┈┈┈┈┈┈┈┈┈┈┈┈┈┈┈┈┈┈┈┈┈┈┈┈┈┈┈┈┈ 29

　　1.4　深度学习样例背后的系统问题 ┈┈┈┈┈┈┈┈┈┈┈┈┈┈┈┈┈┈┈┈ 29

　　　　1.4.1　一个深度学习样例与其中的系统问题 ┈┈┈┈┈┈┈┈┈┈┈ 30

　　　　1.4.2　模型算子实现中的系统问题 ┈┈┈┈┈┈┈┈┈┈┈┈┈┈┈┈┈ 33

　　　　1.4.3　框架执行深度学习模型的生命周期 ┈┈┈┈┈┈┈┈┈┈┈┈ 36

　　　　1.4.4　更广泛的人工智能系统生态 ┈┈┈┈┈┈┈┈┈┈┈┈┈┈┈┈ 40

　　　　1.4.5　深度学习框架及工具入门实验 ┈┈┈┈┈┈┈┈┈┈┈┈┈┈┈ 41

　　　　1.4.6　小结与讨论 ┈┈┈┈┈┈┈┈┈┈┈┈┈┈┈┈┈┈┈┈┈┈┈┈┈┈┈┈┈ 44

　　　　1.4.7　参考文献 ┈┈┈┈┈┈┈┈┈┈┈┈┈┈┈┈┈┈┈┈┈┈┈┈┈┈┈┈┈┈ 44

　　1.5　影响深度学习系统设计的理论、原则与假设 ┈┈┈┈┈┈┈┈┈┈ 44

　　　　1.5.1　抽象-层次化表示与解释 ┈┈┈┈┈┈┈┈┈┈┈┈┈┈┈┈┈┈┈┈ 45

　　　　1.5.2　摩尔定律与算力发展趋势 ┈┈┈┈┈┈┈┈┈┈┈┈┈┈┈┈┈┈┈ 49

　　　　1.5.3　局部性原则与内存层次结构 ┈┈┈┈┈┈┈┈┈┈┈┈┈┈┈┈┈ 52

　　　　1.5.4　线性代数计算与模型缺陷容忍特性 ┈┈┈┈┈┈┈┈┈┈┈┈ 59

　　　　1.5.5　并行加速与阿姆达尔定律优化上限 ┈┈┈┈┈┈┈┈┈┈┈┈ 64

　　　　1.5.6　冗余与可靠性 ┈┈┈┈┈┈┈┈┈┈┈┈┈┈┈┈┈┈┈┈┈┈┈┈┈┈┈ 67

　　　　1.5.7　小结与讨论 ┈┈┈┈┈┈┈┈┈┈┈┈┈┈┈┈┈┈┈┈┈┈┈┈┈┈┈┈┈ 68

　　　　1.5.8　参考文献 ┈┈┈┈┈┈┈┈┈┈┈┈┈┈┈┈┈┈┈┈┈┈┈┈┈┈┈┈┈┈ 68

第2章　神经网络基础 ┈┈┈┈┈┈┈┈┈┈┈┈┈┈┈┈┈┈┈┈┈┈┈┈┈┈┈┈┈┈┈┈┈┈ 70

　本章简介 ┈┈ 70

　内容概览 ┈┈ 70

　　2.1　神经网络的基本概念 ┈┈┈┈┈┈┈┈┈┈┈┈┈┈┈┈┈┈┈┈┈┈┈┈┈┈ 70

　　　　2.1.1　神经元的数学模型 ┈┈┈┈┈┈┈┈┈┈┈┈┈┈┈┈┈┈┈┈┈┈┈ 71

　　　　2.1.2　神经网络的主要功能 ┈┈┈┈┈┈┈┈┈┈┈┈┈┈┈┈┈┈┈┈┈ 72

　　　　2.1.3　激活函数 ┈┈┈┈┈┈┈┈┈┈┈┈┈┈┈┈┈┈┈┈┈┈┈┈┈┈┈┈┈┈ 73

　　　　2.1.4　小结与讨论 ┈┈┈┈┈┈┈┈┈┈┈┈┈┈┈┈┈┈┈┈┈┈┈┈┈┈┈┈┈ 78

　　2.2　神经网络训练 ┈┈┈┈┈┈┈┈┈┈┈┈┈┈┈┈┈┈┈┈┈┈┈┈┈┈┈┈┈┈┈ 78

　　　　2.2.1　基本训练流程 ┈┈┈┈┈┈┈┈┈┈┈┈┈┈┈┈┈┈┈┈┈┈┈┈┈┈┈ 78

　　　　2.2.2　损失函数 ┈┈┈┈┈┈┈┈┈┈┈┈┈┈┈┈┈┈┈┈┈┈┈┈┈┈┈┈┈┈ 80

　　　　2.2.3　梯度下降 ┈┈┈┈┈┈┈┈┈┈┈┈┈┈┈┈┈┈┈┈┈┈┈┈┈┈┈┈┈┈ 82

　　　　2.2.4　反向传播 ┈┈┈┈┈┈┈┈┈┈┈┈┈┈┈┈┈┈┈┈┈┈┈┈┈┈┈┈┈┈ 85

2.2.5　小结与讨论 ··· 85

2.3　解决回归问题 ··· 85

2.3.1　提出问题 ··· 86

2.3.2　万能近似定理 ··· 86

2.3.3　定义神经网络结构 ·· 87

2.3.4　前向计算 ··· 88

2.3.5　反向传播 ··· 89

2.3.6　运行结果 ··· 91

2.3.7　小结与讨论 ··· 92

2.4　解决分类问题 ··· 92

2.4.1　提出问题 ··· 92

2.4.2　定义神经网络结构 ·· 93

2.4.3　前向计算 ··· 94

2.4.4　反向传播 ··· 95

2.4.5　运行结果 ··· 96

2.4.6　小结与讨论 ··· 96

2.5　深度神经网络 ··· 97

2.5.1　抽象与设计 ··· 97

2.5.2　权重矩阵初始化 ··· 98

2.5.3　批量归一化 ··· 99

2.5.4　过拟合 ··· 101

2.5.5　小结与讨论 ·· 103

2.6　梯度下降优化算法 ··· 103

2.6.1　随机梯度下降算法 ··· 103

2.6.2　动量算法 ·· 104

2.6.3　Adam 算法 ··· 105

2.6.4　小结与讨论 ·· 105

2.7　卷积神经网络 ·· 105

2.7.1　卷积神经网络的能力 ·· 105

2.7.2　卷积神经网络的典型结构 ·· 106

2.7.3　卷积核的作用 ·· 107

2.7.4　卷积后续的运算 ·· 109

2.7.5　卷积神经网络的特性 ·· 110

2.7.6　卷积类型 ·· 111

2.7.7 小结与讨论 ·············· 115

2.8 循环神经网络 ·············· 115

2.8.1 循环神经网络的发展简史 ·············· 115

2.8.2 循环神经网络的结构和典型用途 ·············· 117

2.8.3 小结与讨论 ·············· 118

2.9 Transformer 模型 ·············· 118

2.9.1 序列到序列模型 ·············· 119

2.9.2 注意力机制 ·············· 120

2.9.3 Transformer ·············· 122

2.9.4 小结与讨论 ·············· 125

第3章　深度学习框架基础 ·············· 126

本章简介 ·············· 126

内容概览 ·············· 126

3.1 基于数据流图的深度学习框架 ·············· 126

3.1.1 深度学习框架发展概述 ·············· 126

3.1.2 编程范式：声明式和命令式 ·············· 128

3.1.3 数据流图 ·············· 129

3.1.4 张量和张量操作 ·············· 130

3.1.5 自动微分基础 ·············· 131

3.1.6 数据流图上的自动微分 ·············· 135

3.1.7 数据流图的调度与执行 ·············· 136

3.1.8 单设备算子间调度 ·············· 136

3.1.9 图切分与多设备执行 ·············· 137

3.1.10 小结与讨论 ·············· 138

3.1.11 参考文献 ·············· 138

3.2 神经网络计算中的控制流 ·············· 139

3.2.1 背景 ·············· 139

3.2.2 静态图：向数据流图中添加控制流原语 ·············· 141

3.2.3 动态图：复用宿主语言控制流语句 ·············· 143

3.2.4 动态图转换为静态图 ·············· 144

3.2.5 小结与讨论 ·············· 145

3.2.6 参考文献 ·············· 145

第4章 **矩阵运算与计算机体系结构** ·· 147

本章简介 ·· 147

内容概览 ·· 147

4.1 深度学习的历史、现状与发展 ·· 148

    4.1.1 全连接层 ·· 148

    4.1.2 卷积层 ··· 148

    4.1.3 循环网络层 ·· 149

    4.1.4 注意力机制层 ·· 149

    4.1.5 小结与讨论 ·· 150

    4.1.6 参考文献 ·· 150

4.2 计算机体系结构与矩阵运算 ·· 150

    4.2.1 CPU 体系结构 ··· 151

    4.2.2 CPU 实现高效计算矩阵乘 ····································· 152

    4.2.3 在 CPU 上实现一个矩阵乘法算子实验 ·························· 154

    4.2.4 小结与讨论 ·· 155

4.3 GPU 体系结构与矩阵运算 ··· 155

    4.3.1 GPU 体系结构 ·· 155

    4.3.2 GPU 编程模型 ·· 156

    4.3.3 GPU 实现一个简单的计算 ···································· 157

    4.3.4 在 GPU 上实现一个矩阵乘法算子实验 ························· 159

    4.3.5 小结与讨论 ·· 160

4.4 面向深度学习的专有硬件加速器与矩阵运算 ··························· 160

    4.4.1 深度学习计算的特点与硬件优化方向 ························· 160

    4.4.2 脉动阵列与矩阵计算 ·· 162

    4.4.3 小结与讨论 ·· 163

第5章 **深度学习的编译与优化** ·· 164

本章简介 ·· 164

内容概览 ·· 164

5.1 深度神经网络编译器 ·· 164

    5.1.1 前端 ··· 166

    5.1.2 后端 ··· 167

    5.1.3 中间表达 ·· 167

5.1.4 优化过程 168

5.1.5 小结与讨论 168

5.2 计算图优化 168

5.2.1 算术表达式化简 169

5.2.2 公共子表达式消除 169

5.2.3 常数传播 170

5.2.4 矩阵乘自动融合 171

5.2.5 算子融合 171

5.2.6 子图替换和随机子图替换 172

5.2.7 小结与讨论 173

5.3 内存优化 173

5.3.1 基于拓扑序的最小内存分配 174

5.3.2 张量换入换出 174

5.3.3 张量重计算 175

5.3.4 小结与讨论 176

5.3.5 参考文献 176

5.4 内核优化与生成 176

5.4.1 算子表达式 176

5.4.2 算子表示与调度逻辑的分离 177

5.4.3 自动调度搜索与代码生成 179

5.4.4 白盒代码生成 179

5.4.5 小结与讨论 180

5.4.6 参考文献 181

5.5 跨算子的全局调度优化 181

5.5.1 任意算子的融合 181

5.5.2 编译时全局算子调度 183

5.5.3 小结与讨论 183

5.5.4 参考文献 183

第 6 章　分布式训练算法与系统

分布式训练算法与系统 184

本章简介 184

内容概览 184

6.1 分布式深度学习计算简介 185

6.1.1 串行计算到并行计算的演进 185

6.1.2　并行计算加速定律 ……………………………………… 187

6.1.3　深度学习的并行化训练 …………………………………… 188

6.1.4　小结与讨论 ………………………………………………… 190

6.1.5　参考文献 …………………………………………………… 191

6.2　分布式训练算法分类 ……………………………………………… 191

6.2.1　数据并行 …………………………………………………… 191

6.2.2　模型并行 …………………………………………………… 193

6.2.3　流水并行 …………………………………………………… 194

6.2.4　并行方式的对比分析 ……………………………………… 196

6.2.5　小结与讨论 ………………………………………………… 196

6.2.6　参考文献 …………………………………………………… 196

6.3　深度学习并行训练同步方式 ……………………………………… 197

6.3.1　同步并行 …………………………………………………… 197

6.3.2　异步并行 …………………………………………………… 198

6.3.3　半同步并行 ………………………………………………… 198

6.3.4　小结与讨论 ………………………………………………… 199

6.3.5　参考文献 …………………………………………………… 199

6.4　分布式深度学习训练系统简介 …………………………………… 199

6.4.1　基于数据流图的深度学习框架中的分布式支持 ………… 199

6.4.2　PyTorch 中的分布式支持 ………………………………… 201

6.4.3　通用的数据并行系统 Horovod ……………………… 203

6.4.4　分布式训练任务实验 ……………………………………… 206

6.4.5　小结与讨论 ………………………………………………… 208

6.4.6　参考文献 …………………………………………………… 209

6.5　分布式训练的通信协调 …………………………………………… 209

6.5.1　通信协调的硬件 …………………………………………… 210

6.5.2　通信协调的软件 …………………………………………… 213

6.5.3　AllReduce 的实现和优化实验 …………………………… 214

6.5.4　小结与讨论 ………………………………………………… 217

6.5.5　参考文献 …………………………………………………… 217

第 7 章　异构计算集群调度与资源管理系统 ……………………………… 218

本章简介 ……………………………………………………………………… 218

内容概览 ……………………………………………………………………… 218

7.1 异构计算集群管理系统简介 ·· 219

    7.1.1 多租环境运行的训练作业 ································· 219

    7.1.2 作业生命周期 ·· 222

    7.1.3 集群管理系统架构 ·· 223

    7.1.4 小结与讨论 ·· 227

    7.1.5 参考文献 ·· 227

7.2 训练作业、镜像与容器 ·· 228

    7.2.1 深度学习作业 ·· 228

    7.2.2 环境依赖：镜像 ··· 231

    7.2.3 运行时资源隔离：容器 ····································· 233

    7.2.4 从操作系统视角看 GPU 技术栈 ······················· 238

    7.2.5 人工智能作业开发体验 ····································· 241

    7.2.6 小结与讨论 ·· 246

    7.2.7 参考文献 ·· 246

7.3 调度 ·· 247

    7.3.1 调度问题优化目标 ·· 247

    7.3.2 单作业调度——群调度 ···································· 249

    7.3.3 作业间调度——主导资源公平 DRF 调度 ············ 250

    7.3.4 组间作业调度——容量调度 ····························· 252

    7.3.5 虚拟集群机制 ·· 254

    7.3.6 抢占式调度 ·· 255

    7.3.7 深度学习调度算法实验与模拟研究 ····················· 256

    7.3.8 小结与讨论 ·· 257

    7.3.9 参考文献 ·· 257

7.4 面向深度学习的集群管理系统 ····································· 257

    7.4.1 深度学习工作负载的需求 ································· 258

    7.4.2 异构硬件的多样性 ·· 258

    7.4.3 深度学习平台的管理与运维需求 ······················· 259

    7.4.4 深度学习负载与异构硬件下的调度设计 ··············· 260

    7.4.5 开源和云异构集群管理系统简介 ······················· 268

    7.4.6 部署异构资源集群管理系统实验 ······················· 270

    7.4.7 小结与讨论 ·· 279

    7.4.8 参考文献 ·· 279

7.5 存储 ·· 280

7.5.1 沿用大数据平台存储路线 ……………………………… 281

7.5.2 沿用高性能计算平台存储路线 …………………………… 287

7.5.3 面向深度学习的存储 ……………………………………… 288

7.5.4 小结与讨论 ………………………………………………… 294

7.5.5 参考文献 …………………………………………………… 294

7.6 开发与运维 …………………………………………………………… 294

7.6.1 平台功能模块与敏捷开发 ………………………………… 295

7.6.2 监控体系构建 ……………………………………………… 296

7.6.3 测试 ………………………………………………………… 300

7.6.4 平台 DevOps ……………………………………………… 303

7.6.5 平台运维 …………………………………………………… 305

7.6.6 小结与讨论 ………………………………………………… 307

7.6.7 参考文献 …………………………………………………… 307

第8章　深度学习推理系统 …………………………………………………… 308

本章简介 …………………………………………………………………… 308

内容概览 …………………………………………………………………… 308

8.1 推理系统简介 ………………………………………………………… 308

8.1.1 对比推理与训练过程 ……………………………………… 309

8.1.2 推理系统的优化目标与约束 ……………………………… 313

8.1.3 小结与讨论 ………………………………………………… 316

8.1.4 参考文献 …………………………………………………… 316

8.2 模型推理的离线优化 ………………………………………………… 317

8.2.1 通过程序理解推理优化动机 ……………………………… 317

8.2.2 推理延迟 …………………………………………………… 319

8.2.3 层间与张量融合 …………………………………………… 320

8.2.4 目标后端自动调优 ………………………………………… 322

8.2.5 模型压缩 …………………………………………………… 324

8.2.6 低精度推理 ………………………………………………… 326

8.2.7 小结与讨论 ………………………………………………… 327

8.2.8 参考文献 …………………………………………………… 327

8.3 部署 …………………………………………………………………… 328

8.3.1 可靠性和可扩展性 ………………………………………… 329

8.3.2 部署灵活性 ………………………………………………… 330

8.3.3　模型转换与开放协议 ································· 333

8.3.4　移动端部署 ·· 334

8.3.5　推理系统简介 ··· 338

8.3.6　配置镜像与容器进行云上训练、推理与压测实验 ·········· 339

8.3.7　小结与讨论 ·· 340

8.3.8　参考文献 ··· 341

8.4　推理系统的运行期优化 ··· 341

8.4.1　推理系统的吞吐量 ····································· 341

8.4.2　加速器模型并发执行 ··································· 342

8.4.3　动态批尺寸 ··· 343

8.4.4　多模型装箱 ··· 345

8.4.5　内存分配策略调优 ····································· 347

8.4.6　深度学习模型内存分配算法实验与模拟研究 ············· 349

8.4.7　小结与讨论 ·· 351

8.4.8　参考文献 ··· 351

8.5　开发、训练与部署的全生命周期管理——MLOps ················· 351

8.5.1　MLOps 的生命周期 ··································· 351

8.5.2　MLOps 工具链 ·· 353

8.5.3　线上发布与回滚策略 ··································· 364

8.5.4　MLOps 的持续集成与持续交付 ······················· 364

8.5.5　MLOps 工具与服务 ··································· 367

8.5.6　小结与讨论 ·· 367

8.5.7　参考文献 ··· 367

8.6　推理专有芯片 ··· 368

8.6.1　推理芯片架构对比 ····································· 369

8.6.2　神经网络推理芯片的动机和由来 ······················· 373

8.6.3　数据中心推理芯片 ····································· 375

8.6.4　边缘推理芯片 ·· 377

8.6.5　芯片模拟器 ··· 377

8.6.6　小结与讨论 ·· 378

8.6.7　参考文献 ··· 378

第 9 章　自动机器学习系统 ··· 379

本章简介 ·· 379

内容概览 ⋯⋯⋯⋯⋯⋯⋯⋯⋯⋯⋯⋯⋯⋯⋯⋯⋯⋯⋯⋯⋯⋯ 379

9.1　自动机器学习 ⋯⋯⋯⋯⋯⋯⋯⋯⋯⋯⋯⋯⋯⋯⋯⋯⋯ 379

9.1.1　超参数优化 ⋯⋯⋯⋯⋯⋯⋯⋯⋯⋯⋯⋯⋯⋯ 380

9.1.2　神经网络结构搜索 ⋯⋯⋯⋯⋯⋯⋯⋯⋯⋯ 384

9.1.3　小结与讨论 ⋯⋯⋯⋯⋯⋯⋯⋯⋯⋯⋯⋯⋯ 388

9.1.4　参考文献 ⋯⋯⋯⋯⋯⋯⋯⋯⋯⋯⋯⋯⋯⋯ 388

9.2　自动机器学习系统与工具 ⋯⋯⋯⋯⋯⋯⋯⋯⋯⋯ 389

9.2.1　自动机器学习系统与工具概述 ⋯⋯⋯⋯ 389

9.2.2　探索式训练过程 ⋯⋯⋯⋯⋯⋯⋯⋯⋯⋯⋯ 391

9.2.3　自动机器学习编程范式 ⋯⋯⋯⋯⋯⋯⋯ 392

9.2.4　自动机器学习系统优化前沿 ⋯⋯⋯⋯⋯ 394

9.2.5　自动机器学习工具概述与实例分析 ⋯⋯ 395

9.2.6　自动机器学习系统实验 ⋯⋯⋯⋯⋯⋯⋯ 398

9.2.7　小结与讨论 ⋯⋯⋯⋯⋯⋯⋯⋯⋯⋯⋯⋯⋯ 400

9.2.8　参考文献 ⋯⋯⋯⋯⋯⋯⋯⋯⋯⋯⋯⋯⋯⋯ 400

第10章　强化学习系统 ⋯⋯⋯⋯⋯⋯⋯⋯⋯⋯⋯⋯⋯⋯⋯ 401

本章简介 ⋯⋯⋯⋯⋯⋯⋯⋯⋯⋯⋯⋯⋯⋯⋯⋯⋯⋯⋯⋯⋯ 401

内容概览 ⋯⋯⋯⋯⋯⋯⋯⋯⋯⋯⋯⋯⋯⋯⋯⋯⋯⋯⋯⋯⋯ 401

10.1　强化学习概述 ⋯⋯⋯⋯⋯⋯⋯⋯⋯⋯⋯⋯⋯⋯⋯ 401

10.1.1　强化学习的定义 ⋯⋯⋯⋯⋯⋯⋯⋯⋯⋯ 402

10.1.2　强化学习的基本概念 ⋯⋯⋯⋯⋯⋯⋯⋯ 402

10.1.3　强化学习的作用 ⋯⋯⋯⋯⋯⋯⋯⋯⋯⋯ 404

10.1.4　强化学习与传统机器学习的区别 ⋯⋯⋯ 405

10.1.5　强化学习与自动机器学习的区别 ⋯⋯⋯ 405

10.1.6　小结与讨论 ⋯⋯⋯⋯⋯⋯⋯⋯⋯⋯⋯⋯ 406

10.1.7　参考文献 ⋯⋯⋯⋯⋯⋯⋯⋯⋯⋯⋯⋯⋯ 406

10.2　分布式强化学习算法 ⋯⋯⋯⋯⋯⋯⋯⋯⋯⋯⋯⋯ 407

10.2.1　分布式强化学习算法的基本概念 ⋯⋯⋯ 408

10.2.2　分布式强化学习算法的发展 ⋯⋯⋯⋯⋯ 409

10.2.3　小结与讨论 ⋯⋯⋯⋯⋯⋯⋯⋯⋯⋯⋯⋯ 414

10.2.4　参考文献 ⋯⋯⋯⋯⋯⋯⋯⋯⋯⋯⋯⋯⋯ 414

10.3　分布式强化学习对系统提出的需求和挑战 ⋯⋯⋯ 415

10.3.1　强化学习系统面临的挑战和机器学习系统的区别 ⋯⋯⋯ 415

10.3.2 强化学习对框架的需求 ……………………………………… 417

10.3.3 小结与讨论 ……………………………………………… 419

10.3.4 参考文献 ………………………………………………… 419

10.4 分布式强化学习框架 ……………………………………………… 419

10.4.1 代表性分布式强化学习框架 ………………………………… 419

10.4.2 小结与讨论 ……………………………………………… 424

10.4.3 参考文献 ………………………………………………… 425

第 11 章　模型压缩与加速 …………………………………………… 426

本章简介 ……………………………………………………………… 426

内容概览 ……………………………………………………………… 426

11.1 模型压缩简介 ……………………………………………………… 426

11.1.1 模型压缩的背景 …………………………………………… 427

11.1.2 模型压缩方法 ……………………………………………… 429

11.1.3 小结与讨论 ……………………………………………… 433

11.1.4 参考文献 ………………………………………………… 434

11.2 基于稀疏化的模型压缩 …………………………………………… 434

11.2.1 人类大脑的稀疏性 ………………………………………… 434

11.2.2 深度神经网络的稀疏性 …………………………………… 435

11.2.3 小结与讨论 ……………………………………………… 438

11.2.4 参考文献 ………………………………………………… 439

11.3 模型压缩与硬件加速 ……………………………………………… 439

11.3.1 深度学习专用硬件 ………………………………………… 439

11.3.2 稀疏模型硬件加速 ………………………………………… 440

11.3.3 量化模型硬件加速 ………………………………………… 443

11.3.4 小结与讨论 ……………………………………………… 443

第 12 章　人工智能安全与隐私 …………………………………… 444

本章简介 ……………………………………………………………… 444

内容概览 ……………………………………………………………… 445

12.1 人工智能内在安全与隐私 ………………………………………… 445

12.1.1 内在安全问题 ……………………………………………… 445

12.1.2 内在隐私问题 ……………………………………………… 447

12.1.3 小结与讨论 ……………………………………………… 449

12.1.4　参考文献 ··· 450

12.2　人工智能训练安全与隐私 ·· 450

12.2.1　训练安全问题 ··· 450

12.2.2　训练隐私问题 ··· 452

12.2.3　联邦学习 ·· 453

12.2.4　小结与讨论 ·· 455

12.2.5　参考文献 ·· 455

12.3　人工智能服务安全与隐私 ·· 456

12.3.1　服务时安全 ·· 456

12.3.2　服务时的用户隐私 ··· 458

12.3.3　服务时的模型隐私 ··· 459

12.3.4　小结与讨论 ·· 460

12.3.5　参考文献 ·· 460

第13章　人工智能优化计算机系统 ·································· 462

本章简介 ·· 462

内容概览 ·· 462

13.1　系统设计的范式转移 ·· 462

13.1.1　学习增强系统 ··· 463

13.1.2　小结与讨论 ·· 464

13.2　学习增强系统的应用 ·· 464

13.2.1　流媒体系统 ·· 464

13.2.2　数据库索引 ·· 467

13.2.3　系统性能和参数调优 ··· 468

13.2.4　芯片设计 ·· 470

13.2.5　预测性资源调度 ·· 472

13.2.6　小结与讨论 ·· 474

13.2.7　参考文献 ·· 474

13.3　学习增强系统的落地挑战 ·· 475

13.3.1　系统数据 ·· 475

13.3.2　系统模型 ·· 476

13.3.3　系统动态性 ·· 477

13.3.4　系统正确性 ·· 477

13.3.5　小结与讨论 ·· 479

13.3.6　参考文献 ·· 479

## 第 1 章

人工智能系统概述

本章简介

当前人工智能（artificial intelligence，AI）领域中技术应用最为广泛、工程实践最为丰富、学术研究最为火热的方向就是深度学习（deep learning）。深度学习算法在计算机视觉、自然语言处理、语音识别等典型场景均取得了超越传统算法的突破性进展。应用与算法层面成功的背后离不开系统本身作为基础设施的支持，人工智能系统为人工智能应用与算法开发提供了灵活的编程接口、高效率的编译与运行、大规模的训练支撑、跨平台的部署和调试工具等。

我们在后面章节介绍的人工智能系统（artificial intelligence system）主要是指深度学习系统（deep learning system），但是这些系统的设计原则大部分也适用于机器学习系统（machine learning system）。深度学习算法本身无论是模型设计还是训练方式，都借鉴了很多传统机器学习算法的经典理论与实践方式，但是深度学习系统相比机器学习系统，从硬件层到软件层均有了更多新的挑战和演化，数据与问题规模变得更大，应用场景与部署也更加广泛。总的来说，深度学习系统会综合考虑和借鉴机器学习系统、大数据系统（big data system）、高性能计算（high performance computing）领域和社区中经典的系统设计、优化与问题解决方法，并演化出针对深度学习算法特点的新的系统设计。

本章希望在开篇让读者了解深度学习是什么，以及作为人工智能系统的上层工作负载（workload），深度学习的发展与现状是如何驱动人工智能系统本身发展的。本章首先将展开介绍深度学习的历史、现状与发展，之后介绍深度学习发展的驱动力——算法、框架与体系结构的发展，让读者了解除了上层应用与算法，系统底层抽象与管理的硬件资源同样是重要的驱动因素。系统常常处于中间层，对上管理任务，对下抽象与管理硬件。之后我们将介绍深度学习系统的组成与生态，让读者形成系统的（systematic）知识框架，为未来开展人工智能系统的学习奠定基础。最后我们通过简单实例启发读者了解算法背后的系统问题，以及回顾经典的计算机系统设计理论并指导读者如何学习之后的深度学习系统。

本章将围绕 5 方面的内容展开介绍，分别是①深度学习的历史、现状与发展，②算法、框架、体系结构与算力的进步，③深度学习系统的组成与生态，④深度学习样例背后的系统问题，⑤影响深度学习系统设计的理论、原则与假设，以期让读者在开篇了解人工智能系统的来龙去脉，对人工智能系统形成系统化与层次化的初步感受，为后续展开学习人工智能系统的其他章节内容打好基础。

内容概览

本章包含以下内容：
1）深度学习的历史、现状与发展；
2）算法、框架、体系结构与算力的进步；
3）深度学习系统的组成与生态；
4）深度学习样例背后的系统问题；
5）影响深度学习系统设计的理论、原则与假设。

1.1 深度学习的历史、现状与发展

本章将介绍深度学习的由来、现状和趋势，让读者了解人工智能系统之上的深度学习负载的由来与趋势，为后面理解深度学习系统的设计和权衡打下基础。我们在后面章节介绍的人工智能系统主要是指深度学习系统，但是这些系统的设计原则大部分也适用于机器学习系统。系统本身是随着上层应用的发展而不断演化的，我们从人工智能和深度学习本身的发展脉络和趋势可以观察到：目前模型不断由小模型单卡训练到大模型分布式训练，由单模型到自动化机器学习批量超参数搜索，由单一的模型训练方式到针对特定应用的强化学习的训练方式，企业级人工智能模型生产由独占使用资源到组织多租户共享资源进行模型训练。通过观察深度学习算法和模型结构本身的发展，我们可以发现训练与部署的多样化需求使得模型结构、执行与部署流程、资源管理变得越来越复杂。以上趋势给系统设计和开发带来更大挑战的同时，也为系统设计、研究与工程实践带来了新的机遇。希望后面的章节不仅能给读者带来较为系统化的知识，也能激发读者对系统研究的兴趣，使读者掌握相应的系统研究方法与设计原则，感知系统发展的脉络与趋势。

本节主要围绕以下内容展开：
1）深度学习的广泛应用；
2）深度学习方法；
3）神经网络基本理论的奠定；
4）深度学习算法、模型的现状和趋势。

1.1.1 深度学习的广泛应用

人工智能起源于20世纪50年代，经历了几次繁荣与低谷。直到2016年DeepMind公司

的 AlphaGo 赢得与世界围棋冠军的比赛，大众对人工智能的关注与热情被重新点燃。其实人工智能技术早在这个标志性事件之前已经在工业界很多互联网公司中得到了广泛应用与部署。例如，搜索引擎服务中的排序、图片检索、广告推荐等功能，背后都得益于人工智能模型的支撑。

我们在媒体中经常看到人工智能、机器学习和深度学习等词汇，那么它们之间的关系是什么？我们可以认为机器学习是实现人工智能的一种方法，而深度学习是一种实现机器学习的技术。目前深度学习技术取得了突破性进展，是人工智能中最为前沿和重要的技术，并不断在广泛的应用场景内取代传统机器学习模型（例如语音识别、推荐系统等），同时由于其本身系统设计要求较高（例如更大的模型尺寸、更大的超参数搜索空间、更复杂的模型结构设计），且硬件厂商围绕其设计了大量的专有神经网络加速器（例如 GPU、TPU、NPU 等）进行训练与推理加速，所以我们在之后的内容中主要介绍的是围绕深度学习而衍生和设计的系统，但是这些系统很多也可以应用于机器学习模型与算法，例如自动化机器学习、集群管理系统等。这些系统设计方法具有一定的通用性，有些继承自机器学习系统（例如参数服务器）或者可以借鉴用于机器学习系统（例如自动化机器学习系统等）。我们在之后也会穿插使用人工智能、机器学习和深度学习的概念。

随着人工智能技术的发展与推广，人工智能逐渐开始在互联网、制造业、医疗、金融等不同领域大范围应用。人工智能并不是一种独立的技术，而是结合各个行业的多样性与大规模的数据储备，以"数据驱动（data-driven）"的方式解决问题并应用到各个具体任务（例如人脸识别、物体检测等）中的一系列技术。数据驱动的方式意味着人工智能本身依赖数据，所以最早取得人工智能技术大范围落地和应用的公司一般储备了大量且多样的应用场景中的数据。下面举例的应用场景中已经有很多任务使用了人工智能技术提升效果。

1. 互联网

谷歌（Google）、百度、微软等公司通过人工智能技术进行更好的文本向量化，提升检索质量，同时利用人工智能进行点击率预测，获取更高的利润。

2. 医疗

IBM 沃森（Watson）从海量的医学文献和病历中提取医生的临床诊断经验，通过学习使人工智能模型掌握临床诊断方法，辅助医生诊断。

3. 金融

通过反欺诈、关联分析、时序预测等算法可以较早识别风险，或预测未来发展趋势。

4. 自动驾驶

通过物体检测模型能够更好地进行路标检测、道路线检测，进而完善自动驾驶方案。

5. 游戏

在游戏中我们可以通过强化学习技术进行对战，设计新的策略，提升用户的游戏体验。

综上所述，我们可以观察到，这些有应用场景并实际部署人工智能技术的公司会较早地在人工智能基础设施和系统上进行投入和研发，通过提升人工智能模型的生产效率，更快地获取效果更好的模型，进而获取领先优势，然后再通过业务场景反哺，获取更多的数据和加大研发投入，驱动人工智能系统和工具链的创新与发展。例如，人工智能的代表性框架PyTorch 由 Facebook 开发，TensorFlow 由谷歌开源，微软等公司早已部署数以万计的 GPU 用于训练深度学习模型，OpenAI 等公司不断挑战更大规模的分布式模型训练，英伟达（NVIDIA）等芯片公司不断根据深度学习模型的特点设计新的加速器模块（例如张量核）和更大算力的 GPU 加速器。

1.1.2 深度学习方法

在展开讲解后面的系统设计之前，我们首先需要了解深度学习的原理与特点。我们将以图 1-1 中的实例介绍深度学习是如何工作的。我们假定读者有一定机器学习经验，其中的一些概念暂不在本章过多解释，我们会在第 2 章中介绍机器学习、神经网络与深度学习的原理，让读者对整体执行流程有更加深入的理解。

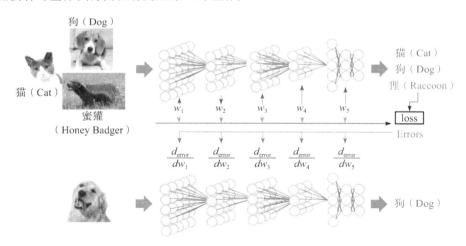

图 1-1　深度学习方法（见彩插）

如图 1-1 所示，我们将深度神经网络的开发与工作模式抽象为以下几个步骤。

（1）确定与收集含有深度学习模型的输入特征（feature）与输出标签（label）的数据样本（sample）。本问题我们给深度学习模型输入图片（例如图片中有狗、猫等），输出是图片的类别（例如是猫、是狗）。用户需要提前准备好模型的输入输出数据，进而展开后续的模型训练。

（2）设计与开发模型结构。开发者通过深度学习框架开发了图中的模型结构，绿色线代表权重与输入数据（白色圆）发生乘法操作。其中的 w_n 代表权重，也就是可以被模型学习和被优化算法不断更新的数值。

（3）训练（training）过程。训练过程是计算机根据一定的优化算法（例如梯度下降（gradient descent）算法）搜索出给定数据集下预测效果最好的指定深度学习模型中对应模型的权重。如图中上半部分所示，训练过程就是根据用户给定的带有标签（例如图中的 Cat、Dog 等输出标签）的数据集，不断通过梯度下降算法，以下面的步骤学习出给定数据集下最优模型权重 w_n 的取值。我们可以将训练过程抽象为多轮的迭代过程，每轮迭代加载一个批次的数据，并完成以下三步计算。

1）前向传播（forward propagation）：从输入到输出完成整个模型中各个层的矩阵计算（例如卷积层、池化层等），产生输出并完成损失函数计算。

2）反向传播（back propagation）：从输出到输入反向完成整个模型中各个层的权重和输出对损失函数的梯度求解。

3）梯度更新（weight update）：对模型权重通过梯度下降法完成模型权重针对本轮迭代求出的梯度和指定学习率更新。

不断重复步骤 1）~3），直到达成模型收敛或满足终止条件（例如指定的迭代次数）。

完成模型训练意味着在给定的数据集上，模型已经达到最佳或者满足需求的预测效果。如果开发者对模型预测效果满意，就可以进入模型部署进行推理和使用模型。

（4）推理（inference）过程。推理只需要执行训练过程中的前向传播即可。前向传播过程如图 1-1 下半部分所示，从输入到输出完成整个模型中各个层的矩阵计算（例如卷积层、池化层等）并产生输出。例如本例中输入的是狗的图片，输出的结果为向量，向量中的各个维度编码了图像的类别可能性，其中狗的类别概率最大，因此判定为狗，后续应用可以根据输出的类别信息通过程序转换为人类可读的信息。

后面章节将要介绍的深度学习系统，就是基于以上深度学习训练或推理的全生命周期的各个环节，可以为算法工程师提供良好的模型设计和开发体验、极致的执行性能和安全性保障，以及应对更大的数据规模、更大的模型结构、更大的超参数搜索空间的多租户执行环境，同时还可以利用新的加速器硬件特性，挖掘硬件的极致算力。

1.1.3 神经网络基本理论的奠定

虽然深度学习在今年取得了举世瞩目的进展与突破，但是其当前基于的核心理论，例如，神经网络等，在这波浪潮开始前已经基本奠定，并经历了多次的起起伏伏。如图 1-2 所示，神经网络作为深度学习的前身，经历了以下发展阶段：

1943 年，神经科学家、控制论专家 Warren McCulloch 和逻辑学家 Walter Pitts 基于数学和阈值逻辑算法创造了一种神经网络计算模型，并发表文章 "A logical calculus of the ideas imminent in nervous activity"。

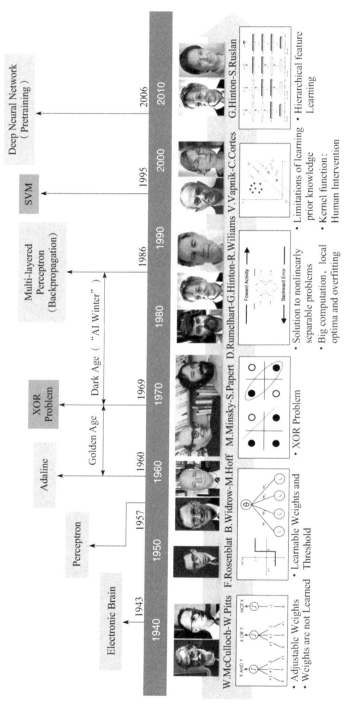

图1-2 神经网络的基本理论与发展

1957 年，Frank Rosenblat 发明感知机（perceptron），奠定了之后深度学习的基本结构，其计算以矩阵乘加运算为主，这种类型的计算也是后续人工智能芯片和系统支持的基本算子类型，例如英伟达的新款 GPU 就有为矩阵计算设计的专用张量核（tensor core），使深度学习框架中支持的卷积和全连接等算子可以转换为矩阵乘计算。

1960 年，Bernard Widrow 和 Hoff 发明了 Adaline/Madaline，首次尝试把线性层叠加整合为多层感知器网络。感知器本质上是一种线性模型，可以对输入的训练集数据进行二分类，且能够在训练集中自动更新权值。感知器的提出引起了大量科学家对人工神经网络的研究兴趣，对神经网络的发展具有里程碑式的意义，也为之后多层深度学习网络结构的出现奠定了基础，进而为后期不断衍生更深层的模型，产生大模型和模型并行等系统问题做好了铺垫。

1969 年，Marvin Minsky 和 Seymour Paper 共同编写了 *Perceptrons：an introduction to computational geometry* 一书，在书中他们证明了单层感知器无法解决线性不可分问题（例如异或问题），并发现了当时神经网络的两个重大缺陷：①基本感知机无法处理异或回路；②当时计算机的计算能力不足以处理复杂神经网络。神经网络的研究就此停滞不前。这也为后来深度学习的两大驱动力（提升硬件算力和模型通过更多的层与非线性计算（例如激活函数和最大池化等）来增加非线性能力）的演进埋下了伏笔。

1974 年，Paul Werbos 在博士论文 "Beyond regression：new tools for prediction and analysis in the behavioral sciences" 中提出了用误差反向传播来训练人工神经网络的算法，使得训练多层神经网络成为可能，有效解决了异或回路问题。这个研究工作奠定了之后深度学习的训练方式，深度学习训练系统中最为重要的执行步骤就是通过迭代不断进行反向传播训练模型。同时深度学习的编程语言和框架为了支持反向传播训练，都默认提供自动微分（automatic differentiation）的功能。

1986 年，深度学习（deep learning）一词由 Rina Dechter 于 1986 年发表的 AAAI 论文 "Learning while searching in constraint-satisfaction-problems" 引入机器学习社区。目前我们常说的人工智能系统主要以深度学习系统为代表。

1989 年，Yann LeCun 在论文 "Backpropagation applied to handwritten zip code recognition" 中提出了一种用反向传播进行更新的卷积神经网络，称为 LeNet。它启发了后续卷积神经网络的研究与发展。卷积神经网络是深度学习系统的重要算子，大多数计算机视觉领域的深度学习系统都需要在卷积神经网络上验证性能，未来我们会看到很多深度学习系统的基准测试中将引入大量的卷积神经网络作为测试负载。

20 世纪 90 年代中期，统计学习登场，支持向量机开始成为主流，进入第二个低谷。

2006 年，Geoff Hinton、Salakhutdinov Ruslan、Osindero 的论文 "Reducing the dimensionality of data with neural networks" 表明，多层前馈神经网络可以一次有效地预训练一层，并依次将每一层视为无监督受限的玻尔兹曼（Boltzmann）机，然后使用监督反向传播对其进行微调，其论文主要研究深度信念网络（deep belief nets）的学习。

2009 年，李飞飞教授团队在佛罗里达州举行的 2009 年计算机视觉和模式识别（CVPR）

会议上首次以海报的形式展示了他们的 ImageNet 数据库，之后大量计算机视觉领域的经典模型在此数据库上进行验证、评测并演进。李飞飞于 2006 年产生想法并开始研究 ImageNet。2007 年，李飞飞与 WordNet 的创始人之一普林斯顿大学教授克里斯蒂安·费尔鲍姆会面，之后根据 WordNet 的单词数据库开始构建 ImageNet，并使用了它的许多功能。李教授组建了一个研究团队，致力于 ImageNet 项目，其通过众包平台 Amazon Mechanical Turk 的工作人员来进行标记。公开数据集伴随着公开代表性模型构成了测评系统基准测试的标准组件，不仅推动了算法本身的发展，也促进了系统优化的发展，基准测试使不同机构能够在统一标准下优化系统的性能。

2011 年 8 月，微软研究院的 Frank Seide、Gang Li、Dong Yu 在 Interspeech 的一篇论文中首次介绍了"如何通过深度神经网络模型在会话语音转录（conversational speech transcription）上实现突破性进展。"这项技术在次年初的微软 TechFest 上进行了展示。2012 年 10 月，微软首席研究官 Rick Rashid 博士在天津举办的"21 世纪的计算——自然而然"会议上进一步展示了此技术在实时语音机器翻译上的最新进展。现场的演示效果相比论文更让人感到震撼，即使是非从业人员也从中感受到深度学习的潜力，并进一步带动了研究与工程团队开启和展开更多的深度学习在不同应用领域的探索与实践。论文"Conversational Speech Transcription Using Context-Dependent Deep Neural Networks"介绍了模型的设计和实验结果，该模型在单通道非特定人识别（single-pass speaker-independent recognition）基准测试上将相对错误率由 27.4%降低了到 18.5%，相对错误率降低了 33%，在其他 4 类任务中的相对错误率也降低了 22%~28%。此深度神经网络的训练任务是通过分布式系统（其设计了适合当前作业的张量切片与放置以及通信协调策略以加速训练）部署在多台配置有 NVIDIA Tesla GPU 的服务器，经过几百个小时的分布式训练才得以完成。论文在最后致谢中提到"Our special thanks go to Ajith Jayamohan and Igor Kouzminykh of the MSR Extreme Computing Group for access to a Tesla server farm, without which this work would not have been possible."，由此我们看到在深度学习领域，算法团队与系统团队协作由来已久，算法与系统的协同设计将以往不可能完成的计算任务变为了可能，上层负载需求驱动系统发展与演化，系统支撑上层负载取得新的突破。

2012 年 1 月，Google 的神经网络从 1000 万张 YouTube 视频的静止画面中学会了识别猫。Google 的科学家通过连接 16 000 个计算机处理器创建了最大的机器学习神经网络之一，他们在互联网上将这些处理器分散开来自行学习，正是大规模系统互联产生的巨大算力支撑了当时相比以往更大规模的数据和模型训练。之后，此工作通过论文"Building high-level features using large scale unsupervised learning"发表在 ICML'12 会议上。

2012 年 9 月，由 Alex Krizhevsky、Ilya Sutskever 和 Geoffrey Hinton 组成的团队通过设计 AlexNet 赢得了 ImageNet 竞赛，深度神经网络开始再次流行。他们首次采用 ReLU 激活函数，扩展了 LeNet5 结构，添加 Dropout 层减小过拟合，使用 LRN 层增强泛化能力并减小过拟合。这些新的模型结构和训练方法影响着后续的模型设计和系统优化，例如激活函数和卷积层的内核融合计算等。此模型的训练耗时 5~6 天，采用 2 块 NVIDIA GTX 580 3GB GPU 对计算进行加速，进而形成以 GPU 等加速器为主要计算单元的深度学习系统架构。

而截止到 2012 年这个时间点，在基础架构的线索中，以英伟达为代表的芯片厂商已经连续发布了 Tesla、Fermi、Kepler 架构系列商用 GPU 和多款消费级 GPU，这些 GPU 已经开始应用于研究工作以加速深度学习算法与模型的研究，并被业界公司用于人工智能产品。但同时从 AlexNet 工作中我们看到，作者还基于 CUDA API 进行编程实现了 cuda-convnet，深度学习系统与工具伴随着深度学习算法与模型的突破和需求呼之欲出，在后面的章节中我们将会总结和展望深度学习系统本身的脉络、现状与发展。

在之后的时间里，以 ImageNet 等为代表的各个应用领域的公开数据集或基准测试，驱动着以卷积神经网络、循环神经网络、变换器（transformer）、图神经网络为代表的深度学习模型网络结构的发展和创新。基准测试的优势是研究者可以从繁杂的应用问题建模和数据预处理工作中跳出，在给定数据集上尽可能排除其他因素干扰，更为公平地对比已有工作，并研发创新模型结构。我们在当前的社区工作中可以观察到，深度学习模型的网络结构越来越深，新结构层出不穷，这驱动着深度学习系统不断演化，在接下来的小节我们将介绍模型结构的现状和趋势。模型作为上层应用负载，是驱动系统演化的驱动力之一。关注模型结构和深度学习的应用场景变化，能够让系统研究者和工程师把握系统发展的趋势，并设计出符合潮流且足以应对未来变化的系统。

1.1.4　深度学习算法、模型的现状和趋势

目前，深度学习模型有很多种类，每年仍在不断推出新的模型，如图 1-3 所示，我们以影响系统设计的视角将其简要分为以下代表性类型。这些代表性的网络结构也是未来人工智能系统进行评测和验证所广泛使用的基准。同时一些新结构的涌现，也不断推进着新的系统设计。

基本模型结构类型如下：

（1）卷积神经网络（convolutional neural network）

由卷积层（convolution layer）、池化层（pooling layer）、全连接层（fully connected layer）等算子（operator）组合形成并在计算机视觉领域取得显著成果和广泛应用的模型结构。

（2）循环神经网络（recurrent neural network）

由循环神经网络、长短时记忆（LSTM）等基本算子组合形成的适合时序数据预测（例如自然语言处理、语音识别、监控指标数据等）的模型结构。

（3）混合结构

组合卷积神经网络和循环神经网络等基础模型，进而解决如光学字符识别（OCR）等复杂应用场景预测任务的模型结构。

框架和底层硬件已经针对基础模型的典型算子做了较多优化，但是深度学习模型不只在算子层面产生变化，其从网络结构、搜索空间等方向演化出如下新的趋势。

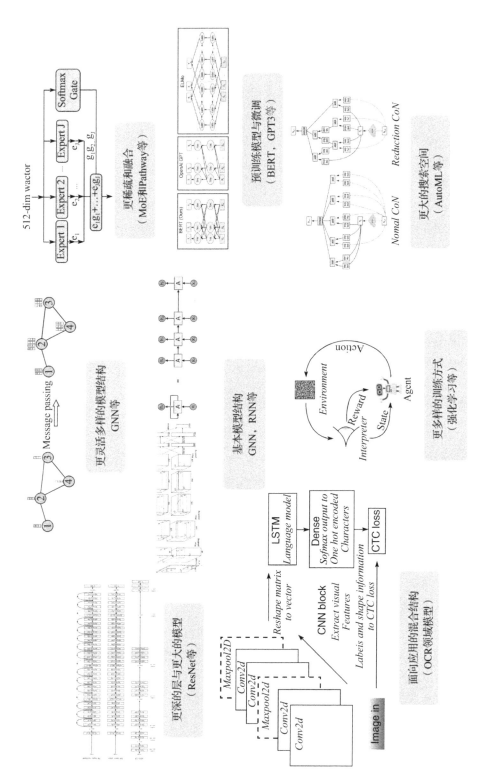

图 1-3　深度学习算法、模型的演化与趋势

（1）更大的模型

以变换器为基本结构的代表性预训练神经语言模型（neural language model），例如 BERT、GPT-3 等，在自然语言处理和计算机视觉等场景的应用越来越广泛。其不断增加的层数和参数量，对底层系统内存管理、分布式训练算子放置、通信以及硬件设计提出了很大的挑战。

（2）更灵活的结构和建模能力

图神经网络等网络不断抽象出多样且灵活的数据结构（例如图（graph）、树（tree）等），以应对更为复杂的建模需求，进而衍生出新的算子（例如图卷积等）与计算框架（例如图神经网络框架等）。

（3）更稀疏的模型结构与模型融合（model ensemble）

以多专家模型（mixture of experts，MoE）和 Pathways 模型结构为代表的融合模型结构让运行时的模型更加动态（dynamic）和稀疏（sparse），进而提升模型的训练效率，减少训练代价，使模型可以支持更多的任务。融合模型结构给系统设计中的静态分析方式带来了不小的挑战，同时驱动运用即时编译（just-in-time compiling）和运行期（runtime）以更加高效地调度与优化。

（4）更大规模的搜索空间

用户定义更大规模的超参数与模型结构搜索空间，通过超参数搜索优化（HPO）与神经网络结构搜索（NAS）自动找到最优的模型结构。以自动化机器学习（AutoML）为代表的训练方式，产生了多作业（multi-jobs）执行与编排的优化需求。

（5）更多样的训练方式

以强化学习（reinforcement learning）为代表的算法有比传统训练方式更为复杂的过程，它产生了训练、推理、数据处理混合部署与协同优化的系统设计需求。

开发者一般通过 Python 和深度学习框架（framework）（例如 PyTorch、TensorFlow 等）API 书写和描述以上深度学习模型结构，声明训练作业和部署模型的流程。PyTorch 和 TensorFlow 等代表性框架的用户规模较大，但是这些框架在应对自动化机器学习、强化学习等多样执行方式，以及细分的应用场景时显得不够灵活，需要用户手动做一些特定的优化。如果没有好的工具和系统的支持，这些问题一定程度上会拖慢和阻碍算法工程师的研发进度，影响算法本身的发展。

因此，目前开源社区中也不断涌现出针对特定应用领域而设计的框架和工具，例如，Hugging Face 是面向语言预训练模型构建的模型动物园（model zoo）和库框架，FairSeq 是面向自然语言处理中场景的序列到序列模型，MMDetection 是针对物体检测设计的库，还有针对自动化机器学习设计的 NNI 等。这些库和系统针对特定领域模型负载进行定制化设计和性能优化，并提供更简化的接口和应用体验。这些框架和工具可以快速获取用户的原因有两个方面：一方面，它们提供了针对应用场景非常简化的模型操作，并提供模型中心快速微调相应的模型；另一方面，它们能支持大规模模型训练或者有针对特定领域模型结构的系统优化。之后我们可以观察到，系统设计本身需要各个环节通盘考量，无论是系统性能，还是用户体验，亦或是稳定性等指标，甚至在开源如火如荼发展的今天，开源社区运营也成为系统推广本身不可忽视的环节。接下来我们将在后面几个小节从不同的维度和技术层面展开人工智能系统的全景图。

1.1.5　小结与讨论

本节我们主要介绍了深度学习的历史现状和发展。对系统研究而言，我们需要深刻理解上层计算负载的特点、历史和趋势，才能找到系统设计的真实需求问题和优化机会。

请读者思考当前主流的深度学习模型之间有何差异，对系统会有什么要求？

1.1.6　参考文献

［1］　DeepMind［OL］. http://deepmind. com.［2023. 12. 1］.

［2］　SILVER D, HUANG A, MADDISON C, et al. Mastering the game of Go with deep neural networks and tree search［J］. Nature, 2016, 529：484-489.

［3］　MCCULLOCH W S, PITTS W. A logical calculus of the ideas immanent in nervous activity［J］. Bulletin of Mathematical Biophysics 5, 1943：115-133.

［4］　ROSENBLATT F. The perceptron-a perceiving and recognizing automaton［R］. Ithaca：Cornell Aeronautical Laboratory, 1957.

［5］　BERNARD W. Adaptive "adaline" neuron using chemical "memistors"［R］. Stanford：Stanford Electron Labs, 1960.

［6］　MINSKY M, PAPERT S. Perceptrons：an introduction to computational geometry［M］. Cambridge：MIT Press, 1969.

［7］　WERBOS P. Beyond regression：new tools for prediction and analysis in the behavioral Sciences［J］. PhD thesis, Committee on Applied Mathematics, 1974.

［8］　RINA D. Learning while searching in constraint-satisfaction-problems［C］//Proceedings of the Fifth AAAI National Conference on Artificial Intelligence（AAAI'86）. Palo Alto：AAAI Press, 1986：178-183.

［9］　YANN L C, BOSER B, DENKER J S, et al. Backpropagation applied to handwritten zip code recognition［J］. Neural Computation, 1989, 1（4）：541-551.

［10］　HINTON G E, SALAKHUTDINOV R R. Reducing the dimensionality of data with neural networks［J］. Science, 2006, 313（5786）：504-507.

［11］　DENG J, DONG W, SOCHER R, et al. Imagenet：a large-scale hierarchical image database［C］//2009 IEEE conference on computer vision and pattern recognition. Cambridge：IEEE, 2009：248-255.

［12］　DONG Y, FRANK S, GANG L. Conversational speech transcription using context-dependent deep neural networks［C］//Proceedings of the 29th International Coference on International Conference on Machine Learning（ICML'12）. Madison：Omnipress, 2012：1-2.

［13］　QUOC V L, MARC'AURELIO R, RAJAT M, et al. Building high-level features using large scale unsupervised learning［C］//Proceedings of the 29th International Coference on International Conference on

Machine Learning（ICML'12）. Madison：Omnipress，2012：507-514.

［14］　ALEX K，ILYA S，GEOFFREY E H. ImageNet classification with deep convolutional neural networks ［J］. Communications of the ACM，2017，60（6）：84-90.

［15］　ADAM P，SAM G，FRANCISCO M，et al. PyTorch：an imperative style，high-performance deep learning library［C］//Proceedings of the 33rd International Conference on Neural Information Processing Systems. Red Hook：Curran Associates Incorporated，2019：8026-8037.

［16］　MARTÍN A，PAUL B，CHEN J M，et al. TensorFlow：a system for large-scale machine learning［C］//Proceedings of the 12th USENIX conference on Operating Systems Design and Implementation（OSDI'16）. Berkeley：USENIX Association，2016：265-283.

［17］　Hugging Face［OL］. http：//huggingface. co. ［2023. 12. 1］.

［18］　Fairseq［OL］. http：//github. com/facebookresearch/fairseq. ［2023. 12. 1］.

［19］　MMDetection［OL］. http：//mmdetection. readthedocs. io/zh_CN/latest. ［2023. 12. 1］.

［20］　Neural Network Intelligence［OL］. http：//nni. readthedocs. io/zh/stable/index. html. ［2023. 12. 1］.

1.2　算法、框架、体系结构与算力的进步

催生这轮人工智能热潮有三个重要因素：大数据的积累、超大规模的计算能力支撑、机器学习（尤其是深度学习）算法取得了突破性进展，本节我们将围绕以上三个重要因素展开介绍。

本节将围绕以下内容进行介绍：

1）大数据和分布式系统；

2）深度学习算法的进步；

3）计算机体系结构和计算能力的进步；

4）计算框架的进步。

1.2.1　大数据和分布式系统

随着各个领域的数字化发展，信息系统和软件平台上不断积累了大量数据。人工智能算法是以数据驱动的方式解决问题，从数据中不断学习规律和模型，进而完成预测任务。正是这些数据为人工智能提供了基础"原料"。

互联网公司拥有海量的用户和大规模的数据中心，信息系统完善，可以较早地积累大规模数据，并应用人工智能技术实现研发创新。

互联网服务和大数据平台给深度学习带来了大量的数据集。以下几种服务逐渐积累和形成了相应领域的代表性数据集。

1. 搜索引擎（search engine）

图像检索（image search）服务：ImageNet、Coco 等计算机视觉数据集。

文本检索（text search）服务：Wikipedia 等自然语言处理数据集。

2. 商业网站

亚马逊、淘宝：推荐系统数据集、广告数据集。

3. 其他互联网服务（internet services）

对话机器人服务 XiaoIce、Siri、Cortana：问答数据集。

4. 其他信息系统

互联网公司通过不断收集与存储互联网数据积累了大量数据，同时其拥有海量的用户，这些用户不断使用互联网服务，上传文字、图片、音频等数据，又进一步积累了更为丰富的用户生成数据。这些数据随着时间的流逝和新业务功能的推出，数据量越来越大，数据模式越来越丰富。因此互联网公司较早地开发和部署了大数据存储与分析平台。基于这些海量数据，互联网公司通过数据驱动的方式，训练人工智能模型，进而优化和提升业务用户体验（例如，点击率预测让用户获取感兴趣的信息），让更多的用户使用服务，进而形成良性循环。随着业务发展，需要应用人工智能技术的实际场景和需求越来越多，相较于学术界，互联网公司作为工业界的代表，较早地将深度学习的发展推到了更加实用、落地的阶段，并持续投入研发资源以推动人工智能算法与系统的演进和发展。

以表 1-1 为例，同样是图像分类问题，从最开始数据规模较小的 MNIST[1] 手写数字识别数据集（只有 6 万样本，10 个分类），到更大规模的 ImageNet（有 1600 万样本，1000 个分类）再到互联网 Web 服务中沉淀了数亿量级的图像数据。海量的数据让人工智能问题变得愈发具有挑战性的同时，也实质性地促进了人工智能模型效果的提升。因为当前以深度学习为核心的代表性人工智能算法，其本身是以数据驱动的方式从数据中学习规律与知识，数据的质与量决定了模型的天花板。

表 1-1　不同图像分类问题数据集的数据量

MNIST	ImageNet	Web Images
6 万样本	1600 万样本	数亿量级图像数据
10 分类	1000 分类	开放分类

这些海量的数据集对深度学习系统的发展产生了以下影响：

1）推动深度学习算法不断在指定任务上产生更高的准确度与更低的误差，使深度学习有更广泛的应用，进而产生商业价值，让工业界和学术界看到其应用潜力并投入更多资源进行研究。这样就产生了针对深度学习系统与硬件发展的用户基础、应用落地场景的驱动力和研发资源投入。

2）海量的数据集让单机越来越难以完成深度学习模型的训练，传统的机器学习库不能满足相应的需求，产生了对分布式训练和分布式平台。

3）多样的数据格式和任务提高了模型结构的复杂度，驱动框架或针对深度学习的程序语言需要有更灵活的表达能力，从而对问题进行表达与映射。

4）伴随着性能等需求得到满足，数据安全与模型安全问题变得日益突出。

综上所述，深度学习系统本身的设计相较于传统机器学习库有着更多样的表达需求、更大规模和多样的数据集以及更广泛的用户基础。

1.2.2　深度学习算法的进步

除了持续积累数据，算法研究员和工程师们也不断设计新的算法和模型提升预测效果，深度学习算法和模型的预测效果不断取得突破性进展。但是新的算法和模型结构需要前端框架提供编程的表达力和灵活性，对执行层系统优化有可能改变原有假设，进而在系统前端设计和执行过程优化方面产生新的挑战。接下来我们从几个代表性数据集上阐述算法与模型的进步。

1. 深度学习在已有数据集（MNIST 数据集）上超越机器学习算法

MNIST 手写数字识别图像数据库是早期用于训练和研究各种图像分类的常用数据集，由于其样本与数据规模较小，当前也常用于教学或神经网络结构（NAS）搜索的研究。

我们可以观察图 1-4，了解不同的机器学习算法取得的效果。

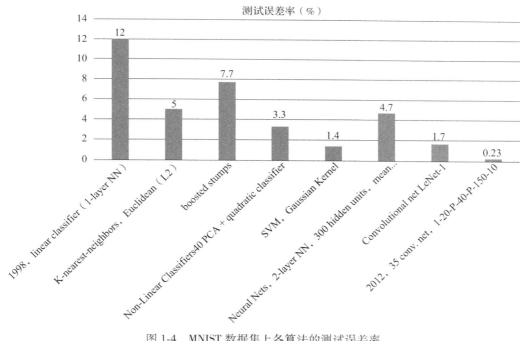

图 1-4　MNIST 数据集上各算法的测试误差率

从图中可以观察到这样的趋势：

1998 年，一个简单的卷积神经网络取得的效果和 SVM 取得的最好效果接近。

2012 年，一个深度卷积神经网络可以将错误率降低到 0.23%，这样的结果已经可以和人所能达到的错误率（0.2%）非常接近。

深度学习模型在 MNIST[1] 数据集上相比传统机器学习模型的表现，让研究者们看到了深度学习模型提升预测效果的潜力，进而不断尝试新的深度学习模型和更复杂的数据集。

所以我们看到，深度学习算法在不同应用场景的问题上取得突破进展，让领域相关研发人员看到了相应的潜力，并驱动机构和研究人员不断投入研发新的深度学习算法与模型。

2. 深度学习在公开数据集（ImageNet）上不断取得突破

随着每年 ImageNet 数据集上的新模型取得突破，我们看到新的深度学习模型结构和训练方式的潜力。如图 1-5 所示，更深的模型结构有潜力提升当前预测的效果。

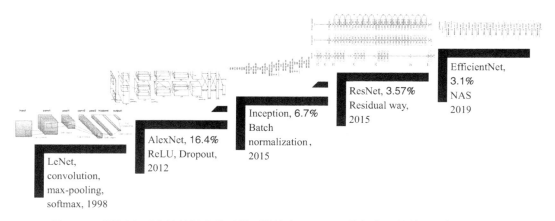

图 1-5　更深层和更高效的深度学习模型结构在 ImageNet 数据集上的效果不断取得突破

从图中可以看到，由 1998 年的 LeNet，到 2012 年的 AlexNet，深度学习模型不仅效果提升、模型变大，同时还引入了 GPU 训练和新的算子（ReLU 等）。到 2015 年的 Inception，模型的计算图更加复杂，且有新的层被提出，错误率进一步降低到 6.7%。2015 年的 ResNet 的模型层数进一步加深，甚至达到上百层。到 2019 年的 NAS，模型设计逐渐出现自动化的方式。

我们可以观察到，新的模型不断在以下方向演化进而提升效果：

1）效果更好、计算效率更高的激活函数和算子：ReLU、注意力机制等。

2）更复杂更深的网络结构和更大的模型权重。

3）更好的训练方法：正则化（regularization）、初始化（initialization）、学习方法（learning methods）、自动化机器学习与模型结构搜索等。

算法工程师与研究员不断研发取得更好模型效果的设计和方法，同时也驱动着深度学习系统及系统工程师不断提供新的算子支持，优化算子，加速训练算法。

3. 其他领域算法的进步

除了计算机视觉领域，深度学习在多个领域也取得了不俗的表现，并取得了超越原有方案的里程碑式效果。下面列举了部分领域中的代表性工作。

1）计算机视觉（computer vision）领域。2015 年，在 ImageNet 数据集上，由微软亚洲研究院（MSRA）研发的 resnet 取得了 5 项第一，并又一次刷新了 CNN 模型在 ImageNet 数据集上的历史最好效果。

2）自然语言处理（natural language processing）领域。2019 年，在斯坦福大学举办的 SQuAD（stanford question answering dataset）和 CoQA（conversational question answering）挑战赛中，微软亚洲研究院（MSRA）的 NLP 团队通过多阶段（multi-stage）、多任务（multi-task）学习的方式取得第一。

3）语音识别（speech recognition）领域。2016 年，由微软研究院（MSR）提出的 combined 模型系统在 NIST 2000 数据集上的错误率为 6.2%，超越之前报告的基准测试结果。

4）强化学习（reinforcement learning）领域。2016 年，由 Google DeepMind 研发的 AlphaGo 在围棋比赛中以 4∶1 的高分击败了世界大师级冠军李世石。OpenAI 训练出了名为 OpenAI Five 的 Dota 2 游戏智能体。2019 年 4 月，OpenAI Five 击败了一支 Dota 2 世界冠军战队，这是首个击败电子竞技游戏世界冠军的人工智能系统。

由于不同领域的输入数据格式不同，预测输出结果不同，数据获取方式不同，模型结构和训练方式产生了非常多样的需求，各家企业和研究机构不断研发新的针对特定领域的框架或上层接口封装（例如，由 Facebook 推出的 Caffe 与 Torch 演化到了 PyTorch、Google TensorFlow 及新推出的 JAX），工具与框架本身也随着用户的模型构建、程序书写与部署需求不断演进。框架支持特定领域的数据科学家快速验证和实现新的想法以及工程化部署和批量训练成熟的模型。所以我们可以看到，最开始的 AlexNet 是作者直接通过 CUDA 实现深度学习模型，目前有通过 Python 语言实现灵活和轻松调用的框架。当前大家习惯使用的 Hugging Face 社区和库，背后是系统工程师贴合实际需求不断研发新的工具，并推动深度学习生产力提升的结果。所以即使作为系统工程师，也需要密切关注算法和应用的演进，才能紧跟潮流设计出贴合应用实际的工具与系统。

1.2.3　计算机体系结构和计算能力的进步

从 1960 年以来，计算机性能的增长主要来自摩尔定律，到 20 世纪初期大概增长了 10^8 倍。但是由于摩尔定律的停滞，性能的增长逐渐放缓了。单纯靠工艺尺寸的进步，无法满足各种应用对性能的要求，如图 1-6 所示。

于是，人们开始为应用定制专有芯片，通过消除通用处理器中冗余的功能部分，进一步提高对特定应用的计算性能。比如，图形图像处理器就对图像类算法做了专用加速。后来出现 GPGPU，也就是通用 GPU，对适合于抽象为单指令流多数据流（SIMD）的并行算法与工作负载都能起到不错的加速效果。

为了更高的性能，这些年人工智能芯片也大行其道，其中一个代表就是 Google TPU（tensor processing unit）。通过对深度学习模型中的算子进行抽象，转换为矩阵乘法或非线性变换，再根据专用负载特点定制流水线化执行的脉动阵列（systolic array），进一步减少访存，提升计算密度，提高性能。除了算子层面驱动的定制，深度学习负载本身在算法层常常应用的稀疏性和量化等加速手段也逐渐被硬件厂商根据通用算子定制到专用加速器中，在专用计算领域进一步引入以往算法框架层才会涉及的优化，进一步优化加速深度学习负载。

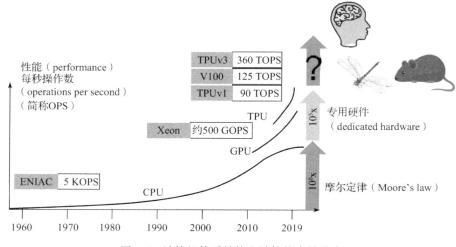

图 1-6　计算机体系结构和计算能力的进步

通过定制化硬件，厂商又将处理器性能提升了大约 10^5 量级。专有芯片的算力也逐渐逼近或超越蜻蜓、老鼠和人脑的算力。

然而可惜的是，经过这么多年的发展，虽然处理器性能提升明显，人类对机器的数值运算能力早已望尘莫及，但里面的程序仍然是人类指定的固定代码，智能程度还远远不及生物大脑。从智力程度来说，机器大约只相当于啮齿动物，距离人类还有一定距离。

我们可以看到随着硬件的发展，虽然算力逐渐逼近人脑，让深度学习取得了突破，但是计算力还是可能在短期内成为瓶颈，那么人工智能系统下一代性能的出路在哪？我们在后文会介绍，除了单独芯片通过不断迭代实现性能放大（scale up），系统工程师也不断设计更好的分布式计算系统开展并行计算以达到向外扩展（scale out），同时发掘深度学习的作业特点（如稀疏性等），通过算法、系统硬件协同设计，进一步提升计算效率和性能。

1.2.4　计算框架的进步

算法工程师和研究员搭建深度学习模型、完成训练、部署模型进行推理，抛开其他需求，这其中都离不开深度学习框架的支持（例如 PyTorch、TensorFlow 等）。框架为用户提供编程接口，隐藏硬件细节，同时将用户书写的深度学习程序进行编译优化并部署在设备上进行执行。在众多的人工智能系统中，深度学习框架属于核心系统，构建了算法工程师和底层硬件之间的桥梁。通过业界的开源社区发展和学术研究进展，我们简要归纳了以下深度学习框架的发展脉络。

1. 第一代框架

以 Theano、Caffe、DisBelief 为代表的第一代框架，其设计初衷是数值计算或特定机器学习问题与算法。例如，Caffe 设计之初主要为支持卷积神经网络，DisBelief 只支持以参数服务器模式在 CPU 集群中训练特定的深度学习模型。接下来我们从前端、后端和生态角度再做进一步分析。

1）前端：有些初代框架的编程范式为通过配置文件进行模型构建，框架将模型翻译成粗粒度的算子（例如卷积层、池化层），并调用底层硬件提供的优化算子库（如 NVIDIA cuDNN、CUDA）等进行高效执行。其特点是构建简单方便，但是灵活性不足，算子类型支持有限，用户直接书写配置文件也容易写出有缺陷（defect）的程序，难以完成静态程序分析。还有些框架需要用户关注声明张量形状（shape），用户开发代码量较高，容易出错，书写复杂模型的工作量较大。

2）后端：对更加灵活的模型分布式训练及部署模式支持有限。

3）生态：对某领域模型支持较好但其他领域模型动物园（model zoo）支持有限。

随着用户的模型构建需求和应用场景越来越灵活与多样化，第一代框架逐渐衍生出应用更加广泛的第二代框架。

2. 第二代框架

以 TenorFlow 和 PyTorch 为代表的第二代框架，是目前用户基础最为广泛的计算框架。通常业界将框架按照编程范式分类两类。

（1）声明式编程（declarative programming）

代表性框架：TensorFlow、Keras、CNTK、Caffe2。

特点：用户只需要表达模型结构和需要执行的任务，无须关注底层的执行流程，框架提供计算图优化，用户无须关心底层优化细节，但是对用户来说不容易调试。

（2）命令式编程（imperative programming）

代表性框架：PyTorch、Chainer、DyNet。

特点：用户不仅要表达模型结构，还需要表达执行步骤。框架按照每一步定义进行执行，由于无法像声明式编程一样获取完整计算图并优化后执行，所以难以提供全面的计算图优化，但是由于其简单易用、灵活性高，在模型研究领域中也有很好的用户基础。得益于新研究工作的不断使用，命令式编程框架拥有了更大的用户规模。

第二代框架以 Python 语言作为前端语言，通过框架构建模型和训练，并结合使用 Numpy、Scipy 等数据处理库构建深度学习的程序。

第一代框架到第二代框架的进步如图 1-7 所示。虽然框架解决了大部分的问题，但是我们也可以看到，控制流、数据预处理等其他语言层的逻辑与深度学习模型计算图的割裂不便于统一编译与优化，除深度学习模型之外的库不方便卸载计算和利用 GPU 等专有硬件进而造成低效数据流水线，没有侧重面向的设计造成作业调试诊断困难、运维负担较大等。同时

Python 语言的特点是简单，但是并发支持效率不高，不利于静态优化与错误检测等，对大规模工程化实践不友好。以上问题造成了在不断演化的深度学习研究与工程化对性能和稳定性的要求越来越极致的趋势下，现有编程方式仍有提升空间。目前也有趋势是，由静态语言前端（例如 Swift、Julia 等）从语言层提供静态程序分析，由后端提供编译器（例如 TVM、TensorFlow XLA 等）进行编译优化，尝试规避和解决当前框架已有的问题。

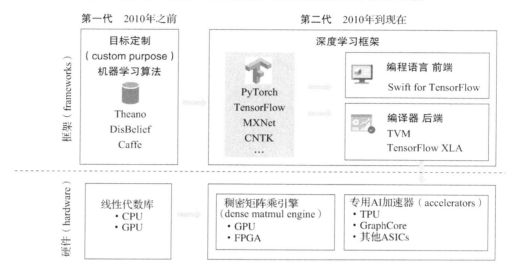

图 1-7　第一代框架到第二代框架的进步

3. 第三代框架

我们除了设计框架解决当前的问题，还应该思考、关注和设计下一代框架以顺应未来的模型发展趋势。第一代框架到第三代框架的发展趋势如图 1-8 所示。

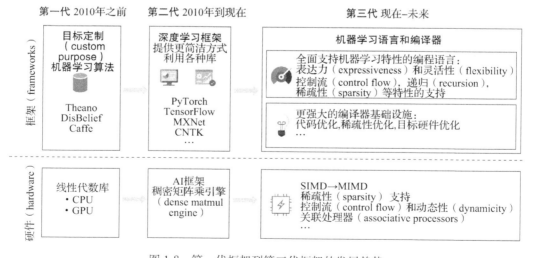

图 1-8　第一代框架到第三代框架的发展趋势

1）框架应在功能更加全面的编程语言前端下构建，并提供灵活性和表达力，例如控制流（control flow）的支持，递归和稀疏性的原生表达与支持。这样才能应对大的（large）、动态（dynamic）的和自我修改（self-modifying）的深度学习模型趋势。我们无法准确预估多年后的深度学习模型是什么样子，但从现在的趋势看，它们将会更大、更稀疏、结构更松散。下一代框架应该更好地支持像 Pathways[19] 这样的动态模型，像预训练神经语言模型（NLM）或多专家混合模型（MoE）这样的大型模型，以及需要与真实或模拟环境频繁交互的强化学习模型等多种模型。

2）框架同时应该不断跟进并提供针对多样且新颖的硬件特性下的编译优化与运行时调度的优化支持，例如单指令流多数据流（SIMD）到多指令流多数据流（MIMD）的支持、稀疏性和量化的硬件内支持、异构与分布式计算、虚拟化支持、关联处理等。

1.2.5　小结与讨论

本节我们主要围绕深度学习系统的算法、框架与体系结构展开。对于系统研究，读者除了理解上层深度学习算法外，也需要理解底层的体系结构，并利用两者之间的巨大优化空间进行抽象和选取最优解决方法。

请读者思考未来的深度学习框架和系统应该是怎样的？

1.2.6　参考文献

［1］ DENG L. The mnist database of handwritten digit images for machine learning research［J］. IEEE Signal Processing Magazine, 2012, 29(6)：141-142.

［2］ HE K, ZHANG X, Ren S, et al. Deep residual learning for image recognition［C］. 2016 IEEE Conference on Computer Vision and Pattern Recognition（CVPR）, 2016：770-778, doi：10.1109/CVPR.2016.90.

［3］ RAJPURKAR P. Squad：100,000+ questions for machine comprehension of text［J/OL］. arXiv preprint arXiv：1606.05250, 2016.

［4］ REDDY, SIVA, CHEN D, et al. Coqa：a conversational question answering challenge［J］. Transactions of the Association for Computational Linguistics, 2019, 7：249-266.

［5］ XIONG, WAYNE. The microsoft 2016 conversational speech recognition system［C］. 2017 IEEE International Conference on Acoustics, Speech and Signal Processing（ICASSP）, 2017：5255-5259.

［6］ PRZYBOCKI M, MARTIN A. Philadelphia：linguistic data consortium［C］. 2000 NIST Speaker Recognition Evaluation LDC2001S97, 2001.

［7］ SILVER D, HUANG A, MADDISON C, et al. Mastering the game of Go with deep neural networks and tree search［J］. Nature, 2016, 529：484-489.

［8］ BERNER, C. Dota 2 with large scale deep reinforcement learning［J/OL］ arXiv preprint arXiv：1912.06680, 2019.

［9］ JOUPPI N P. In-datacenter performance analysis of a tensor processing unit［C］//Proceedings of the 44th Annual International Symposium on Computer Architecture（ISCA' 17）. New York：ACM, 2017：

1-12.

[10] TEAM, The Theano Development. Theano：a Python framework for fast computation of mathematical expressions[J/OL] arXiv preprint arXiv：1605.02688, 2016.

[11] JIA Y. Caffe：Convolutional architecture for fast feature embedding[C]// Proceedings of the 22nd ACM international conference on Multimedia. New York：ACM, 2014.

[12] JEFFREY D. Large scale distributed deep networks[C]. NIPS. 2012.

[13] Martín A. TensorFlow：A system for Large-Scale machine learning[C]. 12th USENIX symposium on operating systems design and implementation (OSDI 16). 2016.

[14] Chollet F. Keras[OL]. GitHub. [2023.12.1]. https：//github.com/fchollet/keras

[15] SEIDE F, AGARWAL A. CNTK：Microsoft's open source deep learning toolkit[C]//Proceedings of the 22nd ACM SIGKDD International Conference on Knowledge Discovery and Data Mining (KDD'16). New York：ACM, 2016：2135.

[16] PASZKE, ADAM. Pytorch：an imperative style, high-performance deep learning library[J]. Advances in neural information processing systems, 2019(32).

[17] TOKUI S, OONO K. Chainer：a next-generation open source framework for deep learning[C]//Proceedings of Workshop on Machine Learning Systems in NIPS, 2015.

[18] NEUBIG G. Dynet：the dynamic neural network toolkit[J/OL]. arXiv preprint arXiv：1701.03980, 2017.

[19] BARHAM P, CHOWDHERY A, DEAN J, et al. Pathways：asynchronous distributed dataflow for ML [C]//Proceedings of Machine Learning and Systems, 2022(4)：430-449.

1.3 深度学习系统的组成与生态

如同 Jeff Dean[1] 所描述的那样——过去是深度学习计算机系统和应用的黄金十年（"A Golden Decade of Deep Learning：Computing Systems & Applications"）。随着深度学习系统的发展，深度学习已经形成了一个较为独立的系统研究方向和开源系统生态。

通过之前对深度学习的发展，以及模型、硬件与框架的发展趋势介绍，我们已经了解了深度学习系统的重要性。那么本节将介绍深度学习系统的设计目标、组成和生态，帮助读者形成人工智能系统的知识体系，为后续展开讲述每个章节的内容做好铺垫。

本节主要包含以下内容：

1）深度学习系统的设计目标；

2）深度学习系统的大致组成；

3）深度学习系统的生态。

1.3.1 深度学习系统的设计目标

深度学习系统的设计目标我们可以总结为以下几个部分。

1. 提供更加高效的编程语言、框架和工具

设计更具表达能力和简洁的神经网络计算原语与编程语言，可以提升用户的开发效率，屏蔽底层细节，为用户提供更灵活的原语支持。当前深度学习模型除了特定领域模型的算子和流程可以复用（例如，语言模型在自然语言处理领域被广泛用作基础结构，一些库专门提供模型中心用于预训练模型共享和微调）外，其新结构、新算子的设计与开发仍通过试错（trial and error）的方式进行，那么为了灵活表达新的算子以及算子间的组合形式，算法工程师需要语言、库与框架层提供相应的功能支持。

更直观的编辑、调试和实验工具，可以帮助用户完整地开发、测试、调整诊断与修复和优化程序，提升所开发深度学习程序的性能与鲁棒性。训练过程不是一蹴而就的，其中伴随着不收敛、NaN（not a number）、内存溢出等算法问题与系统缺陷，工具与系统如何在设计之初就考虑到这点，并提供良好的可观测性、可调试性，允许用户注册自定义扩展等支持，是需要工具与系统设计者在系统设计之初就提上日程的，否则之后频繁地"缝缝补补"，将给用户造成不好的开发体验，也无法满足用户的需求。

支持深度学习生命周期中的各个环节（例如模型压缩、推理、安全、隐私保护等），不仅能构建深度学习模型，还能够支持全生命周期的深度学习程序开发，并在系统内对全生命周期进行分析与优化。当前的深度学习工程化场景，已经不是靠灵感一现或单一的优化就能迅速取得领先优势，更多的是能否有完善的基础设施，快速复现社区工作，批量验证新的想法进行试错，所以一套好的、完善的、全流程的生命周期管理能够大幅度提升深度学习算法层面的生产力。

2. 提供全面多样的深度学习任务需求的系统支持

1）除了对传统深度学习训练与推理的支持，深度学习系统还需要支持强化学习、自动化机器学习等新的训练范式。除了推理需求之外，训练作业中新的范式层出不穷，例如，需要不断和环境或模拟器交互以获取新数据的强化学习方式，批量大规模提交多作业的自动化机器学习方式等，这些新的范式除了对之前单一支持单模型造成之外，在多模型层面、训练与推理任务层面也产生了新的系统抽象与资源及作业管理的需求。

2）提供更强大和可扩展的计算能力，可以让用户的深度学习程序可扩展并部署于可以并行计算的节点或者集群，以应对大数据和大模型的挑战。因为当前深度学习模型不断通过层数更多的大模型产生更好的算法层面的效果，这促使系统需要支持更大的模型，同时由于企业 IT 基础设施不断完善，能够持续积累新的数据，因此也会伴随着大数据的问题。大模型与大数据促使存储与计算层面的系统在摩尔定律失效的大背景下迫切需要通过并行与分布式计算的范式，扩展算力与存储的支持。

3）自动编译优化算法，包括但不限于以下几种。

自动推导计算图：尽可能地通过符号执行或即时编译技术，获取更多的计算图信息，进而以数据驱动的方式做定制化优化。

根据不同体系结构自动并行化：面对部署场景体系结构的多样化、训练阶段硬件异构的趋势，框架自动进行算子算法选择，以期通过最为优化的方式在指定硬件配置下，实现并行化与减少 I/O，从而逼近硬件可提供的性能上限。

自动分布式化并扩展到多个计算节点：面对云与集群场景，如何自动将任务扩展与部署，进而支撑分布式计算、弹性计算，让用户按需使用资源，这些也是云原生背景下人工智能系统所需要考虑和提供支持的。

持续优化：由于深度学习训练作业是持续迭代且周期较长的，给系统以内省优化的机会，即不断监控、不断优化当前系统配置与运行时策略，以期缩小纯静态优化因获取信息不足、运行时干扰造成的与最优化策略之间的差距。

3. 探索并解决新挑战下的系统设计、实现和演化的问题

动态性支持、利用稀疏性进行加速优化、混合精度训练与部署、混合训练范式（强化学习）、多任务（自动化机器学习）等，都是新挑战下急需解决的重要问题。

4. 满足在更大规模企业级环境下的部署需求

多租环境的训练部署需求：面对多组织、多用户共享集群资源，以及大家日益增长的迫切使用 GPU 资源的需求，如何提供公平、稳定、高效的多租环境，是平台系统需要首先考虑的。

跨平台的推理部署需求：面对割裂的边缘侧硬件与软件栈，如何让模型训练一次即可跨平台部署到不同软硬件平台上，是推理场景需要解决的重要问题。

安全与隐私的需求：由于深度学习模型类似传统程序，接受输入并处理后再产生输出，但是相比传统程序，深度学习模型的解释性差，更容易产生安全问题，且模型容易被攻击。同时模型的重要信息为权重，我们也要注意模型本身的隐私保护。如果是企业级环境或公有云环境，则模型对安全和隐私保护的要求更高。

有了宏观的目标后，我们在接下来的章节会进一步介绍，当前的整个生态中人工智能系统的技术栈是如何构成的，整个技术栈中各类人工智能系统处于哪个抽象层次，互相之间的关系是什么。

1.3.2 深度学习系统的大致组成

如图 1-9 所示，我们大致可以将深度学习系统分为以下几个方向。

1）开发体验层：负责提供用户前端的编程语言、接口和工具链。本层尽可能让用户表达目标任务与算法，让用户尽量少地关注底层实现（例如通过声明式编程的方式）是提升开发体验的较好手段，但是过度的抽象会丧失灵活性表达。在模型发展较快、迭代频繁的时期，用户还需要体验层兼顾灵活性和可调试性。开发体验层会调用、编排底层框架的接口以提供更加简洁的用户开发体验，包括但不限于以下领域。

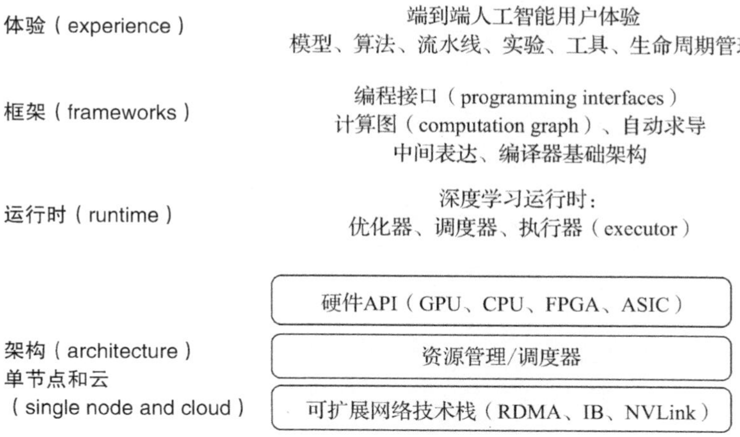

体验（experience）　　　　　　端到端人工智能用户体验
　　　　　　　　　　　模型、算法、流水线、实验、工具、生命周期管理

框架（frameworks）　　　　　　编程接口（programming interfaces）
　　　　　　　　　　　计算图（computation graph）、自动求导
　　　　　　　　　　　中间表达、编译器基础架构

运行时（runtime）　　　　　　　深度学习运行时：
　　　　　　　　　　　优化器、调度器、执行器（executor）

　　　　　　　　　　┌─────────────────────────────┐
　　　　　　　　　　│ 硬件API（GPU、CPU、FPGA、ASIC）│
架构（architecture）　└─────────────────────────────┘
单节点和云　　　　　┌─────────────────────────────┐
（single node and cloud）│ 资源管理/调度器 │
　　　　　　　　　　└─────────────────────────────┘
　　　　　　　　　　┌─────────────────────────────┐
　　　　　　　　　　│ 可扩展网络技术栈（RDMA、IB、NVLink）│
　　　　　　　　　　└─────────────────────────────┘

图 1-9　深度学习系统的大致组成

模型构建：注意力机制、卷积、循环神经网络、控制流等基本结构和算子支持与实现。语言的基本语法和框架的 API 提供基本算子的支持，当前主要使用在 Python 语言中内嵌调用深度学习框架的方式进行深度学习模型的开发，但是出现了控制流在原生语言层与模型中间表达割裂等问题。

算法实现：同步与异步优化算法等。算法一般被封装为框架的配置或 API 供用户选择，有些框架也提供拦截接口，给用户一定程度的灵活性定制自定义算法。

流水线和工作流支持：高性能数据加载器等。流水线和工作流是实现模块解耦复用及可视化编程的前提，通过复用与可视化编程可以大幅降低组织内作业书写的门槛。

实验规划与配置：批量超参数调优与模型结构搜索等。由于当前模型试错（trial and error）的开发模式，算法工程师需要在设计模型过程中尝试大量的超参数与模型结构，自动化机器学习工具应运而生。

工具链：模型转换、调试、可视化、类型系统等。类似于传统的软件工程中调试器、可视化、类型系统等工具链的支撑，跨平台、问题诊断、缺陷验证等在整个开发过程中得以高效实现，目前深度学习系统领域也不断有类似工具产生以支持整个深度学习工程化实践。

生命周期管理：数据读取、训练与推理等流程开发与管理。机器学习领域的 DevOps，也就是 MLOps 的基础工具支持，可以让重复模块被复用，同时让底层工具有精确的信息进行模块间调度与多任务优化，同时让各个环节模块化解耦，独立且更为快速地演进。

2）框架层：负责静态程序分析与计算图构建、编译优化等。框架本身通过提供供用户编程的 API 获取用户表达的模型、数据读取等意图，在静态程序分析阶段尽可能地完成自动前向计算图构建、自动求导补全反向传播计算图、计算图整体编译优化、算子内循环编译优化等，包括但不限于以下领域。

计算图构建：静态、动态计算图构建等。不同的框架类型决定了框架使用静态图还是动态图进行构建，静态图有利于获取更多信息做全图优化，动态图有利于调试。

自动求导：高效与高精度自动求导等。由于深度学习模型中大部分算子较为通用，框架提前封装好算子的自动求导函数，待用户触发训练过程后即可自动透明地进行全模型的自动求导，以获取梯度下降等训练算法需要的权重梯度数据。

中间表达构建：多层次中间表达等。通过构建深度学习模型的中间表达及多层中间表达，模型本身可以更好地被编译器编译生成高效的后端代码。

编译优化：内核融合等。编译器或框架根据算子的语义，对适合进行内核融合的算子（例如多个算子合并为一个算子）进行融合，降低内核启动与访存代价。同时深度学习编译器还支持循环优化等类似传统编译器的优化策略和面向深度学习的优化策略（例如，牺牲一定精度的计算图等价变换等）。

3）运行时：负责系统的运行时的系统动态调度与优化。当获取的深度学习模型计算图部署于单卡、多卡或分布式环境时，运行时的框架需要对整体的计算图按照执行顺序调度算子与任务的执行，多路复用资源，做好内存等资源的分配与释放，包括但不限于以下部分。

优化器：运行时即时（just-in-time）优化、内省（introspective）优化等。运行时根据硬件、隐藏的软件栈信息、数据分布等只能运行时所获取的信息，进一步对模型进行优化。

调度器：算子并行与调度。根据设备提供的软件栈和硬件调度策略，以及模型的算子间并行机会，进行类装箱的并行调度。

执行器：多线程等。算子执行过程中，如果特定设备没有做过多的运行时调度与干预，框架可以设计高效的运行时算子内的线程调度策略。

4）资源管理与硬件体系结构：负责程序的执行、互联与加速。在更广的层面，作业与作业间需要平台提供调度、运行期资源分配与环境隔离，包括但不限于以下部分。

硬件接口抽象：GPU、CPU、FPGA和ASIC等。统一的硬件接口抽象可以复用编译优化策略，让优化与具体底层设备和体系结构适当解耦。

资源池化管理与调度：异构资源集群管理等。将服务器资源池化，通过高效的调度器结合深度学习作业特点和异构硬件拓扑进行高效调度。

可扩展的网络栈：RDMA、InfinBand、NVLink等。提供更高效的加速器到加速器的互联（例如NVLink等）、更高的带宽、更灵活的通信原语与高效的通信聚合算法（例如AllReduce算法）。

我们可以将图1-9中的大致组成进一步细化为深度学习系统详图（如图1-10所示），由于篇幅所限，图中还有很多系统技术点与方向没有罗列，我们将在后续对应章节详细介绍。我们可以看到深度学习系统整体的技术栈包罗万象，且由硬件到软件层有多个层次。形成系统化和层次化看系统的视角对未来理解程序如何在底层系统执行以及做系统性能预估与技术选型都至关重要。

		中间表达 (intermediate representation)	编译 (compilation)	优化 (optimization)
体验 (experience)	集成开发环境 (IDE)	编程环境：VS Code，Jupyter Notebook		
	编程语言 (language)	与主流语言集成：PyTorch and TensorFlow inside Python		
框架 (framework)		中间表达 (intermediate representation)	编译 (compilation)	优化 (optimization)
		基本数据结构：张量 (tensor)	词法分析（lexical analysis）；词元（token）	用户控制：mini-batch
		基本计算图：有向无环图 (DAG)	解析（parsing）： 抽象语法树（AST）	数据并行和模型并行
	编译器 (compiler)	高级特征：控制流 (control flow)	语义分析 (semantic analysis)： 符号自动求导 symbolic AD	循环分析（loop analysis）； 流水并行（pipeline parallelism）； 控制流（controlflow）
		通用中间表达IRs：MLIR	代码优化 (code optimization)	数据流分析（data flow analysis）： 融合（fusion）等
			代码生成 (code generation)	硬件相关优化（hardware dependent optimization）； 矩阵计算（matrix computation）， 布局（layout）等
				资源分配与调度：内存 (memory)，重算（recomputation）
体系结构 (architecture)	运行时 (runtimes)	单节点：cuDNN	多节点：参数服务器（parameter servers），数据并行	
		计算集群资源管理，作业调度与存储		
	硬件 (hardware)	硬件加速器：CPU/GPU/ASIC/FPGA		网络加速器：RDMA/IB/NVLink

图 1-10　深度学习系统详图

1.3.3　深度学习系统的生态

除了以上重要的深度学习系统构成之外，随着人工智能应用范围越来越广，我们还可以将深度学习系统推广到更广泛的构成与生态。如图 1-11 所示，深度学习系统生态包含以下领域：

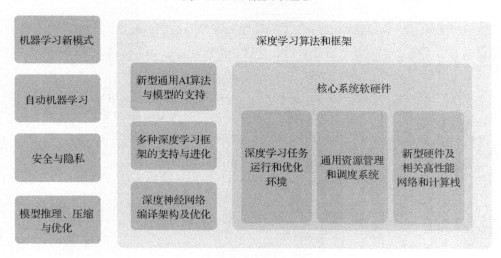

图 1-11　深度学习系统生态

1）核心系统软硬件：核心系统软硬件可以对底层的基础架构进行抽象，向上层提供计算、存储、网络等资源池，按需给待执行的深度学习作业分配与隔离出指定规格的资源，执行深度学习作业。其面对的很多系统问题类似传统操作系统所解决的问题。完成底层硬件的抽象与资源隔离后，用户只需要将应用提交到系统中即可被执行和管理。

深度学习任务运行和优化环境：提供更高效的运行时、资源分配隔离与任务调度，在深度学习作业启动或深度学习框架运行时提供任务调度（例如内核粒度任务等）、内存管理、I/O 管理。未来随着作业愈发复杂，异构硬件厂商除了提供基本原语的支持，还需要提供作业的多路复用（multiplexing）等更高效的资源共享，打破设备商封装的运行时库的局限性。

通用资源管理和调度系统：提供公平、高效率和稳定的多租户深度学习平台支持。性能并不是系统设计本身唯一的考虑因素，在多租环境中，系统设计还要兼顾公平、效率和稳定性，为用户提供更加可靠、易用的平台。

新型硬件及相关高性能网络和计算栈：随着加速器技术不断发展，网络互连技术提供更高的带宽，硬件层提供更高的算力与带宽，以支持更大规模的模型训练与推理。系统需要更加灵活的支持，在不同的硬件和规格假设下，不同模型如何静态与动态结合开展自动优化与高性能执行。同时由于硬件的发展趋势不同，潜在可能会让性能瓶颈产生变化，系统设计需要有前瞻性的判断，从而获得新的系统设计机会。

2）深度学习算法和框架：通过深度学习算法和框架，用户可以表达模型结构设计、训练配置与工作流等，就像给深度学习提供了一套特定领域的"编程语言"，并且提供了相应的编译器及工具链，可以将用户的指令翻译成运行时特定硬件环境可以执行的指令。

新型通用 AI 算法与模型的支持：提供更多样的模型支持，支撑和推进模型效果的提升。支持新的算子（例如，控制流等），更加灵活的模型结构（例如，图模型等），模型的融合（例如，多专家系统等）支持。

多种深度学习框架的支持与进化：在深度学习领域，由于多种框架与工具的存在，如何为用户提供更多样的框架统一支持与优化，对提升用户体验、复用已有代码都有很强的实用价值。

深度神经网络编译架构及优化：在编译期，通过静态分析与优化的方法，提供更优化的后端代码生成，有利于提升模型的性能与正确性等。类似传统编译器，深度学习模型的计算图可以通过融合等手段优化，算子内可以应用循环优化等手段加速。同时由于深度学习模型本身的特点，逐渐有工作利用一些等价和非等价计算图转换进行优化。

3）更广泛的人工智能系统生态：随着深度学习发展，搜索空间越来越大，由动态性造成运行时才能获取的信息与数据，模型安全与隐私，部署推理的多样化需求变得日益迫切，我们需要考虑除训练以外更多的人工智能系统问题。

机器学习新模式（例如，强化学习）：提供新训练范式的灵活执行、部署与进程间同步支持等。例如，由于训练数据可能需要在与环境交互的过程中才能获取，模型训练需要使用强化学习等新的训练范式，因此需要设计新的系统以支持灵活的训练范式。

自动机器学习（例如自动化机器学习）：当用户进行试错的超参数搜索空间达到一定量级时，用户使用自动化机器学习工具与算法可以更高效地进行模型探索与训练。自动化机器学习系统可以提供多任务的高效管理与调度支持，并提供支持搜索空间定义的程序语言等。

安全与隐私：数据与模型，类似传统信息安全要保护的数据与程序，除了数据本身，模型对类似传统程序的安全与隐私问题提出了新的挑战。我们需要思考人工智能模型与应用的安全和隐私保护支持。

模型推理、压缩与优化：如果我们不需要训练，只需要执行前向传播过程，则用户可以直接使用模型进行推理。基于深度学习特有性质进行高效的模型部署推理是除我们关注的训练之外的重要系统问题。在推理部署前，深度学习模型本身还可以通过模型压缩、量化等手段精简计算量与内存消耗，加速模型部署。模型推理相比训练，延迟要求更低，资源供给要求更严苛，同时由于不需要求解梯度和训练，对精度的要求也更低。面对新的目标和约束，面向推理的深度学习系统设计迎来了新的挑战和机会。

我们将在后续章节围绕核心系统软硬件、深度学习算法和框架，以及更广泛的人工智能系统生态中的重要内容展开介绍。

1.3.4 小结与讨论

本节我们主要围绕深度学习系统的组成和生态进行介绍，在初学人工智能系统时，我们可能会只关注框架，但当我们把系统放眼到整个基础架构时，我们会发现当前深度学习系统涉及很多方面，类似传统的操作系统（异构资源管理系统）、编译器（深度学习编译优化）、Web 服务（推理系统）、软件安全（模型安全）等问题在深度学习系统的场景中仍然会遇到，一些经典的理论与系统设计在今天仍然发挥着重要的作用。

在接下来的章节我们将通过一个实例介绍整体的深度学习系统的技术栈，帮助读者快速了解深度学习系统的核心作用。

请读者思考深度学习系统中有哪些新挑战和新问题是传统系统所没有遇到的？

1.3.5 参考文献

［1］ JEFFREY D. A golden decade of deep learning：computing systems & applications［J］. Daedalus, 2022，151（2）：58-74.

1.4 深度学习样例背后的系统问题

算法工程师通过 Python 和深度学习框架书写人工智能程序，而人工智能程序底层的系统问题被当前高层的抽象隐藏，每个代码片段的底层执行到底发生了什么？有哪些有意思的系统设计问题？我们将使用一个实例启发读者，并和后面各个章节构建联系。

本节主要围绕以下内容进行介绍：

1）一个深度学习样例与其中的系统问题；

2）模型算子实现中的系统问题；

3）框架执行深度学习模型的生命周期；

4）更广泛的人工智能系统生态；

5）深度学习框架及工具入门实验。

1.4.1　一个深度学习样例与其中的系统问题

如图 1-12 所示，我们可以看到一个深度学习模型可以接受输入（图中实例为手写数字图片），产生输出（图中实例为数字分类），这个过程叫前向传播。那么如何得到一个针对当前已有的输入输出数据，预测效果最好的模型呢？一般需要通过训练，而训练过程本身可以抽象为一个优化问题的求解过程，优化目标一般被称作损失函数：

$$\theta = \text{argmin}_\theta \sum \left[\text{Loss}(f_\theta(x), y) \right]$$

其中，函数 f_θ 代表深度学习模型（例如后面提到的换机神经网络模型 LeNet），Loss 代表损失函数（例如，让预测值和目标值之间的整体误差最小），x 代表数据中的输入（也就是图像），y 代表数据中的标签值（也就是输出）。训练的过程就是找到最小化 Loss 所对应的 θ 取值，θ 也称为深度学习模型的权重（weight）。在训练过程中，一般通过梯度下降等算法进行求解：

$$\theta = \theta - \alpha\delta_\theta\text{Loss}(\theta)$$

其中 α 也叫学习率（learning rate）。

当模型训练完成，准确度或者误差在指定测试数据集上满足用户需求时，就可以通过模型 $\hat{y}=f_\theta(x)$ 进行推理预测。

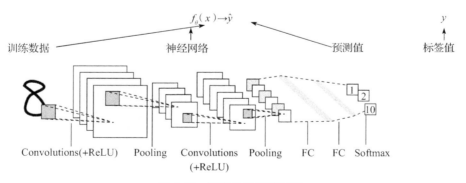

图 1-12　深度学习训练过程

图 1-12 左侧的图示中展示的是输入为手写数字图像，输出为分类向量，中间的矩形为各层输出的特征图（feature map），我们将其映射为具体的实现代码，其结构通过图右侧对应

出来。我们可以看到深度学习模型就是利用各个层将输入图像借助多个层的算子处理为类别输出概率向量。用户一般经过两个阶段进行构建：

（1）定义网络结构，例如图 1-13 和代码 1-1 中构建的 LeNet 网络，其中包含二维卷积（Conv2D）、最大池化（MaxPool2D）和全连接（Linear）层。

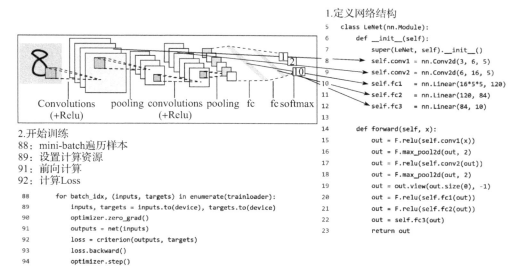

图 1-13　PyTorch 训练 LeNet 实例

（2）开始训练。训练算法是一个迭代的过程，每次迭代遍历一个批尺寸（batch size）数据，将数据移动到计算设备，前向传播计算，计算损失（loss）。

代码 1-1 是 PyTorch 在 MNIST 数据集上训练一个卷积神经网络 LeNet 的代码实例。具体解释请读者参考代码中的注释，代码入口为 def main():函数。通过实例和注释，读者可以对应用程序与后续章节的内容相关联。

代码 1-1　PyTorch 训练 LeNet 代码实例

```
...
# 读者可以参考"第 3 章深度学习框架基础"理解深度学习框架的底层原理和设计
import torch
...

# 如果模型的层数和权重多到无法在单 GPU 显存内放置，我们需要通过模型并行方式进行训练，读者可以参考
  "第 6 章分布式训练算法与系统"进行了解
class LeNet(nn.Module):
    def __init__(self):
        super(LeNet, self).__init__()
        # 请参考 1.4.2 小节，通过循环实现卷积，理解卷积的执行逻辑并思考其中的潜在系统问题
        self.conv1 = nn.Conv2d(3, 6, 5)
        # 我们能否将超参数 6 调整为 64? 如何高效地搜索最优的配置? 这些内容我们将在"第 9 章自动化
          机器学习系统"展开介绍
        self.conv2 = nn.Conv2d(6, 16, 5)
```

```
        self.fc1 = nn.Linear(16*5*5, 120)
        self.fc2 = nn.Linear(120, 84)
        self.fc3 = nn.Linear(84, 10)

    def forward(self, x):
        out = F.relu(self.conv1(x))
        out = F.max_pool2d(out, 2)
        out = F.relu(self.conv2(out))
        out = F.max_pool2d(out, 2)
        out = out.view(out.size(0), -1)
        out = F.relu(self.fc1(out))
        out = F.relu(self.fc2(out))
        out = self.fc3(out)
        return out


def train(args, model, device, train_loader, optimizer, epoch):
    # 框架如何进行模型训练？我们将在“第 3 章深度学习框架基础”进行介绍
    model.train()
    for batch_idx, (data, target) in enumerate(train_loader):
        data, target = data.to(device), target.to(device)
        optimizer.zero_grad()
        output = model(data)
        loss = F.nll_loss(output, target)
        loss.backward()
        optimizer.step()
        ...


def test(model, device, test_loader):
    model.eval()
    ...
    with torch.no_grad():
        for data, target in test_loader:
            data, target = data.to(device), target.to(device)
            # 推理系统如何设计以及如何进行模型推理？我们将在“第 8 章深度学习推理系统”进行介绍
            output = model(data)
            ...


def main():
    ...
    # 当前语句决定了使用哪种加速器，读者可以通过“第 4 章矩阵运算与计算机体系结构”了解不同加速器
    # 的体系结构及底层原理
    device = torch.device("cuda" if use_cuda else "cpu")
    # 如果 batch size 过大，造成单 GPU 内存无法容纳模型及中间激活的张量，读者可以参考“第 6 章分布
    # 式训练算法与系统”了解如何通过分布式训练打破单卡资源限制
    train_kwargs = {'batch_size': args.batch_size}
    test_kwargs = {'batch_size': args.test_batch_size}
    ...
    # 如何高效地进行数据读取？这些内容我们将在“第 7 章异构计算集群调度与资源管理系统”进行介绍。
```

```
# 如果我们训练的数据集和模型是为了解决"预测系统优化配置"问题,我们想训练的模型是优化系统
# 配置,那么读者可以参考"第 13 章人工智能优化计算机系统",思考如何将人工智能应用到系统优化,
# 也就是 AI for System。

# 如果我们的数据集没有提前准备好,需要实时和环境交互获取,那么读者可以参考"第 10 章强化学习系统"。
dataset1 = datasets.MNIST('../data', train=True, download=True, transform=
    transform)
dataset2 = datasets.MNIST('../data', train=False, transform=transform)
train_loader = torch.utils.data.DataLoader(dataset1,**train_kwargs)
test_loader = torch.utils.data.DataLoader(dataset2, **test_kwargs)
model = LeNet().to(device)
optimizer = optim.Adadelta(model.parameters(), lr=args.lr)
...
for epoch in range(1, args.epochs + 1):
    train(args, model, device, train_loader, optimizer, epoch)
    # 如果模型训练完成需要部署,我们如何压缩和量化后再部署?读者可以参考"第 11 章模型压缩与加
    # 速"进行了解
    test(model, device, test_loader)
    ...

# 如果用户提交多个这样的训练作业,系统如何调度和管理资源?读者可以参考"第 7 章异构计算集群调度与
# 资源管理系统"进行了解
if __name__ == '__main__':
    main()
```

1.4.2　模型算子实现中的系统问题

我们在深度学习中所描述的层,一般在深度学习编译器中也称作操作符(operator)或算子。底层算子在具体实现时需要先将其映射或转换为对应的矩阵运算(例如通用矩阵乘 GEMM),再由其对应的矩阵运算翻译为对应的循环程序(当前实例中,为方便理解,我们简化问题,在后面的实例中忽略 stride 等其他超参数对循环的影响)。

如图 1-14 所示的 Conv2D 计算过程实例中,每次选取数据输入层一个窗口的矩阵(例如,与卷积核一样的宽高尺寸),然后和对应的卷积核(例如 Filter-1 中的 5×5 卷积核代表高 5 维宽 5 维的矩阵)进行矩阵内积(dot product)运算,再将所有的计算结果与偏置项 b 相加后输出,接着依次沿着行进行滑动,移动一定的步长,再进行下次矩阵内积计算,到达边界后再沿着一定步长跳到下一列,重复刚才的滑动窗口运算。这些结果最终组合成输出矩阵,也被称作特征图(feature map)。

例如,图中所示的输入张量形状(tensor shape)为 3×32×32(3 代表通道,32 代表张量高度,32 代表张量宽度),经过 2×3×5×5 的卷积(2 代表输出通道数,3 代表输入通道数,5 代表卷积核高度,5 代表卷积核宽度)后,输出张量形状为 2×28×28(2 代表通道,28 代表张量高度,28 代表张量宽度)。

图中所示的卷积计算可以表达为多层嵌套循环,我们以下面伪代码(代码 1-2)为例进行分析。

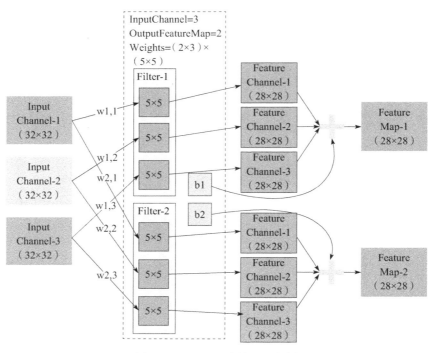

图 1-14　Conv2D 计算过程实例

代码 1-2　Conv2D 将被转换为如下的 7 层循环进行计算

```
# 批尺寸维度 batch_size
for n in range(batch_size):
    # 输出张量通道维度 output_channel
    for oc in range(output_channel):
        # 输入张量通道维度 input_channel
        for ic in range(input_channel):
            # 输出张量高度维度 out_height
            for h in range(out_height):
                # 输出张量宽度维度 out_width
                for w in range(out_width):
                    # 卷积核高度维度 filter_height
                    for fh in range(filter_height):
                        # 卷积核宽度维度 filter_width
                        for fw in range(filter_width):
                            # 乘加(Multiply Add)运算
                            output[h, w, oc] += input[h + fw, w + fh, ic] * kernel[fw, fh,
                            c, oc]
# 备注: 为简化计算过程阐述，我们简化了没有呈现维度(dimension)的形状推导(shape inference)计算
逻辑。
```

在这其中有很多有趣的问题，读者可以思考与分析。

算法变换：从算法来说，当前 7 层循环可以转换为更加易于优化和高效的矩阵计算（例如，cuDNN 库中的卷积就提供了多种实现卷积的算法）方式。这些算法被封装在库中，有些框架会在运行时启发式搜索选择不同算法策略。

　　深度学习加速库（例如 cuDNN 等）通常通过应用 im2col 函数将卷积转换为通用矩阵乘法（general matrix multiplication，GEMM），如图 1-15 所示。cuDNN 也支持利用其他算法实现卷积，例如 FFT、WINOGRAD 等。通用矩阵乘是计算机视觉和自然语言处理模型中主要的算子实现算法（例如，卷积、全连接、平均池化、注意力等算子均可以转换为 GEMM），同时底层 GPU 和其他专有人工智能芯片（如 ASIC）也针对矩阵乘的计算特点提供了底层硬件计算单元的支持（例如 NVIDIA GPU 张量核、Google TPU 脉动阵列的矩阵乘单元（matrix-multiply unit）等），这样的转换就可以让大多数常见算子利用专有底层硬件和软件的优化。

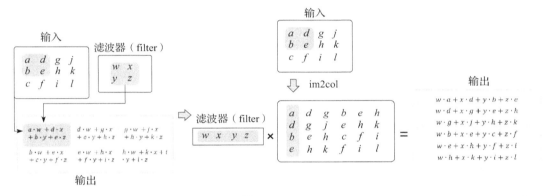

图 1-15　卷积通过 im2col 转换为通用矩阵乘法[3]（图中使用一个卷积核和一个输入图片通道为例简要说明）

　　局部性：循环执行的主要计算语句是否有局部性可以利用？空间局部性（缓存线内相邻的空间是否会被连续访问）以及时间局部性（同一块内存多久后还会被继续访问），这样我们可以在预估后，尽可能地通过编译调度循环执行，这些内容将在第 5 章着重介绍。在 1.5 节中我们也将展示矩阵乘的局部性，读者可以参考理解。

　　利用片上内存：利用局部性的同时，程序可以减少下一级存储的读写，但是其中参与计算的输入、权重和输出张量能否完全放入 GPU 缓存（L1、L2）或片上共享内存（shared memory）中？如果不能放入则需要通过循环块（tile）编译优化进行切片，这些内容将在第 5 章着重介绍。

　　近似计算：如果有些权重为 0，是否可以不进行计算和存储？读者可以参考第 11 章的稀疏性（sparsity）部分进行了解。

　　内存管理与扩展（scale out）：读者可以预估各个层输出张量、输入张量和内核（Kernel）张量的大小，进而评估是否需要多卡、虚拟内存管理策略设计，以及变量存活分析结合模型特点动态释放内存等。读者可以参考第 5 章和第 8 章中关于内存优化与管理的内容。

　　运行时任务调度：当算子与算子在运行时按一定调度次序执行时，框架如何进行运行时资源管理与任务调度。

1.4.3　框架执行深度学习模型的生命周期

"Inside every large program is a small program struggling to get out. "　　　　——Tony Hoare

我们从下面实例会看到，目前算法工程师只需要书写核心算法，即核心算法与高层设计（small program），而不需要关注底层的细节代码（底层 large program）或指令，层层抽象提升了开发效率，但是却隐藏了系统研发的细节，导致我们遇到性能问题时难以理解，需要做进一步探究。

在之前的实例中，我们基本知晓 Python 如何编写深度学习训练程序，以及深度学习框架代码中的一个算子（例如卷积）是如何翻译成底层 for 循环进行计算的。但是这类 for 循环计算通常可以被设备厂商提供的运行时算子库抽象，用户不需要继续书写 for 循环了。例如，cuDNN 向用户提供卷积的实现和 API 功能。

如图 1-16 所示，假设我们编写深度学习程序已经抽象到了 cuDNN 这层，相比直接使用算子实现，似乎我们已经提升了很多开发效率：

我们为什么还需要深度学习框架（例如 TensorFlow、PyTorch）？

框架作为至关重要的深度学习系统究竟在其中扮演了什么角色和做了什么工作呢？

用户的 Python 代码是如何一步步翻译到底层的具体实现呢？

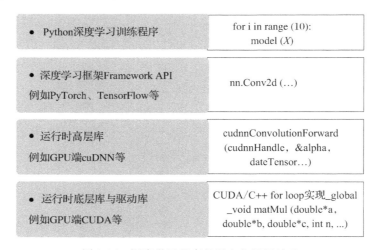

图 1-16　深度学习程序的层次化调用关系

我们以一个实例为例进行介绍。

我们先对比一下，如果没有深度学习框架，而只将算子 for 循环抽象提供算子库（例如 cuDNN）的调用，读者将只能通过设备提供的底层 API 编写作业。例如，通过 CUDA+cuDNN 库编写卷积神经网络（以 cuDNN 编写的卷积神经网络 LeNet 实例）。

我们以实现 LeNet 实例，对比说明 cuDNN+CUDA 这层抽象还不足以让算法工程师非常高效地设计模型和书写算法。如下两个实例所示，同样都是实现 LeNet，使用高层框架只需要 9

行代码，而使用 cuDNN 需要上千行代码，而且还需要精心管理内存分配释放，拼接模型计算图，效率十分低下。

代码 1-3（1）　通过 cuDNN+CUDA API 编程实现 LeNet，需要上千行代码实现模型结构和内存管理等逻辑（参考实例 cudnn-training）

```
// 内存分配，用户需要精确算出需要分配的张量大小，如果用深度学习框架此步骤会省略
...
cudaMalloc(&d_data, sizeof(float) * context.m_batchSize * channels * height * width);
cudaMalloc(&d_labels, sizeof(float) * context.m_batchSize * 1 * 1 * 1);
cudaMalloc(&d_conv1, sizeof(float) * context.m_batchSize * conv1.out_channels *
    conv1.out_height * conv1.out_width);
...
// 前向传播第一个卷积算子 ( 仍需要写其他算子 )
...
cudnnConvolutionForward(cudnnHandle, &alpha, dataTensor,
                        data, conv1filterDesc, pconv1, conv1Desc,
                        conv1algo, workspace, m_workspaceSize, &beta,
                        conv1Tensor, conv1);
...
// 反向传播第一个卷积算子 ( 仍需要写其他算子 )，如果用深度学习框架此步骤会省略，框架会通过自动求导方
    式补全反向传播计算逻辑
cudnnConvolutionBackwardBias(cudnnHandle, &alpha, conv1Tensor,
                            dpool1, &beta, conv1BiasTensor, gconv1bias);

cudnnConvolutionBackwardFilter(cudnnHandle, &alpha, dataTensor,
                              data, conv1Tensor, dpool1, conv1Desc,
                              conv1bwfalgo, workspace, m_workspaceSize,
                              &beta, conv1filterDesc, gconv1));
// 第一个卷积权重梯度更新 ( 仍需要写其他算子 )，如果用深度学习框架此步骤只需要一行用户代码调用即可
    完成底层全模型的梯度更新
cublasSaxpy(cublasHandle, static_cast<int>(conv1.pconv.size()),
            &alpha, gconv1, 1, pconv1, 1);
cublasSaxpy(cublasHandle, static_cast<int>(conv1.pbias.size()),
            &alpha, gconv1bias, 1, pconv1bias, 1);
// 内存释放，如果用深度学习框架此步骤会省略，自动完成内存垃圾回收
...
cudaFree(d_data);
cudaFree(d_labels);
cudaFree(d_conv1);
...
```

代码 1-3（2）　通过 Keras 书写 LeNet（TensorFlow Backend），只需要 9 行代码构建模型结构（算上训练逻辑只需要几十行代码，参考文档 LeNet-5-with-Keras）

```
model = keras.Sequential()
model.add(layers.Conv2D(filters=6, kernel_size=(3, 3), activation='relu',
    input_shape=(32, 32, 1)))
model.add(layers.AveragePooling2D())
model.add(layers.Conv2D(filters=16, kernel_size=(3, 3), activation='relu'))
```

```
model.add(layers.AveragePooling2D())
model.add(layers.Flatten())
model.add(layers.Dense(units=120, activation='relu'))
model.add(layers.Dense(units=84, activation='relu'))
model.add(layers.Dense(units=10, activation = 'softmax'))
```

从上面的实例对比我们看到，深度学习框架对算法工程师开发深度学习模型、训练模型非常重要，能大幅减少代码量和程序缺陷的发生（例如内存管理缺陷），提升开发效率，让算法工程师解放出来，专注于算法设计研究本身。总结起来，深度学习框架一般会提供以下功能：

1）以 Python API 供开发者编写复杂的模型计算图（computation graph）结构，调用基本算子实现（例如卷积的 cuDNN 实现），大幅降低开发代码量。

2）自动化内存管理，不暴露指针和内存管理给用户。

3）提供自动微分（automatic differentiation）功能，能自动构建反向传播计算图，并与前向传播图拼接成统一计算图。

4）调用或生成运行期优化代码（静态优化）。

5）调度算子在指定设备的执行，并在运行期应用并行算子，实现提升设备利用率等优化（动态优化）。

从上文我们了解到深度学习框架已经帮助我们解决了很多底层系统的资源管理与任务调度问题，隐藏了很多细节，但是这些细节和底层实现又是系统工程师比较关注的，这些细节影响程序性能等非功能性属性。接下来我们以一个深度学习作业如何被框架一步步底层执行的流程为例，为大家揭开框架底层隐藏的实现过程。

TensorFlow 是应用非常广泛的深度学习框架，相比 PyTorch 的命令式执行（imperative execution）方式（运行到算子代码即触发执行，易于调试），TensorFlow 采用符号执行（symbolic execution）方式（程序调用 session.run() 才真正触发执行，并且框架能获取完整计算图进行优化）。二者详细区别我们将在后面框架章节进行介绍。我们在下面的图示和实例中以 TensorFlow 的一个简单程序为例，展示深度学习模型是如何被深度学习框架静态（static）编译与运行时动态（dynamic）管理的。

如图 1-17~图 1-20 所示，我们通过划分不同阶段，解释一个 TensorFlow 程序完成一个精简示例模型 $x*y+z$ 的训练全流程。

（1）前端程序转换为数据流图。如图 1-17 所示，这个阶段框架会将用户使用 Python 编写的深度学习模型，通过预先定义的接口，翻译为中间表达（intermediate representation），并且构建算子直接的依赖关系，形成前向数据流图（data-flow graph）。

（2）反向求导。如图 1-18 所示，这个阶段框架会分析形成前向数据流图，通过算子之前定义的反向传播函数，构建反向传播数据流图，并和前向传播数据流图一起形成整体的数据流图。

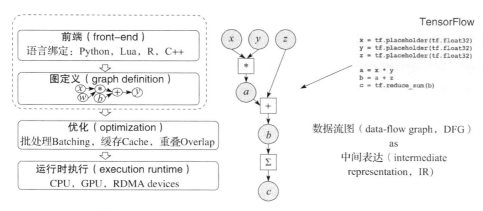

图 1-17　Python+TensorFlow 程序解析为中间表达和前向传播数据流图

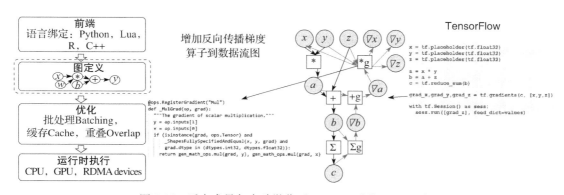

图 1-18　反向求导与自动微分（automatic differentiation）

（3）产生运行期代码。如图 1-19 所示，这个阶段框架会分析整体的数据流图，并根据运行时部署所在的设备（CPU、GPU 等），将算子中间表达替换为算子针对特定设备的运行期代码，例如图中 CPU 的 C++算子实现或者针对 NVIDIA GPU 的 CUDA 算子实现。

图 1-19　产生运行期代码

（4）调度并运行代码。如图 1-20 所示，这个阶段框架会将算子及其运行期代码实现抽象为"任务"，并依次根据"任务"依赖关系，调度到计算设备上进行执行。一些不方便做静态优化的选项可以通过运行期调度实现，例如，并发（concurrent）计算与 I/O，如有空闲资源则并行执行没有依赖的算子等。目前框架（例如 PyTorch、TensorFlow）一般选择单 CU-DA Stream 在 NVIDIA GPU 侧进行算子内核调度，数据加载会选择再设置其他 Stream。例如，PyTorch 出于以下考量："以一种让它们合作共享 GPU 的方式编写 CUDA 内核较为困难，因为精确地调度是硬件控制。在实践中，内核编写者通常组合多个任务形成单片内核。数据加载和分布式计算程序是单 Stream 设计的例外，它们小心地插入额外的同步以避免与内存分配器的不良交互。"

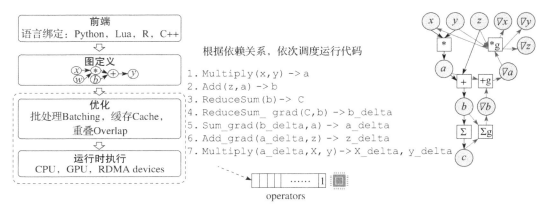

图 1-20　调度并运行代码

综上所述，我们通过上面两个小节可以发现，如果没有框架和算子库的支持，算法工程师进行简单的深度学习模型设计与开发都会举步维艰，所以我们看到深度学习算法本身飞速发展的同时，也要看到底层系统对提升整个算法研发的生产力起到了不可或缺的作用。

1.4.4　更广泛的人工智能系统生态

除了使用框架本身提供的功能进行单模型训练，当前还在以下几个方面存在更广泛的人工智能系统生态。

1. 更大的超参数组合与模型结构的搜索空间

之前我们看到的实例是单个模型的样例，但是深度学习模型可以通过变换其中的超参数和模型结构获取和训练更好的结果，这种探索式的多任务学习过程也叫作自动化机器学习，读者可以参考"第 9 章　自动机器学习系统"了解相关领域的内容与挑战。

2. 共享的资源与多租的环境

如果我们现在的 GPU 等训练资源都被公司或组织机构集中管理，用户需要共享使用资源进而提升资源整体利用率，那么在这种环境下系统如何向算法工程师提供接近单机的使用环境体验，进而让算法工程师更加简便、高效地使用资源？读者可以参考"第 7 章 异构计算集群调度与资源管理系统"了解平台如何应对当前的挑战。

3. 假设数据无法离线提前准备好

如果数据没有提前准备好，系统需要提供更加多样的训练方式，深度学习系统需要不断与环境或者模拟器交互，获取实时数据，使用强化学习的方式进行训练，读者可以参考"第 10 章 强化学习系统"进行了解，强化学习系统如何在更复杂与多样的场景下进行模型训练以及数据获取。

4. 数据和人工智能模型的安全与隐私如何保障

当前深度学习使用数据驱动的方法，同时部署时会产生交付的模型文件。模型泄露、篡改以及本身的缺陷会造成潜在的安全风险。如何保护深度学习整体的安全与隐私相比传统安全领域有了新的挑战，读者可以参考"第 12 章 人工智能安全与隐私"进行了解。

5. System for AI 和 AI for System

之前我们了解的大部分是针对人工智能负载做系统设计，也称作 System for AI，我们也可以思考如何通过人工智能这种数据驱动的方法反过来指导系统设计与优化，也就是 AI for System，读者可以参考"第 13 章 人工智能优化计算机系统"进行了解。

1.4.5　深度学习框架及工具入门实验

威斯康星大学麦迪逊分校的 Remzi Arpaci-Dusseau 曾在 2019 年 FAST（USENIX Conference on File and Storage Technologies）大会上以 "*Measure*, *then build*"[7] 为题做了演讲，并在 2022 年 FAST 大会上以 "25 *years of storage research and education*：*a retrospective*"[8] 为题做了演讲，其中提到系统研究与学习工作中度量之后构建 "Measure, then build" 的系统工作研究方法。

他的核心想法是通过度量（measurement）去学习和找到实际问题，采用螺旋式学习路线：

1）度量（measure）；

2）理解（understand）；

a. 学习到新的机会

b. 启发新的想法

3）构建（build）；

重复 1）~3）的过程。

他提出：研究是一种学习练习（"Research is a learning exercise"）的思想，不断思考什么是可度量的，以及从中可以学到什么。

那么我们也开始从度量深度学习作业的执行感知和学习深度学习系统，为后续更深入地学习形成具象的认知。

读者可以通过本小节的实验，初步感受与观测人工智能系统的运行。

通过在深度学习框架上调试和运行样例程序，观察不同配置下的运行结果，有利于读者了解深度学习系统的工作流程。通过实验，读者将了解：①深度学习框架及工作流程；②在不同硬件和批尺寸条件下，张量运算产生的开销。

具体实现细节请大家参考实验 AI-System Lab1 框架及工具入门示例。

实验（experiment）与遥测（telemetry）是系统工作必不可少的环节，同时系统研究与工作离不开动手实践。希望读者通过上面实例端到端地跑通样例并对相关工具和系统有初步的实践体验。

1. 实验目的

- 了解深度学习框架及工作流程（deep learning workload）。
- 了解在不同硬件和批尺寸条件下，张量运算产生的开销。

2. 实验环境

```
PyTorch==1.5.0
TensorFlow>=1.15.0
```

【可选环境】单机 NVIDIA GPU with CUDA 10.0

3. 实验原理

通过在深度学习框架上调试和运行样例程序，观察不同配置下的运行结果，了解深度学习系统的工作流程。

4. 实验内容

实验流程图如图 1-21 所示。

具体步骤如下。

1）安装依赖包。PyTorch == 1.5，TensorFlow>=1.15.0。

2）下载并运行 PyTorch 仓库中提供的 MNIST 样例程序。

3）修改样例代码，保存网络信息，并使用 TensorBoard 画出神经网络数据流图。

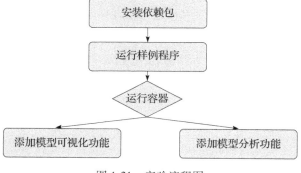

图 1-21　实验流程图

4）继续修改样例代码，记录并保存训练时正确率和损失值，使用 TensorBoard 画出损失和正确率趋势图。

5）添加神经网络分析功能（profiler），并截取使用率前 10 名的操作。

6）更改批次大小为 1、16、64，再执行分析程序，并比较结果。

7）【可选实验】改变硬件配置（例如，使用或不使用 GPU），重新执行分析程序，并比较结果。

5. 实验报告

实验环境记录如表 1-2 所示。

表 1-2　实验环境

硬件环境	CPU（vCPU 数目）	
	GPU（型号、数目）	
软件环境	OS 版本	
	深度学习框架 Python 包名称及版本	
	CUDA 版本	

实验结果包含以下几项内容

1）模型可视化结果截图如表 1-3 示例。

表 1-3　模型可视化结果

神经网络数据流图	
损失和正确率趋势图	
网络分析，使用率前十名的操作	

2）网络分析，不同批尺寸结果比较如表 1-4 示例。

表 1-4　不同批尺寸结果比较

批尺寸	结果比较
1	
16	
64	

6. 参考代码

（1）MNIST 样例程序

代码位置：AI-System/Labs/BasicLabs/Lab1/mnist_basic.py

运行命令：python mnist_basic.py

（2）可视化模型结构、正确率、损失值

代码位置：AI-System/Labs/BasicLabs/Lab1/mnist_tensorboard.py

运行命令：python mnist_tensorboard.py

（3）网络性能分析

代码位置：AI-System/Labs/BasicLabs/Lab1/mnist_profiler.py

7. 参考资料

- 样例代码：PyTorch-MNIST Code

- 模型可视化：
  - PyTorch Tensorboard Tutorial
  - PyTorch TensorBoard Doc
  - pytorch-tensorboard-tutorial-for-a-beginner
- Profiler：how-to-profiling-layer-by-layer-in-pytroch

1.4.6　小结与讨论

本节我们主要通过一些实例启发读者建立本书各个章节之间的联系，系统的多层抽象造成我们在人工智能的实践过程中已经无法感知底层系统的运行机制。希望读者完成后面章节的学习后，能够看到深度学习系统底层的作用和复杂性，从而使上层人工智能作业和代码的书写更加高效。

请读者读完后面章节后再回看本节，并重新思考当前编写的人工智能 Python 程序的底层发生了什么？

1.4.7　参考文献

[1]　LECUN Y，BOTTOU L，BENGIO Y，et al. Gradient-based learning applied to document recognition [J]. Proceedings of the IEEE，1998，86(11)：2278-2324.

[2]　CHETLUR，SHARAN，et al. Cudnn：efficient primitives for deep learning[J/OL]. arXiv preprint arXiv：1410. 0759，2014.

[3]　HERNÁNDEZ G，JOSÉ E，et al. Using PHAST to port caffe library：first experiences and lessons learned[J/OL] arXiv preprint arXiv：2005. 13076，2020.

[4]　TBENNUN. cudnn-training[OL]. Github，[2023. 12. 1]. https：//github. com/tbennun/cudnn-training.

[5]　THAMAN T. LeNet-5-with-Keras [OL]. Github，[2023. 12. 1]. https：//github. com/TaavishThaman/LeNet-5-with-Keras.

[6]　PASZKE，ADAM，et al. Pytorch：an imperative style，high-performance deep learning library [J]. Advances in Neural Information Processing Systems 32，2019.

[7]　ARPACI-PUSSEAUR. Measure，then build[C]. ATC，2019.

[8]　ARPACI-DUSSEAU R. 25 years of storage research and education：a retrospective[C]. FAST，2022.

1.5　影响深度学习系统设计的理论、原则与假设

- 变化是唯一不变的（Change is the only constant）　　　　　　　　　　——Heraclitus
- 没有记住过去的人会重蹈覆辙（Those who cannot remember the past are condemned to repeat it）　　　　　　　　　　　　　　　　　　　　　　　——George Santayana

人工智能系统目前仍是系统研究领域活跃且发展较快的研究方向，新研究层出不穷，似乎我们很难把握其发展趋势与脉络，但是当我们从经典的系统设计理论、原则与假设回过头

来看当前的很多问题，似乎在更抽象的层面能找到不变的问题抽象与方法论指导。

　　人工智能系统的内容包罗万象，涉及计算机体系结构、编译器、操作系统、计算机网络的经典知识应用与拓展，经典的计算机系统相关理论和系统优化方法在深度学习中依然在发挥巨大的作用，我们依然可以将当前很多问题映射和抽象，并使用经典计算机系统的理论和方法来解决。那么在后面内容展开之前，我们以几个代表性理论及其在深度学习系统中的应用为例，为之后我们在学习和解决具体系统问题时提供一定的理论支撑。

　　本节主要围绕以下内容进行介绍：

　　1）抽象-层次化表示与解释；

　　2）摩尔定律（Moore's law）与算力发展趋势；

　　3）局部性原则（priciple of locality）与内存层次结构（memory hierarchy）；

　　4）线性代数（linear algebra）计算与模型缺陷容忍（defect tolerance）特性；

　　5）并行（parallel）加速与阿姆达尔定律（Amdahl's law）优化上限；

　　6）冗余（redundancy）与可靠性（dependability）。

1.5.1　抽象-层次化表示与解释

　　计算机系统中的分层设计是关注点分离（separation of concerns）原则的另一种体现（例如图 1-22 中的深度学习系统的各层表示）。为什么会有抽象-层次化（layering）？2010 年 N. Vlajic 在 "Layered architectures and applications" 中总结到：

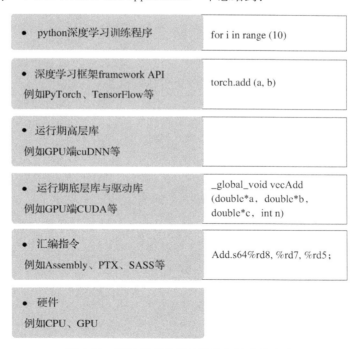

图 1-22　深度学习程序的抽象与层次化表达

- 模块化（modularity）：文本被解耦为一系列更小的可控的子问题，每个子问题可以独立地敏捷演化和解决。
- 功能复用：底层的功能可以被上层复用。
- 更敏捷的增量更新与演化：单片（monolithic）系统设计修改起来非常昂贵，层次化设计可以更新得更加敏捷。

深度学习系统也遵循层次化设计。系统会在各个层次抽象不同的表示，在高层方便用户表达算子，在底层则被转换为指令被芯片执行。这种搭积木的方式让整个工具链快速协同发展且能复用，大大加速了开发效率与自动化。

我们一般使用 Python 语言编写和调用深度学习库以完成整个机器学习流水线的构建，但其实刚刚接触到其中一层。从上到下，系统已经为我们抽象了多个层次。我们通过下面的实例可以了解各个层次的抽象与表达，为之后的学习形成跨层的视角。

如图 1-22 所示，我们通过一个向量加法的实例，从上到下地观察各个层次是如何抽象和层次化标识具体的执行逻辑的。

- 语言层：Python 语言

本层可以书写各种控制流（循环）、调用库等。

代码 1-4　Python 循环

```
for i in range(10):
    # 执行 vector add
```

- 框架层：TensorFlow、PyTorch 等

例如，我们通过 Python 调用 PyTorch 实现一个简单的向量加法。

代码 1-5　PyTorch 向量加法

```
import torch
...
K = ...               # 定义向量维度(dimension)
a = torch.randn(K)    # 初始化
b = torch.randn(K)
torch.add(a, b)       # PyTorch 执行向量加法
```

在本层，我们可以编写深度学习模型，通过卷积、池化、全连接、注意力机制等算子，组合出复杂的数据流图模型。

- 运行期底层库与驱动库层：CUDA、cuDNN 等

当向量加法执行到 CUDA 层，将通过下面 CUDA 编程 API 进行实现。

例如，在 CUDA 层就会实现：

代码 1-6　CUDA 向量加法

```
...
// CUDA 内核: 每个线程执行用户书写的 CUDA 内核, 完成一个元素的加法
__global__ void vecAdd(double *a, double *b, double *c, int n)
{
    // 获取全局线程 id
    int id = blockIdx.x*blockDim.x+threadIdx.x;

    // 确保不越界
    if (id < n)
        // 执行元素加法
        c[id] = a[id] + b[id];
}
...
int main( int argc, char* argv[] )
{
...
    // 启动(Launch)vecAdd CUDA 内核(Kernel), 通过 gridSize 和 blockSize 配置并行线程数量
    vecAdd<<<gridSize, blockSize>>>(d_a, d_b, d_c, n);
...
```

● 汇编指令层: NVIDIA GPU 中有 PTX、SASS 等

PTX 是一种低级并行线程执行虚拟机 (virtual machine) 和指令集架构 (ISA), 是为了支持跨不同代的 GPU。PTX 将 GPU 暴露为并行计算设备。SASS 是编译成二进制微码的低级汇编语言, 绑定指定代设备, 在 NVIDIA GPU 加速器上执行。PTX 的可读性更强, 我们下面以 PTX 为例解释向量加法实现。读者可以书写导出或者参考实例。

下面为通过工具导出的向量加法的 PTX 指令实例:

代码 1-7　PTX 指令向量加法

```
.visible .entry _Z6vecAddPdS_S_i(      // .entry 定义内核入口名(entry point name)
.param .u64 _Z6vecAddPdS_S_i_param_0, // 64 位无符号参数_Z6vecAddPdS_S_i_param_0,对应
                                         CUDA 代码 double *a 指针
.param .u64 _Z6vecAddPdS_S_i_param_1, // 对应 CUDA 代码 double *b 指针
.param .u64 _Z6vecAddPdS_S_i_param_2, // 对应 CUDA 代码 double *c 指针
.param .u32 _Z6vecAddPdS_S_i_param_3 // 对应 CUDA 代码 int n 变量
)
{
.reg .pred %p<2>;   // 定义谓词(predicate)寄存器变量,用于放置比较运算符结果
.reg .b32 %r<6>;    // 定义一组 32 比特无类型(untyped)寄存器变量,未来用于存放常量数组索引
.reg .f64 %fd<4>;   // 定义一组 64 比特浮点型寄存器变量,用于存取中间结果,未来用于存放输入参数的
                       数据地址
.reg .b64 %rd<11>; // 定义一组 64 比特无类型寄存器变量,未来用于放置存储结构的数据地址

ld.param.u64 %rd1, [_Z6vecAddPdS_S_i_param_0];  // a 加载到%rd1 寄存器
ld.param.u64 %rd2, [_Z6vecAddPdS_S_i_param_1];  // b 加载到%rd2 寄存器
ld.param.u64 %rd3, [_Z6vecAddPdS_S_i_param_2];  // c 加载到%rd3 寄存器
```

```
ld.param.u32 %r2, [_Z6vecAddPdS_S_i_param_3];    // n 加载到 %r2 寄存器
mov.u32 %r3, %ctaid.x;                           // 加载 blockIdx.x 到寄存器 %r3
mov.u32 %r4, %ntid.x;                            // 加载 blockDim.x 到寄存器 %r4
mov.u32 %r5, %tid.x;                             // 加载 threadIdx.x 到寄存器 %r5
mad.lo.s32 %r1, %r4, %r3, %r5;  // mad 完成将两个值相乘，可选择提取中间结果的高半部分或低半部分
                                   (.lo 代表保持低 16 位)，并添加第 3 个值。对应 CUDA 代码为 int
                                   id = blockIdx.x * blockDim.x + threadIdx.x
setp.ge.s32 %p, %r1, %r2;       // setp 指令代表使用关系运算符比较两个数值，并（可选）通过应用布
                                   尔运算符将此结果与谓词值组合。%p = (%r1 >= %r2)，%r1 代表
                                   id，%r2 代表 n
@ %p1 bra BB0_2;                // bra 指令代表分支到一个目标并在那里继续执行。对应 CUDA 代码为
                                   if (id < n)，如果 id < n 为假(false)那么 id >= n 为真(true)，
                                   跳转到 BB0_2

cvta.to.global.u64 %rd4, %rd1;  // cvta 转换 %rd1，也就是 a 为全局内存地址并存到寄存器 %rd4 中
mul.wide.s32 %rd5, %r1, 8;      // 因为当前地址为 64 比特也就是 8 字节，id * 8 的结果放置到寄存器
                                   %rd5 中，用于未来寻址数组中对应位置的数据
add.s64 %rd6, %rd4, %rd5;       // 数组 a 全局地址 %rd4 加 id * 8 结果 %rd5，得到数组第 i 元素地址
                                   放置于 %rd6
cvta.to.global.u64 %rd7, %rd2;  // 转换 %rd2 也就是 b 为全局内存地址 %rd7，
add.s64 %rd8, %rd7, %rd5;       // 数组 b 全局地址 %rd7 加 id * 8 结果 %rd5，得到数组第 i 元素地址
                                   放置于 %rd8
ld.global.f64 %fd1, [%rd8];     // 加载全局内存数组 b 的地址 [%rd8]（也就是第 i 个元素）数据到寄
                                   存器 %fd1
ld.global.f64 %fd2, [%rd6];     // 加载全局内存数组 a 的地址 [%rd8]（也就是第 i 个元素）数据到寄
                                   存器 %fd2
add.f64 %fd3, %fd2, %fd1;       // 相加寄存器中 a，b 第 i 元素到寄存器 %fd3，对应代码 a[id] + b
                                   [id]
cvta.to.global.u64 %rd9, %rd3;  // 转换 %rd3 也就是 c 的地址转换为全局内存地址到寄存器 %rd9
add.s64 %rd10, %rd9, %rd5;      // 数组 c 全局地址 %rd9 加 id * 8 结果 %rd5，得到数组第 i 元素地址
                                   放置于 %rd10
st.global.f64 [%rd10], %fd3;    // 将寄存器 %fd3 的数据也就是 a[id] + b[id] 结果，存储到 c 在全
                                   局内存中的 [%rd10] 对应地址空间，也就是第 i 个元素

BB0_2:
ret;                            // 返回
}
```

● 机器码

每条汇编指令会在内存中编码表示为"01010010"形式的二进制序列，最终被芯片解码（decode）执行。

● 硬件执行单元：ALU、控制单元、寄存器、总线等

例如，在冯·诺依曼架构（von Neumann architecture）[2]的 GPU 中由指令流水线进行指令存储、加载、解码，并执行指令。通过指令控制，数据流水线将数据加载到寄存器，放入 ALU 执行并将结果写回内存。

通过前文从上层到下层的抽象，我们可以看到，越上层对用户隐藏的细节越多，开发效率越高。工具与系统的演化和构建就像搭积木。系统工作需要在适合的层做相应的抽象，对

上一层提供接口，对下一层的接口和资源进行管理，这些需要在之后的具体工作中进行取舍。

1.5.2　摩尔定律与算力发展趋势

摩尔定律（Moore's law）是由英特尔（Intel）创始人之一戈登·摩尔提出的，即"集成电路上可容纳的晶体管数目，约每隔两年便会增加一倍"。而英特尔首席执行官大卫·豪斯（David House）提出且经常被引用的说法是"预计18个月会将芯片的性能提高一倍（即更多的晶体管使其更快）。"

在 GPU 领域，黄氏定律（Huang's law）[3]由英伟达创始人黄仁勋（Jensen Huang）提出，即"图形处理器（GPU）的发展速度比传统中央处理单元（CPU）的发展速度要快得多，GPU 的性能每两年将翻一番以上。"

然而，近些年来有多种论调在讨论摩尔定律已经失效，例如，David Patterson 在 IEEE 2018 Spectrum 上发表了"Moore's law is over, ushering in a golden age for computer architecture, says RISC pioneer"[7]。

当然也有一些论调认为摩尔定律还存在，只不过需要以另一种方式来理解，例如台积电企业研究副总裁 Philip Wong 博士在 2019 年 HotChips（A Symposium on High Performance Chips）大会上的主题演讲（keynotes）环节说道："What will the next node offer us?"[5]文献［5］中提出"摩尔定律非常有效（Moore's law is well and alive）"的出发点在于"处理器速度时钟已经饱和并不意味着摩尔定律已经失效，就像摩尔博士在很多很多年前预测的那样，密度（例如晶体管、逻辑门、SRAM 等）不断增加是摩尔定律持续存在的驱动力"。当时还在 Intel 任职的 Jim Keller 也曾做过题为"Moore's law is not dead"[6]的演讲，并提出："要理解计算领域的这种不减增长，我们需要将摩尔定律的晶体管数量指数解构为计算堆栈中众多独立创新的输出，例如硅工艺技术、集成电路设计、微处理器架构和软件方面。虽然晶体管性能和功率等某些向量的收益确实在递减，但晶体管架构、微处理器架构、软件和新材料等其他向量的收益却在增加。"所以我们看到软件系统也扮演着越来越重要的角色，软硬件协同设计可以进一步挖掘硬件性能。例如，我们在 NVIDIA 的 GPU 中就可以观察到这种趋势，H100 中已经引入变换器引擎（transformer engine），之前 GPU 系列引入张量核，就是将算法层的计算负载特点（矩阵计算）和优化思路（如稀疏性、量化等）引入到软硬件设计中，根据负载特点进行协同优化。"

除了算力不断提升的芯片让系统性能越来越高，我们发现芯片和系统性能还会受到其他约束（constraint）限制，这些约束是很多系统工作的设计动机（motivation）的来源。

1. 功耗墙约束

20 世纪 90 年代末到 21 世纪初的芯片设计目标是提高时钟频率（clock rate），这是通过在更小的芯片上添加更多晶体管来实现的。不幸的是，这种行为增加了 CPU 芯片的功耗，且超出了廉价冷却技术的能力。所以这种约束在工业界有两种路线，一种是采用更复杂的冷却技术，另一种是转向多核设计。我们目前看到的针对人工智能设计的芯片大多采用第二种思路，也就是多核或者众核设计。受限于功耗墙，我们可以观察到 GPU 不同代之间的最大热设计功率（max thermal design power）每年的增幅比例并不高。同时我们在 NVIDIA GPU 中通过 nvidia-smi 命令也可以看到，当 GPU 的温度超出一定阈值时，GPU 会减速或者关闭。在下面的实例中，我们使用命令查询 NVIDIA P40 GPU 可以获取到其对温度的约束，达到 92℃ 时 GPU 会减速（slowdown），达到 95℃ 时 GPU 会停止（shutdown）。

代码 1-8　GPU 温度

```
温度
    GPU 通用温度              :26℃
    GPU 减速温度              :92℃
    GPU 停止温度              :95℃
```

转向多核设计角度，一般我们会看到软硬件通过以下方式应对挑战。

（1）硬件层面。NVIDIA 不仅推出 GPU，还推出 DGX 系统和 DGX Pod，互联更多的 GPU，以打破单 GPU 算力的瓶颈。

（2）软件层面。在后面我们会看到越来越多的框架支持大模型训练，采用多卡或分布式训练的方式打破单卡算力的瓶颈。推理系统在移动端会被功耗所约束，需要通过压缩量化等手段精简模型。

2. 暗硅（dark silicon）与异构硬件（heterogeneous hardware）的趋势

2010 年，ARM 的 CTO Mike Muller 在 EE Times 的 Designing with ARM 虚拟会议上发表暗硅警告（"Warns of Dark Silicon"）[8] 的主题演讲。根据 Mike 的说法："尽管工艺缩小到 11 nm，但固定的功率预算（fixed power budgets）可能很快就无法利用芯片（chip）上的所有可用晶体管。如果没有新的创新，设计人员可能会发现自己处于暗硅时代，能够制造出他们无法负担得起的高密度设备。"Olivier Temam 在 2010 年 ISCA（The ACM IEEE International Symposium on Computer Architecture）大会上的演讲"The Rebirth of Neural Networks"[9] 中提到，对暗硅问题，一种结果是向异构系统的可能演变，即程序分解为"算法序列"，每个算法在任意给定时间映射到一个或几个加速器，晶体管的一小部分在任意给定时间使用（规避"暗硅"问题）。如图 1-23 所示，现在的深度学习程序虽然都是使用 Python 脚本编写，但是当翻译到底层执行时，具体的任务会拆分到异构设备进行指令执行，数据加载与作业调度控制在 CPU 内完成，模型训练在 GPU 内完成，也有公司将模型推理部署于 FPGA 上进行加速（例如微软的 Azure FPGA 推理服务）。异构计算的趋势会使编译器对异构平台产生编译的需求，以及集群资源管理系统对异构硬件资源产生调度与资源分配的需求。当前异构计算的很多工作在数据中心异构和云化的趋势下常常会出现和下面主题相关的系统工作和设计思路。

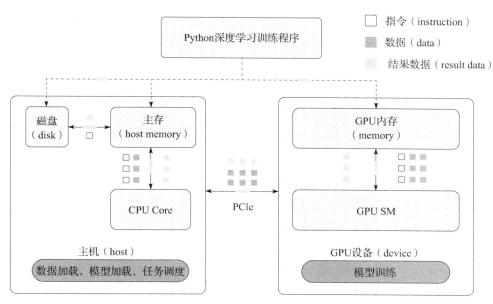

图 1-23　Python 程序异构计算

（1）卸载（offloading）：对不断增长的计算需求，CPU 越来越难以负担，卸载成为一种行之有效的方式。一种思路是卸载控制平面或协议栈到硬件，减少 CPU 的中断和开销，以及用户内核态数据拷贝，例如 DMA、RDMA、GPUDirect Storage 等。另一种是借鉴 Exokernel 的思想，卸载内核态软件栈（例如网络栈、I/O 处理栈）逻辑到用户态，通过内核旁路（kernel bypassing）减少内核态与用户态的切换和数据拷贝，例如 Mellanox Messaging Accelerator（VMA）library。还有一种是直接卸载密集计算，即将适合 SIMD 计算模型的负载（例如，深度学习模型的矩阵运算等）卸载到以 SIMD 为执行模型的 GPU 等加速器中，适用于多指令流多数据流（multiple instruction multiple data，MIMD）（例如字符串数据预处理等）负载卸载到 DPU 等新兴加速器。除去负载的逻辑特点，如果用户的任务负载程序与指令稳定且变化小（例如一些特定场景的模型推理），也较为适合放入 FPGA 中使用硬件级定制加速器处理逻辑。

（2）分解（disaggregation）：数据中希望计算、内存、网络分解提供更加灵活多样且适合多种数据中心负载需求的资源配置，例如以分解内存（memory disaggregation）管理为代表的工作（MIND SOSP' 21 等），这些工作需要重新设计和卸载页表等基本功能。

（3）抽象与统一管理（unified management）：计算或存储异构硬件常常抽象在统一的空间内进行管理，最终达到对用户透明。例如，NVIDIA 的统一内存（unified memory）就与传统的虚拟内存（virtual memory）的思想类似，统一管理 GPU 显存和主存。Intel 的 oneAPI 统一编程模型，管理 CPU 和 GPU 算力。也有在框架层进行抽象与统一管理的工作，例如 BytePS OSDI' 20 协同利用 CPU 和 GPU 训练模型。

3. 内存墙约束

"内存墙"是芯片与芯片外的内存之间越来越大的速度差距。造成这种差距的一个重要原因是超出芯片边界的有限通信带宽，也称为带宽墙。例如，"从 1986 年到 2000 年，CPU 速度以每年 55% 的速度提高，而内存速度仅提高了 10%。鉴于这些趋势，预计内存延迟将成为计算机性能的压倒性瓶颈。"虽然增速比例不同，但是这种通常计算比访存带宽发展更快的现状，其实我们在 GPU 的发展过程中也可以观察到，NVIDIA H100 相比 A100 在 FP32 Vector 上是 48 TFLOPS，相比 19.5 TFLOPS 有近 146% 的提升，但是内存带宽只有 2 TB/s（PCIe 版 GPU），相比 1935 GB/s（PCIe 版 GPU）有 6% 的提升，访存的提升速度落后于计算，如果我们考虑对新型号 GPU 中的计算单元进行稀疏并低精度量化加速，这个差距可能会变得更大，见表 1-5。可以认为在人工智能领域，内存墙这种情况还存在。一般缓解内存墙有以下思路。①利用缓存减少数据访存搬运，同时我们在后面的编译优化等章节会看到很多策略是尽可能利用片上共享内存（减少访问 GPU 显存）或者 GPU 显存（减少访问主存）的，尽可能地减少数据搬运。②关联处理（associative processing）的思想和关联处理器将计算直接卸载到数据侧，例如 IMCA TVLSI' 21 的加速器设计。除了硬件支持，软件层也可以借鉴其思想。在传统大数据系统中，Spark 等尽可能搬运函数，将计算放在数据块所在节点执行，以减少搬运数据，还有 Big Table 和 HBase 的协处理器（coprocessor）设计都是关联处理思想的延伸。③减少数据，例如利用稀疏性与低精度量化，减少待计算需要传递的数据量。④计算屏蔽数据搬运开销，例如 NVIDIA GPU 通过更小开销的硬件线程切换设计，使需要访存的线程让出计算核，进而提升一批线程的计算吞吐，减少访问的开销。

表 1-5 不同 NVIDIA 数据中心 GPU 型号的 FP32 浮点运算量和访存带宽

GPU 规格	32 位浮点运算量	访存带宽	内存尺寸	最大热设计功率	发布年份
H100 PCIe	51 TFLOPS	2 TB/s	80 GB	350 W	2022 年 3 月
A100 PCIe	19.5 TFLOPS	1935 GB/s	80 GB HBM2e	300 W	2020 年 5 月
V100S PCIe	16.4 TFLOPS	1134 GB/s	32 GB HBM2	250 W	2017 年 12 月
P100 PCIe	9.3 TFLOPS	732 GB/s	16 GB	300 W	2016 年 7 月

仅依靠单计算硬件达到的算力是有上限约束的，我们还要通过扩展和异构硬件不断打破上限功耗墙与暗硅约束，同时我们还需要软硬件协同，通过系统与系统算法设计进一步提升效率，使性能逼近上限，绕过内存墙等约束。了解以上趋势会让我们理解为何后面章节中大量的人工智能系统优化策略都是围绕多核并行、分布式计算以及减少数据搬运的。

1.5.3 局部性原则与内存层次结构

在 1.5.2 节我们看到，由于内存墙，算法执行过程中有一种方式是尽可能地减少对下一级存储的访存。本小节我们通过介绍内存的层次结构，利用算法的局部性，减少跨存储层次之间的访存。

深度学习的访存特点是：

- 对模型整体的每轮迭代读取批次数据，这部分会随机采样训练数据进行磁盘或内存数据的读取；
- 模型中的每个算子计算可以转换为底层的循环执行，其中对输入输出数据的访问有一定的缓存复用机会，这部分是尽可能利用 GPU 缓存，减少 GPU 显存访问。

如图 1-24 所示，计算机的内存层次结构很深，不同层级的访存时间、带宽、空间和成本都不同，但遵循一定的递增或递减关系。

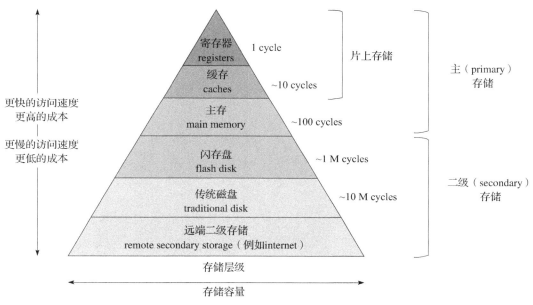

图 1-24　内存层次结构（memory hierarchy）[10]

在图中我们看到传统的内存层次结构一般没有覆盖 GPU 和 AI 加速器的内存、缓存与寄存器，但是其相对规律和图 1-24 是一致的，我们可以通过 PCIe 总线将 AI 加速器与当前已有的体系结构互联，让计算机利用 AI 加速器加速模型的训练与推理。

如图 1-25 所示，我们可以将存储和访存类比为物流的仓储与配送，进而更加具象地理解其中的设计与权衡。末端站点像缓存或寄存器，有更小的空间、更高的租金成本和更快的送达速度。仓库就像磁盘或内存，有更大的空间、更低的租金成本和更慢的送达速度。

如图 1-26 所示，我们可以看到 GPU 显存和主存之间通过 PCIe 总线传输数据，传输的数据一般是初始模型权重，以及每批次的输入张量数据。

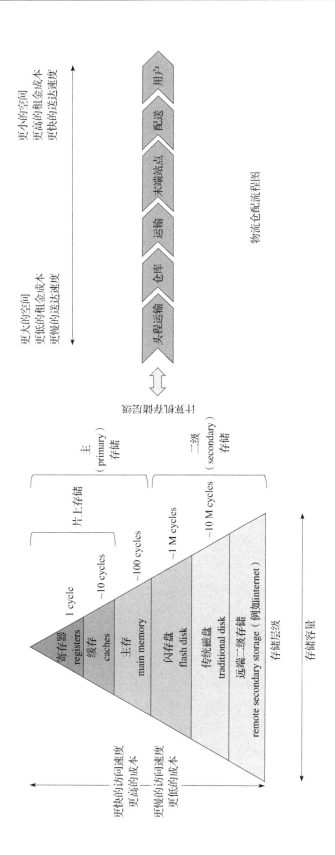

图 1-25　计算机存储层级vs物流仓配流程

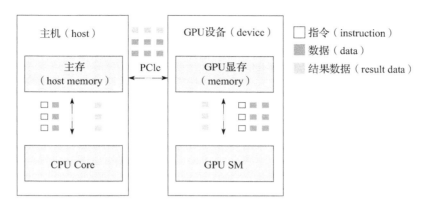

图 1-26　主机和 GPU 之间的数据传输以及 GPU 显存和主存的关系（图片来源于 ankur6ue 博客）

如图 1-27 所示，我们可以看到 GPU 显存和缓存之间的数据流动。

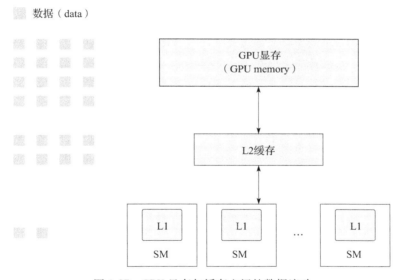

图 1-27　GPU 显存与缓存之间的数据流动

接下来我们以一个算子，也就是卷积转换为矩阵乘计算为例，观察深度学习负载的局部性，这个情况下假设数据已经完成读取（如图 1-26 所示），数据在 GPU 显存中，所以只需要关注图 1-27 中的 GPU 显存与缓存之间的关系，分析矩阵乘的访存局部性。

如代码 1-9 所示，我们通过 A、B 进行通用矩阵乘计算产生矩阵 C（通用矩阵乘常常用于全连接算子和卷积被 im2col 转化后的 GEMM 卷积算子中的运算）。通过分析我们看到，其使用 $m \times n + m \times k + k \times n$ 的空间进行单算子的运算，请读者思考以下问题。

假设缓存线（cache line）为 x 字节，如何执行其中的乘加运算，使访存次数最低？

当 $m \times n + m \times k + k \times n > h$、$h$ 为片上内存的尺寸（例如 GPU 共享显存和缓存）时应该怎么办？

以上两个问题既驱动软件优化（编译优化），也驱动硬件发展（更大的加速器片上内存设计），读者可以在后续的编译优化和体系结构部分阅读更为细致的讲解。

代码 1-9　GEMM 运算

```
// 矩阵 A[m][k] 和 B[k][n] 进行 GEMM 运算产生 C[m][n]
for (int m = 0; m < M; m++) {
    for (int n = 0; n < N; n++) {
        C[m][n] = 0;
        for (int k = 0; k < K; k++) {
            C[m][n] += A[m][k] * B[k][n];
        }
    }
}
```

1. 局部性原则

在计算机科学中，局部性是程序在短时间内重复访问同一组内存位置。局部性有两种基本类型——时间局部性和空间局部性。时间局部性是指在相对较短的时间段内重复使用特定数据和资源。空间局部性（也称为数据局部性）是指在相对较近的存储位置内连续使用数据元素。

如图 1-28 所示，如果以执行周期（cycle）为横轴，以一个循环程序的访存地址为纵轴呈现程序的访存，我们可以观察到，时间局部性（temporal locality）就是图中呈现的在连续执行周期内一直访问同一个地址，空间局部性（spatial locality）就是一段时间内访问连续的地址空间（例如，在同一个缓存线（cache line）内的数据）。如果以一定的粒度（例如，缓存线为 64 Byte，磁盘块为 512 Byte）加载数据，就可以减少访存次数，保证每次加载都是有效的。这就像物流运输中，每次都让货车满载，而不是每次只放一箱货物，但发出多辆货车。

- 时间局部性

通常我们在执行一些迭代计算（例如循环）时，会在不远的未来再次访问模块地址空间，如果我们能摸清这个规律，利用这种时间局部性，在当前内存达到上限并驱逐（evict）这块地址空间数据之前再次访问，就能够减少再次加载这块数据的开销，提升整体性能和效率。这种优化常常应用于算子内核内部的循环计算，或者粒度拓展到训练迭代的周期性加载批次数据中。

- 空间局部性

由于内存和总线出于效率和性能考虑，不同存储层级之间的读写最小单元并不是 1 个字节（例如，通常主存会设置 64 字节的缓存线，并加载数据到缓存。磁盘会设置 512 字节的块大小作为最小的读写粒度。PCIe 会设置最大有效载荷（maximum payload）为主存缓存线大小来控制传递的数据粒度和效率。GPU 也会设置缓存线。），这样就需要系统跨内存加载数据时，尽可能不空载和选择不会近期访问的数据，类似用近期就要使用的商品塞满货车，让"物流"运输更加高效，提升效率。这种优化遍布于各个内存层次之间的数据搬运中。

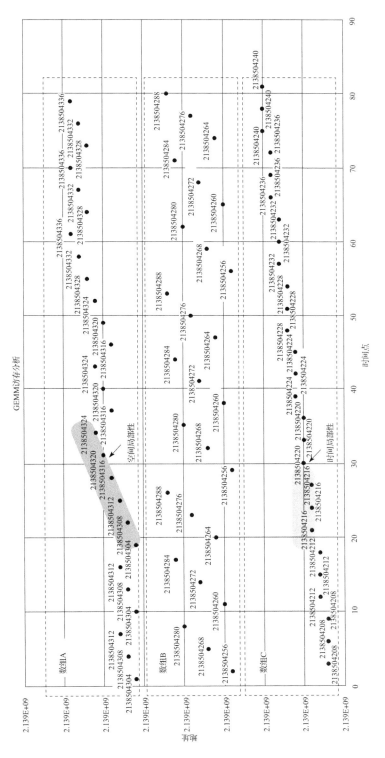

图1-28 GEMM访存分析

那么接下来，假设 GEMM 实例中 $M=3$、$N=3$、$K=3$（常用卷积核大小为 3×3），我们收集其访存地址（参考实例），并可视化如图 1-28 所示的散点图，可以观察到图中不同数组的访存存在一定的空间（数组 C）和时间局部性（数组 A），而数组 B 需要间隔 2 次才访问到地址相邻数据，需要间隔 8 次才访问到同一块内存地址。

代码 1-10　打印运算结果

```
...
C[m][n] += A[m][k] * B[k][n];
printf("%d \n", &A[m][k]);
printf("%d \n", &B[k][n]);
printf("%d \n", &C[m][n]);
...
```

以上的分析方法和思路同样适用于其他两层存储之间的访存优化设计。那么我们可以总结深度学习场景下在各个内存层次结构中利用局部性的案例和机会。

● GPU L1、L2 缓存

当片上缓存较小时，对算子内计算负载进行切片以及访存调度优化是减少缓存失效的常见思路。深度学习编译器关注循环（loop）的块（tile）优化在很大程度上是缓存较小引起的。

缓存预取（prefetch）指令设计，例如在 NVIDIA GPU 的 PTX 指令中，提供缓存预取指令。此例子通过预取指令加载数据到 L2 缓存中，代码为 ld. global. L2：: 64B. b32% r0，[gbl]；//Prefetch 64B to L2。

● GPU 显存 DRAM

GPU 显存与主存通过 PCIe 总线互联，通常 GPU 显存和主存之间传输的是批次数据和模型，利用深度学习模型可以对批次数据的访问时间局部性做相应优化。例如，可以通过预取和卸载 vDNN MICRO' 16 等方式对假设已知访存模式情况下的数据读取进行加速。

● 主存

主存和文件系统之间一般传输的是数据和模型文件，可以提前下载和准备好数据文件，并做好缓存。

对频繁访问的磁盘数据，也可以利用操作系统缓存策略管理。

高效和统一的顺序文件存储格式能够减少随机读写磁盘小文件的问题。

● 本地磁盘存储

本地磁盘存储也可以充当云存储的缓存，例如 Azure Blob Fuse。

缓存文件系统中的数据或者预取数据可以减少网络或云存储中文件的读取代价，例如 Alluxio。

2. 访存一定会成为瓶颈吗？

我们还可以通过 Roofline 性能分析模型[11]对指定任务和硬件规格进行分析，明确当前任务到底是计算受限（compute-bound）还是内存受限（memory-bound），常用于体系结构领域的芯片设计和性能加速。例如先根据负载进行 Roofline 分析，发现当前的模型执行在硬件规格上的瓶颈。针对上面提到的 GEMM，我们分析其乘加运算（multiply accumulate，MAC）量为 $M \times N \times K$，其需要访问的内存数组大小为 $M \times K + K \times N + M \times N$，那么随着不同的 M、N、K 取值（深度学习模型的不同超参数配置），Roofline 模型的表现会呈现不同的差异，这里读者可以分析其曲线在不同配置下呈现计算受限还是内存受限的表现。

在历史上的系统设计中，我们一般是抓住核心瓶颈进行优先优化，非核心瓶颈如果处于更小的数量级，其影响可以暂时忽略。所以我们会看到一些现象，在历史某个时期，某个环节本可以优化的部分表现得并不高效，直到硬件发展到这个环节成为核心瓶颈，系统优化才着重针对这部分进行优化。同时对系统做相对定量分析的研究在系统研究的过程中十分必要。例如，Facebook 在 2018 年发布的数据中心推理场景的经验分析中，对数据中心部署的真实作业使用的模型进行 Roofline 分析，启发未来深度学习芯片设计应该提升片上内存和访存带宽。

3. 缓存一致性约束

虽然缓存系统可以加速数据读取（例如，缓存云文件系统数据到多节点内存），但是由于信息产生了副本（replication），工程师仍要解决类似传统多核系统下的缓存一致性（cache coherence）问题，从而保证数据的一致性。读者可以参考 MESI 协议[12]等设计，针对当前场景的协议，约束当前计算负载任务，保证数据的一致性。

1.5.4 线性代数计算与模型缺陷容忍特性

1. 线性代数

大部分的深度学习算子可以抽象为线性代数运算，如通用矩阵乘。如图 1-29 所示，深度学习模型由很多算子像积木一样组合而成，而每个算子又可以转换为对应的矩阵运算或非线性函数运算，之后可以利用加速器（accelerator）进行加速执行。卷积可以通过 im2col 转换为通用矩阵乘，而矩阵乘在编译器中可以得到大量优化，同时无论是 GPU 还是 ASIC 都可以为其设计专用的加速计算单元。例如，NVIDIA GPU 通过单指令多线程（SIMT）进行矩阵运算加速，单指令多线程（SIMT）是一种用于并行计算的执行模型，将单指令多数据（SIMD）与多线程相结合。Google TPU 通过经典的脉动阵列（systolic array）定制矩阵乘加速单元（matrix multiply unit）。

由于矩阵运算含有较少的的控制流，且计算之间依赖少，适合并行计算。大量的矩阵乘等计算让硬件可以通过单指令多数据流进行指令流水线精简设计，并将更多的片上资源用于计算（如图 1-30 所示），或者在更高的层次上通过多卡或分布式计算的方式进行加速。这种特性的应用我们将在第 5 章进行总结。同时我们也看到，由于矩阵计算早在几十年前的科学计算与高性能计算（HPC）领域有过大量的成熟研究，在深度学习系统领域也有很多工作会借鉴并优化传统科学计算与高性能计算领域的系统设计与开源组件。

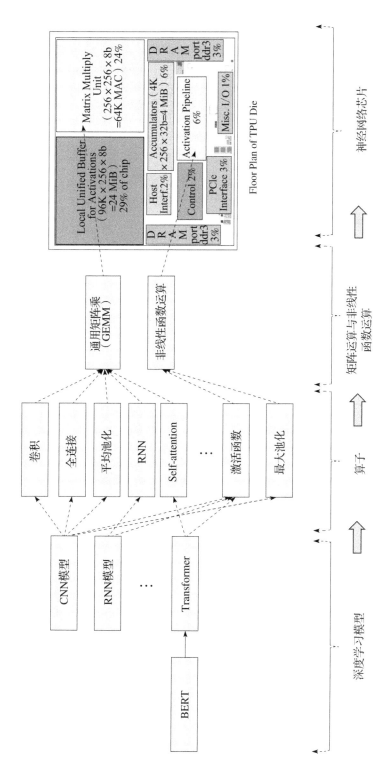

图1-29　深度学习模型转换为底层矩阵运算，并在ASIC加速器为其定制的专用器件上进行加速

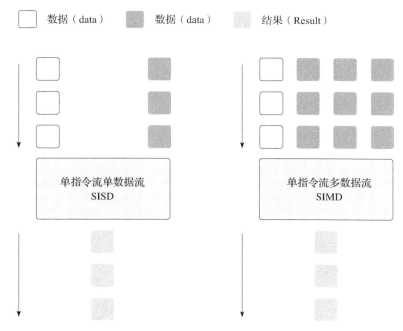

图 1-30　SISD 对比 SIMD

如代码 1-11 所示，我们通过 **A**、**B** 进行通用矩阵乘计算产生矩阵 **C**（全连接、卷积和平均池化等通常可以转换为通用矩阵乘）。但是我们观察到，下面都是标量的操作，如果每个线程都进行标量运算，相当于每个线程都是一个指令流和数据流，但是每个线程实际执行的是相同指令，造成了指令访存、流水线和寄存器的浪费。

代码 1-11　GEMM 运算

```
// 矩阵 A[m][k] 和 B[k][n]进行 GEMM 运算产生 C[m][n]
for (int m = 0; m < M; m++) {
    for (int n = 0; n < N; n++) {
        C[m][n] = 0;
        for (int k = 0; k < K; k++) {
            C[m][n] += A[m][k] * B[k][n];
        }
    }
}
```

如果一次计算一批数据（例如 16 个标量），其实执行的指令一致，差别主要在数据，如代码 1-12 所示：

代码 1-12　GEMM 运算循环优化

```
for (int m = 0; m < M; m++) {
    for (int n = 0; n < N; n += 16) {
        // 以下数据计算是否可以通过特定指令或者加速器架构达到融合批量计算？是否可以减少指令流水
```

```
         线开销？
    C[m][n + 0] = 0;
    ...
    C[m][n + 16] = 0;
    for (int k = 0; k < K; k ++) {
        C[m][n + 0] += A[m][k] * B[k][n + 0];
        ...
        C[m][n + 16] += A[m][k] * B[k][n + 16];
    }
    }
}
```

上面就是单指令多数据流的思想，让相同指令处理的数据流被同一个指令流控制。

为了利用 SIMD，一种方式是指令层提供向量化（vectorization）指令（例如，融合乘加（fused multiply add，FMA）运算指令集结合了乘法和加法运算，可以通过单一指令完成乘加运算），仍利用通用的 CPU，相当于一种软件层的 SIMD。

另一种方式是直接在硬件层将指令流水线等器件的空间去冗余，排布更多的计算单元，这也是 GPU 等加速器的思路。它提供 SIMD 的一种方式——单指令多线程（single instruction multiple threads，SIMT）作为执行模型，同时提供 CUDA 并行编程模型和 FMA 等向量化 PTX 指令。这种方式很适合矩阵计算，因为其控制流少，一批线程（在 NVIDIA GPU 中称作束（warp），一般 32 个线程为一个束，执行相同指令处理不同数据）可以在很长时间内执行相同指令，所以对适合编译和转换为矩阵计算的上层应用（如深度学习、图像处理等）来说，采用 GPU 进行加速非常合适。但是读者可以思考这种方式的劣势：如果未来的深度学习模型中由于动态性需求出现大量控制流（if/else、for/while 等），需要如何设计新的硬件或者软件。例如，在 GPU 中遇到控制流，一般称这种现象为束发散（warp divergence），如代码 1-13 所示。GPU 可以在编译时确定所有束的线程执行相同指令。如果分支很大，编译器（例如 NVCC）将代码插入到检查束中的所有线程，判断是否采用相同的分支，称作束投票（warp voting），然后执行相应的指令分支。

代码 1-13　造成束发散问题实例

```
// 如果 case 只能运行时获取，编译器无法获取，则最坏情况下会造成较大性能损失
if (case==1)
    z = x*x*x;
else
    z = x+3;
```

"束发散会导致并行效率的巨大损失，在最坏的情况下，如果出现以下情况，实际性能会损失 32 倍（束一般设置为 32 个线程），原因是一个线程需要昂贵的分支，而其余的线程什么也不做。一般开发人员在程序端可以选择使用以下优化：如果边界条件便宜，则遍历所有节点并根据边界条件的需要进行分支；如果边界条件很昂贵，推荐拆分为两个 CUDA 内

核。在硬件层，NVIDIA Volta 系列的独立线程调度（independent thread scheduling）支持从不同分支交叉执行语句，这使得能够执行细粒度并行算法，束中的线程可以同步和通信。如图 1-31 所示，NVIDIA Volta 系列的独立线程调度支持从不同分支交叉执行语句，这使得它能够执行细粒度并行算法，其中束中的线程可以同步和通信。"虽然软件层和硬件层都尽可能地规避束发散（warp divergence）影响，但我们还是可以从图中发现部分计算单元在一定时间内的浪费问题，所以问题的本质还是特定的硬件和编程模型适合特定的负载，对负载和硬件执行特点的理解是开掘硬件计算能力，使其达到软件层优化上限的关键。读者可以进一步思考 GPU 适合什么样的负载以及自身局限性。根据当前深度学习模型的发展趋势，未来的 GPU 是否可能需要新的设计。

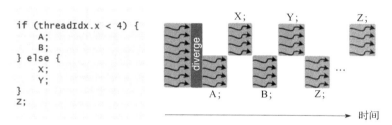

图 1-31　线程交替执行实例

关于当前问题的并行优化，读者可以通过 1.5.5 节中介绍的"阿姆达尔定律的约束"，思考和分析并行后的加速上限是多少。

2. 缺陷容忍

通常我们认为神经网络具有内置的容错特性（fault tolerance property），主要是因为内部的并行（parallel）结构。国际神经网络社区直到 1994 年才讨论这些属性，但后来这个话题几乎被忽略了。之后该主题再次被带到讨论中，在纳米电子（nano-electronic）系统中使用神经网络，容错和优雅降级属性将变得很重要，George Bolt、Joel Tobias Ausonio、Ralf Eickhoff、Fernando Morgado Dias 等人的论文等对此有所讨论。在学术界，神经网络芯片于 2010 年左右开始萌芽。在 2010 年 ISCA 大会上，来自法国国立计算机及自动化研究院（INRIA Saclay）的 Olivier Temam 教授做了题为"The Rebirth of Neural Networks"[9] 的报告，再次指出人工神经网络的缺陷容忍（defect tolerance）特点。他提到"缺陷容忍是 ANN 的一个强项，即无须识别与禁用故障部件，训练算法通过在不稳定（不相关）值时降低突触权重来自然且自动地消除故障突触与神经元"。利用这种特点，Olivier Temam 后续开启了一系列的神经网络加速器工作。目前，这种缺陷容忍特点的利用不仅在芯片领域已经通过其他不同的方法将动机拓展到了软件层，而且在计算框架领域，编译器等部分也常常被作为更为激进的优化方式的动机以及可近似优化的保证，例如稀疏、量化、模型压缩等。

我们可以在深度学习系统的以下相关领域发现这类特性假设的应用。

- 硬件层

利用线性代数特点和缺陷容忍进行模块精简。例如，对于 GPU 或针对人工智能的芯片，特性假设可以精简指令流水线，采用 SIMD 模型提供更多的算力。

稀疏性。在 NVIDIA 最新的 H100 GPU 中，特性假设提供硬件层对稀疏性计算的原生支持。

量化。在 NVIDIA 的 H100 和其他型号的 GPU 中，特性假设提供了 FP64、FP32、FP16、INT8 等不同精度的支持，在准确度允许的范围下，精度浮点越低运算量越大。H100 中的变换器引擎可以（transformer engine）分析输出张量的统计信息，了解接下来会出现哪种类型的神经网络层以及需要的精度，在将神经网络层存储到内存中之前决定转换哪种目标格式的数据类型张量。

- 软件层

稀疏。框架和算法可以根据稀疏性在运行时进行优化，避免进行非 0 计算。

量化。训练完成的模型可以通过量化进一步精简数据精度。

模型压缩。训练完成的模型可以通过模型压缩进一步精简模型，降低浮点运算量与内存占用。

模型权重的比特缺陷容忍。Elvis 等在 CLUSTER' 21 上通过检查点变更（checkpoint alteration）的方式研究了深度学习模型的软错误敏感性（soft error sensitivity）。实验结果证实，流行的深度学习模型通常能够吸收数十个位翻转，且对精度收敛的影响最小。

3. 非确定性（non-deterministic）与确定性（deterministic）约束

以上优化会产生非确定性（non-deterministic），这对调试（debugging）和安全（security）都会产生一些新的挑战，所以有些研究工作会尝试反其道而行之，对有特殊需求的场景（例如安全与调试）设计策略，保证深度学习确定性（deterministic）的执行。因此我们可以看到，单一优化技术本身一般也会产生副作用（side effect），当我们了解了各个基础技术后，如何针对现实需求进行技术设计的权衡取舍（trade offs），是我们需要思考的。

经过前面的讲解我们可以看到，在深度学习系统中，计算负载的特点启发了很多针对深度学习负载的系统优化。

1.5.5　并行加速与阿姆达尔定律优化上限

在 1.5.2 节我们看到，由于功耗墙和暗硅，硬件设计逐渐朝着多核多节点的方向发展，这样就天然需要软件层利用算法特点（1.5.4 节介绍的矩阵运算的并行化机会）做并行化的设计与支持，但是并行化本身的加速收益不是无限增长的，也有相应的理论约束上限，可以使用本小节介绍的阿姆达尔定律进行分析。

深度学习的训练和推理负载可以在多核与多机的硬件下利用负载的并行性（parallelism）进行加速。如图 1-32 所示，假设有 3 个计算核可以运行任务，图中的并行执行只需要串行执行的 1/3 时间即可完成。并行的设计思路贯穿于整个技术栈，从最底层的指令到更高层的跨模型多任务都可以并行，我们在系统设计的各个层次上都能找到并行计算的影子。

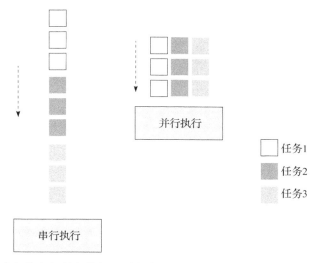

图 1-32 串行执行与并行执行（并行执行只需要串行执行的 1/3 时间即可完成）

在以下深度学习系统的不同层中，都能找到并行加速的影子。

（1）加速器内并行

指令级并行：例如当前针对深度学习的加速器，很多是单指令流多数据流（SIMD）或针对矩阵乘设计的脉动阵列的体系结构，能支持指令级并行与流水线。

线程级并行：例如在 NVIDIA 的技术栈中对线程和束（warp）都提供了并行支持。

算子内与算子间并行：例如，NVIDIA 的技术栈对 CUDA 内核（kernel）级并行、CUDA 流（stream）级并行、CUDA 块（block）级并行都有支持。

（2）异构加速器间并行

例如，框架层 BytePS OSDI' 20 将任务分别部署到 CPU 与 GPU 上执行，充分利用两部分的算力进行计算。

（3）框架数据加载器并行

并行和流水线化的数据加载器可以加速深度学习的数据读取。

（4）框架执行模型并行

数据并行（data parallelism）：例如，框架 Horovod arXiv' 18 将批次切片，部署多副本模型于各个 GPU 进行数据并行训练。

模型并行（model parallelism）：例如，框架 DeepSpeed KDD' 20 等将模型切片，通过模型并行的方式将计算分布开。

流水并行（pipeline parallelism）：例如，框架 GPipe NIPS' 19 将模型执行的各个阶段物理划分到不同的单元，采用类指令流水线的机制加速执行。

（5）超参数搜索并行

若各个超参数组合的模型之前没有依赖关系，则可以并行执行。

（6）强化学习训练模式并行

若多个智能体（agent）可以并行执行，模型本身也可以并行执行。

（7）推理中的并行

模型推理场景中，内核内与内核间都有较大的并行执行机会。

但是并行计算的"天花板"到底在哪里？如何提前评估并行加速的上限？阿姆达尔定律[13]就是为回答以上问题而产生的。阿姆达尔定律描述为

$$S_{latency}(s) = \frac{1}{(1-p) + \dfrac{p}{s}}$$

其中，$S_{latency}$ 是整个任务执行的理论加速；s 是从改进的系统资源中受益的部分任务的加速；p 是受益于改进资源的部分最初占用的执行时间的比例。可以看到，并行加速受限于串行部分，之后的深度学习中，并行过程中的阶段与阶段间的同步点、聚合运算等都是需要一定串行且无法并行的部分。

如图 1-33 所示，根据阿姆达尔定律，图中为执行程序的处理器数量的函数，横轴为处理器数量，纵轴呈现程序执行延迟的理论加速。程序的加速受到程序的串行部分的限制。例如，如果 95% 的程序可以并行化（并行部分 = 95%），那么理论上使用并行计算的最大加速将是 20 倍（如图中绿色虚线所示）。

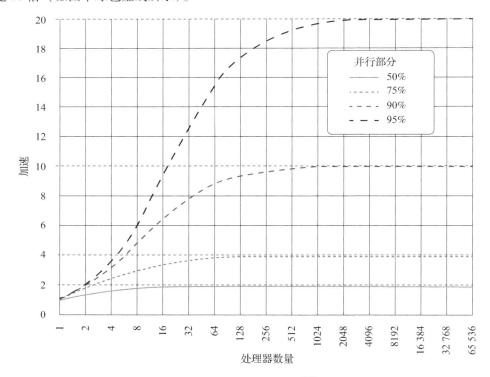

图 1-33　阿姆达尔定律[13]

通过阿姆达尔定律可以了解到，如果某段程序只有 50% 可以并行化，最终不管怎样增加处理器数量最多达到 2 倍提升上限，继续增加只会让性价比（cost performance）降低。

1.5.6　冗余与可靠性

1985 年，图灵奖得主 Jim Gray 曾发表题为 *Why Do Computers Stop and What Can Be Done About It?*[14] 的技术报告，探讨计算机的软硬件故障和容错问题，在人工智能系统不断发展的今天，软硬件技术栈中仍旧存在故障、错误与容错问题。硬件部署后受外部环境影响（如功耗产生的温度提升，所以 1.5.2 小节中讲到芯片受到功耗墙约束）或自身的缺陷（defect），容易出现硬件失效（failure），进而造成软件失效，虽然深度学习算法负载提供一定的缺陷容忍（在 1.5.4 小节中介绍过），但是在一些算法以外的系统和模块层面，为保证整体系统正确执行、不丢失数据，或出于调试模型等考虑，也需要设计一定的数据或模型冗余机制，进而保证整体系统的可靠性。在深度学习系统的整个技术栈中，常见的一些系统冗余技术实例如下。

（1）硬件层

内存错误检查和纠正，例如 NVIDIA GPU 中就支持相应的内存错误管理，默认支持纠错码（error correction code）内存，进行缺陷修复与检测。

（2）框架层

框架的模型检查点（checkpoint）机制，备份模型可以保证系统损坏的情况下，让工程师可以恢复模型到最近的状态，并定期调试训练中的模型。虽然模型对错误有一定缺陷容忍，Elvis 等人通过检查点变更（checkpoint alteration）以及其他人的一些相关工作研究深度学习和传统人工神经网络模型软错误敏感性（soft error sensitivity），实验结果证实，流行的深度学习模型通常能够容忍一定限度的错误，而对精度收敛的影响最小。因此，超过一个阈值的模型失效还是会造成之前的训练无法恢复，进而导致需要重新训练。综上所述，每隔一段时间定期设置检查点并进行恢复相比于重新长时间训练是比较经济的容错方式。

（3）平台层

元数据：即分布式数据库副本机制。例如，深度学习平台的元数据常常存放于 etcd 或者 ZooKeeper 中，这些系统本身是通过多副本机制以及共识协议（consensus protocol）保证可靠性的。

存储：分布式文件系统（如 HDFS、Alluxio、Azure Blob 等）中的副本机制，如图 1-34 所示。

由于冗余（redundancy）副本会产生一致性（consistency）的问题，因此工程师可以参考经典的分布式系统保持副本一致性的共识（consensus）协议（如 Paxos、Raft 等）保证新设计的副本系统数据一致以及能够做领袖选举（leader election）以从故障中恢复。

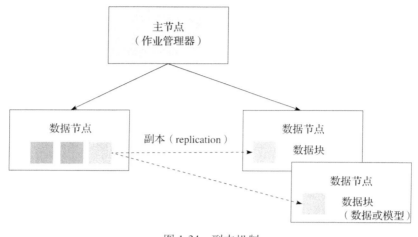

图 1-34　副本机制

　　当然，除了以上一些经典理论，在计算机体系结构（computer architecture）、系统（system）、程序分析（program analysis）、软件工程（software engineering）领域还有大量经典理论值得我们学习和借鉴并在人工智能系统中焕发新的生机。例如，最近的一些工作中，HiveD OSDI' 20 应用经典的伙伴内存分配（buddy memory allocation）思想减少资源碎片，Refty ICSE' 22 应用程序分析中的类型系统理论解决深度学习模型缺陷问题等。面向深度学习设计的新的系统理论、系统算法和系统也将会产生大量的新兴研究与工程实现机会，是一个令人激动人心和值得投身的领域。同时也看到，打好计算机基础对从事人工智能系统方向的工作与研究至关重要。

　　综上所述，人工智能系统本身并不是凭空产生的，本身继承了大量经典的系统理论与设计方法，并根据深度学习负载的计算、访存与缺陷容忍等特点进一步挖掘新的优化机会。后面的章节中将进一步细节地介绍相关场景下的系统设计与实现。

1.5.7　小结与讨论

　　本章主要介绍计算机领域的经典理论和原则在深度学习系统场景的应用，可以发现深度学习自身的新特点，以及新的系统设计需求和机会。

　　请读者读完后面的章节后再回看此章节，并思考随着技术的演进，哪些技术是在变化的，而哪些技术点并没变。

1.5.8　参考文献

［1］　VLAJIC N. Layered architectures and applications［C］. CSE 3213, 2010.

［2］　Wikipedia contributors. Von Neumann architecture［OL］. Wikipedia,（2022.04.25）.［2022.07.03］.

［3］　Wikipedia contributors. Huang's law［OL］. Wikipedia,（2022.04.22）.［2022.07.03］.

［4］　MOORE G E. Cramming more components onto integrated circuits［J］. IEEE Solid-State Circuits Society

Newsletter, 2006, 11(3): 33-35.

[5] WONG H S, WILLARD R, Bell I K. IC Technology-What Will the Next Node Offer Us? [C]. 2019 IEEE Hot Chips 31 Symposium (HCS), 2019: 1-52, doi: 10. 1109/HOTCHIPS. 2019. 8875692.

[6] KELLER J. Moore's Law is Not Dead[C]. UCB EECS Colloquium, 2019.

[7] PATTERSON D. It's Time for New Computer Architectures and Software Languages Moore's Law is over, ushering in a golden age for computer architecture[C]. IEEE Spectrum, 2018.

[8] MULLER M. ARM CTO warns of dark silicon[OL]. 2010.

[9] TEMAM O. The rebirth of neural networks[C]. SIGARCH Computer Architecture, 2010, 3: 349.

[10] MATTHEWS S J, NEWHALL T, WEBB K C. Dive into Systems: A Free, Online Textbook for Introducing Computer Systems[C]//Proceedings of the 52nd ACM Technical Symposium on Computer Science Education (SIGCSE' 21), 2021.

[11] WILLIAMS S, WATERMAN A, PATTERSON D. Roofline: An insightful visual performance model for multicore architectures[J]. Communications of the ACM, 2009, 52(4): 65-76.

[12] PAPAMARCOS M S, PATEL J H. A low-overhead coherence solution for multiprocessors with private cache memories[C]//Proceedings of the 11th annual international symposium on Computer architecture (ISCA' 84). New York: ACM, 1984: 348-354.

[13] Wikipedia contributors. Amdahl's law[OL]. Wikipedia, (2022. 06. 29). [2022. 07. 03].

[14] GRAY, JIM. Why Do Computers Stop and What Can Be Done About It? [J]. Symposium on Reliability in Distributed Software and Database Systems, 1986.

第 2 章

神经网络基础

本章简介

在本章中，我们将会简要叙述当前无论在学术界还是在工业界都非常热门的深度学习的基础——神经网络的基本知识。

根据读者的不同情况，可能会有以下三种阅读方法：

1）熟悉神经网络的读者可以跳过本章。

2）没有神经网络知识的读者，通过对以下内容的学习，可以了解神经网络的基本脉络。

3）想进一步深入了解更多、更细的知识，请参考《智能之门》或其他书籍。

本书后续的所有内容，都是以本章作为基础的，所以希望读者牢固掌握本章的知识。

内容概览

本章包含以下内容：

1）神经网络的基本概念；

2）神经网络训练；

3）解决回归问题；

4）解决分类问题；

5）深度神经网络的基础知识；

6）梯度下降优化算法；

7）卷积神经网络；

8）循环神经网络。

2.1 神经网络的基本概念

本节主要围绕神经网络的基本概念展开，介绍了神经元的数学模型、神经网络的主要功能，以及为什么需要激活函数。

2.1.1　神经元的数学模型

1. 神经元数学模型的组成部分

神经网络由基本的神经元构成，图 2-1 就是一个神经元的数学/计算模型，便于我们用程序来实现。

（1）输入（input）

(x_1, x_2, x_3) 是外界输入信号，一般是一个训练数据样本的多个属性。比如，我们要预测一套房子的价格，那么在房子的价格数据样本中，x_1 可能代表面积，x_2 可能代表地理位置，x_3 可能代表朝向。另外一个例子是，x_1、x_2、x_3 分别代表红、绿、蓝三种颜色，而此神经元用于识别输入的信号是暖色还是冷色。

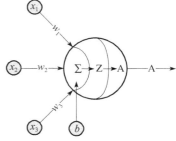

图 2-1　神经元数学/计算模型

（2）权重（weight）

(w_1, w_2, w_3) 是每个输入信号的权重值，以上面的 (x_1, x_2, x_3) 的例子来说，x_1 的权重可能是 0.92，x_2 的权重可能是 0.2，x_3 的权重可能是 0.03。当然，权重值相加之后可以不是 1。

（3）偏移（bias）

还有个 b 是怎么来的？一般的书籍或者博客上会告诉你那是因为 $y = wx + b$，b 是偏移值，使得直线能够沿 Y 轴上下移动。这是用结果来解释原因，并非 b 存在的真实原因。从生物学上解释，对于脑神经元，一定是输入信号的电平/电流大于某个临界值时，神经元才会处于兴奋状态，这个 b 实际就是那个临界值。即当

$$w_1 \cdot x_1 + w_2 \cdot x_2 + w_3 \cdot x_3 \geqslant t$$

时，该神经元才会兴奋。我们把 t 挪到等式左侧来，变成 $-t$，然后把它写成 b，变成

$$w_1 \cdot x_1 + w_2 \cdot x_2 + w_3 \cdot x_3 + b \geqslant 0$$

于是 b 诞生了。

（4）求和计算（sum）

$$Z = w_1 \cdot x_1 + w_2 \cdot x_2 + w_3 \cdot x_3 + b$$
$$= \sum_{i=1}^{m} (w_i \cdot x_i) + b$$

在上面的例子中，$m = 3$。若把 $w_i \cdot x_i$ 变成矩阵运算，就变成

$$Z = W \cdot X + b$$

（5）激活函数（activation）

求和之后，神经元已经处于兴奋状态，决定向下一个神经元传递信号了，但是要传递多强烈的信号，要由激活函数来确定：

$$A = \sigma(Z)$$

如果激活函数是一个阶跃信号的话，会使神经元像继电器一样开启和闭合，但生物体中是不

可能有这种装置的，神经元的变化是一个渐变的过程。所以一般激活函数都有一个渐变的过程，也就是一条曲线，如图 2-2 所示。

可以看到，无论 Z（input）有多大，都可以映射到 A（output）的（0，1）区间内。至此，一个神经元的工作过程就结束了。

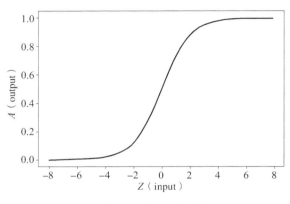

图 2-2　激活函数图像

2. 小结

1）一个神经元可以有多个输入；

2）一个神经元只能有一个输出，这个输出可以同时输入给多个神经元；

3）一个神经元的 w 的数量和输入的数量一致；

4）一个神经元中只有一个 b；

5）w 和 b 是由人为设置初始值，并在训练过程中被不断修改的；

6）A 可以等于 Z，即激活函数不是必须有的；

7）一层神经网络中的所有神经元的激活函数必须一致。

2.1.2　神经网络的主要功能

1. 回归（regression）或者叫作拟合（fitting）

单层的神经网络能够模拟一条二维平面上的直线，从而可以完成线性分割任务。而理论证明，两层神经网络可以无限逼近任意连续函数。图 2-3 所示的就是一个两层神经网络拟合复杂曲线的实例。

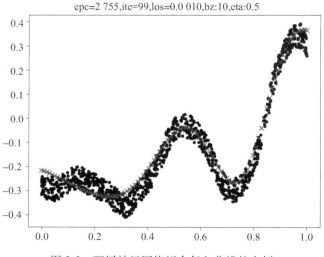

图 2-3　两层神经网络拟合复杂曲线的实例

所谓回归或者拟合，其实就是给出输入 x 值输出 y 值的过程，并且让 y 值与样本数据形成的曲线的距离的和尽量小，可以理解为对样本数据的一种轮廓式的抽象。

以图 2-3 为例，方块点是样本点，从中可以大致地看出一个轮廓，而圆点所连成的线就是神经网络的学习结果，它可以"穿过"样本点群形成中心线，尽量让所有的样本点到中心线的距离的和最小。

2. 分类（classification）

如图 2-4 所示，二维平面中有两类点：圆点和方块的，用一条直线肯定不能把两者分开。

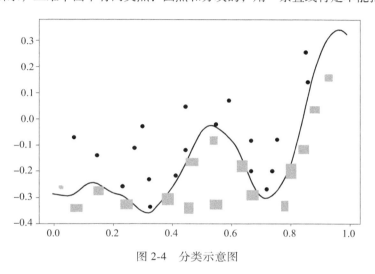

图 2-4　分类示意图

因此，我们使用一个两层神经网络可以得到一个非常近似的结果，使得分类误差在满意的范围之内。图 2-4 中那条蓝色的曲线本来并不存在，是由神经网络训练出来的分界线，可以比较完美地把两类样本分开，所以分类可以理解为是对两类或多类样本数据的边界的抽象。

图 2-3 和图 2-4 中的曲线形态实际上是一个真实的函数在［0,1］区间内的形状，其函数是

$$f(x) = 0.4x^2 + 0.3x \cdot \sin(15x) + 0.01\cos(50x) - 0.3$$

这么复杂的函数，一个两层神经网络是如何做到的呢？其实从输入层到隐藏层的矩阵计算，就是对输入数据进行了空间变换，使其可以被线性可分，然后在输出层画出一个分界线。而训练的过程，就是确定那个空间变换矩阵的过程。因此，多层神经网络的本质就是对复杂函数的拟合。我们可以在后面的实验中来学习如何拟合上述的复杂函数的。

神经网络的训练结果，是一大堆的权重组成的数组（近似解），并不能得到上面那种精确的数学表达式（数学解析解）。

2.1.3　激活函数

1. 生理学上的例子

人体骨关节是动物界里最复杂的生理结构，共包含 8 个重要的大关节：肩关节、肘关

节、腕关节、髋关节、膝关节、踝关节、颈关节、腰关节。

人的臂骨、腿骨等，都近似一根直线，人体直立时，也近似一根直线。但是人在骨关节和肌肉组织的配合下，可以做很多复杂的动作，原因就是关节本身不是线性结构，而是一个在有限范围内可以任意活动的结构，有一定的柔韧性。

比如肘关节，可以使小臂完成在一个在二维平面上的活动；加上肩关节，就可以使胳膊完成在三维空间中的活动；再加上其他关节，就可以扩展胳膊活动的三维空间的范围。用表 2-1 来对比人体运动组织和神经网络组织。

表 2-1　人体运动组织和神经网络组织的对比

人体运动组织	神经网络组织
支撑骨骼	网络层次
关节	激活函数
肌肉韧带	权重参数
学习各种动作	前向+反向训练过程

激活函数就相当于关节。

2. 常用激活函数

常用激活函数分为两大类，挤压型函数（俗称 sigmoid 函数）和半线性函数（又称非饱和型激活函数）。

（1）sigmoid 函数

对数几率函数（Logistic Function，简称对率函数），也就是常说的 sigmoid 函数。

①公式

$$\text{sigmoid}(z) = \frac{1}{1+e^{-z}} \rightarrow a$$

②导数

$$\text{sigmoid}'(z) = a(1-a)$$

注意，如果是矩阵运算的话，需要在公式中使用 ⊙ 符号表示按元素的矩阵相乘：$a \odot (1-a)$，后面不再强调。

③函数图像

图 2-5 是 sigmoid 函数的函数图像

④优点

从函数图像来看，sigmoid 函数的作用是将输入压缩到（0,1）这个区间范围内，这种输出在（0,1）区间内的函数可以用来模拟一些概率分布的情况。它还是一个连续函数，导数简单易求。

从数学角度看，sigmoid 函数对中央区的信号增益较大，对两侧区的信号增益小，在信号的特征空间映射上有很好的效果。

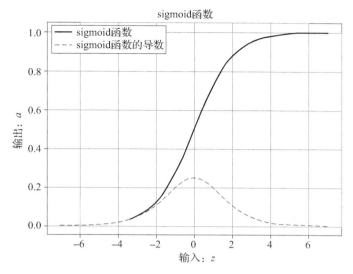

图 2-5　sigmoid 函数图像

　　从神经科学角度看，中央区酷似神经元的兴奋态，两侧区酷似神经元的抑制态，因而在神经网络学习方面，可以将重点特征推向中央区，将非重点特征推向两侧区。

　　⑤缺点

　　指数计算代价大。从梯度图像中可以看到，sigmoid 函数的梯度在两端都会接近于 0，根据链式法则，如果传回的误差是 δ，那么梯度传递函数是 $\delta \cdot a'$，而这时 a' 接近于 0，也就是说整体的梯度也接近于 0，这就导致反向传播时出现梯度消失的问题，并且这个问题可能进一步导致网络收敛速度比较慢。

　　（2）tanh 函数

　　tanh 函数的全称为 TanHyperbolic 函数，即双曲正切函数。

　　①公式

$$\tanh(z) = \frac{e^z - e^{-z}}{e^z + e^{-z}} = \left(\frac{2}{1 + e^{-2z}} - 1 \right) \to a$$

　　即

$$\tanh(z) = 2 \cdot \text{sigmoid}(2z) - 1$$

　　②导数

$$\tanh'(z) = (1 + a)(1 - a)$$

　　③函数图像

　　图 2-6 是 tanh 函数的函数图像。

　　④优点

　　具有 sigmoid 函数的所有优点。无论从理论公式还是函数图像来看，tanh 函数都是一个和 sigmoid 函数非常像的激活函数，它们的性质也证明了确实如此。但是比起 sigmoid 函数，tanh 函数减少了一个缺点，就是它本身是零均值的，也就是说，在传递过程中，输入数据的均值并不会发生改变，这就使它在很多应用中能表现出比 sigmoid 函数优异一些的效果。

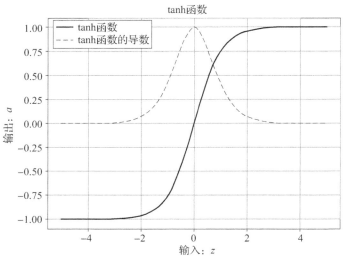

图 2-6　tanh 函数图像

⑤缺点

exp 指数计算代价大，梯度消失问题仍然存在。

（3）ReLU 函数

ReLU 的全称为 Rectified Linear Unit，即修正线性单元，也称线性整流函数、斜坡函数。

①公式

$$\mathrm{ReLU}(z) = \max(0, z) = \begin{cases} z, & z \geq 0 \\ 0, & z < 0 \end{cases}$$

②导数

$$\mathrm{ReLU}'(z) = \begin{cases} 1, & z \geq 0 \\ 0, & z < 0 \end{cases}$$

③函数图像

图 2-7 是 ReLU 函数的函数图像。

④优点

反向导数恒等于 1，更加有效率地反向传播梯度值，收敛速度快；避免梯度消失问题；计算简单，速度快；活跃度的分散性使得神经网络的整体计算成本下降。

⑤缺点

首先是无界，其次是梯度很大的时候可能导致神经元"死"掉。这个"死"掉的原因是什么呢？是因为很大的梯度导致更新之后的网络传递过来的输入是小于零的，从而导致

ReLU 函数的输出是 0，计算所得的梯度是 0，然后对应的神经元不更新，从而使 ReLU 函数的输出恒为 0，对应的神经元恒定不更新，等于这个 ReLU 函数失去了作为一个激活函数的作用。问题的关键点就在于输入小于 0 时，ReLU 函数回传的梯度是 0，从而导致了后面的不更新。在学习率设置不恰当的情况下，神经网络中大部分神经元很有可能会"死"掉，也就是不起作用了。

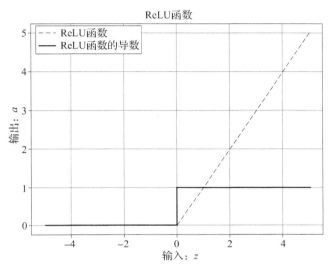

图 2-7　ReLU 函数图像

（4）Leaky ReLU 函数

也可简称为 LReLU，即带泄露的线性整流函数。

①公式

$$LReLU(z) = \begin{cases} z, & z \geq 0 \\ \alpha \cdot z, & z < 0 \end{cases}$$

②导数

$$LReLU'(z) = \begin{cases} 1, & z \geq 0 \\ \alpha, & z < 0 \end{cases}$$

③函数图像

图 2-8 是 Leaky ReLU 函数的函数图像。

④优点

继承了 ReLU 函数的优点，同样有收敛快速和运算复杂度低的优点，而且由于给了 $z < 0$ 时一个比较小的梯度 α，使得 $z < 0$ 时依旧可以进行梯度传递和更新，可以在一定程度上避免神经元"死"掉的问题。

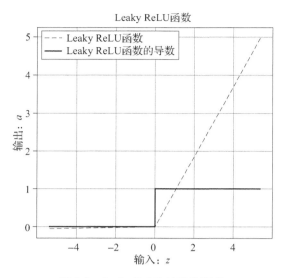

图 2-8　Leaky ReLU 的函数图像

2.1.4　小结与讨论

本节主要介绍了神经网络基本概念、神经元的数学模型、神经网络的主要功能，以及激活函数。

读者可以思考一下，这些数学模型如何通过代码进行实现？

2.2　神经网络训练

本节主要围绕神经网络的训练流程、损失函数、梯度下降和反向传播展开。

2.2.1　基本训练流程

图 2-9 是一个简单的流程图。

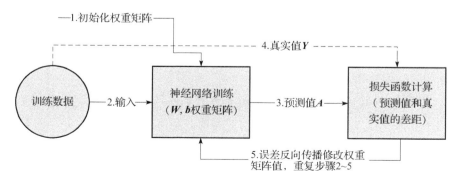

图 2-9　神经网络训练流程图

1. 前提条件

可以开始进行神经网络训练的前提条件如下。

1）已经有了训练数据；

2）已经根据数据的规模、领域建立了神经网络的基本结构，比如有几层，每一层有几个神经元；

3）定义好损失函数来合理地计算误差。

2. 步骤

假设有表 2-2 所示的训练数据样本。

表 2-2　训练样本示例

ID	x_1	x_2	x_3	Y
1	0.5	1.4	2.7	3
2	0.4	1.3	2.5	5
3	0.1	1.5	2.3	9
4	0.5	1.7	2.9	1

其中，x_1，x_2，x_3 是每一个样本数据的三个特征值，Y 是样本的真实结果值。训练步骤如下。

1）可以根据正态分布等随机初始化权重矩阵，这一步可以叫作"猜"，但不是瞎猜。

2）拿一个或一批数据 X 作为输入，代入权重矩阵 W 中计算 $Z = W * X$，再通过激活函数传入下一层 $A = \mathrm{activation}(Z)$，最终得到预测值。在本例中，先用 ID_1 的数据输入到矩阵中，得到一个 A 值，假设 $A = 5$。

3）拿到 ID_1 样本的真实值 $Y = 3$。

4）计算损失，假设用均方差函数 $\mathrm{Loss} = (A-Y)^2 = (5-3)^2 = 4$。

5）根据一些神奇的数学公式（反向微分），把 $\mathrm{Loss} = 4$ 这个值用大喇叭喊话，告诉在前面计算的步骤中，影响 $A = 5$ 这个值的每一个权重矩阵 W，然后对这些权重矩阵中的值做一个微小的修改（当然是向着好的方向修改）。

6）用 ID_2 样本作为输入再次训练（回到步骤 2）；

7）这样不断地迭代下去，直到以下一个或几个条件满足就停止训练：损失函数值非常小；准确度满足了要求；迭代到了指定的次数。

训练完成后，会把这个神经网络中的结构和权重矩阵的值导出来，形成一个计算图（就是矩阵运算加上激活函数）模型，然后嵌入到任何可以识别/调用这个模型的应用程序中，根据输入的值进行运算，输出预测值。所以，神经网络的训练需要三个概念的支持，依次是损失函数、梯度下降、反向传播。

2.2.2 损失函数

1. 概念

在各种材料中经常看到的中英文词汇有误差、偏差、Error、Cost、Loss、损失、代价等，意思都差不多。本书中使用"损失函数"和"Loss Function"这两个词汇，具体的损失函数符号用 J 来表示，误差值用 loss 表示。"损失"就是所有样本的"误差"的总和，即（m 为样本数）

$$损失 = \sum_{i=1}^{m} 误差_i$$

$$J = \sum_{i=1}^{m} loss_i$$

2. 损失函数

损失函数的作用就是计算神经网络每次迭代的前向计算结果与真实值的差距，从而指导下一步训练向正确的方向进行。

如果把神经网络的参数调整到完全满足使独立样本的输出误差为 0，通常会令其他样本的误差变得更大，这样作为误差之和的损失函数值变得更大。所以，通常会在根据某个样本的误差调整权重后，计算一下整体样本的损失函数值，来判定网络是不是已经训练到了可接受的状态。

因此，总结而言，损失函数有两个作用：

①用损失函数计算预测值和标签值（真实值）的误差；

②损失函数值达到一个满意的值就停止训练。

神经网络常用的损失函数包括：①均方差函数，主要用于回归；②交叉熵函数，主要用于分类。二者都是非负函数，极值在底部，用梯度下降法可以求解。

（1）均方差函数

这是最直观的一个损失函数，计算预测值和真实值之间的欧式距离。预测值和真实值越接近，两者的均方差就越小。均方差函数常用于线性回归（linear regression），即函数拟合（function fitting）。公式如下：

$$loss = \frac{1}{2}(z-y)^2$$

$$J = \frac{1}{2m} \sum_{i=1}^{m} (z_i - y_i)^2$$

只有两个参数（w, b）的损失函数值的三维图如图 2-10 所示。X 坐标为 w，Y 坐标为 b，针对每一个（w, b）的组合计算出一个损失函数值，用三维图的高度 Z 来表示这个损失函数值。图中的底面并非一个平面，而是一个有些下凹的曲面，只不过曲率较小。

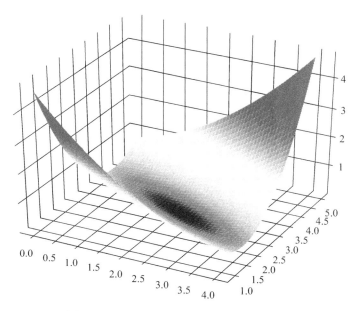

图 2-10 w 和 b 同时变化时的损失函数形态

（2）交叉熵函数

单个样本的情况的交叉熵函数如下：

$$\text{loss} = -\sum_{j=1}^{n} y_j \ln a_j$$

其中，n 并不是样本个数，而是分类个数。

针对批量样本的交叉熵计算公式如下：

$$J = -\sum_{i=1}^{m} \sum_{j=1}^{n} y_{ij} \ln a_{ij}$$

m 是样本数，n 是分类数。

有一类特殊问题，就是事件只有两种可能发生的情况，比如"学会了"和"没学会"，称为 0/1 分类或二分类。对于这类问题，由于 $n=2, y_1=1-y_2, a_1=1-a_2$，所以交叉熵可以简化为

$$\text{loss} = -[y\ln a + (1-y)\ln(1-a)]$$

二分类针对批量样本的交叉熵计算公式如下：

$$J = -\sum_{i=1}^{m} [y_i \ln a_i + (1-y_i)\ln(1-a_i)]$$

交叉熵函数常用于逻辑回归（logistic regression），也就是分类（classification）。

二分类交叉熵函数的函数图如图 2-11 所示。从图中可以看到：

①当分类为正类时，即 $y=1$ 的红色曲线，当预测值 a 也为 1 时，损失函数值最小为 0；随着预测值 a 变小，损失函数值会变大；

②当分类为负类时，即 $y=0$ 的蓝色曲线，当预测值 a 也为 0 时，损失函数值最小为 0；随着预测值 a 变大，损失函数值会变大；

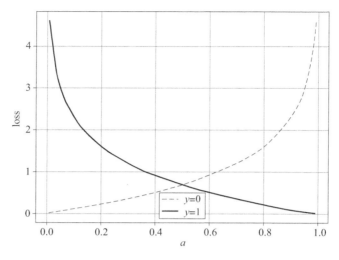

图 2-11　二分类交叉熵函数图

2.2.3　梯度下降

1. 从自然现象中理解梯度下降

在自然界中，梯度下降的最好例子就是泉水下山的过程。

（1）水受重力影响，会从当前位置沿着最陡峭的方向向下流动，有时会形成瀑布（梯度下降）。

（2）水流下山的路径不是唯一的，在同一个地点，有可能有多个位置具有同样的陡峭程度，而造成分流（可以得到多个解）。

（3）遇到坑洼地区，有可能形成湖泊，而终止下山过程（不能得到全局最优解，而是局部最优解）。

2. 梯度下降的数学理解

梯度下降的数学公式：

$$\theta_{n+1} = \theta_n - \eta \cdot \nabla J(\theta)$$

其中，θ_{n+1} 为下一个参数值；θ_n 为当前参数值；−为减号，梯度的反向；η 为学习率或步长，需要控制每一步走的距离，不能太快以免错过最佳景点，不能太慢以免时间太长；∇ 为梯度，函数当前位置的最快上升点；$J(\theta)$ 为函数。对应到上面的例子中，θ 就是 (w, b) 的组合。从中也可以总结出梯度下降的三要素，即当前点；方向；步长。

3. 为什么说是"梯度下降"

"梯度下降"包含了如下两层含义。

（1）梯度：函数当前位置的最快上升点。

（2）下降：与导数相反的方向，用数学语言描述就是那个减号。

亦即与上升相反的方向运动，就是下降。梯度下降的步骤如图 2-12 所示。

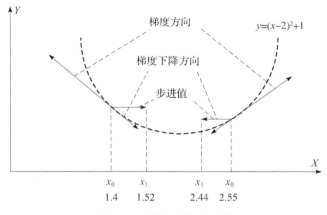

图 2-12 梯度下降的步骤

图 2-12 解释了在函数极值点的两侧做梯度下降的计算过程，梯度下降的目的就是使得 x 值向极值点逼近。对于函数 $y=(x-2)^2+1$，在左侧当 $x_0=1.4$ 时，$y'(x_0)=-1.2$，如果 $\eta=0.1$，则 $x_1=1.4-0.1\times(-1.2)=1.52$，即向最低点 $x=2$ 迈进了一步。如果起始点 $x_0=2.55$ 在极值点右侧，则会向左做梯度下降运算。

4. 学习率 η 的选择

在公式中，学习率被表示为 η。在代码中，学习率被定义为 learning_rate 或者 eta。针对上面的例子，试验不同的学习率对迭代情况的影响，如表 2-3 所示。

表 2-3 不同学习率对迭代情况的影响

学习率	迭代路线图	说明
1.0	 eta=1.000 000 	学习率太高，迭代的情况很糟糕，在一条水平线上跳来跳去，永远也不能下降

（续）

学习率	迭代路线图	说明
0.8	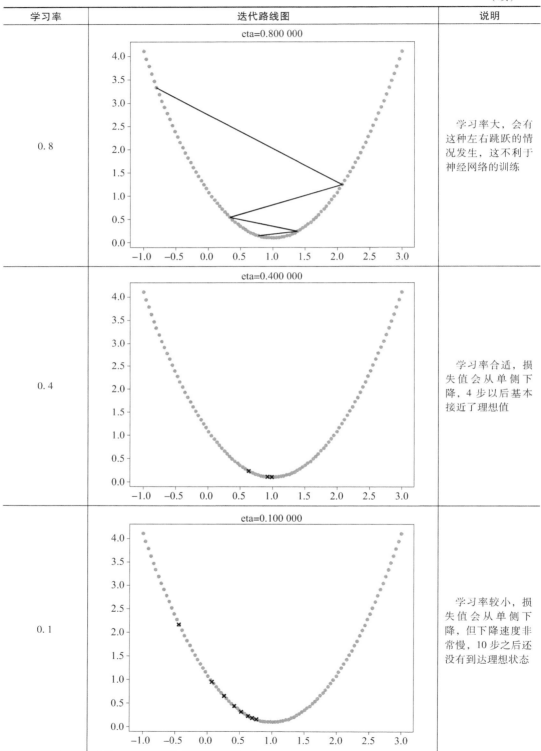	学习率大，会有这种左右跳跃的情况发生，这不利于神经网络的训练
0.4		学习率合适，损失值会从单侧下降，4 步以后基本接近了理想值
0.1		学习率较小，损失值会从单侧下降，但下降速度非常慢，10 步之后还没有到达理想状态

2.2.4　反向传播

假设有一个黑盒子，输入和输出有一定的对应关系，如果要破解这个黑盒子，就会有如下破解流程。

1）记录下所有输入值和输出值，如表 2-4 所示。

表 2-4　样本数据表

样本 ID	输入（特征值）	输出（标签）
1	1	2.21
2	1.1	2.431
3	1.2	2.652
4	2	4.42

2）搭建一个神经网络，先假设这个黑盒子的逻辑是 $z = w_1 x + w_2 x^2$。

3）给出初始权重值，$w_1 = 1$，$w_2 = 1$。

4）输入 1，根据 $z = x + x^2$ 得到输出为 2，而实际的输出值是 2.21。

5）计算误差值为 $\text{loss} = 2 - 2.21 = -0.21$。

6）调整权重值，假设只变动 w_1，比如 $w_1 = w_1 - \eta \times \text{loss}$，令学习率 $\eta = 0.1$，则 $w_1 = 1 - 0.1 \times (-0.21) = 1.021$。

7）再输入下一个样本 1.1，得到的输出为 $z = 1.021 \times 1.1 + 1.1^2 = 2.3331$。

8）实际输出为 2.431，则误差值为 $2.3331 - 2.431 = -0.0979$。

9）再次调整权重值，$w_1 = w_1 - \eta \times \text{loss} = 1.021 - 0.1 \times (-0.0979) = 1.03$。

　　……

以此类推，重复步骤 4~9，直到损失函数值小于一个指标，比如 0.001，就可以认为网络训练完毕，黑盒子"破解"了，实际是被复制了，因为神经网络并不能得到黑盒子里的真实函数体，而只能得到近似模拟。

从上面的过程可以看出，如果误差值是正数，就把权重降低一些；如果误差值为负数，则升高权重。

2.2.5　小结与讨论

本节主要介绍了神经网络的训练流程、损失函数、梯度下降和反向传播。

请读者思考，对于反向传播过程，是否有好办法通过工具自动化求解？

2.3　解决回归问题

本节主要围绕回归问题中的各个环节和知识点展开，包含提出问题、万能近似定理、定义神经网络结构、前向计算和反向传播等内容。

2.3.1 提出问题

前面提到的正弦函数，看上去是非常有规律的，也许使用单层神经网络很容易就可以解决。那么，如果是更复杂的曲线，单层神经网络还能轻易解决吗？比如图 2-13 中的样本点和表 2-5 中的样本值，如何使用神经网络方法来拟合这条曲线？

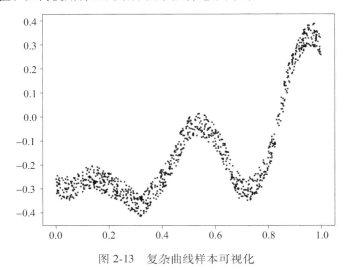

图 2-13　复杂曲线样本可视化

表 2-5　复杂曲线样本数据

样本	x	y
1	0.606	−0.113
2	0.129	−0.269
3	0.582	0.027
…	…	…
1000	0.199	−0.281

图 2-13 中这条"蛇形"曲线，实际上是由下面这个公式添加噪声后生成的：

$$y = 0.4x^2 + 0.3x\sin(15x) + 0.01\cos(50x) - 0.3$$

我们特意把数据限制在 [0,1]，避免做归一化的麻烦。要是觉得这个公式还不够复杂，读者也可以用更复杂的公式去做试验。

以上问题可以叫作非线性回归，即自变量 X 和因变量 Y 之间不是线性关系。常用的处理方法有线性迭代法、分段回归法、迭代最小二乘法等。在神经网络中，解决这类问题的思路非常简单，就是使用带有一个隐层的两层神经网络。

2.3.2 万能近似定理

万能近似定理（universal approximation theorem），是深度学习中最根本的理论依据。它证明了在给定网络具有足够多的隐藏单元的条件下，配备一个线性输出层和一个带有任何"挤压"性质的激活函数（如 sigmoid 函数）的隐藏层的前馈神经网络，就能够以任何想要的误差量近似任何从一个有限维度的空间映射到另一个有限维度空间的 Borel 可测的函数。前馈网络的导数也可以以任意好的程度近似函数的导数。

万能近似定理其实说明了，理论上，神经网络可以近似任何函数。但我们在实践上不能保证学习算法一定能学习到目标函数，即使网络可以表示这个函数，机器学习也可能因为如下两个不同的原因而失败：

①用于训练的优化算法可能找不到用于期望函数的参数值；

②训练算法可能由于过拟合而选择了错误的函数。

俗话说"没有免费的午餐"，其实也没有普遍优越的机器学习算法。前馈网络提供了表示函数的万能系统，在这种意义上，给定一个函数，存在一个前馈网络能够近似该函数。但不存在万能的过程，既能够验证训练集上的特殊样本，又能够选择一个函数来扩展到训练集上没有的点。

总之，单层前馈网络足以表示任何函数，但是网络层可能大得不可实现，并且可能导致无法正确地学习和泛化。在很多情况下，使用更深的模型能够减少表示期望函数所需的单元的数量，并且可以减少泛化误差。

2.3.3　定义神经网络结构

根据万能近似定理的要求，定义一个两层的神经网络（不算输入层），包含一个含 3 个神经元的隐藏层和一个输出层。图 2-14 显示了此次用到的神经网络结构。

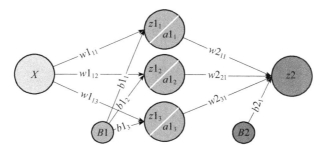

图 2-14　单入单出的双层神经网络

为什么用 3 个神经元呢？因为这是笔者经过多次试验的最佳结果。因为输入层只有一个特征值，所以不需要在隐藏层放很多的神经元，先用 3 个神经元试验一下，如果不够的话再增加，神经元数量是由超参数控制的。

（1）输入层

输入层就是一个标量 x 值，如果是成批输入，则是一个矢量或者矩阵，但是特征值数量总为 1，因为只有一个横坐标值作为输入。

$$X = (x)$$

（2）权重矩阵 $\boldsymbol{W}1/\boldsymbol{B}1$

$$\boldsymbol{W}1 = (\ w1_{11} \quad w1_{12} \quad w1_{13}\ )$$

$$\boldsymbol{B}1 = (\ b1_{1} \quad b1_{2} \quad b1_{3}\ )$$

（3）隐藏层

使用 3 个神经元：

$$\boldsymbol{Z}1 = (\ z1_{1} \quad z1_{2} \quad z1_{3}\ )$$

$$\boldsymbol{A}1 = (\ a1_{1} \quad a1_{2} \quad a1_{3}\ )$$

（4）权重矩阵 $\boldsymbol{W}2/\boldsymbol{B}2$

$\boldsymbol{W}2$ 的尺寸是 3×1，$\boldsymbol{B}2$ 的尺寸是 1×1。

$$\boldsymbol{W}2 = \begin{pmatrix} w2_{11} \\ w2_{21} \\ w2_{31} \end{pmatrix}$$

$$\boldsymbol{B}2 = (\ b2_{1}\ )$$

（5）输出层

由于只想完成一个拟合任务，所以输出层只有一个神经元，尺寸为 1×1：

$$\boldsymbol{Z}2 = (\ z2_{1}\ )$$

2.3.4　前向计算

根据图 2-14 的网络结构，可以得到如图 2-15 所示的前向计算图。

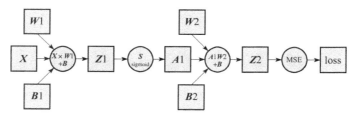

图 2-15　前向计算图

（1）隐藏层

①线性计算

$$z1_{1} = x \cdot w1_{11} + b1_{1}$$

$$z1_{2} = x \cdot w1_{12} + b1_{2}$$

$$z1_{3} = x \cdot w1_{13} + b1_{3}$$

矩阵形式：

$$\boldsymbol{Z}1 = x \cdot (\ w1_{11} \quad w1_{12} \quad w1_{13}\ ) + (\ b1_{1} \quad b1_{2} \quad b1_{3}\ )$$

$$= \boldsymbol{X} \cdot \boldsymbol{W}1 + \boldsymbol{B}1$$

②激活函数

$$a1_1 = \mathrm{sigmoid}(z1_1)$$
$$a1_2 = \mathrm{sigmoid}(z1_2)$$
$$a1_3 = \mathrm{sigmoid}(z1_3)$$

矩阵形式:

$$A1 = \mathrm{sigmoid}(Z1)$$

（2）输出层

由于只想完成一个拟合任务，所以输出层只有一个神经元:

$$Z2 = a1_1 w2_{11} + a1_2 w2_{21} + a1_3 w2_{31} + b2_1$$

$$= (a1_1 \quad a1_2 \quad a1_3) \begin{pmatrix} w2_{11} \\ w2_{21} \\ w2_{31} \end{pmatrix} + b2_1$$

$$= A1 \cdot W2 + B2$$

（3）损失函数

均方差损失函数:

$$\mathrm{loss}(w,b) = \frac{1}{2}(z2 - y)^2$$

其中，$z2$ 是预测值，y 是样本的标签值。

2.3.5　反向传播

（1）求损失函数对输出层的反向误差

根据均方差损失函数公式求导可得:

$$\frac{\partial \mathrm{loss}}{\partial z2} = z2 - y \rightarrow dZ2$$

（2）求 $W2$ 的梯度

根据输出层函数和 $W2$ 的矩阵形状，把标量 loss 对矩阵的求导分解到矩阵中的每一元素:

$$\frac{\partial \mathrm{loss}}{\partial W2} = \begin{pmatrix} \dfrac{\partial \mathrm{loss}}{\partial z2}\dfrac{\partial z2}{\partial w2_{11}} \\[2ex] \dfrac{\partial \mathrm{loss}}{\partial z2}\dfrac{\partial z2}{\partial w2_{21}} \\[2ex] \dfrac{\partial \mathrm{loss}}{\partial z2}\dfrac{\partial z2}{\partial w2_{31}} \end{pmatrix} \begin{pmatrix} dZ2 \cdot a1_1 \\ dZ2 \cdot a1_2 \\ dZ2 \cdot a1_3 \end{pmatrix}$$

$$= \begin{pmatrix} a1_1 \\ a1_2 \\ a1_3 \end{pmatrix} \cdot dZ2 = A1^{\mathrm{T}} \cdot dZ2 \rightarrow dW2$$

（3）求 $\boldsymbol{B}2$ 的梯度

$$\frac{\partial\text{loss}}{\partial\boldsymbol{B}2}=d\boldsymbol{Z}2\rightarrow d\boldsymbol{B}2$$

（4）求损失函数对隐层的反向误差

下面的内容是双层神经网络中独有的内容，也是深度神经网络的基础，请读者仔细阅读体会。先看看正向计算和反向传播路径图，如图 2-16 所示。

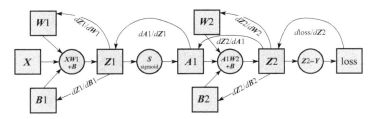

图 2-16　正向计算和反向传播路径图

图 2-16 中，矩形表示数值或矩阵，圆形表示计算单元，深色的箭头表示正向计算路径，浅色的箭头表示反向传播路径。

如果想计算 $\boldsymbol{W}1$ 和 $\boldsymbol{B}1$ 的反向误差，必须先得到 $\boldsymbol{Z}1$ 的反向误差，再向上追溯，可以看到 $\boldsymbol{Z}1\rightarrow\boldsymbol{A}1\rightarrow\boldsymbol{Z}2\rightarrow\text{loss}$ 这条线，$\boldsymbol{Z}1\rightarrow\boldsymbol{A}1$ 是一个激活函数的运算，比较特殊，所以先看 $\boldsymbol{A}1\rightarrow\boldsymbol{Z}2-\text{loss}$ 如何解决。

根据输出层函数和 $\boldsymbol{A}1$ 矩阵的形状，有

$$\frac{\partial\text{loss}}{\partial\boldsymbol{A}1}=\left(\frac{\partial\text{loss}}{\partial\boldsymbol{Z}2}\frac{\partial\boldsymbol{Z}2}{\partial a1_{11}}\quad \frac{\partial\text{loss}}{\partial\boldsymbol{Z}2}\frac{\partial\boldsymbol{Z}2}{\partial a1_{12}}\quad \frac{\partial\text{loss}}{\partial\boldsymbol{Z}2}\frac{\partial\boldsymbol{Z}2}{\partial a1_{13}}\right)$$

$$=\left(d\boldsymbol{Z}2\cdot w2_{11}\quad d\boldsymbol{Z}2\cdot w2_{12}\quad d\boldsymbol{Z}2\cdot w2_{13}\right)$$

$$=d\boldsymbol{Z}2\cdot\left(w2_{11}\quad w2_{21}\quad w2_{31}\right)$$

$$=d\boldsymbol{Z}2\cdot\begin{pmatrix}w2_{11}\\w2_{21}\\w2_{31}\end{pmatrix}^{\mathrm{T}}=d\boldsymbol{Z}2\cdot\boldsymbol{W}2^{\mathrm{T}}$$

现在来看激活函数的误差传播问题，由于激活函数在计算时并没有改变矩阵的形状，相当于做了一个矩阵内逐元素的计算，所以它的导数也应该是逐元素的计算，不改变误差矩阵的形状。根据 Sigmoid 激活函数的导数公式，有

$$\frac{\partial\boldsymbol{A}1}{\partial\boldsymbol{Z}1}=\text{sigmoid}'(\boldsymbol{A}1)=\boldsymbol{A}1\odot(1-\boldsymbol{A}1)$$

所以最后到达 $\boldsymbol{Z}1$ 的误差矩阵是

$$\frac{\partial\text{loss}}{\partial\boldsymbol{Z}1}=\frac{\partial\text{loss}}{\partial\boldsymbol{A}1}\frac{\partial\boldsymbol{A}1}{\partial\boldsymbol{Z}1}$$

$$=d\boldsymbol{Z}2\cdot\boldsymbol{W}2^{\mathrm{T}}\odot\text{sigmoid}'(\boldsymbol{A}1)\rightarrow d\boldsymbol{Z}1$$

有了 $dZ1$ 后，再向前求 $\boldsymbol{W}1$ 和 $\boldsymbol{B}1$ 的误差，直接列在下面。

$$dW1 = X^{\mathrm{T}} \cdot dZ1$$

$$dB1 = dZ1$$

2.3.6　运行结果

图 2-17 为验证集损失函数曲线和验证集准确率曲线，都比较正常，图 2-18 则展示了拟合效果。

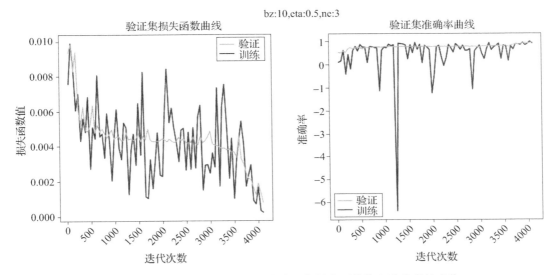

图 2-17　3 个神经元的训练过程中验证集损失函数值和准确率的变化

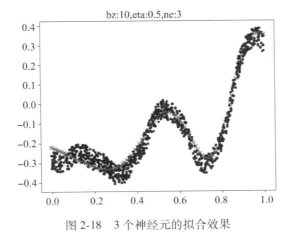

图 2-18　3 个神经元的拟合效果

再看下面的打印输出结果，最后测试集的准确率为 97.6%，已经令人比较满意了。如果需要准确率更高的话，可以增加迭代次数。

```
......
epoch=4199, total_iteration=377999
loss_train=0.001152, accuracy_train=0.963756
loss_valid=0.000863, accuracy_valid=0.944908
testing...
0.9765910104463337
```

以下就是笔者找到的最佳组合：

①隐层 3 个神经元；

②学习率 = 0.5；

③批量 = 10。

2.3.7　小结与讨论

本节主要介绍了回归问题中的提出问题、万能近似定理、定义神经网络结构、前向计算和反向传播。

请读者尝试用 PyTorch 定义网络结构并解决一个简单的回归问题。

2.4　解决分类问题

本节主要围绕解决分类问题中的提出问题、定义神经网络结构、前向计算、反向传播进行展开介绍。

2.4.1　提出问题

我们有表 2-6 中的 1000 个样本和标签。

表 2-6　多分类问题数据样本

样本	x_1	x_2	y
1	0. 228 251 11	−0. 345 870 97	2
2	0. 209 826 06	0. 433 884 47	3
……	……	……	……
1000	0. 382 301 43	−0. 164 553 77	2

还好这个数据只有两个特征，所以可以用可视化的方法展示，如图 2-19 所示。图中数据一共用 3 种类型的点表示：蓝色方点、红色叉点、绿色圆点。样本数据组成了一个形似铜钱的图案，因此把这个问题叫作"铜钱孔形分类问题"。

三种类型的点有规律地占据了一个单位平面（−0.5,0.5）内的不同区域，从图中可以明显看出，这不是线性可分问题，而单层神经网络只能做线性分类，因此需要至少两层神经网络。

红绿两色是圆形边界分割，红蓝两色是个矩形边界，都是有规律的。但是，学习神经网络时要忘记"规律"这个词，对于神经网络来说，数学上的"有规律"或者"无规律"是没有意义的，对于它来说一切都是无规律的，训练难度是一样的。

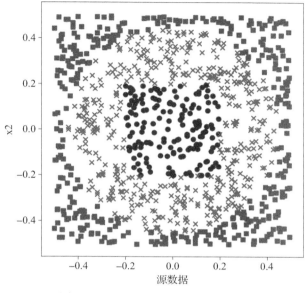

图 2-19　可视化样本数据（见彩插）

　　另外，边界也是无意义的，要用概率来理解：没有一条非 0 即 1 的分界线来表明哪些点应该属于哪个区域，可以得到的是处于某个位置的点属于三个类型中某个类型的点的概率有多大，然后从中取概率最大的那个类型作为最终判断结果。

2.4.2　定义神经网络结构

　　先设计出能完成非线性多分类的神经网络结构，如图 2-20 所示。

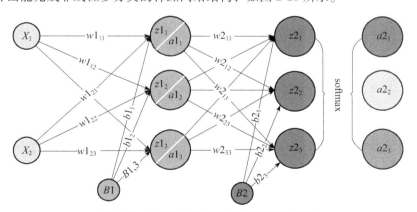

图 2-20　非线性多分类的神经网络结构图

①输入层两个特征值 x_1，x_2

$$x = (\ x_1 \quad x_2\ )$$

②隐藏层 2×3 的权重矩阵

$$\boldsymbol{W}1 = \begin{pmatrix} w1_{11} & w1_{12} & w1_{13} \\ w1_{21} & w1_{22} & w1_{23} \end{pmatrix}$$

③隐藏层 1×3 的偏移矩阵

$$\boldsymbol{B}1 = (\, b1_1 \quad b1_2 \quad b1_3 \,)$$

④隐藏层由 3 个神经元构成

⑤输出层 3×3 的权重矩阵

$$\boldsymbol{W}2 = \begin{pmatrix} w2_{11} & w2_{12} & w2_{13} \\ w2_{21} & w2_{22} & w2_{23} \\ w2_{31} & w2_{32} & w2_{33} \end{pmatrix}$$

⑥输出层 1×1 的偏移矩阵

$$\boldsymbol{B}2 = (\, b2_1 \quad b2_2 \quad b2_3 \,)$$

⑦输出层有 3 个神经元使用 Softmax 函数进行分类

2.4.3 前向计算

根据网络结构，可以绘制前向计算图，如图 2-21 所示。

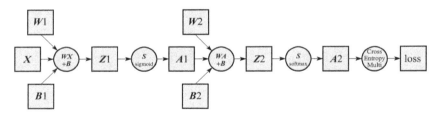

图 2-21　前向计算图

（1）第一层

①线性计算

$$z1_1 = x_1 w1_{11} + x_2 w1_{21} + b1_1$$

$$z1_2 = x_1 w1_{12} + x_2 w1_{22} + b1_2$$

$$z1_3 = x_1 w1_{13} + x_2 w1_{23} + b1_3$$

$$\boldsymbol{Z}1 = \boldsymbol{X} \cdot \boldsymbol{W}1 + \boldsymbol{B}1$$

②激活函数

$$a1_1 = \mathrm{sigmoid}(z1_1)$$

$$a1_2 = \mathrm{sigmoid}(z1_2)$$

$$a1_3 = \mathrm{sigmoid}(z1_3)$$

$$A1 = \mathrm{sigmoid}(Z1)$$

（2）第二层

①线性计算

$$z2_1 = a1_1 w2_{11} + a1_2 w2_{21} + a1_3 w2_{31} + b2_1$$

$$z2_2 = a1_1 w2_{12} + a1_2 w2_{22} + a1_3 w2_{32} + b2_2$$

$$z2_3 = a1_1 w2_{13} + a1_2 w2_{23} + a1_3 w2_{33} + b2_3$$

$$\boldsymbol{Z}2 = \boldsymbol{A}1 \cdot \boldsymbol{W}2 + \boldsymbol{B}2$$

②分类函数

$$a2_1 = \frac{e^{z2_1}}{e^{z2_1} + e^{z2_2} + e^{z2_3}}$$

$$a2_2 = \frac{e^{z2_2}}{e^{z2_1} + e^{z2_2} + e^{z2_3}}$$

$$a2_3 = \frac{e^{z2_3}}{e^{z2_1} + e^{z2_2} + e^{z2_3}}$$

$$\boldsymbol{A}2 = \mathrm{softmax}(\boldsymbol{Z}2)$$

（3）损失函数

使用多分类交叉熵损失函数：

$$\mathrm{loss} = -(y_1 \ln a2_1 + y_2 \ln a2_2 + y_3 \ln a2_3)$$

$$J(w, b) = -\frac{1}{m} \sum_{i=1}^{m} \sum_{j=1}^{n} y_{ij} \ln(a2_{ij})$$

其中，m 为样本数，n 为类别数。

2.4.4　反向传播

根据前向计算图，可以绘制出反向传播的路径，如图 2-22 所示。

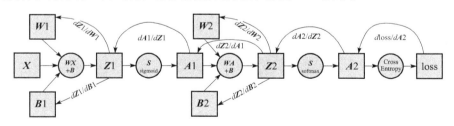

图 2-22　反向传播路径图

softmax 与多分类交叉熵配合时的反向传播推导过程，最后是如下一个很简单的减法。

$$\frac{\partial \mathrm{loss}}{\partial \boldsymbol{Z}2} = \boldsymbol{A}2 - \boldsymbol{y} \rightarrow d\boldsymbol{Z}2$$

从 $\boldsymbol{Z}2$ 开始再向前推：

$$\frac{\partial \text{loss}}{\partial \boldsymbol{W}2} = \boldsymbol{A}1^{\mathrm{T}} \cdot d\boldsymbol{Z}2 \rightarrow d\boldsymbol{W}2$$

$$\frac{\partial \text{loss}}{\partial \boldsymbol{B}2} = d\boldsymbol{Z}2 \rightarrow d\boldsymbol{B}2$$

$$\frac{\partial \boldsymbol{A}1}{\partial \boldsymbol{Z}1} = \boldsymbol{A}1 \odot (1-\boldsymbol{A}1) \rightarrow d\boldsymbol{A}1$$

$$\frac{\partial \text{loss}}{\partial \boldsymbol{Z}1} = d\boldsymbol{Z}2 \cdot \boldsymbol{W}2^{\mathrm{T}} \odot d\boldsymbol{A}1 \rightarrow d\boldsymbol{Z}1$$

$$d\boldsymbol{W}1 = \boldsymbol{X}^{\mathrm{T}} \cdot d\boldsymbol{Z}1$$

$$d\boldsymbol{B}1 = d\boldsymbol{Z}1$$

2.4.5　运行结果

训练过程如图 2-23 所示。

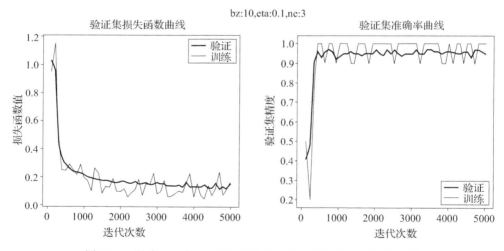

图 2-23　训练过程中的验证集损失函数值和验证集准确率的变化

迭代了 5000 次，没有满足损失函数值小于 0.1 的条件。分类结果如图 2-24 所示。

从图 2-24 中可以发现，因为没达到精度要求，所以分类效果一般，外圈圆形差不多拟合住了，但是内圈的方形还差很多，最后的测试分类准确率为 0.952。如果在第一层增加神经元的数量（目前是 3，可以尝试 8），是可以得到比较满意的结果的。

2.4.6　小结与讨论

本节主要介绍了解决分类问题中的提出问题、定义神经网络结构、前向计算、反向传播。请读者通过 PyTorch 实现一个模型解决一个简单的分类问题。

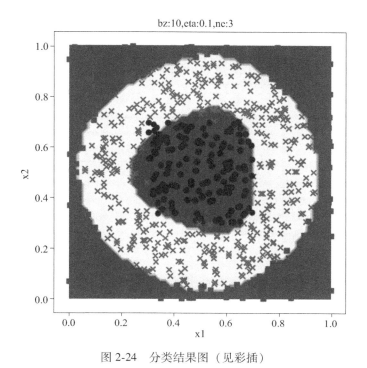

图 2-24　分类结果图（见彩插）

2.5 深度神经网络

本节主要围绕，深度神经网络的抽象与设计、权重矩阵初始化、批量归一化、过拟合内容进行介绍。

2.5.1　抽象与设计

比较神经网络的基础代码，可以看到大量的重复之处，比如前向计算中，都是：矩阵运算+激活/分类函数。反向传播中每一层的模式也非常相近，即计算本层的 dZ，再根据 dZ 计算 dW 和 dB。

因为三层网络比两层网络多了一层，所以两者在初始化、前向计算、反向传播、更新参数这 4 个环节上有所不同，但两者之间仍是有规律的。再结合前面章节中为了实现一些辅助功能所了解的很多类。所以，现在可以动手搭建一个深度学习的迷你框架了。

图 2-25 是迷你框架的模块化设计，下面对各个模块做功能点上的解释。

①NeuralNet：首先需要一个 NeuralNet 类，来包装基本的神经网络结构和功能。

②Layers：是一个抽象类，以及更加需要增加的实际类。

③Activator Layer：激活函数和分类函数。

④Classification Layer：分类函数，包括 Sigmoid 二分类、Softmax 多分类。

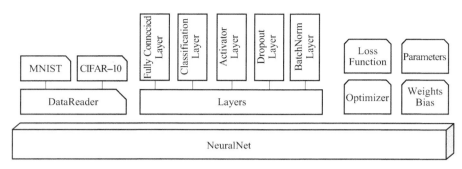

图 2-25　迷你框架设计

⑤Parameters：基本神经网络运行参数。

⑥LossFunction：损失函数及帮助方法。

⑦Optimizer：优化器。

⑧WeightsBias：权重矩阵，仅供全连接层使用。

⑨DataReader：样本数据读取器。

2.5.2　权重矩阵初始化

权重矩阵初始化是一个非常重要的环节，是训练神经网络的第一步，选择正确的初始化方法会带来事半功倍的效果。这就好比攀登喜马拉雅山，如果选择从南坡登山，会比从北坡登山容易很多。而初始化权重矩阵，相当于上山时选择不同的道路，在选择之前并不知道这条路的难易程度，只是知道它可以抵达山顶。这种选择是随机的，即使你使用了正确的初始化算法，每次训练之前重新初始化后也会给训练结果带来很多影响。

比如第一次试验的初始化时得到权重值为（0.128 47，0.364 53），而第二次试验的初始化时得到的权重值为（0.233 34，0.243 52），经过试验，第一次试验用了 3000 次迭代得到准确率为 96% 的模型，第二次试验只用了 2000 次迭代就得到了相同准确率的模型。这种情况在实践中是常见的。

常用的初始化方法有以下几种。

（1）零初始化

即把所有层的 W 值的初始值都设置为 0。

$$W = 0$$

但是对于多层网络来说，绝对不能用零初始化，否则权重值不能学习到合理的结果。

（2）标准初始化

标准正态初始化方法保证激活函数的输入均值为 0，方差为 1。将 W 按如下公式进行初始化：

$$W \sim N[0,1]$$

其中，W 为权重矩阵，N 表示高斯分布（Gaussian Distribution），也叫作正态分布（Normal

Distribution），所以也称这种初始化为 Normal 初始化。

一般会根据全连接层的输入和输出数量来决定初始化的细节：

$$\boldsymbol{W} \sim N\left(0, \frac{1}{\sqrt{n_{\text{in}}}}\right)$$

$$\boldsymbol{W} \sim U\left(-\frac{1}{\sqrt{n_{\text{in}}}}, \frac{1}{\sqrt{n_{\text{in}}}}\right)$$

（3）Xavier 初始化方法

使用 Xavier 初始化方法的条件是正向计算时，激活值的方差保持不变；反向传播时，关于状态值的梯度的方差保持不变。

$$\boldsymbol{W} \sim N\left(0, \sqrt{\frac{2}{n_{\text{in}}+n_{\text{out}}}}\right)$$

$$\boldsymbol{W} \sim U\left(-\sqrt{\frac{6}{n_{\text{in}}+n_{\text{out}}}}, \sqrt{\frac{6}{n_{\text{in}}+n_{\text{out}}}}\right)$$

其中，$\boldsymbol{W}$ 为权重矩阵，N 表示正态分布（Normal Distribution），U 表示均匀分布（Uniform Distribution）。下同。

它假设激活函数关于 0 对称，且主要针对全连接神经网络。适用于 tanh 和 softsign。即权重矩阵参数应该满足在该区间内的均匀分布。

（4）MSRA 初始化方法

使用 MSRA 初始化方法的条件是正向计算时，状态值的方差保持不变；反向传播时，关于激活值的梯度的方差保持不变。

"Xavier" 是一种相对不错的初始化方法，但是，Xavier 在推导时假设激活函数在零点附近是线性的，但显然目前常用的 ReLU 和 PReLU 并不满足这一条件。所以 MSRA 初始化方法主要是想解决使用 ReLU 激活函数后方差会发生变化的情况，因此初始化权重的方法也应该变化。

只考虑输入个数时，MSRA 初始化方法是一个均值为 0、方差为 2/n 的高斯分布，适合 ReLU 激活函数：

$$\boldsymbol{W} \sim N\left(0, \sqrt{\frac{2}{n}}\right)$$

$$\boldsymbol{W} \sim U\left(-\sqrt{\frac{6}{n_{\text{in}}}}, \sqrt{\frac{6}{n_{\text{out}}}}\right)$$

2.5.3　批量归一化

既然可以把原始训练样本作归一化，那么如果在深度神经网络的每一层都可以有类似的手段，也就是把层之间传递的数据移到 0 点附近，那么训练效果就应该会很理想。这就是批量归一化（batch normalization，BN）的想法的来源。

深度神经网络随着网络深度加深，训练起来更困难，收敛更慢，这是个在深度学习领域很接近本质的问题。很多论文都在解决这个问题，比如 ReLU 激活函数，再比如 Residual Network。BN 本质上也是解释并从某个不同的角度来解决这个问题的。

BN 就是在深度神经网络训练过程中使得每一层神经网络的输入数据保持相同的分布，致力于将每一层的输入数据正则化成 $N(0,1)$ 的分布。因次，每次训练的数据必须是 mini-batch 形式，一般取 32、64 等数值。具体的数据处理过程如图 2-26 所示。

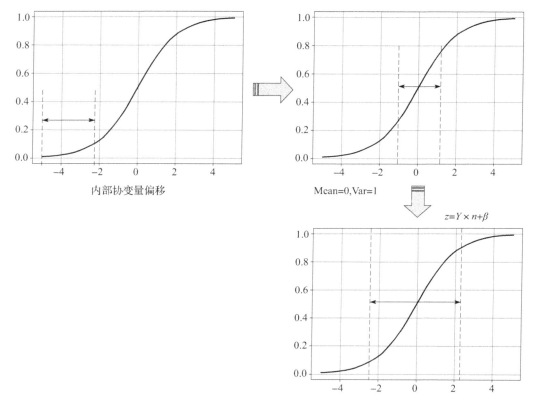

图 2-26 数据处理过程

（1）数据在训练过程中，在网络的某一层会发生内部协变量偏移，导致数据处于激活函数的饱和区；

（2）经过均值为 0、方差为 1 的变换后，位移到了 0 点附近。但是只做到这一步的话，会带来两个问题：

①在 [−1,1] 这个区域，sigmoid 函数是近似线性的，造成激活函数失去非线性的作用；

②在二分类问题中学习过，神经网络把正类样本点推向了右侧，把负类样本点推向了左侧，如果再把它们强行向中间集中的话，那么前面学习到的成果就会被破坏；

（3）经过 γ，β 的线性变换后，把数据区域拉宽，则激活函数的输出既有线性的部分，也有非线性的部分，这就解决了问题①；而且由于 γ，β 也是通过网络进行学习的，所以以前学到的成果也会保持，这就解决了问题②。

在实际的工程中，BN 被当作一个层来看待，一般架设在全连接层（或卷积层）与激活函数层之间。BN 有如下几个优点。

①可以选择比较大的初始学习率，让训练速度提高。以前还需要慢慢调整学习率，甚至在网络训练到一定程度时，还需要想着学习率进一步调小的比例选择多少比较合适，现在可以采用初始很大的学习率，因为这个算法收敛很快。当然，即使你选择了较小的学习率，也比以前的收敛速度快，因为它具有快速训练收敛的特性。

②减少对初始化的依赖。一个不太幸运的初始化，可能会造成网络训练实际很长，甚至不收敛。

③减少对正则的依赖。在后续章节，将会介绍正则化知识，以增强网络的泛化能力。采用 BN 算法后，会逐步减少对正则的依赖，比如令人头疼的 dropout、L2 正则项参数的选择问题，或者可以选择更小的 L2 正则约束参数，因为 BN 具有提高网络泛化能力的特性。

2.5.4　过拟合

1. 拟合程度比较

在深度神经网络中，会遇到的另外一个挑战就是网络的泛化问题。所谓泛化，就是模型在测试集上的表现要和在训练集上一样好。经常有这样的例子：一个模型在训练集上千锤百炼，能到达 99% 的准确率，拿到测试集上一试，准确率还不到 90%。这说明模型过度拟合了训练数据，而不能反映真实世界的情况。解决过度拟合的手段和过程，就叫作泛化。

神经网络的两大功能：回归和分类，这两类任务都会出现欠拟合和过拟合现象，如图 2-27 和图 2-28 所示。

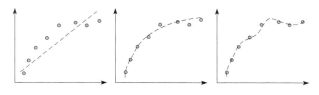

图 2-27　回归任务中的欠拟合、正确的拟合、过拟合

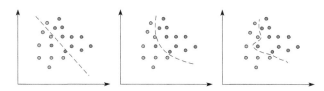

图 2-28　分类任务中的欠拟合、正确的拟合、过拟合

图 2-27 展示回归任务中的 3 种情况，依次为欠拟合、正确的拟合、过拟合。

图 2-28 展示了分类任务中的三种情况，依次为分类欠妥（欠拟合）、正确的分类（正确

的拟合）、分类过度（过拟合）。由于分类可以看作对分类边界的拟合，所以经常统称其为拟合。图 2-28 中对于"深入敌后"的那颗灰色点样本，正确的做法是把它当作噪音，而不要让它对网络产生影响。而对于图 2-27 和图 2-28 中的欠拟合情况，如果简单的（线性）模型不能很好地完成任务，可以考虑使用复杂的（非线性或深度）模型，即加深网络的宽度和深度，提高神经网络的能力。

但是，如果网络过于宽和深，就会出现第三张图展示的过拟合情况。

2. 出现过拟合的原因

出现过拟合的原因可能有如下几点。

①训练集的数量和模型的复杂度不匹配，样本数量级小于模型的参数；

②训练集和测试集的特征分布不一致；

③样本噪音大，使得神经网络学习到了噪音，正常样本的行为被抑制；

④迭代次数过多，过分拟合了训练数据，包括噪音部分和一些非重要特征。

既然模型过于复杂，那么简化模型不就行了吗？为什么要用复杂度不匹配的模型呢？有如下两个原因。

①因为有的模型已经非常成熟了，比如 VGG16，可以不调参而直接用于数据训练。此时如果数据量不够大，但是又想使用现有模型，就需要给模型加正则项。

②使用相对复杂的模型，可以比较快速地使网络训练收敛，以节省时间。

最终可以得到如图 2-29 所示的训练曲线。

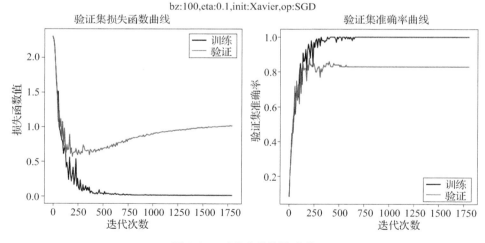

图 2-29　过拟合的训练曲线

在训练集上（深色曲线），很快就达到了损失函数值趋近于 0，准确率达到 100%。而在验证集上（浅色曲线），损失函数值却越来越大，准确率也在下降。这就造成了一个典型的过拟合网络，即所谓 U 型曲线，无论是损失函数值和准确度，都呈现出这种分化的特征。

3. 解决方案

有了直观感受和理论知识，下面看看解决过拟合问题常用的方法。

①数据扩展（data augmentation）

②L2/L1 正则（regularization）

③丢弃法（dropout）

④早停法（early stop）

⑤集成学习法（ensemble learning）

⑥特征工程（属于传统机器学习范畴，不在此处讨论）

⑦简化模型，减小网络的宽度和深度

篇幅有限，不再展开介绍，有兴趣的读者请参考《智能之门》一书。

2.5.5　小结与讨论

本节主要介绍了深度神经网络的抽象与设计、权重矩阵初始化、批量归一化、过拟合。

请读者尝试通过以上方法调优已有的一个模型训练过程，观察模型的收敛性，并思考能否自动化调优当前的一些配置。

2.6　梯度下降优化算法

本节主要围绕梯度下降优化算法、随机梯度下降算法、动量算法 Momentum、Adam 算法展开介绍。

2.6.1　随机梯度下降算法

先回忆一下随机梯度下降的基本算法，便于和后面的各种算法进行比较。图 2-30 是随机梯度下降算法的梯度搜索轨迹示意图。

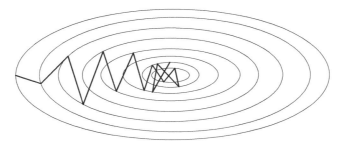

图 2-30　随机梯度下降算法的梯度搜索轨迹示意图

（1）输入和参数

- η -全局学习率

（2）算法

计算梯度：$g_t = \nabla_\theta J(\theta_{t-1})$
更新参数：$\theta_t = \theta_{t-1} - \eta \cdot g_t$

随机梯度下降算法会在当前点计算梯度，然后根据学习率前进到下一点。到中点附近时，样本误差或者学习率问题会导致来回徘徊的现象，很可能会错过最优解。

2.6.2　动量算法

SGD方法的一个缺点是其更新方向完全依赖于当前batch计算出的梯度，由于数据有噪音，因而十分不稳定。

动量算法借用了物理中的动量概念，它模拟的是物体运动时的惯性，即更新的时候在一定程度上保留之前更新的方向，同时利用当前batch的梯度微调最终的更新方向。这样一来，可以在一定程度上增加稳定性，从而使学习进行得更快，并且还有一定摆脱局部最优的能力。动量算法会观察历史梯度，若当前梯度的方向与历史梯度一致（表明当前样本不太可能为异常点），则会增强这个方向的梯度。若当前梯度与历史梯度方向不一致，则梯度会衰减。

如图2-31所示，第一次的梯度更新完毕后，会记录 v_1 的动量值。在"求梯度点"进行第二次梯度检查时，得到2号方向，与 v_1 的动量组合后，最终更新为2'号方向。这样一来，v_1 的存在，会迫使梯度更新方向具备"惯性"，从而可以减弱随机样本造成的震荡。

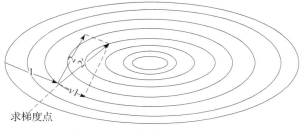

求梯度点

图2-31　动量算法的前进方向

（1）输入和参数
①η-全局学习率
②α-动量参数，一般取值为0.5，0.9，0.99
③v_t-当前时刻的动量，初值为0
（2）算法

计算梯度：$g_t = \nabla_\theta J(\theta_{t-1})$
计算速度更新：$v_t = \alpha \cdot v_{t-1} + \eta \cdot g_t$
更新参数：$\theta_t = \theta_{t-1} - v_t$

2.6.3　Adam 算法

计算每个参数的自适应学习率，相当于结合 RMSProp+Momentum 的效果，Adam 算法的在 RMSProp 算法的基础上对小批量随机梯度也做了指数加权移动平均。和 AdaGrad 算法、RMSProp 算法以及 AdaDelta 算法一样，目标函数自变量中每个元素都分别拥有自己的学习率。

（1）输入和参数

①t-当前迭代次数

②η-全局学习率，建议缺省值为 0.001

③ϵ-用于数值稳定的小常数，建议缺省值为 1e-8

④β_1，β_2-矩估计的指数衰减速率，在［0,1）范围内，建议缺省值分别为 0.9 和 0.999

（2）算法

计算梯度：$g_t = \nabla_\theta J(\theta_{t-1})$

计数器加一：$t = t+1$

更新有偏一阶矩估计：$m_t = \beta_1 \cdot m_{t-1} + (1-\beta_1) \cdot g_t$

更新有偏二阶矩估计：$v_t = \beta_2 \cdot v_{t-1} + (1-\beta_2)(g_t \odot g_t)$

修正一阶矩的偏差：$\hat{m}_t = m_t / (1-\beta_1^t)$

修正二阶矩的偏差：$\hat{v}_t = v_t / (1-\beta_2^t)$

计算梯度更新：$\Delta\theta = \eta \cdot \hat{m}_t / (\epsilon + \sqrt{\hat{v}_t})$

更新参数：$\theta_t = \theta_{t-1} - \Delta\theta$

2.6.4　小结与讨论

请读者思考，如果当前的训练过程无法在单机单卡完成，需要扩展到多卡和多机分布式训练，如何实现以上训练算法？

2.7　卷积神经网络

本节主要围绕卷积神经网络的能力、典型结构、卷积核的作用、卷积神经网络的特性和类型展开介绍。

2.7.1　卷积神经网络的能力

卷积神经网络（convolutional neural net，CNN）是神经网络的类型之一，在图像识别和分类领域中取得了非常好的效果，比如识别人脸、物体、交通标识等，这就为机器人、自动驾驶等应用提供了坚实的技术基础。在图 2-32 和图 2-33 中，卷积神经网络展现了识别人类日常生活中的各种物体的能力。

图 2-32　识别出 4 个人在一条船上

图 2-33　识别出当前场景为"两个骑车人"

2.7.2　卷积神经网络的典型结构

一个典型的卷积神经网络的结构如图 2-34 所示。

接下来分析一下它的层级结构。

①原始的输入是一张图片，可以是彩色的，也可以是灰度的或黑白的。这里假设只有一个通道的图片，目的是识别手写体数字 0~9。

②第一层卷积，使用 4 个卷积核，得到 4 张特征图（feature map）；激活函数层没有单独画出来，紧接着的卷积操作使用了 Relu 函数。

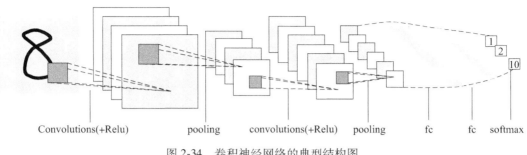

图 2-34　卷积神经网络的典型结构图

③第二层是池化，使用了 Max Pooling 方式，把图片的高和宽各缩小至原来的二分之一，但仍然是 4 个 feature map。

④第三层卷积，使用了 4×6 个卷积核，其中 4 对应着输入通道，6 对应着输出通道，从而得到了 6 张 feature map，当然也使用了 Relu 函数；

⑤第四层再次做一次池化，现在得到的图片尺寸只是原始尺寸的四分之一左右。

⑥第五层把第四层的 6 张图片展平成一维，成为一个 fully connected 层。

⑦第六层再接一个小一些的 fully connected 层。

⑧最后接一个 softmax 函数，判别 10 个分类。

所以，在一个典型的卷积神经网络中，会至少包含以下几个层：

①卷积层；

②激活函数层；

③池化层；

④全连接分类层。

本书会在后续内容中讲解卷积层和池化层的具体工作原理。

2.7.3　卷积核的作用

卷积网络之所以能工作，完全是卷积核的功劳。什么是卷积核呢？卷积核其实就是一个小矩阵，如

$$
\begin{matrix}
1.1 & 0.23 & -0.45 \\
0.1 & -2.1 & 1.24 \\
0.74 & -1.32 & 0.01
\end{matrix}
$$

这是一个 3×3 的卷积核，此外还会有 1×1、5×5、7×7、9×9、11×11 的卷积核。在卷积层中，会用输入数据与卷积核相乘，得到输出数据，类似全连接层中的 weights，所以卷积核里的数值，也是通过反向传播的方法学习到的。下面看看卷积核的具体作用，如图 2-35 所示。

图 2-35 展示了使用 9 个不同的卷积核在同一张图上运算后得到的结果，而表 2-7 中按顺序列出了 9 个卷积核的数值和名称，可以一一对应到上面的 9 张图中。

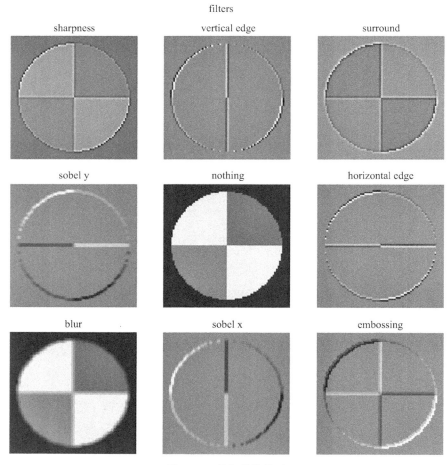

图 2-35　卷积核的作用

表 2-7　卷积的效果

	1	2	3
1	0，−1，0 −1，5，−1 0，−1，0	0，0，0 −1，2，−1 0，0，0	1，1，1 1，−9，1 1，1，1
	锐化	检测竖边	周边检测
2	−1，−2，−1 0，0，0 1，2，1	0，0，0 0，1，0 0，0，0	0，−1，0 0，2，0 0，−1，0
	纵向亮度差分	nothing	横边检测
3	0.11，0.11，0.11 0.11，0.11，0.11 0.11，0.11，0.11	−1，0，1 −2，0，2 −1，0，1	2，0，0 0，−1，0 0，0，−1
	模糊	横向亮度差分	浮雕

先来看中间那个名叫"nothing"的卷积核。为什么叫 nothing 呢？因为这个卷积核在与原始图片计算后得到的结果，和原始图片一模一样，所以它就相当于原始图片，放在中间是为了方便和其他卷积核的效果做对比。

2.7.4　卷积后续的运算

从前文认识到卷积核的强大能力，卷积神经网络通过反向传播而令卷积核自我学习，找到分布在图片中的不同的特征，最后形成卷积核中的数据。但是如果想达到这种效果，只有卷积层是不够的，还需要激活函数、池化等操作的配合。

图 2-36 中的 4 个子图，依次是原图、卷积结果、激活结果、池化结果。

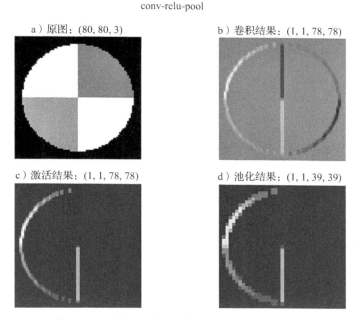

图 2-36　原图经过卷积-激活-池化操作后的效果

①图 2-36a 是用 cv2 读取出来的原始图片，其顺序是反向的，即：第一个维度是高度；第二个维度是宽度；第三个维度是彩色通道数，但是其顺序为 BGR，而不是常用的 RGB。

②对原始图片使用一个 3×1×3×3 的卷积核，因为原始图片为彩色图片，所以第一个维度是 3，对应 RGB 的三个彩色通道；我们希望只输出一张 feature map，以便于说明，所以第二个维度是 1；使用 3×3 的卷积核，用的是 sobel x 算子。所以图 2-36b 是卷积后的结果。

③图 2-36c 做了一层 ReLU 激活计算，把小于 0 的值都去掉了，只留下了一些边的特征。

④图 2-36d 的尺寸是图 2-36c 的四分之一，虽然图片缩小了，但是特征都没有丢失，反而因为图像尺寸变小而变得密集，亮点的密度要比图 2-36c 大而粗。

2.7.5 卷积神经网络的特性

从整体图中，可以看到在卷积-池化等一系列操作的后面，要接全连接层，这里的全连接层和前面学习的深度网络的功能一模一样，都作为分类层使用。

在最后一层的池化后面，把所有特征数据变成一个一维的全连接层，然后就和普通的深度全连接网络一样了，通过在最后一层的softmax分类函数以及多分类交叉熵函数，对比图片的OneHot编码标签，将误差值从全连接层传回到池化层，通过激活函数层再回传给卷积层，对卷积核的数值进行梯度更新，实现卷积核数值的自我学习。

但是这里有个问题，回忆一下MNIST数据集，所有的样本数据都是处于28×28方形区域的中间地带，如图2-37a所示。

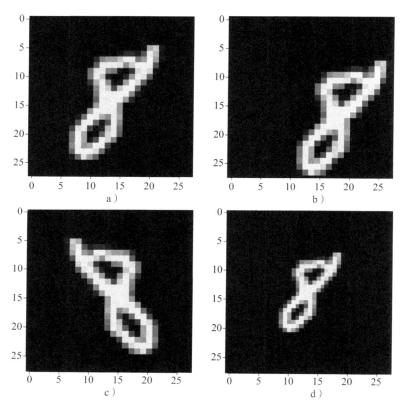

图2-37 同一个背景下数字8的大小、位置、形状的不同

具体看这几张图：

① "8"的位置偏移到右下角，使得左侧留出来一大片空白，即发生了平移，如图2-37b所示。

② "8"做了一些旋转或者翻转，即发生了旋转视角，如图2-37c所示。

③ "8"缩小了很多或放大了很多，即发生了尺寸变化，如图2-37d所示。

尽管发生了变化，但是人类凭借视觉系统都可以轻松应对，即平移不变性、旋转视角不变性、尺度不变性。那么卷积神经网络如何处理呢？

（1）平移不变性

对于原始图 2-37a，平移后得到图 2-37b，对于同一个卷积核来说，都会得到相同的特征，这就是卷积核的权值共享。但是特征处于不同的位置，由于距离差距较大，即使经过多层池化后，也不能处于近似的位置。此时，后续的全连接层会通过权重值的调整，把这两个相同的特征看作同一类的分类标准之一。如果是短距离平移，通过池化层就可以处理了。

（2）旋转不变性

对于原始图 2-37a，有小角度的旋转得到图 2-37c，卷积层在原始图上得到特征 a，在图 2-37c 上得到特征 c，可以想象 a 与 c 的位置间的距离不是很远，在经过两层池化以后，基本可以重合。所以卷积网络对于小角度旋转是可以容忍的，但是对于较大的旋转，需要使用数据增强来增加训练样本。一个极端的例子是当 6 旋转 90°时，谁也不能确定它到底是 6 还是 9。

（3）尺度不变性

对于原始图 2-37a 和缩小的图 2-37d，人类可以毫不费力地辨别出它们是同一个图案。池化在这里是不是有帮助呢？没有！因为神经网络对原始图做池化的同时，也会用相同的方法对图 2-37d 做池化，这样池化的次数一致，最终图 2-37d 还是比原始图小。如果我们有多个卷积视野，相当于从两米远的地方看原始图，从一米远的地方看图 2-37d，那么原始图和图 2-37d 就可以很近似了。这就是 Inception 的想法，用不同尺寸的卷积核去同时寻找同一张图片上的特征。

2.7.6 卷积类型

1. 卷积的数学定义

二维卷积一般用于图像处理上。在二维图片上做卷积，如果把图像 Image 简写为 I，把卷积核 kernal 简写为 K，则目标图片的第 (i,j) 个像素的卷积值为

$$h(i,j) = (I \times K)(i,j) = \sum_m \sum_n I(i+m, j+n) K(m,n)$$

在图像处理中，自相关函数和互相关函数定义如下。

①自相关：设原函数是 $f(t)$，则 $h = f(t) * f(-t)$，其中*表示卷积。

②互相关：设两个函数分别是 $f(t)$ 和 $g(t)$，则 $h = f(t) * g(-t)$。

互相关函数的运算，指的是两个序列滑动相乘，两个序列都不翻转。卷积运算也是滑动相乘，但是其中一个序列需要先翻转，然后再相乘。所以，从数学意义上说，机器学习实现的是互相关函数，而不是原始含义上的卷积。但为了简化，把互相关函数的运算也称作卷积。这就是卷积的来源。由此可得如下两个结论：

①实现的卷积操作不是原始数学含义的卷积，而是工程上的卷积，可以简称为卷积。

②在实现卷积操作时，并不会反转卷积核。

在传统的图像处理中，卷积操作多用来进行滤波、锐化或者边缘检测等。也可以认为卷积是利用某些设计好的参数组合（卷积核）去提取图像空域上相邻的信息。

2. 单入单出的二维卷积

按照公式，可以在4×4的图片上，用一个3×3的卷积核，通过卷积运算得到一个2×2的图片，运算的过程如图2-38所示。

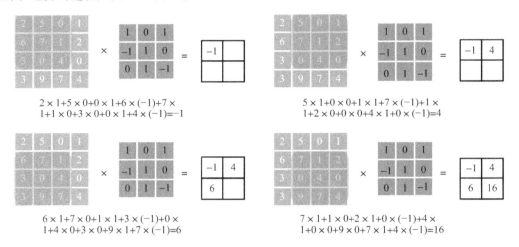

$2 \times 1 + 5 \times 0 + 0 \times 1 + 6 \times (-1) + 7 \times 1 + 1 \times 0 + 3 \times 0 + 0 \times 1 + 4 \times (-1) = -1$

$5 \times 1 + 0 \times 0 + 1 \times 1 + 7 \times (-1) + 1 \times 1 + 2 \times 0 + 0 \times 0 + 4 \times 1 + 0 \times (-1) = 4$

$6 \times 1 + 7 \times 0 + 1 \times 1 + 3 \times (-1) + 0 \times 1 + 4 \times 0 + 3 \times 0 + 9 \times 1 + 7 \times (-1) = 6$

$7 \times 1 + 1 \times 0 + 2 \times 1 + 0 \times (-1) + 4 \times 1 + 0 \times 0 + 9 \times 0 + 7 \times 1 + 4 \times (-1) = 16$

图2-38 卷积运算的过程

3. 单入多出的升维卷积

原始输入是一维的图片，但是可以用多个卷积核分别对其计算，从而得到多个特征输出。如图2-39所示。

一张4×4的图片，用两个卷积核并行地处理，输出为2个2×2的图片。在训练过程中，这两个卷积核会完成不同的特征学习。

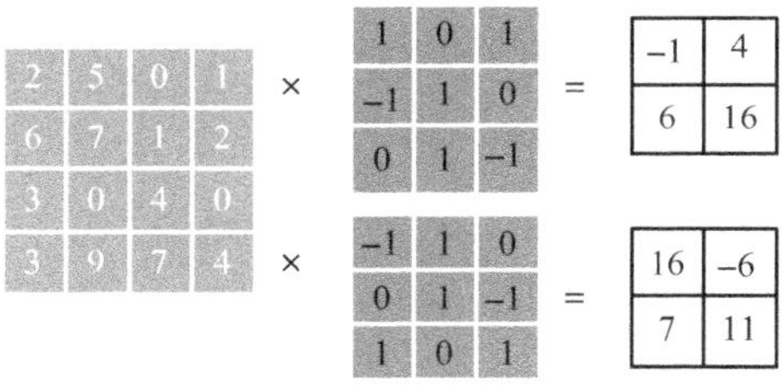

4. 多入单出的降维卷积

一张图片通常是彩色的，具有红绿蓝3个通道，因此可以有两个选择来处理：

图2-39 单入多出的升维卷积

①变成灰度的，每个像素只剩下一个值，就可以用二维卷积；

②对于三个通道，每个通道都使用一个卷积核，分别处理红、绿、蓝3种颜色的信息。

显然，第2种方法可以从图中学习到更多的特征，于是出现了三维卷积，即有3个卷积核分别对应书的3个通道，3个子核的尺寸是一样的，比如都是2×2，这样的话，这3个卷积核就是一个3×2×2的立体核，称为过滤器（Filter），所以称为三维卷积。

在图2-40中，每一个卷积核对应着左侧相同颜色的输入通道，3个过滤器的值并不一定相同。对3个通道各自做卷积后，得到右侧的3张特征图，然后再按照原始值不加权地相加在一起，得到最右侧的白色特征图，这张图里面已经把3种颜色的特征混在一起了，所以画成了白色，表示没有颜色特征了。

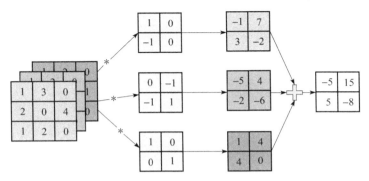

图 2-40　多入单出的降维卷积

虽然输入图片是多个通道的，或者说是三维的，但是在相同数量的过滤器的计算后，相加在一起的结果是一个通道，即二维数据，所以称为降维。这当然简化了对多通道数据的计算难度，但同时也会损失多通道数据自带的颜色信息。

5. 多入多出的同维卷积

在多入单出的降维卷积的例子中，是一个过滤器内含 3 个卷积核 kernal。假设有一个 3×3 的彩色图片，如果有两组 3×2×2 的卷积核的话，会做什么样的卷积计算？如图 2-41 所示。

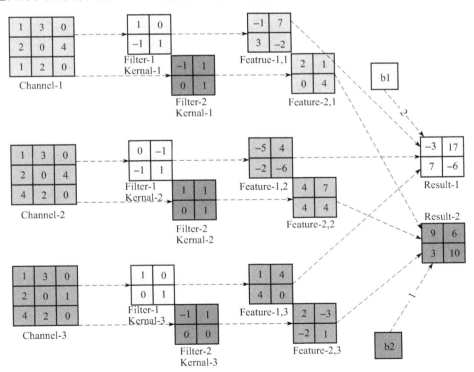

图 2-41　多入多出的同维卷积运算

第一个过滤器（Filter-1）有 3 个卷积核（kernal），分别命名为 kernal-1、kernal-2、kernal-3，分别在红、绿、蓝 3 个输入通道上进行卷积操作，生成 3 个 2×2 的输出 Feature-1，n。然后 3 个 Feature-1，n 相加，再加上 b1 偏移值，形成最后的输出 Result-1。

对于第二个过滤器（Filter-2）也是一样，先生成 3 个 Feature-2，n，相加后再加 b2，最后得到 Result-2。

之所以 Feature-m，n 还用红、绿、蓝三色表示，是因为在此时它们还保留着红、绿、蓝 3 种色彩的各自的信息，一旦相加后得到 Result，这种信息就丢失了。

6. 步长

多入多出的卷积运算的例子中，每次计算后，卷积核会向右或者向下移动一个单元，即步长 stride＝1。而在图 2-42 这个卷积操作中，卷积核每次向右或向下移动两个单元，即 stride＝2。

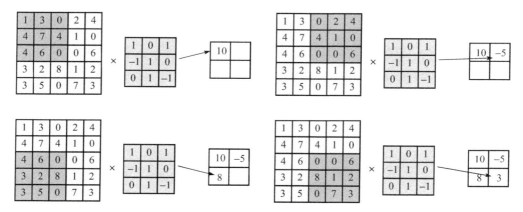

图 2-42　步长为 2 的卷积

在后续的步骤中，由于每次移动两格，所以最终得到一个 2×2 的图片。

7. 填充

如果原始图为 4×4，用 3×3 的卷积核进行卷积后，目标图片变成了 2×2。如果想保持目标图片和原始图片为同样大小，该怎么办呢？一般会向原始图片周围填充一圈 0，然后再做卷积。如图 2-43 所示。

8. 输出结果

综合以上所有情况，可以得到卷积后的输出图片的大小的公式：

$$H_{\text{Output}} = \frac{H_{\text{Input}} - H_{\text{Kernal}} + 2\text{Padding}}{\text{Stride}} + 1$$

$$W_{\text{Output}} = \frac{W_{\text{Input}} - W_{\text{Kernal}} + 2\text{Padding}}{\text{Stride}} + 1$$

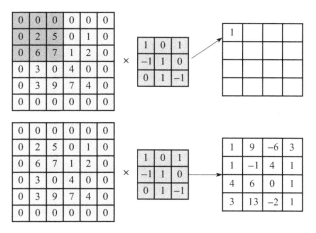

图 2-43 带填充的卷积

以图 2-42 为例：

$$H_{\text{Output}} = \frac{5-3+2\times0}{2}+1 = 2$$

以图 2-43 为例：

$$H_{\text{Output}} = \frac{4-3+2\times1}{1}+1 = 4$$

有以下两点需要注意：

①一般情况下，用正方形的卷积核，且为奇数。

②如果计算出的输出图片尺寸为小数，则取整，不做四舍五入。

2.7.7 小结与讨论

本节主要介绍了卷积神经网络的能力、典型结构、卷积核的作用、卷积神经网络的特性和类型。

请读者思考如何将卷积转换为 for 循环运算。

2.8 循环神经网络

本节主要围绕循环神经网络的发展简史、结构和典型用途展开介绍。

2.8.1 循环神经网络的发展简史

循环神经网络（recurrent neural network，RNN）的历史可以简单概括如下。

- 1933 年，西班牙神经生物学家 Rafael Lorente de Nó 发现大脑皮层（cerebral cortex）的解剖结构允许刺激在神经回路中循环传递，并由此提出反响回路假设（reverberating circuit hypothesis）。

- 1982 年，美国学者 John Hopfield 使用二元节点建立了具有结合存储（content-addressable memory）能力的神经网络，即 Hopfield 神经网络。
- 1986 年，Michael I. Jordan 基于 Hopfield 神经网络的结合存储概念，在分布式并行处理（parallel distributed processing）理论下建立了新的循环神经网络，即 Jordan 神经网络。
- 1990 年，Jeffrey Elman 提出了第一个全连接的循环神经网络，Elman 神经网络。Jordan 神经网络和 Elman 神经网络是最早出现的面向序列数据的循环神经网络，由于二者都从单层前馈神经网络出发构建递归连接，因此也被称为简单循环网络（Simple Recurrent Network，SRN）。
- 1990 年，Paul Werbos 提出了循环神经网络的随时间反向传播（BP Through Time，BPTT），BPTT 被沿用至今，是循环神经网络进行学习的主要方法。
- 1991 年，Sepp Hochreiter 发现了循环神经网络的长期依赖问题（long-term dependencies problem），大量优化理论得到引入并衍生出许多改进算法，包括神经历史压缩器（neural history compressor，NHC）、长短期记忆网络（long short-term memory networks，LSTM）、门控循环单元网络（gated recurrent unit networks，GRU）、回声状态网络（echo state network）、独立循环神经网络（Independent RNN）等。

图 2-44 简单描述了从前馈神经网络到循环神经网络的演化过程。

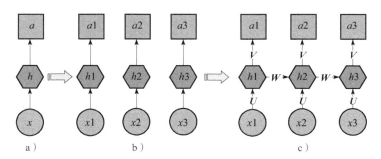

图 2-44　从前馈神经网络到循环神经网络的演化

①图 2-44a 的是前馈神经网络的概括图，即根据一个静态的输入数据 x，经过隐藏层 h 的计算，最终得到结果 a。这里的 h 是全连接神经网络或者卷积神经网络，a 是回归或分类的结果。

②遇到序列数据的问题后（假设时间步为 3），可以建立 3 个前馈神经网络来分别处理 $t=1$、$t=2$、$t=3$ 的数据，即 $x1$、$x2$、$x3$，如图 2-44b 所示。

③但是两个时间步之间是有联系的，于是在隐藏层 $h1$、$h2$、$h3$ 之间建立了一条连接线，实际上是一个矩阵 W 如图 2-44c 所示。

④根据序列数据的特性，可以扩充时间步的数量，在每个相邻的时间步之间都会有联系。

如果仅此而已的话，还不能称之为循环神经网络，只能说是多个前馈神经网络的堆叠而已。在循环神经网络中，以图 2-44c 为例，只有 3 个参数：

①U：是 x 到隐藏层 h 的权重矩阵；

②V：是隐藏层 h 到输出 a 的权重矩阵；

③W：是相邻隐藏层 h 之间的权重矩阵。

请注意这 3 个参数在不同的时间步是共享的，以图 2-43 最右侧的图为例，3 个 U 其实是同一个矩阵，三个 V 是同一个矩阵，两个 W 是同一个矩阵。这样的话，无论有多少个时间步，都可以像折扇一样"折叠"起来，用一个"循环"来计算各个时间步的输出，这才是"循环神经网络"的真正含义。

2.8.2　循环神经网络的结构和典型用途

1. 一对多的结构

在国外，用户可以指定一个风格或者一段旋律，让机器自动生成一段具有巴赫风格的乐曲。在中国，有藏头诗的诗歌形式，比如以"春"字开头的一句五言绝句可以是"春眠不觉晓""春草细还生"等。这两个例子都是只给出一个输入，生成多个输出的情况，如图 2-45 所示。

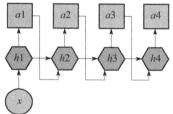

图 2-45　一对多的结构示意图

一个输入生成多个输出这种情况的特殊性在于，第一个时间步生成的结果要作为第二个时间步的输入，使得前后有连贯性。图 2-45 中只画出了 4 个时间步，在实际的应用中，如果是五言绝句，则有 5 个时间步；如果是音乐，则要指定小节数，比如 40 个小节，则时间步为 40。

2. 多对一的结构

在阅读一段观众的影评后，会判断出该观众对所评价的电影的基本印象如何，比如是积极的评价还是消极的评价，反映在数值上就是给了几颗星。在这个例子中，输入是一段话，可以拆成很多句或者很多词组，输出则是一个分类结果。这是一个多个输入对应单个输出的形式，如图 2-46 所示。

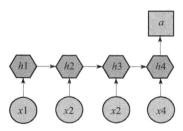

图 2-46　多对一的结构示意图

图中的 x 可以看作很多连续的词组，依次输入到网络中，只在最后一个时间步才有一个统一的输出。另一种典型的应用就是视频动作识别，输入连续的视频帧（图片形式），输出是分类结果，比如"跑步""骑车"等动作。

还有一个很吸引人的应用就是股票价格的预测，输入是前 10 天的股票基本数据，如每天的开盘价、收盘价、交易量等，而输出是第二天的股票的收盘价，这就是典型的多对一的应用。但是由于很多其他因素的干扰，股票价格预测具有很大的不确定性。

3. 多对多（输入输出等量）

这种结构要求输入的数据时间步的数量和输出的数据的时间步的数量相同，如图 2-47 所示。

比如想分析视频中每一帧的分类，则输入 100 帧，输出是对应的 100 个分类结果。另外一个典型应用就是基于字符的语言模型，比如对于英文单词"hello"来说，当第一个字母是 h 时，计算第二个字母是 e 的概率，以此类推，可计算输入是"hell"这 4 个字母时，输出是"ello"这 4 个字母的概率。

在中文中，对联的生成问题也是使用了这种结构，如果上联是"风吹水面层层浪"这 7 个字，则下联也一定是 7 个字，如"雨打沙滩点点坑"。

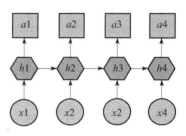

图 2-47　多对多的结构示意图

4. 多对多（输入输出不等量）

这是循环神经网络最重要的一个变种，又叫作编码解码（Encoder-Decoder）模型，或者序列到序列（seqence to seqence）模型，如图 2-48 所示。

以机器翻译任务举例，源语言和目标语言的句子通常不会是相同的长度，为此，此种结构会先把输入数据编码成一个上下文向量，在 h2 后生成，作为 h3 的输入。此时，h1 和 h2 可以看作一个编码网络，h3 和 h4 看作一个解码网络。解码网络拿到编码网络的输出后，进行解码，得到目标语言的句子。

由于这种结构不限制输入和输出的序列长度，所以应用范围广泛，类似的应用还有如下 3 种。

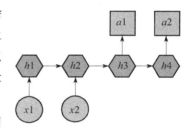

图 2-48　编码解码模型

①文本摘要：输入是一段文本，输出是摘要，摘要的字数要比正文少很多。

②阅读理解：输入是文章和问题，输出是问题答案，答案一般很简短。

③语音识别：输入是语音信号序列，输出是文字序列，输入的语音信号按时间计算长度，而输出按字数计算长度，根本不是一个量纲。

2.8.3　小结与讨论

本节主要介绍了循环神经网络的发展简史、结构和典型用途。

请读者思考更复杂的循环神经网络是什么样子？例如多层的循环神经网络和双向的循环神经网络。

2.9 Transformer 模型

Transformer 模型在自然语言处理（NLP）和计算机视觉（CV）领域都取得了很令人瞩目的成绩，因此在本节中，我们来简要介绍一下其原理。作为铺垫，先要从序列到序列的模型说起，然后提出注意力机制，再过渡到主题。

2.9.1 序列到序列模型

序列到序列（Sequence to Sequence，Seq2Seq）模型在自然语言处理领域中应用广泛，是重要的模型结构。本小节对序列到序列模型的提出和结构进行简要介绍，没有涉及代码实现。

2.8 节讲到的循环神经网络（RNN）模型和实例都属于序列预测问题，或是通过序列中一个时间步的输入值，预测下一个时间步输出值（如二进制减法问题）；或是对所有输入序列得到一个输出作为分类（如名字分类问题）。它们的共同特点是输出序列与输入序列等长或输出长度为 1。

还有一类序列预测问题，以序列作为输入，输出也是序列，并且输入和输出序列长度不确定，并不断变化。这类问题被称为序列到序列预测问题。

序列到序列问题有很多应用场景，比如机器翻译、问答系统（QA）、文档摘要生成等。简单的 RNN 或 LSRM 结构无法处理这类问题，于是科学家们提出了一种新的结构——编码解码（encoder-decoder）结构。

1. 编码–解码结构

图 2-49 为 Encoder-Decoder 结构的示意图。

Encoder-Decoder 结构的处理流程非常简单直观。

①图 2-49 中，输入序列和输出序列分别为中文语句和翻译之后的英文语句，它们的长度不一定相同。通常会将输入序列嵌入（embedding）成一定维度的向量，传入 Encoder。

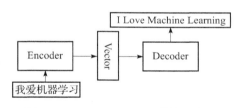

图 2-49 Encoder-Decoder 结构示意图

②Encoder 为编码器，将输入序列编码成为固定长度的状态向量，通常称为语义编码向量。

③Decoder 为解码器，将语义编码向量作为原始输入，解码成所需要的输出序列。

在具体实现过程中，Encoder、Decoder 可以有不同选择，可自由组合。常见的选择有 CNN、RNN、GRU、LSTM 等。应用 Encoder-Decoder 结构，可构建出 Seq2Seq 模型。

2. Seq2Seq 模型结构

Seq2Seq 模型有两种常见结构，接下来以 RNN 网络作为编码器和解码器来进行讲解。图 2-50 和图 2-51 分别展示了这两种结构。

（1）编码过程

两种结构的编码过程完全一致。输入序列为 $x = [x_1, x_2, x_3]$。RNN 网络中，每个时间节点隐藏层状态为

$$h_t = f(h_{t-1}, x_t), \quad t \in [1, 3]$$

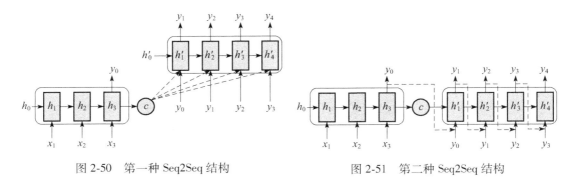

图 2-50　第一种 Seq2Seq 结构　　　　　　图 2-51　第二种 Seq2Seq 结构

解码器中输出的语义编码向量可以有 3 种不同选取方式，分别是

$$c = h_3$$
$$c = g(h_3)$$
$$c = g(h_1, h_2, h_3)$$

（2）解码过程

两种结构解码过程的不同点在于，语义编码向量是否应用于每一时刻的输入。

①第一种结构，每一时刻的输出 y_t 由前一时刻的输出 y_{t-1}、前一时刻的隐藏层状态 h'_{t-1} 和 c 共同决定，即 $y_t = f(y_{t-1}, h'_{t-1}, c)$。

②第二种结构，c 只作为初始状态传入解码器，并不参与每一时刻的输入，即：

$$\begin{cases} y_1 = f(y_0, h'_0, c) \\ y_t = f(y_{t-1}, h'_{t-1}), t \in [2,4] \end{cases}$$

2.9.2　注意力机制

1. 注意力机制模型

注意力（attention）机制其实来源于人类的认知能力。当人类观察一个场景或处理一件事情时，往往会关注场景的显著性物体，处理事情时则希望抓住主要矛盾。注意力机制使得人类能够关注事物的重要部分，忽略次要部分，更高效地处理所面临的各种事情。

attention 机制在 NLP 领域被真正地发扬光大，其具有参数少、速度快、效果好的特点，如 2018 年的 BERT、GPT 的效果领跑各项 NLP 任务。由此，在此领域，Transformer 和 attention 机制的结构受到了极大的重视。

attention 的思路非常简单，即一个加权求和过程，其原理可以表述如图 2-52 所示。

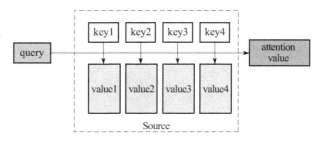

图 2-52　attention 机制原理示意图

①第一步：通过 query 和 key 计算权重。

②第二步：使用权重对 value 进行加权求和从而得到 attention value。

attention 机制的三大优点如下。

①参数少：跟 CNN、RNN 相比，attention 机制模型的复杂度更低，参数也更少，所以对算力的要求也就更小。

②速度快：注意力机制解决了 RNN 不能并行计算的问题。attention 机制每一步计算不依赖于上一步的计算结果，因此可以和 CNN 一样进行并行处理。

③效果好：在 attention 机制引入之前，有一个问题使大家一直很苦恼，即长距离的信息会被弱化，就好像记忆能力弱的人，记不住过去的事情是一样的。而 attention 机制在必要的地方引入以前的信息，距离再如何遥远也不会被忘记。

2. attention 机制的使用形式

attention 机制的使用形式可以具体分为三大类，每个大类下面又有几个小类。

（1）计算区域

● soft attention

这是比较常见的使用形式，对所有 key 求权重概率，每个 key 都有一个对应的权重，是一种全局的计算方式（也可以叫作 Global Attention）。这种方式比较理性，参考了所有 key 的内容，再进行加权。但是计算量可能会比较大一些。

● hard attention

这种形式是直接精准定位到某个 key，其余 key 就都不管了，相当于这个 key 的概率是 1，其余 key 的概率全部是 0。因此这对对齐方式要求很高，要求一步到位，如果没有正确对齐，会带来很大的影响。此外，因为不可导，一般需要用强化学习或者使用 gumbel softmax 之类的工具进行训练。

（2）所用信息

● local attention

这种形式其实是以上两种形式的一个折中，即对一个窗口区域进行计算。先用 hard attention 形式定位到某个地方，以这个点为中心可以得到一个窗口区域，在这个小区域内用 Soft Attention 形式来算。

● general attention

这种形式利用到外部信息，常用于需要构建两段文本关系的任务，query 一般包含了额外信息，根据外部 query 对原文进行对齐。

● self attention

这种形式只用到内部信息，key 和 value 以及 query 只和输入原文有关，在 self attention 中，key = value = query。既然没有外部信息，那么在原文中的每个词可以跟该句子中的所有词进行计算，相当于寻找原文内部的关系。

（3）模型结构

- 单层 attention

这是比较普遍的形式，用一个 query 对一段原文进行一次 attention。

- 多层 attention

一般用于文本具有层次关系的模型，假设把一个文档划分成多个句子，在第一层，分别对每个句子使用 attention 计算出一个句向量（也就是单层 attention）；在第二层，对所有句向量再做 attention 计算出一个文档向量（也是一个单层 attention），最后再用这个文档向量去做任务。

- 多头 attention

这是论文 *Attention is All You Need* 中提到的 multi-head attention，用到了多个 query 对一段原文进行了多次 attention，每个 query 都关注到原文的不同部分，相当于重复做多次单层 attention，最后再把这些结果拼接起来。

2.9.3 Transformer

2017 年，谷歌在一篇名为 *Attention Is All You Need* 的论文中，提出了一个基于注意力机制结构来处理序列相关的问题的模型，名为 Transformer。Transformer 在很多不同 nlp 任务中获得了成功，例如文本分类、机器翻译、阅读理解等。在解决这类问题时，Transformer 模型摒弃了固有的定式，并没有用任何 CNN 或者 RNN 的结构，而是使用了 attention 机制，自动捕捉输入序列不同位置处的相对关联，善于处理较长文本，并且该模型可以高度并行地工作，训练速度很快。其模型结构如图 2-53 所示。

其最大的特点是没有使用 CNN、RNN，仅使用 Attention 实现这一模型。与 Seq2Seq 一样，模型也分为 Encoder 和 Decoder 部分，Encoder 主要使用了 multi-head 的 self-attention，而 Decoder 则多了一层 attention，

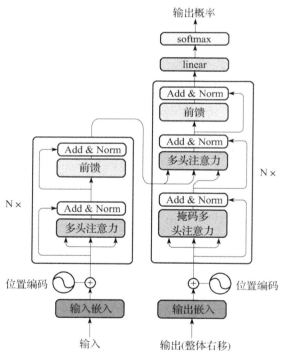

图 2-53　Transformer 模型结构

第一层 multi-head self-attention 是将之前生成的输出作为输入，再将该层输出作为 query 输入到下一层 attention 中，下一层 attention 的 key 和 value 来自 Encoder。

第一级 Decoder 的 key、query、value 均来自前一层 Decoder 的输出，但加入了 mask 操作，即只能 attend 到前面已经翻译过并输出的词语，因为翻译过程中还并不知道下一个输出词语，这是之后才会推测到的。

而第二级 Decoder 也被称作 Encoder-Decoder attention layer，即它的 query 来自之前一级的 Decoder 层的输出，但其 key 和 value 来自 Encoder 的输出，这使得 Decoder 的每一个位置都可以 attend 到输入序列的每一个位置。

总结一下，key 和 value 的来源总是相同的，query 在 Encoder 及第一级 Decoder 中与 key 和 value 的来源相同，在 Encoder-Decoder attention layer 中与 key 和 value 来源不同。接下来，会对模型结构进行详细介绍。

（1）Embedding 层

Embedding 层的作用是将某种格式的输入数据，例如文本，转变为模型可以处理的向量表示，来描述原始数据所包含的信息。Embedding 层的输出可以理解为当前时间步的特征，如果是文本任务，就可以是词嵌入（word embedding），如果是其他任务，就可以是任何合理方法所提取的特征。构建 Embedding 层的代码很简单，核心是借助 torch 提供的 nn. Embedding。

（2）位置编码

位置编码（positional encoding）的作用是为模型提供当前时间步的前后出现顺序的信息。因为 Transformer 不像 RNN 那样的循环结构有前后不同时间步输入间天然的先后顺序，所有的时间步是同时输入、并行推理的，因此在时间步的特征中融合进位置编码的信息是合理的。位置编码可以有很多选择，可以是固定的，也可以设置成可学习的参数。本书使用固定的位置编码。

此外有一个点，刚刚接触 Transformer 的读者可能不太理解，Encoder 和 Decoder 两个部分都包含输入，且两部分的输入的结构是相同的，只是推理时的用法不同，Encoder 只推理一次，而 Decoder 是类似 RNN 那样循环推理，不断生成预测结果的。

怎么理解？假设现在做的是一个法语–英语的机器翻译任务，想把法语 Je suis étudiant 翻译为英语 I am a student。那么输入给 Encoder 的就是时间步数为 3 的 embedding 数组，Encoder 只进行一次并行推理，即获得了对于输入的法语句子所提取的若干特征信息。而对于 Decoder，是循环推理，逐个单词生成结果的。最开始，由于什么都还没预测，我们会将 Encoder 提取的特征，以及一个句子起始符传给 Decoder，Decoder 预期会输出一个单词 I。然后有了预测的第一个单词，就将 I 输入给 Decoder，会再预测出下一个单词 am，再然后将 I am 作为输入喂给 Decoder，以此类推直到预测出句子终止符完成预测。

（3）Encoder 层

Encoder 层的作用是对输入进行特征提取，为解码环节提供有效的语义信息。整体来看，Encoder 由 N 个 Encoder 层简单堆叠而成。每个 Encoder 层由两个子层连接结构组成：第一个子层包括一个多头 Self-attention 层和规范化层以及一个残差连接；第二个子层包括一个前馈全连接层和规范化层以及一个残差连接。

（4）注意力机制

人类在观察事物时，无法同时仔细观察眼前的一切，只能聚焦到某一个局部。通常大脑在简单了解眼前的场景后，能够很快把注意力聚焦到最有价值的局部来仔细观察，从而做出有效判断。或许是基于这样的启发，大家想到了在算法中利用 attention 机制。attention 计算需要三个指定的输入 $\boldsymbol{Q}$(query)、$\boldsymbol{K}$(key)、$\boldsymbol{V}$(value)，然后通过下面公式得到 attention 的计算结果。

$$\mathrm{attention}(\boldsymbol{Q},\boldsymbol{K},\boldsymbol{V}) = \mathrm{softmax}\left(\frac{\boldsymbol{QK}}{\sqrt{d_K}}\right)^{\mathrm{T}}\boldsymbol{V}$$

可以简单理解为，当前时间步的 attention 计算结果是一个组系数乘以每个时间步的特征向量 value 的累加，而这个系数，通过当前时间步的 query 和其他时间步对应的 key 做内积得到，这个过程相当于用自己的 query 对别的时间步的 key 做查询，判断相似度，决定以多大的比例将对应时间步的信息继承过来。

（5）多头 attention 机制

刚刚介绍了注意力机制，在搭建 EncoderLayer 时所使用的注意力模块，实际使用的是多头注意力，可以简单理解为多个注意力模块组合在一起。

多头注意力机制的作用是让每个注意力机制去优化每个词汇的不同特征部分，从而均衡同一种注意力机制可能产生的偏差，让词义拥有更多元的表达，实验表明这可以提升模型效果。

举个形象的例子，bank 是银行的意思，如果只有一个注意力模块，那么它大概率会学习去关注类似 money、loan 这样的词。如果使用多个多头机制，那么不同的头就会去关注不同的语义，比如 bank 还有一种含义是河岸，那么可能有一个头就会去关注类似 river 这样的词汇，这时多头 attention 的价值就体现出来了。

（6）前馈全连接层

EncoderLayer 中另一个核心的子层是 Feed Forward Layer。在进行了 attention 操作之后，Encoder 和 Decoder 中的每一层都包含了一个全连接前向网络，对每个 position 的向量分别进行相同的操作，包括两个线性变换和一个 ReLU 激活输出。
feed forward 层其实就是简单的由两个前向全连接层组成，核心在于 attention 模块每个时间步的输出都整合了所有时间步的信息，而 feed forward 层每个时间步只是对自己的特征的一个进一步整合，与其他时间步无关。

（7）归一化层

归一化层是所有深层网络模型都需要的标准网络层。随着网络层数的增加，通过多层的计算后输出可能开始出现过大或过小的情况，可能会导致学习过程出现异常，模型可能收敛非常慢。因此都会在一定层后接归一化层进行数值的归一化，使其特征数值在合理范围内。Transformer 中使用的 normalization 手段是 layer norm。

（8）掩码及其作用

掩代表遮掩，码就是张量中的数值，它的尺寸不定，里面一般只有 0 和 1；代表位置被遮掩或者不被遮掩。在 Transformer 中，掩码主要的作用有两个，一个是屏蔽掉无效的 padding 区域，一个是屏蔽掉来自"未来"的信息。Encoder 中的掩码主要是起到第一个作用，Decoder 中的掩码则同时发挥着两种作用。

①屏蔽掉无效的 padding 区域：训练需要组 batch 进行，就以机器翻译任务为例，一个 batch 中不同样本的输入长度很可能是不一样的，此时要设置一个最大句子长度，然后对空白区域进行 padding 填充，而填充的区域无论在 Encoder 还是 Decoder 的计算中都是没有意义的，因此需要用 mask 进行标识，屏蔽掉对应区域的响应。

②屏蔽掉来自未来的信息：已经学习了 attention 的计算流程，它是会综合所有时间步的计算的，那么在解码的时候，就有可能获取到未来的信息，这是不行的。因此这种情况下也需要使用 mask 进行屏蔽。

（9）Decoder 层

Decoder 能够根据 Encoder 的结果以及上一次预测的结果，输出序列的下一个结果。整体结构上，Decoder 也是由 N 个相同层堆叠而成。

每个 Decoder 层由三个子层连接结构组成，第一个子层连接结构包括一个多头自注意力子层和规范化层以及一个残差连接，第二个子层连接结构包括一个多头注意力子层和规范化层以及一个残差连接，第三个子层连接结构包括一个前馈全连接子层和规范化层以及一个残差连接。

Decoder 层中的各个子模块，如多头 attention 机制、规范化层、前馈全连接都与 Encoder 中的实现方式相同。有一个细节需要注意，第一个子层的多头 attention 机制模块和 Encoder 中完全一致，第二个子层的多头 attention 机制模块中，query 来自上一个子层，key 和 value 来自 Encoder 的输出。可以这样理解，就是第二层负责利用 Decoder 已经预测出的信息作为 query，去 Encoder 提取的各种特征中，查找相关信息并融合到当前特征中，来完成预测。

（10）模型输出

输出部分就很简单了，每个时间步都过一个线性层+softmax 层。线性层的作用是通过对上一步的线性变化得到指定维度的输出，也就是转换维度的作用。转换后的维度对应着输出类别的个数，如果是翻译任务，那就对应的是文字字典的大小。

2.9.4　小结与讨论

请读者参考已有的 Transformer 的实现，使用 Pytorch 来搭建一个网络，训练一个很小的任务，比如输入 [1,2,3,4,5]，要求网络输出 [2,3,4,5]，即去掉第一个字符。

第 3 章

深度学习框架基础

本章简介

通过第 2 章讲解不难发现，深度神经网络算法具有高度模块化的特点。算法研究者在为具体应用设计神经网络模型时，能够通过沿着宽度和深度方向堆叠组合基本处理层的方式，构建起任意复杂的神经网络模型。然而，扩大神经网络规模对算力的要求也相应提升，需要使用并行计算机进行加速以提高训练效率。在并行计算机上编程对开发者有很高的要求，往往要求开发者掌握较为底层的并行编程模型来显示地控制并行任务划分、任务间的数据传输和通信这些制约性能的关键因素。为了降低在并行计算机上编程的复杂性，深度学习框架通过建立起对深度学习软件栈的分层抽象，力图在可编程性和系统性能之间达到平衡，让软件栈中的不同角色，如算法研究者、系统工程师或硬件工程师，不仅能够在各自的专业领域独立于其他抽象层进行开发，同时又能与软件栈中其他层接口无缝集成。

深度学习框架的设计选择经历了几次重要的发展和变化。这些选择受前沿深度学习算法和硬件加速器发展的共同推动，也反映了深度学习系统设计在可编程性、灵活性和性能之间的不断权衡。

内容概览

本章包含以下内容：
1）基于数据流图的深度学习框架；
2）神经网络计算中的控制流。

3.1 基于数据流图的深度学习框架

3.1.1 深度学习框架发展概述

神经网络是机器学习技术中一类具体的算法分支，通过堆叠基本处理单元形成具有宽度和深度的网络拓扑结构，其背后对应着一个高度复杂的非凸函数，能够对蕴含在各类数据分布中的统计规律进行拟合。传统机器学习技术在面对不同应用时，为了达到所需的学习效果往往需要重新选择函数空间设计新的学习目标。相比之下，神经网络能够通过调节构成网络使用的处理单元、处理单元之间的堆叠方式以及网络的学习算法，用一种较为统一的算法设计视角解决各类应用问题，这种方式很大程度上降低了机器学习算法设计选择的挑战性。同时，神经网络与深度学习方法能够拟合海量数据，并在图像分类、语音识别以及自然语言处理任务中取得突破性进展。这些成功案例表明通过构建更大规模的神经网络对大规模数据进行学习，是一种有效的学习策略与方向。

然而，深度神经网络应用的开发需要对软件与硬件栈的各层进行抽象与编程，这对新算法的开发效率和资源管理都提出了很高的要求，进而催生了深度学习框架的发展。深度学习框架是为了在加速器和集群上高效训练深度神经网络而设计的可编程系统，其设计需要同时兼顾以下 3 大互相制约的设计目标。

① **可编程性**：使用易用的编程接口，用高层次语义描述出各类主流深度学习模型的计算过程和训练算法。

② **性能**：为可复用的处理单元提供高效实现；对开发者屏蔽运行时的资源管理细节，专注开发上层业务算法；支持多设备、分布式计算。

③ **可扩展性**：降低新模型的开发成本。在添加新硬件支持时，降低增加计算原语和进行计算优化的开发成本。

主流深度学习框架主要经历了 3 代发展，不同框架的选择也同时影响了其采用的优化手段以及所能达到的性能，如图 3-1 所示。

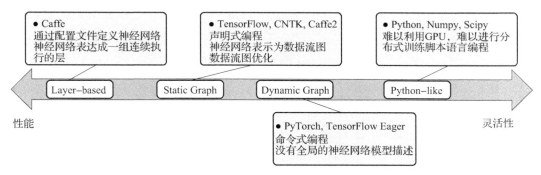

图 3-1　深度学习框架发展历程

早期深度学习工具发展的主要驱动力是为了提高实验室中研究和验证神经网络新算法的实验效率，研究者们开始尝试在新兴的图形处理器（graphic processing units，GPUs）或是集群上运行神经网络训练程序来加速复杂神经网络训练。出现了以 Cuda-convnet[1]、Theano[2]、Distbelief[3] 为代表的深度学习框架先驱。这些早期工作定义了深度学习框架需要实现的基本功能，如神经网络基本计算单元、自动微分，甚至是编译期优化。背后的设计理念对今天主流深度学习框架，特别是 TensorFlow，产生了深远的影响。

第一代形成广泛影响力的深度学习框架以一组连续堆叠的层表示深度神经网络模型，一层同时注册前向计算和梯度计算。这一时期流行的神经网络算法的结构还较为简单，以深层全连接网络和卷积网络这样的前馈网络为主，出现了以 Caffe[4]，MXNet[5] 为代表的开源工具。这些框架提供的开发方式与 C/C++ 编程接口深度绑定，使得更多研究者能够利用框架提供的基础支持，快速添加高性能的新神经网络层和新的训练算法，从而利用图形处理器来提高训练速度。这些工作进一步加强和验证了系统设计对神经网络算法模块化的抽象，推动了新网络处理单元和网络结构的进一步发展。

前期实践最终催生出了以 TensorFlow[6] 和 PyTorch[9] 为代表的第二代工业级深度学习框架，其核心为数据流图抽象和描述深度神经网络。这一时期同时伴随着如 DyNet[7]，Chainer[8] 等诸多激发了框架设计灵感的实验项目。TensorFlow 和 PyTorch 代表了今天深度学习框架两种不同的设计路径：系统性能优先改善灵活性，以及灵活性和易用性优先改善系统性能。这两种选择，随着神经网络算法研究和应用的更进一步发展，又逐步造成了解决方案的分裂。

发展到目前阶段，神经网络模型结构越发多变，涌现出了大量如 TensorFlow Eager[10]、AutoGraph[13]、PyTorch JIT、JAX[12] 这类呈现出设计选择融合的深度学习框架设计。这些项目纷纷采用设计特定领域语言（domain-specific language，DSL）的思路，在提高描述神经网络算法表达能力和编程灵活性的同时，通过编译期优化技术来改善运行时的性能。

一个深度神经网络计算任务的生命周期通常涉及训练阶段和推理阶段：训练阶段运行于算力和存储更加充裕的服务器或者集群；推理阶段服务用户的请求往往运行于资源受限且对响应时间有着更加严格要求的云（cloud）端或者边缘（edge）端。它们对系统设计的要求也不尽相同，于是衍生出了用于训练的训练框架和用于部署的推理框架。本章主要围绕训练框架展开，包含编程模型、自动微分、对内存资源进行管理和对计算任务进行调度的运行时系统、多设备支持，以及训练框架设计。推理系统将在第 8 章展开介绍。

3.1.2　编程范式：声明式和命令式

深度学习框架为前端用户提供声明式（declarative programming）和命令式（imperative programming）两种编程范式定义神经网络计算。

在声明式编程模型下，前端语言中的表达式不直接执行，而是首先构建起一个完整前向计算过程表示，这个计算过程的表示经过序列化发送给后端系统，后端对计算过程表示优化后再执行，又被称作先定义后执行（define-and-run）或静态图。在命令式编程模型下，后端高性能可复用模块以跨语言绑定（language binding）方式与前端深度集成，前端语言直接驱动后端算子执行，用户表达式会立即被求值，又被称作边执行边定义（define-by-run）或动态图。

命令式编程的优点是方便调试、灵活性高，但由于在执行前缺少对算法的统一描述，也失去了编译期优化（如对数据流图进行全局优化等）的机会。相比之下，声明式编程对数据和控制流的静态性限制更强，由于能够在执行之前得到全程序描述，从而有机会进行运行前编译（ahead-of-time）优化。TensorFlow 提供了命令式编程体验，Chainer 和 PyTroch 提供了声明式的编程体验。但两种编程模型之间并不存在绝对的边界，多阶段（multi-stage）编程和即时编译（just-in-time，JIT）技术能够实现两种编程模式的混合。随着 TensorFlow Eager 和 PyTorch JIT 的加入，主流深度学习框架都选择了通过支持混合式编程以兼顾两者的优点。

3.1.3　数据流图

为了高效地训练一个复杂神经网络，框架需要解决诸多问题，如如何实现自动求导，如何利用编译期分析对神经网络计算进行化简、合并、变换，如何规划基本计算单元在加速器上的执行，如何将基本处理单元派发（dispatch）到特定的高效后端实现，如何进行内存预分配和管理等。如何用统一的方式解决这些问题驱使着框架设计者思考为各类神经网络计算提供统一的描述，从而在运行神经网络计算之前，编译期分析能够对整个计算过程尽可能进行推断，为用户程序补全反向计算、规划执行，从而最大限度地降低运行时开销。

主流的深度学习框架都选择使用数据流图来抽象神经网络计算，图 3-2 展示了基于深度学习框架的组件划分。

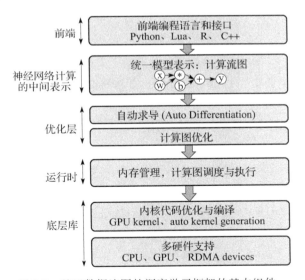

图 3-2　基于数据流图的深度学习框架的基本组件

数据流图（dataflow graph）是一种描述计算的经典方式，广泛用于科学计算系统。为了避免在调度执行数据流图时陷入循环依赖，数据流图通常是一个有向无环图。在深度学习框架中，图中的节点是深度学习框架后端所支持的操作原语（primitive operation），不带状态，没有副作用，结点的行为完全由输入输出决定；结点之间的边显式地表示了操作原语之间的数据依赖关系。图 3-3 左侧是表达式 $sum(x \cdot y+z)$ 对应的数据流图实例，右侧对应了定义这个数据流图的 TensorFlow 代码。图 3-3 中的圆形是数据流图中边上流动的数据，方形是数据流图中的基本操作。

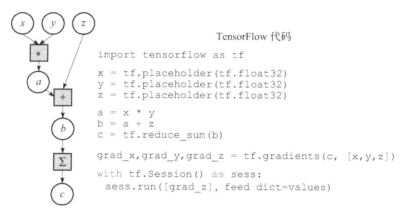

```
                                         TensorFlow 代码
import tensorflow as tf

x = tf.placeholder(tf.float32)
y = tf.placeholder(tf.float32)
z = tf.placeholder(tf.float32)

a = x * y
b = a + z
c = tf.reduce_sum(b)

grad_x,grad_y,grad_z = tf.gradients(c, [x,y,z])

with tf.Session() as sess:
 sess.run([grad_z], feed dict=values)
```

图 3-3　$sum(x \cdot y+z)$ 的数据流图实例和定义该数据流图的 TensorFlow 代码

3.1.4　张量和张量操作

进一步来看数据流图中数据的具体类型。在科学计算任务中，数据常常被组织成一个高维数组，这在深度学习框架中也被称作张量（tensor），是对标量、向量和矩阵的推广。整个计算任务中的绝大部分时间消耗在这些高维数组上的数值计算操作上。高维数组和其上的数值计算是神经网络关注的核心，这些数值计算构成了数据流图中最重要的一类操作原语：张量之上的数值计算。本节首先考虑最为常用的稠密数组，在稀疏性相关章节再展开稀疏数组的计算介绍。

前端用户看到的张量由以下几个重要属性定义。

①元素的基本数据类型：在一个张量中，所有元素具有相同的数据类型（例如，32 位浮点型）。

②形状：张量是一个高维数组，每个维度具有固定的长度。张量的形状是一个整型数的元组，描述了一个张量具有几个维度以及每个维度的长度（如 [224，224，3] 是 ImageNet 中一张图片的形状，具有 3 个维度，长度分别是 224、224 和 3）。

③设备：决定了张量的存储设备，如 CPU、GPU 等。

标量、向量、矩阵分别是零维、一维和二维张量。图 3-4a 是一个声明为 CPU 上形状为 [5，3] 的整型张量的示意图，图 3-4b 是一个声明为 GPU 上形状为 [8，4，4] 的浮点型张量

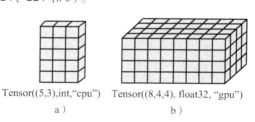

Tensor((5,3),int,"cpu")　　Tensor((8,4,4), float32, "gpu")
a)　　　　　　　　　b)

图 3-4　二维张量和三维张量示意图

的示意图。

张量是整型、浮点型、布尔型、字符型等基本数据类型的容器类型。张量这一数据类型将具有相同类型的数据元素组织成规则形状，为用户提供了一种逻辑上易于理解的方式组织数据。例如，图像任务通常将一幅图片组织成一个三维张量，张量的 3 个维度分别对应着图像的长、宽和通道数目。自然语言处理任务中，一个句子被组织成一个二维张量，张量的两个维度分别对应着词向量和句子的长度。多幅图片或者多个句子只需要为张量再增加一个新的批量（batch）维度。这种数据组织方式极大地提高了神经网络计算前端程序的可理解性和编程的便捷性，前端用户在描述计算时只须通过张量中元素的逻辑存储地址引用其中的元素，后端在为张量计算生成高效实现时，能够自动将逻辑地址映射到物理存储地址。更重要的是，张量操作将大量同构的元素作为一个整体进行批量操作，通常都隐含着很高的数据并行性，因此张量计算非常适合在单指令多数据（single instruction，multiple data，SIMD）加速器上进行加速实现。

对高维数组上的数值计算进行专门的代码优化，在科学计算和高性能计算领域有着悠久的研究历史，可以追溯到早期科学计算语言 Fortran。深度学习框架的设计也很自然地沿用了张量和张量操作作为构造复杂神经网络的基本描述单元，前端用户可以在不陷入后端实现细节的情况下，在前端脚本语言中复用由后端优化过的张量操作。而计算库开发者能够隔离神经网络算法细节，将张量计算作为一个独立的性能域，使用底层的编程模型和编程语言应用硬件相关优化。

至此，可以对计算图中的边和节点进一步细化：主流深度学习框架将神经网络计算抽象为一个数据流图（dataflow graph），也叫作计算图，图中的节点是后端支持的张量操作原语，节点之间的边上流动着张量。一类最为重要的操作是张量上的数值计算，往往有着极高的数据并行度，能够被硬件加速器加速。

3.1.5 自动微分基础

训练神经网络主要包含前向计算、反向计算、更新可学习权重 3 个最主要的计算阶段。当用户构造完成一个深度神经网络时，在数学上这个网络对应了一个复杂的带参数的高度非凸函数，求解其中的可学习参数依赖于基于一阶梯度的迭代更新法。手工计算复杂函数的一阶梯度非常容易出错，自动微分（automatic differentiation，Auto-Diff）系统正是为了解决这一问题而设计的一种自动化方法。自动微分要解决的问题是，给定一个由原子操作构成的复杂计算程序，为其自动生成梯度计算程序。自动微分按照工作模式可分为前向自动微分和反向自动微分。按照实现方式自动微分又可分为基于对偶数（dual number）的前向微分、基于磁带（tape）的反向微分，和基于源代码变换的反向微分。深度学习系统很少采用前向微分，基于对偶数的自动微分常实现于程序语言级别的自动微分系统中[11]；基于磁带的反向微分通常实现于以 PyTorch 为代表的边定义边执行类型的动态图深度学习系统中；基于源代码变换的反向微分通常实现于以 TensorFlow 为代表先定义后执行类型的静态图深度学习系统中。

自动微分是深度学习框架的核心组件之一，在展开讲解深度学习框架如何实现自动微分这个问题之前，先通过下面这个简单的例子来理解自动微分的基本原理。

例　$z=x \cdot y+\sin(x)$ 是一个简单的复合函数，图 3-5 是这个函数的表达式树。

假设给定复合函数 $z=x \cdot y+\sin(x)$，其中 x 和 y 均为标量。思考两个问题：①计算机程序会如何通过一系列原子操作计算出 z 的值；②如何求解 z 对 x 和 y 的梯度。解决第一个问题的方法十分直接，为了对 z 求值，可以按照表达式树定义的计算顺序，将复合函数 z 分解成（3-1-1）至（3-1-5）所示的求值序列。把给定输入逐步计算输出的这样一个求值序列称为前向计算过程。

图 3-5　求 z 值的表达式树

$$x=? \tag{3-1-1}$$

$$y=? \tag{3-1-2}$$

$$a=z \cdot y \tag{3-1-3}$$

$$b=\sin(x) \tag{3-1-4}$$

$$z=a+b \tag{3-1-5}$$

为了解决第二个问题，需要引入一个尚未被赋值的变量 t，依据复合函数求导的链式法则，按照从（3-1-1）至（3-1-5）的顺序，依次令以上 5 个表达式分别对 t 求导，得到求值序列（3-2-1）至（3-2-5）。

$$\frac{\partial x}{\partial t}=? \tag{3-2-1}$$

$$\frac{\partial y}{\partial t}=? \tag{3-2-2}$$

$$\frac{\partial a}{\partial t}=y \cdot \frac{\partial x}{\partial t}+x \cdot \frac{\partial y}{\partial t} \tag{3-2-3}$$

$$\frac{\partial b}{\partial t}=\cos(x) \cdot \frac{\partial x}{\partial t} \tag{3-2-4}$$

$$\frac{\partial y}{\partial t}=\frac{\partial a}{\partial t}+\frac{\partial b}{\partial t} \tag{3-2-5}$$

引入导数变量 $\mathrm{d}xx \equiv \frac{\partial xx}{\partial t}$ 表示 xx 对 t 的导数，同时令 $t=x$，带入（3-2-1）至（3-2-5），于是得到（3-3-1）至（3-3-5）。

$$\mathrm{d}x=1 \tag{3-3-1}$$

$$\mathrm{d}y=0 \tag{3-3-2}$$

$$\mathrm{d}a=y \tag{3-3-3}$$

$$\mathrm{d}b=\cos(x) \tag{3-3-4}$$

$$\mathrm{d}z = y + \cos(x) \tag{3-3-5}$$

同理，令 $t = y$，带入（3-2-1）至（3-2-5），于是得到（3-4-1）至（3-4-5）。

$$\mathrm{d}x = 0 \tag{3-4-1}$$

$$\mathrm{d}y = 1 \tag{3-4-2}$$

$$\mathrm{d}a = x \tag{3-4-3}$$

$$\mathrm{d}b = 0 \tag{3-4-4}$$

$$\mathrm{d}z = x \tag{3-4-5}$$

在（3-3-1）至（3-3-5）和（3-4-1）至（3-4-5）这样的两轮计算过程中可以观察到：给定输入变量计算输出变量（前向计算）和给定输出变量计算输出变量对输入变量的导数，能够以完全一致的求值顺序进行，也就是导数表达式的求值顺序和前向表达式的求值顺序完全一致。运行（3-3-1）至（3-3-5）和（3-4-1）至（3-4-5）的过程称为前向微分。

导数的计算往往依赖于前向计算的结果，由于前向微分导数的计算顺序和前向求值顺序完全一致，因此前向微分可以不用存储前向计算的中间结果，在前向计算的同时完成导数计算，从而节省大量内存空间，这是前向微分的巨大优点，前向微分存在一种基于对偶数（dual number）的简单且高效实现方式[11]。同时可以观察到前向微分的时间复杂度为 $O(n)$，n 是输入变量的个数。在上面的例子中，输入变量的个数为两个，因此前向微分需要运行两次来计算输出变量对输入变量的导数。然而，在神经网络学习中，输入参数个数 n 往往大于一，如果基于前向微分计算中间结果和输入的导数，需要多次运行程序，这也是前向微分在大多数情况下难以应用于神经网络训练的一个重要原因。

为了解决前向微分在算法复杂度上的局限性，须寻找更加高效的导数计算方法，可以进一步观察链式求导法则：链式求导法则在计算导数时是对称的。在计算变量 xx 对 x 的导数 $\dfrac{\partial xx}{\partial x}$ 时，链式求导法则并不关心哪个变量作为分母，哪个变量作为分子。于是，再次引入一个尚未被赋值的变量 s，通过交换表达式（3-2-1）至（3-2-5）中分子和分母的顺序重写链式求导法则，于是得到（3-5-1）至（3-5-5）。

$$\frac{\partial s}{\partial z} = ? \tag{3-5-1}$$

$$\frac{\partial s}{\partial b} = \frac{\partial s}{\partial z} \cdot \frac{\partial z}{\partial a} = \frac{\partial s}{\partial z} \tag{3-5-2}$$

$$\frac{\partial s}{\partial a} = \frac{\partial s}{\partial z} \cdot \frac{\partial z}{\partial b} = \frac{\partial s}{\partial z} \tag{3-5-3}$$

$$\frac{\partial s}{\partial y} = \frac{\partial s}{\partial a} \cdot \frac{\partial a}{\partial y} = \frac{\partial s}{\partial a} \cdot y \tag{3-5-4}$$

$$\frac{\partial s}{\partial z} = \frac{\partial s}{\partial a} \cdot \frac{\partial a}{\partial x} + \frac{\partial s}{\partial b} \cdot \frac{\partial b}{\partial x} = \frac{\partial s}{\partial a} \cdot y + \frac{\partial s}{\partial b} \cdot \cos(x) \tag{3-5-5}$$

引入导数变量 $gxx \equiv \dfrac{\partial s}{\partial xx}$，表示 s 对 xx 的导数，称作 xx 的伴随变量（adjoint variable），改写（3-6-1）至（3-6-5），于是有：

$$gz = ? \tag{3-6-1}$$

$$gb = gz \tag{3-6-2}$$

$$ga = gz \tag{3-6-3}$$

$$gy = gz \cdot x \tag{3-6-4}$$

$$gx = gz \cdot y + gb \cdot \cos(x) \tag{3-6-5}$$

令 $s = z$，得到：

$$gz = 1 \tag{3-7-1}$$

$$gb = 1 \tag{3-7-2}$$

$$ga = 1 \tag{3-7-3}$$

$$gy = x \tag{3-7-4}$$

$$gx = y + \cos(x) \tag{3-7-5}$$

表达式（3-7-1）至（3-7-5）求值的过程称为反向微分。从中可以观察到，与前向微分的特点正好相反，在反向微分中变量导数的计算顺序与变量的前向计算顺序正好相反，运行的时间复杂度是 $O(m)$，m 是输出变量的个数。在神经网络以及大量基于一阶导数方法进行训练的机器学习算法中，不论输入变量数目有多少，模型的输出一定是一个标量函数，也称作损失函数，这决定了保留前向计算的所有中间结果，只须再次运行程序一次便可以用反向微分算法计算出损失函数对每个中间变量和输入的导数。反向微分的运行过程类似于"扫栈"，需要保留神经网络所有中间层前向计算的结果，对越接近输入层的中间层，其计算结果越先被压入栈中，而它们在反向计算时越晚被弹出栈。显然，网络越深，反向微分会消耗越多的内存，形成一个巨大的内存足迹。

至此，对两种自动微分模式进行如下小结。

①前向微分的时间复杂度为 $O(n)$，n 是输入变量的个数。反向微分的时间复杂度为 $O(m)$，m 是输出变量的个数。当 $n < m$ 时，前向微分复杂度更低；当 $n > m$ 时，反向微分复杂度更低。由于在神经网络训练中，总是输出一个标量形式的网络损失，于是 $m = 1$，反向微分更加适合神经网络的训练。

②当 $n = m$ 时，前向微分和反向微分没有时间复杂度上的差异。但在前向微分中，由于导数能够与前向计算混合在一轮计算中完成，因此不需要存储中间计算结果，故前向微分更有优势。

③尽管在绝大多数情况下，神经网络的整体训练采用反向微分更加合理，但在局部网络使用前向微分依然是可能的。

3.1.6 数据流图上的自动微分

尽管 3.1.5 小节的例 3.1 使用了标量形式的表达式来展示反向微分和前向微分的差异，但并不阻碍大家理解反向微分如何工作于一个真实的基于张量计算的神经网络训练过程。在真实的神经网络训练中，可以将例 3.1 中每一个基本表达式理解为数据流图中的一个结点，只是这个结点对例 3.1 中标量形式的表达式进行了张量化的推广，对应着一个框架后端支持的张量操作。

假设 $Y = G(X)$ 是一个基本求导原语，其中 $Y = (y_1 \cdots y_m)$ 和 $X = (x_1 \cdots x_n)$ 都是向量。这时，Y 对 X 的导数不再是一个标量，而是由偏导数构成的雅可比矩阵 J（Jacobian Matrix）：

$$J = \left(\frac{\partial Y}{\partial x_1}, \cdots, \frac{\partial Y}{\partial x_n} \right) = \begin{pmatrix} \dfrac{\partial y_1}{\partial x_1} & \cdots & \dfrac{\partial y_1}{\partial x_n} \\ \vdots & \ddots & \vdots \\ \dfrac{\partial y_m}{\partial x_1} & \cdots & \dfrac{\partial y_m}{\partial x_n} \end{pmatrix}$$

在反向传播算法的反向过程中（也是反向微分的反向过程），中间层 $Y = G(X)$ 会收到损失函数对当前层输出的导数：$v = \dfrac{\partial l}{\partial Y} = \left(\dfrac{\partial l}{\partial y_1} \cdots \dfrac{\partial l}{\partial y_m} \right)$，然后将这个导数继续乘以该层输出对输入的雅可比矩阵 J，将导数向更前一层传播，这个乘法的结果就是向量与雅可比矩阵乘积，是一个向量。反向传播过程中，如果直接存储雅克比矩阵，会消耗大量存储空间，取而代之，如果只存储向量与雅可比矩阵的乘积，在减少存储的同时并不会影响导数的计算。因此，深度学习框架在实现自动微分时，对每个中间层，存储的都是向量与雅可比矩阵的乘积，而非雅可比矩阵。

$$v \cdot J = \left(\frac{\partial l}{\partial y_1} \cdots \frac{\partial l}{\partial y_m} \right) \begin{pmatrix} \dfrac{\partial y_1}{\partial x_1} & \cdots & \dfrac{\partial y_1}{\partial x_n} \\ \vdots & \ddots & \vdots \\ \dfrac{\partial y_m}{\partial x_1} & \cdots & \dfrac{\partial y_m}{\partial x_n} \end{pmatrix} = \left(\frac{\partial l}{\partial x_1} \cdots \frac{\partial l}{\partial x_m} \right)$$

继续以图 3-3 所示的前向数据流图为例，图 3-6 补全了与之对应的反向操作数据流图。与前向计算的计算图相同，反向计算的数据流图中每个结点都是一个无状态的张量操作，节点的入边（incoming edge）表示张量操作的输入，出边表示张量操作的输出。数据流图中的可导张量操作在实现时都会同时注册前向计算和反向（导数）计算。前向节点接受输入计算输出，反向节点接受损失函数对当前张量操作输出的梯度 v，当前张量操作的输入和输出，计算当前张量操

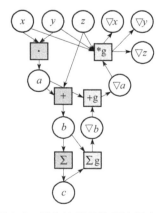

图 3-6 反向计算的数据流图实例

作每个输入的向量与雅可比矩阵的乘积。

从图 3-6 中可以观察到：前向数据流图和反向数据流图有着完全相同的结构，区别仅在于数据流流动的方向相反。同时，由于梯度通常都会依赖前向计算的输入或是计算结果，反向数据流图中会多出一些从前向数据流图输入和输出张量指向反向数据流图中导数计算节点的边。在基于数据流图的深度学习框架中，利用反向微分计算梯度通常实现为数据流图上的一个优化轮（pass），给定前向数据流图，以损失函数为根节点广度优先遍历前向数据流图的时，便能按照对偶结构自动生成出求导数据流图。

3.1.7 数据流图的调度与执行

训练神经网络包含如下 5 个阶段：前向计算、反向计算、梯度截断、应用正则，以及更新可学习参数。其中，梯度截断和应用正则视用户是否配置了这两项而定，可能会跳过。

```
1   for batch in TrainDataset：
2           phrase 1：前向计算
3           phrase 2：反向计算
4           phrase 3：梯度截断
5           phrase 4：应用正则项
6           phrase 5：更新可学习参数
```

在基于计算流图的深度学习框架中，这 5 个阶段统一表示为由基本算子构成的数据流图，算子是数据流图中的一个节点，由后端进行高效实现。前端用户只需要给定前向计算，框架会根据前向数据流图自动补全其余阶段，生成完整的数据流图。神经网络的训练就对应了这个数据流图的执行过程。算子调度根据数据流图描述的数据依赖关系，确定算子的执行顺序，由运行时系统调度数据流图中的节点到设备上执行。

3.1.8 单设备算子间调度

对单设备执行环境，制约数据流图中节点调度执行的关键因素是节点之间的数据流依赖。这种情况下，运行时系统的调度策略十分直接：初始状态下，运行时系统会将数据流图中入度为 0 的节点加入一个 FIFO（First-In-First-Out）就绪队列，然后从就绪队列中选择一个节点，分配给线程池中的一个线程执行。当这个节点执行结束后，会将其后继节点加入就绪队列，该节点被弹出。运行时系统继续处理就绪队列中的节点，直到队列为空。以 Tensor-Flow 默认调度策略为例，数据流图中的节点会被分类为低代价节点（一般仅在 CPU 上执行的一些拼接节点）和高代价节点（张量计算节点）。就绪队列中的一个节点被分配给线程池中的线程调度执行时，这个线程会一次执行完数据流图中所有低代价节点，或在遇到高代价节点时，将这个节点派发给线程池中空闲的其他线程执行。

图 3-7 是按照数据流约束执行如图 3-6 所示的数据流图的一个可能调度序列。

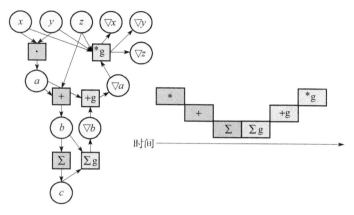

图 3-7　简单数据流图的串行执行调度

3.1.9　图切分与多设备执行

对图 3-6 所示的简单神经网络，在数据流依赖的约束下只存在串行调度方案。对许多更加复杂的神经网络模型存在多分枝，典型代表如 GoogLeNet[14]，图 3-8 是构成 GoogLeNet 的 Inception 模块，这时如果后端有多个计算设备，运行时系统在调度执行数据流图时，会尝试尽可能将可并行算子派发到并行设备上以提高计算资源的利用率。

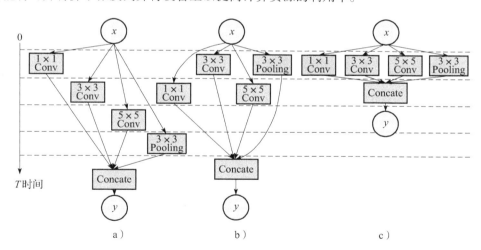

图 3-8　基本的 Inception 模块执行策略
a）串行调度　b）一种可能的并行调度　c）贪心调度

多计算设备环境下执行数据流图，运行时系统需要了解如何将数据流图中的节点放置到不同设备上以及如何管理跨设备数据传输两个问题：

①数据流图切分：给定一个数据流图将数据流图切分后放置到多个计算设备上，每个设备拥有数据流图的一部分。

②插入跨设备通信：经过切分，数据流图会被分成若干子图，每个子图被放置在一个设

备上，这时数据流图中会出现一些边它们的头和尾分别被放置在不同的设备上。运行时系统会自动删除这样的边，将它们替换成一对 send 和 receive（recv）算子，实现跨设备数据传输。数据传输的所有细节实现可以被 send 和 receive（recv）掩盖。

图 3-9 是上述两步的示意图。

实际上，做好数据流图切分映射到多设备是一个复杂的组合优化问题，需要在代价模型（cost model）的辅助下预估跨设备通信消耗的时间以及每个算子在设备上的运行时间如何随着输入输出张量大小的改变而变化，最终以数据流依赖为约束，均衡并行执行和数据通信这一对相互竞争的因素。第 6 章会对并行计算中的策略选择进行更详细的介绍。

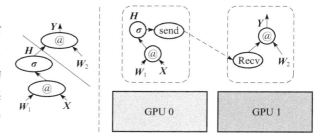

图 3-9　数据流图切分和插入跨设备数据传输

3.1.10　小结与讨论

主流深度学习框架都采用了数据流图作为神经网络计算的高层次抽象。数据流图是一个有向无环图，图中的节点是一个深度学习框架后端支持的张量操作原语，节点之间的边上流动的是张量，显式地表示了节点之间的数据依赖关系。

数据流图用统一的方式描述出了复杂神经网络训练的全过程，在运行程序之前后端系统有机会对整个计算过程的数据依赖关系进行分析，通过数据流图化简、内存优化、预先计算算子间的静态调度策略等方式，改善运行时的性能。

基于数据流图描述，深度学习框架在设计上切分出了 3 个解耦的优化层：数据流图优化、运行时调度策略以及算子优化。当遇到新的神经网络模型结构或是训练算法时，通过以下 3 步进行扩展：①添加新的算子；②对算子的内核函数在不同设备，不同超参数下进行计算优化；③注册算子和内核函数，由运行时系统在运行时派发到所需的实现上。

在基于数据流图的深度学习框架设计之初，希望通过对 3 个优化层之间的解耦来加速深度学习软件栈的迭代，然而，随着神经网络模型计算规模的增大，出现了越来越多的定制化算子，多设备支持需求增加，这 3 个抽象层之间的抽象边界也在被频繁地打破。在后续章节中会进一步讨论。

3.1.11　参考文献

［1］ Cuda-convnet，High-performance C++/CUDA implementation of convo-lution of neural networks［OL］. https://code. google. com/p/cuda-convnet/.［2023. 12. 01］.

［2］ Al-RFOU R，ALAIN G，ALMAHAIRI A，et al. Theano：a Python framework for fast computation of mathematical expressions［J/L］. arXiv e-prints，arXiv-1605，2016.

［ 3 ］　DEAN J，CORRADO G，MONGA R，et al. Large scale distributed deep networks［J］. Advances in neural information processing systems，2012，25.

［ 4 ］　JIA Y，SHELHAMER E，DONAHUE J，et al. Caffe：convolutional architecture for fast feature embedding［C］//Proceedings of the 22nd ACM international conference on Multimedia. ACM，2014：675-678.

［ 5 ］　CHEN T，LI M，LI Y，et al. MXNet：a flexible and efficient machine learning library for heterogeneous distributed systems［J/OL］. arXiv preprint arXiv：1512. 01274，2015.

［ 6 ］　ABADI M，BARHAM P，Chen J，et al. TensorFlow：a system for large-scale machine learning［C］// Proceedings of the 12th USENIX symposium on operating systems design and implementation（OSDI 16），2016：265-283.

［ 7 ］　NEUBIG G，DYER C，GOLDBERG Y，et al. Dynet：the dynamic neural network toolkit［J/OL］. arXiv preprint arXiv：1701. 03980，2017.

［ 8 ］　TOKUI S，OONO K，HIDO S，et al. Chainer：a next-generation open source framework for deep learning［C］// Proceedings of workshop on machine learning systems（LearningSys）in the twenty-ninth annual conference on neural information processing systems（NIPS），2015(5)：1-6.

［ 9 ］　PASZKE A，GROSS S，MASSA F，et al. PyTorch：an imperative style，high-performance deep learning library［J］. Advances in neural information processing systems，2019，32.

［10］　AGRAWAL A，MODI A，PASSOS A，et al. TensorFlow Eager：a multi-stage，Python-embedded DSL for machine learning［C］// Proceedings of Machine Learning and Systems，2019，1：178-189.

［11］　JARRETT R，LUBIN M，PAPAMARKOU T. Forward-mode automatic differentiation in Julia［J/OL］ arXiv preprint arXiv：1607. 07892，2016.

［12］　FROSTIG R，JOHNSON M J，LEARY C. Compiling machine learning programs via high-level tracing ［J］. Systems for Machine Learning，2018：23-24.

［13］　MOLDOVAN D，DECKER J M，WANG F，et al. AutoGraph：imperative-style coding with graph-based performance［J/OL］. arXiv preprint arXiv：1810. 08061，2018.

［14］　Christian S. Going deeper with convolutions［C］//Proceedings of the IEEE conference on computer vision and pattern recognition，2015.

3.2　神经网络计算中的控制流

3.2.1　背景

　　深度学习框架是一个可编程系统，框架在设计时的一个首要设计选择是让前端用户能够独立于后端实现细节，以最自然的方式描述出各类神经网络算法的计算过程。描述的完备性不仅影响深度学习框架所能够支持的神经网络结构，决定了前端用户在编程深度学习算法时能够享有的灵活性，也影响了一个深度学习框架在中端和后端能够应用优化技术，以及对系统进行扩展的方式。主流深度学习框架都将神经网络计算抽象为由基本原语构成的有向无环图，计算图中的节点是由后端提供高效实现的基本操作原语，是一个解耦到底层编程模型去进一步进行性能优化的性能域；边表示原子操作之间的数据依赖关系。这种使用有向无环图刻画神经网络计算的视角，十分符合算法开发者眼中神经网络的概念模型：算子间的拓扑结构对学习特性有重要影响，足以毫不费力地描述出大多数通过堆叠深度或多分枝形成的复杂神经网络。

　　然而，随着神经网络算法研究的发展，一些新型的神经网络结构很难自然地表示为纯数据流图。本节将以循环神经网络和注意力机制为例，看看使用最自然的方式描述这些算法对深度学习框架会带来什么新的描述性要求。循环神经网络和注意力机制是两类存在诸多变种的神经网络算法，图 3-10a 与图 3-10b 的左侧分别是一个通用循环神经网络在一个时间频内处理输入向量，以及注意力机制计算两个输入向量之间的相似度，右侧对应了使用最自然的方式描述这一算法计算过程的伪代码。

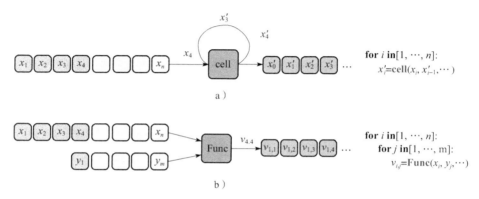

图 3-10　循环神经网络和注意力机制计算过程示意图
a）循环神经网络计算过程示意　b）注意力机制中相似度计算过程示意

　　循环神经网络是应用于序列处理任务的经典模型。在循环神经网络设计中，算法设计者的关注点是通过对基本计算原语的组合，定义出单时间步内的计算函数，然后将其重复应用于序列中的每个元素。这个处理函数上一时间步的输出会成为下一时间步的输入，顾名思义称为循环神经网络。注意力机制[2]最初用于学习两个序列中元素之间的对齐关系。两个序列长度分别为 n 和 m 的序列计算笛卡尔积会得到一个含有 $m×n$ 个元素的元素对集合。注意力机制的核心步骤之一是将一个用户自定义的，用于计算元素对相似性分值的神经网络，应用于这个 $m×n$ 个元素构成的元素对集合。从图 3-10 左侧的伪代码描述中可以看到，想要以通用的方式自然地描述出循环神经网络和注意力机制的算法过程，均依赖于循环控制。

　　为了能够支持如自定义循环神经网络这类计算过程中天生就含有控制流结构的神经网络计算，主流深度学习框架不约而同地引入了对控制流这一语言结构（language construct）的支持。目前在控制流解决方案上，主流框架采用了两类设计思路：后端对控制流语言结构进行原生支持，计算图中允许数据流和控制流的混合；复用前端语言的控制流语言结构，用前端语言中的控制逻辑驱动后端数据流图的执行。前者以 TensorFlow 为典型代表，后者以 PyTorch 为典型代表。

3.2.2 静态图：向数据流图中添加控制流原语

声明式编程由于能够在运行计算之前得到全计算过程的统一描述，使得编译期优化器能够利用全计算过程信息进行更激进的推断，同时，执行流无需在前端语言与运行时之间反复切换，避免了跨越语言边界的调用开销，因此往往有着更高的执行效率。基于这一设计理念，主流深度学习框架 TensorFlow 在解决控制流需求时，选择向数据流图中加入如图 3-11 所示的 5 个底层控制流原语：Enter、Switch、Exit、Merge、NextIteration 对计算图进行扩展，并由运行时系统对控制流原语以第一等级（first-class）进行实现支持[1,5]。这些控制流原语的设计深受数据流（dataflow）编程语言研究[3,4]的影响。

在 TensorFlow 的计算图中，每个算子的执行都位于一个执行帧（execution frame）中，每个执行帧具有全局唯一的名字并以其作为标识符。可以将执行帧类比为程序语言中的域（scope），其中通过键-值（key-value）表保存执行算子所需的上下文信息，如输入输出变量存储位置等。当计算图中引入控制流后，每个算子有可能被多次执行，控制流原语会在运行时创建这些执行帧，执行帧可以嵌套，对应了前端用户写出的嵌套控制流。例如，tf. while_loop 的循环体是一个用户自定义计算子图，位于同一个计算帧中，嵌套的 tf. while_loop 对应嵌套的计算帧，位于不同计算帧中的算子，只要它们之间不存在数据依赖，就能够被运行时调度并发执行。

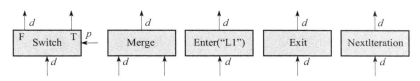

图 3-11　TensorFlow 中的控制流原语

在图 3-11 中，Switch 原语根据谓词算子 p 的结果是否为真将输入边上流入的张量 d 传递给两个输出边之一。只有在两个输入 p 和 d 同时可得时，Switch 原语才会被运行时调度执行。

Merge 原语将两个输入边中任意一个边上流入的张量 d 传递给输出边。只要在任何一个输入边上有张量 d 可得，Merge 原语就会被运行时调度执行，当两个输入边上同时有张量流入时，输出边上张量输入的顺序完全由运行时调度决定，编译期分析无法预知。

Enter 原语将输入边上流入的张量 d 传递给一个由名字决定的执行帧。Enter 原语用于实现将一个张量从父执行帧传递入子执行帧。当一个执行帧的 Enter 原语第一次被执行时，一个新的执行帧将会被创建并由运行时进行管理。只要输入边上有张量 d 可得时，Enter 原语就会被运行时调度执行。

Exit 原语的行为与 Enter 相反，Exit 原语用于将一个张量返回给父执行帧。只要输入边上有张量 d 可得时，Exit 原语就会被运行时调度执行。

NextIteration 原语用于将输入边上流入的张量 **d** 传递给执行帧的下一次执行。只要输入边上有张量 **d** 可得时，NextIteration 原语就会被运行时调度执行。NextIteration 原语的行为可以简单地理解为在循环体的多次执行之间传递数据。

Switch 和 Merge 的混合使用用于表达条件分枝，全部 5 个原语的混合使用用于表达循环执行。为了提高可理解性和编程效率避免前端用户直接操作底层算子，图 3-11 中计算图中的控制流原语会被进一步封装为前端的控制流 API。图 3-12 是用户使用前端基础控制流 API 编写带条件和循环的计算，以及它们所对应的计算图表示[5]。

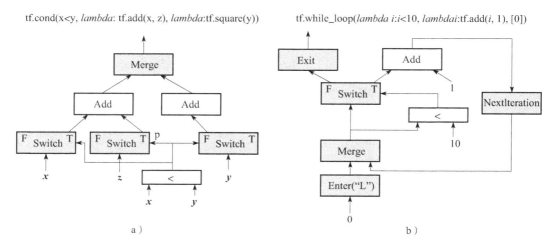

图 3-12　TensorFlow 中控制流 API 到计算图
a）tf. cond API 生成的计算图　b）tf. while_loop API 生成的计算图

向计算图中引入控制流算子有利于编译期得到全计算过程描述，从而发掘更多改善运行时开销的机会。由于控制流原语语义的设计首先服务于运行时系统的并发执行模型，与前端用户在描述算法时直觉中的神经网络概念模型有很大的语义鸿沟，对前端用户来说存在一定的易用性困扰。因此，需要对控制流原语进行再次封装，以控制流 API 的方式供前端用户使用，这也导致了构建计算图步骤相对复杂。随着神经网络算法的发展，框架的设计者也希望能够将尽可能多的优化机会放在编译期，由一个独立的优化器组件完成，而这些底层控制流 API 的复杂性又让控制结构的识别十分困难。因此，为了简化识别计算图中的控制结构，TensorFlow 在后期又在底层控制流原语的基础上引入了一层高层次 Functional 控制流算子，同时添加了高层次控制流算子向底层控制流算子的转换。

图 3-13 是 TensorFlow 中控制流解决方案的概况，暴露给前端用户用于构建计算图的前端 API，会被转换成更低等级的控制流原语，再由计算图优化器进一步进行改写。为了平衡编程的易用性和优化器设计中保留更多易于被识别出的优化机会，TensorFlow 提供了多套有着不同抽象等级的前端 API 以及计算图上的控制流原语。

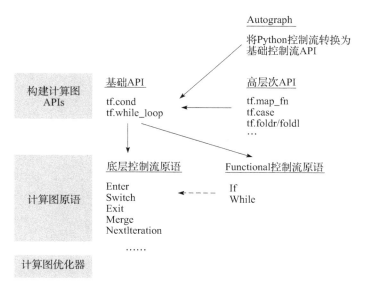

图 3-13　TensorFlow 控制流解决方案概况

3.2.3　动态图：复用宿主语言控制流语句

与向计算图中引入控制流算子这种解决方案相对的是以 PyTorch[8] 为代表的复用宿主语言（在机器学习任务中，Python 是最流行的宿主语言）控制流构建动态图。下面的代码片段是图 3-12 中代码对应的动态图版本，这时框架不再维护一个全局的神经网络算法描述，神经网络变成一段 Python 代码，后端的张量计算以库的形式提供，维持了与 numpy[8] 一致的编程接口。

```
1    from torch import Tensor
2    def foo1(x: Tensor, y: Tensor, z: Tensor) -> Tensor:
3        if x < y:
4            s = x + y
5        else:
6            s = torch.square(y)
7        return s
8
9    def foo2(s: Tensor) -> Tensor:
10       for i in torch.range(10):
11           s += i
12       return s
```

由于用户能够自由地使用前端宿主语言（往往是如 Python 这样的高级脚本语言）中的控制流语言，即时输出张量计算的求值结果，这种复用宿主语言控制流驱动后端执行的方式有着更好的交互性，用户体验更好。这为用户带来一种使用体验上的错觉：定义神经网络计算就像是编写真正的程序，但其缺点也是明显的：用户容易滥用前端语言特性，带来更复杂且难以优化的性能问题。并且，在这种设计选择之下，一部分控制流和数据流被严格地隔离在前端语言和后端语言之中，跨语言边界的优化十分困难，执行流会在语言边界来回跳转，带来十分严重的运行时开销。

3.2.4　动态图转换为静态图

静态图易于优化但灵活性低，动态图灵活性强但由于缺少统一的计算过程表示难以在编译期进行分析，两者的优缺点相对。那么，是否有可能模糊两种解决方案的边界，兼具动态图的灵活性以及静态图的性能优势？答案是肯定的。以 TensorFlow 的 Auto-graph[6] 和 PyTorch 的 JIT 为代表，主流深度学习框架最终都走向了探索动态图与静态图的融合：前端用户使用宿主语言中的控制流语句编写神经网络程序，调试完毕后，由框架自动转换为静态图网络结构。动态图向静态图转换分为基于追踪（tracing）和基于源代码解析（parsing）两种方式。

基于追踪的方式会直接执行用户代码，记录下算子调用序列，将这个算子调用序列保存为静态图模型，在之后的执行中脱离前端语言环境，完全交由运行时系统按照静态图调度。

基于源代码解析的方式，以宿主语言的抽象语法树（abstract syntax tree，AST）为输入。这一步首先需要严格地筛选宿主语言语法要素，往往只会解析宿主语言一个十分小的子集，将宿主语言的抽象语法树首先整理成一个内部的抽象语法树表示，再从这个内部语法树开始经过别名分析、SSA（static single value assignment）化、类型推断等重要分析，最终转换为计算图表示。

```
1    @ torch.jit.script
2    def foo1(x: Tensor, y: Tensor, z: Tensor) -> Tensor:
3        if x < y:
4            s = x + y
5        else:
6            s = torch.square(y)
7        return s
8
9    @ torch.jit.script
10   def foo2(s: Tensor) -> Tensor:
11       for i in torch.range(10):
12           s += i
13       return s
```

上面的代码片断是使用 PyTorch 的 Script 模式（基于源代码解析）将 3.2.2 小节中的动态图转换为静态图执行，图 3-14 是框架背后的处理流程。

基于追踪的方式原理十分简单且易于实现，能够更广泛地支持宿主语言中的各种动态控制流语句，如函数调用、函数嵌套、函数递归等。但是直接执行程序一次，只能保留程序的一条执行轨迹，并将其线性化，得到的静态图已经失去了用户源程序中的控制结构，使用场景非常有限。对基于源代码解析的方式，由于所有深度学习框架的运行时系统在设计时，为了性能考虑，始终存在诸多静态性要求。由于后端实现限制的存在，宿主语言的控制流语句并不总是能成功映射到后端运行时系统的静态图表示，因此对宿主语言的语法要素有着十分严格的要求，一旦遇到过度灵活的动态控制流语句，运行时系统依然会退回到"由前端语言跨语言调用驱动后端执行"这种动态执行策略。

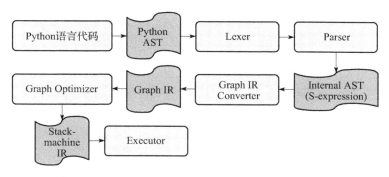

图 3-14　TorchScript 基于源代码转换的动态图转静态图

3.2.5　小结与讨论

在控制流支持上采用的不同设计选择将主流深度学习框架分裂为声明式编程模型和静态图，以及命令式编程模型和动态图两大阵营。前者有利于为编译期优化器提供全计算过程描述从而发掘更多优化机会，但是由于静态性限制，计算图上的控制流原语与前端用户的神经网络概念模型存在语义鸿沟等问题，需要遵从后端系统实现引入的语义限制，导致灵活性和易用性受限。

相比之下，在命令式编程模型中能够自由地复用宿主语言中的控制流原语，但执行过程是由前端语言驱动对后端张量计算库的跨语言调用，编译期分析也失去了对全计算过程分析的机会。

主流深度学习框架都支持通过源代码转换的方式实现自动将动态图转换为静态图，从而兼顾易用性和性能：限制能够使用的前端语言语法要素，通过语法分析器（parser）自动解析出对后端优化更加友好的静态子图。但这种自动转换只是提供了一种对于编程体验的改善，而控制流的优化难题并没有完全解决。操作控制流结构实现程序优化往往依赖于设计精巧的语义模型来保证变换前后的语义一致，否则优化器不得不选择最简单的策略将前端语言的控制流直接翻译到后端控制流，能够减少的只是执行流在语言间切换以及调度开销。

3.2.6　参考文献

［ 1 ］　YU Y. Dynamic control flow in large-scale machine learning［C］//Proceedings of the Thirteenth EuroSys Conference，2018.

［ 2 ］　DZMITRY B，CHO K H，BENGIO Y. Neural machine translation by jointly learning to align and translate[C]. 3rd International Conference on Learning Representations，2015.

[3] WESLEY M J，HANNA JR P，MILLAR R J. Advances in dataflow programming languages[J]. ACM Computing Surveys（CSUR），2004，36.（1）：1-34.

[4] ARTHUR H V. Dataflow machine architecture[J]. ACM Computing Surveys（CSUR），1986，18（4）：365-396.

[5] Tensor Flow Authors. Implementation of Control Flow in TensorFlow[OL].（2017. 11. 01）

[6] DAN M. AutoGraph：Imperative-style Coding with Graph-based Performance[J/OL]. arXiv preprint arXiv：1810. 08061，2018.

[7] PASZKE A，GROSS S，MASSA F，et al. Pytorch：An imperative style，high-performance deep learning library[J]. Advances in neural information processing systems，2019，32.

[8] STEFAN V D W，COLBERT S C，VAROQUAUX G. The NumPy array：A structure for efficient numerical computation[J]. Computing in Science & Engineering 2011，13（2）：22-30.

## 第 4 章

矩阵运算与计算机体系结构

本章简介

计算体系结构的发展往往和上层应用的演变相辅相成，一方面计算任务的特点决定了体系结构的设计和优化方向；另一方面体系结构的迭代推动了应用朝着更加适合体系结构的方向演进。类似的，深度学习的出现和发展不仅深受 GPU 体系结构所影响，而且还推动了一系列新型计算机体系结构，如 TPU 等的出现与演进。理解体系结构变迁的前提是要理解上层应用的计算负载的本质特点，从而才能理解体系结构为了适配计算而做出的种种取舍。因此，本章将针对深度学习计算任务，首先对近年来主流的深度学习模型中的核心计算负载特点进行分析和梳理，然后按照时间顺序依次介绍不同的计算机体系结构在支持深度学习计算中所扮演的角色，包括以 CPU 为主的传统计算体系结构、以 GPU 为主的通用图形处理器和一些具有代表性的面向神经网络与深度学习的专有硬件加速器（如 TPU）等。由于计算机体系结构和深度学习应用的相关内容跨度较大，涉及的知识体系有深度，因此本书不会详细介绍每一种体系结构的设计细节，而是尽量讨论和深度学习计算相关的部分，并且着重从它们的变化差异部分来揭示体系结构的变化趋势，从而能够帮助读者更好地理解深度学习计算如何更好地利用硬件资源，并进一步引导读者思考和分析未来深度学习模型以及体系结构的发展与变化趋势。

内容概览

本章包含以下内容：

1）深度学习的历史、现状与发展；

2）计算机体系结构与矩阵运算；

3）GPU 体系结构与矩阵运算；

4）面向深度学习的专有硬件加速器与矩阵运算。

4.1 深度学习的历史、现状与发展

在理解深度学习体系结构之前，分析深度学习计算中常见的负载特征或模型结构至关重要。目前，深度学习已经广泛应用在计算机视觉、自然语言处理、语音处理等领域中，尽管模型结构在不断演进，仍可以粗略地将大部分深度学习模型的基本结构归纳为几大类常见的种类，如全连接层（fully-connected layer）、卷积层（convolution layer）、循环网络层（recurrent neural network layer）和注意力机制层（attention mechanism layer）等。本节将针对每一类模型结构去分析和总结一下其核心的运算特点。

4.1.1 全连接层

全连接层是深度学习模型中最简单也是最常见的一种网络结构，每一层中的一个值就等于前一层所有值的加权求和，权重值就是每条对应边上的权值，也是神经网络中需要学习的参数，如图 4-1 所示，第二层中的每一个 y_j 的值为

$$y_j = \sum_{i=0}^{2} x_i w_{ij}$$

因此，一层所有值的计算就可以表示为一个矩阵运算：$\boldsymbol{Y} = \boldsymbol{W}^{\mathrm{T}} \boldsymbol{X}$，其中 $\boldsymbol{X} = (x_0, x_1, x_2)$，$\boldsymbol{Y} = (y_0, y_1)$，$\boldsymbol{W} = \begin{pmatrix} w_{0,0} & w_{0,1} & w_{0,2} \\ w_{1,0} & w_{1,1} & w_{1,2} \end{pmatrix}$。

这时，一层全连接层的计算就变成一个矩阵乘以向量的运算，在深度学习的训练或离线推理中，输入层还可以是多个样本的批量输入，这时候一层的计算就可以转化成一个矩阵乘以矩阵的运算。由于矩阵乘法是一个经典计算，无论是在 CPU 还是 GPU 中都有非常成熟的软件库，如 MKL[1]，CUBLAS[2] 等，因此其可以直接高效地被各种硬件支持。

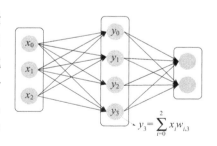

$$y_3 = \sum_{i=0}^{2} x_i w_{i,3}$$

图 4-1　全连接层示意图

4.1.2 卷积层

卷积神经网络层是在计算机视觉应用中最常见也是各类视觉神经网络中最主要的计算部分。其计算逻辑是将一个滤波器（filter）在输入矩阵上通过滑动窗口的方式作用整个输入矩阵，在每一个窗口内计算输入数据和滤波器的加权和。图 4-2a 表示一个简单卷积层计算过程，其中输出矩阵的元素 1 是由滤波器中的每个元素和输入矩阵中的元素 1、2、4、5 所相乘并求和计算所得。

为了高效地计算上述过程，卷积层的计算可以通过对输入矩阵的重组而等价变化成一个

矩阵相乘的形式，即通过将滤波器滑动窗口对应的每一个输入子矩阵作为新的矩阵的一列，也就是 img2col 的方法[3]。图 4-2b 就是对应左图的卷积层通过对输入矩阵重组后的矩阵乘的形式。通过这样的变化，卷积层的计算就可以高效地利用到不同硬件平台上的矩阵加速库了。值得注意的是，这样的矩阵实现在实际中并不一定是最高效的，因为重组的输入矩阵的元素个数比原始矩阵变多了，也就意味着计算过程中要读取更多的数据，同时重组的过程也会引入一次内存复制的开销。为了优化后者，一种隐式矩阵乘法的实现就是在计算过程中在高级存储层中重组矩阵，从而降低对低级内存的访问量。

图 4-2　卷积神经网络层和对应的矩阵乘法示意图
a）卷积神经网络层　b）重组后的矩阵乘法

　　请读者计算一下通过将卷积算子变化成矩阵乘法后，需要读取的数据量和卷积算子的形状之前的关系，并思考一下如何减少由于变化导致新增的数据访问量？

4.1.3　循环网络层

　　循环神经网络层常用于处理序列性的数据，在自然语言处理、语音识别、时序数据分析等应用中广泛采用。循环神经网络层中的主要计算就是其循环单元（cell）的计算，图 4-3 展示的是一个常用的 GRU[4] 单元的计算流图，其中每个图形表示一个算子，M 表示矩阵乘算子，其他均为一些轻量的元素级并行（point-wise）算子，如加法算子、乘法算子、sigmoid 算子（σ）、tanh 算子等）。可以看到，循环神经网络层中的主要计算部分也是矩阵乘法，例如，一个 GRU 单元里的就有 6 个矩阵乘算子。

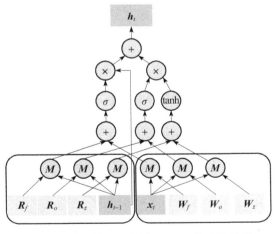

图 4-3　循环神经网络层的 GRU 单元示意图

4.1.4　注意力机制层

　　注意力机制[5]在继循环神经网络之后成为一种在自然语言处理中广泛使用的模型结构，在计算机视觉等其他应用中效果也不错。其核心特点是建模不同符号（token）之间的联系，如一句话中不同词之间的联系。图 4-4 为注意力机制中最基本的单元的数据流图，可以看到与其他算子的计算量相比，其核心的算子也是矩阵乘算子，其中，**Q**、**K**、**V** 表示输出张量，matmul 表示矩阵乘算子，scale 和 softmax 算子相比矩阵乘计算量较小。

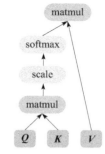

4.1.5　小结与讨论

通过上述内容对不同的主流模型结构的分类分析，可以发现一个深度学习模型的共同特点，就是大部分模型结构的核心计算负载都可以直接或间接地表示为矩阵乘法。这样的结果虽然有些巧合，但其背后却蕴含着深度学习模型的发展

图 4-4　注意力机制层的示意图

和支持其计算的软硬件发展之间相辅相成的关系。一方面，能够被广泛应用的模型结构必然要能够在现有体系结构中得到比较好的支持，矩阵乘法作为经典计算已经得到不同平台良好的支持，因此模型的设计者会倾向于尽可能利用这样的软硬件优势。另一方面，模型一旦取得比较好的结果，新的体系结构也会朝着能更好地支持主流模型的方向上发展，这也进一步强化了现有硬件在支持诸如矩阵乘法上的力度，如近年来在 GPU 上出现的用来加速矩阵乘法的张量核（tensor core）就是一个这样的例子。当然，这也不能完全成为深度学习甚至更广泛的机器学习的唯一发展方向，针对其他计算模式的模型设计和体系结构支持都是非常有必要的。为了简单起见，本章后续内容会以矩阵乘法在不同体系结构中的实现和优化作为例子来分析体系结构的变化趋势。

请读者思考，除了矩阵乘法之外，还有哪些你认为深度学习模型中常用到的计算模式或算子呢？这些算子在不同的硬件平台上是否有较好的软件库支持呢？

4.1.6　参考文献

[1]　Wikipedia contributors. Math Kernel Library[OL]. Wikipedia. [2023.12.01] https://en. wikipedia. org/wiki/Math_Kernel_Library.

[2]　Cuda. cuBLAS[OL]. Nvidia. [2023.12.01]. https://docs. nvidia. com/cuda/cublas/index. html.

[3]　CHELLAPILLA K, PURI S, SIMARD P, et al. High performance convolutional neural networks for document processing[C]. Tenth International Workshop on Frontiers in Handwriting Recognition, 2006.

[4]　CHUNG J, GULCEHRE C, CHO K, et al. Empirical Evaluation of Gated Recurrent Neural Networks on Sequence Modeling[J/OL]. Eprint Arxiv, 2014. DOI：10.48550/arXiv.1412.3555.

[5]　VASWANI A, SHAZEER N, PARMAR N, et al. Attention Is All You Need[C]. 31st Conference on Neural Information Processing Systems, 2017.

4.2　计算机体系结构与矩阵运算

4.1 节介绍了现在主流深度学习模型的一个核心计算结构就是矩阵运算，高效地支持矩

阵运算便成了深度学习时代体系结构和性能优化的一个重要课题。硬件设计时需要针对主流
应用的特点仔细地考虑其计算、存储、并行度、功耗等方面的配比，才能发挥其最优的性
能。本节将围绕 CPU 讲解其基本体系结构、发展趋势和在支持深度学习上的优势及不足。

4.2.1 CPU 体系结构

CPU 体系结构并不是针对计算密集型任务而设计的，其主要支持的计算是高效地执行通用
程序，为了能够灵活地支持不同类型的计算任务，一个 CPU 核上需要引入较为复杂的控制单元
来优化针对动态程序指令的调度，由于一般的计算程序的计算密度低，因此，CPU 核上只有较
少量的算术逻辑单元（ALU）来处理数值类型的计算，如图 4-5a 所示。其中，Control 部分表示
控制单元，Cache 和 DRAM 表示存储层。

在 CPU 核上执行一条计算执行需要经过一
个完整的执行流水线，包括读取指令（fetch）、
译码（decode）、在 ALU 上计算结果、和写回
（write back），如图 4-5b 所示，在整个流水线上，
大量的时间和功耗都花在了 ALU 之外的非计算
逻辑上。由于需要计算的数据一般存储在主存
中，其访存延时往往和计算延时有数量级的差
距，直接从主存中访问数据并计算会导致计算单
元利用率极低，因此，为了加快访存速度，一般
会在主存和寄存器之间加上多层缓存层。

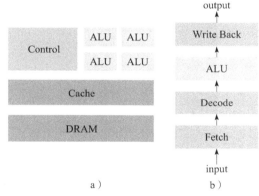

图 4-5 CPU 体系结构和指令执行流程示意图

这样的结构针对通用的计算机程序有较高的灵活性，但是处理类似深度学习中的矩阵并
行运算时，性能和单位功耗和算力都相对较低。为了提升 CPU 的性能，新的 CPU 主要从以
下几个方面着手。

①在单核上增加指令并发执行能力：通过乱序执行互不依赖的指令，重叠不同指令的流
水线，从而增加指令发射吞吐。

②增加多核并发处理能力：通过多核并
发执行增加并行处理能力，这需要依赖操作
系统将应用程序调度到多核上，或者依赖用
户的程序中显式使用多线程进行计算。

③在单核上增加向量化处理能力：允
许 CPU 在向量数据上执行相同的指令，也
就是针对一条指令的取指和译码可以对多
个数据同时执行，如图 4-6 所示，从而大大
增加 CPU 的计算效率。向量化计算需要用
户程序中显式使用向量化指令来实现。

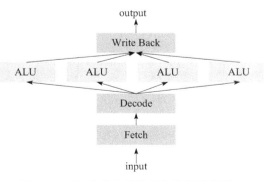

图 4-6 CPU 中的向量化指令执行示意图

4.2.2　CPU 实现高效计算矩阵乘

现在，通过实现一个简单的矩阵乘法，来理解体系结构中的设计特点和优化方法。假设在 CPU 上计算一个矩阵乘法：

$$C = A \times B$$

其中，$A = [M, K]$，$B = [K, N]$。一种最简单直接的实现方法就是通过三重循环计算每一个 C 中的元素，如代码 4-1 所示。

代码 4-1　简单的矩阵运算

```
// 矩阵 A[m][k] 和 B[k][n] 进行 矩阵运算产生 C[m][n]
for (int i = 0; i < M; i++) {
    for (int j = 0; j < N; j++) {
        C[i, j] = 0;
        for (int k = 0; k < K; k++) {
            C[i, j] += A[i, k] * B[k, j];
        }
    }
}
```

然而，这样的实现方式往往不能发挥 CPU 的最佳性能，接下来通过图 4-7 来了解在计算过程中的内存访问情况，并分析潜在的性能欠优化的地方。

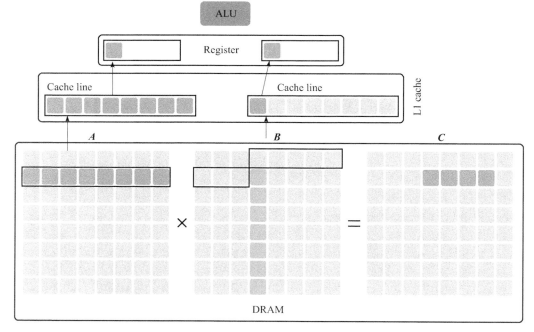

图 4-7　简单方法实现的矩阵乘法访存示意图

图 4-7 展示了上述简单算法在各个内存层中的情况。首先，假设在寄存器和主存之间只有一层缓存层（L1 cache），其缓存线（cache line）访问宽度为 8 个元素。因此，当计算 C 中的一个元素时，我们需要分别访问 A 和 B 中对应的一个元素，这时在 L1 缓存中就会访问元素相应的一个缓存线（即 8 个元素）。随着在 K 维的循环变量 k 的增长，对于矩阵 A 来说，接下的元素访问都刚好在缓存中，因此速度会非常快。然而，对于矩阵 B，由于下一个元素刚好在下一个缓存线中，于是又需要从主存中访问 8 个新的元素，这将会成为整个计算过程的瓶颈。除此之外，每次循环只访问计算 C 中的一个元素，如前面所介绍，每条计算指令都需要完整的流水线操作，花费较大的时间和功耗开销。

思考：解决上述矩阵 B 缓存的问题，可否通过将矩阵 B 转置来实现呢？

为了优化上述低效问题，需要从以下两个方面优化矩阵的性能：

①通过更好地利用缓存来增加访存效率。

②通过使用向量化指令提升并行度，进而增加计算吞吐。

首先，为了更好地利用缓存局部性，可以一次性计算 C 中的连续多个元素，如图 4-8 所示，这样每次针对矩阵 B 的访问就可以在缓存中被多次利用。其次，为了降低每次计算指令的取指和译码开销并增加计算吞吐，可以通过向量化指令一次同时计算多个元素。这样优化后，在一个 CPU 核上的计算性能就可以进一步获得较大的提升。

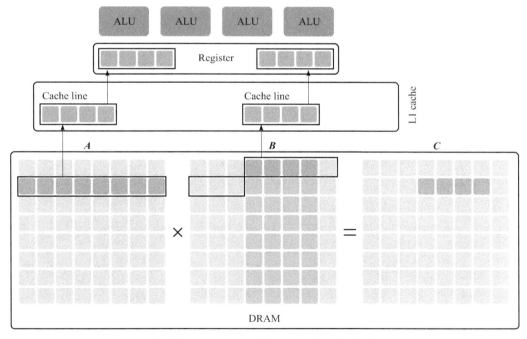

图 4-8　简单方法实现的矩阵乘法访存在内存层中的示意图

然而，在实际的优化实现中，还需要考虑到更多层缓存的重用，不同缓存层的尺寸不一，且离核越近的缓存尺寸越小，因此实际中往往需要将矩阵 A 和矩阵 B 划分成合适大小的块，使得最终的访问性能刚好达到最大硬件性能。除了块优化和向量化指令，一个高效的矩阵乘法还需要进一步考虑其他与硬件相关的优化，包括如何高效地划分计算使得其能更好利用多核的并行性，如何让访存和计算做到更好的重叠等。所幸的是，由于 CPU 上的软件库的发展已经相对成熟，在深度学习框架里实现矩阵乘算子是可以直接调用现有的 BLAS 库，如 Intel 的 Math Kernel Library（MKL）。

4.2.3　在 CPU 上实现一个矩阵乘法算子实验

1. 实验目的

1）理解深度学习框架中的张量算子的原理。

2）基于不同的优化方法实现新的张量运算，并比较性能差异。

2. 实验原理

1）深度神经网络中的张量运算原理。

2）PyTorch 中基于 Function 和 Module 构造张量的方法。

3）通过 C++扩展编写 Python 函数模块。

3. 实验内容与具体步骤

实验流程如图 4-9 所示。

1）在 MNIST 的模型样例中，选择线性层（Linear）张量运算进行定制化实现。

2）理解 PyTorch 构造张量运算的基本单位：Function 和 Module。

3）基于 Function 和 Module 的 Python API 重新实现 Linear 张量运算。

①修改 MNIST 样例代码。

②基于 PyTorch Module 编写自定义的 Linear 类模块。

③基于 PyTorch Function 实现前向计算和反向传播函数。

④使用自定义 Linear 替换网络中 nn. Linear( ) 类。

⑤运行程序，验证网络正确性。

4）理解 PyTorch 张量运算在后端执行的原理。

5）实现 C++版本的定制化张量运算。

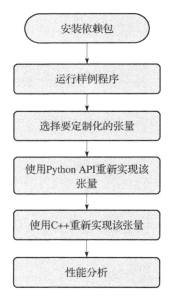

图 4-9　实验流程图

①基于 C++，实现自定义 Linear 层前向计算和反向传播函数，并绑定为 Python 模型。

②将代码生成 Python 的 C++扩展。

③使用基于 C++的函数扩展，实现自定义 Linear 类模块的前向计算和反向传播函数。

④运行程序，验证网络正确性。

6）使用 profiler 比较网络性能，比较原有张量运算和两种自定义张量运算的性能。

7）通过矩阵乘法实现卷积层（convolutional）的自定义张量运算。

4. 参考代码

1）基于 Python API 实现定制化张量运算 Linear。

①代码位置：https://github.com/microsoft/AI-System/blob/main/Labs/BasicLabs/Lab2/mnist_custom_linear.py

②运行命令：python mnist_custom_linear.py

2）基于 C++ API 实现定制化张量运算 Linear。

①代码位置：https://github.com/microsoft/AI-System/blob/main/Labs/BasicLabs/Lab2/mnist_custom_linear_cpp.py

②运行命令：

```
cd mylinear_cpp_extension
python setup.py install --user
cd ..
python mnist_custom_linear_cpp.py
```

4.2.4 小结与讨论

本节介绍了 CPU 体系结构的基本原理，也讲解了如何在 CPU 上实现一个简单的矩阵运算，进一步根据 CPU 中的访存特点，也针对该算法进行了优化。最后，通过实验练习了如何将一个实现好的矩阵乘法最终应用到一个深度学习框架中。

请读者列举一些能想到的其他 CPU 体系结构特点，以及思考这些特点对矩阵乘法甚至其他运算带来的好处和影响。

4.3 GPU 体系结构与矩阵运算

深度学习作为机器学习一个重要的分支，其真正的兴起离不开 GPU（graphics processing units）的支撑，尽管 GPU 的设计初衷不是为了进行深度学习任务。相比于 CPU，GPU 的众核架构可以提供更加强大的算力，从而让早期的深度学习模型能够快速达到最前沿的水平。本节试图从深度学习负载的角度去讲解一下 GPU 为什么相比于 CPU 更适合深度学习的计算任务，其体系结构做了哪些取舍，以及其未来发展和优化的趋势。

4.3.1 GPU 体系结构

与 CPU 相比，GPU 的体系架构中的一个最大特点就是增加了大量的算数运算单元（arithmetic logic unit，ALU），如图 4-10a 中的浅色方块所示。通常 GPU 的一个处理器（也叫作流式多处理器，Streaming Multiprocessor）包含数十甚至上百个简单的计算核，整个 GPU 中的计算核数量可以达到上千个。与 CPU 相比，每个核的结构简单了很多，通常不支持一些

CPU 中使用的较为复杂的调度机制。GPU 早期主要是为了做图形处理和渲染而提出的，由于图形渲染需要大量的并行计算能力，而 GPU 的架构能支持更高的并行度，也恰好给像矩阵计算这样的任务提供了较好的并行计算能力，因此，以英伟达的 GPU 为例，很快就具备了通用计算能力（如通过 CUDA 编程模型来实现高效的并行算法），深度学习的高效计算也是利用了 GPU 的通用计算能力。

在执行指令时，为了充分降低每一次读取指令带来的开销，GPU 会以一组线程为单位同时执行相同的指令，即 SIMT（单指令多线程）的方式，如图 4-10b 所示。在 CUDA GPU 上，一组线程称为线束（warp），一个 warp 有 32 个线程，每个线程执行相同的指令但访问不同的数据。

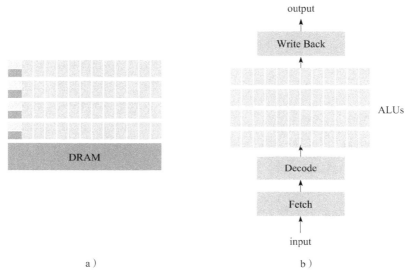

图 4-10　GPU 体系结构和指令执行流程示意图

4.3.2　GPU 编程模型

为了方便且有效地利用 GPU 的多核并行性，在 GPU 上编写程序需要按照特有的编程模型。本小节以 CUDA GPU 为例介绍 CUDA 编程模型，但其基本概念可以无缝地映射到其他 GPU 上的编程模型，如 ROCM 的 HIP 模型。为了将一个并行程序映射到 GPU 的多级并行度上，CUDA 中首先将一组线程（通常不超 1024 个）组成一个线程块（block），每个线程块中的线程又可以分成多个 warp 被调度到 GPU 核上执行，一个线程块可以在一个 SM 上运行。多个线程块又可以组成一个网格（grid）。线程块和网格分别通过一个三维整数类型描述其大小（blockDim 和 gridDim），每个线程都可以通过 threadIdx 和 blockIdx 来确定其属于哪个线程块以及哪个线程，图 4-11 展示了一个线程块为 16×16、网格为 2×3 的 CUDA 程序配置。

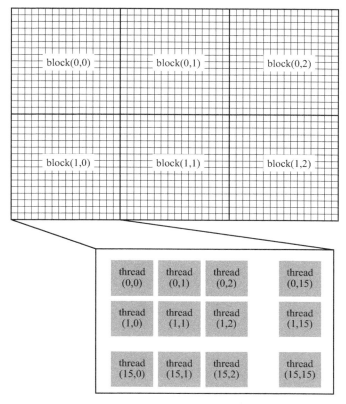

图 4-11　CUDA 的线程块和网格示意图

4.3.3　GPU 实现一个简单的计算

为了更加具体地理解如何编写一个 GPU 程序，首先要实现一个计算两个矩阵的加法的程序，这也是深度学习框架中经常用到的 Add 算子的简化版。假设要计算矩阵 $C = A + B$，其中 3 个矩阵的形状均为 [512×512]。首先，实现一个在 GPU 上执行的内核，也就是一个线程（thread）要计算的逻辑，在本例中，让每个线程计算 C 中的一个元素，如代码 4-2 所示。

代码 4-2　简单的 CUDA 矩阵运算

```
// 内核代码定义
__global__ void add_kernel(float *A, float *B, float *C) {
    int i = blockIdx.x * blockDim.x + threadIdx.x;
    int j = blockIdx.y * blockDim.y + threadIdx.y;
    C[i * 512 + j] = A[i * 512 + j] + B[i * 512 + j];
}
```

代码 4-2 的第一行定义了内核函数的参数，第二行和第三行分别通过计算当前线程的索引而计算出其对应处理的元素的坐标，第四行则读取对应坐标的元素、计算并写回。有了内核函数之后，还需要有一个启用内核函数的代码，如代码4-3所示：

代码 4-3　加入启用内核函数的 CUDA 矩阵运算

```
// 内核代码启动
int main {
    float* A = ...;
    float* B = ...;
    float* C = ...;
    dim3 blocks(16, 16);
    dim3 threads_per_block(32, 32);
    add_kernel<<<blocks, threads_per_block>>>(A, B, C);
    ...
}
```

在代码4-3中，首先定义了对变量A、B、C赋值相应3个矩阵在GPU中的地址，这一步一般可以通过CudaMalloc函数GPU中申请内存并通过复制CPU中初始化后的值到相应的地址。接下来，定义网格和线程块的大小，这里我们让每个线程块使用1024（即32×32）个线程，然后一共使用256（即16×16）个线程块来完成这两个矩阵的加法，最后，只需要按照相应的配置调用上面实现的内核函数即可将整个计算调度到GPU上执行。

通过上述例子，则不难理解GPU上的编程模型在处理并行计算上的便捷性和高效性。然而，现在回过头考虑深度学习中最常用的矩阵乘法算子在GPU上的实现时，除了将在CPU上的一些优化扩展到GPU上之外，还有哪些针对GPU的优化可以做呢？

首先，在GPU上计算矩阵乘法，也需要将整个计算划分成不同的线程块，进而并行地调度在不同的SM上，例如，可以将C矩阵划分成相同大小的子矩阵，每个线程块负责计算一个子矩阵即可。其次，和在CPU上的计算一样，要充分让内存访问的宽度和访存宽度对齐，同时让计算的数据大小和线程数（如warp数）对齐，这样才能最大化地发挥硬件性能。最后，和CPU不一样的是，GPU上每个SM通常有一块共享内存（shared memory）可供所有线程共享访问和存储数据，其访问延时基本和L1缓存接近，因此，可以利用该内存来做进一步的计算优化。

图4-12示意了一个矩阵乘法时，计算一个子矩阵 $X{\times}Y$ 所依赖的输入数据。由于矩阵乘中每次计算都是一个乘加计算（两个浮点运算），不难算出计算整个矩阵乘法所需要的总体浮点计算量（FLOPS）为 $2MNK$，如果每次以 $X{\times}Y$ 为单位去计算和读取相应的输入数据，那么总得内存读取量为

$$(XK+YK)\times\frac{MN}{XY} = MNK\left(\frac{1}{X}+\frac{1}{Y}\right)$$

个元素，因此，该程序的计算量和内存读取量的比为

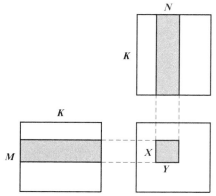

图 4-12　矩阵乘法划分块的示意图

$\dfrac{XY}{X+Y}$，也就是每从内存中读取一个数的就可以做 $\dfrac{2XY}{X+Y}$ 次浮点运算，且 X 和 Y 越大，该比例越大。因此，可以根据具体 GPU 的硬件配置选取合适的子矩阵大小，每次在共享内存中读取、存放和计算一个子矩阵，从而充分发挥整个硬件的性能。由于 GPU 一般每秒钟的浮点计算量要远大于内存带宽，通常子矩阵越大越好。同理，上述计算和优化方法可以应用到每一级可以控制的内存层中，包括寄存器中。除了上述优化之外，在 GPU 中实现一个高性能的矩阵乘还需要考虑其他优化，如 bank 冲突的优化、软件流水线隐藏访存延时、硬件指令（如 tensor core）的利用等，感兴趣的读者可以参考 CUTLASS 的实现和优化过程。

4.3.4　在 GPU 上实现一个矩阵乘法算子实验

1. 实验目的

1）理解深度学习框架中的张量运算在 GPU 加速器上加速原理。

2）通过 CUDA 实现和优化一个定制化张量运算。

2. 实验原理

1）矩阵运算与计算机体系结构。

2）GPU 加速器的加速原理。

3. 实验内容与具体步骤

实验流程如图 4-13 所示。

1）理解 PyTorch 中 Linear 张量运算的计算过程，推导计算公式。

2）了解 GPU 端加速的原理、CUDA 内核编程和实现一个核（kernel）。

3）实现 CUDA 版本的定制化张量运算。

①编写 .cu 文件，实现矩阵相乘的 kernel。

②在上述 .cu 文件中，编写使用 cuda 进行前向计算和反向传播的函数。

③基于 C++ API，编写 .cpp 文件，调用上述函数，实现 Linear 张量运算的前向计算和反向传播。

④将代码生成 Python 的 C++扩展。

⑤使用基于 C++的函数扩展，实现自定义 Linear 类模块的前向计算和反向传播函数。

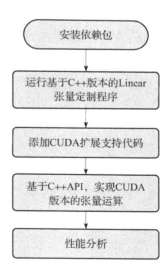

图 4-13　实验流程图

⑥运行程序，验证网络正确性。

4）使用 profiler 比较网络性能，基于 C++API，比较有无 CUDA 对张量运算性能的影响。

5）实现基于 CUDA 的卷积层（convolutional）自定义张量运算，如通过 img2col 的矩阵乘法。

4. 参考代码

1）代码位置：https://github.com/microsoft/AI-System/blob/main/Labs/BasicLabs/Lab3/mnist_custom_linear_cuda.py

2）运行命令：

```
cd mylinear_cuda_extension
python setup.py install --user
cd .. && python mnist_custom_linear_cuda.py
```

4.3.5　小结与讨论

本讲介绍了 GPU 体系结构的基本原理，讲解了如何在 GPU 上实现一个简单的并行加法运算，进一步根据 GPU 的特点，讨论了如何实现一个矩阵乘法，以及可能的优化操作。最后，通过实验练习了如何将一个实现好的 GPU 版本的矩阵乘法最终应用到一个深度学习框架中。

请读者思考，计算访存比是在针对硬件特点优化算法的常用指标，请参考文本中针对矩阵乘法的计算方法，给其他常用的算子计算其计算访存比和分块大小的关系，并推测其在 GPU 和 CPU 上实现时最关键的性能因素。

4.4　面向深度学习的专有硬件加速器与矩阵运算

尽管 GPU 作为深度学习中最重要的体系架构至今仍被大量应用在训练和推理场景中，但是算法对更高算力和能效的追求永不止步。加上 GPU 上原本的设计也不是针对深度学习场景定制的，因此面向深度学习定制专有的硬件加速器成为工业界和学术界的新热点。针对一个新的任务负载设计定制化的加速器是一个复杂的问题，其要求充分理解深度学习计算的特点，将一些固定的计算模式设计在硬件中，将灵活多变的部分通过合适的指令集暴露给编程人员，从而在计算的通用性和硬件性能上做到良好的平衡。

近年来，已经有不少针对深度学习的专有硬件加速器被不断提出，但是深度学习模型结构本身仍在飞速变化，因此，这样的加速器也还没有完全收敛，甚至很多还在早期阶段。因此，本书不去讨论每一种架构设计的优劣和使用方式，而更多地从深度学习的特点和需求出发，探讨深度学习硬件加速器的一些可能设计和优化方向。为方便理解，本节部分内容会以谷歌的 TPU 为例进行介绍。

4.4.1　深度学习计算的特点与硬件优化方向

尽管深度学习在计算负载上与传统的数值计算任务上有很多的共同点，如大量的浮点矩阵运算，但仔细观察，深度学习还是有很多其独特的地方的。

首先，深度学习模型由于算法的鲁棒性高，训练过程往往可以容忍一定程度的精度损失，因此浮点计算可以使用相对较低精度来计算，例如 32 位、16 位、甚至 8 位比特的浮点数（英伟达的 H100 GPU 中引入了 FP8 的浮点类型）。在推理场景中，由于模型参数已经固定下来，所以推理计算时可以使用更低精度的定点类型，如 INT8、INT4 等类型。这给深度学习训练和推理加速器带来新的提升整体计算性能的机会，因为更低精度意味着单位芯片面积可以容纳更多的数值运算单元和更加简单的硬件逻辑。

其次，当前深度学习模型中的主要计算负载是矩阵乘法，近年来，随着模型的规模快速增长，矩阵也越来越大。既然深度学习中的主要负载为大矩阵乘，那能否针对其设计出更加高效的硬件结构呢？仔细对比 GPU 相对于 CPU 在支持深度学习的优势，可以发现 GPU 的主要优势是增长了单位指令操作的运算密度。如果沿着这个思路，是否可以进一步增加单位指令的浮点运算密度呢？答案是肯定的，这也是近年来许多加速器在设计时的一个基本优化方向。

图 4-14 为 TPU 的架构示意图，在其最右边的黄色方块就是一个大的矩阵运行单元（matrix multiply unit），其通过在一个单元内放置大量的乘加运算操作，大大增加单位指令的计算密度。例如，在 TPU 中，一个指令周期可以最多执行 64 000 个浮点运算。

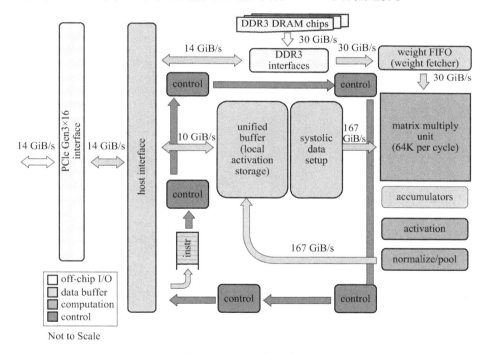

图 4-14　TPU 架构示意图

更进一步，由于大部分深度学习模型的基本算子种类都已经固定，除了矩阵乘法之外，还包括非线性激活函数（activation）、正则化（normalization）等。因此，针对这些常见的算子分别设计对应的硬件计算单元，可以将计算指令从标量或向量级别简化到个别几个高级指令。如在 TPU 中，表 4-1 展示了 TPU 的主要指令。指令的简化可以同时简化硬件的设计逻辑，从而降低执行调度的开销，进一步增加浮点计算密度。

表 4-1　TPU 中主要指令与功能

TPU 指令	功能
Read_Host_Memory	从内存中读取数据
Read_Weights	从内存中读取权重
MatrixMultiply/Convolve	执行输入数据和权重的矩阵乘或卷积计算
Activate	执行激活函数
Write_Host_Memory	将结果写回内存

在第 4.3.3 小节中计算过矩阵乘法的计算和访存比的关系，增大计算单元的运算密度和算力后，相应的对内存访问的要求也会增大。然后，在硬件上增加计算比增加内存（如 DRAM）的带宽要更加容易，因此，现实中内存的发展速度就会成为加速器发展的瓶颈。为了突破这个瓶颈，就需要在加速器上增加更大的片上内存（如 SRAM），然后通过软件来实现更高的数据复用，从而降低对下层内存的压力。可以看到，近年来的新型面向深度学习的加速器普遍采用较大的片上内存，如 TPU 一代采用 24MB 的 SRAM，一些其他的加速器如 GraphCore IPU 架构往往提供了数百兆的片上内存。

4.4.2　脉动阵列与矩阵计算

4.4.1 小节讨论了面向深度学习的硬件加速器的一些优化方向，不难看出，优化的核心有两条：增加计算密度和降低非计算部分带来的开销（如访存、指令调度等）。尽管通过增大片上内存可以显著优化访存开销，但是数据的频繁读入和写回还是会带来较大的性能和功耗开销。对此，一种理想的解决思路是让数据在运算单元内保持流动，直到所有计算结束后再写回内存，这样就可以极大的降低访存开销。这个思路就是脉动阵列，如图 4-15b 所示。图 4-15a 为传统 CPU 的计算流程。脉动阵列作为当前深度学习加速器的主要设计思路，不光可以应用在加速核如张量核的设计中，也可以应用在更大的尺度上，如网格（mesh）结构的芯片架构中。因此，本小节以矩阵乘法为例详细介绍脉动阵列的实现方式。

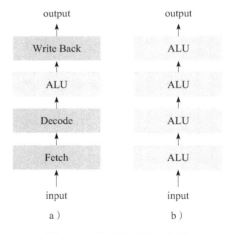

图 4-15　脉动阵列的示意图
a）CPU　b）脉动阵列

为了做到完美的数据流动，脉动阵列对计算的算法有非常严格的要求。矩阵乘法是一个比较适合的例子。首先以一个矩阵乘以向量的计算为例子 $Y = WX$，其中，

$$\begin{pmatrix} y_1 \\ y_2 \end{pmatrix} = \begin{pmatrix} w_{11} & w_{12} & w_{13} \\ w_{21} & w_{22} & w_{23} \end{pmatrix} \begin{pmatrix} x_1 \\ x_2 \\ x_3 \end{pmatrix}$$

针对上述计算，假设脉动阵列的设置中有 6 个数据计算单元，对应于上述矩阵中的权重

矩阵 **W**，并将这些权重系数都提前放置在对应的计算单元中，如图 4-16 中的橙色节点所示。对于输入数据 **X** 中的各个元素通过流式的形式，依次送于脉动阵列的计算单元中，如图 4-16 中的蓝色节点所示，在第一个时间步内，送入 x_1 到 w_{11} 所在的计算单元中，x_1 和 w_{11} 相乘，完成计算阶段。

在计算阶段结束后，第一个计算单元将相乘的结果送到右边（w_{12}）的计算单元，并分别将 x_1 送入下面（w_{21}）的计算单元，其当前结果由图中的 y_1 表示。图 4-17 所示的是通信阶段。

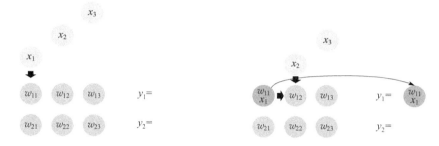

图 4-16　脉动阵列计算过程示意图　　图 4-17　脉动阵列计算过程示意图：第 1 步通信阶段

在完成第一步通信阶段，就开始进行第二步的计算，在第二步的时候，输入数据 x_1 到达 w_{21} 所在的计算单元，x_2 到达 w_{12} 所在的计算单元，这两个计算单元在第二步同时计算对应的乘法，即 $x_1 \times w_{21}$ 和 $x_2 \times w_{12} + y_1$，并分别将计算结果继续向右传递，将输入数据向下传递，直到到达边界或者计算完成，最终从脉动阵列右边节点（w_{13} 和 w_{23}）流出的结果就是最终的计算结果即 y_1 和 y_2，如图 4-18 所示。

以上过程展示了如何通过脉动阵列的方式完成一个简单的矩阵乘以向量的计算。可以看到整个计算过程中，数据的流动都是发生在计算单元

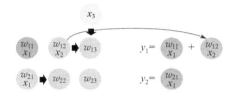

图 4-18　脉动阵列计算过程示意图：第 2 步

之间的，每个计算单元都不需要从内存中读取或写入数据，最弱流出的数据就是计算结果。这种方式可以大大提高数据计算单元的密度。

4.4.3　小结与讨论

本节介绍了当前深度学习模型的一些更有针对性的特点，并根据这些特点分析了几个针对深度学习专用的硬件加速器设计和优化的方向，并以 TPU 的架构为例进行简单介绍。最后，为了提高计算密度，介绍了脉动阵列，并基于此实现了一个简单的矩阵乘以向量的运算过程。脉动阵列的思想实际上在不同尺度上，包括分布式的计算上都有很多的应用。

上述过程只是介绍了矩阵乘以向量的计算过程，请读者思考，如果是矩阵乘以矩阵，该如何用脉动阵列实现呢？

## 第 5 章

深度学习的编译与优化

本章简介

随着深度学习的应用场景的不断泛化，深度学习计算任务也需要部署在不同的计算设备、硬件架构和驱动软件栈上。同时，实际部署或训练场景对性能往往也有着更为极致的优化要求，如针对硬件特点定制高性能计算代码。这些需求在通用的深度学习计算框架中通过直接调用加速器运行时算子库已经难已得到满足。由于深度学习计算任务在现有的计算框架中往往以领域特定语言（domain specific language，DSL）的方式进行编程和表达，这本身使得深度学习计算任务的优化和执行天然符合传统计算机语言的编译和优化过程。因此，深度学习的编译与优化就是将当前的深度学习计算任务通过一层或多层中间表达进行翻译和优化，最终转化成目标硬件上的可执行代码的过程。本章将围绕现有深度学习编译和优化工作展开介绍。

内容概览

本章包含以下内容：

1）深度神经网络编译器；

2）计算图优化；

3）内存优化；

4）内核优化与生成；

5）跨算子的全局调度优化。

5.1 深度神经网络编译器

编译器（compiler）在计算机语言编译中往往指一种计算机程序，它会将某种编程语言写成的源代码（原始语言）转换成另一种编程语言（目标语言），在转换过程中进行的程序优化就是编译优化过程。图 5-1 展示了经典计算机程序语言中较成功的开源编译框架项目 LLVM 的编译过程。

图 5-1　深度神经网络编译器架构图

随着深度学习的应用场景的不断泛化，深度学习计算任务也需要部署在不同的计算设备（如服务器、个人计算机、手机、手表、机器人等）和不同的硬件架构（如 X86、ARM、RISC-V 等）上。同时，实际部署或训练场景对性能往往也有着更为激进的要求，例如，一个大规模的在线部署的模型在计算性能上的优化可以直接转换为计算成本上的节省。此外，对深度学习任务来说，性能的优化能够为算法提供更大的探索空间，从而能让算法开发人员在合理的时间内尝试更大或更复杂的模型。

然而，面对大量定制化的部署硬件和场景，这些需求在通用的深度学习计算框架中已经难已得到满足，例如，新的硬件往往缺乏高效的算子库，计算框架的一些黑盒软件层无法针对模型和硬件做定制化的优化等。深度学习计算任务在现有的计算框架中往往以 DSL 的方式进行编程和表达，这本身使得深度学习计算任务的优化和执行天然符合传统计算机语言的编译和优化过程。因此，与传统程序语言编译器类似，深度神经网络编译器的提出主要是解决多种设备适配性和自动性能优化的问题。具体来说，深度神经网络编译就是将当前的深度学习计算任务通过一层或多层中间表达进行翻译和优化，最终转化成目标硬件上的可执行代码的过程。

图 5-2 展示了一个典型的深度神经网络编译器架构图。与传统编译器类似，深度神经网络编译器也分为前端（frontend）如计算图 IR，后端（backend）如图中黄色框表示的各种硬件，中间表达（intermediate representation，IR）如算子表达式，以及优化过程（optimization pass）如计算图优化、内存优化、内核优化、计算调度优化等。

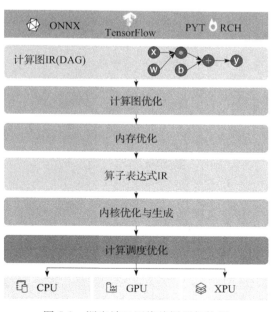

图 5-2　深度神经网络编译器架构图

5.1.1 前端

深度神经网络编译器的前端一般复用深度学习框架的前端表达，如 TensorFlow 和 Py-Torch，即一般为基本 Python 的 DSL。这样的编程语言中的基本数据结构一般为张量（ten-sor），用来描述由基本数据类型（如 int、float 等）元素构成的高维的数组，其元数据可以由一个元素类型和张量形状（如［128，512］）来表示。在张量上进行的基本计算操作称作算子（operator），通常由一些基本的线性代数计算组成，如矩阵乘法、向量加减乘除等。表 5-1 列举了一些深度学习计算中常用的算子。

表 5-1　深度学习计算中常用的算子

Add	Log	While
Sub	MatMul	Merge
Mul	Conv	BroadCast
Div	BatchNorm	Reduce
ReLu	Loss	Map
Tanh	Transpose	Reshape
Exp	Concatenate	Select
Floor	Sigmoid	Gather

基于张量和基本算子，当前深度学习框架一般利用 Python 作为宿主语言，把一个深度学习的计算模型描述成一系列算子的操作。代码 5-1 展示了一个简单的针对 MNIST 的卷积神经网络在 PyTorch 中的实现。

代码 5-1　一个简单的针对 MNIST 的卷积神经网络在 PyTorch 中的实现

```
class Net(nn.Module):
    def __init__(self):
        super(Net, self).__init__()
        self.conv1 = nn.Conv2d(1, 32, 3, 1)
        self.conv2 = nn.Conv2d(32, 64, 3, 1)
        self.dropout1 = nn.Dropout2d(0.25)
        self.dropout2 = nn.Dropout2d(0.5)
        self.fc1 = nn.Linear(9216, 128)
        self.fc2 = nn.Linear(128, 10)

    def forward(self, x):
        x = self.conv1(x)
        x = F.relu(x)
        x = self.conv2(x)
        x = F.relu(x)
        x = F.max_pool2d(x, 2)
        x = self.dropout1(x)
        x = torch.flatten(x, 1)
        x = self.fc1(x)
        x = F.relu(x)
        x = self.dropout2(x)
```

```
x = self.fc2(x)
output = F.log_softmax(x, dim=1)
return output
```

5.1.2　后端

深度神经网络编译器的后端指最终变化后的代码要执行的设备或神经网络加速器，目前常见的支持深度学习的计算设备有 CPU、GPU、FPGA、TPU 等。不同类型的计算设备往往采用完全不同的芯片架构，从而对应的编程模型和优化也完全不同。如 CUDA GPU 采用的是多个并行的流式处理器（streaming multiprocessor）和共享内存的架构，在 GPU 上执行的代码需要符合 SIMT（single instruction multiple threads）的计算模型；而 CPU 一般采用的是多核架构以及多线程模型（如线程池）来实现高性能的计算任务。更进一步，尽管是相同类型的设备，不同的型号都会有不同的硬件参数，如内存、算力、带宽等，这些参数都会极大地影响编译优化过程。

5.1.3　中间表达

从前端语言到后端代码的编译过程和传统编译器类似，需要经过若干中间表达。目前在神经网络编译器中较为常用的中间表达主要包括计算图（DAG）和算子表达式等。计算图作为连接深度学习框架和前端语言的主要格式，也是标准化深度学习计算模型的常用格式，如 ONNX 格式即为一种深度学习模型的标准可交换格式，目前主流框架如 TensorFlow 和 PyTorch 的大部分程序可以被转换或导出成 ONNX 格式。除此之外，每个 DNN 编译器也会定义自己的计算图格式，一般这些计算图之间可以进行等价互相转换。计算图的节点是算子，边表示张量，所有的节点和边构成一张有向无坏图，节点之间的依赖关系表示每个算子的执行顺序。图 5-3 为一个简单的计算图示例，其中 Const 和 Variable 表示张量节点，分别表示常数张量和变量张量，图中每个方框表示表上的张量。

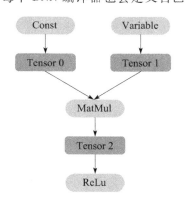

图 5-3　一个简单的计算图示例

除计算图之外，在将算子继续向下转换到下层并生成设备代码时，张量表达式（tensor expression），也称作算子表达式，作为另一类中间表达被广泛使用在不同的神经网络编译器中，如 TVM、Ansor、Tensor Comprehension 等。算子表达式的主要作用是描述算子的计算逻辑，从而可以被下层编译器进一步翻译和生成目标设备的可执行代码。代码 5-2 展示了 TVM 中的算子表达式形式，其表达了一个矩阵乘法算子的计算逻辑。关于算子表达式的具体含义和用法将会在第 5.3 节中详细介绍。

代码 5-2　TVM 中的算子表达式示例

```
C = t.compute((m, n),
    lambda i, j: t.sum(A[i, k] * B[j * k], axis = k)
```

5.1.4　优化过程

最后，深度神经网络编译器的优化过程是构成编译器的最核心部分，是定义在每一种中间表达上的函数，其输入是某一种中间表达，经过一系列优化和变化过程，输出一个新的被优化的中间表达。在计算图上就有非常多的经典优化过程，如常数传播、公共子表达式消除等，这些过程对输入的计算图进行一系列等价变化从而输出新的计算图。也有一些优化过程是将一个高层的中间表达翻译到低层的中间表达，甚至最终的可执行代码。这些优化过程又可分为设备相关和设备无关的优化。在本书中，重点介绍 4 个类型的优化过程，分别是计算图优化、内存优化、内核优化和调度优化，将在接下来的几节中分别进行详细介绍。

5.1.5　小结与讨论

本节主要围绕深度神经网络编译器展开，介绍了其前端、后端、中间表达和优化过程。请读者思考，神经网络编译器和传统编译器的异同点？

5.2　计算图优化

正如 5.1 节中介绍到的，计算图作为连接深度学习框架和前端语言的主要中间表达，被目前主流框架如 TensorFlow 和 PyTorch 所使用或者作为标准文件格式来导出模型。计算图是一个有向无环图（DAG），节点表示算子，边表示张量或者控制边（control flow），节点之间的依赖关系表示每个算子的执行顺序。

计算图的优化被定义为对计算图上的函数进行一系列等价或者近似的优化操作，将输入的计算图变换为一个新的计算图。其目标是通过这样的图变换出简化计算图，从而降低计算复杂度或内存占用。在深度神经网络编译器中，有大量优化方法可以被表示为计算图的优化，包括一些在传统程序语言编译器中常用的优化方法。图 5-4 中列举了一些常见的计算图优化方法，本节会围绕这几种不同类型的优化进行简要介绍。

| 算术表达式化简 | 公共子表达式消除 | 常数传播 | 矩阵自动融合 | 算子融合 | 子图替换和随机子图替换……|

图 5-4　深度神经网络编译器中常见的计算图优化方法

5.2.1　算术表达式化简

　　一类最常见的计算图优化就是算术表达式化简，对于计算图中的一些子图所对应的算术表达式，在数学上有等价的化简方法来简化，这反映在计算图上就是将子图转化成一个更简单的子图（如包含更少的节点），从而降低计算量。图 5-5 展示了一个利用算术表达式化简计算图的例子，左边的子图包含了两个算法：Const 算子（返回元素值为 0 的常量张量）和 Mul 算子（计算两个相同形状的算子的元素乘积）。通过表达式化简，这个子图可以直接被化简成右边的只包括 Const 算子的子图。表 5-2 列举了一些常见的算术表达式化简规则，其中 X 和 Y 表示张量，0 和 1 表示常量张量，其他操作符均对应张量上的算子。

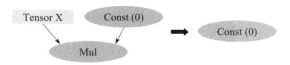

图 5-5　一个利用算术表达式化简计算图的例子

表 5-2　一些常见的算术表达式化简规则

变化前	变换后
$X * 0$	0
$X * \mathrm{Broadcast}(0)$	$\mathrm{Broadcast}(0)$
$X * 1$	X
$X * \mathrm{Broadcast}(1)$	X
$X + 0$	X
$X + \mathrm{Broadcast}(0)$	X
$\mathrm{Log}(\mathrm{Exp}(X)/Y)$	$X - \mathrm{Log}(Y)$

5.2.2　公共子表达式消除

　　公共子表达式消除（common subexpression elimination，CSE）也是经典编译优化中常用的优化。其目的是找到程序中等价的计算表达式，然后通过复用结果的方式消除其他冗余表达式的计算。同理，在计算图中，公共子表达式消除就等同于寻找并消除冗余的计算子图。一个简单的实现算法是按照图的拓扑序（即保证访问一个节点时，其前继节点均已经访问）遍历图中节点，每个节点按照输入张量和节点类型组合作为键值进行缓存，后续如果有节点有相同的键值则可以被消除，并且将其输入边连接到缓存的节点的输入节点上。图 5-6 为一个公共子表达式消除的示例，图 5-6a 椭圆圈中的节点为不在缓存中的节点，也就是必须要执行的节点，而被椭圆圈中的节点的计算和前面节点的计算重复，如 Sub 10 和 Sub 6 的计算输入和算子相同，则结果也相同，同理，Add 11 和 Add 7 的结果也相同，Divide 12 和 Divide 8 的结果也相同，即这些算子的键值可以被缓存到，因此可以安全地消除这些节点，于是最终如图 5-6a 所示的计算图可以被优化成如图 5-6b 所示的计算图。

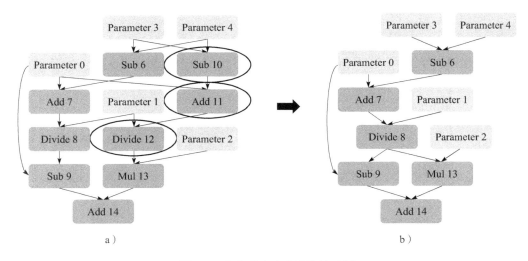

图 5-6　公共子表达式消除的示例

5.2.3　常数传播

常数传播（constant propagation）也叫作常数折叠（constant folding），是经典编译优化中的常用优化，其主要方法是在编译期计算出输入也是常数表达式的值，用计算出的值替换原来的表达式，从而节省运行时的开销。在计算图中，如果一个节点的所有输入张量都是常数张量的话，那么这个节点就可以在编译期计算出输出张量，并替换为一个新的常数张量。图 5-7 为一个常数传播的示例，其中，Sub 6 和 Add 7 两个节点都可以被提前计算出来，因此可以在编译期优化掉。值得注意的是，常数传播需要编译器具有计算的能力，甚至对于一些较大的算子还需要能够在加速硬件（如 GPU）上计算，否则优化的过程就会非常慢。常数传播的优化在深度学习尤其是模型推理时非常有用，因为在推理时，模型中的参数张量全部固

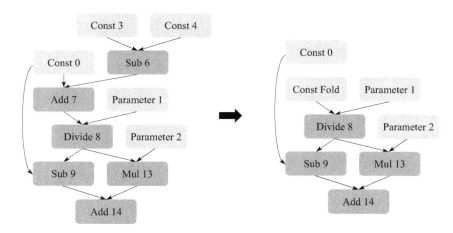

图 5-7　常数传播的示例

定为常数张量，大量计算可以在编译期计算好，极大地化简了推理运算时的计算开销。但是，在深度学习的场景中，常数传播有时候也会带来负优化，如增加计算内存甚至计算时间，典型的例子就是一个标量常数张量后面跟一个 Broadcast 的算子时，如果做了常数传播就会增加内存占用，如果后面是访存密集型的算子的话，也会增加内存压力，从而增加计算时间。

5.2.4　矩阵乘自动融合

矩阵乘在深度学习计算图中被广泛应用，如常见的神经网络的线性层、循环神经网络的单元层、注意力机制层等都有大量的矩阵乘法。在同一个网络里，经常会出现形状相同的矩阵乘法，根据一些矩阵的等价规则，如果把些矩阵乘算子融合成一个大的矩阵乘算子，可以更好地利用 GPU 的算力，从而加速模型计算。图 5-8 为其中一种常见的矩阵乘自动融合的示例，其中，如果有两个矩阵乘法共享同一个输入张量（如图 5-8a 所示），就可以自动把另外两个输入张量拼接成一个大的矩阵乘算子（如图 5-8b 所示），其计算的结果刚好是原算子计算结果的拼接。利用这种规则，如图 5-8c 所示的 GRU 网络中的两组矩阵乘算子可以分别融合成两个大的矩阵乘算子。类似的融合规则还有 BatchMatMul，可以把两个相同形状的矩阵拼接成一个新的 BatchMatMul 算子。

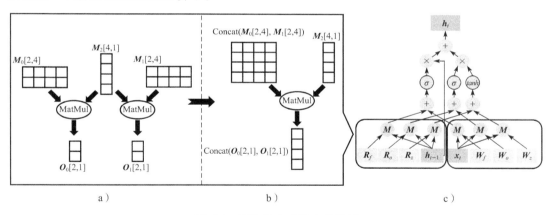

图 5-8　矩阵乘自动融合的示例

5.2.5　算子融合

5.2.4 小节中介绍的算子融合方法是针对矩阵乘算子的，在深度学习模型中，针对大量的小算子的融合都可以提高 GPU 的利用率，获得减少内核启动开销、减少访存开销等好处。例如，元素级向量计算（element-wise）的算子（如 Add、Mul、Sigmoid、ReLU 等）的计算量非常小，主要计算瓶颈都在内存的读取和写出上，如果前后的算子能够融合起来，前面算子的计算结果就可以直接被后面算子在寄存器中使用，避免数据在内存的读写，从而提高整

体计算效率。图 5-9 展示了一个 Mul 算子和一个 Add 算子融合的示例，代码 5-3 为其对应的
融合前后的 CUDA 代码示例，在没
有融合前，执行两个算子需要启动
两个 GPU 内核，前一个计算的结
果需要写出到主存中，下一个内核
计算的时候需要再次读取到计算核
上。然后，融合后的代码只需要启
动一个内核，并且可以有效复用中
间计算结果。

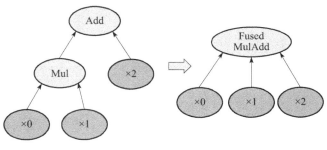

图 5-9　算子融合的示例

代码 5-3　算子融合的 CUDA 代码示例

```
// 融合前为两个单独内核函数
    __global__ mul(float *x0, float *x1, float *y)
    {
        int idx = blockIdx.x * blockDim.x + threadIdx.x;
        y[idx] = x0[idx] * x1[idx];
    }

    __global__ add(float *x0, float *x1, float *y)
    {
        int idx = blockIdx.x * blockDim.x + threadIdx.x;
        y[idx] = x0[idx] + x1[idx];
    }

// 融合后为一个单独内核函数
    __global__ fused_muladd(float *x0, float *x1, float *x2, float *y)
    {
        int idx = blockIdx.x * blockDim.x + threadIdx.x;
        y[idx] = x0[idx] * x1[idx] + x2[idx];
    }
```

5.2.6　子图替换和随机子图替换

算子融合在深度学习计算中能够带来较好的性能优化，但在实际的计算图中，有太
多算子无法做到自动的算子融合，主要原因包括算子的内核实现逻辑不透明、算子之间
无法在特有加速器上融合等。为了在这些情况下还能进行优化，用户经常会利用一些手
工融合的算子来提升性能。那么，编译器在计算图中识别出一个子图并替换成一个等价
的新的算子或子图的过程就是子图替换优化。如图 5-10 展示的是基于规则的子图替换
示例，需要在系统中注册系列替换规则，如 Conv 和 ReLU 的子图可以替换为 Conv+ReLU
融合后的算子。

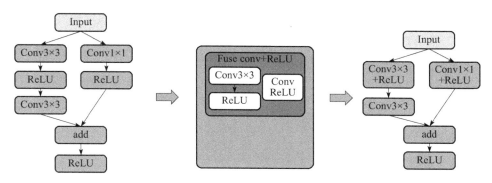

图 5-10 基于规则的子图替换的示例

5.2.7 小结与讨论

本节主要围绕计算图优化、算术表达式化简、公共子表达式消除、常数传播、矩阵乘自动融合、算子融合、子图替换和随机子图替换展开介绍了计算图中常见的图优化方法，这些优化方法的大部分在传统编译器也有类似的实现，感兴趣的读者可以参考传统编译器的材料进行进一步学习。

请读者思考，在计算图上做的这些优化和传统编译器上的优化有何不同？还能想到哪些计算图上的优化方法？

5.3 内存优化

深度学习的计算任务大多执行在像 GPU 这样的加速器上，一般这样的加速器上的内存资源比较宝贵，如只有几 GB 到几十 GB 的空间。随着深度学习模型的规模越来越大，从近来的 BERT，到各种基于 Transformer 网络的模型，再到 GPT-3 等超大模型的出现，加速器上的内存资源变得越来越紧张。因此，除了计算性能之外，神经网络编译器对深度学习计算任务的内存占用优化也是一个非常重要的课题。

一个深度学习计算任务中的内存占用主要包括输入数据、中间计算结果和模型参数。在模型推理的场景中，一般前面算子计算完的中间结果所占用的内存，后面的算子都可以复用，但是在训练场景中，由于反向求导计算需要使用到前向输出的中间结果，因此前面计算出的算子需要一直保留到对应的反向计算结束后才能释放，这对整个计算任务的内存占用压力比较大。所幸的是，在计算图中，所有这些数据都被统一建模成计算图中的张量，都可以表示成一些算子的输出。计算图可以精确地描述出所有张量之前的依赖关系以及每个张量的生命周期，因此，根据计算图对张量进行合理的分配，可以尽可能地优化计算内存的占用。

图 5-11 展示了一个根据计算图优化内存分配的例子，图中默认的执行会为每一个算子的输出张量都分配一块内存空间，假设每个张量的内存大小为 N，则执行该图需要 $4N$ 的内存。

但是通过分析计算图可知，其中张量 a 可以复用张量 x，张量 c 可以复用张量 a，因此，总的内存分配可以降低到 $2N$。基于计算图进行内存优化的方法有很多，本节主要以 3 类不同的方法为例具体介绍深度学习计算中的内存优化。

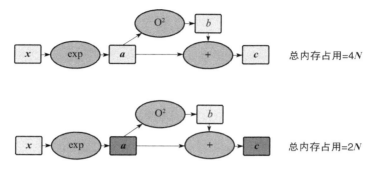

图 5-11　根据计算图优化内存分配的例子

5.3.1　基于拓扑序的最小内存分配

计算图中的张量内存分配可以分成两个部分：张量生命期的分析和内存分配。首先，给定计算图之后，唯一决定张量生命期的就是节点（算子）的执行顺序。在计算框架中，由于执行顺序是运行时决定的，所以内存也都是运行时分配的。但在编译器中，可以通过生成固定顺序的代码来保证最终的节点以确定顺序执行，因此在编译期就可以为所有张量决定内存分配的方案。一般只要以某种拓扑序来遍历计算图就可以生成一个依赖正确的节点的执行顺序，如 BFS、Reverse DFS 等，进而决定每个张量的生命期，即分配和释放的时间点。

接下来，就是根据每个张量的分配和释放顺序分配对应的内存空间，使得总内存占用最小。一种常用的内存分配方法是建立一个内存池，由一个块内存分配管理器（如 BFC 内存分配器）进行管理，然后按照每个张量的分配和释放顺序依次向内存池申请和释放对应大小的内存空间，并记录每个张量分配的地址偏移。当一个张量被释放回内存池时，后续的张量分配就可以自动复用前面的空间。当所有张量分配完时，内存池使用到的最大内存空间即为执行该计算图所需要的最小内存。在实际运行时，只需要在内存中申请一块该大小的内存空间，并按照之前的记录的地址偏移为每个张量分配内存即可。这样既可以优化总内存的占用量，也可以避免运行时的内存分配维护开销。值得注意的是，不同拓扑序的选择会同时影响模型的计算时间和最大内存占用，同时也强制了运行时算子的执行顺序，可能会带来一定的性能损失。

5.3.2　张量换入换出

上述方法只考虑了张量放置在加速器（如 GPU）的内存中，而实际上如果加速器内存不够的话，还可以将一部分张量放置到外存中（如 CPU 的内存中），等需要时再移动回 GPU 的内存中即可。虽然从 CPU 的内存到 GPU 的内存的复制会受到延时和带宽的影响，但是因为计算图中有些张量的产生到消费中间也会经过较长的时间，就可以通过合理安排内存的搬运时机，使得复制过程和其他算子的计算过程重叠起来。

给定上述假设以及必要的数据（如每个内核的执行时间、算子的执行顺序等），关于每个张量在什么时间放在什么地方的问题就可以被形式化的描述成一个最优化问题。AutoTM[1]提出了一种把计算图中张量在内存环境中规划的问题建模成一个整数线性规划的问题并进行求解。图 5-12 展示了一个利用整数线性规划优化计算图内存分配的优化空间示例，图中每一行表示一个张量，每一列表示算子的执行顺序。每一行中，SOURCE 表示张量的生成时间，SINK 表示张量被消费的时间，每个张量都可以选择是在内存中（DRAM）还是外存（PMM）中。那么问题优化目标就是给定任意的计算图，最小化其执行时间，约束为主存的占用空间，优化变量就是决定放在哪个存储中，在有限的节点规模下，这个问题可以通过整数线性规划模型求解。同时，该文章中还扩展该方法并考虑了更复杂的换入换出的情形。

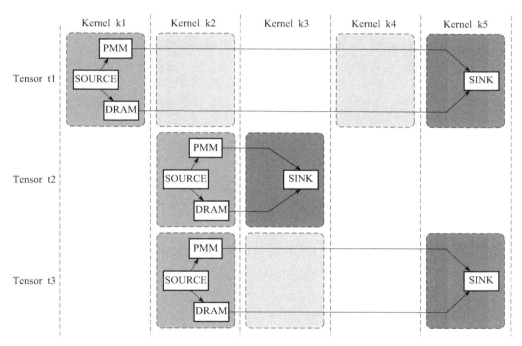

图 5-12　利用整数线性规划优化计算图内存分配的优化空间示例

5.3.3　张量重计算

深度学习计算图的大多算子是确定性的，即给定相同的输入，其计算结果也是相同的。因此，可以进一步利用这个特点来优化内存的使用。当对连续的多个张量采用换入换出的方案时，如果产生这些张量的算子都具有计算确定性的话，就可以选择只换出其中一个或一少部分张量，并把剩下的张量直接释放，当到了这些张量的使用时机时，就可以再换入这些少量的张量，并利用确定性的特点重新计算之前被释放的张量，这样就可以一定程度上缓解

CPU 和 GPU 之前的带宽压力，也为内存优化提供了更大的空间。如果考虑上换入换出，内存优化方案需要更加仔细地考虑每个算子的执行时间，从而保证重计算出的张量在需要时能及时计算完成。

5.3.4　小结与讨论

本节主要围绕内存优化展开，包含基于拓扑序的最小内存分配、张量换入换出、张量重计算等内容。这里讨论的都是无损的内存优化方法，在有些场景下，在所有无损内存优化方法都不能进一步降低内存使用时，也会采取一些有损的内存优化，如量化、有损压缩等。

请读者思考，内存和计算的优化之间是否互相影响？还有哪些有损的内存优化方法可以用在深度学习计算中？

5.3.5　参考文献

[1]　HILDEBRAND M，KHAN J，TRIKA S，et al. AutoTM：Automatic tensor movement in heterogeneous memory systems using integer linear programming[C]. International Confererence on Architectural Support for Programming Languages and Operating Systems，2020：875-890.

[2]　CHEN T，XUB，ZHANG C，et al. Training deep nets with sublinear memory cost[J/OL]. Eprint ArXiv，2016. DOI：10. 48550/arXiv. 1604. 06174.

5.4　内核优化与生成

编译优化基本都是在计算图上进行的，而一个计算图被优化过后，就需要继续向下编译。其中一个最主要的问题就是如何对计算图中的每一个算子生成相应的代码。在计算框架中，每个算子都是预先实现并注册到框架中的，这样计算图在执行时只需要调用相应的代码即可。然而，计算框架的缺点是无法快速适配到一个新的硬件上，尤其是在模型推理场景中，需要为每一种硬件都实现一套算子代码，这不仅需要大量人力和时间成本，并且算子实现的性能也无法得到保证，因为在对每个后端平台针对每个算子实现内核代码时都需要考虑不同的编程模型、数据排布、线程模型、缓存大小等因素。

为了解决这个问题，就有了张量编译（或算子编译）的研究工作以及张量编译器。算子编译的核心思想是首先为通用算子找到一种能够描述算子与硬件无关的计算逻辑的表示，然后由编译器根据这种逻辑描述再结合具体的硬件生成相应的内核代码。近年来，有较多的研究工作都在围绕这个问题出现，例如，TVM、Halide、TACO、Tensor Comprehension、FlexTensor 等。本节将以 TVM 为例，讲述算子编译的基本思想，更深入的技术细节可以参考相关文献。

5.4.1　算子表达式

对深度学习中的大多数算子，其计算逻辑都可以描述成针对输出张量中的每一个元素的独立同构计算。以矩阵乘算子为例（如图 5-13 所示），矩阵 *C* 中的每一个元素（如坐标为 $[i, j]$）的值都可以通过对应的一行（第 i 行）和一列（第 j 列）的内积来计算得出。也就是说，大多数算子的计算逻辑须通过描述其中的元素的计算逻辑来表示，这就是算子表达式的作用。

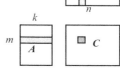

图 5-13　矩阵乘算子

一个算子表达式主要包括以下几个部分：①所有输入和输出张量；②输出张量的计算形状；③输出张量中每一个元素的计算表达式，其中包括元素的在张量中的位置参数，一般以 lambda 表达式的形式描述为坐标参数的匿名函数。如表 5-3 中每一行为上述矩阵乘算子在 TVM 中的算子表达式。

表 5-3　一些常见的算子表达式

算子	算子表达式
矩阵乘	C = t. compute$((m, n))$, lambda i, j: t. sum$(\mathrm{A}[i, k] * \mathrm{B}[k, j])$, axis$=k)$
仿射变换	C = t. compute$((m, n))$, lambda i, j: C$[i, j]$ + bias$[i])$
卷积	C = t. compute$((c, h, w))$, lambda i, x, y: t. sum$(\mathrm{data}[kc, x+kx, y+ky] * \mathrm{w}[i, kx, ky])$, axis$=[kx, ky, kc])$
ReLU	C = t. compute$((m, n))$, lambda i, j: t. max$(0, \mathrm{A}[i, j])$

5.4.2　算子表示与调度逻辑的分离

有了算子表达式后，就得到了一个算子的计算逻辑。为了生成硬件上的最终代码，需要把算子表达式的逻辑计算变化成符合硬件编程模型的代码，并考虑硬件特性进行代码优化，这个过程就叫作表达式的调度（schedule）。

通常来说，一个最简单的调度方案就是通过生成多重循环来遍历一个算子表达式中输出张量中的每一个元素，然后调用其提供的 lambda 函数，即可完成一个简单的内核代码的生成。代码 5-4 展示了一个简单的张量加算子的表达式，以及为其在 TVM 中创建一个默认调度的示例（上半部分），同时调度后产生出的内核代码。

代码 5-4　一个张量加算子的调度示例

```
# 在 TVM 中创建一个默认调度的示例
C = tvm.compute((n,), lambda i: A[i] + B[i])
s = tvm.create_schedule(C.op)

// 调度后产生出的内核代码
for (int i = 0; i < n; ++i)
{
    C[i] = A[i] + B[i];
}
```

可以看到，生成的内核代码只是一个简单的循环，实际中这样的代码往往性能不好。我们希望对上述循环进行一系列的变化，如把一个循环拆分成两重循环，或把两个循环合并一个循环，或把两个循环的顺序颠倒等。为了方便进行这些优化，算子编译器也提供了一些相应的调度操作接口，如代码 5-4 所示，通过 split 调度接口将上述循环按照 32 位因子拆分成 n 个两重循环，如代码 5-5 所示。

代码 5-5　一个张量加算子的调度优化示例

```
# 在 TVM 中创建一个默认调度的示例
C = tvm.compute((n,), lambda i: A[i] + B[i])
s = tvm.create_schedule(C.op)

# 在 TVM 中按照 32 位因子拆分成 n 个两重循环
xo, xi = s[C].split(s[C].axis[0], factor = 32)

// 调度后产生出的内核代码
for (int xo = 0; xo < ceil(n /32); ++xo)
{
    for (int xi = 0; xi < 32; ++xi)
    {
        int i = xo *  32 + xi;
        if (i < n)
            C[i] = A[i] + B[i];
    }
}
```

除了优化，还希望一个算子表达式能生成特定硬件上符合其编程模型的代码。这就需要能针对这些硬件提供一些调度操作。例如，想让上述代码能在 CUDA GPU 上执行，就需要把一些循环绑定到 CUDA 编程模型中的 threadIdx 或 blockIdx 上。同样，可以使用算子编译器中的 bind 接口来完成，如代码 5-6 所示，最终就可以得到一个简单的可以由 GPU 执行的内核代码。

代码 5-6　一个张量加算子调度到 GPU 上的示例

```
#在 TVM 中创建一个默认调度的示例
C = tvm.compute((n,), lambda i: A[i] + B[i])
s = tvm.create_schedule(C.op)

#在 TVM 中按照 32 位因子拆分成 n 个两重循环
xo, xi = s[C].split(s[C].axis[0], factor = 32)

#使用 bind 接口来完成和 threadIdx 或 blockIdx 的绑定
S[C].reorder(xi, xo)
s[C].bind(xo, tvm.thread_axis("blockIdx.x"))
s[C].bind(xi, tvm.thread_axis("threadIdx.x"))
// 调度后产生出的内核代码
int i = threadIdx.x * 32 + blockIdx.x;
if (i < n)
{
    C[i] = A[i] + B[i];
}
```

5.4.3　自动调度搜索与代码生成

有了算子表达式和对表达式的调度机制，就可以较容易地在一个新的硬件设备上生成一个算子的内核代码了。然而，可以看到在调度时，有非常多种决定需要抉择，而且这些决定都会根据硬件的不同而产生不一样的性能影响，这就需要经验非常丰富的专家才能找到一个较好的调度方案。为了进一步克服这个问题，一类利用机器学习进行自动调度搜索的方法被广泛应用。

如图 5-14 所示，给定一个算子表达式，首先需要针对该表达式自动生成出一个调度的代码模板，模板中可以预留出大量的可配置的参数。生成的模板需要能够尽可能多地包括各种代码的可能性，也就是保证足够大的搜索空间。给定了代码模板后，剩下的事情就是决定哪一个配置可以生成最优的代码。实际情况是，一个代码模板可能有成千上万种可选配置，因此一般的编译器会采用机器学习的方法通过不断尝试，生成代码、测量性能、反馈给机器学习模型、再生成下一个（一批）代码的方式不断迭代搜索，直到搜索到一定的步数后找到一个较优的代码配置，并生成最终代码。

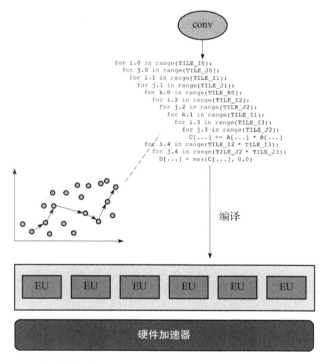

图 5-14　自动调度搜索与代码生成（EU 表示加速器中的并行执行单元）

5.4.4　白盒代码生成

采用机器学习的好处是可以针对特别的问题调整输入和硬件，利用黑盒的方式找到一个较好的专用代码，但其缺点也很明显，即在编译的过程中需要大量的编译和尝试，需要花费较长的编译时间和较多的算力。为了解决编译时间长的问题，有一些白盒编译的工作通过结合硬件参数来直接构造较优的内核代码，如 Roller[1]，从而大大提高编译效率。

Roller 的核心思想是将一个算子的计算过程的建模从多重循环转换成一个显式的多级内存上的数据处理流，如图 5-15 所示。图 5-15a 为现有编译器将算子计算过程建模成多重循环，从而利用机器学习算法搜索最优循环优化，图 5-15b 将算子计算建模成数据处理流，整个过程描述为将张量中的数据按照不同的块（tile）大小经过每一级内存读取到计算核中，计算完成后再写回低级内存。经过这样显示的建模，算子的优化目标变成针对每一级内存寻找合适的块大小。

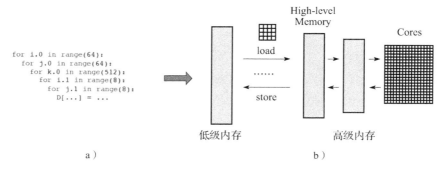

图 5-15　Roller 中对算子计算过程的建模
a）多重循环　b）数据处理流

为了快速找到较优块的设置，Roller 需要对加速器的架构和参数做显式建模，包括每一级内存的大小、带宽、读取位宽、Bank 数和宽度，还有计算核的算力、并行度等。基于这些硬件参数，编译过程可以快速选择合适的数据块大小来和硬件参数匹配，从而让每一级的内存和计算单元的利用率都最大化。更进一步，基于张量表达式，可以很容易计算出不同块大小对应的计算访存比，从而可以根据每一级内存的大小，选取能最大化计算访存比的块大小。综合起来，找到每一级块大小的设置后，就可以通过前面介绍的算子调度接口来生成最终的设备代码。由于整个过程不需要或只需要较少的实际计算尝试，整个编译的时间就可以被极大的优化。

5.4.5　小结与讨论

本节主要围绕内核优化与生成展开，包含算子表达式、算子表示与调度逻辑的分离、自动调度搜索与代码生成、白盒代码生成等内容。

在传统的编译器程序生成中，很少看到利用机器学习来自动生成程序的方法，请读者思考这种方法的好处与主要缺点，还有自动代码生成还能被用到哪些场景中呢？

5.4.6 参考文献

[1] ZHU H Y, WU R F, DIAO Y J, et al. ROLLER: Fast and efficient tensor compilation for deep learning [C]. The 16th USENIX Symposium on Operating Systems Design and Implementation, 2022.

5.5 跨算子的全局调度优化

前面的优化和算子生成分别在计算图和算子表达式两个层次完成。这种分层的优化给编译器的设计和实现带来更清楚的模块化和可维护性，但是同时也由于上下层的分离损失了一些更进一步的优化机会，保留了例如硬件利用率低的问题，因此无法完全发挥硬件的计算性能。造成这些低效的主要原因包括：

①单个算子的调度时间与计算时间相比不可忽略，造成较大的调度开销；

②算子的并行度不足以占满 GPU 的计算核心。

5.5.1 任意算子的融合

为了解决上述问题，一个很自然的想法就是，能不能对任意的算子进行融合，从而提高硬件利用率，降低算子的调度开销。5.2.5 小节中介绍了一种简单的算子融合方法，然而，其只能支持元素级算子（element-wise）之间的融合，在深度学习中，这种算子只占非常小的一部分，那么理想的情况就是实现更加激进的、通用的自动算子融合。图 5-16 为一个简单的计算图，与前面的算子融合不同的是，为了对任意算子做融合，引入了非元素级算子，如矩阵乘法，这会给之前的融合方法引入一些新的挑战。

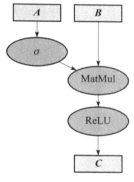

图 5-16 一个简单的计算图

为了实现任意算子融合，需要每一个算子的内核函数，如上例中需要的 Sigmoid（图中用 σ 符号表示）、ReLU 和 MatMul 算子，代码 5-7 展示的是这 3 个算子的内核函数。

代码 5-7 Sigmoid、ReLU 和 MatMul 算子的内核函数

```
__device__ float sigmoidf(float in) {
    return 1.f / (1.f + expf(-in));
}

__device__ float reluf(float in) {
    return fmaxf(0.f, in);
}

__device__ float MatMul(float *a, float *b, float *c, int m, int n, int k) {
    if (thread_ix < m && thread_iy < k) {
```

```
        float temp = 0.f;
        for (int i = 0; i < n; ++i) {
            temp += a[tix*n+i] * b[k*i+tiy];
        }
        c[k * tix + tiy] = temp;
    }
}
```

为了按照前面讲到的方法进行这 3 个算子的融合，需要将上述 3 个函数生成到同一个全局内核函数内，如代码 5-8 所示。值得注意的是，为了保证任意算子之间有正确的数据依赖，有时候需要在两个算子之间插入一个全局的数据同步。例如，后面算子需要前面算子所有的数据都计算完成之后才能开始。

代码 5-8　融合 3 个算子后的全局内核函数

```
// 融合 3 个算子后的全局内核函数
__global__
void kernel_0(float *A, float *B, float *C) {
    int idx = blockIdx.x * blockDim.x + threadIdx.x;
    // 计算 Sigmoid 算子
    if (idx < 1024) {
        float temp0 = sigmoidf(A[idx]);
        buffer0[idx] = temp0;
    }

    // 为保证正确的数据依赖引入的同步操作
    GlobalSync();

    // 计算矩阵乘法算子
    for (int tix = bx; tix < ey; tix += offx) {
        for (int tiy = by; tiy < ey; tiy += offy) {
            MatMul(buffer0, B, buffer1, 1024, 1024, 128);
        }
    }
    // 计算 ReLU 算子
    if (idx < 1024) {
        float temp2 = reluf(temp1);
        C[idx] = temp2;
    }
}
```

从以上实现过程可以看出很大的局限性等问题，例如，这种方法打破了现有的模块化设计，内核融合过程需要对每个算子的内核函数有一定要求，并需要进行二次修改，还需要获取其一些额外的隐式参数，如 threadBlock 的个数、大小等。更进一步，这种方法也引入了一些"非标准"的 GPU 用法，如在 kernel 内部做全局同步，由于 GPU 中的线程块无法异步调度，可能会引入死锁的问题。尽管学术界可以使用持久化线程（persistent threads）的方法来实现同步，但这种方法和 GPU 有较强的绑定，无法把优化过程通用化到其他硬件上，与编译器要解决问题的初衷相违背，有大量与 GPU 相关的实现细节混在其中。

5.5.2　编译时全局算子调度

为了更好地解决这种问题，就需要一种能根据计算流图中的并行度以及算子内部的并行度的整体信息来进行一个全局的任务调度方法。本小节以 Rammer[1] 的技术为例，介绍一种全局算子调度的优化方法。

首先，在计算表达层，为了打开现有算子的黑盒实现，Rammer 引入 rOperator 来代替原有算子抽象，暴露出每一个算子中的所有并行任务（rTask）。在硬件层，引入虚拟设备（vDevice）的抽象，并提供计算单元（vEU）级别的粒度调度接口，允许将一个 rTask 调度到任意指定的 vEU 上。然而，rTask 粒度的调度可能带来更严重的调度开销，Rammer 利用深度学习计算性能有较强的确定性，即算子的计算时间在数据流图运行前就可以通过测量得到。因此，在编译时可以将整个数据流图的所有 rTask 静态地编排成一个确定性执行方案，通过 vDevice 映射到物理 Device 的执行单元进行执行，如图 5-17 所示。

这种全局调度的抽象解耦了调度机制与优化策略，通过暴露出 rTask 粒度的调度接口，从而可以基于该接口设计任意的编排方案来优化整体性能。

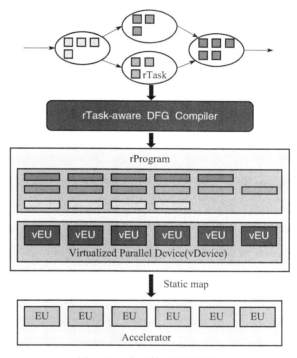

图 5-17　全局算子调度编译

5.5.3　小结与讨论

本节主要介绍了全局算子调度层能解决的一些编译优化问题，首先通过扩展前面介绍过的算子融合的方法来解决该问题，并讨论了一些不足，进而介绍了以 Rammer 为例的全局编译时调度优化等内容。

请读者思考，为何进行编译时调度而不是运行时调度？如果实现运行时调度，最可行的方案是什么？

5.5.4　参考文献

［1］　MA L, XIE Z, YANG Z, et al. Rammer：Enabling Holistic Deep Learning Compiler Optimizations with rTasks［C］. Operating Systems Design and Implementation，2020.

## 第 6 章

分布式训练算法与系统

本章简介

深度学习以其强大的数学统计能力，在众多领域的不同任务中显著超越了传统方法，从而广泛应用于生活生产的各个方面。除了受益于模型设计的不断发展之外，这一切进步要着重归功于背后起支撑作用的强大计算力。正如第 1 章中所述，在模型和数据不断增长的背景下，单设备的存储和计算能力逐渐无法满足这样的需求。因此，分布式计算也从传统的高性能计算和大数据计算领域，扩展到深度学习的助力上。

如图 6-1 所示，本章将会首先简要介绍分布式深度学习计算出现的因由以及相关的并行性理论。之后会从算法方面展示不同的分布式策略以及之间的比较。同样的分布式算法可能对应不同的同步方式，具体会在深度学习并行训练同步方式中进行讲述与讨论。承载算法和通信方式的是分布式训练系统，本章会介绍目前具有代表性的训练系统和使用方式。综上所述，本章会展示现今技术如何利用分布式计算有效地组织多个计算和通信设备，提供高效的计算能力，从而满足日益增长的深度学习模型和应用需求。

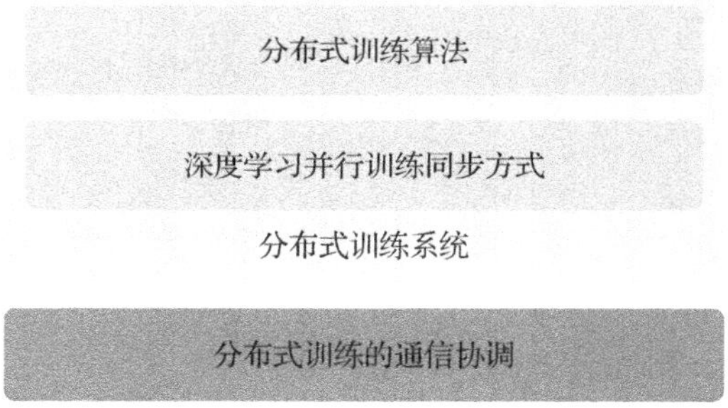

分布式训练算法

深度学习并行训练同步方式

分布式训练系统

分布式训练的通信协调

图 6-1　分布式机器学习训练与算法内容结构

内容概览

本章包含以下内容：

1）分布式深度学习计算简介；

2）分布式训练算法分类；

3）深度学习并行训练同步方式；

4）分布式深度学习训练系统简介；

5）分布式训练的通信协调。

6.1 分布式深度学习计算简介

在了解具体的分布式技术之前，首先简要回顾作为其基础的并行计算的一些基本概念。

6.1.1 串行计算到并行计算的演进

计算机最初的设计是采用单处理器串行执行的处理方式。这样的硬件结构简单，软件的编写也比较容易。例如，当给定一个具体问题时，设计串行算法求解是较为简单直接的。之后便可以将求解算法的过程书写成对应的计算机程序，由编译器翻译为机器能够执行的指令，发送给硬件运行。如图 6-2 所示，程序的指令依照顺序，连同输入的数据送入中央处理器核心（CPU core），经过处理计算产生计算的结果数据。

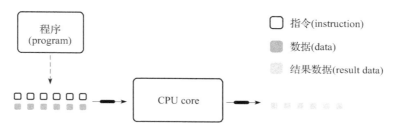

图 6-2　使用单处理器的程序处理过程

正由于算法的设计较为容易、硬件结构简单、成本低廉等多方面的原因，人们日常生活中接触到的计算机在其诞生后的数十年内都是单核心中央处理器（single-core CPU），也就是单个中央处理器中仅有一个处理核心。

1. 从串行计算转向并行计算

串行计算的处理能力会受限于单处理器的运算能力。虽然单处理器的能力在不断发展，但问题规模（数据量+计算量）增大的速度更快，以至于单一设备处理速度无法满足，矛盾就会随之显现。如图 6-3 所示，包括天气预测在内的大量科学计算问题在很早的时候就遇到了这样的矛盾，因此转向并行计算[1]。而随着数字多媒体、游戏等应用的繁荣，个人计算机方面在 2005 年前后也遇到了类似的矛盾，而后 Intel 和 AMD 分别推出了多核处理器予以应对。

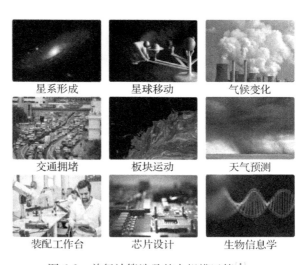

图 6-3　并行计算涉及的大规模运算[1]

2. 深度学习的计算复杂度

相比于传统高性能计算，深度学习理论虽然已存在数十年（如反向梯度传播早在 1970 年就已被 Seppo Linnainmaa[2] 提出），但是在 2010 年后才逐渐转向实用。一个重要的原因就是深度学习算法基于统计的高阶非线性模型拟合，计算的复杂度从原理上即高于其他算法。更严峻的问题是，为了追求更高的算法精准度，深度学习模型的规模也同步高速增长。这给模型的计算，尤其是训练带来了极大的挑战。

3. 从更优的模型到更大的存储和更高的计算复杂度

图 6-4 通过近年多个模型，展示了深度学习模型中的准确度和训练计算量关系[3]。图中的纵轴用模型"前 5 个返回结果的准确度"表示其准确性，横轴表示计算的复杂度，即单次神经网络前向计算量（单位为十亿浮点数），每个圆盘代表一个模型，其半径表示参数量（单位为百万）。

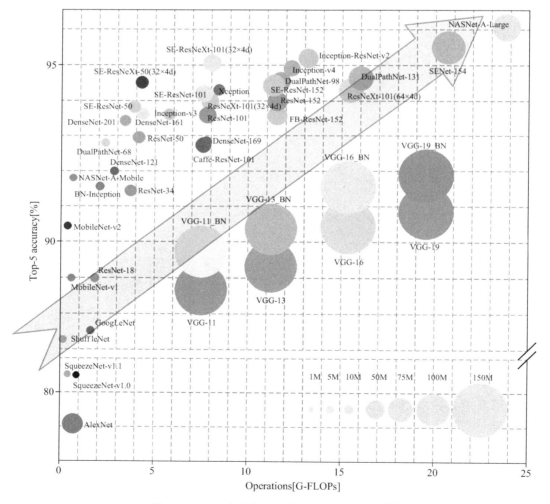

图 6-4　Top-5 准确率（纵轴）与计算复杂度[3]

从图 6-4 中可以明显看出，整体而言，伴随着准确率的提升，模型单次迭代所需的计算量和模型的参数量是同步增加的。这说明，为了得到准确度更高的模型，需要花费更多的参数存储以及更高的计算量。考虑到固定的计算能力，更高的计算量意味着更长的处理时间。在这样的趋势之下，深度学习训练的耗时已经成为一个亟待解决的问题。例如，语言模型 BERT-Large 如果采用单个 CPU 训练，则需要以年为单位的计算时间。除时间外，对于当前有些深度学习模型，受限于可用的加速器内存，无法将模型完全容纳其中，也亟须通过模型切片等方式将模型拆分放置来实现更大规模的模型训练。

因此，类似于高性能计算，大规模深度学习的训练也求助于并行计算来解决单处理器算力不足与计算需求过高的问题。如图 6-5 所示，从原理上来讲，并行计算通过并行算法将问题的求解进行划分，并将编译的指令分发给分布式系统中的多处理器并行执行。这样一来，所有的计算量被分摊到多个计算单元之上，相比于串行计算，并行计算中的每个计算单元只需要负责部分计算，缩短了整体的计算时间。

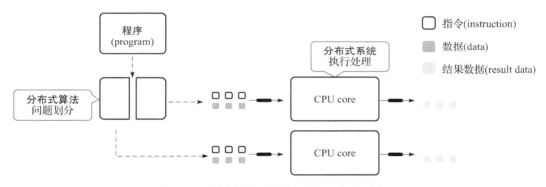

图 6-5　采用多处理器并行执行程序的过程

在并行算法和并行处理硬件的加持下，并行处理可以极大缩短深度学习的计算时间。例如，在 BERT-Large 模型的训练中，如果用单枚包含 80 个并行硬件执行单元的英伟达 V100 GPU 训练，则可以将训练耗时降至 1 个月多。而通过将 1472 个 V100 GPU 相互连接，科学家们甚至可以实现耗时 47 分钟完成这个模型的训练[6]。

通过以上的实例，可以清楚地看到，随着计算的并行化程度的增大，计算的时间得到了数个量级的加速。这对于探索更大规模问题有着不可替代的意义。

6.1.2　并行计算加速定律

为了更为精确地分析并行计算的加速，并有效地指导我们制定并行策略，还需要用到一些加速定律。

1. 阿姆达尔定律（Amdahl's law）

阿姆达尔定律[4]可以表达为以下公式：

$$S = 1/((1-p)+p/N)$$

其中，S 是整个任务并行化后执行的理论加速比；p 是任务中可并行化部分所占整个任务的比例；N 是任务中可并行化部分投入的资源，即处理器数。

阿姆达尔定律主要分析在问题规模不变的情况下，增加处理能力能够带来多大的加速率。其关于加速极限的基本结论是，存在加速的极限，为非可并行计算的占比之倒数 $\frac{1}{1-p}$。该定律指导我们设计模型的时候需要尽量考虑增大可并行部分的比例。换言之，更利于并行加速的模型获得更高的计算效率，往往更容易提升规模以获得更好的准确率。注意力（attention）模型替代长短时记忆（LSTM）模型用于自然语言处理的过程便是在深度学习领域的一个例子，原本顺序执行、难以并行化的 LSTM 逐渐被更容易并行执行的注意力模型淘汰。

2. Gustafson 定律（Gustafson's law）

Gustafson 定律[5] 可表达为如下公式：

$$S = (1-p)+p×N$$

其中，S 是整个任务并行化后执行的理论加速比；p 是任务中可并行化部分所占整个任务的比例；N 是处理器数。

与阿姆达尔定律悲观的加速极限相比，Gustafson 定律的设定允许问题的计算复杂度可变——随着处理能力的增加而相应地增长，从而避免了加速比提升受限的问题。这与深度学习的许多算法设计的场景更为契合。例如，深度学习中，可以通过对模型结构、数据量、超参数等方面进行调整，为同一个模型产生出一系列不同规格的具体"型号"，从而可以匹配不同的使用场景和设备存储与计算力。例如，GPT 模型就具有从 1.25 亿到 1750 亿的不同尺寸[9]。

6.1.3 深度学习的并行化训练

深度学习的训练数据是给定的，单步计算量取决于模型的复杂程度和批尺寸（batch size），结合计算速率可以算得训练耗时（如图 6-6 所示）。其中，模型的复杂程度和批尺寸这两个因素与问题相关，通常较为固定，因而分布式训练优化的目标转化为在给定的问题下提高计算速率。

在深度学习中，由于学习率等超参数的调整与批尺寸的设定的高度相关，因而依照 Gustafson 定律改变单步计算量更为复杂，例如，并行训练 BERT[7] 引入了全新的 LARS 优化器才能保证模型在设置了更大的批尺寸后依然能够收敛。

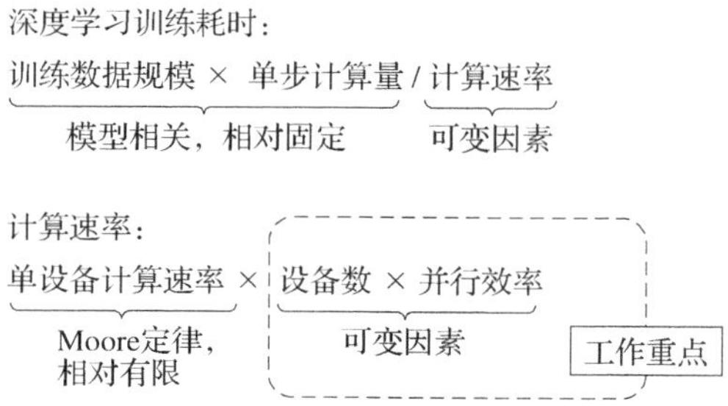

计算速率又可进一步被分解为单设备计算速率、设备数量和并行效率之间的乘积。受限

深度学习训练耗时：

$$\underbrace{训练数据规模 × 单步计算量}_{模型相关，相对固定} / \underbrace{计算速率}_{可变因素}$$

计算速率：

$$\underbrace{单设备计算速率}_{Moore定律，相对有限} × \underbrace{设备数 × 并行效率}_{可变因素} \quad \boxed{工作重点}$$

图 6-6 分布式深度学习的研究目标

于工艺和功耗，单设备的运算速率相对有限且固定。因此，工作重点在于增加可用的设备数以及提高设备的并行效率。

深度学习的模型建立在高维张量的运算操作之上，这类运算包含着丰富的可并行潜力。如图 6-7 所示，在一个典型的深度学习计算中，张量计算涉及可以并发的多个操作运算，而在单个张量运算子中也可并发地处理多个样本输入。

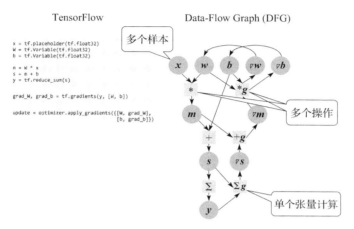

图 6-7　深度学习数据流图中的可并行的潜力

因此，相应地将深度学习训练的并行化基本方案划分为**算子内并行**和**算子间并行**。**算子内并行**保持已有算子的组织方式，探索将单个深度学习算子有效地映射到并行硬件设备上执行。而**算子间并行**则更注重发掘多个算子在多个设备上并行执行的策略，甚至解耦已有的单个算子为多个等效算子的组合，进一步发掘并行性。

（1）算子内并行

算子并行即并行单个张量计算子内的计算（GPU 多处理单元并行）。算子内并行主要利用线性计算和卷积等操作内部的并行性。通常一个算子包含多个并行维度，常见的例如批次维度（不同的输入样本）、空间维度（图像的空间划分）、时间维度（RNN 网络的时序展开）。在目前主流的深度学习框架中，这些并行的维度通过 SIMD 架构等多执行单元达到同时并行运算的目的。

在图 6-8 中，原本的卷积算法需要在整个图片数据上滑动卷积核顺序执行。而通过 im2col 对图片数据和卷积核数据进行重新整理，能够将计算重新组织成可并行执行的形式——结果矩阵 O_m 中的每个数值可以并行计算同时获得。图中左上角的 IFmaps 代表同一张图片的红、绿、蓝 3 个通道。卷积 Filters 对应着各个通道的多个卷积核（convolution kernel），每个通道有 2 个卷积核，表示卷积操作的输出通道数为 2。图中的过程①和②将 IFmaps 和 Filters 中的元素重新排布为矩阵 IFmap matrix 和 Filter matrix。通过这样的重新排布，原本的滑动卷积操作就可以转换为这两个矩阵的相乘计算，而计算的结果保持不变。例如，可以看到之前 IFmaps 上方的图片通过卷积应该得到输出为 $O0 = I0 \times F0 + I1 \times F1 + I3 \times F2 + I4 \times F3 \cdots$，这与 IFmap matrix 矩阵的第一行乘以 Filter matrix 矩阵的第一列相等。

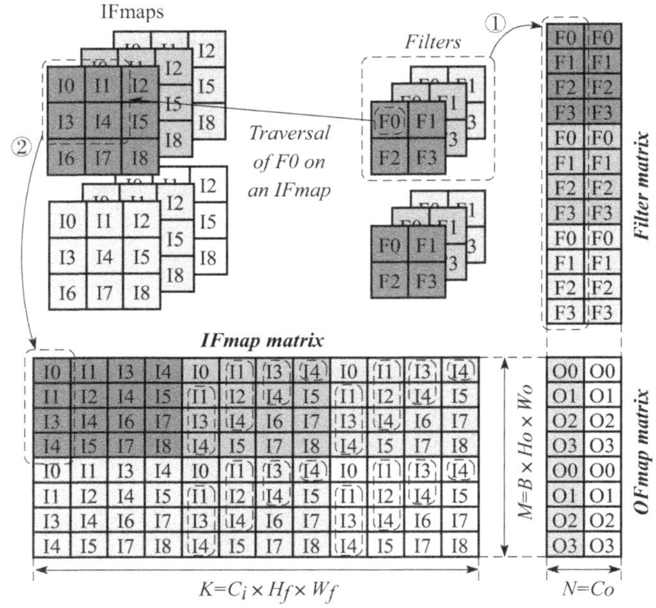

图 6-8　图像卷积计算的 im2col 并行 [8]

算子内的并行处理通常存在于深度学习框架或编译器中，通过设备专有函数的形式发挥作用。比如 PyTorch 运行在 NVIDIA GPU 上时会调用 cuDNN 中的卷积函数完成在 GPU 上的算子并行。

（2）算子间并行

算子内并行依然将思考的范围限定在单个算子上。而在深度学习训练中，并行的潜力广泛存在于多个算子之间。根据获得并行的方式，算子间并行的形式主要包含：

①数据并行：多个样本并行执行；

②模型并行：多个算子并行执行；

③组合并行：多种并行方案组合叠加。

不同的形式拥有众多的具体算法，接下来的章节中会具体加以介绍。

6.1.4　小结与讨论

本节通过介绍传统并行计算的发展和机器学习演进的相似点，引导读者思考分布式机器学习的必要性。又通过对并行相关理论的简单介绍，希望能够启发读者重新审视分布式机器学习的问题定义和研究目的。而后梳理了机器学习中可并行的方式，理清分布式机器学习在不同模块中进行不同侧重点并行的基本情况。

6.1.5 参考文献

［1］ BLAISE B. Introduction to parallel computing tutorial［EB/OL］.［2014. 11. 31］. https://computing. llnl. gov/tutorials/parallel_comp.

［2］ LINNAINMAA S. Algoritmin kumulatiivinen pyöristysvirhe yksittäisten pyöristysvirheiden taylor-kehitelmana［D］. Helsinki：University of Helsinki, 1970.

［3］ BIANCO S, CADENE R, CELONA L, et al. Benchmark analysis of representative deep neural network architectures［J］. IEEE Access, 2018（6）：64270-64277.

［4］ RODGERS D P. Improvements in multiprocessor system design［J］. ACM SIGARCH Computer Architecture News, 1985, 13（3）：225-231.

［5］ GUSTAFSON J L. Reevaluating Amdahl's law［J］. Communications of the ACM, 1988, 31（5）：532-533.

［6］ NARASIMHAN S. Nvidia clocks world's fastest bert training time and largest transformer based model, paving path for advanced conversational ai［EB/OL］. Nvidia.［2023. 12. 01］. ·https://devblogs. nvidia. com/training-bert-with-gpus.

［7］ YOU Y, LI J, REDDI S, et al. Large batch optimization for deep learning：training BERT in 76 minutes［C］. International Conference on Learning Representations, 2020.

［8］ LYM S, LEE O, O'CONNOR M, et al. DeLTA：GPU performance model for deep learning applications with in-depth memory system traffic analysis［C］. 2019 IEEE International Symposium on Performance Analysis of Systems and Software（ISPASS）. IEEE, 2019.

［9］ BROWN T B, MANN B, RYDER N, et. al. Language Models are Few-Shot Learners［J/OL］. Eprint ArXiv, 2020. DOI：10. 48550/arXiv. 2005. 14165.

6.2 分布式训练算法分类

针对不同场景，深度学习模型具有复杂多变的结构特征和运算存储模式。因此，深度学习训练的并行化也发展出众多算法。这些算法可以按照任务的划分方式分为数据并行和模型并行，其中模型并行又发展出流水并行。

6.2.1 数据并行

顾名思义，数据并行（Data-Parallelism）是指在数据维度上进行任务划分的并行方式。如图6-9所示，通过将读取的数据分发给多个设备，减少单个设备的负载，获得更大的整体吞吐率。由于显存容量受限，通过数据并行可以打破加速器这一瓶颈，进一步提升模型训练的整体批尺寸。数据并行中每个设备分别拥有完整的模型副本，因此其相对而言也是更容易实现的方式。

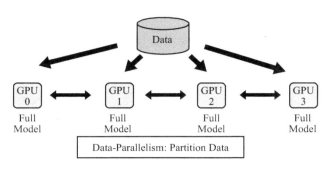

图 6-9　数据并行示意图

数据并行的步骤如下：

①不同设备上读取不同数据；

②本地执行相同计算图；

③跨设备聚合梯度；

④利用聚合后梯度更新本地模型。

不同设备读取数据的总和相当于一个逻辑全局批次。其中，单个设备本地的计算处理批次的一个子集。步骤①和②能视作可并行部分。而步骤③的跨设备梯度聚合是将多个设备分别计算的梯度进行平均，保证设备在步骤④中用于更新模型的梯度相互一致，且数学上符合非并行执行的结果。需要注意的是，有些模型的操作，例如，批归一化（BatchNorm），理论上需要额外的处理才能保持并行化的训练数学性质完全不变。

从并行的效果上分析，如果固定全局的批尺寸，增加设备数目，数据并行下的训练相当于强扩展（strong scaling）。而如果固定单个设备批尺寸，增加设备数目，数据并行下的训练就相当于弱扩展（weak scaling）。其中，强扩展不改变原始算法的数学行为，只变更执行方式，不需要重新调整包括学习率在内的训练超参数，而弱扩展由于改变了算法的数学行为，可能需要重新调整超参数才能有效地训练。但是强扩展的并行度受限于当前的批尺寸。现实情况下可能需要根据具体情况对两种方式进行综合选择。

可以注意到，实现数据并行的关键在于跨设备聚合梯度。而根据跨设备聚合梯度的实现方式，数据并行的设计可分为两大类：基于参数服务器（Parameter-Server）的实现和基于 All-Reduce 的实现。

基于参数服务器的数据并行在机器学习领域中被大量采用，甚至早于深度学习的流行，例如，点击率预测（click-through prediction）中的逻辑回归（logistic regression）。

以 Downpour SGD[1] 为例，它基于参数服务器的设计。如图 6-10 所示，其设计相当于把参数安放于全局可见的服务器之中，每个计算设备在每

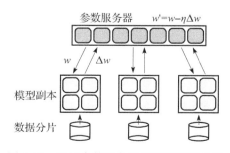

图 6-10　通过参数服务器实现的数据并行

个批次之前通过通信接口拉取最新模型，反向传播计算完成后再通过通信接口推送本轮梯度至参数服务器上。中心化的参数服务器能够将所有计算设备的梯度加以聚合，并更新模型，用于服务下一个批次的计算。

参数服务器的设计易用的接口，长期以来占据着巨大的采用率。并且可以支持同步、异步、半同步并行（详见 6.5 节）。由于更为高效的 All-Reduce 通信实现（如 NVIDIA 的 NCCL 通信库）能够更好地协调加速器之间的通信操作以及利用不同算法适应带宽各异的数据链接，如图 6-11 所示，基于 All-Reduce 的设计是目前的主流。具体内容在 6.5 节中会有更详细的介绍。

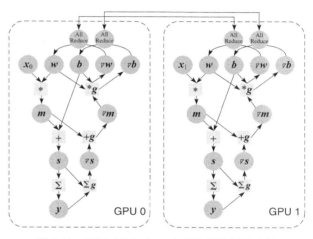

数据并行以其实现简单的特点和优越的性能，长期以来拥有着巨大的采用率。但是它的缺陷在于每个设备需要保留一份完整的模型副本，在模型参数量急剧增长的深度学习领域，其规模能够轻松地超过单设备的存储容量，甚至一个算子都有可能超过单设备有限的存储容量。因此，模型并行应运而生。

图 6-11　通过 All-Reduce 实现数据并行的流图

6.2.2　模型并行

对应于数据并行切分数据的操作，模型并行（Model-Parallelism）将模型参数进行划分并分配到多个设备上。这样一来，系统就能支持更大参数量的深度学习模型。

如图 6-12 所示，在一个早期的模型并行划分中，计算图中不同的算子被划分至不同设备上执行。跨设备通过传递激活张量的方式建立连接，协作执行完整的模型训练处理。每个设备分别利用反向传播计算中获得的梯度更新模型的本地部分。

除了这种基本的算子并行，通过不同的划分模型参数及执行方式，模型并行发展出了张量并行和流水并行这两种常用的形式。

张量并行是指拆分算子，并把拆分出的多个算子分配到不同设备上并行执行。图 6-13 以实现 Transformer 模型[8]中的 MLP 及 Self-Attention 模块的张量并行为例。

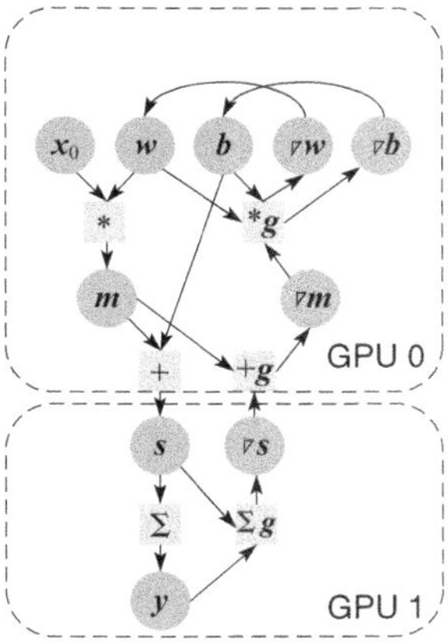

图 6-12　模型并行的数据流图

在 MLP 中，原本 XA 和 YB 的矩阵乘法，通过分割矩阵 A 和 B 得到对应的子矩阵 A_i、B_i，原有的运算可以分配到两个设备（Worker 0、Worker 1）上执行，其间通过通信函数 f 或 g 相连。可以看到，张量并行可以使得每个设备只存储和计算原有模型的一部分，达到分配负载、实现并行的目的。

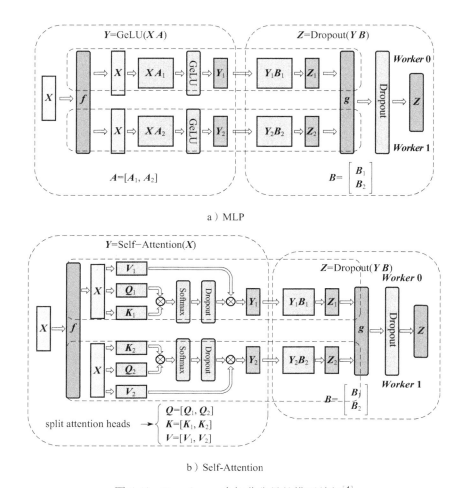

a）MLP

b）Self-Attention

图 6-13　Transformer 中切分张量的模型并行[4]

更为灵活可变的张量并行方法可以在 FlexFlow[5] 和 GSPMD[7] 这些工作中找到。

6.2.3　流水并行

流水并行（Pipeline-Parallelism）是另一类特殊的模型并行。如图 6-14 所示，其主要依照模型的运算符的操作将模型的上下游算子分配为不同的流水阶段（pipeline stage），每个设备负责其中一个阶段的模型的存储和计算。这类似于在生产线上一个工人只负责单一简单操作，从而提高熟练度和总体执行效率。然而，在常见的线性结构的深度学习模型中，如果采用这种简易的流水并行，无论在正向计算还是反向计算中，只有一个设备是执行处理工作的，而其余的设备处于空闲状态，这是非常不高效的。因此，更为复杂的多流水并行被提出。

1. 同步流水线（GPipe）

如图 6-15 所示，GPipe[2] 利用数据并行的思想，对批次进行拆分，设备处理的单位从原

本的批次 F_0 变为更细化的微批次（Micro-Batch） $F_{0,1}$、$F_{0,2}$……，以便下游设备更早地获得可计算的数据，从而减少设备空闲"气泡"（bubble），改善效率。

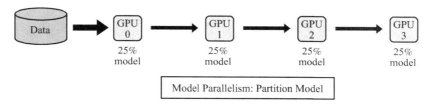

图 6-14　流水并行示意图

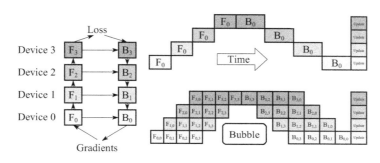

图 6-15　GPipe 流水并行[2]

2. 非同步流水线（PipeDream）

相比于 GPipe 的遵从原有的同步机制，PipeDream[3] 从效率的角度考虑采用非同步机制，在放宽数学一致性的前提下进一步减少设备空闲，提高整体收敛速度。

如图 6-16 所示，在 GPipe 的方案中，前后两个批次之间具有明确的分界线（标记为 pipeline flush）。这个分界线上的时刻，模型进行了全局统一的更新。而图 6-17 中的 PipeDream 允许前后两个批次的微批次相互交错，设备空闲的时段进一步缩减。但是，由于没有统一更新模型的时刻，模型的版本并不全局唯一。这样不唯一的模型会导致训练的收敛受到不同程度的影响，所以需要根据实际情况进行训练执行效率和收敛效率之间的权衡。

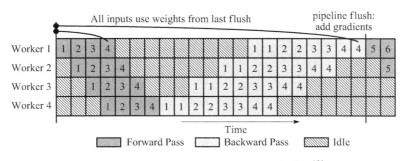

图 6-16　以 GPipe 为例的同步化的流水并行[3]

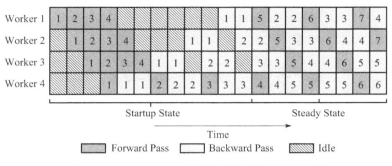

图 6-17　以 PipeDream 为例的异步化的流水并行[3]

6.2.4　并行方式的对比分析

不同的并行方式具有其各自独特的性质，适应于不同的场景。

如表 6-1 所示，相较而言，数据并行会增加模型的存储开销，而模型张量并行会增加数据的重复读取。而从通信角度而言，数据并行的通信量是梯度的大小（相等于模型大小），而模型并行传输的是激活的大小。因此，在批尺寸较大时，应尽量选用数据并行；而在模型较大时，应选用模型并行。

表 6-1　不同并行方式的比较（N 为设备数量）

	非并行	数据并行	模型并行
设备输入数据量	1	$1/N$	1
传输数据量	0	模型大小	激活大小
总存储占用	1	$\sim N$	1
负载平衡度	–	强	弱
并行限制	–	单步样本量	算子数量

在实际中，更普遍的做法是同时结合多种并行方式来进行整个模型训练的并行划分。例如，FlexFlow、tofu[6]、GSPMD 采用了数据和张量并行，PipeDream 同时采用了数据并行和流水并行，Megatron-LM[4]针对包含 BERT[8]，GPT 的 Transformer 模型家族同时启用了数据并行、模型并行和流水并行，综合发挥各个方式的优势。最新的工作 Alpa[9]允许将不同的模型并行和数据并行抽象成 SPMD，作为流水的各个阶段加以组合。而 nnScaler[10]则将所有的并行方案抽象成统一的并行原语加以描述，允许探索更为灵活的并行方式以进一步释放性能的潜力。

6.2.5　小结与讨论

本节介绍了常见的分布式机器学习算法，通过比较区分其特点和适用范围，以帮助读者更好地理解并行机器学习算法的基本原理并能够实际中加以合理利用。

6.2.6　参考文献

[1]　JEFFREY D, CORRADO G, MONGA R, et al. Large scale distributed deep networks[J]. Advances in

neural information processing systems，2012，25.

[2] HUANG Y，CHENG Y，BAPNA A，et al. Gpipe：efficient training of giant neural networks using pipe-line parallelism[J]. Advances in neural information processing systems，2019，32.

[3] NARAYANAN D，HARLAP A. PipeDream：generalized pipeline parallelism for DNN training[C]// Proceedings of the 27th ACM Symposium on Operating Systems Principles，2019.

[4] SHOEYBI M，PATWARY M，PURI R，et al. Megatron-lm：training multi-billion parameter language models using model parallelism[J/OL]. arXiv preprint arXiv：1909.08053，2019.

[5] JIA Z，ZAHARIA M，AIKEN A. Beyond data and model parallelism for deep neural networks[C]// Proceedings of Machine Learning and Systems，2019（1）：1-13.

[6] WANG M，HUANG C，LI J. Supporting very large models using automatic dataflow graph partitioning [C]//Proceedings of the Fourteenth EuroSys Conference 2019，2019.

[7] XU Y，LEE H，CHEN D，et al. GSPMD：general and scalable parallelization for ML computation graphs[J/OL]. arXiv preprint arXiv：2105.04663，2021.

[8] VASWANI A，SHAZEER N，PARMAR N，et al. Attention is all you need[C]. 31st Conference on Neural Information Processing Systems，2017.

[9] Zheng L，Li Z，Zhang H,et al. Alpa：automating inter-and intra-operator parallelism for distributed deep learning[C] //16th USENIX Symposium on Operating Systems Design and Implementation，2022.

[10] Lin Z，Miao Y，Zhang Q,et al. nnScaler：constraint-guided parallelizati on plan generation for deep learning training [C] //18th USENIX Symposium on Operating Systems Design and Implementation，2024.

6.3 深度学习并行训练同步方式

在多设备进行并行训练时，可以采用不同的一致性模型，对应其间不同的通信协调方式，大致可分为同步并行、异步并行、半同步并行。

6.3.1 同步并行

同步并行是采用具有同步障的通信协调并行。例如，在图 6-18 中，每个工作节点（worker）在进行了一些本地计算之后，需要与其他工作节点通信协调。在通信协调的过程

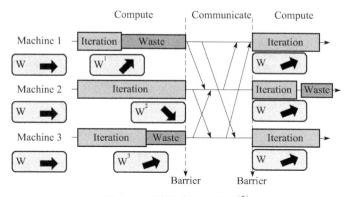

图 6-18　同步并行示意图[2]

中，所有工作节点都必须等全部工作节点完成本次通信之后，才能继续下一轮本地计算。阻止工作节点在全部通信完成之前继续下一轮计算的方式是同步障。这样的同步方式也称BSP，其优点是本地计算和通信同步严格顺序化，能够容易地保证并行的执行逻辑于串行相同。但更早完成本地计算的工作节点需要等待其他工作节点，造成了计算硬件的浪费。

6.3.2 异步并行

采用不含同步障的通信协调并行。相比于同步并行执行，异步并行执行下，各个工作节点完全采用灵活的方式协调。如图 6-19 所示，时间轴上并没有统一的时刻用于通信或者本地计算，而是工作节点各自分别随时处理自己收到的消息，并且随时发出所需的消息，以此完成节点间的

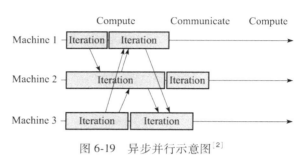

图 6-19　异步并行示意图[2]

协调。这样做的好处是避免了全局同步障带来的相互等待开销。

6.3.3 半同步并行

采用具有限定的宽松同步障的通信协调并行。半同步的基本思路是在严格同步和完全不受限制的异步并行之间取一个折中方案——受到限制的宽松同步。例如，在 stale synchronous parallel（SSP）中，系统跟踪各个工作节点的进度并维护最慢进度，动态限制进度推进的范围，保证最快进度和最慢进度的差距在一个预定的范围内。这个范围就称为新旧差阈值（staleness threshold）。如图 6-20 所示，在新旧差阈值为 3 时，最快进度的工作节点会停下来等待最慢的工作节点。

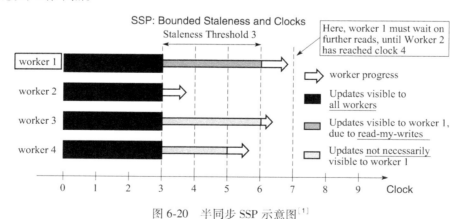

图 6-20　半同步 SSP 示意图[1]

半同步并行通过限制更新的不一致程度，达到收敛性居于同步并行和异步并行之间的效果。除了同步时机的区别，目前并行同步方式的理论也涉及同步对象的选择。例如，相比于全局所有工作节点参与的同步，亦有研究只与部分工作节点同步的方式。

6.3.4　小结与讨论

本节介绍了机器学习中不同的同步、异步、半同步等并行通信方式，以比较的方式解释了它们在性能和收敛性的区别。目前为了达到更好的模型精度，实际中更注重收敛性，因此主流的大模型都是以同步并行的方式进行训练的。

6.3.5　参考文献

[1]　ZHAO X，AN A，LIU J，et al. Dynamic stale synchronous parallel distributed training for deep learning［C］. 2019 IEEE 39th International Conference on Distributed Computing Systems（ICDCS）. IEEE，2019.

[2]　GONZALEZ J E. AI-Systems Distributed Training［EB/OL］.［2023.12.01］.

6.4　分布式深度学习训练系统简介

模型的分布式训练依靠相应的分布式训练系统协助完成。这样的系统通常分为分布式用户接口、单节点训练执行模块、通信协调3个组成部分。用户通过接口表述采用何种模型的分布化策略，单节点训练执行模块产生本地执行的逻辑，通信协调模块实现多节点之间的通信协调。系统的设计目的是提供易于使用、高效率的分布式训练。

目前广泛使用的深度学习训练框架例如 TensorFlow 和 PyTorch 已经内嵌了分布式训练的功能并逐步提供了多种分布式的算法。除此之外，也有通用系统库针对多个训练框架提供分布训练功能，如 Horovod 等。

目前分布式训练系统的理论和系统实现都处于不断的发展当中。本节仅以 TensorFlow、PyTorch 和 Horovod 为例，从用户接口等方面分别介绍它们的设计思想和技术要点。

6.4.1　基于数据流图的深度学习框架中的分布式支持

TensorFlow 是典型的基于数据流图的深度学习框架。使用者并不直接书写执行代码，而是通过编程构建数据流图的结构交予底层框架系统进行执行。经过长期的迭代发展，目前 TensorFlow 通过不同的 API 支持多种分布式策略（distributed strategies）[1]，如表6-2所示。其中最为经典的基于参数服务器"Parameter Server"的分布式训练，TensorFlow 早在版本 v0.8 中就将其加入了。其思路为多工作节点独立进行本地计算，分布式共享参数。

TensorFlow 参数服务器用户接口包含定义模型和执行模型两部分。如代码6-1所示，其中定义模型需要完成指定节点信息以及将"原模型"逻辑包含于工作节点；而执行模型需要指定角色 job_name 是参数服务器（ps）还是工作节点，以及通过 index 指定自己是第几个参数服务器或工作节点[2]。

表 6-2　TensorFlow 中多种并行化方式在不同接口下的支持[2]

训练接口 \ 策略名称	Mirrored 镜像策略	TPU TPU 策略	MultiWorker-Mirrored 多机镜像策略	CentralStorage 中心化存储策略	ParameterServer 参数服务器策略	OneDevice 单设备策略
Keras 接口	支持	实验性支持	实验性支持	实验性支持	规划 2.0 之后	支持
自定义训练循环	实验性支持	实验性支持	规划 2.0 之后	规划 2.0 之后	尚不支持	支持
Estimator 接口	部分支持	不支持	部分支持	部分支持	部分支持	部分支持

代码 6-1　TensorFlow 定义节点信息和参数服务器方式并行化模型[2]

```
1    cluster = tf.train.ClusterSpec({
2        "worker": [
3            {1:"worker1.example.com:2222"},
4        ]
5        "ps": [
6            "ps0.example.com:2222",
7            "ps1.example.com:2222"
8        ]})
9
10   if job\_name == "ps":
11       server.join()
12   elif job\_name == "worker":
13       ...
```

在 TensorFlow 的用户接口之下，系统在底层实现了数据流图的分布式切分。如图 6-21 所示的基本数据流图切分中，TensorFlow 根据不同算子的设备分配信息，将整个数据流图划分为每个设备的子图，并将跨越设备的边替换为"发送"和"接收"的通信原语。

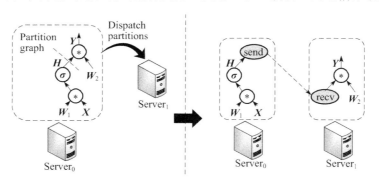

图 6-21　数据流图的跨节点切分

如图 6-22 所示，在参数服务器模式数据并行中，参数以及更新参数的操作被放置于参数服务器之上，而每个工作节点负责读取训练数据并根据最新的模型参数产生对应的梯度并推送（push）参数服务器或拉取（pull）最新参数。而在其他涉及模型并行的情况下，每个工作节点负责整个模型的一部分，相互传递激活数据进行沟通协调，完成整个模型的训练。

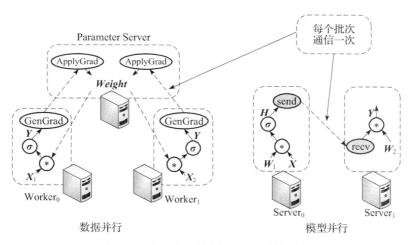

图 6-22　采用参数服务器并行的数据流图

可以注意到，每条跨设备的边在每个批次中通信一次，频率较高。而传统的实现方式会调用通信库将数据复制给通信库的存储区域用于发送，而接收端还会将收到通信库存储区域的数据再次复制给计算区域。多次复制会浪费存储的空间和带宽。

而且，由于深度模型训练的迭代特性，每次通信都是完全一样的。因此，可以通过"预分配+RDMA+零复制"的方式对这样的通信进行优化。其基本思想是将 GPU 中需要发送的计算结果直接存储于 RDMA 网卡可见的连续显存区域，并在计算完成后通知接收端直接读取，避免复制[3]。

通过以上介绍可以了解到，TensorFlow 训练框架的系统设计思想是将用户接口用于定义并行的基本策略，而将策略到并行化的执行等复杂操作隐藏于系统内部。这种做法的好处是用户接口较为简洁，无须显示地调用通信原语。但随之而来的缺陷是用户无法灵活地定义自己希望的并行及协调通信方式。

6.4.2　PyTorch 中的分布式支持

与 TensorFlow 相对的，PyTorch 的用户接口更倾向于暴露底层的通信原语以搭建更为灵活的并行方式。PyTorch 的通信原语包含**点对点通信**和**集体式通信**。点对点（P2P）式的通信是指每次通信只涉及两个设备，期间采用基础的发送和接收原语进行数据交换。而集体式通信则是在单次通信中有多个设备参与，例如广播操作（broadcast）就是一个设备将数据发送给多个设备的通信[4]。分布式机器学习中使用的集体式通信大多沿袭自 MPI 标准的集体式通信接口。

PyTorch 点对点通信可以实现用户指定的同步 send/recv，如代码 6-2 和代码 6-3 表达了 rank 0 *send* rank 1 *recv* 的操作。

代码 6-2　PyTorch 中采用点对点同步通信[4]

```
1    "Blocking point-to-point communication."
2
3    def run(rank, size):
4        tensor = torch.zeros(1)
5        if rank == 0:
6            tensor += 1
7            # Send the tensor to process 1
8            dist.send(tensor=tensor, dst=1)
9        else:
10           # Receive tensor from process 0
11           dist.recv(tensor=tensor, src=0)
12       print('Rank ', rank, 'has data ', tensor[0])
```

除了同步通信，PyTorch 还提供了对应的异步发送接收操作。

代码 6-3　PyTorch 中采用点对点异步通信[4]

```
1    "Non-blocking point-to-point communication."
2
3    def run(rank, size):
4        tensor = torch.zeros(1)
5        req = None
6        if rank == 0:
7            tensor += 1
8            # Send the tensor to process 1
9            req = dist.isend(tensor=tensor, dst=1)
10           print('Rank 0 started sending')
11       else:
12           # Receive tensor from process 0
13           req = dist.irecv(tensor=tensor, src=0)
14           print('Rank 1 started receiving')
15
16       req.wait()
17       print('Rank ', rank, 'has data ', tensor[0])
```

如图 6-23 所示，PyTorch 集体式通信包含了一对多的 Scatter/Broadcast，多对一的 Gather/Reduce 以及多对多的 All-Reduce/AllGather。

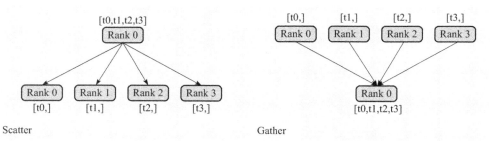

图 6-23　PyTorch 中的集体式通信[4]

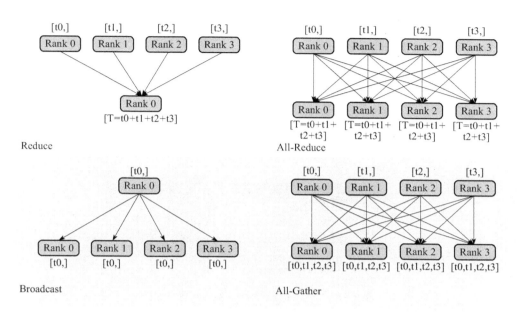

图 6-23　PyTorch 中的集体式通信[4]（续）

代码 6-4 以常用的调用 All-Reduce 为例，默认的参与者是全体成员，也可以在调用中以列表的形式指定集体式通信的参与者。比如这里的参与者就是 rank 0 和 1。

代码 6-4　指定参与成员的集体式通信[4]

```
1    " All-Reduce example."
2    def run(rank, size):
3        """ Simple collective communication. """
4        group = dist.new_group([0, 1])
5        tensor = torch.ones(1)
6        dist.all_reduce(tensor, op=dist.ReduceOp.SUM, group=group)
7        print('Rank ', rank, 'has data ', tensor[0])
```

通过这样的通信原语，PyTorch 也可以构建数据并行等算法，且以功能函数的方式提供给用户调用。但是这样的设计思想并不包含 TensorFlow 中系统下层的数据流图抽象上的各种操作，而将整个过程在用户可见的层级加以实现，相比之下更为灵活，但在深度优化上欠缺全局信息。

6.4.3　通用的数据并行系统 Horovod

Horovod 是支持 TensorFlow、Keras、PyTorch 和 Apache MXNet 的分布式深度学习训练框架。Horovod 的目标是使分布式深度学习快速且易于使用。在各个深度框架针对自身加强分布式功能的同时，Horovod[5]专注于数据并行的优化，并广泛支持多训练平台且强调易用性，依然获得了很多使用者的青睐。Horovod 实现数据并行的原理如图 6-24 所示。

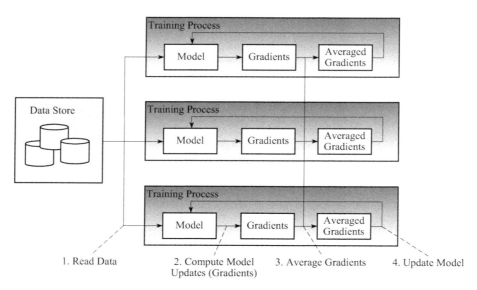

图 6-24　Horovod 实现数据并行的原理[6]

　　如果需要并行化一个已有的模型，Horovod 在用户接口方面需要的模型代码修改非常少，其主要是增加一行利用 Horovod 的 DistributedOptimizer 分布式优化子嵌套原模型中优化子"opt = DistributedOptimizer（opt）"而模型的执行只须调用 MPI 命令"mpirun -n <worker number> train. py"即可方便实现并行启动，具体如代码 6-5 所示。

代码 6-5　调用 Horovod 需要的代码修改[6]

```
1    import torch
2    import horovod.torch as hvd
3
4    # Initialize Horovod
5    hvd.init()
6
7    # Pin GPU to be used to process local rank (one GPU per process)
8    torch.cuda.set_device(hvd.local_rank())
9
10   # Define dataset...
11   train_dataset = ...
12
13   # Partition dataset among workers using DistributedSampler
14   train_sampler = torch.utils.data.distributed.DistributedSampler(
15       train_dataset, num_replicas=hvd.size(), rank=hvd.rank())
16
17   train_loader = torch.utils.data.DataLoader(train_dataset,
18           batch_size=..., sampler=train_sampler)
19
20   # Build model...
21   model = ...
22   model.cuda()
23   optimizer = optim.SGD(model.parameters())
```

```
24
25   # Add Horovod Distributed Optimizer
26   optimizer = hvd.DistributedOptimizer(optimizer,
27            named_parameters=model.named_parameters())
28
29   # Broadcast parameters from rank 0 to all other processes.
30   hvd.broadcast_parameters(model.state_dict(), root_rank=0)
31
32   for epoch in range(100):
33       for batch_idx, (data, target) in enumerate(train_loader):
34           optimizer.zero_grad()
35           output = model(data)
36           loss = F.nll_loss(output, target)
37           loss.backward()
38           optimizer.step()
39
40           if batch_idx % args.log_interval == 0:
41               print('Train Epoch: {} [{}/{}]tLoss: {}'.format(
42                   epoch, batch_idx * len(data), len(train_sampler), loss.item()))
```

Horovod 通过 Distributed Optimizer 插入针对梯度数据的 Allreduce 逻辑实现数据并行。对于 TensorFlow, 是插入通信 Allreduce 算子, 而在 PyTorch 中, 是插入通信 Allreduce 函数。二者插入的操作都会调用底层统一的 Allreduce 功能模块。

为了保证性能的高效性, Horovod 实现了专用的**协调机制算法**。

（1）目标：确保 Allreduce 的执行全局统一进行

①每个工作节点拥有 Allreduce 执行队列, 初始为空；

②全局协调节点（coordinator）, 维护每个工作节点各个**梯度张量**状态。

（2）执行

①工作节点 i 产生关于参数张量 w[j]的梯度 g_j 后会调用 Allreduce(g_j), 通知协调节点：g_j[i]已准备好。

②当协调节点收集到所有 g_j[*]已准备好, 通知所有工作节点将包含 g_i 信息的记录加入 Allreduce 执行队列。

③工作节点背景线程不断从 Allreduce 队列尾部取出记录并执行关于张量 g_i 的 Allreduce 通信操作。

这里需要确保 Allreduce 全局统一执行主要为了：①确保相同执行顺序, 保证 Allreduce 针对同一个梯度进行操作；②Allreduce 通常是同步调用, 为了防止提前执行的成员会空等导致的资源浪费。

Horovod 通过一系列优化的设计实现, 以独特的角度推进了分布式训练系统的发展。其中的设计被很多其他系统借鉴吸收, 持续发挥更为深远的作用。例如, PyTorch 后续也采取了将较小张量拼成更大张量以减少通信频次的优化。但同时也应看到, 专注数据并行这一具体方式设计的系统需要付出的代价是, 难以继续扩展以便支持其他更新出现的并行方式。

6.4.4 分布式训练任务实验

1. 实验目的

1）学习使用 Horovod 库。

2）通过调用不同的通信后端实现数据并行的并行/分布式训练，了解各种后端的基本原理和适用范围。

3）通过实际操作，灵活掌握安装部署。

2. 实验环境（参考）

- Ubuntu 18.04
- CUDA 10.0
- PyTorch == 1.5.0
- Horovod == 0.19.4

实验原理：通过测试 MPI、NCCL、Gloo、one-CCL 后端完成相同的 allreduce 通信，通过不同的链路实现数据传输。

3. 实验内容

实验流程如图 6-25 所示。

具体步骤如下。

1）安装依赖支持：Open MPI[8]，Horovod[6]。

2）运行 Horovod MNIST 测试用例 pytorch_mnist _horovod.py[6]，验证 Horovod 正确安装。

3）按照 MPI/Gloo/NCCL 的顺序，选用不同的通信后端，测试不同 GPU 数、不同机器数时，MNIST 样例下 iteration 耗时和吞吐率，记录 GPU 和机器数目，以及测试结果，并完成表格绘制。

①安装 MPI，并测试多卡、多机并行训练耗时和吞吐率。可参考如下命令：

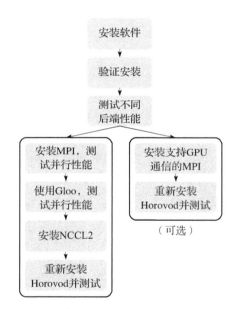

图 6-25　分布式训练任务练习实验流程图

```
// 单机多 CPU
$ horovodrun -np 2 python pytorch_mnist_horovod.py --no-cuda
// 多机单 GPU
$ horovodrun -np 4 -H server1:1,server2:1,server3:1,server4:1 python pytorch_mnist_
    horovod_basic.py
```

②测试 Gloo 下的多卡、多机并行训练耗时。

③安装 NCCL 2.0[7] 后重新安装 Horovod 并测试多卡、多机并行训练耗时和吞吐率。

4）（可选）安装支持 GPU 通信的 MPI 后重新安装 Horovod[6] 并测试多卡、多机并行训练耗时和吞吐率。

5）$HOROVOD_GPU_ALLREDUCE＝MPI pip install --no-cache-dir horovod。

6）（可选）若机器有 Tesla/Quadro GPU + RDMA 环境，尝试设置 GPUDirect RDMA 以达到更高的通信性能。

7）统计数据，绘制系统的 scalability 曲线。

8）（可选）选取任意 RNN 网络进行并行训练，测试 horovod 并行训练耗时和吞吐率。

4. 实验报告

实验环境记录如表 6-3 所示。

表 6-3　实验环境记录

硬件环境	服务器数目	
	网卡型号、数目	
	GPU 型号、数目	
	GPU 连接方式	
软件环境	操作系统版本	
	GPU、网卡驱动	
	深度学习框架 python 包名称及版本	
	CUDA 版本	
	NCCL 版本	

实验结果包含以下几项内容。

1）测试服务器内多显卡加速比，如表 6-4 示例。

表 6-4　测试服务器内多显卡加速比实验记录

通信后端	服务器数量	每台服务器显卡数量	平均每步耗时	平均吞吐率	加速比
MPI/Gloo/NCCL	1/2/4/8	（固定）			

2）测试服务器间加速比，如表 6-5 示例。

表 6-5　测试服务器间加速比实验记录

通信后端	服务器数量	每台服务器显卡数量	平均每步耗时	平均吞吐率	加速比
MPI/Gloo/NCCL	（固定）	1/2/4/8			

3）总结加速比的图表，比较不同通信后端的性能差异，分析可能的原因。

4）（可选）比较不同模型的并行加速差异，分析可能的原因（提示：计算/通信比）。

5. 参考代码

（1）安装依赖支持

安装 OpenMPI：sudo apt install openmpi-bin

安装 Horovod：python3 -m pip install horovod==0.19.4 --user

（2）验证 Horovod 正确安装

运行 mnist 样例程序

python pytorch_mnist_horovod_basic. py

（3）选用不同的通信后端测试命令

- 安装 MPI，并测试多卡、多机并行训练耗时和吞吐率。
- //单机多 CPU
- $horovodrun -np 2 python pytorch_mnist_horovod. py --no-cuda
- //单机多 GPU
- $horovodrun -np 2 python pytorch_mnist_horovod. py
- //多机单 GPU
- $horovodrun -np 4 -H server1：1，server2：1，server3：1，server4：1 python pytorch_ mnist_horovod_ basic. py
- //多机多 CPU
- $horovodrun -np 16 -H server1：4，server2：4，server3：4，server4：4 python pytorch_ mnist_horovod_basic. py --no-cuda
- //多机多 GPU
- $horovodrun -np 16 -H server1：4，server2：4，server3：4，server4：4 python pytorch_ mnist_horovod_basic. py
- 测试 Gloo 下的多卡、多机并行训练耗时。
- $horovodrun --gloo -np 2 python pytorch_mnist_horovod. py --no-cuda
- $horovodrun -np 4 -H server1：1，server2：1，server3：1，server4：1 python pytorch_ mnist_ horovod_ basic. py
- $horovodrun-gloo-np 16-H server1：4，server2：4，server3：4，server4：4 python pytorch _mnist_horovod_basic. py --no-cuda
- 安装 NCCL2 后重新安装 horovod 并测试多卡、多机并行训练耗时和吞吐率。
- $HOROVOD_ GPU_ OPERATIONS＝NCCL pip install --no-cache-dir horovod
- $horovodrun -np 2 -H server1：1，server2：1 python pytorch_ mnist_ horovod. py
- 安装支持 GPU 通信的 MPI 后重新安装 horovod 并测试多卡、多机并行训练耗时和吞吐率。
- HOROVOD_GPU_ALLREDUCE＝MPI pip install --no-cache-dir horovod

6.4.5 小结与讨论

深度学习从模型到硬件都处于飞速发展的状态，因此其分布式系统的设计也是在快速迭代更新。我们既会看到 Megatron-LM[9]这样针对特定模型包含多种并行方式的系统，也会看到

GShard[10]、Tutel[11] 这样针对特定训练方式的并行系统，还会注意到融合全策略的自动优化分布式训练框架：Deepspeed[12] 和 Pathway[13]。

本节通过实际分布式机器学习功能的介绍，提供给读者实际实现的参考。同时通过不同系统的比较与讨论，提出系统设计的理念与反思。

6.4.6　参考文献

[1]　ABADI M, AGARWAL A, BARHAM P, et al. TensorFlow：large-scale machine learning on heterogeneous distributed systems[J/OL]. arXiv preprint arXiv：1603.04467, 2016.

[2]　TensorFlow ClusterSpec[OL]. Tensor Flow. [2023.12.01]. https：//www. tensorflow. org/api_docs/python/tf/train/ClusterSpec.

[3]　XUE J, MIAO Y, CHENG C, et al. Fast distributed deep learning over RDMA[C]//Proceedings of the Fourteenth EuroSys Conference 2019, 2019.

[4]　PyTorch Distributed Tutorial[OL]. PyTorch. [2023.12.01]. https：//pytorch. org/tutorials/intermediate/dist_tuto. html.

[5]　ALEXANDER S, BALSO M D. Horovod：fast and easy distributed deep learning in TensorFlow[J/OL]. arXiv preprint arXiv：1802.05799, 2018.

[6]　Horovod[OL]. Github. [2023.12.01]. https：//github. com/horovod/horovod.

[7]　SYLVAIN J. Nccl 2.0[J]. GPU Technology Conference（GTC）2017, 2.

[8]　GRAHAM R L, WOODALL T S, SQUYRES J M. Open MPI：a flexible high performance MPI[C]//International Conference on Parallel Processing and Applied Mathematics. Berlin：Springer, 2005.

[9]　SHOEYBI M, PATWARY M, PURI R, et al. Megatron-LM：training multi-billion parameter language models using model parallelism[J/OL]. arXiv preprint arXiv：1909.08053, 2019.

[10]　LEPIKHIN D, LEE H T, XU Y, et al. Gshard：scaling giant models with conditional computation and automatic sharding[J/OL]. arXiv preprint arXiv：2006.16668, 2020.

[11]　HWANG C, CUI W, XIONG Y, et al. Tutel：adaptive mixture-of-experts at scale[J/OL]. arXiv preprint arXiv：2206.03382, 2022.

[12]　RASLEY J, RAJBHANDARI S, RUWASE O, et al. Deepspeed：system optimizations enable training deep learning models with over 100 billion parameters[C]//Proceedings of the 26th ACM SIGKDD International Conference on Knowledge Discovery & Data Mining, 2020.

[13]　BARHAM P, CHOWDHERY A, DEAN J, et al. Pathways：asynchronous distributed dataflow for ML [C]//Proceedings of Machine Learning and Systems, 2022（4）：430-449.

6.5　分布式训练的通信协调

通信协调在分布式训练的整体性能中起到了举足轻重的作用。众多软硬件技术在深度学习的发展过程中被提出和应用。本节以 GPU 为例，介绍目前深度学习中所采用的主流通信技术。

按照方式，通信可分为机器内通信和机器间通信。机器内通信包含共享内存、GPUDirect

P2P over PCIe、GPUDirect P2P over NVLink[8]，而机器间通信包含 TCP/IP 网络、RDMA 网络和 GPUDirect RDMA 网络。

6.5.1 通信协调的硬件

1. 加速器的互联总线与网络拓扑

图 6-26 和图 6-27 展示了两种常见的 GPU 硬件形式以及对应的连接方式，它们具有相似的计算核心和存储硬件，但是在通信互联方面具有巨大差异。HGX 形式的硬件主要用于大型云服务等高性能处理中，需要有成本高昂的针对性的主机设计和制造。PCIe 形式的硬件继承自传统的图形加速卡，能被桌面台式机和工作站等直接使用，面向小规模、低密度计算场景。

图 6-26　常见的加速设备形式[1]
a）NVIDIA A100 for HGX　b）NVIDIA A100 for PCIe

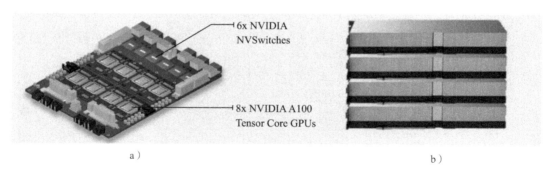

图 6-27　多设备通过不同的方式互联
a）NVIDIA HGX A100 8-GPU　b）PCIe 4.0

两种形式的加速卡都作为 PCIe 设备通过标准的 PCIe 总线与 CPU、内存等其他设备相连。二者的区别在于扩展能力：HGX 形式的加速卡具有更多的 NVLink 高速总线实现多枚加速器之间的互联；而 PCIe 形式的加速卡仅能利用有限的 NVLink 带宽与另一枚加速器相连。

两种链路带宽差距高达约 10 倍——NVLink 的 300 GB/s 带宽对比 PCIe 4.0 的 32 GB/s[1]。众多实际训练表明，高带宽链路极大地提高了并行训练的总体性能。因此从图 6-28 中可以看到，无论是节点内的多设备还是节点间的网络，链路带宽近些年都取得了大幅提升。

除了 NVIDIA 之外，其他加速器硬件厂商也提出了类似的高速数据链路。图 6-29 分别是 AMD 和隧原科技设计的加速器互联硬件。

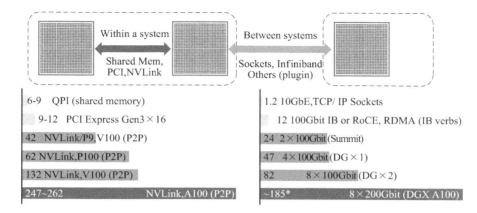

图 6-28 2021 年常见设备互联的带宽[2-4]

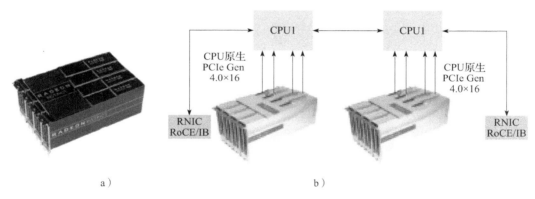

a) b)

图 6-29 常见的一些 PCIe 设备互联硬件背板
a) AMD XGMI 连接器 (M150 GPU) b) Enflame T10

而依据 GPU 的硬件互联结构，可以绘制出互联拓扑。目前的互联结构存在多种不同的拓扑。如图 6-30 所示，最为常见的 PCI 连接仅使用标准的 PCI/PCIe 接口将加速卡与系统的其他部分连接起来。受限于 PCIe 的带宽限制（如 PCIe 4.0×16 单向传输带宽为 31.508 Gbit/s）以及树形的连接拓扑，PCIe 在设备互联上具有天然的障碍。因此，在 GPU 高性能计算中常配备专用高速链路实现高带宽的卡间互联，包括 DGX-1/P9 中的卡间直连以及 DGX-2/3 中采用交换机形式的 NVSwitch。由于树形连接具有共享的链路，无法实现满足带宽的同时互不干扰的通信，相比之下交换机形式的拓扑利用更高的成本实现了更优的通信性能。

2. 加速器访问协议

除了通信拓扑，通信的协议也在不断迭代。相比于传统的访问需要通过主存作为中间媒介进行两次复制（如图 6-31 所示），GPUDirect P2P[6] 时 GPU 可以直接访问另一 GPU 的显存，无须 CPU 介入或系统内存中转（如图 6-32 所示），从而实现零复制。开启这项功能对于GPU 及其之间的连接方式等硬件条件均有要求：GPU 属于 Tesla、Quadra 专业级别，并且GPU 之间通过 NVLink 互联或者属于同一 PCIe root（例如，不允许跨 NUMA node）。

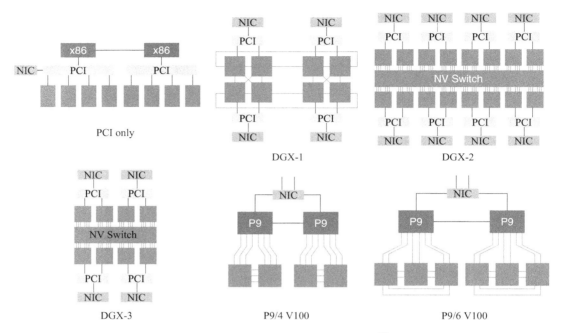

图 6-30　常见的加速设备硬件互联拓扑[2]

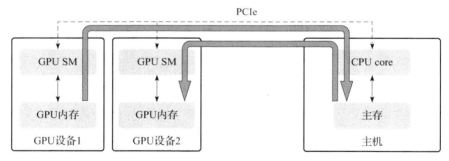

图 6-31　传统的通过 PCIe 和 CPU 内存进行的设备间通信

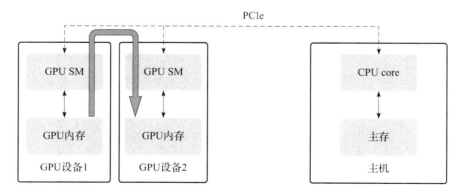

图 6-32　通过 PCIe 直接进行设备间通信

而在跨节点网络中也有类似的协议，即 GPUDirect RDMA[5]，其实现了 GPU 中的数据通过网络直接发送，无须系统内存中转，也实现了零复制，如图 6-33 所示。但这里网络操作仍需 CPU 发起，因此与 GPUDirect P2P 的纯 GPU 操作有所区别。

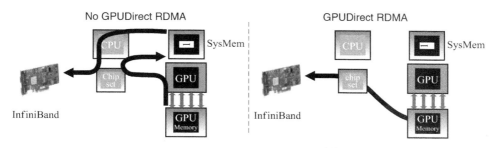

图 6-33　GPUDirect RDMA 通信[5]

开启这项功能的条件，除了要满足 GPUDirect 的基本条件之外，还须满足 RDMA 网卡与 GPU 也属于同一 PCIe root。

6.5.2　通信协调的软件

1. 分布式训练系统通信库

为了更好地服务深度学习等 GPU 任务，众多厂商提供了高效的通信库来支持分布式深度学习的执行，如图 6-34 所示。这些通信库主要提供了类似 MPI 的通信接口，包含集合式通信（collective communication）All-Gather、All-Reduce、broadcast、reduce、Reduce-Scatter，以及点对点通信。下文以 NVIDIA 的通信库 NCCL 为例进行介绍。

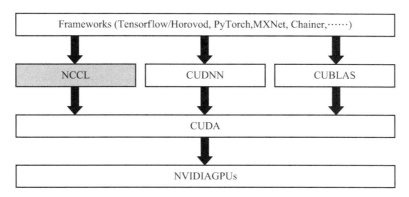

图 6-34　GPU 通信库的系统定位[5]

NVIDIA 提出了针对其 GPU 等硬件产品的通信库 NCCL，全称为 NVIDIA Collective Communication Library[9]。其用加速器语言 CUDA 编写，被深度学习框架调用而并不直接暴露给用户。

2. 拓扑感知的通信

NCCL 这样的通信库通过对拓扑连接进行判断，选择不同的通信算法进行执行。比较有代表性的是环形和树形两种通信算法。环形通信将所有的设备连接成一个大的环，其好处是所有的设备只和相邻的两个设备通信，容易保持带宽的满载；不足在于通信的延迟与设备数目 N 成正比，复杂度为 $O(N)$。而树形通信则以分叉的结构连接，每个设备会与 2 个以上的设备相连，其好处是拥有 $O(\log(N))$ 的延迟，在更大规模的情况下性能更优（如图 6-35 所示）。目前能够提供的通信算法主要针对已有的标准硬件，相对比较有限，而有研究工作（例如 SCCL[7]）根据连接拓扑和带宽延迟等信息，可以综合设计性能更高的通信算法。

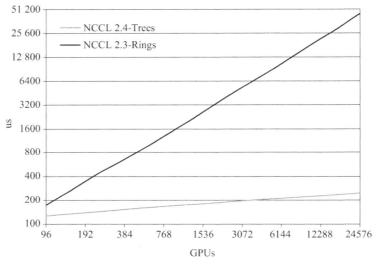

图 6-35　环形和树形两种通信算法的性能测试[2]

除了 NVIDIA 之外，其他厂商也发布了针对自身产品的高效通信库，如 AMD 的 RCCL[7] 以及 intel 的 OneCCL[8]。

硬件的快速发展带来了更高的性能和更大的优化机遇，因此软件研究方面的迭代，尤其是支持分布式深度学习训练的算法硬件协同设计的研究，依然存在着巨大的潜力。

6.5.3　AllReduce 的实现和优化实验

1. 实验目的

1）理解并行训练的原理和实现。

2）定制一个新的并行训练的通信压缩算法。

2. 实验环境（参考）

- Ubuntu 18.04
- PyTorch==1.5.0（务必安装 CPU 版本）
- OpenMPI
- Horovod==0.19.4

3. 实验内容

实验流程如图 6-36 所示。

具体步骤如下。

1）安装依赖支持：OpenMPI，Horovod。

2）编写程序，使用 Horovod 库，增加数据并行训练支持。

①参照 Horovod with PyTorch 参考文档，修改 mnist_bas-ic.py 文件，另存为 pytorch_mnist_horovod.py，使用 Horovod 库实现数据并行。

- mnist_basic.py 原始文件地址：https://github.com/py-torch/examples/blob/master/mnist/main.py
- Horovod with PyTorch 文档地址：https://github.com/horovod/horovod/blob/master/docs/pytorch.rst

②记录每个 step 的运行时间和正确率（accuracy）。

3）理解 Horovod 的执行逻辑，利用 Numpy 实现 FP8（8bit 浮点数），FP16（16bit 浮点数）编码方案的压缩/解压缩。

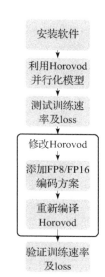

图 6-36　AllReduce 的实现和优化实验流程图

①克隆 GitHub 上 Horovod 库。

②修改/horovod/torch/compression.py 文件，增加 Bit8Compressor 和 Bit16Compressor 类，实现 compress 和 decompress 函数。（提示：torch.Tensor 没有 8-bit float 类型支持，所以 Bit8Compressor 还需实现 float32 和 float8 类型的相互转化）

4）修改 Horovod 库中代码，增加对 float8（8bit），float16（16bit）格式的压缩

①修改/horovod/torch/mpi_ops.py 文件，利用 Horovod 内嵌的 AllGather 通信和压缩接口，增加对 float8（8bit），float16（16bit）格式的压缩代码的调用。

②重新 build Horovod 库。

5）修改 MNIST 样例代码，增加压缩功能。

6）测试代码正确性，比较原始代码、数据并行、加入压缩算法三者之间的性能差别。

7）[选做项目] 利用 C++/CUDA API 实现更为高效的压缩/解压缩编码。

4. 实验报告

实验环境记录如表 6-6 所示。

表6-6　实验环境记录

硬件环境	服务器数目	
	网卡型号、数目	
	GPU 型号、数目	
	GPU 连接方式	
软件环境	OS 版本	
	GPU 与网卡驱动	
	深度学习框架及版本 python 包名称及版本	
	CUDA 版本	

实验结果：比较原始串行训练、用 Horovod 并行训练、加入压缩算法在同样 epoch 条件下的训练时间和结果正确率，记录在如表6-7所示例的表格里。

表6-7　压缩通信的性能比较

Epoch size：_____

训练算法	设备数量	训练时间	结果正确率
串行训练	1		
用 Horovod 并行	2		
	4		
float8 （8bit） 压缩	2		
	4		
float16 （16bit） 压缩	2		
	4		

5. 参考代码

（1）安装 Horovod

安装 OpenMPI：sudo apt install openmpi-bin

安装 Horovod：python3 -m pip install horovod==0.19.4 --user

（2）利用 Horovod 并行化 pytorch MNIST 模型训练

1）Device# == 1

运行命令：python3 pytorch_mnist_horovod.py

2）Device# == N（e.g.，N == 2，4，6，8）

运行命令：

horovodrun -n 2 python3 pytorch_mnist_horovod.py-hvd True

参考代码：

https：//github.com/horovod/horovod/blob/master/examples/pytorch_mnist.py

（3）基于 Horovod（v0.19.4）库增加 bit-16 和 bit-8 的并行训练的通信压缩算法

1）Build Horovod

运行命令：HOROVOD_WITHOUT_MXNET＝1 HOROVOD_WITHOUT_GLOO＝1 HOROVOD_WITHOUT_TENSORFLOW＝1 HOROVOD_WITH_PYTORCH＝1 python setup. py build

2）在 horovod 库中需要修改的文件和代码片段：bit8，bit16. git_diff

3）执行压缩算法进行训练

mpirun -n 2 python pytorch_mnist_compress. py --bit8-allreduce

mpirun -n 2 python pytorch_mnist_compress. py --bit16-allreduce

6.5.4　小结与讨论

思考题：为什么模型训练通常需要分布式进行，而分布式模型预测并不常见？

- 计算模式不同：预测任务存储占用更小，更容易放在单个设备中。
- 训练需要各个工作节点保持通信，从而协调统一地更新模型参数。
- 预测中的模型参数是固定的，各个工作节点分别使用只读副本，无须相互通信协调。

6.5.5　参考文献

［1］CHOQUETTE J, GANDHI W, GIROUX O, et al. NVIDIA A100 tensor core GPU：Performance and innovation［J］. IEEE Micro，2021，41（2）：29-35.

［2］JEAUGEY S, NVIDIA. Distributed deep neural network training：NCCL on summit［OL］. Nvidia.（2019. 12. 01）. https：//www. olcf. ornl. gov/wp-content/uploads/2019/12/Summit-NCCL. pdf

［3］ESHELMAN E. DGX A100 review：throughput and hardware summary［OL］. Microway.（2020. 06. 26）. https：//www. microway. com/hpc-tech-tips/dgx-a100-review-throughput-and-hardware-summary/.

［4］GARVEY C. Performance considerations for large scale deep learning training on Azure NDv4（A100）series［EB/OL］. Microsoft.（2021. 08. 28）. https：//techcommunity. microsoft. com/t5/azure-high-performance-computing/performance-considerations-for-large-scale-deep-learning/ba-p/2693834.

［5］Nvidia developer. NVIDIA GPUDirect：enhancing data movement and access for GPUs［OL］. Nvidia.［2023. 12. 01］. https：//developer. nvidia. com/gpudirect.

［6］CAI Z, LIU Z, MALEKI S, et al. Synthesizing optimal collective algorithms［C］//Proceedings of the 26th ACM SIGPLAN Symposium on Principles and Practice of Parallel Programming. ACM，2021.

［7］ROCm. RCCL：ROCm communication collectives library［OL］. Github.［2023. 12. 01］. https：//github. com/ROCmSoftwarePlatform/rccl.

［8］Intel. OneCCL：intel oneAPI collective communications library［OL］. Github.［2023. 12. 01］. https：//oneapi-src. github. io/oneCCL/.

［9］Nvidia developer. NCCL：the NVIDIA collective communication library［OL］. Nvidia.［2023. 12. 01］. https：//developer. nvidia. com/nccl.

## 第 7 章

异构计算集群调度与资源管理系统

本章简介

随着工业界和学术界大规模应用人工智能技术，大规模和批量的深度学习模型训练需求变得越来越迫切，各家机构投入重金购置和搭建异构计算集群。其中以配置 GPU 加速器和 InfiniBand 网卡的大规模高性能异构计算集群为代表性硬件架构，集群的资源以多租户的形式被组织内的算法工程师使用。集群管理系统（也称作平台）支撑模型的训练，提供作业、数据与模型的管理以及资源隔离。如何高效率与稳定地对资源进行管理，是资源管理系统面临的挑战。资源管理系统也是深度学习系统中的基础性系统，在企业级场景下，上层框架和应用一般会运行在资源管理系统提供的资源中。

回顾一下第 1 章 1.5 节的介绍，异构计算的驱动力有暗硅与异构硬件两种发展趋势。以上两点都会造成数据中心的硬件变得越来越异构，同时应用层面的用户又在多租共享使用硬件，这就产生了抽象与统一管理（unified management）的需求。计算或存储异构硬件常常抽象在统一的空间内进行管理和池化，最终达到对用户透明。异构计算集群调度与资源管理系统在人工智能系统中类似传统操作系统作用，它对下抽象异构资源（如 GPU、CPU 等），对上层的深度学习作业进行调度和资源分配，在启动作业后也要提供相应的运行时进行资源隔离和环境隔离，以及作业进程的生命周期管理。

本章将围绕异构计算集群调度与资源管理系统的运行时、调度、存储、开发与运维等内容展开，以期让读者了解，当深度学习生产的问题规模达到多服务器、多租户、多作业的场景时，平台系统设计需要面临的挑战和常用解决方案。

内容概览

本章包含以下内容：

1）异构计算集群管理系统简介；

2）训练作业、镜像与容器；

3）调度；

4）面向深度学习的集群管理系统；

5）存储；

6）开发与运维。

7.1　异构计算集群管理系统简介

本节介绍异构集群管理系统的设计初衷，点明需要解决的问题及挑战，并通过启发式实例以更为具象的方式展开介绍。之后会交替使用**集群管理系统**与**平台**代表当前的异构计算集群管理系统。

在内容展开前，回顾一下什么是操作系统？操作系统是管理计算机硬件、软件资源并为计算机程序提供通用服务的系统软件。那么也可以认为，异构计算集群管理系统是管理计算机集群内的多节点硬件（GPU、CPU、内存、磁盘等）、软件资源（框架、作业、镜像等），并为计算机程序（通常为深度学习训练作业程序）提供通用作业开发服务（提交、调试、监控、克隆等）的系统软件。

本节包含以下内容：

1）多租环境运行的训练作业；

2）作业生命周期；

3）集群管理系统架构。

7.1.1　多租环境运行的训练作业

在企业级深度学习场景下，大型企业有很多机器学习科学家与工程师，并配有大量的 GPU 服务器，为了组织效率的提升与资源共享，就诞生了针对深度学习场景下设计的多租户的平台系统。如图 7-1 所示，在企业级环境下，不同用户会提交不同框架（例如 PyTorch、TensorFlow 等）的深度学习作业，有不同作业的资源需求（例如单 GPU 卡、多 GPU 卡），共享一个物理集群才能让组织减少硬件资源浪费。多租户技术是一种软件架构技术，它可以在多用户多作业的环境下，实现共用系统或程序组件，并且仍可确保各用户间资源和数据的隔离性。又由于当前深度学习场景下，平台系统管理的资源是异构（如 CPU、GPU 等）的，所以本节主要介绍的是管理"异构资源"、调度"深度学习作业"的"多租户"的平台系统（platform system）。

多用户共享多 GPU 服务器与原来深度学习开发者独占使用服务器进行模型训练有很大不同，这也对异构计算集群管理系统（简称平台或深度学习平台）的设计产生了相应的需求，主要体现在以下几点。

1. 多作业与多用户

每个用户需要不断进行模型改进和超参数调优，以及调试与优化作业，这样会提交大量的作业到平台。不同业务与应用场景（如计算机视觉、自然语言处理、语音识别等任务）的人工智能团队都在使用平台。不同的团队有多名人工智能工程师，会在同一时段向平台申请资源执行作业。

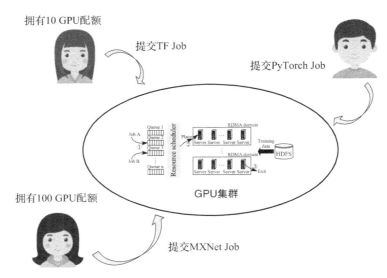

图7-1　多租环境提交运行的训练作业

2. 作业环境需求多样

目前深度学习的技术栈并不统一，有的用户使用 TensorFlow，有的用户使用 PyTorch，还有些用户可能使用 Hugging Face 等上层库。由于用户可能使用开源的项目，有些项目已经较为陈旧，有些项目又使用了最新框架，用户不想每次都做版本适配，而原作者开源的框架版本也可能不一样，这就造成了底层依赖，如 NVIDIA CUDA 也可能版本不同。同时如果共享机器，用户需要互不干扰的依赖环境，不希望其他用户安装的 Python、PyTorch 等版本影响自己的作业需要的环境。

3. 作业资源需求多样

用户提交的作业有些是分布式训练作业，对资源的需求较多；有些是单机的训练或者调试任务，对资源的需求较少；有些是大规模分布式训练任务，需要使用几百甚至上千块 GPU。同时由于不同作业的模型不同，超参数不同，因此即使申请的 GPU 数量一致，资源利用率也不同。平台需要按需求做好资源的分配，减少资源碎片。对用户来说，不希望作业本身受到其他作业的硬件资源与命名空间冲突的干扰，理想情况是像使用独占资源一样运行自己的作业。因为有些用户可能是在赶某个截止任务，希望尽可能快地执行完成模型训练。平台需要做好运行期资源隔离，保证好服务质量。

4. 服务器软件环境单一

平台方在采购资源、安装底层操作系统和驱动时，很难规划和指定未来用户的软件和版本，同时为了在运维和部署过程中减少软件兼容性问题，一般为服务器安装统一的操作系统和驱动，并让其版本保持一致，减少运维负担。这与之前用户的多样环境需求产生了矛盾。即使安装不同的操作系统和环境，由于用户的作业类型环境需求动态变化且很难提前规划，也无法做到精准适配，所以集群都是底层统一软件和操作系统版本，以期通过类似云的方式，使用镜像等手段为每个用户提供个性化的环境，但是云平台的镜像加载与制作开销较大，专有场景用户也没有那么高的安全与隔离需求，似乎并不是效率最高的解决方法。

5. 服务器空闲资源多样

虽然平台一般大批量购买同型号机器，但由于用户的作业申请资源多样，作业生命周期多样，导致资源释放后，平台上的空闲资源的组合比较多样，平台需要设计好调度策略，尽可能提升资源的利用率。

根据以上的问题，可以看到调度与资源管理问题需要一个统一的平台系统来支撑。它底层抽象并管理计算资源，对上层应用提供互不干扰并且易用的作业运行时环境，整体来说可以理解其为支持深度学习应用的管理分布式 GPU 服务器集群的操作系统。可以总结以下几点来概括平台的使命和重要性。

（1）提供人工智能开发与模型生产的基础架构支持　高效的深度学习作业调度与管理：根据作业资源需求，分配和回收计算资源，提升利用率的同时，保持一定的公平性等。对组织来说，本身希望实现更高的投入产出比，希望购买的硬件能够被高效利用。

（2）稳定的异构硬件管理　提供高效运维、动态扩容、节点问题修复等运维功能的支持，管理员和用户可以监控节点及硬件资源状态和利用率等。当服务器扩展到更多的节点之后，集群内有更高的概率在同一时间段内有一台节点故障，而且这个概率会随着服务器数量的增加而增加，所以做好平台本身的容错、重试机制，是在设计之初就需要提前规划和考量的。

（3）提升用户的研发生产力　用户专注于模型创新，无须关注系统的部署与管理。通过镜像等技术，让用户打包软件依赖，简化部署与安装。同时如果能提供很多通用模板、加速库、最佳实践文档等，都会在一定程度上提升整体的生产力。

（4）运行时资源与软件依赖互不干扰，让用户像独占服务器一样使用运行时资源，执行作业，保持良好的用户体验　模型、代码和数据共享，加速研究与创新。组织内共享与提供模块化可复用的代码、模型、镜像与工作流支持，有利于加速创新。当前人工智能社区中新的研究工作层出不穷，如何高效地支持新想法、新实验的验证，减少在部署和环境方面投入的时间，也是平台需要为用户提供的基本保障。

但是也可以看到，用户追求独占使用资源的体验需求与组织平台希望共享资源提升利用率的需求是需要取舍与平衡的，这其中需要底层技术的支持，也需要管理机制策略、用户培训等其他手段的协同才能取得双方的平衡。

请读者思考，如果你是用户，你希望平台提供什么样的资源和服务？换个角度，如果你是平台管理员，你希望你的平台应如何管理，给用户提供什么样的系统使用体验？这其中是否会有相应的矛盾？

7.1.2 作业生命周期

在展开讲解平台组件与功能前，先了解一下，一个深度学习作业是如何在平台上提交并执行的，也就是作业的生命周期，如图 7-2 所示。

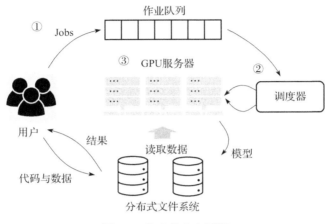

图 7-2　作业的生命周期

1. 作业提交与排队

用户先将作业的依赖环境在本地测试成功后，打包为镜像，并上传到公共镜像中心（如 Docker Hub、Azure Container Registry 等）。然后用户将代码、数据等运行作业需要的输入内容上传到平台的文件系统（如 NFS、HDFS、Azure Blob 等）中。之后用户可以通过作业提交工具（如 Web、命令行、API 等），填写资源申请（如几块 GPU、内存等需求规格）、作业启动命令、部署方式，以及镜像、代码和数据的路径，再点击提交即可。作业提交时，用户需要权衡资源需求和排队时间，一般资源需求越高，排队时间越长，同时需要权衡作业的成本，减少因提交无用作业造成的配额与资源浪费。

2. 作业资源分配与调度

平台收到用户的资源申请后，先进行排队，调度器轮询到作业时，根据目前集群中空闲资源状况，根据一定的调度算法（如 7.3 节、7.4 节中介绍的调度算法），决定作业在哪些拥有空闲资源的服务器节点启动，如果不满足条件，则继续排队等待。如果提交失败或超时，用户需要调整作业并重新提交。

3. 作业执行完成与释放

当作业被调度器调度启动时，平台会在有空闲资源的节点启动作业，下载镜像，挂载代码和数据所在的文件系统到节点本地，运行时做好资源限制与隔离，之后启动作业并执行作业。在作业运行中，平台监控系统不断收集运行时性能指标和日志，方便用户调试。作业执行完成后，平台会释放用户申请的资源，并继续分配给其他作业使用。可以将作业状态抽象为以下的状态机（state machine）。

（1）作业准备与提交，触发作业提交动作：

- 提交成功；
- 提交失败：重新开始。

（2）作业排队，触发作业调度动作：

- 调度成功；
- 调度失败：重新开始。

（3）作业部署运行，触发作业执行动作：

- 执行成功；
- 作业失败，小于等于重试次数 N：重新开始；
- 作业失败，大于重试次数 N：作业失败退出。

用户的整个操作实际上是在以上状态中不断切换的，最终将作业成功执行或执行失败。如果执行成功，用户在作业执行完成后可以获取需要的结果和深度学习模型。

在这样一个生命周期中，请大家思考集群环境下的模型训练遇到的新问题与挑战可以通过什么技术解决？

1）如何提交作业与解决环境依赖问题？

2）如何高效调度作业并分配资源？

3）如何将启动的作业运行时环境，资源与命名空间隔离？

4）如何面向深度学习作业和异构资源设计集群管理系统？

5）如何高效存取数据？

6）如何不断开发平台新功能与运维平台并保证稳定性？

7.1.3　集群管理系统架构

如图 7-3 所示，异构集群管理中通常包含很多组件，有进行资源与作业管理的调度器，有监控健康状态和报警的监控系统，有用户交互的 Web 界面，也有存储数据、模型与代码的存储系统等。接下来看一下平台中的主要组件及功能。

1. 集群调度与资源管理模块

集群调度与资源管理模块可以统一管理集群资源，调度作业到集群空闲资源，回收运行完作业的资源。一般控制平面（control plane）可以选择使用 Kubernetes、YARN、Mesos 等系统，也可以针对深度学习作业和异构硬件特点，定制调度策略或者使用开源深度学习调度器，如 HiveD[1] 等。

图 7-3　异构集群管理系统架构

2. 镜像中心

镜像中心用于存储 Docker 镜像，供用户提交与共享镜像，以及作业下载和加载镜像。一般可以选用 Docker Hub，或者出于安全和合规考虑，构建私有的镜像中心，另外还可以选择云上镜像中心 Azure Containter Registry 等。

3. 存储模块

存储模块在平台中扮演数据平面（data plane）的角色，支持存储数据、模型与代码。用户上传数据、作业下载数据和上传结果与模型都依赖存储模块。存储系统一般根据性能、扩展性、稳定性等需求权衡，可以选用 NFS、Lustre、HDFS 等，或者选用云存储 AWS S3、Azure Blob 等。

4. 作业生命周期管理器

作业生命周期管理器用于部署作业、监控作业、重试作业和作业错误诊断，属于单作业的控制平面，一般不涉及其他作业情况，自动化机器学习系统也可以构建在平台接口之上进行作业编排。生命周期管理一般可以选择使用 K8s Operator、Framework Controller、YARN AppMaster 等。

5. 集群监控与报警

集群监控与报警负责集群硬件、服务与作业的状态监控与报警。监控系统一般可以选择使用 Promethus+Grafana+Alert Manager 等开源系统搭建，也可针对特殊需求开发监控指标收集脚本（如 Promethus node exporter）。

6. 集成开发环境

平台也会对用户提供 Web 门户、REST 服务与集成开发环境 IDE（如 VS Code 和 Jupyter Notebook）。用户可以使用这些工具进行作业、数据资源提交与作业管理监控、调试。

7. 测试集群

为了和生产环境隔离，平台开发工程师可以部署小规模的测试集群，先在测试平台上进行开发测试，之后再上线到生产环境集群中。

经典回顾

从前文的平台架构图中我们可以观察到，平台的设计采用了关注点分离（separation of concerns，SoC）原则，也就是模块化设计。SoC 设计原则是将计算机系统分成不同部分，每个部分都解决了一个单独的问题。能够很好地体现 SoC 原则的系统称为模块化系统。例如，平台中的关注点有调度、监控、存储、运行时等，这些部分可以剥离和独立演化。

除了系统本身的组件，由于系统是整体人工智能开发的基石，使用系统的用户也较为多样，那么接下来看一下平台中的角色和分工。

用户：用户打包作业镜像，上传数据和代码到存储系统，书写作业规格，进而提交作业，并观察作业性能和错误。如果作业有问题则重新修改提交，如果成功则获取训练完成的模型或者处理完的数据。

运维工程师：运维工程师负责监控运维和管理集群的健康状况和发生的错误，处理和应对突发事件，进行错误修复，处理和配置租户资源请求等。

平台开发工程师：平台开发工程师负责不断开发平台服务的新组件与功能，持续集成，持续部署。

总结起来，相比以 CPU、以太网和 SSD 磁盘等硬件为代表的传统数据中心的大数据平台基础架构，面向深度学习的以 GPU、InfiniBand 等异构硬件为核心资源的基础架构有以下特点。

1）硬件更新换代较快。以英伟达为代表的 GPU 厂商每隔 1~2 年就有新一代 GPU 推出，提供更大的算力和内存。同时由于深度学习模型本身不断朝着参数量越大效果越好发展，对算力的需求也在不断增长，旧的硬件逐渐无法满足新作业的需求，驱动平台不断购买新的硬件。硬件的更新也意味着驱动库等基础库的频繁迭代。

2）硬件稳定性和可观测性不如传统基础架构成熟。目前，GPU 对稳定性、隔离性和可观测性的支持不如传统 CPU 成熟，系统运维需要投入更多的精力。

3）硬件成本高。GPU 等异构硬件逐渐占据服务器中的主要成本。如何更高效地使用这些昂贵的硬件资源是每个组织都需要面临的问题。

4）计算密集型负载为主。GPU 等异构硬件的任务以深度学习、科学计算等为主，其本身更多为计算密集型任务，一般使用 GPU 加速器进行加速，通过 InfiniBand 等高速网卡实现节点间的互联与通信。

除了以上特点，当前平台的部署模型也比较多样，组织一般可以根据成本、数据合规与安全、弹性资源需求等多个维度衡量和考虑是采用本地部署还是采用云平台部署。平台的部署模式当前一般支持以下几种模式。

（1）本地部署方式

有些公司出于对数据合规和性能等需求的考虑选择使用开源平台（如 OpenPAI、Kube-flow 等）或者自研平台（如基于 Kuberenetes、YARN 等二次开发）进行平台本地部署，保证数据、镜像等可以在自有数据中心维护，这种方式对运维与开发工程师的要求较高。用户需要自建数据中心或在已有数据中心基础架构之上进行部署，初期需要较大投资且需要做好资源规划。平台层软件的监控、报警与运维等需要全职的运维团队进行维护，且需要具备一定的平台服务软件的定制开发能力。尤其当前以 GPU 为代表的异构芯片与硬件更新迭代较快，使用一段时间后，硬件容易淘汰过时，更新硬件规格又需要面临较高的成本。

（2）公有云部署方式

有些公司可以采购公有云的 IaaS（虚拟机）或者 PaaS（已有的云平台）服务进行平台搭建，优势是运维压力较小并可以利用公有云平台最先进的技术，实现弹性伸缩资源，劣势是数据和代码需要上云，且长期使用的成本一般会更高。此类方式在初期不需要用户大量的投资与资源规划，仅需要按需付费，且平台层软件的大部分运维工作都交给了公有云平台，适合初期和中期应用。但是出于一些数据与合规等需求的考虑，一些厂商可能无法将基础架构完全托管于公有云。随着基础架构规模增长造成成本与日俱增，厂商最终无法负担的案例也有出现。例如，"NASA 因存储数据过大，支付不起亚马逊 AWS 的费用的新闻"[2]，NASA计划增加 AWS 数据存储空间，但迁移云端后，下载数据的成本激增，但之前 NASA 并没有意识到这部分高昂的预算，也没有做任何规划。

（3）混合云

目前有些公司采用敏感数据放在本地数据中心，非敏感数据或弹性资源需求上传公有云的方案，一些公有云提供商也提供了混合云机器学习平台，例如，微软提供的 AzureArc-ena-bled machine learning 服务就是在一套集群管理系统中管理混合云深度学习平台资源。

（4）多云方式

目前有些公司为了防止锁死一家公司或者综合选取性价比最高的方案会选择多云方案，例如，有些公司（如 HashiCorp 等）提供多云运维工具与服务。在 Hotos' 21 上 UCB 的 Ion Stoica 和 Scott Shenker 发表了 "From cloud computing to sky computing"[3]，这篇文章的观点是，云计算应该很容易让开发人员构建多云应用程序，不同的基础设施模块和服务可以来源于不同的云服务提供商，这也被称为天空计算（sky computing）。但是当前商业化的提供商受限于性能安全等因素，常用的资源服务组合更多是在同一家云服务供应商，多云更多的是在不同供应商间无缝切换整体基础设施，如 HashiCorp 等。

如图 7-4 所示，横轴是时间，纵轴是基础设施成本。一般本地部署初始一次性投入较大，初期的成本高于云计算按需付费的方式。一般在一定年份之后，云计算的成本会逐渐超过本地部署，所以云适合规模较小或发展初期的公司，等业务稳定和体量增大后，公司可以选择自建本地集群或者采用混合云方式，实现降本增效。

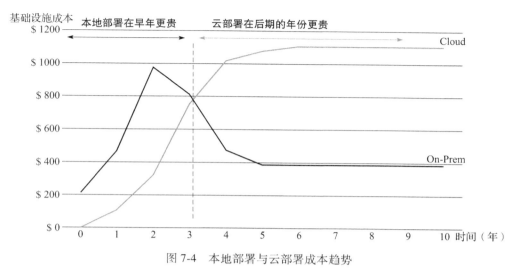

图 7-4　本地部署与云部署成本趋势

对是否将基础架构部署于云上的讨论，其实在 2009 年的 UCB RAD Lab 上，Armando Fox
教授曾有一段对比"Above the Clouds：A Berkeley View of Cloud Computing"[4]。在今天看来，
Armando Fox 教授的观点也可以用来作为衡量面向深度学习的异构资源管理系统更为底层的
部署模式的选型条件（见表 7-1）。

表 7-1　公有云与私有云对比

优势	公有云	私有云
规模经济	√	✕
近乎无限按序使用资源	√	✕
细粒度按需付费	√	✕
更高利用率和简化运维	√	✕
不需要用户预先承诺使用量	√	✕

综上所述，如果对处于初期验证阶段且资源使用规模较小的团队来说，云未尝不是一种
好的选择。当技术积累已经深入，资源规模需求较大，定制化需求较高，且有数据合规等需
求时，团队可以考虑自建基础设施。

7.1.4　小结与讨论

本节主要介绍了异构计算集群管理系统的应用场景和其中面临的问题与挑战，启发读者
展开后续章节的阅读，并从中理解为何会涉及相关技术点。

请读者思考，多租的场景相比独占使用资源的场景，会让系统面临何种问题和挑战？

7.1.5　参考文献

[1]　ZHAO H Y, HAN Z H, YANG Z, et al. HiveD：sharing a GPU cluster for deep learning with guaran-

tees[C]//Proceedings of the 14th USENIX Conference on Operating Systems Design and Implementation. Berlekey：USENIX Association，2020：515-532.

[2] SIMON S. NASA to launch 247 petabytes of data into AWS-but forgot about eye-watering cloudy egress costs before lift-off[Z]. 2020.

[3] ION S, SCOTT S. From cloud computing to sky computing[C]//Proceedings of the Workshop on Hot Topics in Operating Systems(HotOS' 21). New York：Association for Computing Machinery，2021：26-32.

[4] MICHAEL A, FOX A, GRIFFITH R,et al. Above the clouds：a berkeley view of cloud computing[J]. Science，2009，53：7-13.

7.2 训练作业、镜像与容器

集群管理系统由于面对多个用户作业运行在共享服务器上的情况，因此对环境依赖和资源隔离问题，需要通过镜像和运行期资源隔离等机制解决。如图 7-5 所示，本节将围绕集群管理系统上运行作业的依赖与运行期资源隔离，以及人工智能作业开发体验进行介绍。

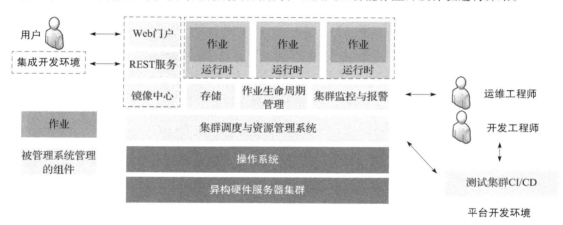

图 7-5　平台作业与开发体验

本节包含以下内容：

1）深度学习作业；

2）环境依赖：镜像；

3）运行时资源隔离：容器；

4）从操作系统视角看 GPU 技术栈；

5）人工智能作业开发体验。

7.2.1　深度学习作业

当深度学习开发者在本地机器或者独占服务器上进行模型开发与训练时，遇到的环境问题较少，尚未暴露出更多问题和挑战。例如，下面罗列的条目是单机独占环境下的配置与情况：

- 独占环境，无须考虑软件依赖环境和资源隔离问题。
- 环境依赖路径：
  - 本地/.../anaconda3；
  - 用户通过 Python 层的包管理软件或环境变量配置路径，即可完成 Python 库这层的依赖软件隔离。
- GPU 环境依赖：
  - 本地/usr/local/cuda；
  - 用户本地的 NVIDIA CUDA 等底层库较为固定，可以通过环境变量较为方便地进行切换。
- 数据路径：
  - 本地/data；
  - 用户数据直接上传到服务器本地磁盘，带宽较高。
- 直接执行启动脚本，脚本存储在服务器磁盘内，修改、调试监控等较为方便。

如果以上环境已经准备好，开发者可以通过以下脚本实例启动训练程序。

代码 7-1　作业启动脚本

```
python train.py --batch_size=256  --model_name=resnet50
```

当深度学习作业准备提交到平台时，用户需要提供什么信息呢？参考图 7-5 和代码 7-2，我们可以根据实例提交作业样本模板（实例来源于 OpenPAI），了解其与单机提交的不同，观察需要特殊处理哪些部分。

代码 7-2　作业规格

```
{
    // 作业名
    "jobName": "restnet",
    // 镜像名
    "image": "example.tensorflow:stable",
    // 输入数据存储路径
    "dataDir": "/tmp/data",
    // 数据结果存储路径
    "outputDir": "/tmp/output",
    ...
    // 任务规格: 资源需求, 启动脚本等
    "taskRoles": [
        {
            ...
            "taskNumber": 1,
            "cpuNumber": 8,
            "memoryMB": 32768,
            "gpuNumber": 1,
            "command": "python train.py --batch_size=256 \
```

```
        --model_name=resnet50"
        }
    ]
}
```

图 7-6 展示了用户提交作业规格的实例，从中我们思考平台需要提供哪些支持。

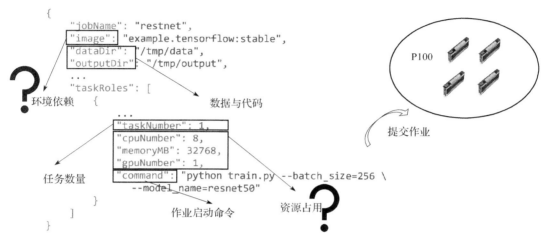

图 7-6　用户提交作业规格的实例

- 环境依赖

问题：平台集群中的机器都是相同的操作系统与环境，如何支持用户使用不同的深度学习框架（例如 TensorFlow 和 PyTorch）、库和版本？

解决方法：通过"image"填写的 Docker 镜像名，解决环境依赖问题。用户需要提前将打包好的依赖构建为 Docker 镜像，并提交到指定的镜像中心，供作业下载。

- 数据与代码

问题：平台上一般运行的是深度学习训练作业，每个作业都需要一定的数据作为输入，同时执行相应的代码，如果将数据和代码直接上传会造成接受用户请求的服务器负载过大，同时不能复用已经上传的数据和代码。

解决方法：通过"dataDir"和"outputDir"填写作业依赖的数据和输出路径。用户上传数据和代码到平台指定的文件系统中的相应路径下，后续平台将网络文件系统中的数据和代码挂载到用户作业进程所在的机器。

- 资源申请量

问题：用户可能会提交运行使用单块 GPU 的作业、多块 GPU 的作业和分布式作业，面对多样的用户需求，由于平台无法静态分析用户作业的资源需求，因此用户需要明确告知和配置资源需求，否则平台容易提供过多资源造成浪费，或提供过少资源造成作业无法启动。

解决方法：用户明确声明需要使用的计算资源（例如 GPU 和 CPU）和内存，平台根据指定调度策略将匹配的空闲资源分配给用户。

- 资源隔离

问题：用户作业被分配指定资源后，可能多个作业在一台服务器上执行，如何保证作业之间尽量不互相干扰？

解决方法：平台可以通过容器/控制组（cgroup）等技术，将进程进行轻量的资源限定和隔离。

- 任务部署模式

问题：对于分布式的作业，如果用户不说明，平台无法得知并行化的策略，进而无法确认需要启动的任务数量，因此需要用户显式地声明任务数量。

解决方法：对于分布式的作业，用户要明确告知平台需要启动的任务数量，保证平台能够启动多个任务副本进行训练。

- 作业启动命令

问题：当平台给作业分配资源时，用户需要告知作业的启动命令，保证平台顺利启动作业并执行相应的代码。

解决方法：用户需要明确在作业中描述相应的代码启动入口命令，进而让作业主程序能够启动并执行。

通过阅读以上问题和解决方法，相信读者已经了解在平台中执行作业和在本地执行作业的差异以及需要考虑的新问题，我们将在后面章节逐步展开其中包含的重要技术点和相应原理。

7.2.2　环境依赖：镜像

当用户在平台上执行作业，第一个棘手的问题就是本地开发环境和平台集群环境之间的差异：

- 服务器上没有预装好用户所需要的个性化环境；
- 不同作业需要的框架、依赖和版本不同，安装繁琐且重复；
- 部署服务器上可能会有大量重复安装的库，占用空间；
- 深度学习特有的问题，如深度学习作业需要安装 CUDA 依赖和深度学习框架等。

平台针对以上问题一般选用以下的技术方案解决问题。针对环境问题，复用整体安装环境并创建新环境，层级构建依赖并复用每一层级的依赖。这样既能保证个性化的环境，也能保证性能和降低资源消耗。目前的主流平台系统常通过 Docker 镜像来解决这个问题。而 Docker 镜像的本质是底层通过 Union 文件系统（UnionFS）等机制实现高效地存储镜像各层。

经典回顾

UnionFS 是 Linux、FreeBSD 和 NetBSD 的文件系统服务，其实现了联合挂载（Union Mount）。在计算机操作系统中，联合挂载是一种将多个目录组合成一个似乎包含其组合内容的方法。它允许独立文件系统的文件和目录透明覆盖，形成一个单一的文件系统。具有相同路径的目录的内容将在新的虚拟文件系统内的单个合并目录中一起被看到。这个机制使得 Docker 能够更加高效地存储文件和包。Docker 支持多种 UnionFS，例如 AUFS、OverlayFS 等。

接下来我们通过一个实例去理解镜像的构建与使用。

首先，用户需要书写 Dockerfile，然后通过 Dockerfile 中的依赖安装命令，构建和打包镜像文件。构建成功后，用户可以将镜像文件上传到指定的镜像中心（Docker Hub）。未来平台启动用户提交的作业后，会下载相应的镜像到指定服务器，并为作业配置好相应的环境依赖。

代码 7-3 是一个构建 PyTorch 环境的 Dockfile 实例，我们可以通过其中的注释看到，实例的每一步都是在执行服务器中安装命令的 shell 脚本，完成相关库和依赖的安装。

代码 7-3　构建 PyTorch 环境的 Dockerfile

```
# 配置镜像使用的基础镜像
FROM nvidia/cuda:10.0-cudnn7-devel-ubuntu16.04
# 配置构建镜像时使用的环境变量
ARG PYTHON_VERSION=3.6
…
# 执行的脚本命令
RUN apt-get update && apt-get install -y --no-install-recommends \
…
RUN curl -o ~/miniconda.sh
…
/opt/conda/bin/conda install -y -c pytorch magma-cuda100 && \
…
# 设置指令的工作目录
WORKDIR /opt/pytorch
# 复制文件到镜像中
COPY . .
…
WORKDIR /workspace
RUN chmod -R a+w .
```

通过 docker build 命令，按照上面的 Dockerfile 中的命令进行镜像构建后（如图 7-7 所示），会打包如下镜像。我们从镜像文件中可以看到，其中的文件就是 Dockerfile 中所下载和安装的文件。

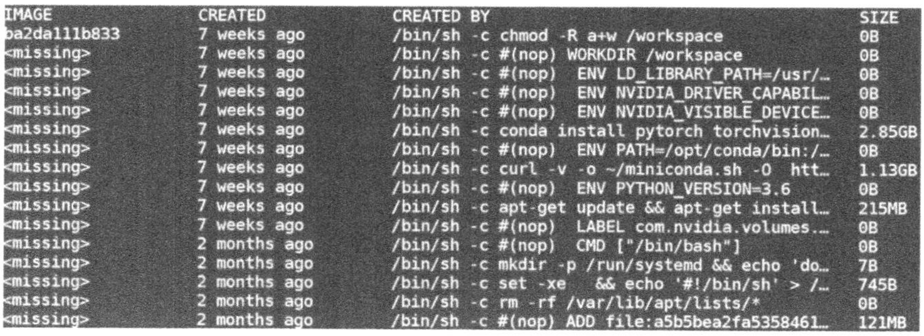

```
IMAGE          CREATED         CREATED BY                                          SIZE
ba2da111b833   7 weeks ago     /bin/sh -c chmod -R a+w /workspace                  0B
<missing>      7 weeks ago     /bin/sh -c #(nop) WORKDIR /workspace                0B
<missing>      7 weeks ago     /bin/sh -c #(nop)  ENV LD_LIBRARY_PATH=/usr/…       0B
<missing>      7 weeks ago     /bin/sh -c #(nop)  ENV NVIDIA_DRIVER_CAPABIL…       0B
<missing>      7 weeks ago     /bin/sh -c #(nop)  ENV NVIDIA_VISIBLE_DEVICE…       0B
<missing>      7 weeks ago     /bin/sh -c conda install pytorch torchvision…       2.85GB
<missing>      7 weeks ago     /bin/sh -c #(nop)  ENV PATH=/opt/conda/bin:/…       0B
<missing>      7 weeks ago     /bin/sh -c curl -v -o ~/miniconda.sh -O  htt…       1.13GB
<missing>      7 weeks ago     /bin/sh -c #(nop)  ENV PYTHON_VERSION=3.6           0B
<missing>      7 weeks ago     /bin/sh -c apt-get update && apt-get install…       215MB
<missing>      7 weeks ago     /bin/sh -c #(nop)  LABEL com.nvidia.volumes.…       0B
<missing>      2 months ago    /bin/sh -c #(nop)  CMD ["/bin/bash"]                0B
<missing>      2 months ago    /bin/sh -c mkdir -p /run/systemd && echo 'do…       7B
<missing>      2 months ago    /bin/sh -c set -xe   && echo '#!/bin/sh' > /…       745B
<missing>      2 months ago    /bin/sh -c rm -rf /var/lib/apt/lists/*              0B
<missing>      2 months ago    /bin/sh -c #(nop) ADD file:a5b5bea2fa5358461…       121MB
```

图 7-7　PyTorch 镜像文件中包含的依赖

7.2.3　运行时资源隔离：容器

当用户在平台上执行作业时，第二个比较棘手的问题是用户想独占资源，希望在执行过程中不受到其他作业因资源争用产生的干扰：

- 集群资源被共享，如何保证作业进程之间互不干扰和多占用资源？
- 如何防止不同作业进程在同一台机器中运行在不同的命名空间内产生冲突？
- 如何在保证隔离的同时，加快作业的启动速度？
- 深度学习特有问题，如 GPU 的核和内存如何隔离？

为解决上述的问题和需求，平台一般朝着以下目标去选用相应的技术方案解决问题，即尽可能细粒度地进行资源隔离，同时减少由于资源隔离（虚拟化）技术造成的性能开销。

对于运行时的资源隔离问题，目前平台一般通过容器解决，而容器解决资源隔离问题时主要通过控制组（Cgroups）机制解决资源隔离，通过命名空间（Namespace）解决命名空间隔离。首先我们介绍一下容器的定义：Linux 容器（LXC）是一组包含 1 个或多个与系统其余部分隔离的进程。Linux 容器是一种操作系统级别的虚拟化方法，作用是使用单个 Linux 内核在控制主机上运行多个隔离的 Linux 系统（容器）。支撑容器隔离技术有以下两种。

- 控制组（Control groups，Cgroups）是一种 Linux 内核特性，它能够控制（Control）、计数（Accounting）和隔离（Isolation）一组进程的资源（例如 CPU、内存、磁盘 I/O、网络等）及使用。
- 命名空间（Namespaces）将全局系统资源包装在一个抽象中，使命名空间内的进程看起来拥有自己独立的全局资源实例。命名空间可以实现如 pid、net、mnt、ipc、user 等的包装和隔离。

如图 7-8 所示，用户可以通过创建控制组进行资源的限制，之后启动进程时，再通过控制组约束资源使用量，并在运行时进行隔离。

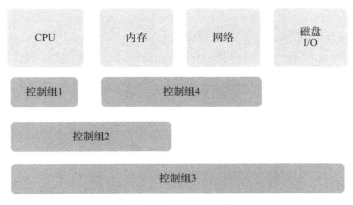

图 7-8　控制组实例

如图 7-9 所示，用户可以通过创建命名空间进行资源的包装，之后启动进程时，进程内只能看到命名空间内的资源，无法感知进程外主机的其他资源。

由于深度学习目前依赖 GPU 进行训练，为了让容器能支持挂载 GPU，一般 GPU 的厂商都会提供对 Docker 的特定支持来实现相应的功能。例如，NVIDIA 提供了针对 NVIDIA GPU 的支持，用户可以参考官方 nvidia-docker 文档进行环境配置。但是由于加速器（例如 GPU、TPU 等）的软硬件虚拟化支持不如传统 CPU 充分，所以目前主流方式还是加速器粒度的挂载和隔离，无法像传统操作系统对 CPU 进行细粒度地时分复用、内存隔离和动态迁移。当完成环境配置之后，用户可以使用挂载 NVIDIA GPU 的 Docker 容器实例。读者可以通过代码 7-4（引用自 NVIDIA Docker 官方实例）理解平台是如何运行时启动挂载特定 GPU 数量的容器。

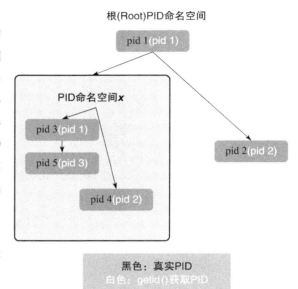

图 7-9　命名空间实例

代码 7-4　GPU Docker 命令实例

```
# 通过官方 CUDA 镜像测试 nvidia-smi 命令，并挂载所有 GPU
$ docker run --gpus all nvidia/cuda:9.0-base nvidia-smi

# 启动一个可以访问 GPU 的容器，并挂载 2 块 GPU
$ docker run --gpus 2 nvidia/cuda:9.0-base nvidia-smi

# 启动一个可以访问 GPU 的容器，并挂载 1 号和 2 号 GPU
$ docker run --gpus '"device=1,2"' nvidia/cuda:9.0-base nvidia-smi
```

实例：从头构建容器理解"进程级虚拟化"

Docker 本身是一个技术泛称，同时也是一家公司，其本身更多是提供工具链、镜像中心和标准。容器和镜像我们可以通过 Linux 系统调用（System Call）和命令从头构建。接下来，我们通过实例构建一个容器，帮助读者从抽象的概念中跳出，从具体的实例感知，为何容器被称作"进程级虚拟化"，同时读者可以思考容器相比基于 Hypervisor 的虚拟机的优劣势。通过实例，读者可以了解容器的底层是通过哪些系统调用所构建出来的，同时可以尝试构建自己的个性化容器。

这个实例对理解 Docker 镜像和容器的底层机制有较好的帮助。读者可以参考以下步骤（根据 Containers from Scratch 翻译）进行构建练习。

1）设置容器文件系统。

容器镜像在本实例中被打包为 tar 文件。我们可以从网上下载一个简单的 tar 文件，文件中使用 Debian 文件系统。

代码 7-5　设置容器文件系统

```
$ wget https://github.com/ericchiang/containers-from-scratch/releases/download/
    v0.1.0/rootfs.tar.gz
2022-06-07 04:57:28 (5.65 MB/s) - 'rootfs.tar.gz' saved [265734209/265734209]
```

解压并观察压缩文件的内容，解压后的文件夹是一个 Linux 操作系统结构。对于如何构建这个 tar 文件，读者可以参考其他实例和资料，当前暂不在此实例中介绍。

代码 7-6　解压压缩内容

```
$ sudo tar -zxf rootfs.tar.gz
$ ls rootfs
bin  boot  dev  etc  home  lib  lib64  media  mnt  opt  proc  root  run  sbin  srv
    sys  tmp  usr  var
```

2）chroot 构建进程文件夹系统视图。

我们将使用的第一个工具是 chroot，其底层调用 chroot 系统调用，它允许我们限制文件系统的进程视图。下面的命令将进程限制在"rootfs"目录中，然后执行一个 shell（/bin/bash）。

代码 7-7　限制进程文件系统视图

```
$ sudo chroot rootfs /bin/bash
root@localhost:/# ls /
bin  boot  dev  etc  home  lib  lib64  media  mnt  opt  proc  root  run  sbin  srv
    sys  tmp  usr  var
```

前两个步骤等价于平台执行拉取和挂载 Docker 镜像命令。

3）unshare 创建命名空间。

挂载 proc 文件系统在/proc 路径下。proc 文件系统是内核用来提供有关系统状态信息的进程信息伪文件系统。

代码 7-8　挂载 proc 文件系统

```
root@localhost:/# mount proc /proc -t proc
```

通过 unshare 使这个 chroot 进程命名空间隔离，让我们在**另一个终端的主机**上运行命令。命名空间允许我们创建系统的受限视图（例如进程树、网络接口和挂载）。unshare 命令行工具为我们提供了 unshare 系统调用包装器，允许我们手动设置命名空间。如代码 7-9 所示，我们将为 shell 创建一个 PID 命名空间，然后像代码 7-7 一样执行 chroot。

代码 7-9　unshare 创建命名空间

```
# 切换到另一个 shell
$ sudo unshare -p -f --mount-proc=$PWD/rootfs/proc \
chroot rootfs /bin/bash
root@localhost:/# ps aux
USER       PID  %CPU  %MEM    VSZ   RSS TTY      STAT  START   TIME COMMAND
root         1   0.0   0.0  21956  3688 ?        S     06:22   0:00 /bin/bash
root         2   0.0   0.0  19184  2348 ?        R+    06:25   0:00 ps -aux
```

在创建了一个新的进程命名空间之后，shell 认为它的 PID 是 1，更重要的是，通过以上操作，容器内看不到主机的进程树了。

4）nsenter 进入命名空间。

此步骤等价于我们查询 Docker 容器 ID 后，通过 docker exec 进入容器。类似地，我们需要先找到进程 ID 和命名空间，之后再进入这个命名空间。通过下面的命令（代码 7-10）找到刚才我们通过 chroot 运行的 shell 进程。

代码 7-10　获取进程 ID

```
# 从主机的 shell，并不是 chroot 后的 shell
$ ps aux | grep /bin/bash | grep root
...
root     29840  0.0  0.0  20272  3064 pts/5    S+   17:25   0:00 /bin/bash
```

内核将/proc/（PID）/ns 下的命名空间公开为文件。在这种情况下，/proc/29840/ns/pid 是我们希望加入的进程命名空间。

代码 7-11　查询进程命名空间

```
$ sudo ls -l /proc/29840/ns
    total 0
    lrwxrwxrwx. 1 root root 0 Oct 15 17:31 ipc -> 'ipc:[4026531839]'
    lrwxrwxrwx. 1 root root 0 Oct 15 17:31 mnt -> 'mnt:[4026532434]'
    lrwxrwxrwx. 1 root root 0 Oct 15 17:31 net -> 'net:[4026531969]'
...
```

nsenter 命令提供了一个围绕 setns 的包装器以进入命名空间。我们将提供命名空间文件，然后运行 unshare 重新挂载/proc 和 chroot 以设置 chroot。本次我们的 shell 将加入现有的命名空间，而不是创建一个新的命名空间。

代码 7-12　加入进程命名空间

```
$ sudo nsenter --pid=/proc/29840/ns/pid \
    unshare -f --mount-proc=$PWD/rootfs/proc \
```

```
chroot rootfs /bin/bash
root@ localhost:/# ps aux
USER      PID   %CPU   %MEM   VSZ     RSS TTY      STAT  START   TIME COMMAND
root       1    0.0    0.0    20272   3064 ?        S+   00:25   0:00 /bin/bash
root       5    0.0    0.0    20276   3248 ?        S    00:29   0:00 /bin/bash
root       6    0.0    0.0    17504   1984 ?        R+   00:30   0:00 ps aux
...
```

5）cgroup 进行资源约束。

对于这个例子，我们将创建一个 cgroup 来限制进程的内存。创建 cgroup 很简单，只需创建一个目录即可。在这种情况下，我们将创建一个名为 "demo" 的内存组。创建后，内核将使用可用于配置 cgroup 的文件填充目录。

代码 7-13　创建 demo 内存组

```
$ sudo su
$ mkdir /sys/fs/cgroup/memory/demo
$ ls /sys/fs/cgroup/memory/demo/
cgroup.clone_children            memory.memsw.failcnt
...
memory.limit_in_bytes            tasks
memory.max_usage_in_bytes
```

要调整一个值，我们只需写入相应的文件。让我们将 cgroup 限制为 200MB 内存并关闭交换。

代码 7-14　调整 demo 内存组资源配额

```
$ echo "200000000" > /sys/fs/cgroup/memory/demo/memory.imit_in_bytes
$ echo "0" > /sys/fs/cgroup/memory/demo/memory.swappiness
```

任务文件很特殊，它包含分配给 cgroup 的进程列表。要加入 cgroup，我们可以编写自己的 PID。读者可以直接替换为上面程序的 PID 29840。

代码 7-15　加入 cgroup

```
$ echo 29840 > /sys/fs/cgroup/memory/demo/tasks
```

此步骤相当于平台中容器对进程资源进行约束。

通过以上实例，相信读者已经理解了容器和镜像的工作原理，我们忽略很多其他因素，诸如安全、优化和功能，以期帮助读者了解核心问题。

如果读者对容器底层是如何构建的有更深入的兴趣，可以参考实例：通过 Go 语言从头构建容器。

7.2.4　从操作系统视角看 GPU 技术栈

操作系统一般为进程提供资源管理和多租任务调度的功能支持。GPU 在当前计算机中被抽象为设备，操作系统通过输入/输出控制（input/output control，ioctl）系统调用进行设备控制，如图 7-10 所示。在以往的工作中，有两个方向的思路尝试将 GPU 技术栈纳入操作系统的管理中并提供多租、虚拟化等支持。

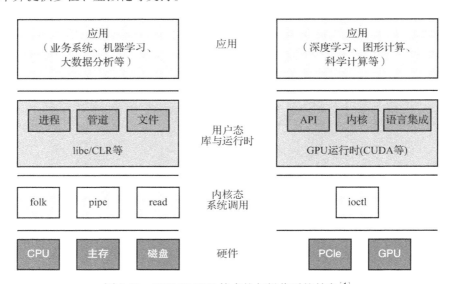

图 7-10　CPU 和 GPU 技术栈与操作系统抽象[1]

从图 7-10 中可以看到，CPU 程序中有大量的系统调用支持，操作系统对各种硬件抽象管理与用户多进程多租提供支持。但是对于 GPU 程序，当前模式更像是 client/server 抽象，GPU 是设备，CPU 程序提交作业到 GPU 并获取响应结果，但是对操作系统来说，GPU 本身是一个黑盒，一般只能通过 ioctl 进行有限的交互与控制。

1. GPU 技术栈的操作系统抽象

思路 1：在已有操作系统中纳入 GPU 管理原语，使 GPU 能被 ioctl 以外的系统调用所管理，或者操作系统理解 ioctl 语义，可以对其做细粒度资源管理。

当前思路依赖设备供应商在驱动层暴露更多信息被操作系统管理，但是之前一些厂商（例如英伟达）提供的驱动常常为闭源，且只能通过 ioctl 控制设备，很难分析语义。2011 年 HotOS 上，Christopher J. Rossbach 等人[1]在 "Operating Systems must support GPU abstractions" 中提出在操作系统层面抽象 GPU 管理，但是这篇工作只提出了构想，并受限于设备供应商的设备驱动的支持。从之后的发展状况来看，缺乏设备供应商的配合和支持，这条道路是走不通的。在 ATC' 13 上，Konstantinos Menychtas 等人[2]提出 "Enabling OS research by inferring interactions in the black-box GPU stack"，他们认为当前 GPU 资源是黑盒，不能被操作系统所管理，所以对系统调用进行拦截和刻画，抽象出程序状态机，可以启发后续操作系统对 GPU 设备的研究。之后的工作也曾尝试设计从 GPU 调用操作系统的系统调用（ISCA' 18 Generic System Calls for GPUs）[3]。但是以上的工作由于实用性、部署难度和受限于厂商支持，在后续的业界平台或研究工作中没有过多的跟随工作。2022 年 5 月，NVIDIA 开源了其 GPU 内核模块（GPU kernel modules），一定程度上会使当前此方向上的研究有新的进展。

思路 2：在 GPU 已有编程接口上抽象操作系统管理功能。此类工作以设备 API 作为系统调用的视角抽象设备管理，在设备 API 层以下进行拦截和管理，从而达到多租或虚拟化的效果。

厂商官方工作： MPS、Unified Memory 等工作是 NVIDIA 将传统操作系统的多进程调度、虚拟内存等经典设计思路在 CUDA 上进行的实现，进而能够达到复用 GPU 和打破 GPU 显存瓶颈的效果。Unified Memory（UVM）类似 mmap 的设计思想，提供主存和 GPU 显存的统一地址抽象，精简用户主动维护内存数据复制（替代 malloc、cudaMalloc、cudaMemcpy 接口的一组调用），当 GPU 访问 GPU 显存的 UVM 数据时，如果数据不在 GPU 显存中，将触发缺页异常（page fault），系统透明地将数据由主存复制到 GPU 显存。

研究工作：以 rCUDA、Singularity 为代表的工作在 NVIDIA Runtime API 和 Driver API 上进行拦截，提供时分复用、内存隔离和动态迁移的功能。其中，rCUDA 通过类似远程过程调用（remote procedure call）的方式，将函数输入参数传递给远端 GPU，并在远端 GPU 加载二进制库进行函数调用，给用户以本地挂载 GPU 体验的同时，多路复用远端 GPU，但是其只支持原生 CUDA 内核函数。

第三方公司的工作：以 OrionX 猎户座为代表的产品，设计类似传统操作系统的内核态抽象，在大规模集群上提供资源池化，并通过内核态抽象让系统更加安全和稳定。

如果我们将 CUDA 等接口抽象为"以 GPU 为中心的系统调用，其内部逻辑为 GPU 的操作系统资源管理"，其本质是通过微内核（microkernel）的思想，将原生的不同的资源管理组件抽象与替代（例如内核调度、内存管理等），让资源管理不再受限于已有的设备提供商提供的管理逻辑。

2. 观测深度学习作业系统调用

strace 是用于 Linux 的诊断、调试和指导性用户空间实用程序。它的作用是监视进程与 Linux 内核之间的交互，包括系统调用、信号传递和进程状态的变化。我们可以通过 strace 观测深度学习程序如何在操作系统的系统调用层和 GPU 打交道，以另一个抽象层次和视角深入理解深度学习程序的底层原理。

1）在 Ubuntu 操作系统中，执行以下安装命令：

代码 7-16　安装 strace

```
apt-get install strace
```

2）假设用户有一个训练程序（train.py），里面是 PyTorch 训练卷积神经网络。

代码 7-17　追踪 PyTorch 训练程序系统调用

```
strace python train.py
```

3）观测系统调用日志。

我们可以观察到主要调用的是 ioctl 和 mmap 等系统调用，但是从 ioctl 中很难获取可读和可解释信息。文献［2］中也有对 ioctl 进行收集分析并抽象出状态机的研究。

3. GPU 虚拟化

目前与深度学习相关的具有代表性的 GPU 虚拟化资源隔离技术有以下几种。

（1）应用程序编程接口远程处理技术

包装 GPU APIs 作为客户前端，将一个转发层作为后端，协调所有对 GPU 的访问。挑战之一在于要最小化前端和后端的通信代价，由于侵入的复杂性修改客户软件栈，因此 API 转发面临着充分支持的功能挑战。

代表性工作：GVirtuS、vCUDA、rCUDA、qCUDA。

（2）直接 GPU 直通技术

在直接 GPU 直通（direct GPU pass-through）技术中，GPU 被单个虚拟机独占且永久地直接访问，其实现的 GPU 资源隔离粒度为单块 GPU，不支持热迁移。GPU 直通是一种允许 Linux 内核直接将内部 GPU 呈现给虚拟机的技术，该技术实现了 96%～100% 的本地性能，但 GPU 提供的加速不能在多个虚拟机之间共享。

代表性工作：NIVIDIA 对公有云厂商 Amazon AWS、Microsoft Azure、Google Cloud Platform、Alibaba Cloud 提供的 GPU pass-through 技术等。

（3）中介直通（mediated pass-through）技术

中介直通技术直通传递性能关键型资源和访问，而在设备上中介代理（mediating）特权操作，该技术使用性能好，功能齐全，共享能力强。

代表性工作：NIVIDIA 对公有云厂商 Amazon AWS、Microsoft Azure、Google Cloud Platform、Alibaba Cloud 提供的 vGPU 技术。

（4）深度学习框架层控制的粗粒度时分复用与上下文切换

Gandiva' 18[4] 观测了 GPU 显存利用率，以迭代为粒度进行任务切换与调度，其上下文切换需要备份模型和内存数据，开销较大，适合粗粒度动态迁移与在弹性调度场景下提升利用率，其检查点的控制也需要修改 PyTorch 和 TensorFlow 进行支持。AntMan OSDI' 20[5] 持续分析算子运行时间，显存隔离没有限制，调度的最小单元是一个迭代，但是在一个作业空闲时段放置的另一个作业的任务粒度是框架层算子，例如其修改了 TensorFlow 的 GPU 操作符执行器进行控制，并基于计算能力延迟其执行。Salus MLSys' 20[6] 的研究工作考虑了计算和显存隔离，以一个迭代为调度粒度，陈述使用内核虽然可以提升利用率，但是会增加调度开销

（内核需要通过中心调度器控制，增加了框架层的内核批量执行和流水线执行优化），此工作修改了框架 TensorFlow 代码来进行支持。

目前一般训练平台中部署的大多数 GPU 为 NVIDIA GPU，NVIDIA 原生提供的代表性 GPU 资源隔离技术有以下几种。

（1）NVIDIA 多实例 GPU（Multi-Instance GPU，MIG）

多实例 GPU 是 NVIDIA 在 Ampere 系列 GPU 中开始支持的，是一项在硬件层面将 GPU 实例进行隔离与虚拟化的技术，支持缓存、内存、物理计算核的隔离，但是有隔离粒度的限制。多实例 GPU 可扩展每个 NVIDIA A100 GPU 的共享能力和利用率。MIG 可将 A100 GPU 和 H100 GPU 划分为最多 7 个实例，每个实例均与各自的高带宽显存、缓存和计算核心完全隔离。

（2）NVIDIA 多进程服务（Multi-Process Service，MPS）

多进程服务是 NVIDIA 提供的软件层共享物理 GPU 资源并提供一定程度的进程级虚拟化的技术。MPS 运行时架构旨在透明地支持多进程 CUDA 应用程序，通常是 MPI 作业。其利用 Hyper-Q 功能实现，Hyper-Q 允许 CUDA 内核在同一 GPU 上并发处理，当 GPU 计算能力未被单个应用进程充分利用时，这种方式可以提高性能。在一些 GPU 型号中，MPS 如果使用的是软件层的实现则有一定开销，如果是硬件层的实现则能够减少开销。

1）计算隔离：GPU 还具有一个时间切片调度程序，用于在从属于不同 CUDA 上下文的工作队列中调度工作。从属于不同 CUDA 上下文的工作队列和启动到计算引擎的工作不能同时执行。如果从单个 CUDA 上下文启动的工作不足以消耗所有可用资源，就可能会导致 GPU 计算资源的利用率不足。

2）内存隔离：内存隔离通过 CUDA API 进行限制，这种 pre-Volta MPS 行为受限于来自 CUDA 内核中的指针的内存访问。任何 CUDA API 都会限制 MPS 客户端访问该 MPS 客户端内存分区之外的任何资源。例如，无法使用 cudaMemcpy( ) API 覆盖另一个 MPS 客户端的内存，但在 V 系列之后提供了硬件支持，保证客户端有独立地址空间。有研究工作发现，MPS 会导致 P40/P100 的较大开销和性能损失。这是因为 P 系列只提供有限隔离，且每个 GPU 只能支持 16 个客户端。然而，V100 提供对 MPS 的硬件支持，在 V100 上使用 MPS 可能减少软件层支持方式产生的开销并提升利用率，这是因为在 V100 上提交通过硬件加速的工作不需要经过软件层 MPS 服务器，每个进程都有私有工作队列，支持并行提交且没有锁冲突。硬件的内存隔离实现了每个客户端都有自己的内存地址空间且更加安全，每个 GPU 最多可以支持 48 个客户端使用，为保证服务质量方面提供了可配置的有限的执行资源供给（通过 CUDA_MPS_ACTIVE_THREAD_PERCENTAGE 配置）。

7.2.5　人工智能作业开发体验

在使用集群管理系统时，通常人工智能算法工程师可以使用如下类似的开发环境进行人工智能作业与 Python 脚本的开发：

- 作业在提交前，用户可以选用之后介绍的工具进行 Python 作业的开发；
- 一般作业提交到平台前，用户需要填写作业的规格，进而通过相应的作业提交工具进行提交、监控与管理。

以下工具有些只能进行作业提交，有些只能进行 Python 开发，有些则兼顾两个功能。

1. 客户端集成开发环境（Integrated Development Environment）

Visual Studio Code：Visual Studio Code，通常也称为 VS Code，是 Microsoft 为 Windows、Linux 和 macOS 开发的跨平台源代码编辑器。在人工智能场景下，算法工程师主要使用 VS Code 进行 Python 程序开发，获得调试（debugging）、语法高亮（syntax highlighting）、智能代码完成（intelligent code completion）、预装代码片段（code snippet）、代码重构（code refactoring）和版本管理 Git 的支持。用户可以更改主题、键盘快捷键、首选项，并安装额外的功能扩展。使用 VS Code 等类似的客户端 IDE 进行开发的优势是功能强大，调试、补全等功能完善。

2. VS Code 实用人工智能插件

一站式人工智能开发插件：Tools for AI 当前已更名为 Visual Studio Code Azure 机器学习扩展。用户可以使用 Visual Studio Code 界面中的 Azure 机器学习服务轻松构建、训练和部署机器学习模型到云端或边缘。此扩展的早期版本以 Visual Studio Code Tools for AI 的名称发布。此工具提供部署到云端或边缘的支持、常用深度学习库的支持、本地实验再部署到大规模集群、集成自动化机器学习、通过 CI/CD 工具跟踪实验、管理模型。

代码完成（code completion）：Kite for VS Code 适用于 VS Code 的各种语言，通过海量代码库训练人工智能模型，并提供智能代码完成服务，支持智能感知（intellisense）、代码片段（code snippets）、光标跟随（cursor-following）文档的 AI 代码完成。Kite 支持 Python 等文件类型，如图 7-11 所示，代码补全功能将大幅提升开发生产力，这也是集成开发环境的优势。同时我们也看到这类工作属于 AI for Systems 的一种，微软也推出了 GitHub Copilop 进行常见语言、通用程序的智能化代码提示和程序合成。

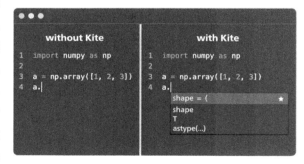

图 7-11　Python 代码补全实例

3. 在线网页（Web）服务开发环境

集群提供的 Web 管理界面：一般平台会提供一个 Web 页面便于用户提交作业的规格，引导用户填写好作业镜像、启动命令和资源等。网页服务开发环境适合提交、管理与监控作业。如图 7-12 所示，用户可以通过 OpenPAI 的提交界面，填写作业名和需要提交的虚拟集群（Virtual Cluster），打包并上传镜像名，输入资源需求和启动命令，即可完成提交。

图 7-12　通过 Web 界面提交作业到集群

Jupyter Notebook：有些平台会提供 Jupyter 服务并进行运维。Jupyter 的劣势是一般用户如果单纯将 Jupyter 作为作业提交入口，不利于做权限管理与作业运维，优势是用户不需要安装本地环境，较为轻量。

4. 命令行工具

平台一般也可以提供命令行工具。命令行也是用户比较习惯使用的方式，其特点是轻量，容易批量自动化地提交作业，且方便未来复用模板。命令行只适合提交与管理作业。

5. REST API

平台一般也可以提供 REST API。REST API 作为作业提交或监控作业的接口，其优势是可编程，且不需要提前安装额外库，比命令行本身还要轻量，劣势是用户需要做一定的调用与结果解析编程。REST API 只适合提交与管理作业，或通过 REST API 编排作业流水线。

开发者在提交作业到集群之前会大致经历三个环境的开发。因为集群资源紧张需要排队，所以开发者一般会先在自己的开发环境中开发，测试保证程序不出错后再提交到集群平台。

1）书写 Python 人工智能程序。用户可以在本地使用 VS Code 等工具进行书写。VS Code 借助插件便于本地调试、代码静态检测与代码完成，能比较好地提升开发效率，同时不需要平台资源排队，对于快速开发初始程序非常方便。一般如果本地设备没有 GPU，用户可以考虑安装 CPU 版本的深度学习框架进行开发与测试。

2）如果有可用的测试服务器挂载有 GPU，开发者可以在第二个阶段提交作业到测试服务器进行测试。如果是小规模作业也可以在服务器中完成一定的训练，但是 GPU 不足以满足大规模多卡和分布式训练，或者搜索空间巨大的超参数搜索需求，所以调试完成的程序可以在测试服务器中进行 Docker 镜像构建或者上传数据等。这个阶段比较适合使用 VS Code 配合 Remote SSH 插件进行远程开发。

3）当确保程序开发完成后，用户就可以将作业提交到平台进行批处理作业的执行（用户可以选用命令行工具、Web 或者 REST API 进行作业提交）。由于 GPU 是稀缺资源，因此可能会经历一定的排队流程（例如数小时），这个时候用户可以用闲暇时间继续开发新的作业或者阅读论文等，寻找新的优化点或调试其他作业与模型。作业提交之后，用户就可以参考图 7-13 的流程，进行作业的完整执行了。这个过程比较适合通过 Web 访问作业监控界面，SSH 登录到作业进行调试，或者通过作业容器部署启动 Jupyter 进行交互式开发。

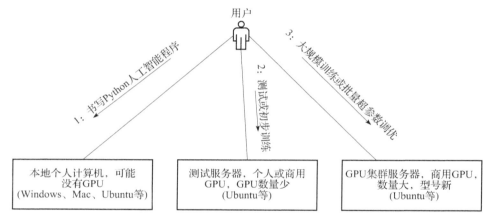

图 7-13　人工智能作业的不同开发环境

如图 7-14 所示，开发者一般会经历本地开发、测试服务器开发、打包程序提交到平台执行、监控执行作业状态与调试几个阶段，最终程序执行完成返回状态、模型或数据。根据训练结果，开发者可以调整、优化后再开始下一次的作业提交。

如图 7-15 所示，当作业调试完成后，用户会经历以下的步骤与平台交互完成训练过程：

用户首先上传数据到存储系统；

上传镜像到镜像中心；

提交作业规格，填写数据、镜像路径、资源需求和启动命令行；

集群调度器调度作业；

空闲 GPU 节点拉取（pull）镜像；

空闲 GPU 节点启动作业；

挂载文件系统；

作业运行启动；

作业监控不断汇报性能指标和日志用于观测与调试；

训练完成，作业保存结果。

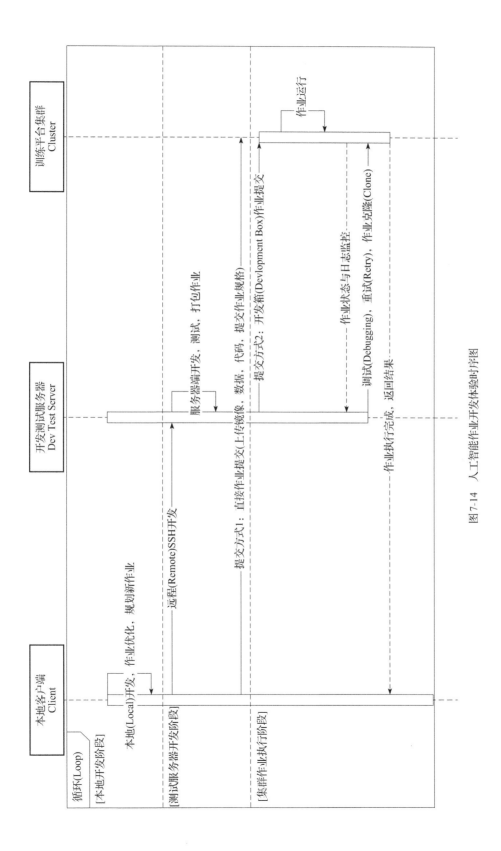

图 7-14 人工智能作业开发体验时序图

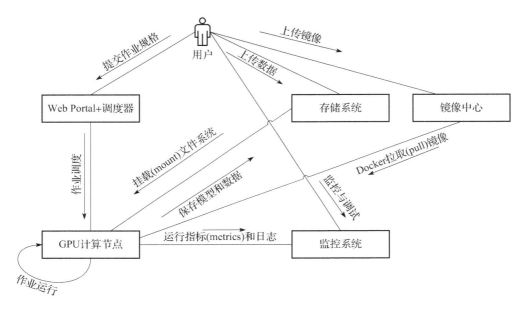

图 7-15 提交到集群的作业生命周期

7.2.6 小结与讨论

本节我们主要介绍异构计算集群管理系统的运行时。在运行时中，资源与环境隔离是核心问题，虽然我们看到有很多方案在试图解决相应问题，但是更彻底的解决方案还是基于操作系统和硬件的底层原语的支持。容器与镜像解决环境依赖，资源隔离进而为未来平台提供多租奠定基石。

请读者思考，作业运行期在 GPU 技术栈下面临什么新的问题？相比传统操作系统，在 GPU 技术栈下还不完善的功能是什么？

7.2.7 参考文献

[1] CHRISTOPHER J R, JON C, EMMETT W. Operating systems must support GPU abstractions[C]// Proceedings of the 13th USENIX conference on Hot topics in operating systems (HotOS'13). Berkeley： USENIX Association, 2011：32.

[2] MENYCHTAS K, KAI S, MICHAEL L S. Enabling ｛OS｝ research by inferring interactions in the ｛Black-Box｝ GPU stack[C]//2013 USENIX Annual Technical Conference (USENIX ATC'13). Berkeley：USENIX Association, 2013：291-296.

[3] VESELY J, BASU A BHATTACHARJEE A, et al. Generic system calls for GPUs[C]//2018 ACM/IEEE 45th Annual International Symposium on Computer Architecture (ISCA). Cambridge：IEEE,2018：843-856.

[4] XIAO W C, BHARDWAJ R, RAMJEE R, et al. Gandiva：introspective cluster scheduling for deep learning[C]//Proceedings of the 13th USENIX conference on Operating Systems Design and Implementation (OSDI'18). Berkeley：USENIX Association, 2018：595-610.

［5］　XIAO W C，REN S R，LI Y，et al. AntMan：dynamic scaling on GPU clusters for deep learning［C］// Proceedings of the 14th USENIX Conference on Operating Systems Design and Implementation. Berkeley：USENIX Association，2020：533-548.

［6］　YU P F，MOSHARAF C. Salus：fine-grained gpu sharing primitives for deep learning applications［J］. arXiv preprint，2019，arXiv：1902.04610.

7.3　调度

我们已经介绍过集群管理中的运行时，但是作业进程在启动前需要平台进行决策当前作业运行在哪些服务器和 GPU 上，哪个作业能优先执行，从而进行调度决策。如图 7-16 所示，本节将围绕调度问题的抽象与优化目标，以及可用于深度学习作业调度的传统调度算法进行介绍，期望让读者了解作业调度的经典问题和解决方法。

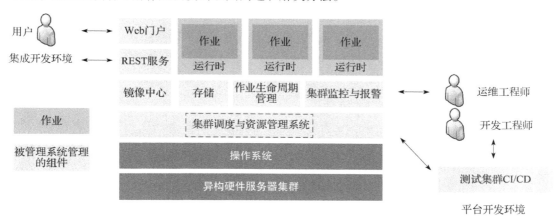

图 7-16　平台调度器

本节包含以下内容：

1）调度问题优化目标；

2）单作业调度——群调度；

3）作业间调度——主导资源公平 DRF 调度；

4）组间作业调度——容量调度；

5）虚拟集群机制；

6）抢占式调度；

7）深度学习调度算法实验与模拟研究。

7.3.1　调度问题优化目标

调度（scheduling）是分配资源以执行任务的动作。在深度学习平台中，资源可以是处理器、GPU、内存等，任务是用户提交的作业。调度活动（scheduling activity）由称为调度器的进程执行。

调度器中的调度算法通常被设计为使所有计算机资源保持忙碌，让多个用户高效地共享系统资源，或实现目标服务质量（quality-of-service）。

运行深度学习作业的集群服务器上会部署一个"操作系统"进行作业管理与调度，也就是异构资源管理系统，又称作深度学习平台。相比传统操作系统，异构资源管理系统的特点是运行的"进程"一般为深度学习作业，所以它是一个专有操作系统。管理的资源不是一台机器，而是由多台服务器构成的集群资源池。每台服务器挂载了多块商用 GPU 和 InfiniBand 网卡等异构硬件。深度学习平台也要对作业提供其整体管理的硬件的"一定抽象层次"上的多路复用。同时由于整个系统不只一个用户会提交多个作业，因此整个资源池会被多个公司内部组和用户共享，也就是我们所说的多租系统。

平台常常针对一批用户提交的作业进行调度，需要考虑以下指标。

1. 作业延迟与吞吐相关指标

1）排队延迟（queuing delay）用来描述作业在调度器队列中等待资源分配所花费的时间。排队延迟越低，用户作业需要等待的时间越短，调度器越高效。排队延迟主要受两个因素影响，一个是公平性，由于用户作业用完所分配的配额，另一个是局部性（locality）和资源碎片问题造成资源无法分配和等待。

2）平均响应时间（average response time）是从提交请求到产生第一个响应的时间量的平均值。平台希望平均响应时间越短越好。

3）平均作业完成时间（job completion time）即一批作业的平均完成时间，该指标能够代表系统性能。例如，分布式作业的局部性会影响通信时间，进而影响平均作业完成时间。

4）完工时间（makespan）即一批作业中从第一个作业到达到最后一个作业完成的整体时间，平台希望其越小越好。有些调度算法也考虑将所有作业的整体完工时间作为优化目标，因为最小化完工时间等价于最大化资源效率。

5）吞吐量（throughput）即单位时间能完成的作业数量。平台希望吞吐量越大越好。

2. 平台资源利用率相关指标

1）资源利用率（utilization）即用于作业的资源占总资源的百分比。平台希望利用率越高越好。

2）资源碎片（fragmentation）是指因作业分配后造成个别节点资源无法被再分配而产生的碎片。碎片越少，代表资源浪费越少，这也是和资料利用率相关的指标。

3. 公平与服务水平相关指标

1）公平性（fairness）体现了资源使用在平台用户或组之间平均分配或按指定配额比例分配。

2）服务水平协议（Service-Level Agreement，SLA）是平台和用户之间的承诺。例如，平台基于平台服务的公平性、质量、可用性、责任等和用户之间进行约定和达成一致。

如图 7-17 所示，平台中包含以下集群与作业的包含层级关系，不同层级中蕴含不同的调度问题，我们可以将之后涉及的面向深度学习的调度算法也映射到其中的层级问题的解决方法。请读者在之后思考 7.4 节中的面向深度学习作业的调度算法属于图 7-17 中的哪个层级？

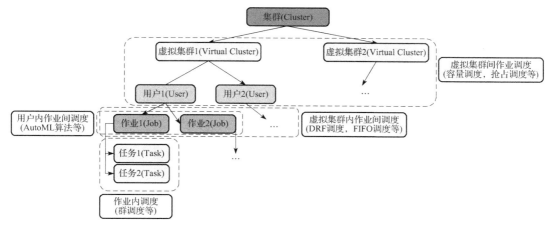

图 7-17 平台中的作业调度问题总览

- 虚拟集群间作业调度：集群间作业可以通过容量调度（capacity scheduling）、抢占调度等方式进行调度。虚拟集群间作业调度关注公平性，但也会为提升效率提供一定的奖励资源，从而配合作业强占，在实现效率提升的同时保证服务等级协议。
- 虚拟集群内作业间调度：在一个虚拟集群内，用户提交的作业可以根据先进先出（FIFO）、主导资源公平（DRF）等算法进行调度。虚拟集群内作业间调度的关注点是防止作业饥饿，降低排队时间，提升作业的完工时间，减少资源碎片进而提升利用率等。
- 用户内作业间调度：关于此类问题，读者可以参考第 9 章自动机器学习系统了解。用户为了超参数调优会提交改变一定超参数的不同作业进行训练。用户内作业间调度较为关注整体作业的完工时间、响应时间和吞吐量等。
- 作业内调度：如果是多卡或分布式作业会启动多个任务，作业内可以通过群调度（gang scheduling）算法进行调度。作业内调度较为关注作业语义与正确性以及作业的完成时间等。

接下来，我们将通过经典的调度算法，了解平台常用算法是如何解决遇到的问题的。

7.3.2 单作业调度——群调度

群调度[1]的维基定义是，一种用于并行系统的调度算法，用于调度相关线程或进程，并在不同处理器上同时启动和运行。

深度学习作业通常会持续数小时，有些甚至会持续数周。深度学习作业通常需要群调度，直到所有必需的加速设备都被授予后才能开始训练过程。

如果不使用群调度会产生什么问题？深度学习作业可以同时执行多个任务，如果有依赖任务未启动，已启动任务会在同步点忙于等待或者频繁进行上下文切换（如图 7-18 所示）。这首先会造成训练任务无法训练，由于等待不能启动的任务，图中的两个作业都申请了部分资源，但是还需要其他资源才能启动，因此产生了死锁现象。同时已启动的任务不释放资源，造成了资源浪费。

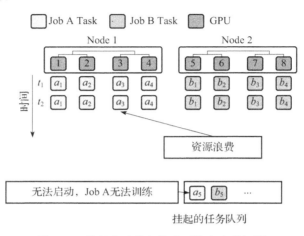

图 7-18　并行启动执行作业可能产生的问题

接下来，根据上面的问题实例，我们使用群调度同时启动深度学习任务进程。图 7-19 中的 A、B、C 作业就可以交替执行，保证任务能顺利执行完毕。

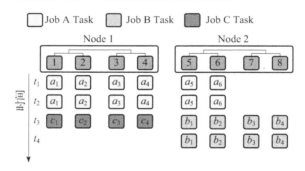

图 7-19　并行执行作业可能产生的问题

当然群调度自身也有一定的局限性，群调度会增加资源碎片化的风险，并且在共享集群中的利用率低。如图 7-19 所示，在 t_1、t_2 时间段，GPU7 和 GPU8 就是空闲浪费的。

7.3.3　作业间调度——主导资源公平 DRF 调度

目前深度学习平台其实包含多种异构资源（CPU、GPU、主存等），被多用户使用代表深度学习平台是一个多租的环境。在调度过程中用户会细粒度地申请不同资源的用量，我们在满足用户异构资源需求的同时，也希望在多租的环境下兼顾一定的公平性。

- 问题：在包含异构资源类型的系统中如何进行多作业公平（fairness）的资源调度？
- 挑战：相比传统单资源公平调度，深度学习作业也需要使用多种异构资源（CPU、主存等），并且需要调度 GPU 及 GPU 内存。

主导资源公平（Dominant Resource Fairness，DRF）[2] 调度使用优势资源的概念比较多维（CPU、GPU、内存等）资源，即在多资源环境中，资源分配应该由作业（用户或队列）的主导份额决定，因为主导份额是作业已分配的任何资源（内存或 CPU）的最大份额。文献［2］中介绍，与其他可能的策略不同，DRF 满足几个较为理想的属性。

首先，DRF 激励用户共享资源，进而保证公平性。

其次，DRF 是策略无关（strategy-proof）的，也就是"说真话的人有好结果"，因为用户没有动力通过谎报需求来增加作业资源的分配。基于最大最小公平原则，用户谎报更多的资源则需要更多的排队时间。

同时，DRF 是无嫉妒（envy-free）的，也就是说用户不羡慕其他用户的分配，其他用户的分配即使更快但不一定适合自己的资源需求，这样也反映了公平性。

最后，DRF 分配是帕累托有效（pareto efficient）的，帕累托有效是指如果一种可行的配置不可能在不损害某些人利益的前提下使另一些人获益，则该配置便是一种帕累托效率的配置。这是因为不可能在不减少一个用户的配额的情况下改善另一个用户的配额。算法的作者在 Mesos 集群资源管理器中实现了 DRF。

本质上，DRF 的优化目标是寻求最大化所有实体的最小主导份额（smallest dominant share）。

DRF 调度策略的简要总结如下：

1）通过同类型资源在集群整体资源中的份额确定主导资源；

2）基于最大最小公平（max-min fairness）的针对多资源类型（例如 GPU、CPU）的调度算法。

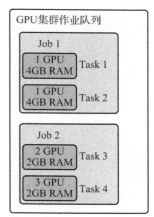

集群资源：[10 GPU，20GB RAM…]

图 7-20　2 个作业的 DRF 调度实例

如图 7-20 所示，Job1 和 Job2 都在启动多个任务并申请多个资源。第一步先计算每个 Job 的主导资源。Job1 的主导资源为内存，Job2 的主导资源是 GPU。Job1 的优先级高于 Job2，因为 Job1 的份额为 0.4，小于 Job2 的份额 0.5。

在以下的资源申请需求中，主导资源是内存。

Job1：

Total GPU：1+1=2GPU

GPU Share：2/10=0.2

Total Memory：4+4=8GB

Memory Share：8/20=0.4

主导资源为 Memory

在以下的资源申请需求中，主导资源是 GPU。

Job2：

Total GPU：2+3＝5GPU

GPU Share：5/10＝0.5

Total Memory：2+2＝4GB

Memory Share：4/20＝0.2

主导资源是 GPU

7.3.4 组间作业调度——容量调度

除了多个作业能够兼顾公平的分配，平台管理员还需要考虑如果是多个组共享平台，也需要兼顾组与组之间的公平性。如何让多个小组共享集群？

- 能否为多个组织共享集群资源？
- 共享集群资源的同时，如何同时为每个组织提供最小容量保证？
- 空闲资源能否弹性地被其他组织利用？

挑战：相比传统容量调度，深度学习作业也需要考虑调度 GPU 及 GPU 显存。

容量调度器（capacity scheduler）在大数据平台上常常作为主流调度器使用。从作业类型的角度来看，大数据作业和深度学习训练作业都可以看成批处理作业。它允许多租户安全地共享一个大型集群，以便在分配容量的限制下及时为他们的应用程序分配资源。

如图 7-21 所示，图中组（Team）A、B、C 共享集群，每个组有多个用户，每个用户都会提交作业并使用集群资源。如果不考虑组间公平性，Team A 在申请了 45% 的资源后，因没有使用而造成浪费的同时，也会让 Team C 无法申请资源，从而产生饥饿（starvation）现象。

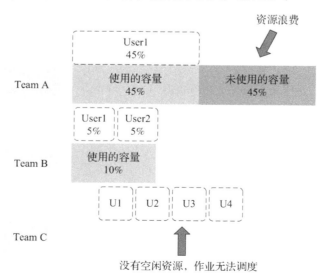

图 7-21 资源占用过多造成其他组无法分配资源的问题示例

所以，容量调度为了支持支持多租资源共享设计了以下的策略集合：

- 提升利用率

虚拟集群（virtual cluster）：组能看到视图是虚拟资源，并不绑定具体机器，等作业启动后再分配相应的资源，这样有助于提升资源利用率。

层级队列（hierarchical queues）：支持队列分层结构，确保在允许其他队列使用空闲资源之前在组内的子队列之间共享资源，从而提供更多的控制和可预测性。

队列内可以正交组合其他作业间调度算法，例如先进先出（FIFO）和 DRF 等。异构计算场景仍可以采用多维资源调度或其他自定义调度器。在满足下面介绍的约束情况下，仍旧可以采用 DRF 等调度策略进行具体作业之间的调度与资源分配。

- 多租与提升公平性

多租与用户限制因素（user limit factor）：从某种意义上说，队列将分配到网格容量的一小部分，因为它们可以使用一定容量的资源。提交到队列中的所有应用程序都可以访问分配给队列的容量。管理员可以对分配给每个队列的容量配置软限制和可选的硬限制。

允许多用户多组以多租形式使用集群，有利于控制单用户的可消耗最大资源，防止占用资源过多，造成其他进程无法申请资源。

- 弹性和 SLA

奖励资源（bonus resource）：其他组没有使用的资源可以临时免费出让给有需要的团队，但是当资源持有者需要时，则需要平台抢占资源归还给持有者。

抢占（preemption）：配合奖励资源使用，保证对用户提供的服务等级协议（SLA）。

如图 7-22 所示，管理员配置了最小和最大的组使用资源限额，保证了组与组之间都有资源可用。

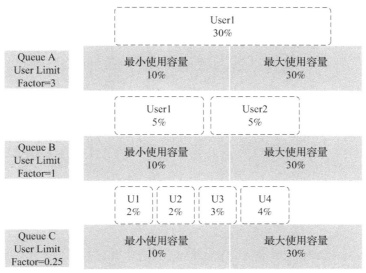

图 7-22　容量调度

经典回顾

操作系统公平共享调度是一种用于操作系统的调度算法，其CPU将在系统用户或组之间平均分配。在逻辑上实现公平共享调度策略的一种常见方法是在每个抽象级别（进程、用户、组等）递归应用轮询调度（round-robin）策略，例如两个公平分配的组，组间应用公平调度，组内用户再根据轮询或其他调度算法进行调度。所以我们看到有的时候调度算法具有一定的正交性，可以嵌套使用，关键是在不同抽象级别上应用不同的策略。

7.3.5　虚拟集群机制

在集群内，组和用户所看到的资源配额，一般情况下并没有绑定到具体的物理机器，而是在调度后决定作业部署的物理机器。这背后是通过虚拟集群映射实现的。而虚拟集群和我们之前介绍的控制组的设计较为类似。我们会看到很多集群产生的问题，都可以在传统的操作系统中找到类似的设计问题与原则。

如图7-23所示，虚拟集群会配置用户组的配额和视图，物理集群是在调度后在运行时绑定的。这样可以大幅提升资源利用率，减少资源碎片。

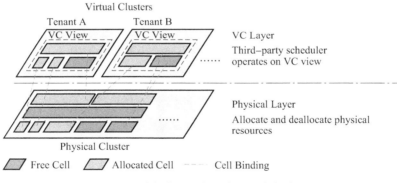

图 7-23　虚拟集群和物理集群映射与绑定

如图7-24所示，针对深度学习作业调度的虚拟集群策略可以总结为以下几点：
- 虚拟集群根据小组的配额进行定义；
- 每个租户构成了一个虚拟集群（VC）；
- 资源被分配给租户；
- 将虚拟集群绑定到物理集群。

经典回顾

虚拟集群的设计思想类似传统操作系统中的控制组，可以约束资源但是解耦物理资源的绑定。操作系统控制组可以让不同组织或用户的不同进程在操作系统中有相应的资源约束，但是不与具体硬件资源绑定，而是由运行时调度分配。

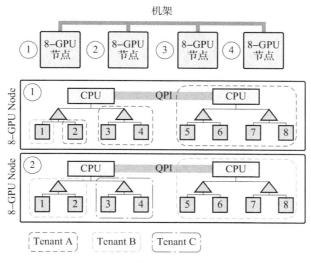

图 7-24　虚拟集群资源分配

7.3.6　抢占式调度

一些集群管理员为了减少组内空闲资源的浪费，希望通过一定的策略共享虚拟集群内的空闲资源，但是单纯出让资源不能保证原有用户随时能回收对应配额资源，由此产生了相应的新的问题，即不能保证对原用户的 SLA。这种问题一般可以通过抢占调度解决，也就是当资源的原有用户需要资源时，平台终止使用奖励资源的作业进程，回收资源给原配额用户。

抢占调度一般用于以下场景。

1）使资源饥饿的作业或短作业抢占一定资源，降低作业的平均响应时间。由于深度学习作业的韧性（resilience）并不完善，因此一般不为此类需求使用抢占调度。

如图 7-25 所示，App2 因长时间无法得到资源而无法执行，但其执行时间实际很短。这就需要通过抢占机制进行调度，让 App2 获取一定资源开始执行，从而降低平均响应时间。

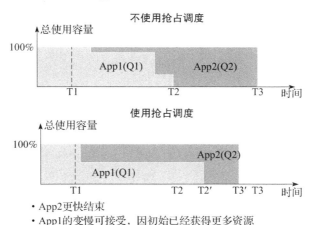

图 7-25　作业等待时间过长问题

2）出让虚拟集群空闲资源形成奖励资源供其他虚拟集群中的作业使用，提升整体资源利用率。我们在深度学习中常常出于这点考虑使用抢占调度。

如图 7-26 所示，我们可以看到，A 队列中配置可用资源为 10，但是由于集群有空闲资源，多使用了 20 奖励资源给 C6 和 C7，这时 C 队列需要使用 20 资源，集群应该保证，这时会触发抢占。当 App1 的 C6 和 C7 使用的资源被标记为可以被抢占后，其资源可以通过以下步骤被抢占：

①从过度使用的队列中获取需要被抢占的容器（A 队列的 C6 和 C7）；

②通知作业（A 队列）控制器即将触发抢占；

③等待直到被抢占终止运行。

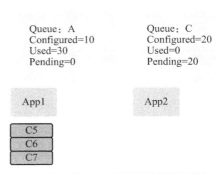

App1的容器C6、C7被标记为可以被抢占

图 7-26　抢占调度

抢占式调度对深度学习作业的挑战是，在深度学习作业下，被抢占的作业当前只能失败，默认情况下无法像传统操作系统一样进行上下文切换。目前有些工作中会提供框架或设备驱动库层的检查点机制，配合调度器实现抢占与恢复，但是由于本身不是原生支持，有一定开销且支持的框架与场景有限，所以并未大范围使用。未来可以设计更好的深度学习检查点和恢复技术，解决因抢占后作业失效造成的被抢占作业资源无效使用的问题。

经典回顾

操作系统抢占调度中的抢占是暂时中断正在执行的任务的行为，目的是占用执行任务的 CPU 资源给其他任务。处理器中当前执行任务的这种变化称为上下文切换，并由中断进行触发。如今，几乎所有操作系统都支持抢占式多任务处理（preemptive multitasking），例如 Windows、macOS、Linux 等。请读者思考深度学习作业是否能支持上下文切换，也就是恢复或迁移被抢占的进程？

7.3.7　深度学习调度算法实验与模拟研究

调度算法的研究如果通过真实作业进行实验，则执行时间过长，代价较大。为了避免这种情况，一般调度算法的研究基于历史作业日志，通过模拟器验证。

读者可以通过本实例的练习，在真实平台上的深度学习作业日志痕迹，尝试以上调度算法模型，或研究新的面向深度学习的调度算法。此开源数据集 philly-traces 包含 Microsoft 内部 Philly 集群上第一方（first-party）深度学习训练工作负载的代表性子集。数据是文献［3］中描述的工作负载的一个脱敏数据子集。

1. 数据读取

读者可以参考库中提供的脚本读取数据并了解数据模式。

2. 评测指标设定

读者可以根据本章开始介绍的指标设计优化目标。

3. 算法实现与评测

读者可以选用前文介绍的经典算法作为基准测试，设计新的算法，并通过真实平台数据模拟，看能否提升当前目标，超越基准算法，并进行结果分析，最终形成分析报告或论文。

7.3.8　小结与讨论

本节我们主要介绍可以应用于异构计算集群管理系统的传统经典算法，这些算法在深度学习集群管理的场景中依然发挥着作用，我们可以看到经典理论和技术的魅力并且经得起时间的考验。

请读者思考，当前调度算法在深度学习作业场景中还有哪些不足和潜在优化？

7.3.9　参考文献

［1］　WIKIPEDIA. Gang scheduling［Z］. 2022.

［2］　ALI G, MATEI Z, BENJAMIN H, et al. Dominant resource fairness：Fair allocation of multiple resource types［C］// Proceedings of the 8th USENIX conference on Networked systems design and implementation（NSDI' 11）. Berkeley：USENIX Association, 2011：323-336.

［3］　MYEONGJAE J, SHIVARAM V, AMAR P, et al. Analysis of large-scale multi-tenant GPU clusters for DNN training workloads［C］// Proceedings of the 2019 USENIX Conference on Usenix Annual Technical Conference（USENIX ATC' 19）. Berkeley：USENIX Association, 2019：947-960.

7.4　面向深度学习的集群管理系统

之前的章节已经介绍了经典的调度算法在运行深度学习作业的集群调度中的应用。但是这些算法本身没有考虑深度学习作业自身的特点，也没有利用 GPU 服务器中 GPU 的拓扑结构等硬件体系结构。本节将围绕前沿的针对深度学习负载和 GPU 服务器特点而设计的平台调度算法进行介绍，期望让读者了解新负载和硬件的特点以及调度管理需求，启发新的工作。本章的很多工作目前没有严格定论，还属于前沿研究，本章的内容重点是总结当前负载、硬件和平台本身的新问题以及设计动机（motivation），启发读者思考新的研究和工程工作。

本节包含以下内容：

1）深度学习工作负载的需求；

2）异构硬件的多样性；

3）深度学习平台的管理与运维需求；

4）深度学习负载与异构硬件下的调度设计；

5）开源和云异构集群管理系统简介；

6）部署异构资源集群管理系统实验。

7.4.1 深度学习工作负载的需求

已有的深度学习作业调度工作对当前深度学习作业负载的特点进行了分析与总结。我们使用集群管理系统管理的大多数作业是深度学习的训练作业而不是推理作业。深度学习调度的相关研究工作发现，深度学习训练作业相比传统的数据中心批处理作业（例如大数据处理和分析作业）有一些新的特点和不同。

1. 单个深度学习训练作业特点

执行时间长：训练时间持续数小时甚至数天。

迭代计算：作业的主干部分是迭代计算，每轮迭代可以切分为小时间窗口的任务。这样可以使作业有机会以更小的任务粒度触发调度和抢占策略。

内存数据量动态变化：在训练过程中，以不同的时间点做检查点会有不同的内存数据量，这给做检查点提供了优化机会。如果有检查点的支持，平台或框架本身可以支持更加激进的调度策略，例如动态迁移作业、装箱作业到同一块 GPU、时分复用等。

性能可预测性：资源消耗可以通过运行时监控获取。由于其算法为迭代过程且具有一定的可预测性，因此调度器有机会可以根据资源消耗做更加优化的作业放置和装箱。

2. 分布式深度学习训练作业特点

对 GPU 拓扑结构敏感：数据并行策略通信传递梯度，模型并行策略通信传递中间结果张量，GPU 与 GPU 之间传输带宽容易形成瓶颈。所以考虑 GPU 亲和性的任务放置策略，对降低分布式训练作业的完工时间有帮助。但这也会引发新的问题，由于调度是一批 GPU，在满足亲和性的同时，可能会产生更多资源碎片。

3. 批量深度学习训练作业特点

反馈驱动探索：自动化机器学习场景下，用户会一次性提交大量的深度学习作业。自动机器学习训练作业的一个关键特征是反馈驱动探索。由于深度学习实验固有的反复试验方法，用户通常会尝试多个作业配置（多项工作），并利用这些工作的早期反馈（准确度、误差等）来决定是否优先考虑或终止其中的某些作业。这种有条件的探索称为超参数搜索或神经网络结构搜索，可以是手动的，也可以是系统自动调度。所以我们经常可以看到集群中有大量相似作业和被提前取消的作业。

根据深度学习作业特点以及软件栈和硬件栈的支持，框架或平台可以协同设计面向深度学习的作业调度策略，提升资源利用率等指标。

思考：总结思考深度学习作业和传统操作系统作业以及大数据平台作业的异同点。

7.4.2 异构硬件的多样性

在训练时，深度学习作业主要的计算单元是 GPU，所使用的服务器一般会挂载多块

GPU。相比传统的大数据作业使用的服务器硬件，深度学习作业使用的服务器有一些新的特点。GPU 服务器集群运行深度学习作业的问题与挑战如下。①通信代价：由于多块 GPU 之间的互联方式多样，造成了作业的不同放置方式受到 GPU 拓扑结构的影响，进而影响数据通信代价和性能。GPU 根据一定拓扑结构挂载在 PCIe 总线或交换机上，GPU 与 GPU 之间的通信可能在节点内跨越 PCIe，PCIe 交换机的节点之间可能跨越 InfiniBand 或以太网。"距离"最近的 GPU 之间通信代价最低。②资源争用：由于作业本身可能共享服务器，因此数据总线等资源也受到服务器上同时运行作业的争用和干扰。

拓扑结构与任务的放置会影响多卡与分布式作业的训练性能，所以针对硬件特点可以设计启发优化策略，即考虑集群和服务器节点的 GPU 拓扑结构的亲和性调度。这点和传统 NUMA 架构中考虑处理器亲和性的问题与优化有异曲同工之处。我们可以看到，对于系统问题，我们可以从传统的操作系统的经典设计中找到设计原则，并对新工作形成指导和借鉴。

7.4.3　深度学习平台的管理与运维需求

深度学习平台对上管理深度学习模型训练作业，对下管理以 GPU、InfiniBand 为代表的异构硬件，平台管理与运维也面临不小的挑战。相比机器学习工程师、数据科学家等使用平台的用户，平台管理员更加关注以下设计目标。

1. 效率

GPU 集群价格昂贵，更新换代频繁，如何规划好集群提升投入产出比，如何在现有集群中减少资源碎片并提升利用率，都是很大的挑战。调度算法在一定程度上可以优化和提升集群的资源利用率。

2. 公平性

目前使用深度学习平台的用户既有工程目的也有很多是科研目的。在训练生产模型的同时，也有一些模型是研究投稿赶论文截止日期的，这就造成相比传统批处理调度场景，用户有了类似特定时段的峰值资源使用需求。平台需要保证各组资源使用的公平性，提前规划好用户的资源使用，同时兼顾峰值利用需求，管理员需要设计好相应的策略。

3. 稳定性

由于深度学习框架的设计者在初始阶段没有像大数据社区一样把容错当成第一要义，框架可以提供基础的检查点机制，但是需要用户控制，且没有自动备份与恢复的支持，弹性等功能在之后的设计版本和社区工具中才提供支持。这都对底层平台造成了比较大的运维负担。

节点上的异构硬件也有一定概率产生硬件问题（例如 GPU 故障）[1]，进而对平台稳定性造成挑战。高效、敏捷地发现和修复故障，除了工具的支持外，还需要系统化的系统设计、开发流程设计与管理策略设计共同作用。

4. 可维护性

平台团队同时在开发和运维平台，可维护性也是平时减少运维负担的一个重要因素。通过微服务等手段（回顾操作系统微内核的设计思想）将功能模块尽可能地拆分，能够使故障的定位与修复最小化，同时良好的 DevOps 流程搭建、敏捷的开发与项目管理也为平台的可维护性提升起到关键作用。

5. 用户体验

用户体验良好并统一的作业提交、作业管理与调试工具，能大幅提升用户的开发生产力，同时也能减轻平台运维工程师的负担。

除了以上指标，平台也会关注性能（吞吐量、完工时间等）指标。综上所述，平台本身模块众多，涉及的外部交互的软硬件多样，使用和维护的用户也很多，所以其面对的问题场景较为复杂，作为平台设计者和使用者需要通盘考量，性能只是其中一个环节。我们还要以系统化的视角去设计和管理整个异构资源，为上层应用负载与用户提供更加透明与便捷的使用体验。

思考：如果需要兼顾以上指标，新一代深度学习调度与平台设计应该朝着哪个方向设计与发展？

请读者设计算法或策略，在保证公平性的前提下，最大限度地提升集群效率，可以参考上一节的日志痕迹进行实验设计与算法验证。

7.4.4 深度学习负载与异构硬件下的调度设计

接下来，我们将从深度学习平台的调度算法入手，介绍考虑不同设计目标和侧重点的调度算法设计。这些调度器由于设计目标不同，且基于能获取信息的假设也不同，同时实现和对作业的入侵性也不同，因此读者在选用和设计调度器时，需要考虑不同算法的优劣势并根据平台现状酌情选择。

我们总结当前有以下几类调度器设计思路：

1）兼顾新负载特点扩展经典调度器的设计；

2）框架与平台协同设计的调度器设计；

3）历史作业数据驱动的调度器设计；

4）面向特定场景问题（多租）的调度器设计。

1. 兼顾新负载特点扩展经典调度器的设计

本部分介绍的调度算法有以下特点：

- 基于经典集群调度算法和调度器；
- 根据新负载特点（例如 GPU 亲和性）进行策略扩展。

深度学习系统社区有很多具有大数据系统和平台背景的工程师，同时深度学习训练负载从作业性质上可以归纳为批处理作业，那么以往成熟的大数据批处理作业集群管理系统 YARN 中的调度器，无疑在平台设计初期是一个较好的入手点和起点，因为它经过大规模的生产环境检验，提供容量调度、虚拟集群等机制的支持，社区活跃，应用范围广。所以文献［5］和开源系统 OpenPAI 的初期都采用从经典调度器的基础上进行扩展深度学习负载调度特点功能支持的思路进行设计。YARN-CS 研究作业在不同 GPU 拓扑结构下的性能影响，进而分析作业调度日志，证明如果分布式作业尽可能考虑局部性，将作业内的任务调度到"离得近"且通信代价小的一批 GPU 和节点上，就可以降低作业的完工时间。同时 YARN-CS 还通过观察和实验发现，过于追求严格的局部性会造成较长的排队延迟（queuing delay），其称之为碎片延迟（fragmentation delay），适当放松局部性约束是有意义的，随着时间的推移有利于减轻分布式作业的排队延迟。但是容量调度产生的是由公平性共享引起的排队延迟（这种延迟一定程度上可以通过抢占调度降低），机器学习任务的群调度和局部性需求也会产生碎片延迟，这些结果也启发之后介绍的 HiveD 等延续性工作。

2. 框架与平台协同设计的调度器设计

本部分介绍的调度算法有以下特点：

1）入侵性强，需要框架与平台协同设计；

2）利用深度学习作业特点和运行时性能数据；

3）以降低作业延迟和提升效率为目标。

文献［2］根据深度学习作业的特点（早反馈、分布式作业对拓扑敏感等），以及硬件和操作系统对 GPU 计算的进程上下文切换支持的不足进行弥补，通过框架和平台协同设计提升整体集群资源利用率。但是其假设是框架提供基本检查点和迁移的功能原语支持，所以具体实现需要入侵性地修改框架。

Gandiva 设计了两种模式，一种是反应模式，另一种是内省模式。

● 反应模式（reactive mode）

类似传统调度器事件驱动的设计，根据不同事件和状态（作业到达（arrivals）、离开（departures）、失效（failures））触发调度策略，可以将其整体策略抽象理解为一个状态机。

如图 7-27 所示，将同样需要 2 块 GPU 卡的作业分别调度在相同的 PCIe 交换机中，在跨交换机和跨节点下部署运行会产生 40% ~ 500% 的降速。所以对于多卡作业，考虑部署的局部性，通过亲和性调度可以让作业执行得更快，节省更多的资源执行其他作业，进而缩短整体完工时间，提升资源利用率。

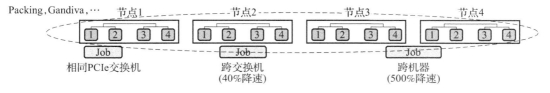

图 7-27 分布式作业调度受局部性影响

当触发调度时使用考虑亲和性的调度策略：在调度过程中按以下优先级考虑和排序节点进行作业分配，这样能够更多地考虑 GPU 的亲和性和拓扑结构，让深度学习作业减少数据 I/O 的开销，提升性能。待分配节点的优先级为：

1）拥有相同亲和性的节点；

2）还未标注亲和性的节点；

3）有不同亲和性的节点；

4）进行超额订阅（oversubscription），在有相同亲和性的节点处暂停和恢复其他作业。

5）不满足之前条件，作业排队等待。

如图 7-28 所示，调度器将需要 1 个 GPU 的作业放在一起，但需要 2 或 4 个 GPU 的作业放置在不同的服务器上。此外，我们可以通过选择负载最小的服务器，试图平衡每台服务器上的超额订阅负载（例如，图中防止 1 个 GPU 需求作业的服务器中，各有 6 个 1 个 GPU 需求的作业）。

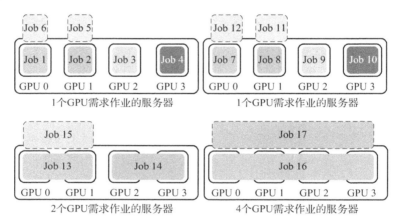

图 7-28　在 16 块 GPU 集群中的 Gandiva 调度实例

● 内省模式（introspective mode）

这种模型应用在作业执行后，会持续监控并定期优化当前作业的放置，同时通过扩展框架支持细粒度的检查点和恢复功能，并为后续备份与迁移策略提供基础原语的支持。不断监控作业利用率和节点资源利用率，不断进行作业的装箱（bin packing）、迁移（migration）、增长收缩（grow-shrink）、超额订阅和时间切片（time slicing），可以提升整体资源利用率，降低作业的完工时间。

1）装箱：在保证 GPU 显存约束的情况下，根据浮点运算量，将更多的作业装箱到相同 GPU，提升资源利用率。

2）时间切片：利用框架层或底层实现的检查点和恢复机制，多个作业可以通过时间切片，共享单块 GPU。我们可以将其类比为一种粗粒度的进程上下文切换机制。

3）迁移：利用框架层或底层实现的检查点和恢复机制，当有空闲资源或奖励资源时，动态迁移作业使用奖励资源加速训练。当作业需要被抢占以归还资源时，迁移作业保证作业之前的训练不失效。

图 7-29 展示了集群实验的一个示例。在多作业调度执行的场景中有 4 个均需要 2 块 GPU 的作业，这些作业都已经被调度，但是其中 3 个作业都没有好的亲和性（J_1、J_2 和 J_3），只有 J_0 的 GPU 被打包分配到了相同的节点。3min 后，一个使用 DeepSpeed 框架训练的作业（图中深灰色圆圈表示）训练完成并释放 8 块 GPU，其中 3 块在图中以深灰色圆圈表示，并分布在不同服务器中，这三块 GPU 有潜力提升当前多个作业的训练效率。Gandiva 调度器因此启动了迁移流程，重新分配 J_1、J_2 和 J_3 到放置在一起的 GPU。为了减少碎片，我们选择对空闲 GPU 最多的服务器上的作业进行迁移，之后开始从当前服务器（空闲 GPU 更多的）到另一个服务器（空闲 GPU 更少的）迁移运行的作业，同作业的任务可以在相同服务器的 GPU 中执行。Gandiva 调度器不断重复这个过程，直到非空闲服务器上的空闲 GPU 数量小于一定阈值（实验中使用 3/4 作为阈值），或者直到没有作业能够受益于作业迁移。

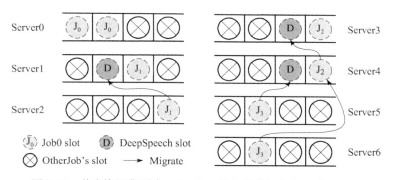

图 7-29 共享资源集群中，Gandiva 调度器进行作业迁移的实例

Gandiva 的设计方法能大幅度降低作业执行延迟和提升资源利用率，但需要结合其他调度策略才能兼顾公平性等目标，同时需要框架和平台提供功能支持。该方法也存在很多其他挑战，例如需要能够监控深度学习作业的负载信息，同时越来越多样的深度学习作业资源使用状况（例如动态性的模型训练）也会产生新的挑战。

Gandiva 调度器本身需要框架或硬件提供检查点和实时迁移的支持，这点假设对现有平台的挑战较大，因为框架与平台是分离的软件，需要框架和平台协同设计。对一些两者为分离团队的公司或平台来说，协同开发和维护也是新的挑战。

利用运行时信息反馈和框架与平台协同设计的调度器工作还有：

1）基于在线（Online）作业信息反馈，进行调度算法优化设计的调度器 Optimus[3] 等。

2）需要框架和平台协同设计提供支持的调度器还有 AntMan[4] 等。

请读者思考，当前这类调度器依赖框架协同，本质属于框架与平台协同设计的产物，在很多假设或者条件不能满足的情况下，很难实现或部署。例如，当前框架多样，如果平台难以限定用户使用唯一的框架进行模型训练，以上的功能也就无法完全落地与应用。

经典回顾

我们可以看到数据驱动的设计思路和检查点与迁移等经典机制再次在新场景下的应用与创新，数据驱动的内省模式是经典的系统优化策略，和 JIT（Just-In-Time）利用运行时信息进行优化有异曲同工之妙，同时检查点和实时迁移是操作系统中进程、线程上下文切换的经典设计，在提升资源复用的设计目标上是基础机制。

处理器亲和性（processor affinity）可以将进程或线程绑定和解除绑定到中央处理单元（CPU）或一系列 CPU 上。传统的处理器亲和性更多是缓存亲和性以减少缓存失效，而上面介绍的工作中更多的是通过亲和性减少通信 I/O，这点更像 NUMA 中考虑的亲和性问题，即减少数据跨节点搬运。

时间切片（time slice）机制调度中断使得操作系统内核在它们的时间片到期时在进程之间切换，从而让处理器的时间在多个任务之间共享。在上面的工作实现中，用户需要模拟操作系统的中断机制，使用信号控制进程。

进程迁移（process migration）是一种特殊的操作系统进程管理形式，支持进程从一个计算环境移动到另一个计算环境。在给定机器内迁移进程非常容易，因为大多数资源（内存、文件、套接字）并不需要改变，只需要执行上下文（主要涉及程序计数器和寄存器）切换。所以在上面的工作实现中，用户需要模拟操作系统的上下文切换，通过迁移进程"上下文"，进而在其他节点恢复进程。

3. 历史作业数据驱动的调度器设计

本部分介绍的调度算法有以下特点和假设：

1）基于历史作业数据；

2）降低完工时间和提升资源利用率。

Tiresias[6] 调度器：对集群历史作业的资源分配和完工时间的日志痕迹进行统计分析，基于数据驱动的设计思路，预估作业执行时间，并利用这些信息指导调度，优先调度短时作业，降低作业的完工时间；借鉴经典的基廷斯指数（Gittins index）等理论进行优化问题的抽象与策略设计，优先调度大量短作业，降低整体完工时间；同时对分布式深度学习作业进行基准测试，启发对亲和性敏感的负载进行策略设计，提升利用率，同时也抛出亲和性影响排队时间的伏笔，为后续 HiveD 等的研究工作铺垫问题。文献中也提供了表 7-2 中调度器的比较。相比于基于 Apache YARN 的容量调度程序（YARN-CS）和 Gandiva，Tiresias 旨在最小化平均作业完成时间。与 Optimus 不同，Tiresias 可以有效地安排工作利用或不利用部分先验知识。此外，Tiresias 可以根据 Tiresias 分析器自动捕获的拓扑结构，智能放置分布式深度学习作业。

表 7-2 Tiresias 对深度学习调度器的比较总结

	YARN-CS	Gandiva	Optimus	Tiresias (Gittins index)	Tiresias (LAS)
先验知识	无	无	完工时间（JCT）预测	完工时间（JCT）分布	无
调度算法	先进先出（FIFO）	分时	剩余时间驱动	基延斯指数	最少获得服务（LAS）
调度输入	到达时间	不适用	剩余时间	获得服务，例如空间和时间维度	获得服务
调度维度	时间维度，执行多久	无	时间维度	空间维度和时间维度	空间维度和时间维度
调度优先级	连续	连续	连续	离散队列	离散队列
作业抢占	不适用	上下文切换	模型检查点	模型检查点	模型检查点
最小化平均作业完工时间	否	否	是	是	是
饥饿避免	不适用	不适用	动态资源	如达到饥饿阈值，提升到最高优先级 Q1	如达到饥饿阈值，提升到最高优先级 Q1
作业放置	合并	试错	基于容量	基于观测结果	基于观测结果

此类工作在实施过程中假设集群已经积累了大量的历史作业，且历史作业模式较为稳定（如果变化较快则需要持续更新），不适合领启动集群或作业模型更新迭代较快的集群。此类工作负载驱动的调度思想相比 Gandiva 运行时监控测试运行，在作业调度之前为调度器获取了更多信息，进而可以求解信息更全面的优化问题。

4. 面向特定场景问题（多租）的调度器设计

本部分介绍的调度算法有以下特点：

1）面向多租虚拟集群环境；

2）降低由于亲和性调度造成排队延迟问题和资源分配碎片问题。

图 7-30 展示了 2 个月的日志数据，其中包括 2232 个 GPU 的集群、11 个租户情况下的私有集群、共享多租集群和 HiveD 优化后的共享多租集群情况，以及作业的排队延迟问题。通过红色的线我们观察到，平均有 7 倍的延迟是因为在多租环境下要求作业满足节点亲和性硬约束（尽可能将作业调度到通信距离更近的节点）而造成的作业延迟调度。

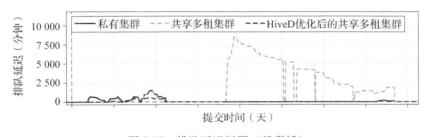

图 7-30 排队延迟问题（见彩插）

HiveD[7] 提出，如果假设调度深度学习作业的同时考虑多租环境，不同租户之间会配置不同的资源配额，根据配额被分配相应的资源，但是如果考虑 GPU 亲和性的调度策略，则会尽可能地将亲和性高的资源整体分配给作业，这就会造成集群调度容易出现有些作业排队延迟较高的异常。HiveD 通过设计多级单元格结构，设计了伙伴单元格分配（buddy cell allocation）算法来保证在之前的约束下，资源能够高效分配，降低排队时间和资源碎片。同时 HiveD 能够和现有的调度器进行较好的集成。

HiveD 考虑了兼容性设计，能够与其他调度器兼容地集成使用。图 7-31 展示了一个示例，其中有 4 个级别的单元格结构，分别是 GPU（Level-1）、PCIe 交换机（Level-2）、CPU 套接字（Level-3）和节点级别（Level-4）。当前实例集群有一个机架，由四个 8-GPU 节点组成，由三个租户 A、B 和 C 共享。每个租户的单元格资源分配和租户的虚拟集群（VC）情况总结在图 7-31 的表格中。租户 A 和 B 的 VC 都保留了一个 3 级单元格（4 个 GPU 在同一个 CPU 插槽内）、一个 2 级单元格（2 个 GPU 在同一个 PCIe 交换机内）和一个 1 级单元格（单个 GPU）。租户 C 是一个更大的租户，它保留了两个 4 级单元格（节点级别）和一个 2 级单元格。给定图 7-31 中定义的 VC 视图，HiveD 可以采用第三方调度器（例如，7.3 节和 7.4 节中介绍的调度器）在当前租户分配的资源视图下继续进行租户内的作业资源调度。从第三方调度器的角度来看，VC 视图和私有集群没有区别，均由不同大小的节点组成（即不同级别的单元格）。例如，调度程序可以将租户 C 视为具

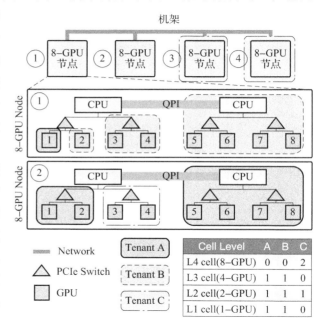

图 7-31　HiveD 机架的多级单元分配示例

有两个 8-GPU 节点和一个 2-GPU 节点的私有集群，尽管 2-GPU 节点实际上是一个 2 级单元。请注意，第三方调度程序可以使用任何 GPU 分配的单元格。它可以调度两个 2-GPU 作业到一个 4-GPU（level-3）单元：一个单元格是自愿的粒度，在 VC 和物理集群中保留，但不是必须第三方调度器进行作业调度的粒度。

在单元层次结构中，第 k 级单元 c 由一个 S 集合（其中包含一组第 $k-1$ 级单元格）构成。S 中的单元格称为伙伴单元格（buddy cells）。伙伴单元格可以合并到更高级别的单元格中（例如第 k 级）。我们假设单元格展示了分层统一的可组合性：①在满足租户方面，所有 $k-1$ 级单元都是等效地请求第 k 级单元；②所有第 k 级单元可以被拆分到相同数量的第 $k-1$ 级单元格。

HiveD 假设平台已经提供多租虚拟集群机制，以及能在平台获取到 GPU 拓扑，同时有较多的多卡分布式作业，有考虑作业 GPU 亲和性问题的需求。

由于篇幅所限，我们暂不列出调度算法细节，主要介绍其相比其他算法的较大不同点、动机和方法设计以及启发实例。读者如果对 HiveD 的调度算法策略感兴趣，可以参考文献［7］，或使用和测试其已开源的 HiveD 调度器。

经典回顾

我们可以看到经典的系统算法再次在新场景下的应用与创新，伙伴系统是资源分配算法中常常使用的机制，用于减少资源碎片的发生，经常出现在内存分配器或资源调度器中。例如，经典的伙伴内存分配（buddy memory allocation）技术将内存划分为多个分区，以尽可能地满足内存分配和释放请求。该系统将内存不断分成两半来尝试提供最佳匹配的块尺寸，这在内存回收时也有利于相邻内存块合并。伙伴系统的优势是易于实现，很容易合并相邻的块以减少外碎片（external fragmentation），能快速分配内存和释放内存。它的劣势是要求所有的分配单元都是 2 的幂，这容易导致内部碎片化（internal fragmentation）。

5. 调度问题的约束

通过以上调度经典算法的脉络，我们可以看到，深度学习集群调度问题中充满了不同设计目标的权衡和需要满足的约束，之前我们已经总结过调度算法的设计目标，接下来我们可以总结调度问题设计过程中常常可以追加和需要满足的硬约束（hard constraint）以及软约束（soft constraint）。

1）配额（quota）约束：虚拟集群等多租环境使用严格的配额约束保证公平性，确保作业的 GPU、GPU 内存、CPU、主存等资源有空闲资源分配给作业使用。此类约束一般可以设计为硬约束，即必须满足的约束，但是可以通过抢占等底层机制适当放松。

2）最小资源保证约束：容量调度等场景使用虚拟集群的最小资源配额约束保证公平性。此类约束一般可以设计为硬约束，即必须满足。

3）资源局部性（locality）：GPU 亲和性约束有助于降低分布式或多卡训练作业的通信开销，缩短完工时间。此类约束一般可以设计为软约束，不需要必须满足。

4）完工时间约束：保证排队时间低于一定条件，对排队较久或执行时间更短的作业优先调度。此类约束一般可以看作软约束。

随着新技术的发展，还会有新的调度算法产生，关于最新的深度学习集群调度算法研究工作，读者可以关注 OSDI、SOSP、ATC、NSDI、SoCC 等计算机系统与网络会议的最新进展。

总结起来，调度器的算法求解的是基于不同的可获取（例如在线、离线获取）的作业（时间）和硬件拓扑（空间）上下文信息假设，针对优化目标（例如完工时间、平均完工时间等），满足有特定约束（例如局部性）的作业资源分配的多约束优化问题。在历史的长河中，非常多的经典算法设计相继出现，同时随着深度学习的发展，还会不断涌现出新的调度算法设计，感兴趣的读者可以思考、应用和研究相关工作，为未来从事平台管理打下坚实基础。

7.4.5 开源和云异构集群管理系统简介

本节我们将介绍具有代表性的开源和企业内部部署的大规模异构集群管理系统。基于开源系统，企业可以部署和构建自己的平台，提升资源管理能力、资源利用率和开发效率。参考已经发表的大规模异构集群管理系统文献，企业可以较早地规划和采取最佳实践策略，将未来可预见的问题较早规避。

1. 开源中立人工智能平台——OpenPAI

图 7-32 展示了 OpenPAI 架构图。相比其他场景，除公有的挑战和功能需求，开源的中立人工智能平台还需要保证：①组件化设计，支持用户部署需求与定制二次开发，替换其中的组件（类似 Micro-Kernel 的设计思想）；②尽可能利用社区可用的最佳开源系统模块，无须绑定特定开源系统或社区；③尽可能地提供全面的功能支持，保证用户开箱即用。

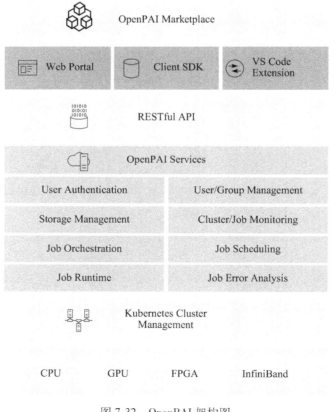

图 7-32 OpenPAI 架构图

OpenPAI 由微软亚洲研究院系统组和微软（亚洲）互联网工程院联合研发，支持多种深度学习、机器学习及大数据任务，可提供大规模 GPU 集群调度、集群监控、任务监控、分布式存储等功能，且用户界面友好，易于操作。OpenPAI 正在转向更健壮、更强大和更轻量级的架构。OpenPAI 还提供了许多对 AI 用户友好的功能，使最终用户和管理员更容易完成日常的人工智能作业。OpenPAI 通过统一的框架控制器（framework controller），类似 YARN 提供统一的 AppMaster，对各个深度学习或大数据框架的作业部署、监控、重试提供支持。同时 OpenPAI 提供丰富的运行时信息监控、服务状态监控和调试（例如远程 SSH）等功能支持，功能和组件较为丰富，并且还提供了应用市场、插件化支持和扩展平台上可以运行的应用。

2. 基于 Kubernetes 社区原生开源平台——Kubeflow

相比其他场景，除公有的挑战和功能需求，原生平台还需要保证：①对 Kubernetes 提供兼容性支持、生态绑定和新特性的支持；②尽可能利用社区的原生组件进行组合；③开源系统提供更完善的社区支持、培训、用户培育与二次开发支持。

Kubeflow 是由 Google 开源的平台项目，该项目致力于使机器学习工作流在 Kubernetes 上的部署变得简单、便携和可扩展。由于 Kubeflow 由 Kubernetes 社区原生支持，因此一经推出，社区发展就非常迅速，扩展组件（例如调度、工作流管理与可视化等）高速发展。Kubeflow 的设计目标不是重新创建其他服务，而是提供一种直接的方法，将用于机器学习和深度学习的同类最佳开源系统部署到不同的基础设施。无论用户在何处运行 Kubernetes，都可以运行 Kubeflow。Kubeflow 通过定制化各个框架的 Operator，提供对各个深度学习或大数据框架的自动部署、监控、重试的支持，但区别于 YARN 的是，没有像 YARN 一样提供统一的 AppMaster，需要各个框架依赖社区构建，这为之后的维护和功能支持增加了额外负担。

3. 企业内面向第一方（first-party）用户的平台——Philly

面向第一方的平台相比面向第三方平台需要保证：①定制化团队的极致性能支持和头部公司更大规模的场景支持；②较好的资源利用与多路复用需求；③根据团队需求特点规划硬件与规格，支持定制化改造与功能提供，并对内部框架提供更好的支撑。

Philly 是微软使用的大规模深度学习训练作业平台，旨在为执行有监督的机器学习的训练工作负载提供支持。这包括培训来自开发产品的生产团队的工作，这些产品用于图像分类、语音识别等模型。有相关研究工作对 Philly 上的资源分配、深度学习作业性能特点[5]和深度学习程序缺陷[8]进行研究，从中我们可以观察和了解大规模生产环境中的作业资源争用、资源利用率、调度策略设计和程序缺陷等问题及启发相关新的研究工作。

4. 公有云面向第三方（third-party）人工智能平台服务——Singularity

相比其他场景，公有云面向第三方的平台除公有的挑战和功能需求外还需要：①更严格的认证与权限管理；②更严格的隔离性保证；③满足不同地理位置的客户部署需求；④出于更低价格的竞争优势，底层有高效的资源利用与多路复用；⑤为满足服务等级协议提供稳定性和可用性支持。

Singularity[9]是由微软 Azure 提供的大规模云端 AI 平台服务，旨在支持调度并执行跨数据中心的抢占式和弹性调度的深度学习作业。Singularity 的核心是一种工作负载感知的调度程序，它可以透明地抢占和弹性扩展深度学习工作负载，在不影响其正确性或性能的情况下在全球范围内的 AI 加速器（例如 GPU、FPGA）中提高利用率。默认情况下，Singularity 中的所有作业都是可抢占、可迁移和可动态调整大小（具备弹性）的。作业可以动态且透明地抢占并迁移到一组不同的节点、集群、数据中心或区域，并准确地从执行被抢占的点，以及在给定类型的一组不同的加速器上调整大小（即弹性地放大/缩小）。Singularity 通过底层实现设备代理（device proxy）机制，通过在驱动层实现透明的检查点，进而支持作业的抢占、迁移与弹性调整。从这里我们可以看到很多高层应用的功能十分依赖底层基础机制的支持。相较于 Gandiva 对 GPU 备份在框架层设计检查点，Singularity 在内核驱动层面设计检查点，可以支持透明模型检查点和弹性作业，但是难以获取上层语义，可能产生潜在冗余备份。

同性质的公有云代表性人工智能平台还有亚马逊 AWS SageMaker 和阿里云 PAI 等。

在工业界，有大规模人工智能应用场景的公司，都需要购买并部署大规模异构资源管理平台，并进行定制化的功能开发与支持，感兴趣的读者可以关注开源和工业界的公开分享，并不断设计和重构公司的平台系统，使平台更加稳定与高效。

目前，面向深度学习的集群管理系统仍是学术界和工业界的前沿和重要的研究与工程实践方向，仍在不断发展和迭代，以上内容中的很多经典问题场景已经有很多共识，但仍有很多问题，各家机构均呈现出不同的方案，解决方法仍在演化。请感兴趣的读者或者从业者密切关注社区的发展与前沿，一起推动人工智能领域的集群资源管理不断朝着更加成熟、稳定与高效发展。

7.4.6 部署异构资源集群管理系统实验

通过实验可以练习和感受以下任务：

1）部署异构资源集群管理系统；

2）监控异构资源集群管理系统；

3）提交作业与监控作业；

4）调整调度器配置，观察调度器的影响。

1. 实验目的

以 Microsoft Open Platform for AI（OpenPAI）为例，学习搭建并使用面向深度学习的异构计算集群调度与资源管理系统。

2. 实验环境

本实验为分组实验，3~4 位同学为一组，实验内容略有差别，在实验流程中将以 Alice、Bob、Carol、Dan 指代（3 人组请忽略 Dan）4 位同学，每位同学的环境均为：

- Ubuntu 18.04 LTS；

- NVIDIA GPU（已装好驱动）；
- Docker Engine；
- nvidia-container-runtime；
- ssh and sshd；
- OpenPAI v1.2.0。

3. 实验原理

（1）深度学习集群管理系统

OpenPAI（如图 7-32 所示）本身是基于 Kubernetes 的深度学习集群管理系统，在其基础上构建了针对深度学习作业的调度器、作业框架控制器、监控与报警平台、运行时等。Kubernetes 是一个可移植的、可扩展的开源平台，用于管理容器化的工作负载和服务，可促进声明式配置和自动化，Kubernetes 控制平面组件如图 7-33 所示。一个 Kubernetes 集群由一组被称作节点的机器组成。这些节点上运行被 Kubernetes 管理的容器化应用，集群具有至少一个主节点和至少一个工作节点。

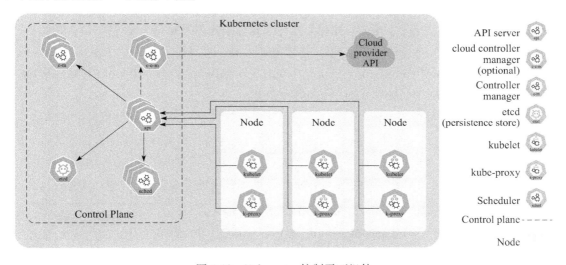

图 7-33　Kubernetes 控制平面组件

主节点　管理集群中的工作节点和 Pod，通常运行控制组件，对集群做出全局决策（比如调度），以及检测和响应集群事件，主要包括以下组件（更详细的功能介绍请参考官方文档）：

- kube-apiserver：主节点上负责提供 Kubernetes API 服务的组件；
- etcd：兼具一致性和高可用性的键值数据库，可以作为保存 Kubernetes 所有集群数据的后台数据库；
- kube-scheduler：主节点上的组件，该组件监视那些新创建的未指定运行节点的 Pod，并选择节点让 Pod 在上面运行；
- kube-controller-manager：在主节点上运行控制器的组件；

- cloud-controller-manager：与 kube-controller-manager 类似，cloud-controller-manager 是将嵌入特定云平台的控制逻辑在主节点上运行的云服务器控制器的组件。

工作节点 托管作为应用程序组件的 Pod，维护运行的 Pod 并提供 Kubernetes 运行环境，主要包括以下组件：

- kubelet：一个在集群中每个节点上运行的代理，保证容器都运行在 Pod 中；
- kube-proxy：集群中每个节点上运行的网络代理，维护节点上的网络规则；
- container runtime：容器运行环境是负责运行容器的软件，例如 Docker。

（2）HiveD 调度器与调度算法

HiveD 调度器是一个适用于多租户 GPU 集群的 Kubernetes 调度器扩展。多租户 GPU 集群假定多个租户（团队）在单个物理集群（physical cluster）中共享同一 GPU 池，并为每个租户提供一些资源保证。HiveD 为每个租户创建一个虚拟集群（Virtual Cluster，VC），以便每个租户可以像使用私有集群一样使用自己的虚拟集群，同时还可以较低优先级地使用其他租户 VC 的空闲资源。

HiveD 为 VC 提供资源保证，不仅包括资源的数量保证，还包括资源拓扑结构的保证。例如，传统的调度算法可以确保 VC 使用 8 个 GPU，但是它不知道这 8 个 GPU 的拓扑结构。即使在 VC 仍有 8 个空闲 GPU 的情况下，传统调度算法也可能因为这些 GPU 在不同的机器上，导致无法分配在单个机器上运行的 8 卡训练任务。HiveD 可以为 VC 提供 GPU 拓扑结构的保证，例如保证 VC 可以使用在同一个机器上的 8 个 GPU。

HiveD 通过单元格单元来分配资源，一个单元格单元包含用户自定义的资源数量和硬件的拓扑结构信息。例如用户可以定义一个包含 8 GPU 的节点，并把该单元格分配给 VC，这样 HiveD 可以保证该 VC 一定有一个可分配的 8 GPU 机器（不管其它 VC 的资源分配情况怎样）。HiveD 支持灵活的单元格单元定义，从而保证细粒度的资源分配。例如，用户可以针对不同的 AI 硬件（例如 NVIDIA V100、AMD MI50、Google Cloud TPU v3）或网络配置（例如 InfiniBand）在多个拓扑层级（例如 PCIe switch、NUMA）定义单元格单元。VC 可以包含各种层级的单元格单元，HiveD 可以保证所有单元格单元的资源。

4. 实验内容

实验流程如图 7-34 所示。

具体实验步骤如下。

（1）安装环境依赖

（以下步骤在 Alice、Bob、Carol、Dan 的机器上执行）

1）安装 Docker Engine。参照 Docker Engine 文档在 Ubuntu 上安装 Docker Engine。

2）安装 nvidia-container-runtime。参照 Installation 文档在

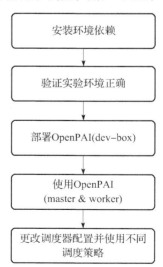

图 7-34 实验流程图

Ubuntu 上安装 nvidia-container-time。参照文档修改 Docker daemon 配置文件，将 default-runtime 设为 nvidia，配置文件修改后需要使用 sudo systemctl restart docker 重启 Docker daemon。

3）验证安装结果。通过 sudo docker info 检查是否有 Default runtime：nvidia（默认为 runc）。通过 sudo docker run nvidia/cuda：10.0-base nvidia-smi 运行一个 GPU Docker，观察是否能正确看到 GPU 信息。

4）新建 Linux 用户。新建相同的 Linux 用户，例如 username：openpai，password：paiopen，并将该用户添加到 sudo 组里。

代码 7-18　安装环境

```
sudo useradd openpai
sudo usermod -a -G sudo openpai
```

（2）部署 OpenPAI

在部署的集群中，Alice 的机器为 dev-box（管理员用来操作集群，不在集群中），Bob 的机器为 master（在集群中，不执行具体的任务），Carol 和 Dan 的机器为 worker（在集群中，用来执行用户的任务）。以下步骤只在 Alice 的机器上执行。

1）准备配置文件。

- ~/master.csv

代码 7-19　配置 Bob 机器的 IP 地址

```
hostname-bob,10.0.1.2
```

hostname-bob 是在 Bob 的机器上执行 hostname 的结果，将 10.0.1.2 替换为 Bob 机器的 IP 地址。

- ~/worker.csv

代码 7-20　配置 Carol 和 Dan 机器的 IP 地址

```
hostname-carol,10.0.1.3
hostname-dan,10.0.1.4
```

hostname-carol 是在 Carol 的机器上执行 hostname 的结果，将 10.0.1.3 替换为 Carol 机器的 IP 地址，Dan 同理。

- ~/config.yaml

user 和 password 是新建的 Linux 用户的用户名和密码。

代码 7-21　配置新建 Linux 用户的用户名与密码

```
user: openpai
password: paiopen
```

```
branch_name: v1.2.0
docker_image_tag: v1.2.0
```

2）部署 OpenPAI。

- 克隆 OpenPAI 的代码

代码 7-22　克隆 OpenPAI

```
git clone -b v1.2.0 https://github.com/microsoft/pai.git
cd pai/contrib/kubespray
```

- 部署 Kubernetes

代码 7-23　部署 Kubernetes

```
bash quick-start-kubespray.sh -m ~/master.csv -w ~/worker.csv -c ~/config.yaml
```

- 启动 OpenPAI 服务

代码 7-24　启动 OpenPAI 服务

```
bash quick-start-service.sh -m ~/master.csv -w ~/worker.csv -c ~/config.yaml
```

如果部署成功，会看到如下日志信息：

代码 7-25　部署成功日志

```
Kubernetes cluster config :     ~/pai-deploy/kube/config
OpenPAI cluster config    :     ~/pai-deploy/cluster-cfg
OpenPAI cluster ID        :     pai
Default username          :     admin
Default password          :     admin-password

You can go to http://<your-master-ip>, then use the default username and password to log in.
```

在浏览器中访问 http://bob-ip，使用 admin 和 admin-password 登录。

3）运行 dev-box Docker 管理集群。

- 运行 dev-box Docker 容器：

代码 7-26　运行 dev-box Docker 容器

```
sudo docker run -itd \
    -v /var/run/docker.sock:/var/run/docker.sock \
    -v ${HOME}/pai-deploy/cluster-cfg:/cluster-configuration \
    -v ${HOME}/pai-deploy/kube:/root/.kube \
    --privileged=true \
    --name=dev-box \
```

```
openpai/dev-box:v1.2.0
```

- 执行 dev-box Docker 容器：

代码 7-27　执行 dev-box Docker 容器

```
sudo docker exec -it dev-box bash
```

- 获取集群中的节点信息：

代码 7-28　获取集群中的节点信息

```
kubectl get nodes
```

- 使用 paictl 管理 OpenPAI 服务：

代码 7-29　管理 OpenPAI 服务

```
cd /pai
python paictl.py config get-id
```

（3）使用 OpenPAI

1）新建 OpenPAI 用户，仅 Bob 的机器执行。

Bob 访问 http://bob-ip，在 Administration -> User Management 页面中，给 Alice、Carol 和 Dan 分别新建账号。

2）提交集群任务，Alice、Bob、Carol、Dan 的机器都执行。

在浏览器中访问 http://bob-ip，在 Submit Job 页面提交 Single Job。观察集群中任务的等待和执行情况。

（4）更改调度器配置并使用不同调度策略

1）更改调度器配置，仅 Alice 执行。

将两个 GPU 机器配置成两个不同的 VC，在 dev-box Docker 容器中更改 /cluster-configuration/service-configuration. yaml 文件中的 hivedscheduler。

代码 7-30　配置调度器

```
hivedscheduler:
    config: |
        physicalCluster:
            skuTypes:
                GPU-C:
                    gpu: 1
                    cpu: 2
                    memory: 4096Mi
                GPU-D:
```

```
                  gpu: 1
                  cpu: 2
                  memory: 4096Mi
          cellTypes:
              GPU-C-NODE:
                  childCellType: GPU-C
                  childCellNumber: 1
                  isNodeLevel: true
              GPU-C-NODE-POOL:
                  childCellType: GPU-C-NODE
                  childCellNumber: 1
              GPU-D-NODE:
                  childCellType: GPU-D
                  childCellNumber: 1
                  isNodeLevel: true
              GPU-D-NODE-POOL:
                  childCellType: GPU-D-NODE
                  childCellNumber: 1
          physicalCells:
          - cellType: GPU-C-NODE-POOL
              cellChildren:
              - cellAddress: hostname-carol #TODO change to Carol's
          - cellType: GPU-D-NODE-POOL
              cellChildren:
              - cellAddress: hostname-dan #TODO change to Dan's
      virtualClusters:
          default:
              virtualCells:
              - cellType: GPU-C-NODE-POOL.GPU-C-NODE
                  cellNumber: 1
          vc1:
              virtualCells:
              - cellType: GPU-D-NODE-POOL.GPU-D-NODE
                  cellNumber: 1
```

然后使用 paictl 更新配置文件并重启相应的服务（提示输入的 cluster-id 为"pai"）。

代码 7-31　重启服务

```
python paictl.py service stop -n rest-server hivedscheduler
python paictl.py config push -p /cluster-configuration -m service
python paictl.py service start -n rest-server hivedscheduler
```

2）虚拟集群安全（VC Safety），Alice、Bob、Carol、Dan 均执行，四者可同时执行。

同时向 vc1 提交任务（任务配置文件可参考 job-config-0. yaml），观察任务的运行情况，包括提交的任务会在哪个机器上运行，当有多个任务在等待并且集群中的 default VC 空闲时任务会被怎样调度？

3）优先级和抢占，Alice、Bob、Carol、Dan 按顺序依次实验，实验时确保集群中没有其他未结束的任务。

先向 vc1 提交一个优先级 jobPriorityClass 为 test 的任务（任务配置文件可参考 job-config-1. yaml），在其运行时再向 vc1 提交一个优先级为 prod 的任务（任务配置文件可参考 job-config-2. yaml），观察任务的运行情况，包括后提交的任务是否在先提交的任务运行完成之后再运行，什么时候两个任务都运行结束？

4）低优先级任务，也叫机会任务（opportunistic job），Alice、Bob、Carol、Dan 按顺序依次实验，实验时确保集群中没有其他未结束的任务。

先向 vc1 提交一个优先级 jobPriorityClass 为 prod 的任务（任务配置文件可参考 job-config-3. yaml），在其运行时再向 vc1 提交一个优先级为 oppo（最低优先级）的任务（任务配置文件可参考 job-config-4. yaml），观察任务的运行情况，包括后提交的任务什么时候开始运行，是否会等高优先级的任务运行完？如果在后提交的任务运行时再向 default VC 提交优先级为 test 的任务会被怎样调度？

5）更改调度器配置，仅 Alice 执行。

将两个 GPU 机器配置在相同的 VC 里，并在 dev-box Docker 容器中更改/cluster-configuration/service-configuration. yaml 文件中的 hivedscheduler。

代码 7-32　配置调度器

```yaml
hivedscheduler:
    config: |
        physicalCluster:
            skuTypes:
                GPU:
                    gpu: 1
                    cpu: 2
                    memory: 4096Mi
            cellTypes:
                GPU-NODE:
                    childCellType: GPU
                    childCellNumber: 1
                    isNodeLevel: true
                GPU-NODE-POOL:
                    childCellType: GPU-NODE
                    childCellNumber: 2
            physicalCells:
            - cellType: GPU-NODE-POOL
                cellChildren:
                - cellAddress: hostname-carol      # TODO change to Carol's
                - cellAddress: hostname-dan         # TODO change to Dan's
        virtualClusters:
            default:
                virtualCells:
                - cellType: GPU-NODE-POOL.GPU-NODE
                    cellNumber: 2
```

然后使用 paictl 更新配置文件并重启相应的服务（提示输入的 cluster-id 为"pai"）。

代码 7-33　重启服务

```
python paictl.py service stop -n rest-server hivedscheduler
python paictl.py config push -p /cluster-configuration -m service
python paictl.py service start -n rest-server hivedscheduler
```

6）群调度（gang scheduling），Alice、Bob、Carol、Dan 按顺序依次实验，实验时确保集群中没有其他未结束的任务。

先向 default VC 提交一个任务占用一台机器（任务配置文件可参考 job-config-5. yaml），在其运行时再向 default VC 提交一个有 2 个子任务且需要两台机器的任务（任务配置文件可参考 job-config-6. yaml），观察任务的运行情况，包括后提交的任务什么时候开始运行，2 个子任务是否会先后运行？

7）增量调度（incremental scheduling），Alice、Bob、Carol、Dan 按顺序依次实验，实验时确保集群中没有其他未结束的任务。

先向 default VC 提交一个任务占用一台机器，在其运行时再向 default VC 提交一个有 2 个子任务且需要两台机器的任务（任务配置文件可参考 job-config-7. yaml），观察任务的运行情况，包括后提交的任务什么时候开始运行，2 个子任务是否会先后运行？能否在当前只有 2 GPU 的集群中提交一个超配额（例如用 4 GPU）的任务？

5. 实验报告

实验环境记录如表 7-3 所示。

表 7-3　实验环境记录

用户		Alice	Bob	Carol	Dan
硬件环境	CPU（vCPU 数目）				
	GPU（型号，数目）				
	IP				
	HostName				
软件环境	OS 版本				
	Docker Engine 版本				
	CUDA 版本				
	OpenPAI 版本				

实验结果包含以下几项内容。

1）部署 OpenPAI：简述部署过程中遇到的问题以及相应的解决方案。

2）使用不同调度策略实验结果如表 7-4 所示。

表 7-4　实验结果

实验名称	实验现象（任务运行情况）	支持文件（任务配置文件，UI 截图等）
虚拟集群安全	提交的任务会在哪台机器上运行，当有多个任务在等待并且集群中的 default VC 空闲时任务会被怎样调度？其他观察到的现象	
优先级和抢占	后提交的任务是否在先提交的任务运行完成之后运行，什么时候 2 个子任务都运行结束？其他观察到的现象	
机会任务	后提交的任务什么时候开始运行，是否会等高优先级的任务运行完？如果在后提交的任务运行时再向 default VC 提交优先级为 test 的任务会被怎样调度？其他观察到的现象	
群调度	后提交的任务什么时候开始运行，2 个子任务是否会先后运行？其他观察到的现象	
增量调度	后提交的任务什么时候开始运行，2 个子任务是否会先后运行？能否在当前只有 2 GPU 的集群中提交一个超配额（例如使用 4 GPU）的任务？其他观察到的现象	

6. 参考代码

参考代码见 AI-System/Labs/AdvancedLabs/Lab6/config/。

7.4.7　小结与讨论

本节我们主要介绍面向深度学习的异构集群管理系统，这其中会利用深度学习负载的特点和底层硬件的拓扑，从中间系统层去发掘新的问题和优化机会。

请读者思考，当前调度算法有哪些较强的假设，读者面对的环境是否能够提供？

7.4.8　参考文献

［1］DEVESH T, SAURABH G, JAMES R, et al. Understanding GPU errors on large-scale HPC systems and the implications for system design and operation［C］//2015 IEEE 21st International Symposium on High Performance Computer Architecture（HPCA）. Cambridge：IEEE, 2015：331-342.

［2］XIAO W C, BHARDWAJ R, RAMJEER, et al. Gandiva：Introspective cluster scheduling for deep learning［C］// Proceedings of the 13th USENIX conference on Operating Systems Design and Implementation（OSDI'18）. Berkeley：USENIX Association, 2018：595-610.

［3］PENG Y H, BAO Y X, CHEN Y R, et al. Optimus：An efficient dynamic resource scheduler for deep learning clusters［C］//Proceedings of the Thirteenth EuroSys Conference（EuroSys'18）. New York：Association for Computing Machinery, 2018：1-14.

［4］XIAO W C, REN S R, LI Y, et al. AntMan：Dynamic scaling on GPU clusters for deep learning［C］// Proceedings of the 14th USENIX Conference on Operating Systems Design and Implementation. Berkeley：

USENIX Association，2020：533-548.

[5] JEON M，VENKATARAMAN S，PHANISHAYEE A，et al. Analysis of large-scale multi-tenant GPU clusters for DNN training workloads[C]//Proceedings of the 2019 USENIX Conference on Usenix Annual Technical Conference（USENIX ATC' 19）. Berkeley：USENIX Association，2019：947-960.

[6] GU J C，CHOWDHURY M，SHIN K G，et al. Tiresias：A GPU cluster manager for distributed deep learning[C]//Proceedings of the 16th USENIX Conference on Networked Systems Design and Implementation（NSDI' 19）. Berkeley：USENIX Association，2019：485-500.

[7] ZHAO H Y，HAN Z H，YANG Z，et al. HiveD：Sharing a GPU cluster for deep learning with guarantees [C]//Proceedings of the 14th USENIX Conference on Operating Systems Design and Implementation. Berkeley：USENIX Association，2020：515-532.

[8] ZHANG R，XIAO W C，ZHANG H Y，et al. An empirical study on program failures of deep learning jobs[C]//Proceedings of the ACM/IEEE 42nd International Conference on Software Engineering（ICSE' 20）. New York：Association for Computing Machinery，2020：1159-1170.

[9] SHUKLA D，SIVATHANU M，VISWANATHA S，et al. Singularity：Planet-Scale, Preemptible and E-lastic Scheduling of AI Workloads[J]. arXiv preprint，2022，arXiv：2202.07848.

7.5 存储

之前的章节中我们已经介绍了面向深度学习的集群管理系统的运行时与调度。如图 7-35 所示，本节将围绕平台中的存储与文件系统展开。计算、存储与网络是构成平台的重要基本组件，在深度学习系统中，我们常常关注计算与网络，却忽视了存储的重要性。

图 7-35　平台存储

本节包含以下内容：

1）沿用大数据平台存储路线；

2）沿用高性能计算平台存储路线；

3）面向深度学习的存储。

7.5.1　沿用大数据平台存储路线

由于当前一部分人工智能平台工程师拥有大数据平台开发背景或平台本身归于（或衍生于）大数据平台组，所以有些平台文件系统和存储在选型时沿用大数据平台的存储策略作为初始的平台存储方案。

1. 分布式文件系统

例如，开源人工智能平台 OpenPAI 中采用 Hadoop HDFS 作为存储方案。HDFS 是一种分布式文件系统，最初是作为 Apache Nutch 网络搜索引擎项目的基础设施而构建的，广泛应用于大数据系统。它与已有的分布式文件系统有很多相似之处。HDFS 通过副本机制，具有高度容错性，旨在部署在低成本硬件上。HDFS 提供对应用程序数据的高吞吐量访问，适用于拥有大量数据集的应用程序。HDFS 放宽了一些 POSIX 要求，以支持对文件系统数据的流式访问。HDFS 本身适合顺序读写，不适合随机读写，不建议对小文件访问，其主要为主存和磁盘之间的数据读写而设计，没有针对 GPU 显存和主存之间的数据读写进行特定支持和优化，这些劣势会造成深度学习负载下的一些性能问题和瓶颈。

如图 7-36 所示，像 HDFS 这类分布式文件系统，一般是主-从架构，主节点负责整体资源管理、负载均衡、请求调度，从节点负责管理对应服务器的数据管理和服务数据读写请求。每个客户端的文件会通过主节点分发到从节点进行数据读写。每个文件会被拆分成数据块，并通过副本机制，在多台服务器节点留有冗余备份，保证在节点失效时也能够恢复。这也是之前第 1 章介绍的冗余在系统可靠性设计中的应用。

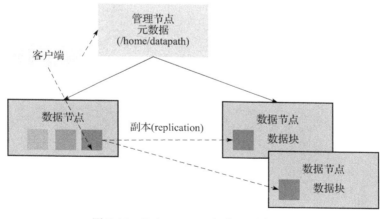

图 7-36　Hadoop HDFS 架构和副本机制

但是 HDFS 应用到深度学习平台仍存在一些需要注意的问题。对深度学习框架来说，原生大数据框架对大数据存储系统接口的支持并不充分，造成有些框架需要自己定义自定义数据读取器，相比大数据框架效率低、性能差。更通用的场景是用户通过 FUSE 挂载方式将其挂载到节点上使用。以上两种方式都没有像原生大数据框架一样在读取器层就考虑数据局部性，从而减少数据搬运开销。同时用户使用习惯不同，使用不当也容易造成小文件读写的性能低下。从硬件角度来说，GPU 显存和磁盘间还有一层主存，这部分的缓存处理逻辑也抛给了用户和框架，操作不便且容易造成性能问题。

云存储，例如微软 Azure 云平台中的 Azure Blob[1]，亚马逊云平台中的 S3 等。对于基础架构部署于公有云平台的公司，云平台提供的文件系统不失为一个较好的选择。通过用户空间文件系统（Filesystem in Userspace，FUSE）或者 HDFS 兼容的访问接口和协议即可进行访问。云平台的存储可提供冗余备份保证可靠性，并通过数据中心高速网络，提供近似本地存储的高速存储访问带宽，但是其通常为通用场景所设计，FUSE 等接口的开发定位一般是通用外围工具，没有对深度学习负载和特点提供定制化的优化与支持。

图 7-37 描述了 FUSE 工作原理，来自用户空间的列出文件的请求（ls-l /tmp/fuse）被内核通过虚拟文件系统（Virtual File System，VFS）重定向到 FUSE。然后 FUSE 执行注册的处理程序（./hello）并将请求传递给它（ls-l /tmp/fuse），之后通过 REST API 或其他接口调用读写云端存储（例如 Blob Fuse）。处理程序将响应结果返回给 FUSE，然后将其重定向到最初发出请求的用户空间程序。例如，很多分布式文件系统都提供了 FUSE 功能方便用户使用，我们以由 Azure 提供的 BlobFuse 为例。

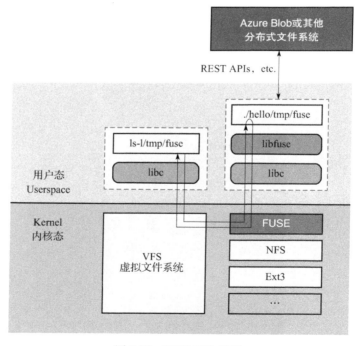

图 7-37　FUSE 工作原理

用户或平台系统只需要挂载文件系统即可。例如，参考 Azure Blob FUSE 官方实例的步骤。

代码 7-34　配置 Azure Blob FUSE

```
#(1) 安装 blobfuse 后,配置环境变量使用账户名和密钥进行身份验证。

export AZURE_STORAGE_ACCOUNT=myaccountname
export AZURE_STORAGE_ACCESS_KEY=myaccountkey

#(2) 建议使用高性能磁盘或 ramdisk 作为 blobfuse 的本地缓存。

mkdir -p /mnt/blobfusetmp
chown <myuser> /mnt/blobfusetmp

#(3) 创建挂载点。
mkdir /path/to/mount

#(4) 使用 blobfuse 挂载一个 Blob 容器(必须已经创建)。

blobfuse /path/to/mount --container-name=mycontainer --tmp-path=/mnt/blobfusetmp
```

挂载后，用户就可以像访问本地文件目录一样，访问/path/to/mount 中的数据了。其他分布式文件系统也提供类似的功能供用户进行挂载和使用文件系统。

通过上面的实例我们了解了如何使用一些成熟的文件系统进行 FUSE 挂载和使用。

2. 用户空间文件系统

用户空间文件系统是允许非特权用户创建自己的文件系统而无须编辑内核代码的文件系统技术。这是通过在用户空间中运行文件系统代码来实现的，而 FUSE 仅提供到实际内核接口的中继。目前由于深度学习作业通常使用文件系统接口与数据、模型文件打交道，造成已有的一些文件系统需要通过 FUSE 的接口进行兼容和挂载到作业执行的服务器的文件系统内，让用户透明访问和读写数据。

微内核（microkernel）的提出是为了内核功能可以在用户级组件中实现（如通过微内核化（microkernelification）的 FUSE 文件系统）。借助微内核设计，系统软件可以非常方便地引入创新，例如扩展文件系统到各种新的外部存储系统（如访问 Hadoop HDFS、访问 Azure Blob 等），让系统设计可以不断地迭代而不需要重新构建和部署操作系统内核。

那么通过如下实例，读者可以使用 libfuse 实现自定义的 FUSE 文件系统，读者可以参考和扩展实现供深度学习作业使用的 FUSE 文件系统。本实例参考了 FUSE 的 Python 接口实例。

代码 7-35　通过 libfuse 实现 FUSE 文件系统

```
import os
import sys
# ...
from argparse import ArgumentParser
import stat
import logging
import errno
```

```python
import pyfuse3
import trio
# ...

class TestFs(pyfuse3.Operations):
    def __init__(self):
        super(TestFs, self).__init__()
        self.hello_name = b"message"
        # 用户可以选择挂载自定义的文件元数据信息。
        self.hello_inode = pyfuse3.ROOT_INODE+1
        # 此处用户可以自定义访问其他文件系统或者自己实现文件系统。例如，为了加速当前的训练，读者
        #     可以访问 Alluxio 等文件系统或自定义高效的 NVM 等存储访问进行加速。
        self.hello_data = b"hello world \n"

    # ...

    # 读取数据
    async def read(self, fh, off, size):
        # 模拟验证 inode 信息
        assert fh == self.hello_inode
        # 返回结果，用户可以读取自定义配置的路径或者存储的数据予以返回，但用户还是根据通用文件系
        #     统接口获取的数据，没有感知底层的变化。
        return self.hello_data[off:off+size]

    # ...

def parse_args():
    '''Parse command line'''

    parser = ArgumentParser()
    #配置挂载点
    parser.add_argument('mountpoint', type=str,
                        help='Where to mount the file system')
    # ...
    return parser.parse_args()


def main():
    options = parse_args()
    # ...
    testfs = TestFs()
    fuse_options = set(pyfuse3.default_options)
    fuse_options.add('fsname=hello')
    # ...
    # 初始化调用
    pyfuse3.init(testfs, options.mountpoint, fuse_options)

    try:
        #通过并行异步 I/O 库 trio 启动
        trio.run(pyfuse3.main)
    except:
        pyfuse3.close(unmount=False)
```

```
        raise

    pyfuse3.close()


if __name__ =='__main__':
    main()
```

3. 分布式内存文件系统

由于磁盘到 GPU 内存之间还需要通过主存进行数据中转，所以对主存提供一定的管理和缓存也是加速深度学习训练数据读取部分有效的方式。Alluxio 是基于内存的分布式存储，可以充当分布式缓存服务。业界也有一些平台公司通过 Alluxio 管理分布式主存，并配合网络文件系统或分布式文件系统提供数据缓存和备份功能。由于在存储层级上，GPU 显存和主存最为接近，提供主存层的缓存可以大幅加速 I/O。但同时我们也应该看到，平台方也需要注意持久化的支持和策略设计。

如图 7-38 所示，Alluxio 不是简单地将整个数据集复制到每台机器中，而是实现了共享的分布式缓存服务，其中数据可以均匀地分布在集群中，这可以大大提高存储利用率，尤其是当训练数据集远大于单个节点的存储容量时。同时用户也可以基于 Alluxio 在单机存储中的设计，达到重复数据删除的效果。

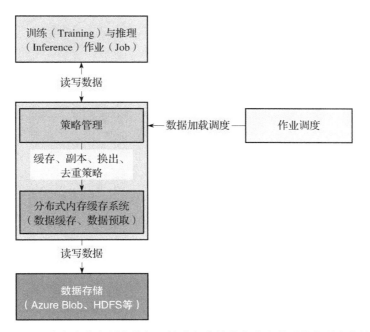

图 7-38 通过分布式内存缓存数据，构建与其他分布式文件系统的混合存储方案

业界有团队（如微软 Bing 和 Bilibili 等）使用 Alluxio 加速大规模机器学习和深度学习训练或离线推理任务。通过部署 Alluxio，它们能够加快推理工作，减少 I/O 停顿，并将性能提

高。如图 7-38 所示，Alluxio 作为分布式内存缓存，可以缓存来源不同的存储数据，例如 Azure Blob 文件系统、HDFS 文件系统等。

　　有时用户可能在考虑当前的场景是否需要使用数据缓存，对缓存层的取舍也有相应的理论进行参考。缓存与磁盘成本性能选型经验法则——五分钟法则（The Five-Minute Rule）：当进行缓存系统选型时，我们常常忽略成本的影响，如果当前不仅考虑性能加速本身，还综合考虑成本等因素，又该如何取舍呢？Jim Gray 和 Franco Putzolu [2] 在 1987 年发表了 "The 5 Minute Rule for Trading Memory for Disk Accesses and The 10 Byte Rule for Trading Memory for CPU Time"，10 年后 Jim Gray 和 Goetz Graefe [3] 又发表了 "The Five-Minute Rule Ten Years Later, and Other Computer Storage Rules of Thumb"。他们在其中论述当考虑成本性能综合因素时，什么时候选择使用内存更划算，什么时候加磁盘更划算。但是这个原则也适合其他层级的两级存储选型，或者计算和存储权衡（例如，压缩和解压缩数据相比，节省的存储空间占用哪个更划算？）。我们以其 1997 年的研究工作为例，介绍其主要计算方式。

　　在随机访问磁盘页（randomly accessed pages）的场景下，五分钟法则用于权衡内存成本和磁盘的访问成本：缓存页数据在额外的内存中可以节省磁盘 I/O。收支平衡（break-even）出现在当数据页常驻缓存于内存的成本（Dollar/Page/Sec）等于磁盘的每秒访问成本（dollar/diskaccess/sec）。通俗理解就是缓存单位页占用的内存的成本，和通过访问磁盘获取这个单位页所需要购买的磁盘的成本持平。访问磁盘存在一个时间间隔，小于这个时间间隔相当于要更多次访问磁盘，花费更多的访问磁盘成本，那么此时缓存在内存更划算，如果访问间隔高于这个时间间隔则意味着数据不常访问，访问磁盘单页的成本低于缓存该页的成本。这个达到临界持平的时间间隔计算方式为

$$BreakEvenReferenceInterval（seconds）= \frac{PagesPerMBofRAM}{AccessPerSecondPerDisk} \times \frac{PricePerDiskDrive}{PricePerMBofRAM}$$

　　BreakEvenReferenceInterval：相同数据页在工作负载中，间隔多久（也就是 BreakEvenReferenceInterval）会被再次访问。公式中计算出的是临界阈值，读者可以根据负载中的统计数值和这个阈值比较，如果低于阈值则代表访问频繁，单次访问磁盘的成本已经超出内存，用内存缓存更划算。反之，如果负载访问间隔超出阈值，则代表数据访问不频繁，购买和放在内存中的成本高于隔一段时间再次访问磁盘的成本，此时购买内存不如放磁盘划算。

　　以另一种更细节的方式理解，也就是单位数据页会间隔 BreakEvenReferenceInterval 被再次访问，而在 BreakEvenReferenceInterval 间隔内，极限情况（用满磁盘 I/O）下磁盘最多支撑 BreakEvenReferenceInterval×AccessPerSecondPerDisk 次页访问，且总购置磁盘成本为 PricePerDiskDrive，所以对当前页来说，其单页访问成本（也就是用此段时间内磁盘最多支撑的页访问次数切分总成本）为 CostPageDiskAccess = PricePerDiskDriveBreakEvenReferenceInterval×AccessPerSecondPerDisk，而单页的内存常驻成本为 CostMem = PricePerMBofRAMPagesPerMBofRAM，我们通过 min（CostMem，CostPageDiskAccess）选择成本最小的方案。

- PagesPerMBofRAM：$\dfrac{128Pages}{MB（8KBpages）}$（1997 年数值）

- AccessPerSecondPerDisk：$\dfrac{64\mathrm{Accesspersec}}{\mathrm{Disk}}$（1997 年数值）

- PricePerDiskDrive：$\dfrac{2000\mathrm{Dollar}}{\mathrm{Disk}\ (9\mathrm{GB+Controller})}$（1997 年数值）

PricePerDiskDrive 可以综合考虑控制器等成本，也可以磁盘的寿命衰减等因素进行建模。

1997 年，Jim Gray 等人计算出 BreakEvenReferenceInterval 是 266 秒，接近 5 分钟。那么读者可以思考，在你面对的基础架构采购的场景中，将以上几个数值换算成当前的性能成本数值，在当前人工智能基础架构下的 BreakEvenReferenceInterval 是多少，以及测试你的负载自身的 BreakEvenReferenceInterval 是多少，进而从成本角度思考是否追加更大的内存进行数据缓存以加速数据加载。在企业级场景下成本是不可忽视的因素，请读者同时对比第 8 章推理芯片，根据 TPU 设计历史中的性能成本进行考量，打破唯性能论的思考系统设计方式。

经典回顾

folk 系统调用通过复制父进程来创建一个新的子进程。子进程和父进程运行在不同的内存空间中。folk( ) 是使用写时复制（copy on write）页实现的，所以它的开销较小，只是通过内存复制父级的页表，并创建一个新的子进程的任务结构。folk 正是通过这种缓存和去重的思想，让进程的创建和运行内存消耗大幅减少，设计缓存层也是为了加速作业的依赖以及输入数据的加载。用户提交的作业作为"平台进程"，很多作业非常类似，或有相同的输入数据以及包依赖，这都是可以复用其他已经运行过的进程已有的缓存数据进行去重和缓存加速的，为平台部署相应充当缓存层的文件系统将有利于加速数据读取和进程部署启动。

7.5.2　沿用高性能计算平台存储路线

由于深度学习平台以 GPU 和 InfiniBand 网卡为核心硬件，其技术栈和高性能计算或超算的集群高度相似，所以也有很多平台团队会选择在深度学习平台中使用高性能计算平台中常用的存储方案。以下文件系统也是通常可以选用的方案。

1. 网络文件系统

网络文件系统（Network File System，NFS）[4] 是由 Sun 公司研发的文件系统，其基本原理是将某个设备的本地文件系统通过以太网的方式共享给其他计算节点使用。也就是说，计算机节点通过 NFS 存储的数据是通过网络存储在另外一个设备，而不是存储在本地磁盘中。NFS 比较适合在平台部署早期数据量不大的阶段提供文件系统支持，部署方便，技术成熟，提供访问接口优化，挂载到计算节点可以给算法工程师提供友好的体验。NFS 的不足是随着数据量的增长，难以支持更大的存储空间和访问吞吐，同时权限管理需要平台层协同设计进行管理。例如，很多团队仅在小规模平台中或者针对特定的租户部署和采用 NFS 作为存储方案。

如图 7-39 所示，用户可以在本地服务器通过 NFS 客户端访问存储服务器，进而像使用本地磁盘一样进行数据访问。

2. 利用高速网卡等异构硬件的 HPC 文件系统

Lustre 文件系统[5] 是高性能计算平台部署最为广泛的商用文件系统。Lustre 是一种并行分布式文件系统，一般用于大规模高性能集群计算场景。Lustre 这个名字源自 Linux 和集群（cluster）的组合词。Lustre 原生支持和利用 InfiniBand（IB）高速网卡，可以利用深度学习平台中的 IB 网络，提供更

图 7-39　NFS 实例

加高效的数据访问，同时支持高性能的 mmap( ) I/O 调用、容器化与数据隔离和小文件等。一系列的优化使得 Lustre 在人工智能场景取得了不俗的性能和用户体验。在公有云场景，亚马逊 AWS 也推出了 Amazon FSx 服务。作为一项完全托管的服务，Amazon FSx 让用户可以更轻松地将 Lustre 用于存储重视速度的工作负载。FSx for Lustre 消除了设置和管理 Lustre 文件系统的传统复杂性，使用户能够在几分钟内启动并运行经过测试的高性能文件系统。

如图 7-40 所示，我们可以看到 Lustre 通过 InfiniBand 等高速网卡互联元数据服务器和对象存储服务器，并能够提供高达 1~100 000+的客户端访问量支持。

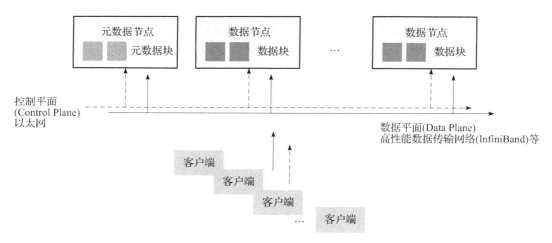

图 7-40　Lustre 架构，使用高速网卡加速数据平面读写

7.5.3　面向深度学习的存储

我们通过一个 PyTorch 实例来分析深度学习作业是如何读取数据以及和文件系统打交道的。

代码 7-36　PyTorch 数据读取实例

```
def train(args, model, device, train_loader, optimizer, epoch):
    ...
```

```
#（1）每次从数据加载器读取一个批次的样本。
for batch_idx, (data, target) in enumerate(train_loader):
    #（2）如果当前 device 是 GPU，下面代码将样本由主存传输到 GPU 显存。
    data, target = data.to(device), target.to(device)
    ...
    #（3）模型处理输入数据进行前向传播计算。
    output = model(data)
    # 训练部分代码
    ...

def main():
    ...
    #（4）从 ../data 文件夹读取，/data 可能是存在共享的文件系统，通过 fuse 挂载到本地，也可能是本
      地文件夹存储下载到本地磁盘的数据。
    dataset1 = datasets.MNIST('../data', train=True,                 download=True,
                              transform=transform)
    dataset2 = datasets.MNIST('../data', train=False,
                              transform=transform)
    #（5）框架本身提供的数据加载器，一般可以支持并行读取等优化。
    train_loader = torch.utils.data.DataLoader(dataset1,**train_kwargs)
    test_loader = torch.utils.data.DataLoader(dataset2, **test_kwargs)
    ...
    for epoch in range(1, args.epochs + 1):
        train(args, model, device, train_loader, optimizer, epoch)
        test(model, device, test_loader)
    ...
```

我们可以观察到如下内容。

- 在深度学习场景下，从硬件的角度来说，内存层级以 GPU 显存为传统主存，硬盘和 GPU 显存之间还有主存中转数据，与 GPU 显存距离最近的存储并不是和主存交互的块存储设备。

- 深度学习作业的访存特点是，迭代式执行不断读取一个批次的数据，并且访存模式受每轮数据随机洗牌的影响。

- 从数据结构来看，大部分场景下数据为统一且格式规整的张量，同时每次读取数据并没有类似数据库或者大数据系统的针对特定列的过滤机会。

- 从用户侧用户体验与开发水平的现状出发，用户也更倾向于使用与单机文件系统一样的通过 FUSE 方式进行数据访问。

1. 深度学习 I/O 阶段量化预估分析

读者可以通过如下数据读取预估练习与思考实例，思考和启发关于针对深度学习存储的潜在影响因素和优化动机。

代码 7-37　数据读取预估练习

```
#（1）基准预估读 batchsize = 1024 个样本需要多久？
# seconds_per_seek：从开始读取到读到第一个字节的寻找时间
```

```
# per_sample_size:每个训练样本的大小,单位为字节
# bus_bandwidth:磁盘或者网络存储等读带宽
1024 * seconds_per_seek + 1024 * per_sample_size / bus_bandwidth = per_batch_read_time

# (2) 如果我们将 1024 个样本变成一批次进行读取需要多久?
1 * seconds_per_seek + 1024 * per_sample_size / bus_bandwidth = per_batch_read_time

# 当前实例启发我们通过①将内存数据打包为一个张量和批处理实现性能提升;②设计高效的文件格式减少小
  文件随机读写问题

# (3) 如果我们并行使用 32 个线程进行读取需要多久?
1 * seconds_per_seek + (1024 / 32) * per_sample_size / bus_bandwidth = per_batch_read_time

# 当前预估启发我们思考并行的数据加载器设计

# (4) 如果我们有主存缓存需要读取多久(假设 PCIe 带宽为磁盘或者云存储带宽的 k 倍)?
pcie_bandwidth = bus_bandwidth / k
1 * seconds_per_seek + (1024 / 32) * per_sample_size / pcie_bandwidth = per_batch_read_time

# 当前预估启发我们思考利用主存作为磁盘缓存,尽可能地将数据放在内存中预取以及使用流水线机制进行性
  能优化

# (5) 如果我们知道需要读取的数据位置,设访问主存的缓存失效率(cache miss rate)为 P,那么当前的读
  取时间是多少?

P * (1 * seconds_per_seek + (1024 / 32) * per_sample_size / pcie_bandwidth) + (1 - P) *
  (1 (seek) * seconds_per_seek + (1024 / 32) * per_sample_size / bus_bandwidth) =
  per_batch_read_time

# 当前预估启发我们思考利用深度学习作业的访存局部性进行性能优化

# (6) 其他潜在优化。

# 1) per_sample_size 部分,读者可以思考是否可以通过压缩、量化等技术降低数据大小进而提升性能?

# 2) seconds_per_seek 部分,由于磁盘对顺序读取和随机读取的性能不同,读者可以思考是否有更好的文件
  格式用于设计最大化顺序读和最小化随机读?
```

以上的特点看似对存储的优化机会不如传统的数据库或者大数据系统的机会多，但是如果不根据深度学习作业特点设计面向深度学习作业的存储，也会产生系统瓶颈。

2. 深度学习 I/O 阶段经验分析

关于在深度学习作业中 I/O 部分影响的经验分析和实验能反映真实作业中的实际性能影响。Jayashree Mohan 等[6] 在 VLDB' 21 的工作 "Analyzing and Mitigating Data Stalls in DNN Training" 中分析和介绍了关于深度学习作业数据 I/O 部分影响和迁移方法，有几个经验性发现对后续的数据读取器设计和面向深度学习的文件系统设计有参考意义。①由于抖动，操作系统页面缓存对于 DNN 训练来说效率低下。②DNN 需要 3~24 个 CPU 内核来进行数据预处理。③DNN 将高达 65% 的 epoch 时间用于数据预处理，主要是冗余解码数据。④本地缓存之

间缺乏协调导致跨服务器的分布式训练有冗余 I/O。⑤超参数搜索工作负载执行产生冗余 I/O 和数据准备处理。同时，由于 PyTorch Dataloader 等工作底层使用 mmap 系统调用进行数据读取，文献［7］对 mmap 系统调用在数据库领域的使用缺陷进行了经验分析，这同样对深度学习领域对优化数据读取器有借鉴意义。

经过上面的量化分析与经验分析，读者可以尝试以下几个方向，并利用已有成熟的文件系统设计思想，结合数据加载器（data loader）和底层硬件协同设计出面向深度学习的高效率块存储 I/O 技术栈，一站式加速深度学习作业的数据加载。

图 7-41 描述了深度学习作业在数据读取阶段的拆分方式，我们从不同阶段中可以分析潜在的优化点并总结如下。

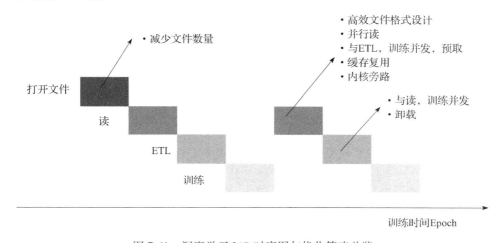

图 7-41　深度学习 I/O 时序图与优化策略总览

（1）高效文件格式（Layout）的设计

一般文件格式有几点设计思路：①合并为大文件，减少文件数量，减少文件打开开销；②减少随机读写，转为顺序读写；③高效的格式和序列化库，降低序列化与反序列化开销。例如，TFRecord 等针对深度学习负载设计的文件格式，将原来多张图片（每张图片都是一个文件），序列化为一个二进制文件。

（2）并发执行和并行加载

I/O 和计算形成流水线协同配合，可以减少 I/O 成为瓶颈的几率，同时利用多核进行并行加载。如图 7-42 所示，针对未经优化的数据加载流程，一个训练迭代含有三个阶段：文件打开、迭代每个批次读取数据和训练。框架原生支持可以跨多种数据源并能异步与并行数据加载的高性能数据加载器模块，例如并发执行的 TensorFlow Data API 和并行执行的 PyTorch 数据加载器。

（3）统一文件系统接口（Unified File System API）与多数据源管理

对用户透明，保持兼容性（例如，POSIX 标准、NFS 标准、HDFS 接口兼容），统一管理多级、多数据源异构存储。

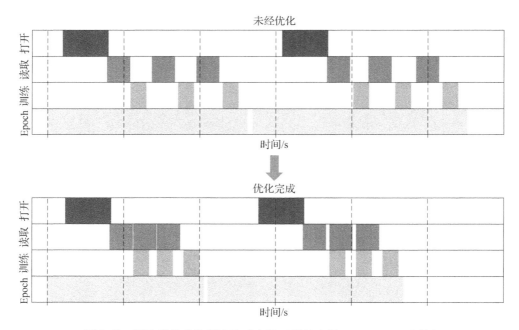

图 7-42　预取优化的数据读取时序图（图片来源：TensorFlow 文档）

NVIDIA AIStore（AIS）是一个为人工智能负载设计的轻量级存储堆栈，如图 7-43 所示。AIS 可以减少内核态切换与 CPU 中断，减少内核与用户态内存复制，也可以部署为远程存储的基于 LRU 的快速缓存，还可以按需填充预取和下载 API，适用于集群内大量用户可能会重复使用数据集的场景。自动重新平衡集群（通过类 Map Reduce 扩展），即在集群成员、驱动器故障和附件或存储桶重命名发生任何变化时自动触发重新平衡，因为用户不断产生新数据与模型，以及删除旧模型，容易造成文件系统不平衡。支持关联处理（associative processing），即用户的 ETL 可以就近数据处理。数据中心流行计算与存储分离，ETL 通过关联处理可以减少 I/O 数据搬运。工程上，AIS 兼容按需挂载多种云存储，支持 Kubernetes 部署、数据保护、纠删码、高可用等分布式文件系统功能。

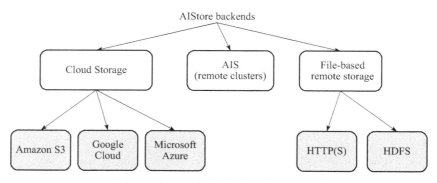

图 7-43　AIStore 支持挂载多种存储，统一管理

（4）可扩展性

当前云原生的趋势使文件系统也逐渐朝着按需付费和弹性扩展发展。并且有很多逐渐呈现"中间件"性质的文件系统架设在基础文件系统之上，提供缓存、版本管理、事务与原子性、弹性等特性的支持，例如 JuiceFS。

（5）局部性

①已知访问顺序（时间局部性）情况下的预取策略的支持。例如，虽然深度学习的数据读取为随机读取样本，但是如果随机数生成不依赖当前 Epoch，可以考虑提前生成随机序列并由守护线程进行数据提前加载与准备。②利用数据中心主存不断增长的趋势，在主存或挂载的高速二级存储（NVM 等）中做好数据缓存和备份，并由分布式缓存文件系统纳入统一管理。例如，业界有公司利用 Alluxio 提供缓存功能。

（6）内核旁路（kernel bypassing）

GPUDirect 存储器支持底层利用 RMDA 直接访问，RDMA 支持零复制内核旁路进而大幅提高 I/O 效率；支持直接访问远端高速存储（例如 NVMe），在网络和块存储 I/O 上协同优化，如图 7-44 所示。GPUDirect 存储器避免了通过主存中的缓冲区的额外复制，并使网卡存储器附近的直接内存访问（DMA）引擎能够在直接路径上将数据移入或移出 GPU 内存，且这些操作不会给 CPU（不干扰 DMA）或 GPU（不干扰 GPU DMA）带来负担。

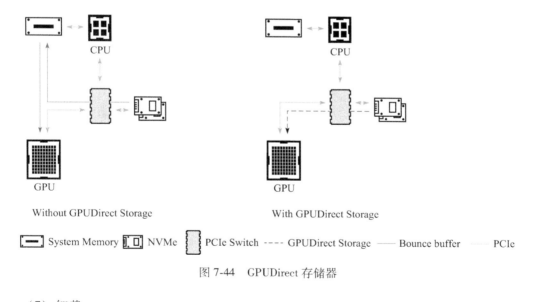

图 7-44　GPUDirect 存储器

（7）卸载

将一定的数据压缩解压缩和反序列化，甚至将一定的数据预处理等计算卸载到协处理器。

DALI 提供了一组高度优化的构建块，用于加载和处理图像、视频与音频数据。DALI 通过将数据预处理卸载到 GPU 来解决 CPU 瓶颈问题。此外，DALI 利用预取、并行执行和批处理等功能为用户透明地加速处理数据。NVIDIA 还通过 NVTabular 为推荐引擎 ETL 提供加速。

（8）数据与模型隐私保护

本章暂不介绍数据和模型的隐私保护，读者可以参考第 13 章的内容。

其他例如文件系统的权限管理等和传统文件系统区别不太，读者可以借鉴传统文件系统设计。

7.5.4　小结与讨论

本节我们主要介绍了异构计算集群管理系统中的存储系统。在深度学习系统中，我们往往在初期较多地关注计算和网络，但随着时间的推移会逐渐意识到存储的重要性和相应的问题。

请读者思考，当前是否有必要设计一款针对深度学习场景的文件系统？

7.5.5　参考文献

［1］ CALDER B, WANG J, OGUS A, et al. Windows azure storage：A highly available cloud storage service with strong consistency［C］//Proceedings of the Twenty-Third ACM Symposium on Operating Systems Principles（SOSP'11）. New York：Association for Computing Machinery, 2011：143-157.

［2］ JIM G, FRANCO P. The 5 minute rule for trading memory for disc accesses and the 10 byte rule for trading memory for CPU time［J］. SIGMOD Record, 1987, 16(3)：395-398.

［3］ JIM G, GOETZ G. The five-minute rule ten years later, and other computer storage rules of thumb［J］. SIGMOD Record, 1997, 26(4)：63-68.

［4］ SANDBERG R, GOLGBERG D, KLEIMAN S, et al. Design and implementation of the Sun network file-system［J］. Innovations in Internetworking, 1988：379-390.

［5］ WIKIPIDIA. Lustre：A Scalable, High-Performance File System Cluster［Z］. 2003.

［6］ MOHAN J, PHANISHAYEE A, RANIWALA A, et al. Analyzing and mitigating data stalls in DNN training［J］. Proceedings of VLDB Endowment, 2021, 14(5)：771-784.

［7］ ANDREW C, VIKTOR L, ANDREW P. Are You Sure You Want to Use MMAP in Your Database Management System?［C］//Conference on Innovative Data Systems Research. Chaminade：CIDR, 2022.

7.6 开发与运维

在之前的章节中，我们已经介绍了面向深度学习的集群管理系统的运行时、调度与存储。如图 7-45 所示，本节将围绕工程实践中关于集群管理系统功能开发、运维的主题进行展开。集群管理系统，也称作平台，是 7×24 小时的、对人工智能工程师和研究员提供训练服务的平台，其本身的开发也越来越敏捷，同时也需要更加及时和高效的运维。

图 7-45 平台 DevOps

本节包含以下内容：

1）平台功能模块与敏捷开发；

2）监控体系构建；

3）测试；

4）平台 DevOps；

5）平台运维。

7.6.1 平台功能模块与敏捷开发

平台本身由于功能众多，部署后持续运行类似在线服务，业界一般通过敏捷开发的模式进行整体开发与设计。一般平台中涉及以下重要服务和功能模块。

● 内核：调度器、运行时、管理界面、权限管理、文件管理等。

调度器设计可以兼顾深度学习特点，例如，资源局部性。

运行时需要支持特定设备插件，能够将 GPU、InfiniBand 等设备注册进入运行时。

由于深度学习作业主要的输入输出为数据和模型，一般使用文件系统存储即可，但需要选用高效（NFS 等）且容错（云存储）的文件系统提供支持。

● 监控与报警：性能监控、异常监控、报警系统等。

除常见的需要平台监控的性能指标外，平台还要特别关注 GPU 等核心加速器的资源利用率等指标。

报警系统需要覆盖常见错误，同时还需要覆盖因新服务与新硬件产生的错误与异常。

● 工具链：IDE、作业提交与调试工具、API（例如 REST API）等。

IDE 可以选用对 Python 和深度学习生态支持较好的开发环境，例如，基于浏览器的开发环境（Jupyter）或者插件化支持较好的本地客户端环境（VS Code）等。

作业提交可以通过 Web 人工提交或者以 REST API 方式使用 AutoML 工具自动化提交。

平台可以考虑支持远程 SSH，方便用户远程登录作业现场调试。

- 应用市场：模型市场、镜像市场等。

由于目前很多新的深度学习模型都基于研究工作和开源模型与代码进行微调适配和扩展，模型训练的主流框架也都是开源的，这就使平台方可以通过提供常用和优化版本的模型与框架镜像市场，进而优化、管理和提升开发生产力。

不同的功能模块可以分配给不同的工程师进行开发，通过 Scrum 敏捷开发，定期规划与执行冲刺计划，并通过每日的会议进行规划反思与推进。

接下来我们从各个模块和方向展开介绍。

7.6.2 监控体系构建

构建完整的指标体系可以使平台管理员和开发者对平台健康状况与系统负载运行状况一目了然，同时有助于对异常与错误进行诊断与归因分析。围绕异构资源管理系统，可以从以下方面设计指标，进而通过数据驱动的方法提升运维效率。

1. 全局监控

平台可以围绕作业、服务、节点几个维度设计需要整体宏观监控的指标，并围绕团队的核心 KPI 设计效率和稳定性等全局指标，方便量化评估与回查。

如图 7-46 所示，平台可以通过全局监控观测硬件资源的利用率和健康状况，也可以拓展到作业、用户等其他指标。宏观监控可以使管理员和运维工程师观测到重要问题，并对整体有宏观认识。

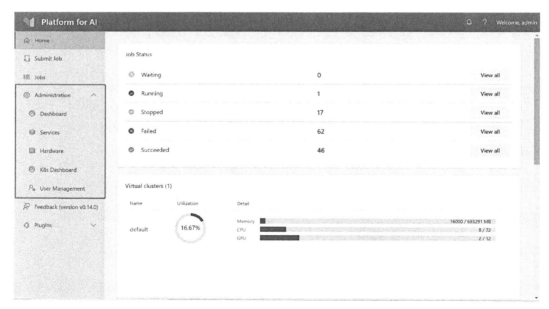

图 7-46　平台全局监控

2. 性能监控

平台可以围绕作业和硬件的性能进行监控设计，其中硬件的各种指标可以在作业执行时通过时间戳的连接推导出作业的性能指标。深度学习系统尤其需要关注 GPU 利用率等指标，这可以通过 NVML、DCGM 等工具构建指标导出器进行监控与获取。

如代码 7-38 所示，我们可以通过 nvidia-smi 命令获取 GPU 的利用率、显存使用状况、温度和功耗，以及是否有 ECC error 等信息，再将这些信息暴露给监控系统收集，进而形成对系统性能和健康的持续监控。

代码 7-38 获取 GPU 性能指标

```
$ nvidia-smi
...
+-----------------------------------------------------------------------------+
| NVIDIA-SMI 455.23.05    Driver Version: 455.23.05    CUDA Version: 11.1      |
+-------------------------------+----------------------+----------------------+
| GPU  Name         Persistence-M| Bus-Id        Disp.A | Volatile Uncorr. ECC |
| Fan  Temp  Perf   Pwr:Usage/Cap|         Memory-Usage | GPU-Util  Compute M. |
|                               |                      |               MIG M. |
|===============================+======================+======================|
|   0  Tesla K80            On  | 00004F2F:00:00.0 Off |                    0 |
| N/A   51C    P0    56W / 149W |   2513MiB / 11441MiB |      0%      Default |
|                               |                      |                  N/A |
+-------------------------------+----------------------+----------------------+
|   1  Tesla K80            On  | 00007C52:00:00.0 Off |                    0 |
| N/A   31C    P8    33W / 149W |     0MiB / 11441MiB |      0%      Default |
|                               |                      |                  N/A |
+-------------------------------+----------------------+----------------------+
```

3. 服务与硬件稳定性监控

观测和监控平台的各个模块的健康也非常重要，被动汇报或者主动探测机制都可以监测服务的存活状况。硬件可以通过周期性运行测试或者根据监控指标的异常进行判断。服务模块在设计之初就需要考虑暴露接口或者心跳机制设计，以便于监控系统更好地遥测。

很多平台和服务提供了服务存活检测的机制，让服务开发者在服务设计之初就考虑好系统健康状况的可观测性。

以 Kubernetes 为例，许多长时间运行的应用程序最终会转变为损坏状态，除非重新启动，否则无法恢复。Kubernetes 提供了存活性（liveness）探针来检测健康状态。

在 Kubernetes 官方提供的实例中（代码 7-39），创建一个运行基于 k8s.gcr.io/busybox 映像的容器的 Pod。在容器生命的前 30 秒，有一个/tmp/healthy 文件。因此，在前 30 秒内，命令 cat /tmp/healthy 返回一个成功代码。30 秒后，cat /tmp/healthy 由于执行失败，返回了失败代码。此实例可以推广开来，用户可以替换要执行的反映状态的命令，也可以替换不同的监测状态的命令。

下面的 yaml 文件是 Pod 的配置文件。

代码 7-39　Pod 健康监测

```
apiVersion: v1
kind: Pod
metadata:
    labels:
        test: liveness
    name: liveness-exec
spec:
    containers:
    - name: liveness
        image: k8s.gcr.io/busybox
        # 服务启动时执行以下命令
        args:
        - /bin/sh
        - -c
        - touch /tmp/healthy; sleep 30; rm -rf /tmp/healthy; sleep 600
        livenessProbe:
            exec:
                command:
                - cat
                - /tmp/healthy
            initialDelaySeconds: 5
            periodSeconds: 5
```

经典回顾

以上的稳定性监测实例其实借用的是系统中的心跳（heartbeat）机制思路。心跳机制是由硬件或软件周期性生成信号，证明当前系统或组件正常运行，同时可以通过心跳搭载传递控制信息，如果监测节点定期没有收到或者监测到心跳就会认为，被监测节点或系统出现了故障，需要进行修复。

4. 报警

监控系统可以在节点部署监控脚本和用于存储监控指标数据的时序数据库（例如，Prometheus、Ganglia 等）收集监控数据，并通过可视化的系统（例如 Grafana 等）展示监控报表。报警系统（例如 Alert Manager）可以提前规划好报警规则与阈值，不断监控和分析监控系统中的指标是否违规，如果违规则及时发送报警信息或者邮件。尤其对用户提交的作业，深度学习作业容易发生 OOM，GPU 容易出现阻塞或者 ECC 错误等问题。对于高频和影响较大的异常，平台需要及时修复与处理。

我们可以通过代码 7-40 具体理解报警规则是什么，本实例参考自 Prometheus Alert Manager 文档。作业 myjobid 的 equest_latency_seconds 指标用于高请求延迟的报警，其中约定，如果任何实例的中值请求延迟大于 1 秒则发出警报。

代码 7-40 健康报警规则

```
groups:
- name: example
    rules:
    - alert: HighRequestLatency
        # 关键报警规则
        expr: api_http_request_latencies_second{quantile="0.5"} > 1
        for: 10m
        labels:
            severity: page
        annotations:
            summary: High request latency
```

例如，我们可以设计以下的一些报警规则，并通过系统触发报警提醒运维人员介入：

1）负载和性能问题规则，例如，磁盘使用率超过一定阈值，网络性能低于一定阈值等；

2）服务健康规则，例如服务失败报警等；

3）硬件健康规则，例如节点，GPU 或磁盘出现故障的报警等。

如图 7-47 展示了一个完整的监控系统，节点部署监控脚本（例如 Node-Exporter）收集各种性能指标和健康指标，监控指标被存储到时序数据库（例如 Prometheus）中，报警管理系

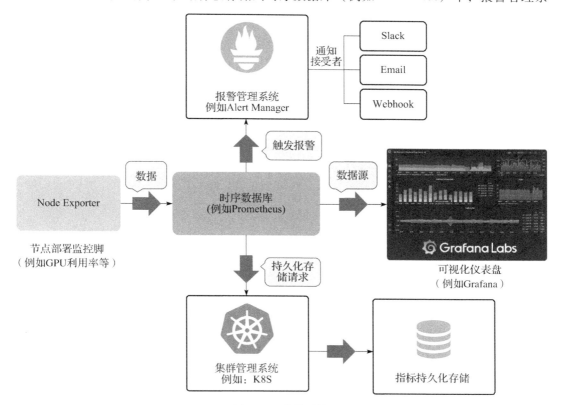

图 7-47 监控系统

统周期性查询时序数据库判断是否触发报警，如果触发可以通知接受者（例如通过邮件），同时可视化报表系统也可以查询数据库绘制可视化仪表盘方便管理员监测当前情况。各个系统组件均可以通过集群管理系统（例如 Kubernetes）进行部署和运维。

在构建报警系统之初，平台需要决定以怎样的工具或者方式通知到相应的负责人进行响应和处理。目前有以下常见的多渠道通知方式，它们各有利弊，一般生产环境可以根据工作时间与非工作时间，以及报警的严重程度综合选用通知软件。

- 电话报警通知：适合紧急处理的故障，电话通知最为直接。特别是在非工作时间发生的重大故障，电话是通知到责任人最快的方式，所以候命值班的工程师在责任日需要 24 小时开机待命。
- 短信报警通知：在短信中可以自行定义通知内容包括哪些，通知需要订阅短信服务，有一定的成本，但是不容易被内部系统记录并用于事故分析，也不利于集中讨论。
- 即时通信工具报警通知：报警系统也可以直接与 IM 软件绑定，便于报警转发与讨论，消息传输也比较及时。例如，Teams 等协作工具有助于创建故障讨论群，快速协同相关人员进行良好协作，共同解决问题，但是不方便分析历史记录。
- 邮件报警通知：适合在工作时间进行报警通知，非工作时间则容易错过消息，邮件适合事后分析、追踪与转发事故案例，也方便回溯。
- 专用的报警系统：优势是可以集中讨论，方便回溯历史，支持推荐相应的事故解决工单；劣势是不一定方便与手机 APP 集成。

5. 报警质量

有利于提升报警质量的做法有删除具有自我恢复能力的报警，并重新设计检查，使它们无法自我恢复。构建平台的报警系统不是一蹴而就的，我们需要不断尝试和修复报警，防止误报警和漏报警，提升报警质量与响应速度。

7.6.3　测试

平台开发需要通过各种测试以保证质量和稳定性。通过以下几个方面进行系统测试有利于发现平台的常见问题，早发现，早规避，主动出击保证平台软件代码和服务本身的可靠性与质量。

1. 单元测试

平台的新增功能模块需要进行单元测试，保证代码的功能性和正确性。可以选用所使用的模块开发语言的单元测试库开发单元测试用例。在回归测试中也可以触发单元测试进行回测。单元测试库一般根据平台开发使用的语言而确定，例如，Python（常用于构建部署脚本、监控等）的 PyUnit，Java（常用于构建服务、节点管理器等）的 JUnit，Golang（常用于构建服务、节点管理器等）的 testing package，Rust（常用于构建服务、节点管理器等）的 Unit testing。目前这些语言的选择一般取决于团队背景和组件需求，在平台与服务中构建特定类型的组件。

2. 集成测试

由于开源系统的应用越来越广泛，目前很多平台系统的部分模块会采用开源系统进行实现和部署，这就造成平台整体模块间的互操作较多，集成测试变得尤为重要。可以在测试集群或者环境中进行集成测试。每次有一定的功能更新需要在开发分支合并到主分支之前，均可以触发集成测试，将各个模块打包并在测试环境中整体部署，再运行一定的测试作业或者检测脚本。验证不会产生构建版本冲突、服务调用冲突等因模块互操作产生的问题。没有问题后再进行相应的分支合并，为之后的测试或者上线做好准备。请注意，每次发布都需要进行集成测试。

3. 压力测试

对于平台性能，可以通过经典深度学习基准测试（例如 MLPerf[1]等）中的负载进行性能与压力测试。MLPerf 是一个由来自学术界、研究实验室和工业界的组织组成的联盟和基准测试，其使命是"建立公平和有用的基准"，为硬件、软件和服务的训练及推理性能提供公正的评估。基准套件包括一组关键的机器学习训练和推理工作负载，它们代表了重要的生产用例，例如图像分类、对象检测和推荐等。

对于平台稳定性，可以不间断地自动提交一些测试作业进行巡检，也可以定期进行压力测试检测服务功能的负载能力或硬件的稳定性。例如，SuperBenchmark 可以对人工智能基础平台和硬件提供 AI 工作负载基准测试和分析，比较不同现有硬件之间的综合性能。

经典回顾

科学界的人常说，如果你不能测量它，你就不知道它是什么（If you can't measure it, you don't know what it is）。

MLPerf 的部分动力来自通用计算的系统性能评估合作（System Performance Evaluation Cooperative，SPEC）基准，该基准在自 1980 年开始的几十年里推动了快速、可衡量的性能改进。

4. 回归测试

完成平台新功能开发或者在线热修复后，需要进行回归测试保证新功能符合之前的系统假设。回归测试是指修改了已有代码后，重新进行测试以确认修改没有引入新的错误或导致其他代码产生错误。由于当前平台属于在线服务，同时常常使用敏捷开发模式，十分容易产生软件缺陷，因此设计好回归测试的机制，对保证平台的正确性显得尤为重要。

5. 缺陷注入，模糊测试与混沌工程

使用模糊测试（fuzzing）主动注入缺陷（fault injection），有助于提前修复和增强平台的稳定性，当前工业界也习惯将平台领域的这类测试称为混沌工程（chaos engineering）。常用的开源混沌工程系统一般针对通用基础平台（例如代表性的 Chaos Monkey），对深度学习和基于 Kubernetes 的平台（例如 Chaos Mesh）则可以加入新的插件以支持大规模领域特定异常

和故障注入。

如代码 7-41 所示，我们通过下面程序，模拟 GPU 显存内存溢出的用户错误。

代码 7-41　模拟 GPU 显存溢出错误

```
k = ... # 设置足够触发 GPU OOM 的尺寸
for i in range(k):
    x = torch.randn(k).cuda()
```

代码 7-42 模拟了虚拟机故障问题。

代码 7-42　模拟虚拟机故障

```
# 关闭 Azure VM
MINWAIT=xx        # 最小等待时间
MAXWAIT=xx        # 最大等待时间
sleep $((MINWAIT+RANDOM%(MAXWAIT-MINWAIT))) && az vm stop --name {vm name}
    --g {resource group name}
```

如图 7-48 所示，针对深度学习平台，除了传统技术栈的故障依旧注入之外，还可以考虑对 GPU 和 Infiniband 以及上层的软件栈注入领域特定的缺陷，提升缺陷覆盖度，较早且主动地发现和处理相应的平台问题并加固平台系统。

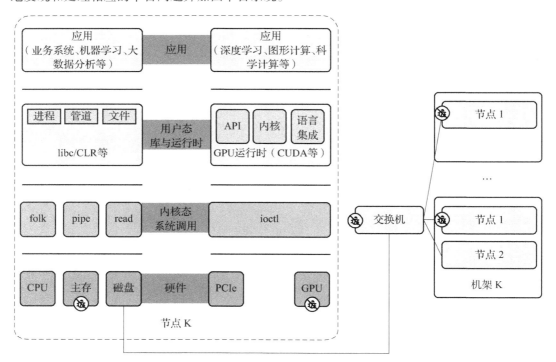

图 7-48　混沌工程通过模糊测试为系统主动注入故障，增强系统稳定性

经典回顾

　　故障注入是一种软件工程中的测试技术，用于了解计算系统在受到异常压力时的行为方式，可以使用基于物理或软件的方法或使用混合方法来实现。传统硬件测试驱动的故障注入包括在计算机内存和中央处理器上应用高压、极端温度和电磁脉冲等，将组件暴露在超出其预期操作限制的条件下，计算系统可能会被迫错误执行指令并破坏关键数据。但是一般此类故障很难实验，用户在操作系统或者指令层面进行模拟。在软件测试中，故障注入是一种通过将故障引入测试代码路径来提高测试覆盖率的技术。模糊测试是一种故障注入，通常用于测试参数、API 等接口中的漏洞，其通过更大的搜索空间测试用户较难发现的故障输入。

7.6.4　平台 DevOps

　　平台可以通过 CI/CD 机制，持续集成（continuous integration，CI），持续交付（continuous delivery，CD）新的功能或者线上热修复，也就是我们通常所说的开发运维（DevOps）。平台本身的各个服务组件也可以打包为 Docker 镜像，通过 Kubernetes 等工具部署和管理相应服务。可以通过相关工具（例如 Jenkins）构建 CI/CD 流水线，进而保证平台在工程师开发新功能或者热修复后能够自动完成完整的测试与部署流程，从而大幅提升开发与部署效率。

　　如图 7-49 所示，本实例涉及一个平台工程师开发一个新功能并上线到生成平台的 DevOps 管道。

　　数据流经方案的流程如下所示。

　　1）开发人员开发或更改平台系统某模块的程序源代码。

　　2）将所做的代码更改提交到源代码管理存储库，例如 GitHub。代码管理库触发一定测试，例如单元测试等。如果测试不通过，则开发人员修复，并重走提交与测试流程。

　　3）为了启动持续集成过程，Webhook 会触发一个 Jenkins 项目生成。

　　4）Jenkins 触发一定的测试，构建镜像，并将镜像推送到镜像中心。如果不通过，则开发人员修复，并重走刚才的流程。

　　5）Jenkins 通过之前定义好的流程，再触发系统到测试平台进行集成测试、压力测试等。如果不通过，则开发人员修复，并重走刚才的流程。

　　6）Jenkins 通过持续部署将这个更新的容器映像部署到生产环境集群。如果不通过，则开发人员修复，并重走刚才的流程。

　　7）终端用户不断向平台提交作业，平台运维工程师进行线上运维。如果需要热修复，则开发人员修复，并重走刚才的流程。

　　8）重复步骤 1）～步骤 8）。

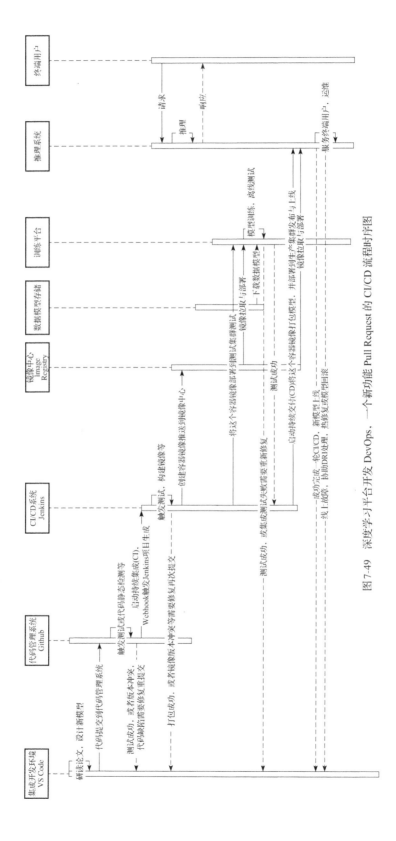

图 7-49 深度学习平台开发 DevOps，一个新功能 Pull Request 的 CI/CD 流程时序图

7.6.5　平台运维

当集群管理系统部署后，就会涉及平台的日常运维活动，平台运维工程师需要处理线上故障和资源扩容等。

1. 直接责任人（DRI）与候命（On-Call）机制

与候命（On-Call）机制相接近的是值班，即平台方为了快速响应平台故障或者重大事件，在某段时间内指定某个人（一般叫作直接责任人（directly responsible individuals））或者某组人随时待命（类似值班）。在故障发生的一瞬间，监控与报警系统捕获到问题，之后以邮件、短信、电话等形式通知到负责人，以确保第一时间的响应与处理。

上线部署后，平台就应该建立支撑的流程和机制。如果使用的监控工具单一，那么集中化就不是最必要的，如何有序处理突发事件更为重要。随着机器越来越多，运维团队人数变多，平台就逐步需要设置支撑流程和响应机制了。

1）建立多个梯度，例如一线、二线或者三线候命团队，一线一般为 7×24 小时的候命直接责任人。7×24 小时的值班制度不论对于责任人还是整个团队都有较高代价，团队可以通过系统制订排班，实现日、周、月的轮流机制，使团队责任人在经验共享的同时，能够保持一定的休息和工作生活平衡。

2）二线可以是较为资深的工程师，或者是平台研发工程师，他们对处理系统的疑难杂症更加有经验。

3）三线可以设置为团队主管，或者汇报线上更高级别的主管，同时可以有外部的厂家加入，如硬件、云服务等相关服务方。

针对不同的告警级别，平台需要设置不同服务等级协议的响应（不同的团队可以设置不同的级别和响应及缓解时间），每个等级对应不同的响应和修复时间，根据性质，常见的有以下两种比较大的类型。

1）警告事件：影响服务范围和严重程度较低，如作业性能慢、排队时间长，或者服务资源消耗到一定阈值等，可以通过当天值班的 DRI 进行处理。

2）严重事件：如大范围影响平台服务、用户作业和数据的事件，需要及时处理，有一定的响应时间要求。如果在一定时间内无人响应，平台需要将报警上升到更高级别的责任人进行响应。

当前非常流行的 DevOps 文化使开发与运维的界限变得越来越模糊，本质原因是平台软件常常会部署为服务，而不是部署到客户现场的客户端软件，相当于服务的运行和维护责任还是在平台团队。当前很多在线服务都是这种部署方式，使整个软件工程中的 DevOps 变得越来越重要。平台也可以通过设置研发工程师轮班成为直接责任人。通过 DRI 机制，开发工程师可以轮岗进行值班，开展平台问题修复运维，这样就不会产生开发与运维职责脱节。由于责任到位，热修复也会执行得更快。

2. 事件管理

平台产生的系统报警和用户提交的问题事件可以通过一定的事件管理进行维护，并制定一定的 SLA，保证在指定时间内平台工程师能够介入、缓解与修复，高优先级的问题则需要引入更多人员与团队。

如图 7-50 所示，平台会通过指定事件监测、响应、处理与事后分析的机制，进行事件管理，应对突发事件，维护平台的稳定性，通过事件沉淀与系统改进，平台可以不断演进。

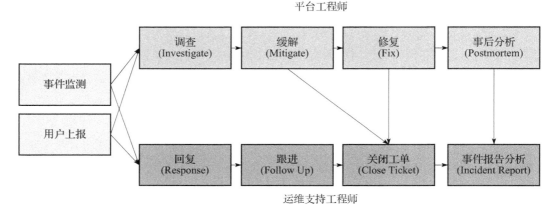

图 7-50　平台事件管理

事件处理通常可以使用以下方法。

1）人工处理：人工处理从平台设立之初就作为主要方法，同时也是后面基于规则和基于机器学习的处理方法的先验经验与人工数据标注的前提。一般运维人员通过告警日志、性能监控指标和用户直接报警的文字描述进行初步调查，之后做一些缓解措施（例如封锁服务器），再进一步修复（例如重启机器），分析完成后可以关闭工单，之后也可以进行事后分析，整理出其他 DRI 可以使用的问题修复经验总结报告，或者整理为自动化规则或者标注数据，便于下一次自动处理重复类型事件。

2）基于规则处理：该方法需要知识经验积累，根据业务逻辑沉淀出诊断和应对的自动化规则。例如，如果出现服务器的告警 A，则机器上的服务 K 会级联出现故障，那么就可以归纳为一条规则。工程师需要开发针对告警的过滤条件脚本或者服务，根据告警字段自动抽取和匹配，同时还可以应用关联分析、相关性分析等统计方法进一步进行分析，甚至做到因果分析。

3）基于机器学习处理：该方法需要沉淀出一定的有标签数据，或者使用基于无监督的异常检测模型，通常可以和基于规则的处理方式形成互补。基于机器学习的方式可以定期根据规则的变化进行模型的重新训练与自动更新，比基于规则的方式更加自动化，但是前提是有一定的数据积累，甚至是有标签的数据，这对平台要求较高，需要运维工程师掌握一定的人工智能知识。

3. 智能运维

目前对于过于复杂的问题和非结构化运维数据，以及希望使用数据驱动解决的运维问题，平台也可以考虑智能运维（AIOps）技术，主动介入与预测，与常规运维方法形成互补。例如，针对云平台上的磁盘损坏历史信息，MSRA 的研究工作[2]通过机器学习方式预测磁盘故障，进而较早地发现故障，让服务进行迁移。智能运维技术适合平台规模较大，且运行过一段时间有数据沉淀的团队使用，这种平台本身积累了大量的数据，有条件通过数据驱动的方法，在一些场景下解放运维人员的工作。目前智能运维在传统大规模云服务和平台有以下应用：

故障预测：对服务故障预测与预警、硬件故障预测等。

异常检测：对当前的异常进程、异常事件进行检测等。

故障诊断：对当前事件进行相关性和归因分析等。

优化系统算法：优化调度算法等。

这类工作本身可以归类到 AI for System 的方向，之后的章节还会展开介绍 AI for System 的内容。

7.6.6 小结与讨论

本节我们主要介绍了异构计算集群管理系统中的开发与运维，当前软件工程逐渐由客户端开发演化到服务开发，平台即服务。在开发测试以外，我们会面临部署、运维、诊断等更为棘手的问题，希望读者在读完本章后意识到人工智能基础架构的挑战与复杂性。

7.6.7 参考文献

［1］ MATTSON P, REDDI V J, CHENG C, et al. MLPerf: An industry standard benchmark suite for machine learning performance［J］. IEEE Micro, 2020, 40（2）: 8-16.

［2］ LUO C, ZHAO P, QIAO B, et al. NTAM: Neighborhood-temporal attention model for disk failure prediction in cloud platforms［C］//Proceedings of the Web Conference 2021. New York: ACM, 2021: 1181-1191.

## 第 8 章

深度学习推理系统

本章简介

推理系统（inference system）是用于部署人工智能模型，执行推理预测任务的人工智能系统，其作用类似传统 Web 服务或移动端应用系统。通过推理系统，可以将深度学习模型部署到云（cloud）端或者边缘（edge）端，服务和处理用户的请求。模型训练过程类似传统软件工程中代码开发的过程，而开发完的代码势必要打包并部署给用户使用，那么推理系统就负责应对模型部署和服务生命周期中遇到的挑战和问题。

当推理系统将完成训练的模型进行部署和服务时，需要考虑设计和提供模型压缩、负载均衡、请求调度、加速优化、多副本和生命周期管理等支持。相比深度学习框架等为训练而设计的系统，推理系统不仅关注低延迟、高吞吐、可靠性等设计目标，同时受到资源、服务等级协议（service-level agreement）、功耗等因素的约束。本章将围绕深度学习推理系统的设计、实现与优化内容展开，同时还会在最后部分介绍部署和 MLOps 等内容。

内容概览

本章将围绕以下内容展开：

1）推理系统简介；

2）模型推理的离线优化；

3）部署；

4）推理系统的运行期优化；

5）开发、训练与部署的全生命周期管理——MLOps；

6）推理专有芯片。

8.1 推理系统简介

本节将围绕推理系统的应用场景，对比推理和训练场景的不同点，进而介绍推理系统的设计目标与约束，为后面章节内容的展开做好铺垫。

本节将围绕以下内容展开：

1）对比推理与训练过程；

2）推理系统的优化目标与约束。

8.1.1　对比推理与训练过程

深度学习模型已经广泛地部署在各类应用中，与我们的日常生活息息相关，例如对话机器人、新闻推荐系统、物体检测器等。这些应用均部署了深度学习模型。以对话机器人为例，其输入是一句话作为问题，输出也是一句话作为回答，其中可以通过 Seq2Seq、BERT 等语言深度学习模型进行输入到输出的映射与处理。物体检测器的输入为一张图片，输出为图片中可以被检测的物体类别和位置，中间可以通过 Faster R-CNN、YOLO 等模型进行输入到输出的映射与转换，图中的展示结果是通过其他工具（如 OpenCV）绘制在图像上，而绘制的坐标及类别是深度学习模型的输出信息。

我们生活中所接触到的应用人工智能模型的应用，其深度学习模型可以部署在数据中心，接受用户的 APP 或者网页服务的请求[3]，也可以部署在边缘侧移动端的 APP 或者 IOT 设备中实时响应请求。

在后面介绍的推理系统中，我们以数据中心的服务端推理系统为主，兼顾边缘侧移动端推理的场景，但是这些策略本身大部分是数据中心与边缘侧都适用的。

互联网公司的数据中心（以 Facebook 2018 年论文中披露的数据为例[1]）常常通过推理系统部署视觉模型（图像分类、物体检测、视频理解等应用）、语言模型（翻译、内容理解等应用）、排序与推荐模型（广告、信息流、搜索等应用）等深度学习模型。从当时的数据来看，模型尺寸有大有小，范围大致为 1M 到 10B 参数，推理批尺寸为 1 到 100（相比训练批尺寸小很多），延迟要求保证一般为 10ms 量级（其中对视觉任务并没有严格的延迟要求），同时其大量使用量化方式加速推理。

如图 8-1 所示，对话机器人接收一句问题作为输入，通过深度学习模型（例如 Seq2Seq 模型）预测出回答并返回给用户。在这个过程中，推理系统需要考虑和提供以下功能（部分展示）：

　　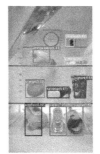

对话机器人　　　　　　　新闻推荐系统　　　　　　　物体检测

图 8-1　典型深度学习推理应用

- 提供可以被用户调用的接口；
- 能够完成一定的数据处理，将输入处理为输出；
- 能够在指定低延迟要求下返回用户响应；
- 能够利用多样的加速器进行一定的加速；
- 能够随着用户的增长保持高吞吐的服务响应和进行动态扩容；
- 能够可靠地提供服务，应对软硬件的失效；
- 能够支持算法工程师不断更新迭代模型，应对不断变化的新框架。

通过前文可以看到，单纯复用原有的 Web 服务器或者移动端应用软件，只能解决其中一部分问题，在深度学习模型推理的场景下，产生了新的系统设计需求与挑战。

接下来，我们先对比深度学习训练过程和推理过程的相同点和不同点，以及两者在生命周期中所处的环节，以便于理解深度学习推理系统所侧重的目标。

如图 8-2 所示，深度学习模型的生命周期（life cycle）包含以下几个阶段：首先，需要从存储系统或其他数据源中收集和准备训练数据；之后进入训练阶段，开始训练模型，一旦模型满足一定的学习性能（例如，准确度超过 $K\%$，或者错误率降低到 $M\%$ 以下），则终止训练，并保存模型文件；完成训练之后，模型文件会被优化（例如压缩、量化等）、编译（例如，内核调优与代码生成），加载部署在推理系统中。推理系统对外暴露接口（例如，HTTP 或 gRPC 等），接收用户请求或系统调用，模型通过推理处理完请求后，返回给用户相应的响应结果，完成推理任务。

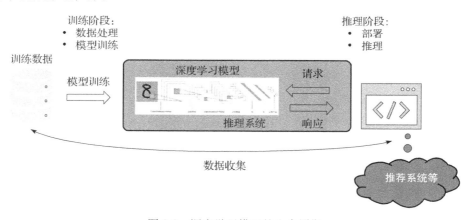

图 8-2　深度学习模型的生命周期

一般训练任务在数据中心中更像是传统的批处理任务，需要执行数个小时或数天才能完成，其一般配置较大的批尺寸以追求较大的吞吐，将模型训练到指定的准确度或错误率。而推理任务更像是执行 7×24 小时的服务，其常常受到响应延迟的约束，配置的批尺寸更小，模型已经稳定，一般不再需要训练。

如图 8-3 所示，如果我们将训练阶段和推理阶段模型的执行过程进行抽象，我们可以总结出两者的共性和不同。

在训练阶段，深度学习模型常常采用梯度下降算法或类似的优化算法进行模型训练，我们可以将其拆解为如下三个阶段。

（1）前向传播（forward propagation）阶段将输入样本计算为输出标签。

（2）反向传播（back propagation）阶段求解权重的梯度。

（3）梯度更新（weight update）阶段将模型权重通过一定的步长和梯度进行更新。

如图 8-3 所示，相比训练阶段，推理阶段只需要执行前向传播一个过程，将输入样本通过深度学习模型计算为输出标签。

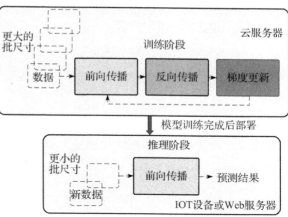

图 8-3 训练阶段与推理阶段

训练作业常常在之前章节中所介绍的异构集群管理系统中进行执行，通常执行数个小时、数天或数周，类似传统的批处理作业（batch job）。而推理作业需要 7×24 小时运行，类似传统的在线服务（online service）。具体来说，深度学习模型的推理相比训练主要有以下新特点与挑战。

（1）模型被部署为长期运行的服务

服务有明确的低延迟和高吞吐的需求。例如，互联网服务一般都有明确的响应时间延迟约束，以保证用户体验，同时需要应对爆发增长的用户产生的高吞吐请求。

（2）推理有更苛刻的资源约束

更小的内存、更低的功耗等。例如，手机的资源要远小于数据中心的商用服务器。

（3）推理不需要反向传播梯度下降

可以牺牲一定的数据精度。例如，模型本身不再被更新，可以通过量化、稀疏性等手段牺牲一定精度换取一定的性能提升。

（4）部署的设备型号更加多样

需要多样的定制化优化。例如，相比服务器端可以通过 Docker 等手段解决环境问题，移动端显得更为棘手。手机有多种多样的平台与操作系统，IOT 设备有不同的芯片和上层软件栈，工具与系统需要提供编译功能以减少用户的适配代价。

如图 8-3 所示，深度学习模型的训练与推理相比，训练需要许多输入，通常是更大的批尺寸，用于训练深度学习模型。在推理阶段，数据经过训练的网络用于发现和预测新输入中的信息，这些输入通过更小的批尺寸输入网络，且由于有延迟约束，大的批尺寸需要所有批内样本都处理完毕才能响应，容易造成延迟超出约束（例如，每个用户请求要求在 100ms 内进行响应）。

推理的性能目标与训练不同。为了最大限度地减少网络的端到端响应时间，推理通常比训练批量输入更少的样本，也就是更小的批尺寸，因为依赖推理工作的服务（例如基于云的图像处理管道）需要尽可能地快速响应，所以用户不必使系统累积样本成更大的批尺寸，进而不必等待几秒钟的响应时间。高吞吐量是训练期间追求的性能指标，低延迟对于推理来说更加重要。

本章后面展开的内容中，大部分围绕以上总结的新问题和挑战展开。接下来我们通过 MMdnn[2] 中自带的一个模型在 TensorRT[6] 上的推理过程实例来了解模型推理的常见步骤，见代码 8-1。

代码 8-1　MMdnn 模型推理

```
# (1) 将框架 (本实例中为 TensorFlow 模型文件) 中的模型文件转换为推理系统的模型格式 (本实例中为 UFF
    格式)。
...
uff_model = uff.from_tensorflow(tf_model, OUTPUT_NAMES)
# (2) 部署模型文件到推理系统 TensorRT 中。
...
engine = trt.utils.uff_to_trt_engine(G_LOGGER, uff_model, parser, 1, 1 << 20)
# (3) 读取测试输入。
...
img = Image.open(path)
...
# (4) 初始化推理引擎上下文 (Context)。
context = engine.create_execution_context()
...
# (5) 将输入数据拷贝到设备 (例如 GPU) 中并执行模型进行推理。
...
bindings = [int(d_input), int(d_output)]
...
cuda.memcpy_htod_async(d_input, img, stream)
# (6) 模型推理。
context.enqueue(1, bindings, stream.handle, None)
...
# (7) 获取推理结果, 并将结果拷贝到主存。
cuda.memcpy_dtoh_async(output, d_output, stream)
...
print("Prediction: ", LABELS[np.argmax(output)])
# (8) 打印结果。
>>> Prediction:  n01608432 kite
```

其他的推理系统也有类似的步骤，也有很多场景通过 CPU 进行推理，这样就不需要进行主存与设备内存之前的数据拷贝，同时操作系统对不同模型有更成熟的隔离与任务调度管理支持。通过代码 8-1 我们可以了解主干流程，那么当模型部署之后，我们可以通过图 8-4 观察到常见推理系统的模块、与推理系统交互的系统和推理任务的流水线。

如图 8-4 所示，我们可以看到，模型首先经过训练并保存在文件系统中，随着训练的模型效果不断提升，可能会产生新版本的模型，并存储在文件系统中，由一定的模型版本管理协议进行管理[4-5]。之后模型会通过服务系统部署上线，推理系统首先会加载模型到内存，同时会对模型进行一定的版本管理，支持新版本上线和旧版本回滚，对输入数据进行批尺寸动态优化，并提供服务接口（例如 HTTP、gRPC 等）供客户端调用。用户不断向推理服务系统发起请求并接收响应。除了被用户直接访问，推理系统也可以作为一个微服务，被数据中心的其他微服务调用，完成整个请求处理中一个环节的功能与职责。

图 8-4　推理服务系统

8.1.2　推理系统的优化目标与约束

我们以在线推荐系统的服务需求为例，去了解应用场景层面对推理系统产生的需求。例如，某在线新闻 APP 公司希望部署内容个性化推荐服务并期望该服务能满足以下需求。

（1）低延迟。互联网上响应请求延迟常常期望小于 100 ms。

（2）高吞吐。突发事件驱动的暴增人群的吞吐量需求。

（3）扩展性。用户群体不断增长带来的扩展需求。

（4）准确度。随着新闻和读者兴趣的变化提供准确的预测。

如图 8-5 所示，除了应用场景的需求，推理系统也需要应对由于训练框架不同和推理硬件多样而产生的部署环境多样、部署优化和维护困难且容易出错的挑战。

图 8-5　推理系统部署需要支持多种框架和硬件

（1）训练框架不同。大多数框架都是为训练设计和优化的，例如批尺寸、批处理作业对延迟不敏感，分布式训练需要更高的数据精度支持等。

开发人员需要将必要的软件组件拼凑在一起，使其兼容数据读取、客户端请求、模型推理等多个阶段，满足多个框架（PyTorch、TensorFlow 等）的集成和推理需求，并获得不同版本框架的支持。

（2）推理硬件多样。移动端部署场景和约束多样（例如自动驾驶、智能家居等），造成了多样化的空间限制和功耗约束，同时孕育了大量服务专有场景的芯片厂，它们提供多样的芯片体系结构和软件栈。

综上所述，我们可以总结出设计推理系统的主要优化目标。

（1）低延迟　满足服务等级协议的延迟。更低的延迟会有更好的用户体验和商业竞争力。

（2）高吞吐量　能够支持高吞吐量的服务请求。更高的吞吐量能服务更多的用户，响应更多的请求。

（3）高效率　高效率、低功耗地使用 GPU 和 CPU。高效率执行能够降低推理服务的成本，实现推理系统本身的降本增效。

（4）灵活性　支持多种框架，提供构建不同应用的灵活性。增加深度学习模型的部署场景，提升部署的生产力。

（5）可靠性　对不一致的数据、软件、用户配置和底层执行环境故障等造成的中断要有弹性（Resilient），保障推理服务的用户体验与服务等级协议。

（6）可扩展性　扩展支持不断增长的用户或设备，能更好地应对突发和不断增长的用户请求。

除了以上优化目标，相比训练系统，设计推理系统需要满足更多的约束。

（1）服务等级协议（SLA）对延迟的约束　模型返回请求在指定时间以内。

（2）资源约束　设备端功耗约束：IOT 设备一般为电池供电，提供的电池电量有限（例如，手机、汽车等），无法支持因计算量过大而产生过大能耗的模型部署。设备与服务端内存约束：移动端设备的内存相比服务端的服务器内存要小很多。云端资源的预算约束：云端部署应用采用资源和使用时长付费，一般公司有指定的预算限制。

（3）准确度（Accuracy）约束　使用近似模型产生的一些误差可以被接受，可以通过模型压缩、量化、低精度推理等手段进行推理加速，以精度换速度。

如图 8-6 所示，推理系统的组件与架构都有相应的功能，我们将在后面章节中逐步展开。通过图 8-6 我们可以看到推理系统的全貌。首先从流程上来看，推理系统可以完成以下处理并涉及以下系统设计问题。

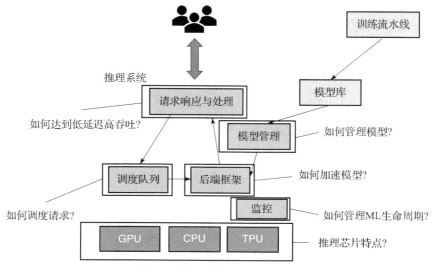

图 8-6　推理系统的组件与架构

（1）请求与响应处理　系统需要序列化与反序列化请求，并通过后端高效执行，满足一定的响应延迟。相比传统的 Web 服务，推理系统常常需要接受图像、文本、音频等非结构化数据，单请求或响应数据量一般更大，这就需要对这类数据有高效的传输、序列化、压缩与解压缩机制。

（2）请求调度　系统可以根据后端资源利用率，动态调整批尺寸与模型的资源分配，进而提升资源利用率与吞吐量。同时如果是通过加速器进行的加速推理，还要考虑主存与加速器内存之间的数据拷贝，通过调度或预取等策略在计算的间歇做好数据准备。

（3）后端框架执行　框架将请求映射到模型作为输入，并在运行时调度深度学习模型的内核进行多阶段的处理。如果是部署在异构硬件或多样化的环境中，还可以利用编译器进行代码生成与内核算子优化，使模型自动转换为特定平台可高效执行的机器码。

（4）模型版本管理　除了云端算法工程师不断验证和开发新的版本模型外，还需要有一定的协议保证版本更新与回滚。定期或满足一定条件的新模型不断上线替换旧模型，以提升推理服务的效果，但是由于有些指标只能线上测试，如果线上测试的效果较差还需要支持回滚机制，让模型能回滚到稳定的旧版本。

（5）健康汇报　云端的服务系统应该是可观测的，这样才能让服务端工程师监控、报警和修复，从而保证服务的稳定性和 SLA。例如，一段时间内系统响应变慢，通过可观测的日志，运维工程师能诊断是哪个环节成为瓶颈，进而快速定位，应用策略，防止整个服务出现突发性无法响应（例如，由 OOM 造成的服务程序崩溃）。

（6）推理芯片与代码编译　边缘端等场景会面对更多样的硬件、驱动和开发库，需要通过编译器进行一定代码生成使模型可以跨设备高效运行，并通过编译器实现性能优化。

（7）管理 ML 生命周期　推理系统和训练系统间可以通过模型库与上线的协议建立起联系，一般训练系统有一套完整的 DevOps 流水线，也称作 MLOps，在 8.5 节我们将进行介绍。算法工程师不断在训练流水线中提交模型设计与算法调优的实验，待满足一定的精度需求后，模型进入模型库并触发上线动作。之后模型被压缩优化或加载进推理系统。

推理系统一般可以部署在云或者边缘。云端部署的推理系统更像传统 Web 服务，在边缘侧部署的模型更像手机应用和 IOT 应用系统。两者有以下特点：

1）云端：云端有更大的算力和内存，且电量更加充足，可以满足模型的功耗需求，同时与训练平台连接更加紧密，更容易使用最新版本模型，安全和隐私也更容易得到保证。相比边缘侧，云端可以达到更高的推理吞吐量，但是用户的请求需要经过网络传输到数据中心并进行返回。云端使用的是服务提供商的软硬件资源。

2）边缘端：边缘侧设备资源更紧张（例如手机和 IOT 设备），且功耗受电池约束，需要更加注意资源的使用和执行的效率。用户的响应只需要在自身设备完成，无须消耗服务提供商的资源。

推理系统中应用了大量的策略与工具，使模型可以部署在多样的环境中达到更好的性能和满足资源约束。如图 8-7 所示，一般我们可以将引入的策略分为在线策略和离线策略。

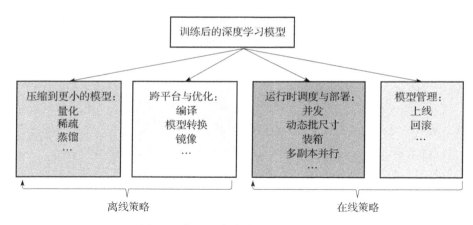

图 8-7　推理系统中涉及的策略与优化

离线策略是在模型还没有加载到推理系统内存进行部署的阶段，对模型本身进行的转换、优化与打包，核心策略是让模型变得更"小"（运算量小，内存消耗小等），进而精简模型，类似传统编译器所解决的静态分析与优化的问题。

在线策略是在推理系统加载模型后，运行时对请求和模型的执行进行的管理和优化，其更多与运行时资源分配与回收、任务调度、扩容与恢复、模型管理协议等相关，类似传统操作系统与 Web 服务系统中所解决的运行时动态管理与优化的问题。

我们将在后面的章节中介绍相应的策略，让读者对推理系统也形成系统化的感知。

8.1.3　小结与讨论

本节主要围绕深度学习推理系统设计需要考虑的目标和约束展开介绍，希望读者在深入了解推理系统之前，能对推理系统本身有一个更加全面的认识，之后的各种优化策略也是围绕这些需求进行权衡和设计的。

最后大家可以思考以下问题，巩固之前的内容：推理系统相比传统服务系统有哪些新的挑战？云和端的服务系统有什么不同的侧重和挑战？

8.1.4　参考文献

[1]　PARK J, NAUMOV M, BASU P, et al. Deep learning inference in facebook data centers：Characteriza-tion, performance optimizations and hardware implications[J]. arXiv preprint, 2018, arXiv：1811. 09886.

[2]　LIU Y, CHEN C, ZHANG R, et al. Enhancing the interoperability between deep learning frameworks by model conversion[C]// Proceedings of the 28th ACM Joint Meeting on European Software Engineering Conference and Symposium on the Foundations of Software Engineering. New York：Association for Com-puting Machinery, 2020：1320-1330.

[3]　CRANKSHAW D, WANG X, ZHOU G, et al. Clipper：A Low-Latency Online Prediction Serving Sys-tem[J]. arXiv preprint, 2017, arXiv：1612. 03079.

[4]　DENIS B，ERIC B，CHENG H T，et al. TFX：A TensorFlow-based production-scale machine learning platform[C]//Proceedings of the 23rd ACM SIGKDD International Conference on Knowledge Discovery and Data Mining（KDD'17）. New York：Association for Computing Machinery，2017：1387-1395.

[5]　OLSTON C，FIEDEL N，GOROVOY K，et al. TensorFlow-Serving：Flexible，high-performance ML serving[J]. arXiv preprint，2017，arXiv：1712，06139.

[6]　GRAY A，GOTTBRATH C，OISON R，et al. Deep learning deployment with NVIDIA tensorrt[Z]. 2017.

8.2　模型推理的离线优化

本节将围绕推理系统或库针对模型的离线优化策略展开相应的介绍，如图 8-8 所示，此阶段一般介于工程师训练完模型后与运行期推理之间。

本节将围绕以下内容展开：

1）通过程序理解推理优化动机；

2）推理延迟；

3）层间与张量融合；

4）目标后端自动调优；

5）模型压缩；

6）低精度推理。

推理系统类似传统的 Web 服务，需要响应用户请求，并保证一定的服务等级协议（例如，响应时间低于 100ms），因此需要一定的策略和优化。总体来说，本节的优化设计思路如下。①更小的模型：

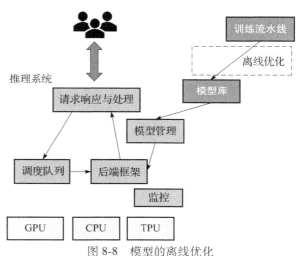

图 8-8　模型的离线优化

更小的模型意味着更少的浮点运算量和访存开销。例如低精度推理、模型压缩等。②更小的访存开销：层间与张量融合、目标后端自动调优等都可以减少访存开销。③更大的并行度：例如目标后端自动调优等。请注意，本节的优化属于**离线优化**，也就是在部署推理模型之前做的优化，对这段优化处理本身的开销并没有严格约束。

8.2.1　通过程序理解推理优化动机

我们通过一个矩阵乘法实例进行介绍，如代码 8-2 所示，对 *A* 和 *B* 进行矩阵乘计算，将结果存储到 result 矩阵中。

代码 8-2　矩阵乘法实例

```
# 本程序通过循环实现矩阵乘
# 3x3 矩阵
A = [[0.0,0.0,0.0],
    [4.0,5.0,6.0],
```

```
        [7.0,8.0,9.0]]

# 3x4 矩阵
B = [[5.0,8.0,1.0,2.0],
     [6.0,0.0,3.0,0.0],
     [4.0,0.0,0.0,1.0]]

# 3x4 结果矩阵
result = [[0.0,0.0,0.0,0.0],
          [0.0,0.0,0.0,0.0],
          [0.0,0.0,0.0,0.0]]

# 通过 X 矩阵的行进行迭代
for i in range(len(A)):
    # 通过 Y 矩阵的列进行迭代
    for j in range(len(B[0])):
        # 通过 Y 矩阵的行进行迭代
        for k in range(len(B)):
            result[i][j] += A[i][k]* B[k][j]
```

请读者在开始阅读后面的内容前，通过上述实例思考相应问题。

1）程序基准运算量预估：预估整体的 MAC 运算量。

2）程序基准内存消耗预估：假设 **A**、**B**、result 的元素数据类型为 Float32（32 比特浮点数），预估程序整体的内存占用（字节为单位）。

3）思考如果元素数据类型转换为 Int8（8 比特整数），内存占用会是多少？MAC 会降低为多少？

本问题启示读者思考模型量化的作用和价值：

4）如果底层系统支持元素为 0 的部分不需要计算可直接得到结果为 0，那么预估整体的 MAC 为多少？相比 1 有多少倍的加速？

本问题启示读者思考模型压缩的作用和价值：

5）如果矩阵乘的循环在函数中如代码 8-2 所示，设备执行完成后，缓存失效，再执行下一个函数时仍需加载一次 result 和 **B**。请思考和预估内存到缓存的额外加载代价。

代码 8-3 启发读者思考内核融合技术优化的作用。

代码 8-3　内核融合实例

```
# 模拟未内核融合
def func1(A, B, result1):
    for i in range(len(A)):
        for j in range(len(B[0])):
            for k in range(len(B)):
                result1[i][j] += A[i][k]* B[k][j]
    return result1

def func2(result1, B, result2):
```

```
        for i in range(len(B)):
            for j in range(len(B[0])):
                result2[i][j] += result1[i][j] + B[i][j]
        return result2
# 模拟内核融合
def func1(A, B, result1):
    for i in range(len(A)):
        for j in range(len(B[0])):
            for k in range(len(B)):
                result1[i][j] += A[i][k] *  B[k][j]

    for i in range(len(B)):
        for j in range(len(B[0])):
                result2[i][j] += result1[i][j] + B[i][j]
    return result2
```

本问题启发读者思考后端代码生成等编译优化策略的作用。

6）请思考，如果执行此程序的设备缓存线为 2 byte，共 2 个缓存线，请预估缓存未命中率并思考设计缓存失效率最低的访问方式。如果有两个核可以同时启动两个线程计算，之后应如何设计并行计算的策略？

我们对代码 8-3 中的 func2 进行两种访问方式的模拟，如代码 8-4 所示。

代码 8-4　循环行访问和列访问

```
# 方式 1: 列访问 result1,B
for i in range(len(B)):
    for j in range(len(B[0])):
        result2[i][j] += result1[i][j] + B[i][j]
# 方式 2: 行访问 result1,B
for j in range(len(B[0])):
    for i in range(len(B)):
        result2[i][j] += result1[i][j] + B[i][j]
```

7）由于移动端常常使用电池供电，如果我们的功耗和 MAC 运算量以及访存呈正相关，请思考有什么策略可以减少移动端模型的功耗？

通过以上 7 个问题，相信读者已经对接下来的离线优化动机有了初步的认识，后续内容将围绕代表性的离线优化策略进行展开。

8.2.2　推理延迟

延迟（latency）是客户端发出查询请求到推理系统呈现给客户端推理结果所花费的时间。推理服务通常位于关键路径上，因此预测必须在快速的同时满足有限的尾部延迟（tail latency）约束才能满足服务水平协议。例如，某互联网公司的在线服务等级要求为次秒（sub-second）级别延迟服务水平协议。

为了满足低延迟，推理系统面临以下的挑战：

- 交互式应用程序的低延迟需求通常与离线批处理训练框架设计的目标（例如，大规模、高吞吐、大批次等）不一致；
- 简单的模型速度快，复杂的模型更加准确，但是浮点运算量更大；
- 次秒级别延迟约束限制了批尺寸；
- 模型融合或多租容易引起长尾延迟（long tail traffic）现象。

推理系统常常可以通过以下几个方向进行模型推理的延迟优化。

- 模型优化，降低访存开销：
  - 层间融合或张量融合；
  - 目标后端自动调优；
  - 内存分配策略调优。
- 降低一定的准确度，进而降低计算量，最终降低延迟：
  - 低精度推理与精度校准（precision calibration）；
  - 模型压缩（model compression）。
- 自适应批尺寸：动态调整需要进行推理的输入数据数量。
- 缓存结果：复用已推理的结果或特征数据。

8.2.3 层间与张量融合

我们将模型抽象为数据流图（data-flow graph），其中在设备中执行的层（layer）在一些框架内也称作内核（kernel）或算子（operator）。我们可以从图 8-9 中看到，设备中执行一个内核，一般需要以下几个步骤和时间开销：启动内核，读取数据到设备，执行内核，结果数据写回主存。

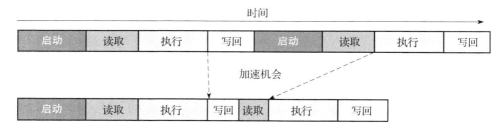

图 8-9　内核执行时间线

我们从图 8-9 中可以观察到需要对模型的层间和张量融合的原因：

- 相对于内核启动开销和每个层的张量数据读写成本，内核计算通常非常快；
- 内存带宽瓶颈和可用设备资源的利用率不足。

我们可以将内核融合问题抽象为一个优化问题：

- 目标：最小化设备访存和最大化设备利用率。

- 策略：搜索计算图的最优融合策略，降低内核启动、数据访存读写和内存分配与释放的开销。

如图 8-10 所示，图 8-10a 为未优化的深度学习模型网络结构，图 8-10b 为经过 TensorRT 优化和融合之后的深度学习模型网络结构。优化将很多小的层融合为大的层，这样减少了大量的内核启动、数据访存读写和内存分配与释放的开销，提升了性能。具有代表性的开源应用内核融合优化的系统还有很多，例如微软开源的 NNFusion。

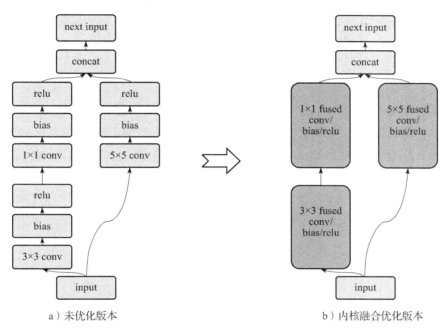

图 8-10　使用内核融合优化模型

经典回顾

内联函数（inline function）通过执行内联扩展来替换其主体代码，这意味着在每个函数调用的地址处插入函数体的实际代码，从而节省函数的调用开销。这种优化技术使得函数调用的开销降低，因为不需要额外地进行函数调用和返回的操作。相反，编译器会直接将函数的代码嵌入调用处，使得程序在执行时可以直接执行内联函数的代码，避免了频繁的函数调用和返回过程。

循环融合（loop fusion）是一种编译器优化技术，它用一个循环替换多个循环，从而简化程序的结构。在某些架构上，两个循环实际上可能比一个循环执行得更好，例如，每个循环内的数据局部性增加。循环融合的主要好处之一是它可以避免临时内存分配。

大数据系统中也有类似的优化思路。Apache Spark 将两个洗牌阶段之间的用户自定义函数（UDF）自动融合为一个阶段，并根据数据分区（partition）转换为具体任务执行，可以减少 UDF 之间的数据访存开销。

8.2.4 目标后端自动调优

由于深度学习模型中的层的计算逻辑可以转换为矩阵运算，而矩阵计算又可以通过循环进行实现。对于循环的实现，由于不同的推理 CPU 和硬件设备有不同的缓存和内存大小以及访存带宽，如何针对不同的设备进行循环的并行化和考虑数据的局部性以降低访存开销，可以抽象为一个搜索空间巨大的优化问题。目前有很多深度学习编译器的工作在围绕这个问题展开，它们分别从不同角度入手，有的通过基于专家经验的规则，有的构建代价模型，有的将问题抽象为约束优化问题或者通过机器学习自动化学习和预测。

代表性的开源后端自动调优编译器或工具有 TVM[1]，NNFusion[2]，Halide[3]，Ansor[4]等。

如图 8-11 所示，当前深度学习算子大多会转换为矩阵计算，而矩阵计算又会转换为多级 for 循环在特定设备中执行。Ansor 工作总结了当前几种常见的目标后端自动调优方案。①模板引导搜索（templated-guided search）。如图 8-11a 所示，在模板引导搜索中，搜索空间由手动模板定义。编译器（例如 TVM）需要用户手动为计算定义编写模板。模板使用一些可调参数定义张量程序的结构参数（例如，平铺大小和展开因子）。然后，编译器针对输入形状配置和特定的硬件目标搜索这些参数的最佳值。该方法在常见问题上取得了良好的性能，例如深度学习算子。然而，模板的开发、更新与构建需要较大的工作量。②基于顺序构建的搜索（sequential construction based search）。如图 8-11b 所示，这种方法通过分解程序结构来细化搜索空间并转化为固定的决策序列。然后，编译器使用诸如束搜索之类的算法来搜索好的决策（例如，Halide 自动调度器采用这种方式）。在这种方法中，编译器通过逐步展开计算图中的所有节点顺序来构造一个张量程序。③分层方法（hierarchical approach）。如图 8-11c 所示，Ansor 由一个分层的搜索空间支持，该空间解耦高级结构和低级细节。Ansor 构造自动搜索计算图的空间，用户无须手动开发模板。然后，Ansor 从空间中采样完整的程序并对完整程序进行微调，避免程序因不完整而出现了不准确的预估。

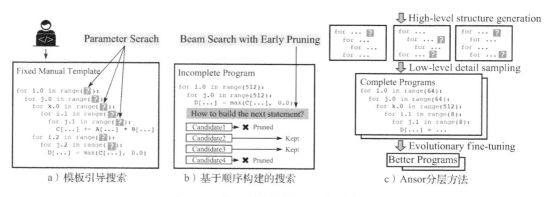

a）模板引导搜索　　　b）基于顺序构建的搜索　　　c）Ansor分层方法

图 8-11　对比不同后端自动调优搜索策略

如代码 8-5 所示，原始程序中有三个数组，但是当前没有将数组分区到更小的大小。例如，NVIDIA GPU 中的共享内存是高速可字节寻址的片上内存，但是其一般和 L1 缓存共享一块片上内存，大小常常为 16 KB 或者 48 KB，那么如果当前 a、b、c 的大小不足以放进共享内存中加速，就需要一定的循环优化解决当前问题了。

代码 8-5　矩阵乘

```
// 数组声明
int i, j, a[1000][1000], b[1000], c[1000];
int n = 1000;
// 矩阵乘
for (i = 0; i < n; i++) {
    c[i] = 0;
    for (j = 0; j < n; j++) {
        c[i] = c[i] + a[i][j]* b[j];
    }
}
```

代码 8-6 展示了块优化矩阵乘，设块大小为 k。这样当前一块的计算就可以尽可能地利用缓存或共享内存等更小的片上内存，增加如 1.5 节所介绍的程序局部性，加速程序。

代码 8-6　块优化矩阵乘

```
// 块优化矩阵乘
int k = ... ; // k 设置多少合适?
for (i = 0; i < n; i += k) {
    c[i] = 0;
    c[i + 1] = 0;
    for (j = 0; j < n; j += k) {
        // 块内子矩阵乘
        for (x = i; x < min(i + k, n); x++) {
            for (y = j; y < min(j + k, n); y++) {
                c[x] = c[x] + a[x][y]*b[y];
            }
        }
    }
}
```

但是我们发现在给定数组大小和特定型号设备片上内存的大小配置的情况下，块大小 k 的选取就需要我们本小节介绍的优化技术进行内核自动调优。

经典回顾

程序分析（program analysis）与编译器（compiler）领域在过去的几十年中，对循环做了大量研究与优化，读者可以参考循环优化（Loop Optimization）了解，例如循环分块、循环展开、循环交换、循环分解、循环融合等。而面对如此大的优化空间，当前工作的入手点并不是寻找新的优化点，更多的是如何通盘考虑已有的循环优化机会，通过更高效的算法搜索或机器学习的方法，达到近似或超过专家手工优化的效果，以及在编译器工程上适配更多类型的设备。

8.2.5 模型压缩

模型压缩（model compression）即通过一定的算法和策略，在保证模型预测效果满足一定要求的前提下，尽可能地降低模型权重的大小，进而降低模型的推理计算量、内存开销和模型文件的空间占用，最终降低模型推理延迟。因为其可观的收益和一定的预测效果保证，在模型部署和推理之前，通过模型压缩进行模型精简是常见的选择。

我们可以将模型压缩抽象为有约束的优化问题：

（1）优化目标：在所选择的策略下，最小化模型大小。

$$\min_{\text{policy}_i} \text{ModelSize}(\text{Policy}_i)$$

其中 policy_i 为模型压缩策略，例如剪枝。

（2）约束：在所选择的策略进行模型压缩后，保证预测精度满足约束准确度服务等级协议（AccuracySLA），例如 $accuracy > 97\%$。

$$\text{Accuracy}(\text{Policy}_i) \geqslant \text{AccuracySLA}$$

常用的模型压缩技术有如下几种：

- 参数裁剪和共享
  - 剪枝；
  - 量化；
  - 编码。
- 低秩分解
- 知识精炼

文献［5］将模型压缩抽象为以下几个步骤。

1. 剪枝阶段

1989 年，Optimal Brain Damage 即开始通过减少模型网络复杂度的方式进行剪枝，此工作基于原有工作构建。剪枝完成后还需要再微调训练以还原预测精度。如图 8-12 所示，剪枝后网络中的边（也就是权重）减少。

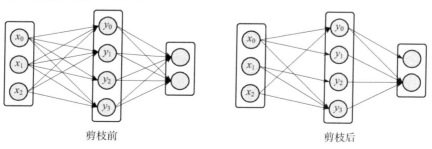

剪枝前　　　　　　　　　　　　　剪枝后

图 8-12　模型剪枝前后对比

2. 量化阶段

网络量化和权重共享还可以进一步压缩减少网络权重比特。读者可以参考 8.2.5 节理解量化机制，此工作中会对权重进行聚类，生成并利用统计出的代码书进一步量化权重。有关权重共享策略，读者可以参考 HashNet 理解，即对输入数据使用一个哈希函数决定选择哪些权重。此步骤需要再微调训练以还原预测精度。

3. 霍夫曼编码阶段

霍夫曼编码是一种优化的前缀编码，通常用于数据压缩，Van Leeuwen 和 Jan 于 1979 年对此进行了介绍。他们将根据霍夫曼编码量化后的权重进一步进行编码以减少空间占用。

综上我们可以看到，模型压缩综合使用传统的模型剪枝、量化、数据压缩与编码算法，并不断结合重新训练调整精度，最终达到极致的压缩效果。

由于目前有很多手段可以实现模型压缩与量化，那么我们也可以考虑使用集成性工具一站式做好模型压缩（例如 Level、AGP、L1Filter、L2Filter、Slim 等剪枝器）与量化（例如 Naive、QAT、BNN 等量化器）。例如，通过 NNI 提供的模型压缩与量化接口实例，我们可以自动化地使用多种算法进行尝试和剪枝。下面使用一个简单的 NNI 官方示例来展示如何修改试用代码以应用压缩算法。假设使用 Level Pruner 需要将所有权重修剪为 80% 的稀疏度，可以在训练模型之前将以下 3 行添加到代码中（这里是完整的代码）。函数调用 pruner. compress() 修改用户定义的模型（在 Tensorflow 中，模型可以通过 tf. get_default_graph() 获得，而在 PyTorch 中，模型是定义的模型类），并通过插入遮罩（masks）修改模型。当用户运行模型时，遮罩就会生效，也可以通过算法在运行时调整遮罩。这样当我们面对种类繁多的算法时，可以在框架内一站式解决压缩与量化问题。

（1）PyTorch 压缩实例

代码 8-7　PyTorch 压缩实例

```
from nni. compression. torch import LevelPruner
config_list = [{'sparsity': 0.8,'op_types': ['default']}]
pruner = LevelPruner(model, config_list)
pruner. compress()
Tensorflow code
```

（2）TensorFlow 压缩实例

代码 8-8　TensorFlow 压缩实例

```
from nni. compression. tensorflow import LevelPruner
config_list = [{'sparsity': 0.8,'op_types': ['default']}]
pruner = LevelPruner(tf. get_default_graph(), config_list)
pruner. compress()
```

在后续章节中我们将有更为细致的模型压缩内容叙述，本小节只介绍与推理相关的模型压缩技术和问题。

8.2.6 低精度推理

作为模型压缩的一种手段，低精度推理也常常用于推理系统中的模型精简与推理加速。推理阶段相比训练阶段可以适当降低精度[6]，进而降低推理延迟：

（1）大多数深度学习框架都以完整的 32 位精度（FP32）训练神经网络；

（2）使用较低的精度会导致较小的模型尺寸、较低的内存利用率和延迟以及较高的吞吐量；

（3）对模型进行充分训练后，由于不需要进行反向传播求梯度，因此相比训练常常使用的 FP32，推理可以使用半精度 FP16 其至 INT8 张量运算降低计算量和内存占用。

如表 8-1 所示，不同的精度对应的比特数和取值范围不同，进而产生了不同学习性能和系统性能的权衡。此小节内容在后续稀疏性章节中有更详细的介绍。

表 8-1　精度取值范围

	比特数	取值范围
FP32	32	$-3.4 \times 10^{38} \sim 3.4 \times 10^{38}$
FP16	16	$-66\ 504 \sim 65\ 504$
INT8	8	$-128 \sim 127$

接下来我们以一个参考开源实例实现的基于 PyTorch 的量化简易实例说明如何实现一个简单的量化函数并将其应用在张量中。此实例对张量的每个元素应用用户自定义函数，在函数中将每个输入元素值转换为 to_values 数组中最接近的值，to_values 向量可以由用户设计的算法计算出来，再根据最大最小取值约束和数据的数值分布获得。代码 8-9 只是说明一种简单情况，量化算法多种多样，读者可以参考相关文献实现与理解。

代码 8-9　PyTorch 量化实例

```
import torch

def quantize(val):
    """
    将元素值转换为 to_values 中最接近的值

    实例：
        to_values = [0, 45, 90]
        quantize(49.513) → 45

        to_values = [0, 10, 20, 30]
        quantize(43) → 30
    """
    # to_values 需要通过算法统计计算出来，本实例省略此过程
    to_values = [0.01, 0.02, 0.03]
```

```
        best_match = None
        best_match_diff = None
        for other_val in to_values:
            diff = abs(other_val - val)
            if best_match is None or diff < best_match_diff:
                best_match = other_val
                best_match_diff = diff
        return best_match

tensor = torch.Tensor(2, 2)
print(tensor)
print(tensor.type())
# 数值量化
tensor.apply_(quantize)
print(tensor)
# 类型转换，转换后的内存与计算量相比原始 torch.float32 会大幅减少。如果不做上面的量化直接进行类型
  转换，会丢失较多信息
tensor = tensor.to(dtype = torch.float16)
print(tensor)
print(tensor.type())
执行结果为
tensor([[7.3154e+34, 3.4596e-12],
        [7.3162e+28, 1.1839e+22]])
torch.FloatTensor
tensor([[0.0100, 0.0100],
        [0.0100, 0.0100]])
tensor([[0.0100, 0.0100],
        [0.0100, 0.0100]], dtype=torch.float16)
torch.HalfTensor
```

请读者思考，torch.float32 转换为 torch.float16，对 Tensor（4，5）的计算量和内存优化了多少倍？

8.2.7　小结与讨论

本节主要围绕推理系统的延迟展开讨论，我们总结了低延迟的推理需求，以及围绕这个设计目标，推理系统常常使用的优化策略。优化延迟的目标受到空间与准确度的约束，相比训练过程，深度学习的推理过程在适当情况下可以牺牲一定准确度进而提升延迟。

看完本节内容后，我们可以思考以下几点问题：层间与张量融合受到哪些约束？推理和训练优化内存分配策略的侧重点是否存在差异？

8.2.8　参考文献

[1]　CHEN T Q, MOREAU T, JIANG Z H, et al. TVM: An automated end-to-end optimizing compiler for deep learning[C]//Proceedings of the 13th USENIX conference on Operating Systems Design and Implementation (OSDI'18). Berkeley: USENIX Association, 2018: 579-594.

［2］ MA L X, XIE Z Q, YANG Z, et al. RAMMER: Enabling holistic deep learning compiler optimizations with rtasks［C］//Proceedings of the 14th USENIX Conference on Operating Systems Design and Implementation. Berkeley: USENIX Association, 2020: 881-897.

［3］ JONATHAN R K, BARNES C, ADAMS A, et al. Halide: A language and compiler for optimizing parallelism, locality, and recomputation in image processing pipelines［J］. SIGPLAN Notices, 2013, 48 (6): 519-530.

［4］ ZHENG L M, JIA C F, SUN M M, et al. Ansor: Generating high-performance tensor programs for deep learning［C］// Proceedings of the 14th USENIX Conference on Operating Systems Design and Implementation. Berkeley: USENIX Association, 2020: 863-879.

［5］ HAN S, MAO H Z, DALLY W J. Deep compression: Compressing deep neural network with pruning, trained quantization and Huffman coding［J］. arXiv preprint, 2016, arXiv: 1510. 00149.

［6］ NVIDIA. 8-bit Inference with TensorRT［Z］. 2017.

8.3 部署

推理系统进行模型部署时，需要应对多样的框架和多样的部署硬件，以及持续集成和持续部署的模型的上线发布等诸多的软件工程问题。如图 8-13 所示，本节将围绕部署过程中涉及的可靠性、可扩展性、灵活性进行展开。

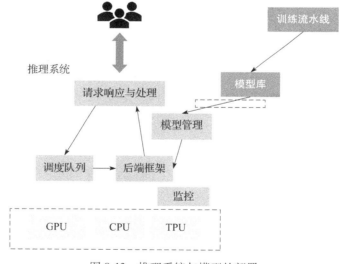

图 8-13　推理系统与模型的部署

本节将围绕以下内容展开：

1）可靠性和可扩展性；

2）部署灵活性；

3）模型转换与开放协议；

4）移动端部署；

5）推理系统简介；

6）配置镜像与容器进行云上训练、推理与压测实验。

8.3.1 可靠性和可扩展性

推理系统部署到生产环境中后，需要 7×24 小时不间断地为用户提供相应的在线推理服务。在服务用户的过程中，系统需要对因不一致的数据、软件、用户配置和底层执行环境故障等造成的中断提供有弹性（resilience）的快速恢复服务，达到一定的可靠性，保证服务等级协议。同时推理系统也需要优雅地扩展，以便应对生产环境中流量增加的场景。综上所述，推理系统在设计之初就需要考虑提供更好的扩展性。推理系统随着请求负载增加需要自动和动态地部署更多的实例才可以应对更大负载，提供更高的推理吞吐，变得更加可靠。

如图 8-14 所示，得益于底层的部署平台（例如 Kubernetes）的支持，用户可以通过配置方便地描述和自动部署多个推理服务的副本，并通过部署前端负载均衡服务达到负载均衡，进而达到高扩展性并提升吞吐量，同时更多的副本也使得推理服务有了更高的可靠性。

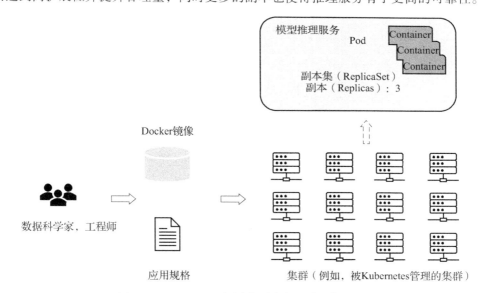

图 8-14　Kubernetes 部署多副本的训练和推理服务

例如，通过如下实例（参考 Kubernetes 官方文档），我们可以利用 Kubernetes 副本集机制，自动部署推理系统的多个实例。用户可以在 yaml 文件中配置副本集选项。

代码 8-10　副本集配置

```
apiVersion: apps/v1
kind: ReplicaSet
metadata:
    name: frontend
    labels:
```

```
        app: dlinference
        tier: frontend
spec:
    # 根据自身需求修改副本数
    replicas: 3
    selector:
        matchLabels:
            tier: frontend
    template:
        metadata:
            labels:
                tier: frontend
        spec:
            containers:
            - name: inference-service
                image: xxx/gxx/gxx:v3
```

提交 yaml 文件到 Kubernetes。

代码 8-11　提交 yaml 文件到 Kubernetes

```
kubectl apply inference.yaml
```

之后可以查询当前部署的副本集。

代码 8-12　查询当前部署的副本集

```
kubectl get rs
```

返回结果，当前可以看到有 3 个副本。

代码 8-13　查询结果日志

```
NAME        DESIRED    CURRENT    READY    AGE
frontend       3          3          3       6s
```

8.3.2　部署灵活性

在模型训练的过程中，人工智能研究员和工程师不断尝试业界领先模型或不断尝试新的超参数和模型结构。由于框架开源，很多新的模型使用的框架类型和版本多种多样，推理系统需要支持多样的深度学习框架所保存的模型文件，并和其他系统服务进行交互。同时由于框架开源，社区活跃，不断更新的版本对推理系统对不同版本的支持也提出了挑战。从性能角度考虑，大多数深度学习框架是为了训练优化，有些框架甚至不支持在线推理。在部署模型后，整个推理的流水线需要做一定的数据处理或者多模型融合，推理系统也需要支持与不

同语言接口和不同逻辑的应用结合。这些因素对推理系统提出了灵活性的挑战，通常有以下
解决方法：

- 深度学习模型开放协议：通过 ONNX 等模型开放协议和工具，将不同框架的模型进行
  通过标准协议转换、优化和部署。
- 接口抽象：将模型文件封装并提供特定语言的调用接口。
- 远程过程调用（Remote Procedure Call）：可以将不同的模型或数据处理模块封装为微
  服务，通过远程过程调用（RPC）进行推理流水线构建。
- 镜像和容器技术：通过镜像技术解决多版本与部署资源隔离问题。

我们可以通过下面的实例练习，将训练好的模型部署并使用 gRPC 的 API 调用。这样意
味着，我们可以将模型本身变为微服务，融合进当前已有的基础架构中，其他的微服务只需
要客户端提供好相应的输入数据，处理好返回数据即可，模型本身被当成一个软件服务
使用。

（1）首先安装好 TorchServe。

（2）克隆库到本地，使用其内置实例操作。

代码 8-14　克隆库到本地

```
git clone https:// github. com/pytorch/serve
cd serve
```

（3）安装 gRPC Python protobuf。

代码 8-15　安装 gRPC Python protobuf

```
pip install -U grpcio protobuf grpcio-tools
```

（4）启动 TorchServe。

代码 8-16　启动 TorchServe

```
mkdir model_store
torchserve --start
```

（5）通过 protobuf 文件生成 python gRPC 客户端 stub。

代码 8-17　代码生成

```
python -m grpc_tools. protoc --proto_path=frontend/server/src/main/resources/proto/
--python_out=ts_scripts --grpc_python_out=ts_scripts
frontend/server/src/main/resources/proto/inference. proto
frontend/server/src/main/resources/proto/management. proto
```

（6）注册 densenet161 模型。

代码 8-18　注册 densenet161 模型

```
python ts_scripts/torchserve_grpc_client.py register densenet161
```

（7）执行推理命令。

代码 8-19　执行推理命令

```
python ts_scripts/torchserve_grpc_client.py infer densenet161
examples/image_classifier/kitten.jpg
Unregister densenet161 model
```

在调用文件 torchserve_grpc_client.py 的过程中，以上命令使用的是标准 gRPC 的 Python 接口。

代码 8-20　gRPC API

```
def infer(stub, model_name, model_input):
    with open(model_input,'rb') as f:
        data = f.read()

    input_data = {'data': data}
    # 调用推理远程过程调用 RPC
    response = stub.Predictions(
        inference_pb2.PredictionsRequest(model_name=model_name, input=input_data))

    try:
        prediction = response.prediction.decode('utf-8')
        print(prediction)
    except grpc.RpcError as e:
        exit(1)
```

经典回顾

在部署和设计推理系统时，我们也可以参考经典的 Web 服务架构设计方法与原则。2000 年，Roy Fielding 提出表象状态转移（Representational State Transfer，REST）体系结构风格。REST 的目标是提高性能、可伸缩性、可修改性、可移植性和可靠性等。遵循 REST 原则可以实现客户端–服务器架构（推理系统本身为服务器）、无状态（模型状态不用再训练，保持无状态）、可缓存性、使用分层系统、支持按需代码以及使用统一接口，即推理系统作为服务器接受客户端请求；模型状态不用再训练，保持无状态，更容易弹性伸缩和更可靠；可以追加负载均衡和安全策略；使用统一接口封装，便于被客户端调用，解耦各个模块独立演化等。

8.3.3　模型转换与开放协议

由于目前很多深度学习框架已经开源，并可以被开发者选用，同时很多公司自研深度学习框架，并通过相应的框架开源预训练模型。这样一种生态造成开展人工智能业务的公司切换、微调和部署模型的工程成本较高，频繁切换模型需要自研模型转换工具。为了缓解这个痛点，业界有相应的两大类工作。

- 模型中间表达标准（ONNX）：使框架、工具和运行时有一套通用的模型标准，使得优化和工具能够被复用。

ONNX 是一种用于表示机器学习模型的开放格式。ONNX 定义了一组通用运算符（机器学习和深度学习模型的构建块）以及一种通用文件格式，使 AI 开发人员能够使用被各种框架、工具、运行时和编译器所支持的深度学习模型。同时 ONNX 社区也开发了模型优化与部署的运行时框架 ONNX Runtime。

如图 8-15 所示，ONNX 标准成为衔接不同框架与部署环境（服务端和移动端）的桥梁，通过规范的中间表达，模型解析器、优化和后端代码生成的工具链得以复用，减少了开发与维护代价。

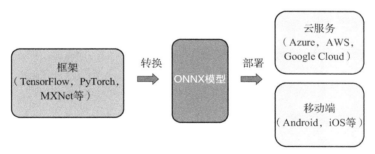

图 8-15　模型构建与部署

- 模型转换工具（MMdnn）[1]：使模型可以打通不同框架已有工具链，实现更加方便的部署或迁移学习。

如图 8-16 MMdnn 实例所示，模型可以通过中间表达（IR）和相应的对应框架的模型解析器以及模型发射器实现跨框架转换。例如，某家机构开源了使用 TensorFlow 训练的模型文件，但用户想通过 PyTorch 对其进行迁移学习微调，则可以通过当前的方式进行模型转换。

接下来，我们通过实例体验和练习模

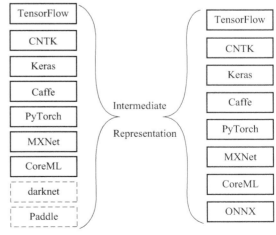

图 8-16　MMdnn 实例

型转换。请读者确认已经安装了 MMdnn 环境，或者通过 Docker 启动了环境。然后，准备好预训练的 Keras 模型以及一个预先训练的模型提取器供框架执行此操作，或者读者可以通过其他模型动物园（model zoo）进行下载。准备完毕后即可提取 Keras 模型的结构和权重。

代码 8-21　模型转换实例

```
$ mmdownload -f keras -n inception_v3

Keras model inception_v3 is saved in [./imagenet_inception_v3.h5]
# Keras 模型转换为 CNTK 格式
$ mmconvert -sf keras -iw imagenet_inception_v3.h5 -df cntk -om keras_to_cntk_inception_
    v3.dnn
.
.
.
# 转换成功后会打印以下日志
CNTK model file is saved as [keras_to_cntk_inception_v3.dnn], generated by
[2c33f7f278cb46be992f50226fcfdb5d.py] and [2c33f7f278cb46be992f50226fcfdb5d.npy].
```

经典回顾

中间表达（Intermediate Representation，IR）是编译器、虚拟机在源编译器内部用于表示源代码的数据结构或代码。IR 设计目标是①准确，即能够在不丢失信息的情况下表示源代码（在深度学习中称为模型算子）；②独立于任何特定的源语言或目标语言，在深度学习中就是独立于深度学习框架且能可信地进行模型转换。

8.3.4　移动端部署

除了服务端的部署，深度学习模型的另一大场景是移动端部署（我们也称作边缘部署）。随着越来越多的物联网设备智能化，越来越多的移动端系统中开始部署深度学习模型。移动端部署应用常常有以下场景：智能设备、智慧城市、智能工业互联网、智慧办公室等。

如图 8-17 所示，深度学习模型一般在云端进行训练，训练完成后部署在边缘设备中。一种边缘设备是通过无线方式互联的设备，通信带宽受限且不稳定，此类设备可以直接部署模型推理，由边缘服务器提供一定的数据缓存与模型缓存。另一种设备是在边缘侧可以连接电源或网线的设备，这类设备通信稳定，可以适当在边缘服务器中部署更多模型进行推理。

如表 8-2 所示，我们可以对比出边缘端和云端的软硬件技术栈以及任务的区别。

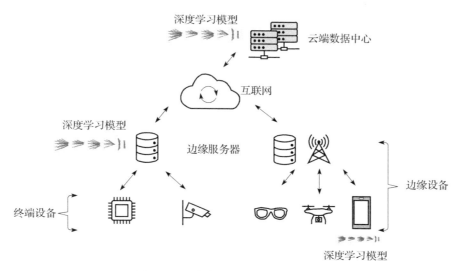

图 8-17　边缘部署和云端部署的关系

表 8-2　对比边缘端和云端技术栈

	边缘端（设备/节点、网关、边缘服务器）	云端
任务	推理	训练和推理
软件服务	Linux、Windows	AI 平台、Kubernetes、计算引擎、云 IOT 核心
机器学习框架	TensorFlow Lite、NN API、Core ML 等	TensorFlow、PyTorch、Scikit-Learn 等
硬件加速器	Edge TPU、GPU、CPU	Cloud TPU、GPU、CPU

在展开讲解移动端部署内容前，我们先总结一下，云端部署模型的特点与优势，这样才能对比出移动端部署的特点。

- 对功耗、温度、模型尺寸没有严格限制；
- 有针对训练和推理的强大硬件支持；
- 集中的数据管理有利于模型训练；
- 模型更容易在云端得到保护；
- 深度学习模型的执行平台和框架统一。

虽然云端部署深度学习模型有很多好处，但同时我们也应该看到，云端部署推理服务也存在一定的问题：

- 云上提供所有人工智能服务的成本高昂；
- 数据隐私问题；
- 数据传输成本；
- 推理服务依赖网络；
- 很难定制化模型。

所以很多场景下模型推理也会考虑在端和云混合的情况下提供 AI 服务。在移动端部署深度学习模型的挑战有：

- 需要严格约束功耗、热量、模型尺寸小于设备内存；
- 硬件算力无法满足推理服务的需求；
- 数据分散且难以训练；
- 模型在边缘更容易受到攻击；
- 平台支持的深度学习软硬件环境多样，无通用解决方案。

移动端部署各层的工作与挑战如下。

- 应用层算法优化：很多模型在考虑到移动端部署的苛刻资源约束条件下，都纷纷提供小版本供移动端部署和使用。
- 高效率模型设计：通过模型压缩、量化、神经网络结构搜索（NAS）等技术，提升移动端的模型效率。
- 移动端代表性框架：TensorFlow Lite、MACE、ONNX Runtime 等框架更好地支持模型转换、模型优化与后端生成。
- 移动端芯片：针对推理负载和训练负载的不同，提供更加高效的低功耗芯片支持，例如 Google Edge TPU、NVIDIA Jetson 等。

一般我们部署移动端模型的过程涉及以下步骤，在每个步骤中一般有相应的工具或者优化算法提供支持。移动端模型部署实践与常见步骤如下。

1. 设计与选择模型

在模型设计之初，模型结构和超参数的设计就可以考虑移动端的约束（内存、浮点运算量、功耗等），以便于对移动端资源指导的搜索空间进行剪枝，在模型设计与训练阶段就提前规避和减少返工流程，节省训练资源。

在选择好的预训练模型时，用户可以通过模型动物园挑选合适的模型。用户一般可以选择针对移动端所训练或者压缩出的经典模型，一般以 -tiny、-mobile 和 -lite 等后缀进行命名说明。

2. 模型精简

模型压缩可以减少权重，模型量化可以减少数据精度。

3. 模型文件格式转换

当前大多数框架都是为训练设计的，在性能和对移动端优化的支持上没有特殊的设计，同时移动端部署的系统框架和训练侧不一致，需要有相应的工具（例如 MMdnn、ONNX 等）进行格式转换。

4. 移动端代码生成与优化

移动端的部署环境、语言与接口多样，需要有特定的工具或者编译器（例如 TVM、NNfusion 等）进行模型文件格式转换和后端优化代码生成。

5. 部署

运行时可以通过硬件或软件的稀疏性等机制，在运行时进行加速，也可以通过针对移动端设计的内存管理策略优化内存消耗。

如图 8-18 所示，Jiasi 等[2]对边缘侧部署做过相关综述，通过图 8-18a ~ 图 8-18e 可以观察到几种常见的边缘部署和推理方式。①设备上计算：如图 8-18a 所示，将模型完全部署在设备端。很多工作的方向都是在这个假设下考虑如何优化模型执行降低延迟。例如，通过模型结构设计，通过模型压缩、量化等，或针对神经网络的专用芯片 ASIC 设计。②安全计算+完全卸载到云端：如图 8-18b 所示，此部署模型将模型部署在数据中心，边缘侧通过安全通信协议将请求发送到云端，云端推理并返回结果，相当于将计算卸载到云端，这种方式的优势是利用云端更有安全性保障，适合部署端侧无法部署的大模型，但完全卸载到云端有可能违背实时性的需求。过渡方法是将模型切片，移动端和边缘端各有部分模型切片。③边缘设备+云端服务器：如图 8-18c 所示，一种卸载方式是利用深度学习的结构特点，将一部分层切分放置在设备端进行计算，其他层放置在云端，这种方式也被称作深度学习切片。这种方式一定程度上能够比②更有效地降低延迟，原因是其利用了边缘设备的算力，但是与云端通信和计算还是会带来额外开销。这种方式的动机是，经过前几层的计算后，中间结果变得非常少。④跨设备卸载：如图 8-18d 所示，DeepDecision、Xukan 等人和 MCDNN 考虑了一种基于约束（例如，网络延迟和带宽、设备功耗、成本）优化的卸载方法。这些决策基于经验权衡功耗、准确度、延迟和输入尺寸等度量与参数，不同的模型可以从当前流行的模型中选择，也可以通过知识蒸馏或者通过混合和匹配的方式从多个模型中组合。图中展示了一个卸载实例，较大的模型放在边缘服务器，较小的模型放置在边缘设备。⑤分布式计算：如图 8-18e 所示，此类工作从分布式系统角度抽象问题，深度学习计算可以在多个辅助边缘设备上切片，例如，MoDNN 和 DeepThings 通过细粒度的切片策略，将模型切片部署在设备上执行。切片策略取决于设备的计算能力和内存约束。在运行期，DeepThings 输入数据通过负载均衡策略进行调度，MoDNN 则抽象了一层类 MapReduce 计算模型进行调度。

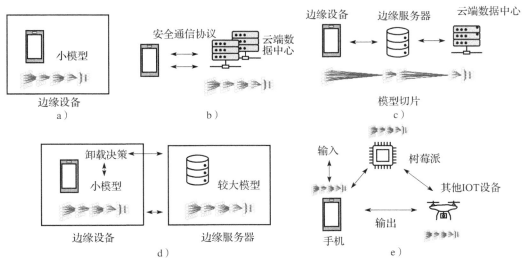

图 8-18 边缘部署和推理方式总览

8.3.5　推理系统简介

我们总结了以下常用的推理系统与服务，读者可以根据部署场景和需求选择合适的推理系统进行部署和使用。

1. 服务端推理系统

（1）本地部署（On-Premises Deployment）推理系统

对 NVIDIA GPU 支持较好的 TensorRT 和 Triton 推理服务器：Triton 是一款用于高性能深度学习推理的 SDK，包括深度学习推理优化器和运行时，可为推理应用程序提供低延迟和高吞吐量，对 NVIDIA 系列 GPU 加速器原生支持较好，性能较高，但深度学习模型需要做一定的模型转换才能部署到 TensorRT 中。之后 NVIDIA 又推出了 Triton 推理服务器，Triton 推理服务器提供了针对 CPU 和 GPU 优化的云和边缘推理解决方案。Triton 支持 HTTP/REST 和 gRPC，允许远程客户端对服务器管理的任何模型进行推理。对于边缘部署，Triton 可作为带有 C API 的共享库使用，允许将 Triton 的全部功能直接包含在应用程序中并提供以下服务：主流深度学习模型和框架支持、机器学习框架支持、并行模型执行、动态批尺寸、自定义扩展后端、模型流水线、HTTP/REST/gPRC 支持、C/Java/Python 支持、暴露性能监控指标、模型版本管理。

对 TensorFlow 模型支持较好的 TensorFlow Serving（TFX）：TensorFlow Serving 是专为生产环境而设计的灵活、高性能的机器学习模型推理系统。TensorFlow Serving 可以轻松部署新算法和实验，同时保持相同的服务器架构和 API。对基于 TensorFlow 训练的模型原生支持较好，同时工具链完善，经过多年考验较为成熟。

对 PyTorch 模型支持较好的 TorchServe：对基于 PyTorch 训练的模型原生支持较好的 TorchServe 是一种高性能、灵活且易于使用的工具，用于在生产中服务和扩展 PyTorch 模型。

ONNX Runtime（ORT）：ONNX Runtime 为多种框架提供统一的中间表达支持，可以服务推理更多样的框架和更大的模型推理任务。

（2）云推理系统

Azure Machine Learning：Azure Machine Learning 与 Azure 各种云服务集成较好，适合将基础架构部署于 Azure 的客户选用。

AWS SageMaker：与 Azure 各种云服务集成较好，适合将基础架构部署于 Azure 的客户选用。

2. 边缘端推理库

相比云端，边缘端的很多推理系统常常以库的形式内嵌到 APP 中被调用。

Android 平台：TensorFlow Lite 是一个移动库，用于在移动设备、微控制器和其他边缘设备上部署模型。Google 针对 Android 平台提出的推理系统，对 Android 平台和生态的支持较好。

iOS 平台：Core ML 是苹果针对 iOS 平台提出的推理库，对 iOS 平台和生态的支持较好。Core ML 将机器学习算法应用于一组训练数据以创建模型。用户根据新的输入数据使用模型进行预测。模型创建后将集成到用户的应用程序中并将部署在用户的设备上。应用程序使用 Core ML API 和用户数据进行预测以及训练或微调模型。

Triton 推理服务器：Triton 推理服务器支持以库的形式内嵌到应用程序中。

8.3.6　配置镜像与容器进行云上训练、推理与压测实验

本节内容为配置容器进行云上训练或推理的实验。参考链接：https://github.com/microsoft/AI-System/tree/main/Labs/BasicLabs/Lab5。

1. 实验目的

- 理解 Container 机制；
- 使用 Container 进行自定义深度学习训练或推理。

2. 实验环境

- PyTorch == 1.5.0
- Docker Engine

3. 实验原理

计算集群调度管理，与云上训练和推理的基本知识。

4. 实验内容

实验流程图如图 8-19 所示。

- 具体步骤如下。

（1）安装最新版 Docker Engine，完成实验环境设置。

（2）运行一个 alpine 容器：

1）Pull alpine docker image；

2）运行 docker container，并列出当前目录内容；

3）使用交互式方式启动 docker container，并查看当前目录内容；

4）退出容器。

（3）Docker 部署 PyTorch 训练程序，并完成模型训练：

1）使用含有 cuda10.1 的基础镜像，编写能够运行 MNIST 样例的 Dockerfile；

2）构建镜像；

3）使用该镜像启动容器，并完成训练过程；

4）获取训练结果。

（4）Docker 部署 PyTorch 推理程序，并完成一个推理服务：

图 8-19　实验流程图

1）克隆 TorchServe 源码；

2）编写基于 GPU 的 TorchServe 镜像；

3）使用 TorchServe 镜像启动一个容器；

4）使用 TorchServe 进行模型推理；

5）返回推理结果，验证正确性。

（5）延迟和吞吐量实验。读者可以通过相关工具（例如 JMeter）对推理服务进行性能测试，关注响应延迟和吞吐量等性能指标。

5. 实验报告

● 实验环境

请根据实验环境填写实验环境报告，见表 8-3。

表 8-3　实验环境报告

硬件环境	CPU（vCPU 数目）	
	GPU（型号，数目）	
软件环境	OS 版本	
	深度学习框架	
	python 包名称及版本	
	CUDA 版本	

● 实验结果

（1）使用 Docker 部署 PyTorch MNIST 训练程序，以交互的方式在容器中运行训练程序，并提交以下内容：

1）创建模型训练镜像，并提交 Dockerfile；

2）提交镜像构建成功的日志；

3）启动训练程序，提交训练成功日志（例如 MNIST 训练日志截图）。

（2）使用 Docker 部署 MNIST 模型的推理服务进行推理，并提交以下内容：

1）创建模型推理镜像，并提交 Dockerfile；

2）启动容器，访问 TorchServe API，提交返回结果日志；

3）使用训练好的模型，启动 TorchServe，并在新的终端中，使用一张图片进行推理服务，提交图片和推理程序返回结果截图。

8.3.7　小结与讨论

本节主要围绕推理系统的部署展开讨论，推理系统在部署模型时，需要考虑部署的扩展性、灵活性、版本管理、移动端部署等多样的问题，我们针对这些问题总结了业界相关代表性的系统和方法。未来期望读者能以全生命周期的视角看待人工智能的训练与部署，这样才能真正地做好人工智能的工程化实践。

8.3.8　参考文献

［1］ LIU Y，CHEN C，ZHANG R，et al. Enhancing the interoperability between deep learning frameworks by model conversion［C］//Proceedings of the 28th ACM Joint Meeting on European Software Engineering Conference and Symposium on the Foundations of Software Engineering. New York：Association for Computing Machinery，2020：1320-1330.

［2］ CHEN J，RAN X. Deep learning with edge computing：a review［J］. Proceedings of the IEEE，2019，107(8)：1655-1674.

8.4　推理系统的运行期优化

推理系统类似传统的 Web 服务，需要应对不断增加的用户请求数量，提高吞吐量，提升资源利用率。如图 8-20 所示，本节将围绕推理系统中涉及的运行期优化，以及吞吐和效率问题进行展开。

本节将围绕以下内容展开：

1）推理系统的吞吐量；

2）加速器模型并发执行；

3）动态批尺寸；

4）多模型装箱；

5）内存分配策略调优；

6）深度学习模型内存分配算法实验与模拟研究。

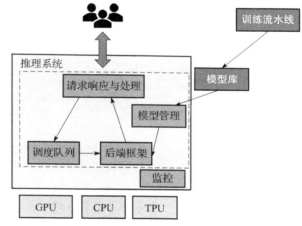

图 8-20　推理系统运行期优化

8.4.1　推理系统的吞吐量

推理系统不仅要追求低延迟，还要在服务客户端请求的过程中提供高吞吐量请求服务的支持。推理系统需要高吞吐的目的有：

- 应对突发的请求数量暴增；
- 不断扩展的用户和设备的需求。

推理系统达到高吞吐的常见优化策略有：

- 利用加速器并行；
- 批处理请求；
- 利用优化的 BLAS 矩阵运算库、SIMD 指令和 GPU 等加速器加速，提升利用率；
- 自适应批尺寸；
- 多模型装箱使用加速器；

- 扩展到多模型副本部署。

同时推理运行期的内存管理也会影响延迟和吞吐性能，我们在之后会展开介绍。

在接下来的内容中，我们将介绍增加模型推理吞吐量的常用策略。

8.4.2　加速器模型并发执行

加速器的低效率使用常常表现为所执行的负载的运算量不够高或者等待请求或 I/O 等，这都造成了资源空置和浪费。如图 8-21 所示，如果设备中只部署了单个模型，由于等待批处理请求，可能造成 GPU 空闲。

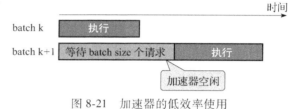

图 8-21　加速器的低效率使用

为了应对单加速器运行多模型，推理系统可以通过时分复用策略，并发执行模型[1]，如图 8-22 所示，将等待时的计算资源分配给其他模型进行执行，可以提升整体的推理吞吐量和设备利用率。

图 8-22　并发执行提升加速器的效率使用

如代码 8-22 所示，我们可以通过伪代码实例进行模拟。我们启动两个进程，每个进程内不断地监测 GPU 利用率，如果利用率低于一定阈值则触发执行推理任务，此实例只是为了说明当前执行机制没有采用中心化的调度方式。

代码 8-22　监测 GPU 利用率

```
from multiprocessing import Process
import os
import time
...

def profile_gpu_util():
    # 通过 nvml 获取 GPU 利用率
    ...
    return util

def model_inference(model_path):
    # 指定深度学习推理
    ...
    return

def model_task(model_path):
    ...
```

```
    while True:
        # 判断利用率低于阈值,则执行推理
        if profile_gpu_util() < threshold:
            # 模型推理
            model_inference(model_path)
        # 睡眠一段时间
        sleep(interval)

if __name__ == '__main__':
    # 创建模型 1 推理进程
    p1 = Process(target=model_task, args=('model1',))
    # 创建模型 2 推理进程
    p2 = Process(target=model_task, args=('model2',))
    p1.start()
    p1.join()

    p2.start()
    p2.join()
```

经典回顾

并发计算是多个计算任务在重叠的时间段内同时执行,但是多个任务执行不必发生在同一物理时刻。并发计算的概念经常与并行计算(parallel computing)的概念混淆,因为两者在很多资料中被描述为在同一时间段内执行的多个进程。在并行计算中,执行发生在同一物理时刻,例如,在多处理器机器的不同处理器上同时刻执行多个任务。相比之下,并发执行不必发生在同一时刻,例如单核交替执行两个任务,一个任务 I/O 的时候让出计算核给另一个任务。

8.4.3 动态批尺寸

如图 8-23 所示,NVIDIA 在 V100 上进行了推理性能基准测试,从图中可以看到,随着批

V100 Inference Performance

Network	Network Type	Batch Size	Throughput	Efficiency	Latency	GPU
GoogleNet	CNN	1	1610 images/sec	15 images/sec/watt	0.62	1x V100
	CNN	2	2162 images/sec	18 images/sec/watt	0.93	1x V100
	CNN	8	5368 images/sec	35 images/sec/watt	1.5	1x V100
	CNN	82	11869 images/sec	45 images/sec/watt	6.9	1x V100
	CNN	128	12697 images/sec	47 images/sec/watt	10	1x V100

图 8-23 NVIDIA 深度学习推理性能基准测试

尺寸不断增加，模型推理的吞吐量在不断上升，同时推理延迟在下降。

由于提升批尺寸可以提升吞吐量[1]，因此在较高请求数量和频率的场景下，使用大的批次可以提升吞吐量。但需要注意，随着吞吐量上升，延迟也会逐渐增加，推理系统在动态调整批尺寸时需要满足一定的延迟约束。

优化问题可定义为：

$$\max_{\text{BatchSize}} \text{Throughput}(\text{BatchSize})$$

式中，$\max\limits_{\text{BatchSize}}$ 是最大批尺寸，Throughput 是吞吐量，BatchSize 是批尺寸。

约束可定义为：

$$\text{Latency}(\text{BatchSize}) + \text{Overhead}(\text{BatchSize}) \leqslant \text{Latency}_{\text{SLA}}$$

式中，Latency 是延迟，Overhead 是其他开销（例如，组合开销，等待输入数据达到指定批尺寸的开销），$\text{Latency}_{\text{SLA}}$ 是延迟服务等级协议（例如 100ms）。

有关动态批处理尺寸的尺寸增长和减少，文献［1］借鉴了 Additive Increase Multiplicative Decrease（AIMD）策略。

经典回顾

加性增加/乘性减少（AIMD）算法是一种反馈控制算法，被应用在 TCP 拥塞控制中。AIMD 将没有拥塞时拥塞窗口的线性增长与检测到拥塞时的指数减少相结合。使用 AIMD 拥塞控制的多个流最终将收敛到均衡使用共享链路。

AIMD 在动态批尺寸中使用的策略：

- 加性增加（addictive increase）：将批次大小累加固定数量，直到处理批次的延迟超过目标延迟为止。
- 乘性减少（multiplicative decrease）：当达到目标延迟后，执行一个小的乘法回退，例如将批次大小减少 10%。

因为最佳批次大小不会大幅波动，所以使用的退避常数要比其他应用场景使用的 AIMD 方案小得多。

接下来我们以 NVIDIA Triton 推理服务器为例观察实际系统中支持的动态批尺寸功能。NVIDIA Triton 支持动态批尺寸器，动态批处理允许服务器组合推理请求，从而动态创建批处理。创建一批请求通常会增加吞吐量。动态批处理器应该用于无状态模型。动态创建的批次分布到为模型配置的所有模型实例中，一般可以通过下面的流程实施。

以下步骤（参考 Triton 文档）是为每个模型调整动态批处理器的推荐过程，还可以使用模型分析器自动搜索不同的动态批处理器配置。

1）确定模型的最大批量大小 max_batch_size。

2）将 dynamic_batching{} 添加到模型配置中以启用动态批处理器。默认策略是，动态批处理器将创建尽可能大的批次并且成批时不会耽误（和下面介绍的此配置相关 max_ queue_delay_microseconds），直到最大批次大小（max_batch_size）。

3）使用性能分析器确定默认动态批处理器配置提供的延迟和吞吐量，相比于前文提到的 AIMD 策略，当前为人工介入，读者也可以将 AIMD 的思路应用于配置批尺寸的实验中。根据性能约束，先确定合适的批尺寸，之后再进行配置。如果默认配置导致延迟值在延迟预算范围内，请尝试以下一种或两种方法来权衡增加的延迟以增加吞吐量：

①增加最大批量大小。max_batch_size 属性表示模型支持的最大批量大小，可用于 Triton 支持的批处理类型。

②将批处理延迟 max_queue_delay_microseconds 设置为非零值。动态批处理器可以配置为允许请求在调度器中延迟有限的时间，以允许其他请求加入动态批处理。读者可尝试增加延迟值直到超过延迟预算以查看吞吐量受到的影响。

4）大多数模型不应使用首选批尺寸。仅当该批大小导致性能明显高于其他批大小时，模型才应配置首选批大小。preferred_batch_size 属性指示了动态批处理器应尝试创建的批处理大小。

下面的代码实例（参考 Triton 文档）为配置 Triton 应用动态批尺寸，并且配置首选批尺寸为 4 或者 8。

```
dynamic_batching {
    preferred_batch_size: [ 4, 8 ]
}
```

8.4.4　多模型装箱

在延迟服务等级协议（SLA）的约束下，模型在指定的 GPU 下按最大吞吐量进行分配，但是可能仍有空闲资源，从而造成加速器的低效率使用。

如图 8-24 所示，有些设备上的算力较高，部署的模型运算量又较小，使得设备上可以装箱多个模型，共享使用设备。

如图 8-25 所示，推理系统可以通过最佳匹配策略装箱模型，将碎片化的模型（例如，model1 和 model2）请求由共享的设备推理。这样不仅提升了推理系统的吞

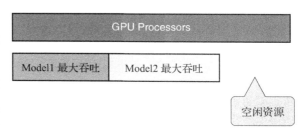

图 8-24　模型没有完全使用 GPU 产生空闲 GPU 资源

吐，也提升了设备的利用率。装箱在数据中心资源调度中是经典且传统的问题，我们可以看到系统抽象的很多问题会在不同应用场景与不同层再次出现，但是抽象出的问题与系统算法会由于假设和约束不同而产生新的变化，所以从事系统工作既要熟悉经典，又要了解新场景与变化趋势。

接下来我们以 NVIDIA Triton 推理服务器为例观察实际系统中支持的动态批尺寸功能与策略。NVIDIA Triton 支持并发模型执行机制，可以充分利用现有加速器。Triton 提供了实例组

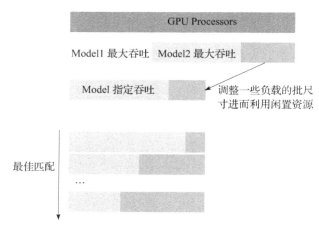

图 8-25　最佳匹配示例

（instance-group）的模型配置选项，它允许每个模型指定允许该模型并行执行的次数。每个此类启用的并行执行称为一个实例。默认情况下，系统中的每个可用 GPU 为每个模型提供一个实例。如代码 8-23 所示，模型配置 ModelInstanceGroup 属性用于指定允许可用的执行实例的数量以及允许被这些实例使用的计算资源。实例组设置可用于在每个 GPU 上或仅在某些 GPU 上放置模型的多个执行实例。这样相当于利用上面提到的装箱策略，可以提升并发度和加速器利用率，充分利用资源。以下配置将在 GPU 0 上放置一个执行实例，在 GPU 1 和 GPU 2 上放置两个执行实例。

代码 8-23　配置 GPU 部署实例数量

```
instance_group [
    {
        count: 1
        kind: KIND_GPU
        gpus: [ 0 ]
    },
    {
        count: 2
        kind: KIND_GPU
        gpus: [ 1, 2 ]
    }
]
```

经典回顾

装箱问题是一个组合优化问题，其中不同大小的物品必须装入有限数量的箱或容器中，每个箱或容器具有给定的固定容量，目的为最小化箱的使用数量。该方法有许多应用，例如填充容器、物流车辆装载、大规模平台资源调度等。当前我们可以认为 GPU 是箱子，而模型就是要装入的物品，从而将运行时的模型调度抽象为装箱问题。

8.4.5　内存分配策略调优

由于设备或服务端的内存是紧缺资源，推理系统常常也需要考虑优化内存的分配策略，进而服务更大的模型。当前的深度学习框架默认提供内存管理器进行内存管理，减少设备API 调用，提升性能。有些推理系统通过插件化方式允许用户注册内存管理逻辑的回调，例如，TensorRT 的 IGpuAllocator 用于控制 GPU 分配的应用程序实现的类。如代码 8-24 所示，应用程序实现的回调（tensorrt. tensorrt. IGpuAllocator），用于处理 GPU 内存的分配。

代码 8-24　分配 GPU 内存

```
classtensorrt. IGpuAllocator(self: tensorrt. tensorrt. IGpuAllocator)→ None
    __init__(self: tensorrt. tensorrt. IGpuAllocator)→ None
allocate(self: tensorrt. tensorrt. IGpuAllocator, size: int, alignment: int, flags:
    int)→ capsule
```

经典回顾

库操作系统（Library Operating Systems，LibOS）与外核（exokernel）背后的想法是尽可能少地强制应用程序开发人员进行抽象，使他们能够对硬件抽象做出尽可能多的决定。这种低级硬件访问允许程序员实现自定义抽象，并省略不必要的抽象，最常见的是提升程序的性能。当前深度学习框架自身实现的内存管理器，例如，TensorFlow 默认获取全部 GPU 内存，进而通过框架自身的内存管理器进行内存管理，减少 cudaMalloc 和 cudaFree 等设备的内存分配与释放调用，类似库操作系统抽象，即由框架和应用负责对应的资源管理，进而提升性能。

我们可以将内存管理问题抽象为以下的优化问题。

- 目标：最小化内存占用和内存分配调用（malloc 和 free 等）开销。
- 约束：保证延迟服务等级协议（SLA）。
- 优化策略：缓存分配器、预取和卸载、算子融合。

缓存分配器：推理系统预先申请设备内存，构建推理系统的内存管理器，减少设备内存分配与释放等 API 调用代价（例如，cudaFree 调用可能阻塞它的调用者，直到所有 GPU 上所有先前排队的作业完成）。

预取和卸载：推理系统异步地将设备内存数据在读取前和产生后与主存进行换入换出，减少设备内存的数据压力。

算子融合：将中间结果在缓存层给下一阶段的内核使用，可以减少中间结果回写的吞吐和延迟，占用更低的设备内存或者产生更少的主存开销。

例如，我们可以通过代码 8-25 的模拟实例思考，如何通过 Swap 机制将中间结果暂存在主存，等需要时再复制到 GPU 显存。请注意，这种方式在减少内存–占用的同时会增加数据搬运的开销，读者可以静态估计权衡最优方案。

代码 8-25　中间结果暂存主存

```
# 本伪代码实例使用 PyTorch 框架演示
class TestModel(nn.Module):
    def __init__(self, ni):
        super(block1, self).__init__()
        self.conv1 = nn.Conv2d(ni, ni, 1)
        self.conv2 = nn.Conv2d(ni, ni, 3, 1, 1)
        self.classifier = nn.Linear(ni* 24* 24,751)

    def forward(self,x):
        residual = x
        out = F.relu(self.conv1(x))
        residual.cpu() # 下一步计算用不到,暂存到主存
        out = F.relu(self.conv2(out))
        residual.cuda() # 复制回 GPU 显存
        out += residual
        out = out.view(out.size(0),-1)
        return self.classifier(out)

model = TestModel(16)
x = torch.randn(1, 16, 24, 24)
output = model(x)
```

读者也可以参考相关工作（例如，DNNMem、vDNN 等）进一步了解深度学习模型内存的分配占用分类和优化策略。

同时请读者对比和思考，推理内存管理和训练内存管理的异同以及相关工作趋势。

1. 训练作业与框架内存管理

（1）单位为张量，有反向传播和权重更新，前向传播张量存活（liveness）的时间更久。

（2）吞吐量为主要目的。

（3）批尺寸大，对内存尺寸要求更高。

2. 推理系统内存管理

（1）单位为张量，无反向传播和权重更新，张量依赖少，用完即可释放。

（2）延迟为主要约束。

（3）服务端推理批尺寸小，但是边缘侧设备内存尺寸小约束强。

推理系统的内存管理可以借鉴传统 Web 服务和移动 APP 的内存管理设计思想，结合深度学习负载特点进行设计。而更多训练作业的工作朝着批处理作业或者延迟不敏感应用发展，一部分工作借助虚拟内存思想，靠"外存"（主存或者 NVMe 等高速存储）和异步化 I/O 进行内存管理优化，例如 vDNN、NVIDIA Unified Memory 等工作；另一部分工作是从算法分

析层面入手，从算法层面减少冗余（本地不留副本与按序加载的 DeepSpeed ZeRO 等，整体思路类似传统的参数服务器，按需加载权重到本地计算）或者重算（Gradient Checkpointing 等），例如，传统程序中的 Facebook jemalloc 为服务端应用设计，其设计思路为：

- 性能与并发管理：支持快速分配回收和并发请求的内存管理，尽量减少锁争用问题。
- 空间与碎片：减少元数据大小，根据应用选择块尺寸类型。
- 工作负载驱动：隔离小对象，重用时优先使用低地址。
- 全面考虑互操作：例如操作系统交互方面的优化，减少页换出策略，减少激活页集合等策略。

同时 jemalloc 参考了大量已有的内存管理器的设计。希望以上的设计思路能启发读者针对推理服务的特点设计出区别于训练作业的内存管理策略。以上思路可以指导我们对数据中心推理服务的内存管理设计。

感兴趣的读者可以在 8.4.6 节进行内存管理观测与实验，深入理解深度学习的内存管理技术。

8.4.6　深度学习模型内存分配算法实验与模拟研究

此实验需要读者自行参考以下方式收集数据集。

1. 数据获取

读者可以参考库中提供的脚本读取数据并了解数据模式。

- 日志收集

我们通过下面的实例或者脚本进行深度学习作业的日志收集，获取张量尺寸信息，进而分配和释放信息。

```
#假设 TensorFlow 1.13 版本
export TF_CPP_MIN_VLOG_LEVEL=2
python tf_infer.py# 程序中为常见的 TensorFlow 推理或训练程序
```

- 张量分配与释放相关日志抽取，进而获取张量的大小与分配释放顺序

例如，其中一条张量分配日志如代码 8-26 所示。

代码 8-26　张量分配日志

```
20XX-XX-XX 12:20:44.472769: I tensorflow/core/framework/log_memory.cc:35] __LOG_MEMORY__
    MemoryLogTensorAllocation { step_id: 2 kernel_name: "vgg_16/pool3/MaxPool" tensor
    {dtype: DT_FLOAT shape { dim { size: 64 } dim { size: 256 } dim { size: 28 } dim { size: 28 } }
    allocation_description { requested_bytes: 51380224 allocated_bytes: 51380224
    allocator_name: "GPU_0_bfc" allocation_id: 101 has_single_reference: true ptr:
    140615920648192}}}
```

其中，分配张量日志实例与关键字为 MemoryLogTensorAllocation，释放张量日志实例与关键字为 MemoryLogTensorDeallocation。

2. 评测指标设定

读者可以设计以下评测指标，进行算法策略设计：

- 最小化时间开销

malloc( )、free( ) 例程在一般情况下应该尽可能快。

- 最小化空间占用

分配器不应该浪费空间，它应该从系统中获取尽可能少的内存，并且应该以最小化碎片的方式维护内存。碎片是程序不使用的连续内存块中的无法再分配的内存空闲浪费区域。

- 最小化局部性

通常分配附近的内存块，这有助于在程序执行期间最大限度地减少页面和缓存未命中。

- 其他

3. 算法实现与评测

- 内存分配器模拟与算法设计

假设设计的内存分配器需要调用底层 NVIDIA cudaFree 和 cudaMalloc 原语获取设备原始内存，但是此 API 调用有一定的时间代价。读者可参考本书或其他测试数据进行量化模拟 API 调用时间开销。

- 设计实现 malloc( )、free( ) 接口并实现内部算法

读者可以选用经典算法作为基准测试（例如，DNNMem 中介绍的主流框架内存分配算法，或者传统内存分配器策略），设计新的算法，并通过收集的数据模拟，观察能否提升当前目标，超越基准算法，并进行结果分析，最终形成分析报告或论文。

经典回顾

伙伴内存分配技术是一种内存分配算法，该系统将内存拆分成两半来尝试提供最佳拟合。根据 Donald Knuth 的说法，伙伴系统由 Harry Markowitz 于 1963 年发明，并由 Kenneth C. Knowlton 首次描述（于 1965 年出版）。伙伴系统有多种形式，将每个块细分为两个较小块是常见的变体。该系统中的每个内存块都有一个顺序，顺序是一个整数，范围从 0 到指定的上限。n 阶块的大小与 2^n 成正比，因此块的大小正好是低一阶块大小的两倍。2 的幂块大小使地址计算变得简单，因为所有伙伴都在内存地址边界上对齐，该边界是 2 的幂。当一个较大的块被分割时，它被分成两个较小的块，每个较小的块成为另一个块唯一的伙伴。拆分块只能与其唯一的伙伴块合并，然后与被拆分的更大块重新组合。这种拆分的优势是有更小的外碎片（因为更容易让相邻空闲块合并），由于 2 的幂块大小更方便和操作系统的页系统映射内存，相比最佳匹配有更低的搜索时间复杂度；劣势是由于块合并产生了一定的性能损失，容易出现一定内碎片。读者如果感兴趣其他内存管理器工作，可以参考相关文献。

8.4.7　小结与讨论

本节主要围绕推理系统的高吞吐与高效率的优化展开讨论，我们总结了推理系统的高吞吐和高效率需求，以及围绕这个设计目标，推理系统常用的优化策略。

看完本节内容后，我们可以思考以下几点问题：当前吞吐量和效率的优化策略是否会对延迟产生影响？如何设计其他策略进行吞吐量或使用效率的优化？

8.4.8　参考文献

[1]　DANIEL C, WANG X, ZHOU G L, et al. Clipper: A low-latency online prediction serving system[J]. avXiv preprint, 2017, avXiv: 1612. 03079.

8.5　开发、训练与部署的全生命周期管理——MLOps

MLOps 是一种用于人工智能（包含机器学习与深度学习）全生命周期的工程化方法，它借鉴 DevOps 思想将机器学习（例如，模型的训练与推理）开发（Dev 部分）与机器学习系统（深度学习框架、自动化机器学习系统）统一操作与维护（Ops 部分）。MLOps 希望实现机器学习全生命周期关键步骤的标准化和自动化。MLOps 提供了一套标准化的流程和工具，用于构建、部署并快速可靠地运行机器学习全流程和机器学习系统。相比于传统的 DevOps，MLOps 的不同之处在于，当用户部署 Web 服务时，用户关心的是每秒查询数（QPS）、负载均衡（load balance）等。在部署机器学习模型时，用户还需要关注模型准确度、数据的变化、模型的变化等。这些是 MLOps 所要解决的新挑战。

本节将围绕以下内容展开：

1）MLOps 的生命周期；

2）MLOps 工具链；

3）线上发布与回滚策略；

4）MLOps 的持续集成与持续交付；

5）MLOps 工具与服务。

8.5.1　MLOps 的生命周期

推理系统就像传统 Web 服务发布代码包一样，需要定期发布模型，提供新功能或更好的效果。类似于传统软件工程中应用程序开发团队在创建和管理应用程序，通过借鉴传统的软件工程最佳实践，业界使用了 DevOps，这是管理应用程序开发周期操作的行业标准。为了应对深度学习全生命周期的挑战，如图 8-26 所示，组织需要一种将 DevOps 的思想带入机器学习生命周期的方法，业界称这种方法为 MLOps。

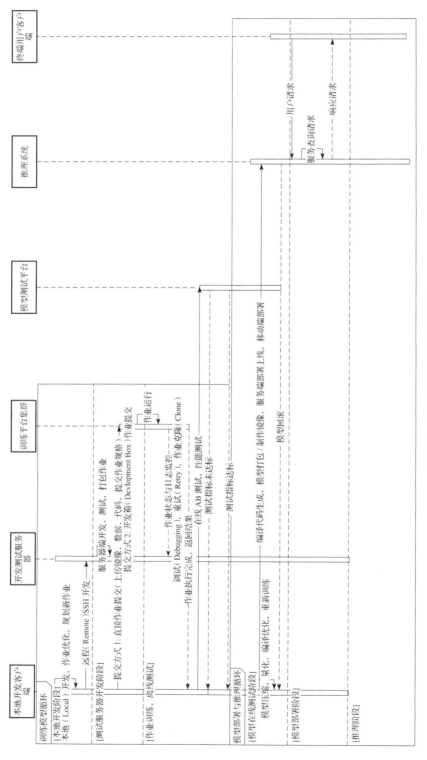

图 8-26 深度学习的全生命周期图

如图 8-27 所示的时序图，其中训练模型的循环我们已经在第 7 章介绍。那么训练完成的模型如何和推理系统建立联系呢，我们可以看到一般在训练完成后需要经过以下一些步骤进行模型部署与推理。

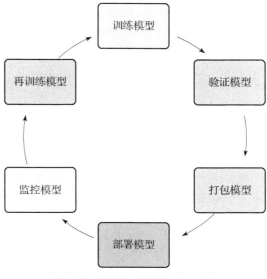

图 8-27 训练和部署模型时序图

1）模型测试阶段包含功能性测试（离线测试和在线 A/B 测试等）和非功能性测试（性能测试等）。一般在互联网在线服务中需要先进行离线测试和数据测试，测试达标后再进行在线 A/B 测试，最后分配真实流量进行功能性测试，一旦模型达标则可以进入模型部署阶段。同时本阶段需要做一定的非功能性测试，例如测试性能等。一旦测试不达标，非功能性指标可以通过模型压缩、量化、编译优化等进行优化，如果功能性指标不达标，则需要重新训练与调优。

2）模型部署阶段需要用户进行针对的平台编译、代码生成和模型打包或者针对服务端制作镜像。一般模型可以部署到服务端或者移动端（边缘端）。一旦服务中出现问题，模型还可以通过一定策略进行回滚使用原来的模型。

3）模型部署后可以对用户请求进行服务，也就是我们所说的模型推理过程，响应用户请求。例如，如果用户请求的是物体检测模型，则用户提交图片作为请求，模型推理进行物体检测，再将物体检测的结果作为请求的响应返回给用户。

随着开发者不断研发训练新的模型并更新线上模型，应用的服务水准逐渐提升。

接下来，我们对 A/B 测试进行概念解释。

A/B 测试通常用于在线推理服务，是模型上线前的在线测试环节。A/B 测试一般采用对用户流量进行分桶，将用户分成实验组用户和对照组用户，对实验组的用户部署新模型并返回请求应答，而对照组的用户则沿用旧模型。在分桶的过程中需要注意样本的独立性和无偏性，保证用户每次只能分到同一个桶中，最终验证新模型和旧模型的效果优势，如果有优势则可以上线新模型。对需要在线部署的模型，A/B 测试有以下优势。

1）离线评估测试无法完全消除过拟合的影响；

2）离线评估无法完全还原线上的工程环境，例如数据延迟、缺失等情况；

3）线上系统的某些评测指标在离线评估中无法计算，例如实时点击率等。

8.5.2 MLOps 工具链

在系统和软件工程社区常常会看到相应的深度学习模型管理工作，我们也可以将其拓展为覆盖整个 MLOps 的工具链。我们整理了一些有趣且实用的工具和相关工作，读者可以对感兴趣的工具进行尝试和使用。

1. 模型动物园

模型动物园是开源框架和公司开源与组织机器学习和深度学习预训练模型的常用方式。当前很多场景下，由于使用预训练模型可以大幅减少训练代价，因此很多没有足够资源从头训练的开发者选择了集成预训练模型并进行微调的方式。如图 8-28 所示，Hugging Face 通过语言模型的 Model Zoo 不断拓展社区，用户不断在其模型动物园中下载和微调预训练模型，形成了语言模型场景应用广泛的工具和生态，使得在当前很多自然语言场景下，用户常常使用 Hugging Face 库而不是底层的 PyTorch 或者 TensorFlow 构建模型。

图 8-28　Hugging Face 语言预训练模型动物园（2022 年 5 月 11 日数据）

如 MMdnn[1] 中提供的早期 CV 模型实例，模型动物园中需要提供预训练模型的二进制文件、原始链接和模型的原始规格等，MMdnn 模型动物园见表 8-4。

表 8-4　MMdnn 模型动物园

alexnet Framework：caffe Download：prototxt caffemodel Source：Link	inception_v1 Framework：caffe Download：prototxt caffemodel Source：Link	vgg16 Framework：caffe Download：prototxt caffemodel Source：Link
vgg19 Framework：caffe Download：prototxt caffemodel Source：Link	resnet50 Framework：caffe Download：prototxt caffemodel Source：Link	resnet101 Framework：caffe Download：prototxt caffemodel Source：Link
resnet152 Framework：caffe Download：prototxt caffemodel Source：Link	squeezenet Framework：caffe Download：prototxt caffemodel Source：Link	

用户可以通过以下命令使用模型动物园。

1）安装工具"pip install mmdnn"。

2）下载 TensorFlow 预训练模型，方法如下。

方法 1：直接通过文档链接下载。

方法 2：使用命令行工具，Hugging Face 等工具也将模型自动下载集成进工具本身，方便用户在微调场景使用。

经典回顾

模型动物园类似传统包管理器或者镜像中心，可以提供模型的集合、下载与安装管理。包管理器以一致的方式执行安装、升级、配置计算机程序包，镜像中心则汇聚开源的镜像并提供接口让用户方便管理。但是相比传统的包管理器，目前的模型动物园还稍显简陋，例如一般提供元数据（名称、用途描述、版本号、供应商，校验和）。由于模型一般依赖较少的预训练模型，所以还没有达到复杂的依赖管理，相比包管理，模型动物园在这点上更加简单。但是相比传统程序，目前很多模型权重直接暴露，较少做传统二进制程序混淆，这会产生一定的安全与隐私风险，读者可以参考第 12 章了解如何针对深度学习模型进行安全和隐私保护。

2. 模型和工作流可视化

深度学习模型可视化能够让开发者更好地调试、理解和设计深度学习模型，在平时的开发过程中被得以广泛使用。例如，我们可以通过 Netron、MMdnn[1] 等工具进行模型结构可视化，读者可以参考如下实例体验可视化过程。

1）准备模型文件，可以导出或者从模型动物园下载；

2）安装 Netron；

3）将模型文件拖拽到 Netron；

4）可视化与交互，读者可以从可视化界面中观察到模型数据流图、算子类型、超参数和张量尺寸等信息。如图 8-29 所示，我们下载 Keras MobileNet 并通过 Netron 可视化，点击一个 Conv2D 即可看到其超参数和输入输出张量尺寸。

工作流可视化的方式可以以低代码的形式，有利于在减少代码开发和提升生产力的同时促进模块化复用组件。较为成熟的平台一般会逐渐通过工作流方式增加组织核心模块和功能复用性，减少重复开发等二次劳动。对于整个开发流程，很多公司也开发了可视化低代码的开发接口，进行工作流拖拽式编程，让用户可以快速搭建机器学习流水线，复用模块。如图 8-30 所示，用户可以配置一个工作流中的模块进行数据清洗，整个过程无须书写代码。

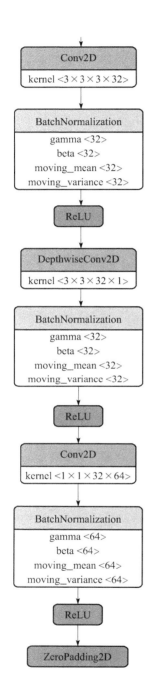

图 8-29　Netron 可视化 Keras MobileNet

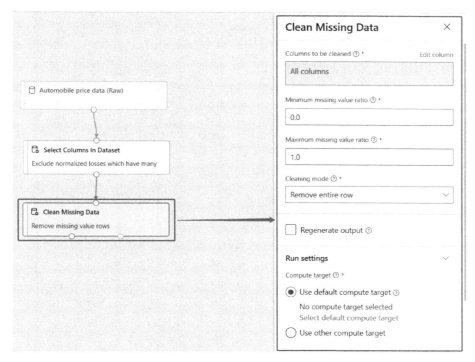

图 8-30　可视化机器学习流水线工作流

经典回顾

　　可视化编程语言是用户以图形方式操作程序而不是通过文本来创建程序的编程语言。它使用视觉表达、文本和图形符号的空间排列进行编程。以 ASP. NET 和 Scratch 等为代表的可视化编程方法常常与数据流编程语言集成。机器学习流水线可以抽象为数据流，进而通过可视化编程的方式自动生成程序和文档。

3. 模型转换

　　框架之间由于互用预训练模型以及训练到部署的运行时环境不同，产生了模型转换的需求，以 MMdnn 和 ONNX 为代表的工具正是为解决这个需求而产生的。在程序语言中，模型转换可以认为是一种源到源的编译器（source-to-source compiler）。但是相比传统的单纯代码进行转换，模型转换则遇到了新的挑战，就是模型有权重，且转换可能会有数值影响，这时问题的核心挑战就成为如何能保证转换的可信性。

经典回顾

　　源到源编译器也称作 Transpiler，它获取以编程语言编写的程序源代码作为其输入，并以相同或不同的编程语言生成等效的源代码。相比编译器由高层语言向字节码或者机器码等低级语言转换，Transpiler 更多的是同层高级语言的转换，例如 Java 向 C++转换。类似地，模型转换也是想通过 A 框架使用 B 框架发布的预训练模型。

4. 程序、模型和搜索空间合法性验证

在深度学习开发过程中以及在企业级平台上，深度学习程序本身容易产生缺陷造成任务失败。在微软对其深度学习平台程序缺陷的经验分析[2]中，我们可以观察到，作业失败有几大原因，分别是深度学习相关、执行环境相关、通用代码相关，其中深度学习相关缺陷中的前三位分别是 GPU 内存溢出（占整体的 8.8%）、框架 API 错误使用（占整体的 2.8%）、张量不匹配（占整体的 1.1%）。

内存溢出等性能缺陷及合法性验证可以通过分析模型进行代价预估，例如 DNNMem 通过存活变量分析（live-variable analysis）等手段，DnnSAT 通过将资源验证抽象为资源约束满足问题（constraint satisfaction problem），从而构建静态模型进行提前预估，在作业提交前提前规避相应问题。

张量不匹配问题也可以通过静态分析方式提前规避。接下来我们以张量不匹配异常为例（代码 8-27），执行此模型将会在运行期产生异常。

代码 8-27　张量不匹配异常

```python
class TestModel(nn.Module):
    def __init__(self):
        super(TestModel, self).__init__()
        self.conv = nn.Conv2d(in_channels = 3, out_channels = 8, \
                              kernel_size = 3)
        self.pool = nn.AvgPool2d(kernel_size = 260, stride = 260)
        self.fc = nn.Linear(in_features = 1800, \
                            out_features = 10)

    def forward(self, x):
        x = self.conv(x)
        x = self.pool(x)
        x = x.view(x.size(0), -1)
        x = self.fc(x)
        return x
```

控制台报错日志信息如代码 8-28 所示。

代码 8-28　控制台报错日志

```
# Traceback (most recent call last):
...
# RuntimeError: Given input size: (8x222x222). Calculated output size: (8x0x0). Output
  size is too small
```

模型本身容易产生各种类型错误，例如超参数不合法（illegal hyperparameter）、张量不

匹配等。有相关工作如 Refty、Pythia 等通过静态检测的方式在训练前提前验证和规避相应的错误，保证了模型的结构正确性。

经典回顾

类型系统（type system）是由一组规则组成的逻辑系统，这些规则将称为类型的属性分配给各种数据结构，例如变量、表达式、函数等。这些类型形式化地强制执行程序员用于约束数据的类型和函数的接口约定等。类型系统首先通过定义计算机程序不同部分之间的接口，然后通过规则和一定的类型检验检查这些部分是否以一致的方式连接，从而减少程序缺陷。类型系统还有其他用途，例如给编译器优化提供暗示、提供一种文档形式标注以增加代码可读性等。相比传统程序的基本类型，深度学习模型还需要考虑张量形状、维度、操作符超参数等特定领域的约束，这都是面向深度学习的类型系统需要重新设计的。

5. 模型调试器

由于在模型训练过程中，无论是研究工作还是实际工作都充满了大量的技巧，初学用户希望像专家一样进行模型的训练优化以保证模型交付。为了应对这种需求，一些工具和云服务提供模型和训练过程的调试，这样让即使没有相关经验的用户也能训练出效果好的模型。例如，Amazon SageMaker Debugger 是亚马逊推出的针对机器学习的调试器，可以实时调试、监控和分析训练作业，检测非收敛条件，通过消除瓶颈优化资源利用率，缩短训练时间并降低机器学习模型的成本。学术界中软工社区的 DeepDiagnosis[3] 提出自动化诊断的思路，通过在框架注册回调函数收集信息，自动化分析当前的训练指标，帮助用户定位错误位置，并给出相应的修改建议，例如权重变化、激活问题、精确度没有升高、损失没有降低等，定位问题位置并给出建议，例如调整学习率、不合适的数据等。图 8-31 展示了 DeepDiagnosis 自动诊断和推荐修复。

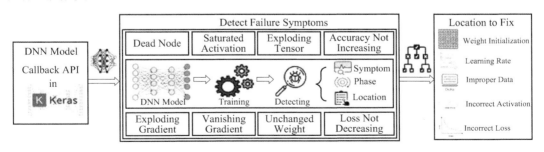

图 8-31　DeepDiagnosis 自动诊断和推荐修复

模型调试器底层依赖对运行时的模型执行数值、学习曲线等指标进行监控和分析并给出推荐，代码 8-29 的实例就是通过注册钩子，在程序中分析模型数值状况，我们可以从中理解模型调试器的工作原理。本实例来源于 PyTorch 官方实例。

代码 8-29　模型调试器

```python
import torch
import torch.nn as nn
import torch.nn.functional as F

class MNISTConvNet(nn.Module):
    def __init__(self):
        super(MNISTConvNet, self).__init__()
        self.conv1 = nn.Conv2d(1, 10, 5)
        self.pool1 = nn.MaxPool2d(2, 2)
        self.fc1 = nn.Linear(..., 50)

    def forward(self, input):
        x = self.pool1(F.relu(self.conv1(input)))
        x = x.view(x.size(0), -1)
        x = F.relu(self.fc1(x))
        return x

net = MNISTConvNet()
input = torch.randn(1, 1, 28, 28)

# 获取其前向传播的输入与输出张量并打印结果,或可以进行规范化处理
def printnorm(self, input, output):
    print('Inside' + self.__class__.__name__ + 'forward')
    print('')
    print('input: ', type(input))
    print('input[0]:', type(input[0]))
    print('output:', type(output))
    print('')
    print('input size:', input[0].size())
    print('output size:', output.data.size())
    print('output norm:', output.data.norm())

# 注册前向传播针对 conv2 算子的钩子
net.conv2.register_forward_hook(printnorm)
out = net(input)
```

输出结果如代码 8-30 所示。

代码 8-30　模型调试器输出日志

```
Inside Conv2d forward

input:  <class 'tuple'>
input[0]:  <class 'torch.Tensor'>
output:  <class 'torch.Tensor'>

input size: torch.Size([1, 10, 12, 12])
output size: torch.Size([1, 20, 8, 8])
output norm: tensor(14.7081)
```

如果我们想增加更多的分析逻辑，就可以在运行时注册自定义函数来进行分析、调试与修复。

经典回顾

调试器的主要用途是在受控条件下运行目标程序，允许程序员跟踪操作并监视资源和数据的变化。典型的调试包括在特定断点运行或停止目标程序，显示内存、寄存器等内容以及修改内存或寄存器内容以测试数据。所以，相比传统调试器我们可以看到，深度学习模型在训练或推理过程中，需要观测权重、激活值的变化和学习曲线的变化，进而动态调整学习率、批尺寸等影响模型效果的变量，缓解缺陷，提醒效果。

6. 模型与数据监控

当前由于超参数变得越来越多，实验也越来越多，对模型和实验的监控与管理也变得越发重要。同时由于在很多实际场景中，不断增长的数据造成原有的数据分布产生了变化，而人工智能模型又对数据分布的变化较为敏感，所以不断监测数据分布变化，并在一定条件下触发模型重新训练，也是整个生命周期中非常重要的环节。

例如，用户在大规模 MLOps 实践过程中，可以对以下环节构建监控体系。

- 模型学习性能：查看模型的预测有多准确，观察模型性能是否会随着时间的推移而衰减，进而决定是否需要重新训练模型。
- 模型训练和再训练：在训练和再训练期间查看学习曲线、训练模型预测分布或混淆矩阵。
- 输入/输出分布：查看模型中输入数据和特征的分布是否发生了变化，预测的类分布是否随时间变化，这些因素可能与数据漂移相关。
- 硬件指标：查看模型在训练和推理期间使用了多少 GPU、内存等硬件资源，甚至包括费用。
- CI/CD 流水线：查看来自 CI/CD 管道作业的评估并直观地比较它们，这样用户和机构能对当前整个流程和环节的健康状况有清晰认识。

例如，Neptune 提供了一个展示实例界面，用户可以观察当前这类监控产品的监控项。我们可以观察到每个实验的模型训练效果、超参数配置等信息，便于综合管理实验，如图 8-32 所示。

一些开源系统（例如 NNI、MLflow）也提供模型及实验监控追踪功能。通过 NNI 的界面，我们可以观察到实验的模型训练效果和超参数配置等信息，便于综合管理实验，还可以看到超参数的相关性等针对超参数搜索场景的信息，如图 8-33 所示。

7. 模型版本管理

由于模型上线使用后并不是一劳永逸，随着数据分布变化，或算法工程师设计了新的效果更好的模型，平台需要不断上线新模型替代原有模型。这就要求当前的推理系统、模型部

图 8-32　Neptune 模型与实验监控

图 8-33　NNI 模型与实验监控

署的服务器文件系统或者网络文件系统做好相应的模型版本管理和策略，方便模型更新与回滚。

我们以 NVIDIA Triton 推理服务器的版本管理文档实例为例，每个模型都有一个或多个版本。在模型配置文件中，模型版本策略属性可以设置以下策略：

- 全部（all）：模型存储库中可用的所有模型版本都可用于推理。版本策略配置为 `version_policy: { all: {}}`。
- 最新（latest）：只有存储库中模型的最新 n 个版本可用于推理。模型的最新版本是数字最大的版本号。版本策略配置为 `version_policy: { latest: { num_versions: 2}}`。
- 特定（specific）：只有模型特别列出的版本可用于推理。版本策略配置为 `version_`

policy: { specific: { versions: [1,3]}}。

如果模型版本策略 Latest（配置 $n=1$）没有作为默认配置，则代表推理系统会使用最新的版本模型。

如代码 8-31 所示，Triton 规定，最小模型配置必须指定平台或后端属性 platform、最大批尺寸属性 max_batch_size 以及模型的输入和输出张量 input、output。

代码 8-31　配置推理服务

```
# 平台类型
platform: "tensorrt_plan"
# 最大推理批尺寸
max_batch_size: 8
# 每个模型的输入和输出张量都必须指定名称、数据类型和形状。为输入或输出张量指定的名称必须与模型预
  期的名称相匹配。
input [
    {
        name: "input0"
        data_type: TYPE_FP32
        dims: [ 16 ]
    },
    {
        name: "input1"
        data_type: TYPE_FP32
        dims: [ 16 ]
    }
]
output [
    {
        name: "output0"
        data_type: TYPE_FP32
        dims: [ 16 ]
    }
]
# 配置模型版本管理策略
version_policy: { all { }}
```

经典回顾

代码版本管理是一类负责管理更改计算机程序、文档等信息集合的系统。版本控制是软件配置管理的一个组成部分。而当前的模型版本管理其实也可以纳入到已有的版本管理大家族中，并利用经典的版本管理工具（例如 Git 等）进行深度学习模型更新的记录，防止冲突和回滚管理等。目前的模型版本管理更多是从模型整体是否发生变化入手，粒度较粗，而传统程序可以细化到代码行、字符级别的变更管理，所以如果随着模型模块化解耦的发展，深度学习模型版本管理也可能会产生类似传统程序的细粒度版本管理。

8.5.3 线上发布与回滚策略

MLOps 中较为重要的一个问题是模型的版本管理，例如线上发布、回滚等策略。因为近些年，软件逐渐由客户端软件演化为在线部署的服务，而模型最终也是部署于软件系统中，所以越来越多的模型部署于在线服务中。在线服务每隔一段时间使用训练出的新版本模型替换线上模型，但是可能存在缺陷，另外如果新版本模型发现缺陷，在线服务需要回滚模型版本。同时在整个模型的生命周期中，还有很多具有代表性的服务、工具和系统也充当着越来越重要的角色。

如图 8-34 所示，训练完成的模型被保存在模型库，并被推理系统管理与加载，上线后还要遵循一定的策略保证正确性和可回滚。

接下来，我们以 TensorFlow-Serving 中提出的金丝雀（canary）策略

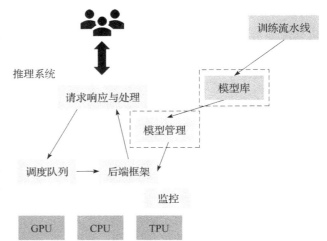

图 8-34　推理系统中的模型生命周期管理系统

和回滚策略[4]介绍模型生命周期管理的具体策略。

（1）金丝雀策略

1）当获得一个新训练的模型版本时，当前服务的模型成为第二新版本，用户可以选择同时保持这两个版本；

2）将所有推理请求流量发送到当前两个版本，比较它们的效果；

3）一旦最新版本达标，用户就可以切换到仅使用最新版本；

4）该策略需要更多的高峰资源，避免将用户暴露于缺陷模型中。

（2）回滚策略

1）如果在当前的主要服务版本上检测到缺陷，则用户可以请求切换到特定的较旧版本，卸载和装载的顺序应该是可配置的；

2）当问题解决并且获取到新的安全版本模型时，回滚结束。

当然，业界每家公司也会根据自身在线服务的特点，设计和定制个性化的策略与线上管理流程，并且朝着敏捷、不断迭代模型、可回滚等角度去设计和迭代优化。

8.5.4　MLOps 的持续集成与持续交付

如图 8-35 所示，该实例涉及一个机器学习算法工程师开发一个新模型并上线到推理系统服务的 DevOps 流水线，具体流程如下：

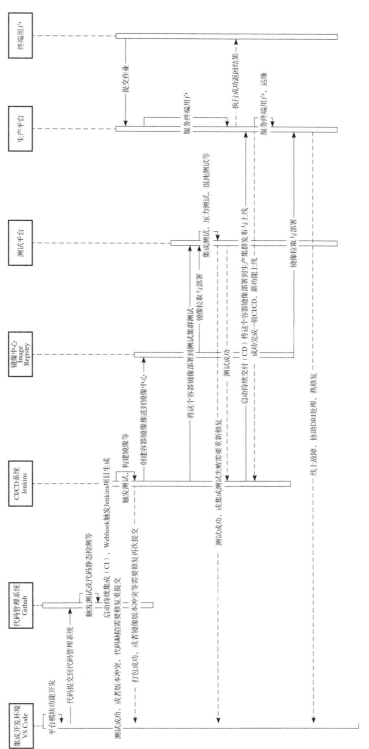

图 8-35 MLOps 持续集成、持续交付（CI/CD）的时序图实例

1）算法工程师更改设计新模型，并更改当前项目程序源代码。

2）将所做的代码更改提交到源代码管理存储库（例如 GitHub）。代码管理库触发一定测试，例如单元测试等。如果测试不通过，则算法工程师修复代码，并重走刚才的流程。

3）为了启动持续集成（CI）过程，Webhook 会触发一个 Jenkins 项目生成。

4）Jenkins 触发一定的测试，构建镜像，并将镜像推送到镜像中心。如果不通过，则算法工程师修复模型，并重走刚才的流程。

5）Jenkins 通过之前定义好的流程，再触发系统到训练平台进行模型训练，拉取镜像，下载数据模型，启动训练作业，离线测试与验证，最后将达到要求的模型存储到文件系统，并触发新的镜像构建。如果不通过，则算法工程师修复或优化模型，并重走刚才的流程。

6）Jenkins 通过持续部署（CD）将这个更新的容器映像部署到生产环境推理系统。如果不通过，则开发人员修复，并重走刚才的流程。

7）终端用户不断向推理系统发起请求，系统返回响应，平台运维工程师进行线上推理系统服务运维。如果需要热修复推理系统的性能和安全性问题，则运维工程师或者推理系统工程师负责修复。如果是模型缺陷或者学习性能（例如，准确度低等）不足则算法工程师负责修复，也可能触发自动回滚旧模型的策略，并重走刚才的流程。

8）重复步骤 1）~ 步骤 8）的过程。

相比传统软件工程中 CI/CD 的 DevOps 流程，在 MLOps 中我们遇到了如下新的变化与挑战呢。

1）被管理的资产：模型和数据的代码相比传统软件工程更多。

2）大量的实验管理：传统程序需要程序员进行程序开发，而当前以实验驱动模型开发。

3）可解释性差：模型可解释性差，难以调试与诊断问题，模型监控需要更高的覆盖度。

4）进度管理：由于模型训练有很大的非确定性，因此很难像传统软件工程一样进行工作量及交付时间预估。

经典回顾

我们仍可以参考 DevOps 领域的经典原则并将其应用于 MLOps 中，进而达到更敏捷和高质量的 MLOps。例如，Atlassian 总结了一份 DevOps 原则，我们可以参考应用到 MLOps 中。

- 合作（collaboration）：开发、运维和算法团队紧密协作。
- 自动化（automation）：尽可能实现 MLOps 全生命周期的自动化。
- 持续提升（continuous improvement）：构建实验交付流水线，持续提升交付的模型效果。

- 以客户为中心的行动（customer-centric action）：构建与终端客户的循环反馈，以客户需求为中心设计和优化流水线。
- 以终为始进行创作（create with the end in mind）：理解用户对模型的需求，构建解决实际需求的模型，避免根据假设场景而创建模型。

8.5.5　MLOps 工具与服务

1. 开源 MLOps 工具

MLflow 是由 UCB 开源的 MLOps 工具，其提供标准化的 API，对 Python 社区友好。ML-flow 能够跟踪指标、参数和工件，可以实现打包模型和可重现的机器学习项目，并将模型部署到批处理或实时服务平台。基于这些现有功能，MLflow 模型库供了一个中央存储库来管理模型部署生命周期，同时整个生命周期通过 CI/CD 进行管理，达到持续集成、持续部署。

2. 公有云 MLOps 服务

Amazon SageMaker MLOps：此服务为亚马逊云服务机器学习平台 SageMaker 提供的 MLOps 服务，其提供全流程的机器学习声明周期管理，并提供特色的模型调试与诊断功能，实现了专家级调试经验的自动化。

Azure Machine Learning：微软 Azure Machine Learning 服务也提供了 MLOps 的功能，并持续构建全套解决方法，与微软云的集成度最佳。

Google Cloud MLOps：Google Cloud 的 MLOps 功能出现时间较早，同时 Google 向业界发布了白皮书，为相关概念与技术的传播做出了贡献。

8.5.6　小结与讨论

本节我们主要介绍了目前热度较高的概念 MLOps。其实在人工智能开始工程化的时间点，MLOps 就已经出现了，我们借鉴软件工程和 DevOps 的成熟理论，实现了人工智能生命周期的工程化和流程化，进而提升了人工智能模型和产品研发的生产力。

8.5.7　参考文献

［1］　LIU Y, CHEN C, ZHANG R, et al. Enhancing the interoperability between deep learning frameworks by model conversion［C］// Proceedings of the 28th ACM Joint Meeting on European Software Engineering Conference and Symposium on the Foundations of Software Engineering. New York：Association for Computing Machinery，2020：1320-1330.

［2］　ZHANG R, XIAO W C, ZHANG H Y, et al. An empirical study on program failures of deep learning jobs ［C］//Proceedings of the ACM/IEEE 42nd International Conference on Software Engineering（ICSE' 20）. New York：Association for Computing Machinery，2020：1159-1170.

［3］ WARDAT M, CRUZ B D, LE W, et al. DeepDiagnosis: Automatically diagnosing faults and recommending actionable fixes in deep learning programs［C］//2022 IEEE/ACM 44th International Conference on Software Engineering (ICSE). Cambridge: IEEE, 2022: 561-572.

［4］ OLSTON C, FIEDEL N, GOROVOY K, et al. TensorFlow-serving: Flexible, high-performance ML serving［J］. arXiv preprint, 2017, arXiv: 1712. 06139.

8.6 推理专有芯片

如图 8-36 所示，推理系统最终将任务提交到推理专有芯片进行计算，软件层的优化上限取决于硬件层，本节我们将围绕面向深度学习负载的推理芯片的设计动机和原理展开。

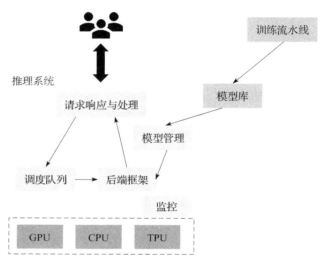

文献［1］指出："特定领域的硬件（domain-specific hardware），增强的安全性（enhanced security），开放的指令集（open instruction sets），以及敏捷芯片开发（agile chip development）等创新将引领潮流。计算系统的多样性趋势为计算机系统体系结构研究带来了又一个黄金时代。"

文献［2］曾经将芯片架构设计和建筑架构设计类比。为了更好地理

图 8-36　推理专有芯片

解芯片设计的概念，作者将芯片设计类比为建筑设计，由于我们对建筑架构非常熟悉，因此我们很容易映射芯片设计架构，如图 8-37 所示："我们首先提供建筑物的平面图，同样我们提供芯片的平面图。基于连通性/可访问性，我们放置我们的房间，同样我们有放置块的约束。就像我们用砖块、窗户和其他模块建造建筑物一样，对于芯片设计，我们有组件库，就像预先设计的砖块，用于特定功能。现在让我们尝试了解我们建筑物中的电力结构或电气连接。最初，我

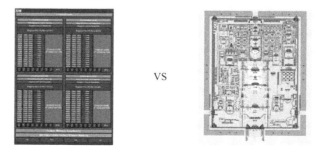

图 8-37　芯片架构设计和建筑架构设计类比

们为我们的建筑制定了一个电气计划，我们要求我们所有的电气设备都需要供电。与此类似，我们有芯片功率要求。芯片所需的电源通过电源焊盘提供，通过环形拓扑在芯片的所有角落均匀分布，并且电源必须到达所有标准单元（用于芯片设计的砖），这在芯片设计中称

为电网拓扑。还有很多其他方面可以进行类比。"

那么以此类比，我们接下来介绍一些深度学习推理芯片，背后是基于工业界希望设计并使用的每单位计算性能、功耗和成本最低的芯片的诉求。这就像建筑行业在满足居住的功能性需求（对应芯片性能）后，不断提升工艺，降低成本和能耗。同时我们看到由于地皮空间有限（类比芯片晶圆），厂商需要根据功能需求（是酒店，还是公寓，还是学校），取舍一些功能间（类比去掉一些不需要支持的功能，以排布更多计算单元），进而达到针对特定领域（酒店、学校、住宅）的最优设计。

本节将围绕以内容展开：

1）推理芯片架构对比；

2）神经网络推理芯片的动机和由来；

3）数据中心推理芯片；

4）边缘推理芯片；

5）芯片模拟器。

8.6.1　推理芯片架构对比

深度学习模型常常部署在以下几种芯片中进行推理，不同的芯片有不同的特点，如图 8-38 所示。

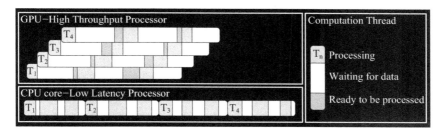

图 8-38　GPU vs CPU 的执行模型

1. CPU 部署

很多推理场景选择使用 CPU 推理有几点原因。①推理阶段批尺寸小，浮点运算量低，CPU 通常能满足需求。②CPU 的 x86 指令集架构和操作系统对软件的管理更加成熟，虚拟化也做得更好，更容易做装箱甚至数据中心混部推理负载。③软件栈兼容性更好，可以减少数据序列化开销。④硬件层面减少跨 PCIe 搬运到 GPU 的开销。所以如果 GPU 推理在延迟和吞吐方面没能超越现有的 CPU，推理系统通常也会选择使用 CPU 进行推理。

2. GPU 部署

相比 CPU，NVIDIA 的 GPU 采用 SIMT 架构，其抽象调度单位为束（warp），也就是一组按 SIMD 模型执行的线程，进一步精简指令流水线，让出更多面积放入计算核，同时减少指令访存。同时我们从图 8-38 中可以看到，CPU 面向单线程尽可能降低延迟，同时其线程上下文切换一般由软件辅助完成。由于保存寄存器造成了访存开销，因此 CPU 尽可能让当前线程多执行一段，则线程的访存变为了同步等待。GPU 则采取另一种设计，在线程要访存的时间窗口让给其他线程，同时由硬件支持线程切换尽可能不产生访存，这样虽然会造成单线程一定的拖延，但是其靠计算屏蔽 I/O（当前线程 I/O 则切换到其他线程进行计算）的设计，让整体线程的完工时间减少。这种模式非常适合矩阵运算，假设每个线程完成局部运算，我们只拿一个线程的结果没有意义，而是需要整体运算结果，所以我们宁愿单个线程变慢，但能实现整体一批线程更快完成。

3. ASIC 部署

如图 8-39 所示，相比 GPU，ASIC 一般可以根据负载特点设计脉动阵列（systolic array）架构，其根据负载的数据流特点设计计算器件的排布，实现计算单元输入与输出的流水线化，减少访存。在单指令多数据流（SIMD）的基础之上，ASIC 进一步降低访存，尽量在片上做更多的计算缓存中间结果，这样可以进一步提升芯片吞吐与降低延迟。我们可以通俗地理解为，ASIC 将原来指令流水线执行完成单指令后的访存步骤去掉，连接更多的 ALU，或通过片上缓存持续利用当前 ALU，直到不得已才回写内存，这样就可以尽可能地在片上完成数据流运算。

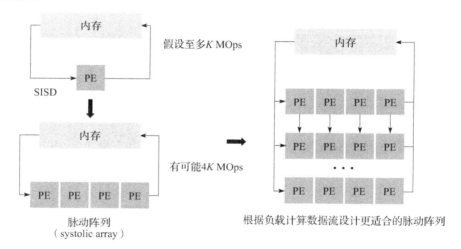

图 8-39　脉动阵列的设计原则

如图 8-40 所示，除了上面提到的基本脉动阵列，一般我们可以从深度学习模型中抽象出两类算子：①通用矩阵乘，例如卷积、全连接、RNN 等算子；②非线性计算，例如激活函数、平均池化等。一般的神经网络芯片中会设计对应两大类算子的专用计算单元（例如，根据计算特点通过脉动阵列实现），图 8-40 中 TPU 的矩阵乘单元（matrix multiply unit）使用了计算通用矩阵乘问题，激活流水线用于非线性计算中的激活函数计算等。

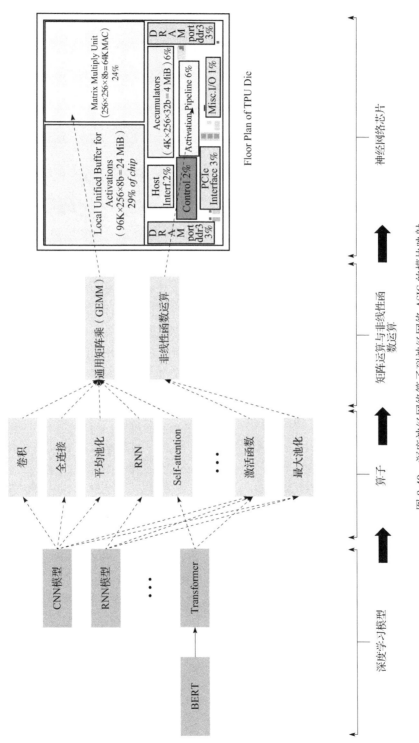

图 8-40　深度神经网络算子到神经网络 ASIC 的模块映射

经典回顾

脉动阵列设计之初是为了支持脉动算法，在 20 世纪 80 年代早期是一个非常热门的研究方向。文献［3］论述了脉动阵列的动机。一般情况下选择脉动阵列有以下考虑，我们需要高性能和特殊用途的计算机支持特定的应用，但是 I/O 和计算的不平衡是一个显著的问题。脉动架构可以加个高层计算映射为底层硬件结构。脉动系统就像一个"汽车装配线"一样，如图 8-41 所示，我们规划好任务的步骤并在装配线中尽可能高效地按顺序排布工作流、计算和缓存，这样就不必像通用处理器一样，每个"装配"（也就是计算指令）都需要走完完整的指令流水线，尽可能利用片上缓

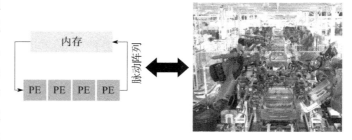

汽车装配线

图 8-41　脉动阵列 vs 汽车装配线

存（也就是车间内的空间暂存）进行计算可以减少访存（而不是每次装配都要跑到厂房外搬运材料）。脉动架构因为减少了不必要的访存可以拥有成本效益（因为访存本身占功耗的大部分）和更高的性能（访存本身比较耗时）。但是我们也看到其劣势，因为脉动架构为专用负载定制，如果运行非专用负载可能会造成计算单元不满载，造成资源浪费。

4. FPGA 部署

相比 ASIC 和 GPU，现场可编程门阵列（Field-Programmable Gate Array，FPGA）部署也和专用芯片部署的动机一样，以期获取更好的性能能耗比。但是相比 ASIC，两者的主要区别一般可以通过规模去区分和考虑，如图 8-42 所示，在一定规模下 FPGA 更加节省成本，而超过一定规模后 ASIC 的成本更低。所以我们会在数据中心看到，有些公司选择 FPGA，而有些公司选择制作专有芯片。

如图 8-43 所示，FPGA 与 ASIC 存在交叉点。该图显示了总费用与单位数量的关系。"我们可以通过下面公式计算 ASIC 成本：

$$\text{Total Cost} = \text{NRE} + (\text{P} \times \text{RE})$$

式中，NRE 为固定成本或非经常性工程成本，一般包括 EDA 工具和培训、软硬件设计成本、模拟、测试、ASIC 供应商等成本。RE 为变化成本或每个芯片的经常性成本，一般包括晶元成本、晶元处理、晶元尺寸、封装成本等。P 为芯片数量。

ASIC 具有极高的非经常性工程成本，高达数百万，但是实际每个芯片的成本可能很低。由于 FPGA 没有 NRE 成本，因此 FPGA 的起点很低，但是 ASIC 的坡度更平。也就是说，小批量的 ASIC 原型设计是高昂的。然而，在数量巨大的情况下，ASIC 相比 FPGA 的成本却小。由于 FPGA，集成电路每个芯片成本明显更高，因此与 ASIC 相比，它在大量生产时显得成本过高。

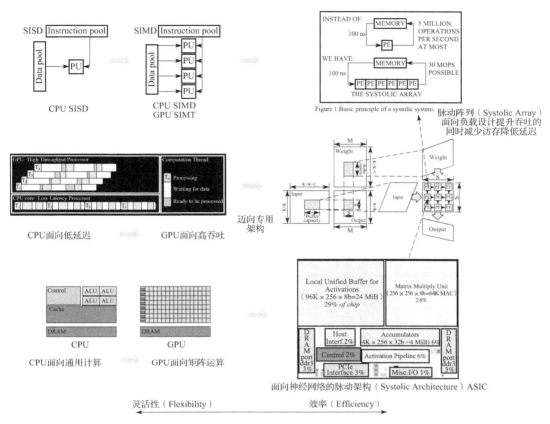

图 8-42　CPU、GPU、ASIC 推理芯片架构与计算模型的对比

请读者对比图 8-43 和第 7 章私有云和公有云的成本对比图思考，两者有何异同？

8.6.2　神经网络推理芯片的动机和由来

在学术界，神经网络芯片在 2010 年左右开始萌芽。在 The International Symposium on Computer Architecture（ISCA）2010 上，来自法国国家信息与自动化研究院（INRIA Saclay）的 Olivi-

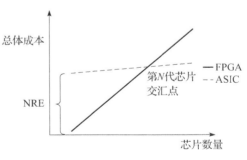

图 8-43　对比 ASIC 与 FPGA 的选型

er Temam 教授做了 "The Rebirth of Neural Networks"[4] 的报告。在此次报告中，Olivier Temam 指出了 20 世纪 90 年代英特尔（Intel）等公司构建硬件神经网络商用系统的应用场景局限性，提出了人工神经网络（artificial neural network）的缺陷容忍（defect tolerance）特点和深度神经网络（deep neural network）的应用趋势，并提出了神经网络加速器的设计方向。在 2012 年的 ISCA 上，Olivier Temam 教授提出人工智能加速器的设计 "A defect-tolerant accelerator for emerging high-performance applications"[5]，利用人工神经网网络的缺陷容忍特性，提出空间扩

展网络相比时分复用架构在提升能效方面的优势，并评估了缺陷容忍效果。在前瞻性的预判之后，Olivier Temam 与中科院计算所陈天石、陈云霁展开合作 DianNao 系列工作。

在工业界，以 Google 为代表的企业也较早地对未来神经网络芯片进行布局和研发。例如，Google 许多架构师认为，成本-能源-性能的重大改进必须来自特定领域的硬件。针对深度学习设计的芯片可以加速神经网络（NN）的推理。相比 CPU 的时变优化，神经网络芯片可以提供更加确定的模型，有助于保证低延迟，并在保证低延迟的前提下超越之前基准的平均吞吐量，同时精简不必要的功能，降低功耗。

我们以 TPU 为例介绍推理芯片的一般设计思路，TPU 的推理芯片基于以下的观察和设计[6]。

（1）减少功能与优化支持：缓存、分支预测、乱序执行、多道处理、推测预取、地址合并、多线程、上下文切换。

（2）节省空间排布更多的计算器件：极简主义设计（通过删除上面提到的功能）很有用且可以满足需求，因为 TPU 在设计之初只需要运行神经网络推理预测，通过省出来的空间排布更多的计算器件，同时减少非必要功能的能耗，整体提升性能每瓦特（Performance/Watt），进而间接提升性能每总计拥有成本（Performance/TCO）。

（3）TPU 芯片的大小是同时期（2017 年）其他芯片的一半：这部分归功于简化控制逻辑。例如，2017 年采用 28nm 工艺，裸片尺寸（die size）≤331 mm。

那么为何工业界和学术界有动力去推出推理芯片？我们可以通过文献［6］中披露的数据和分析中一探究竟，了解大家关注的推理芯片的核心评测指标。

接下来我们分析 Google 在数据中心推理芯片 TPU 文献中介绍的设计权衡缘由，解释为什么当前很多公司要重新设计针对深度学习的推理芯片。根据 TPU 披露的信息，对数据中心来说，当购买成千上万的计算机时，成本性能的考量胜过单纯考虑性能。对数据中心衡量成本来说，最佳的指标是总计拥有成本（Total Cost of Ownership，TCO）。当前实际购买的支付价格也受到公司间谈判的影响，由于商务原因，Google TPU 团队没有披露当前价格信息和数据。但是，功耗（power）和 TCO 相关，TPU 团队可以披露每个服务器的瓦特数，所以使用性能每瓦特（Performance/Watt）作为代理指标替代性能每总计拥有成本（Performance/TCO）。TPU 服务器的总性能每瓦特比 Haswell 高 17~34 倍，这使得 TPU 服务器达到 14~16 倍于 K80 服务器的性能每瓦特。对于增量性能每瓦特（这是 Google 当时定制 ASIC 的初衷），TPU 相比 Haswell 有 41~83 倍的提升，相比 K80 GPU 有 25~29 倍的提升。从以上数据我们可以看到，对数据中心追求的 TCO，新一代的数据中心推理芯片都在不断朝着更高的 TCO 而演进。

除 Google 外，Facebook 在 2018 年发布的数据中心推理场景的经验分析[7]中对内部使用的推理系统深度学习模型也进行了经验分析，并通过 Roofline 模型进行预估，不仅披露当前场景的量化特点，也对未来趋势及芯片需求进行预测，其提出了应用驱动的硬件协同设计的方向。①工作负载的多样性问题。深度学习模型不断迭代产生新算子，有不同的片上内存和访存带宽需求，可以考虑使用向量化引擎支持通用新算子，片上内存不可能无限增长，更好的模型结构设计（模型切片）或融合系统设计（流水线化执行）有助于减少访存瓶颈。②数据中心的需求与边缘侧的推理需求不同。数据中心推理对量化降低的准确度更加敏感，所以可以考虑硬件芯片支持细粒度的面向通道粒度量化，支持不同层使用不同量化策略是更好的方式。③深度学习的推理运行在 CPU（例如通过向量化指令）上需要较高比例的浮点运算量、内存容量和访存带宽，这会对数据中心其他负载产生干扰和资源压力（内存消耗和访存带宽），所以一种较好的方式是分解设计，将推理卸载到加速器（例如 GPU）中执行。但是这会产生 PCIe 数据搬运，所以需要数据中心根据模型需求采用较高带宽的 PCIe 总线和网卡，或者将前置处理放置于加速器或同主机中，避免中间数据传输成为瓶颈。④深度学习模型和硬件协同设计。当前模型常常只考虑面向单一约束的优化，但是应该协同考虑访存带宽等其他目标设备的约束。

推理系统最终还是通过编译器将深度学习模型翻译成矩阵运算，并在芯片中执行相应的乘积累加运算（MAC），我们可以通过以下一些代表芯片了解如何从硬件角度针对推理任务的特点进行推理芯片端的计算与优化支持。

8.6.3 数据中心推理芯片

1. ASIC 芯片

Google 在 2015 年推出了针对推理场景的 TPU v1，之后在 2017 年推出了针对训练场景的 TPU v2，TPU v3 则是在 TPU v2 的基础上进一步做了性能提升。目前 TPU 在 Google Cloud 中作为一种定制设计的机器学习专用集成电路，已经广泛应用于 Google 的产品，如翻译、照片、搜索和 Gmail 等。

TPU v1 的很多特点适合推理场景：

（1）缘起于 2013 年 Google 数据中心的工作负载需求。语音识别服务希望数据中心能提供两倍的算力满足用户需求，但是传统的 CPU 实现这个需求的价格非常昂贵。TPU 的设计初衷是提供相比 GPU 的 10 倍性价比。

（2）确定性的执行模型，有助于保持推理场景请求的 P99th 延迟满足 SLA。因为其精简了 CPU 和 GPU 中很多影响确定性执行的优化策略（缓存、乱序执行、多线程、多进程、预取等）。

因为精简了以上优化，所以即使拥有大量乘积累加运算（MAC）和更大片上存储器的 TPU 也拥有了较小的功耗。

仅支持前向传播用于推理、矩阵乘、卷积和特定的激活函数算子，不需要考虑求导、存储中间结果用于反向传播和对多样的损失函数支持，这样使得硬件更为精简高效。

TPU v1 作为加速器通过 PCIe 总线与服务器连接，同时主机可以发送指令给 TPU。

DianNao 系列工作提出了一系列定制的神经网络加速器的设计方案。首先从加速器 Dian-Nao 开始，其提出之前的机器学习加速器没有关注到当前卷积神经网络和深度神经网络体积大和占用内存高的特点，进而重点关注内存对加速器设计、内存和功耗的影响。然后 DaDiannao 提出多片设计，通过多片设计将卷积神经网络和深度神经网络模型放置在片上存储。之后的加速器 ShiDiannao 将卷积神经网络加速器与传感器（CMOS 或 CCD 传感器）相连，从而减少访存开销。第四个加速器 PuDiannao 将加速器从只支持特定神经网络扩宽到支持 7 种常规机器学习算法。

2. GPU

数据中心芯片 A100 引入了适合推理的功能来优化工作负载。它加速了从 FP32 到 INT4 的全方位精度。例如，多实例 GPU（MIG）技术提供了 GPU 虚拟化支持，对数据中心负载混合部署和提升资源利用率有很大帮助，同时也提供稀疏性优化支持以提升性能。

3. FPGA

FPGA 提供了一种极低延迟且灵活的架构，可在节能解决方案中实现深度学习加速。FPGA 包含一组可编程逻辑块和可重构互连的层次结构。与其他芯片相比，FPGA 结合了可编程性和性能。FPGA 可以实现实时推理请求的低延迟，不需要异步请求（批处理）。批处理可能会导致更高的延迟，因为需要处理更多数据。因此，与 CPU 和 GPU 处理器相比，FPGA 的延迟可以低很多。例如，微软 Azure 就提供了 FPGA 推理服务。Azure 上的 FPGA 基于英特尔的 FPGA 设备，数据科学家和开发人员使用这些设备来加速实时 AI 推理。

如图 8-44 所示，我们可以看到，相比通用计算 CPU，由于在深度学习专用计算场景中，指令更加确定，可以节省更多的片上空间用于放置计算，同时可以通过硬件逻辑减少指令流水线的加载代价，提升数据流处理的吞吐量。

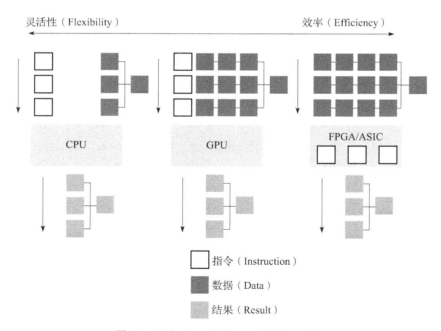

图 8-44　对比 CPU、GPU 和 FPGA/ASIC

8.6.4　边缘推理芯片

除了数据中心的推理芯片，我们也可以观察一些边缘端的推理芯片的特点。我们以 TPU 为例进行对比，见表 8-5。

表 8-5　边缘端与云端的 TPU 对比

比较项	边缘端 TPU	云端 TPU
类型	推理加速器	训练和推理加速器
算力	4 TOPS，2 TOPS per watt	275 max TFLOPS TPUV4 每核 * 2 核
数值精度	Int8	bfloat16
IO 接口	PCIe，USB	x16 PCIE gen3
其他	max 16 KB Flash memory with ECC 2 KB RAM	互联，虚拟机，安全模型，32 GB HBM

边缘端 TPU 是由 Google 设计的小型 ASIC，可为低功耗设备提供高性能推理。例如，它能以几乎 400 FPS 的速度执行 MobileNet V2，并且较为节能。云端 TPU 在 Google 数据中心中运行，因此提供了非常高的计算速度（如表 8-5 所示算力）。当训练大型、复杂的模型，或者模型部署于云端时，云端 TPU 是理想的选择。然而，边缘端 TPU 专为小型低功耗设备而设计，主要用于模型推理。因此，尽管边缘端 TPU 的计算速度只是云端 TPU 速度的一小部分，但当用户需要在极其快速和节能的设备上推理时，边缘端 TPU 仍是理想的选择。

NVIDIA Jetson 是 NVIDIA 推出的边缘 AI 硬件与软件栈，属于移动端嵌入式系统。Jetson 包括 Jetson 模组（小巧的高性能计算机）、可加速软件的开发套件 JetPack SDK，以及包含传感器、SDK、服务和产品的完整生态系统。通过 Jetson 进行嵌入式 AI 的开发可以提升开发速度。Jetson 具有和 NVIDIA 其他 AI 软件兼容的特点，能为边缘端 AI 开发提供所需的性能和功耗。

8.6.5　芯片模拟器

在体系结构的领域研究和实验中，由于实验代价大且成本高，很多研究会使用模拟器展开研究。那么接下来我们罗列一些和深度学习相关的芯片以及加速器的模拟器。

1. GPU 模拟器

GPGPU-Sim 是一个循环级模拟器，它对运行以 CUDA 或 OpenCL 编写的 GPU 计算工作负载的现代图形处理单元进行建模。GPGPU-Sim 中还包括一个被称为 AerialVision 的性能可视化工具和一个被称为 GPUWattch 的可配置和可扩展的功耗性能模型。GPGPU-Sim 和 GPUWattch 之前通过真实硬件 GPU 的性能和功耗测量得到严格验证。Accel-Sim 是另一款模拟器，用于模拟和验证 GPU 等可编程加速器。

2. TPU 模拟器

UCSB ArchLab OpenTPU Project（OpenTPU）是加利福尼亚大学圣芭芭拉分校 ArchLab 对

Google 张量处理单元（TPU）的开源重新实现。TPU 是 Google 的定制 ASIC，用于加速神经网络计算的推理阶段。例如，在 ISPASS'19 上，Jonathan Lew 等通过模拟器对深度学习负载进行了细粒度性能分析。

8.6.6　小结与讨论

本节主要围绕推理系统底层的推理专有芯片展开，我们针对这些问题总结了业界相关具有代表性的专有芯片和设计动机。

8.6.7　参考文献

［1］ A new golden age for computer architecture: Domain-specific hardware/software co-design, enhanced security, open instruction sets, and agile chip development［C］//2018 ACM/IEEE 45th Annual International Symposium on Computer Architecture (ISCA). Cambridge: IEEE, 2018: 27-29.

［2］ WIKIBOOKS. Chip Design Made Easy［Z］. 2022.

［3］ KUNG. Why systolic architectures?［J］. Computer, 1982,15(1): 37-46.

［4］ OLIVIER T. The rebirth of neural networks［J］. ACM SIGARCH Computer Architecture News, 2010, 38(3): 349.

［5］ OLIVIER T. A defect-tolerant accelerator for emerging high-performance applications［J］. ACM SIGARCH Computer Architecture News, 2012, 40(3): 356-367.

［6］ NORMAN P J, YOUNG C, PATIL N, et al. In-datacenter performance analysis of a tensor processing unit［C］//Proceedings of the 44th Annual International Symposium on Computer Architecture (ISCA'17). New York: Association for Computing Machinery, 2017: 1-12.

［7］ PARK J, NAUMOV M, BASU P, et al. Deep learning inference in facebook data centers: Characterization, performance optimizations and hardware implications［J］. arXiv preprint, 2018, arXiv: 1811. 09886.

## 第 9 章

自动机器学习系统

本章简介

自动机器学习（AutoML）是将应用于现实世界问题的机器学习任务自动化的过程。在从处理原始数据集（raw dataset）到产生一个满足需求的可部署的机器学习模型并部署维护的整个机器学习过程中，它都可以发挥作用。自动机器学习可以将模型开发人员从繁重且重复的模型调优工作中解放出来，并且可以更加高效地设计、调优、部署和维护模型。前沿的研究工作已经展示出自动机器学习技术在很多领域超越了领域专家的模型设计。同时自动机器学习的发展与应用离不开系统层面上的支持与创新。好的系统设计像催化剂，可以推动自动机器学习更好地发展与落地。本章首先在 9.1 节从超参数优化（hyper-parameter optimization）和神经网络架构搜索（neural architecture search）两个方面展开介绍自动机器学习算法，这些算法对系统与工具的设计提出了新的要求，9.2 节则深入阐释面向自动机器学习的系统和工具设计。

内容概览

本章包含以下内容：

1）自动机器学习；

2）自动机器学习系统与工具。

9.1 自动机器学习

自动机器学习的核心是机器学习模型，即对给定任务自动设计相应模型，这个过程包含两个主要的设计空间：模型的结构与模型的超参数[1]（包括模型训练中的超参数）。其中模型的结构包括不同类型的模型，如随机森林（random forest）、多层感知机（multilayer perceptron），也包括同一类模型的不同结构，如卷积神经网络（convolutional neural network）中不同类型的网络结构。其中，在不同类型的模型中选择最合适的模型又被称为模型选择（model selection）。

围绕着模型的自动设计与生成，自动机器学习的基本流程如图 9-1 所示。首先，用户提供想要使用机器学习模型的任务的描述以及数据集。对应该任务，存在一系列候选模型及其超参数的候选取值可能在该任务上取得较好的性能。这些候选的模型结构及超参数取值构成了一个模型空间。自动机器学习会在这个模型空间中搜索，使用的搜索算法有两类：超参数优化算法和神经网络结构搜索算法。这些算法通常会从模型空间中采样出一系列具体的模型作为试验，并在计算节点上运行并验证其性能。试验中得到的结果通常会返回给搜索算法，使算法生成更有潜力的试验，以此循环往复直到得到满足用户需求的模型。所得到的模型最终会被部署在云端或者终端设备上。

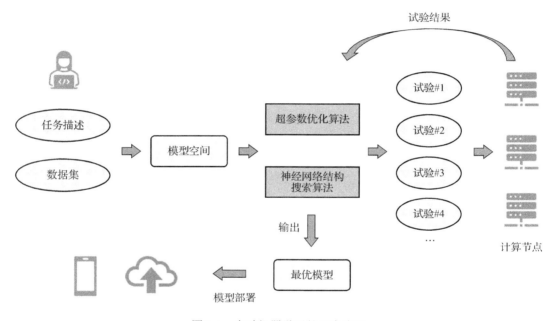

图 9-1　自动机器学习的基本流程

9.1.1　超参数优化

1. 超参数优化概述

在机器学习中，超参数是指机器学习模型各个方面可配置的参数。例如，模型结构中的丢弃率（dropout rate）、卷积算子中的通道数（channel number）、模型训练中的学习率和批尺寸。超参数优化是指为这些可配置的参数在其可行域（feasible region）内寻找最优参数取值的过程。超参数的调优在机器学习领域也被戏称为"炼丹"。"炼丹"在模型设计中十分普遍，可见超参数在使机器学习模型获得好性能的过程中发挥着重要作用。传统的超参数调优是领域专家根据自己的既有经验设置超参数的取值然后验证该组取值的性能，根据对其性能的分析结果再结合自己的专家经验重新设置一组新的超参数取值并验证其性能。持续重复这样的过程直到找到性能较好的超参数取值。这种手动超参数调优的过程通常是较为重复和烦琐的，因为很多时候即使是领域专家也无法确定一个超参数具体取什么值时模型性能最好，需要手动逐个试验。因此，相比于直接指定并不断人工探索找到一组最优的超参数取值，由领域专家指定一个超参数取值的范围并由计算机自动找到最优超参数取值更加实际且合理。这里的范围即超参数被指定的可行域，也被称为模型空间。在超参数的可行域内寻找最优超参数取值可以被搜索算法自动执行，从而减少领域专家单调而重复的调参工作，让他们专注于模型的设计和创新。因此，在机器学习特别是深度神经网络蓬勃发展的今天，超参数优化算法也在快速迭代，以应对机器学习模型带来的新的优化机会和挑战。

如果更广义地理解超参数，超参数不仅存在于机器学习模型中，它还以"配置项"的形式广泛存在于计算机系统的各个部件中，甚至整个工业生产的各个环节。例如，数据库系统中存在大量超参数（或称为配置参数），如缓存的大小、缓存替换算法的选择。再例如，食品工程中每种原料的添加量也是一种超参数。在这些场景中，超参数优化同样可以提升配置和研发效率。本节主要围绕机器学习和深度神经网络模型深入阐述超参数与神经网络结构搜索。

2. 超参数优化的形式化描述

假设机器学习模型 M 的待调优超参数有 N 个，每个超参数 θ_i 的可行域是 Θ_i。$\theta = (\theta_0, \theta_1, \cdots, \theta_{n-1}) \in \Theta$，其中 $\Theta = \Theta_0 \times \Theta_1 \times \cdots \times \Theta_{n-1}$。模型 M 的一组超参数取值 θ 在任务数据集 D 上的性能由评估函数 $\mathcal{F}$ 得到，例如，$\mathcal{F}$ 返回模型 M 使用 θ 在数据集 D 上的验证精度（validation accuracy）。$\mathcal{F}$ 通常需要针对模型和数据集来定义和实现。超参数优化的优化目标可以由下面的目标函数来形式化定义：

$$\underset{\theta \in \Theta}{\operatorname{argmax}} \mathcal{F}(M, \theta, D)$$

超参数优化算法是整个搜索过程的核心，其优化目标是上面的目标函数。整个过程形成一个产生超参数取值与收取反馈的闭环，直到找到满足要求且性能较好的一组超参数取值或者预设的计算资源用尽。

3. 超参数优化算法

超参数优化算法主要分为三类：暴力搜索（brute-force）算法，基于模型的（model-based）算法和启发式（heuristic）算法。

暴力搜索算法包括随机搜索（random search）算法和网格搜索（grid search）算法。随机搜索算法是指随机地在每个超参数的可行域中采样出一个取值，从而得到一组超参数取值。有时用户会根据自己的先验知识指定超参数的分布（如均匀分布、高斯分布），超参数取值的随机采样会依据这个分布进行。网格搜索算法是指在每个超参数的可行域范围内依次遍历其候选取值。网格搜索通常被用于处理离散型超参数，连续型超参数也可以通过转换到一些列离散取值来应用网格搜索算法。图 9-2 以两个超参数为例分别展示了随机搜索算法与网格搜索算法采样出的超参数取值在搜索空间中不同的分布。

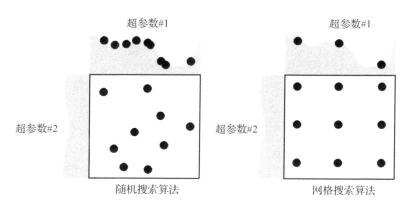

图 9-2　随机搜索算法与网格搜索算法的示意图

暴力搜索算法的特点是具有很高的并行性。在计算资源充足的情况下，它可以采样出成百上千组超参数的取值，并验证它们的性能，最后从中挑选出最优者。这就要求自动机器学习系统能够支持多试验并发运行。

基于模型[2]的算法一般被统称为 SMBO（Sequential Model-Based Optimization）。这种算法会选择一种模型来拟合优化空间，并基于拟合出的优化空间（拟合出的优化空间并不一定准确）做新的超参数取值的采样。具体来说，SMBO 是在以下两个步骤上交替执行，以尽可能高效地采样出性能优秀的超参数取值：

1）拟合模型：将已经运行结束并取得对应超参数性能的试验作为训练数据，并使用该训练数据来训练用于拟合优化空间的模型；

2）基于拟合的模型采样：拟合后的模型对优化空间中的每组超参数取值均有其评估出的性能表现，因此可以通过采样的方式选出该模型认为的最优超参数取值作为下次尝试对象。

代码 9-1 是更详细的 SMBO 执行逻辑的伪代码。

代码 9-1　SMBO 执行逻辑

```
1 def SMBO(algo, eval_func, max_trial_num)
2     # algo：用于拟合超参数空间的模型
3     # eval_func：调参数的目标函数，通常是 DNN 模型
4     # max_trial_num：运行 eval_func 的次数
5     trials = []
6     for _ in range(max_trial_num):
7         new_trial = sample_optimal(algo)
8         perf = eval_func(new_trial)
9         trials.append((new_trial, perf))
10        algo = model_fitting(algo, trials)
11    return trials
```

基于序列模型的算法配置（Sequential Model-based Algorithm Configuration，SMAC）使用随机森林作为模型，可以为每组超参数取值计算出它的性能的均值和方差。在每次生成新的

试验的过程中，该算法会随机抽样大量的超参数取值（例如 10 000 个），并通过一个评估函数 EI（expected improvement）从中选出最有希望的一组或多组超参数取值。每一组超参数取值的 EI 的计算都基于由模型估计出来的该组超参数性能的均值和方差。核心思想是综合探索和利用，探索即通过尝试不确定性较高的区域来发掘优化空间中更接近全局最优的区域，利用即在已经发掘的区域中快速收敛到局部最优点。因此，综合两者既可以快速收敛到区域最优点又可以发掘到优化空间中足够好的区域。另一大类基于模型的算法是基于高斯过程（Gaussian process）。基于高斯过程做超参数搜索的计算复杂度较高，是试验点数量的三次方复杂度和超参数数量的线性复杂度，因此较难应用在大规模超参数搜索的场景中。一些工作借鉴高斯过程的思想，对建模过程做了简化，如 TPE。TPE 的核心思想是将给定一组超参数取值计算其性能的概率分布 $p(\text{loss} \mid \text{params})$，转换为给定一个性能值计算不同超参数取值取得这个性能的概率 $p(\text{params} \mid \text{loss})$，这里后者可以使用已得到的试验做近似估计。与 SMAC 类似，基于高斯过程的方法同样是使用 EI 做超参数的选取。

　　图 9-3 形象地展示了在超参数搜索的过程中，模型对搜索空间中不同区域的估计。随着试验数量的增加，模型对搜索空间的估计的置信度不断增加，表现为估计的方差变小。

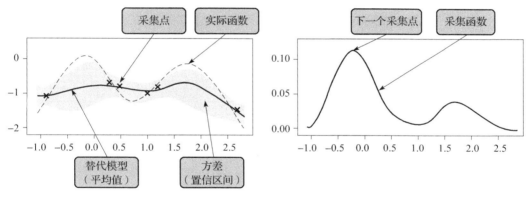

图 9-3　SMBO 的优化过程

　　启发式算法种类繁多，包括遗传算法（evolutionary algorithm），模拟退火算法（simulated annealing）。遗传算法是指维护一个种群，其中每个个体是一组超参数取值，根据这些个体的性能进行变异和淘汰，比如改变一个性能较好的个体的一个超参数取值来生成一个新的个体。具体变异和淘汰的方式有很多种，这里不展开介绍。在机器学习和深度学习领域，遗传算法通常会有较好的表现，特别是在搜索空间较大的情况下。模拟退火算法的整个搜索过程和遗传算法类似。它的初始状态可以是一组或者多组超参数取值，由一个产生函数基于当前超参数取值生成新的超参数取值。类似遗传算法，这个产生函数可以改变某个超参数的取值，然后使用一种接受标准（常用的是 Metropolis 标准）来决定是否接受这组新的超参数取值。

　　这些算法根据自身原理有自己最适合的超参数优化任务，有些擅长连续空间上的搜索（如高斯过程），有些适合离散空间上的遍历（如网格搜索），有些适合神经网络结构参数的搜索（如遗传算法），有些适合大搜索空间的快速遍历（如即将介绍的 Hyperband）。这就要求自动机器学习系统能够灵活插拔不同的超参数优化算法，以满足不同的场景与需求。

4. 超参数优化过程在算法层面上的加速

超参数优化在深度学习场景下通常极为耗时，因为每一个试验需要运行较长时间才能获得该组超参数的性能评估。一些算法会利用试验的运行特性、试验之间的关系、超参数搜索任务之间的关系，来加速超参数的搜索过程。

利用试验运行特性的超参数搜索。每个试验在运行过程中会输出中间结果，如学习曲线。这些中间结果可以反映一个试验是否具有得到较好性能的潜质。如果中间结果所体现出的性能明显差于其他试验，则该试验可以被提前终止，释放计算资源给新的试验。这个过程被称为早停（early stop）。典型的早停算法有 Median Stop 和 Curve Fitting。Median Stop 是指如果一个试验的所有中间结果都低于其他试验对应中间结果的中位数，那这个试验将被终止。Curve Fitting 是使用曲线拟合的方式拟合学习曲线，用来预测该试验在未来 epoch 的性能，如果性能低于设定的阈值，则提前终止该试验。早停算法可以和搜索算法并行独立工作，也可以和搜索算法有机结合。结合的典型算法有 Hyperband[3] 和 BOHB[4]。

利用试验之间关系的超参数搜索。一个超参数搜索任务产生的试验通常是针对同一个任务的，因此在有些情况下试验和试验之间可以共享模型的参数。PBT[5] 属于这类超参数搜索算法，它的基本搜索框架基于遗传算法。其中新产生的个体（即一组新的超参数取值对应的模型）会从其父个体中继承模型权重，从而加速新个体的训练进程。

利用迁移学习（transfer learning）加速超参数搜索。相似的超参数搜索任务在超参数取值的选择上可以相互借鉴。

9.1.2 神经网络结构搜索

1. 神经网络结构搜索概述

在深度学习领域，神经网络结构是影响模型性能的一个关键因素。一方面，在深度学习发展的过程中，神经网络结构在不断迭代，带来了更高的模型精度，如 AlexNet、ResNet、VGG、InceptionV3、EfficientNet，以及后来十分流行的 Transformer。另一方面，针对特定的场景，神经网络结构通常需要做有针对性的设计和调优，以达到预期的模型精度和模型推理延迟，例如，对模型的宽度、深度的调整，对算子的选择。神经网络结构本质上是一个数据流图，图中的节点是算子或者模块，边是张量及其流向。由于图的变化的自由度较大，因此神经网络模型的研究人员尝试通过搜索的方式在一个神经网络结构的可行域空间中寻找最优的神经网络结构。这种技术被称为神经网络结构搜索（Neural Architecture Search，NAS）。

NAS 技术主要面向两类场景，一类是用于探索和发现新的神经网络结构。这类研究工作从已有的各种神经网络结构中总结出结构特点并结合自己对神经网络结构的理解，构建出一个神经网络结构的搜索空间，以期该空间中存在更优的神经网络结构。NASNet[6] 是这一类的一个经典工作。AutoML-Zero[7] 则更进一步期望使用基础的数学算子构建出整个神经网络模型。另一类 NAS 技术面向的场景是在给定的神经网络结构下寻找网络中各层大小的最优配比，以期将模型快速适配到对模型大小和延迟有不同需求的场景中，最典型的工作是 Once-for-All[8]。这种 NAS 技术非常适合将模型快速适配并部署到端侧设备上，从某种意义上说它和深度学习模型的剪枝技术解决的问题相似。

近些年，虽然 NAS 技术得到了快速发展，但是需要明确 NAS 的适用范围。NAS 并不能取代神经网络模型的专家或者领域专家，更多的是作为提升模型设计效率的手段和加速深度学习模型落地的途径。网络结构搜索空间的设计仍然需要由专家完成，在空间中寻找最优网络结构则由神经网络结构搜索算法完成。这个过程和超参数优化类似。因此，可以预见未来的神经网络模型设计和调优的过程会由相辅相成的两个方面组成。一方面是由专家设计或指定一个网络结构的宏观轮廓，另一方面是由自动化模块细化这个宏观轮廓，生成具体可执行的神经网络结构。这种模型设计和调优过程充分发挥了两者各自的优势，专家更了解逻辑层面上哪些操作、模块和连接可能对当前任务更有优势，而自动化过程更适合精细地调优网络的各种连接、大小的配置。

神经网络搜索空间和神经网络搜索算法是 NAS 中的两个关键组件。下面会分别详细介绍。

2. 神经网络结构搜索空间

神经网络结构搜索空间（以下简称 NAS 空间）是专家知识的凝练。首先，对于单个任务，它圈定了一个模型探索的范围，以此获得性能更好的模型；其次，对于一类任务，它是对在该类任务上性能较好的模型的一种归纳，从而在任何一个具体任务上都可以在这个 NAS 空间中搜索到优秀的模型。

图 9-4 是一个简化的搜索空间的例子。其中数据流图的每个节点是一个算子，边是张量及其流向。在这个搜索空间中，每个节点中的算子都可以从一个候选算子集合中选取。图中虚线表示一个节点的输入可以从其前驱节点的输出中任意选取，例如第三个节点可以接第二个节点的输出，也可以接第一个节点的输出，还可以同时接第一个和第二个节点的输出。可选的算子和可选的连边一起构成了完整的 NAS 空间。

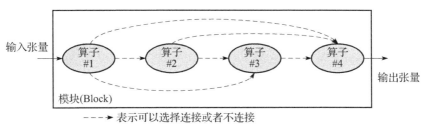

- - - → 表示可以选择连接或者不连接
候选算子：DepthwiseConv，Conv2d，MaxPool，Linear，…

图 9-4　神经网络结构搜索空间的简化示例

一个 NAS 空间通常是面向某一个或者某一类任务设计的，而且相比于简化示例更加复杂和完善，例如，NASNet 中的搜索空间[6]，MnasNet 中的搜索空间[9]，DARTS 中的搜索空间[10]等等。一个搜索空间通常都包含 10^{10} 以上的不同的候选网络。目前，在 NAS 的研究中，不断有新的搜索空间被设计出来，使其包含新的网络结构（如 Transformer 结构），面向新的设备。各种各样的 NAS 空间使简单而灵活得编写 NAS 空间成为一个重要的需求，催生了机器学习工具新的演进方向，即新的机器学习工具需要能够提供表达 NAS 空间的简单易用的编程接口。

3. 神经网络结构搜索算法

神经网络结构搜索算法和超参数优化算法有很多相似之处，又存在很大的不同。相似之处在于，如果把神经网络结构空间使用超参数来描述的话，超参数优化算法都可以作为神经网络结构搜索算法使用。而不同之处在于神经网络结构搜索有其自己的特点，基于这些特点而设计的搜索算法和超参数搜索算法有很大的不同。

神经网络结构搜索算法可以分为三类：多试验搜索、单发搜索和基于预测器的搜索。

多试验搜索中的算法最接近超参数优化算法。在多试验搜索中，搜索算法从搜索空间中采样出的每个网络结构都进行独立的性能评估，并将其性能反馈给搜索算法。获得一个网络结构的性能评估通常需要在训练数据集上训练该网络结构。对于深度学习模型来说，这是一个非常耗时的过程，因此多试验搜索通常需要耗费大量的计算资源。在计算资源十分充足的情况下，这种搜索算法能够更稳定地找到搜索空间中性能优秀的网络结构。多试验搜索的经典算法有 NASNet[6] 中使用的强化学习算法，AmoebaNet[11] 中使用的时效进化（aging evolution）。它们分别使用强化学习算法和进化算法不断采样潜在的性能更优的网络结构。相比而言，进化算法通常需要的试验数量更少，收敛速度更快。如图 9-1 所示，多试验搜索的过程与超参数优化基本一致，只有采样内容上的区别，即神经网络结构和超参数。

单发搜索是目前神经网络结构搜索算法中比较流行的一类，主要原因是它在很大的搜索空间中需要的搜索时间远小于多试验搜索。它的核心思想是将搜索空间构建成一个超大的网络，称为超网络（supernet），并将其作为一个模型训练。超网络将组合爆炸的网络结构数变成了一个线性复杂度的大模型，其中算子的权重会被所有包含该算子的网络结构所共享（即共同训练）。图 9-5 展示了一个超网络的示例，其中超网络的形式有两种：多路连接的超网络（multi-path supernet）和混合算子的超网络（mixed-op supernet）。

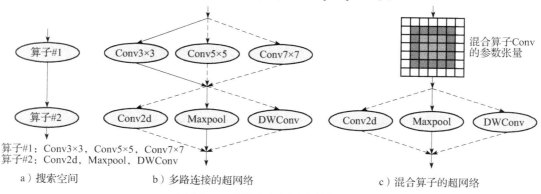

算子#1：Conv3×3，Conv5×5，Conv7×7
算子#2：Conv2d，Maxpool，DWConv

a）搜索空间　　　　b）多路连接的超网络　　　　c）混合算子的超网络

图 9-5　一个搜索空间对应的超网络

多路连接的超网络是将一个节点中的候选算子并排连接到超网络中，每个采样出的网络结构只激活每个节点中的一路，如图 9-5b 所示。采样出的算子会继承其在超网络中的权重，训练后再将权重更新回超网络中。在超网络的训练中，通常每一个采样出的网络结构仅训练一个小批次，因此网络结构的采样非常频繁，采样策略也影响超网络的训练效果。由于权重的共享，每个子网的训练会更加高效。相比于每个子网独立从头训练，超网络的训练会大大降低计算资源的消耗。这类单发搜索的典型算法有 ENAS[12]、DARTS[10]，其中 ENAS 使用强化学习算法采样网络结构，而 DARTS 是在每一路上增加结构权重，通过可微分的方式训练结构权重并基于结构权重采样网络结构。

由于一个节点中的候选算子类型存在差异，不同子网络共享权重时会互相拉扯，影响超网络的训练效果。为了降低候选算子之间的相互影响，混合算子是一种新的权重共享方式，这里称之为混合算子共享。图 9-5c 的上半部分展示了以 Conv2d 为例的混合算子。其中，5×5 的权重矩阵是 7×7 权重矩阵的子矩阵，3×3 的权重矩阵又是 5×5 权重矩阵的子矩阵，因此混合算子的参数量和最大算子的参数量相等。混合算子在超网络中的训练是每次采样其中一个候选算子所对应的参数矩阵，然后训练一个小批次并更新对应参数。这种共享粒度是在一个节点的候选算子之间做权重共享，而多路连接超网络中的共享是子网络在各个候选算子上的共享。由于算子类型相同只是算子大小存在差异，因此混合算子中的权重共享更加有效。混合算子共享的局限性也显而易见，即一个节点的候选算子必须是同类型算子，因此图 9-5c 下半部分的节点不能使用混合算子共享。

超网络的训练只是单发搜索的第一阶段，单发搜索的整个流程如图 9-6 所示。第一个阶段会训练出一个超网络，训练的过程可以选择不同的子网络采样算法，比如三明治采样[13]。训练得到的超网络作为第二阶段评估子网络性能的代理指标。具体而言，任何一个子网络在继承了超网络中的权重后可以直接在测试数据集上验证其性能，而不用从头训练该子网络，从而大大加速了搜索的过程。第二阶段是将超网络作为一种网络结构的代理评估器。搜索算法（如遗传算法）会在超网络上采样子网络，用子网络继承超网络的权重做子网络性能的评估，并以此评估结果指导后续在超网络上的采样。最终搜索算法收敛到性能最优的若干个子网络。把这些子网络独立地从头训练并获取它们真实的性能，其中性能最好的子网络即为单发搜索最终的搜索结果。

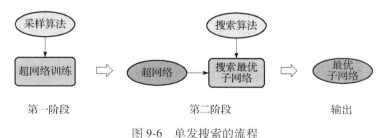

图 9-6　单发搜索的流程

基于预测器的搜索是训练一个网络结构的预测器，来预测每一个网络结构的性能。它所需的计算资源比多试验搜索少很多，但是通常多于单发搜索。因为预测器的训练仍然需要至少上百个从搜索空间中采样出的网络结构，将它们独立训练并获得其性能。性能预测器基于这批网络结构的真实性能拟合得来。然后，训练好的预测器作为评估网络结构性能的代理指标。整个流程和单发搜索类似。二者的区别在于单发搜索第一阶段产出的是训练好的超网络，而基于预测器的搜索第一阶段产出的是训练好的性能预测器。这类搜索算法的研究工作包括 BRP-NAS[14]、Neural Predictor[15]。

从以上的介绍可以看出，一个搜索空间可以使用不同的搜索算法，一个搜索算法又可以被应用到不同的搜索空间上。这就要求自动机器学习系统和工具将搜索空间的表达和搜索算法的实现解耦。另外，无论是哪种搜索算法都对计算资源有较高的要求，这就需要系统和工具能够分布式运行搜索过程并且从系统层面上优化训练和搜索的速度。

9.1.3　小结与讨论

机器学习模型被越来越多地部署在不同场景和应用中，自动机器学习也掀起了一波新的热潮，试图解决当前机器学习模型在设计和部署中难以扩展的问题。每一个具体的场景都需要模型开发人员深度介入，进行模型的设计和调优。目前，自动机器学习已经对模型开发提供了很大的帮助，特别是自动超参数搜索，但是距离更加自动化地设计模型还有不小的距离，其中自动化搜索算法上需要有进一步的创新。另外，一个易用、灵活且强大的自动工具是自动机器学习发展和应用的基石。在下一节，我们将详细讨论自动机器学习的系统与工具。

9.1.4　参考文献

［1］　BERGSTRA J, BARDENET R, BENGIO Y, et al. Algorithms for hyper-parameter optimization［C］// Proceedings of the 24th International Conference on Neural Information Processing Systems. New York：ACM, 2011：2546-2554.

［2］　FRANK H, HOLGER H H, KEVIN L B. Sequential model-based optimization for general algorithm configuration［C］//International conference on learning and intelligent optimization. Berlin：Springer, 2011：507-523.

［3］　LISHA L, KEVIN J, GIULIA D, et al. Hyperband：a novel bandit-based approach to hyperparameter optimization［J］. The Journal of Machine Learning Research, 2017, 18(1)：6765-6816.

［4］　STEFAN F, KLEIN A, FRANK H. BOHB：robust and efficient hyperparameter optimization at scale ［C］//International Conference on Machine Learning. New York：PMLR, 2018：1437-1446.

［5］　MAX J, DALIBARD V, OSINDERO S, et al. Population based training of neural networks［J］. arXiv preprint, 2017, arXiv：1711.09846.

［6］　BARRET Z, VASUDEVAN V, SHLENS J, et al. Learning transferable architectures for scalable image recognition［C］//Proceedings of the IEEE conference on computer vision and pattern recognition. Cambridge：IEEE, 2018：8697-8710.

［7］ BARRET Z, VASUDEVAN V, SHLENS J, et al. Learning transferable architectures for scalable image recognition［C］//Proceedings of the IEEE conference on computer vision and pattern recognition. Cambridge：IEEE, 2018：8697-8710.

［8］ HAN C, GAN C, WANG T Z, et al. Once-for-all：train one network and specialize it for efficient deployment［J］. arXiv preprint, 2019, arXiv：1908. 09791.

［9］ TAN M X, CHEN B, PANG R M, et al. Mnasnet：platform-aware neural architecture search for mobile ［C］//Proceedings of the IEEE/CVF Conference on Computer Vision and Pattern Recognition. Cambridge：IEEE, 2019：2820-2828.

［10］ LIU H X, KAREN S, YANG Y. Darts：differentiable architecture search［J］. arXiv preprint, 2018, arXiv：1806. 09055.

［11］ ESTEBAN R, AGGARWAL A, HUANG Y P, et al. Regularized evolution for image classifier architecture search ［J］. Proceedings of the AAAI conference on artificial intelligence, 2019, 33（1）：4780-4789.

［12］ PHAM H, MELODY G, BARRET Z, et al. Efficient neural architecture search via parameters sharing ［C］//International conference on machine learning. New York：PMLR, 2018：4095-4104.

［13］ YU J H, THOMAS S H. Universally slimmable networks and improved training techniques［C］// Proceedings of the IEEE/CVF international conference on computer vision. Cambridge：IEEE, 2019：1803-1811.

［14］ DUDZIAK L, THOMAS C, MOHAMED A, et al. Brp-nas：prediction-based nas using gcns［J］. Advances in Neural Information Processing Systems, 2020, 33：10480-10490.

［15］ WEI W, LIU H X, CHEN Y R, et al. Neural predictor for neural architecture search［C］//European Conference on Computer Vision. Berlin：Springer, 2020：660-676.

9.2 自动机器学习系统与工具

9.2.1 自动机器学习系统与工具概述

自动机器学习工具能够使机器学习模型的设计和调优变得简单且可扩展，使机器学习可以广泛赋能各个行业、各类场景。在传统的 MLOps 中，机器学习模型的设计环节占比较少，更多是围绕着运维方面做模型的部署、监控、升级。随着机器学习模型，特别是深度学习模型越来越多地部署在各类应用中，模型的定制化需求也变得越来越高，比如不同的场景对模型精度、模型大小、推理延迟有不同的要求。这使得模型的设计与部署越来越紧密地结合在一起，成为未来 MLOps 中的重要环节。因此，自动机器学习工具会变得越来越重要，成为模型设计与部署的重要环节，甚至成为核心环节。

一个自动机器学习工具的设计需要兼顾很多方面，如易用性、灵活性、扩展性和有效性。

1）易用性是指用户容易上手，对工具的学习曲线较为平缓。易用性不只是文档的问题，更多的是工具中各级用户接口的设计。在自动机器学习中，易用性主要关注两类使用场景。一是用户已经有了初步的模型，如何利用工具快速调优模型至满足应用需求。二是用户没有模型，仅有应用需求和数据，工具如何协助用户获得满足需求的模型。

2）灵活性是指用户不仅可以利用工具提供的算法快速得到效果不错的模型，还可以通过细粒度的配置和定制模型结构、搜索策略等，进一步提升模型的效果。一个灵活性较高的工具通常模块化程度较高，可以提供多层用户接口，支持各个层级与组件的定制与组合。

3）扩展性是指一个模型调优任务可以灵活调整所需的计算资源，比如可以使用单台机器，也可以使用成百上千台机器。自动机器学习任务通常具有很高的可并行性，通过运行相互独立的试验，探索整个优化空间。自动机器学习工具为了提供可扩展性，通常需要通过集成集群管理平台来完成，或者是某个集群管理平台直接原生支持自动机器学习的功能。

4）有效性是指工具提供的算法和系统优化可以加速搜索模型的进程。算法的有效性是工具有效性的核心。一方面，有效的搜索算法可以通过迁移学习、多保真（multi-fidelity）技术、搜索空间的优化、解空间的精准建模等技术来提升搜索的有效性。另一方面，系统优化也是加速搜索的一种手段，可以使用更少的计算资源获得相同的搜索结果。

目前，自动机器学习工具已大量涌现，在功能上主要分为两类：面向端到端的自动模型生成工具和面向模型开发及流程定制的半自动模型生成工具。前者在接口使用上更加简单，通常提供 tool.fit(training_data) 和 tool.predict(one_sample) 这类用户接口。其中，fit 可根据用户提供的目标训练数据，得到最优的机器学习模型；predict 可使用搜索得到的最优模型做模型推理。提供这类接口的自动机器学习工具有 auto-sklearn、AutoKeras。面向模型开发和流程定制的半自动模型生成工具相比于前者提供了更大的灵活性。它通常提供丰富的算法库和更加灵活的配置接口。用户可以灵活选择使用什么样的搜索算法、设计什么样的搜索空间、配置什么样的模型优化目标等定制化需求。这类工具包括 NNI、Ray Tune。其实，上述的两类自动机器学习工具并不冲突，二者可以看作一种互补，即前者可以架构于后者之上。在面向模型开发和流程定制的自动机器学习工具之上可以构建各种端到端的自动机器学习应用。

另外，在自动机器学习工具的使用和部署方式上又可以分为两类：以工具库的形式和以服务的形式（或称为云原生的形式）。一类是以工具库的形式，这类工具通常安装非常简便，只需一行安装命令，相对轻量，可以安装在不同的系统和环境中。另一类是以服务的形式，这类工具直接以服务的形式部署在云上，并关联解决数据存储、实验管理、可视化分析等一系列功能，使用体验更好，但是相应的会让用户花费更高的成本。这两种工具的提供形式也不冲突，结合软件即服务（Software as a Service，SaaS）的思想，一个好的以工具库的形式设计的自动机器学习工具也能以服务的形式部署在云上。

机器学习模型充当的是助力和赋能的角色，因此应用场景众多。自动机器学习工具的设计需要权衡通用性和定制化。过于通用会使工具离实际应用太远，无法很好地支持自动机器学习任务。过于定制化则又使自动机器学习应用难以扩展，沦为某种形式的软件外包。这就要求工程师在自动机器学习工具的设计过程中，提取共性，抽象出通用模块，设计具有可扩展性的接口，合理拆分系统层级。

自动机器学习工具由两大部分构成，一部分是算法，包括各类超参数搜索算法、神经网络结构搜索算法、模型压缩算法等在模型设计、调优和部署过程中涉及的各种算法和流程；

另一部分是平台和系统，用来支持算法的高效以及分布式运行。

算法部分已经在上一节做了介绍。接下来从平台和系统方面入手，分别从统一的行为模式、下一代编程范式和前沿的系统优化三个角度，介绍自动机器学习系统中的几个关键组成。以下内容很多还属于当前的前沿研究且还在持续演化，请读者更多关注其反映的问题与新的假设，并思考未来的自动机器学习系统设计，最后使用自动机器学习工具 NNI 做实例分析，并根据实验强化对本节的理解。

9.2.2　探索式训练过程

探索式训练是前沿论文共同影射出来的方向。

在机器学习模型的设计、调优和部署的过程中，试错是机器学习模型开发者的统一行为模式。机器学习模型很难通过一次性的模型设计就满足应用的要求，通常需要经过反复迭代和调优。就像图 9-1 中展示的那样，自动机器学习是对开发者调优模型的一种模拟，因此它也遵循试错的行为模式。

每一个具体的机器学习应用所需要的机器学习模型会隐式地存在一个设计和调优的空间，模型开发者对模型的设计和调优实际是在这个空间中进行的探索活动。在这个空间中探索最优模型被称为探索式训练[1]。

探索式训练的本质是将传统的单模型训练转变为在一个模型空间（即搜索空间）中模型调优和训练相结合的过程，也就是将模型调优囊括到模型训练的过程中。图 9-7 展示了神经网络结构搜索中几种探索式训练的例子。如图 9-7a 所示，在模型设计过程中，将一层中的算子替换成其他类型的算子是一种常见的模型形变方式，修改模型是为了探索出性能更优的模型。另外，模型中算子之间的连接也会影响模型的性能，所以改变连接也是常见的调优方式，比如增加跳线（skip connection）。另外开发人员也会基于某种规则改变模型，比如在模

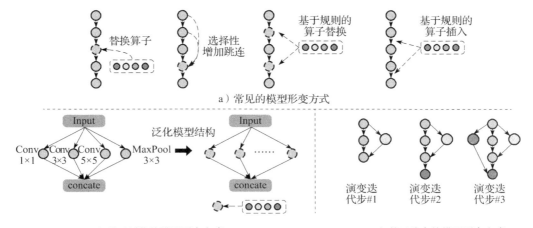

图 9-7　探索式训练的例子

型中所有 Conv2d 算子的后面添加 BatchNorm 算子，或者将 BatchNorm 统一替换成 LayerNorm。如图 9-7b 所示，开发人员会尝试将某种模型结构做适当泛化，比如对一个特定的 inception cell 的多分支结构做泛化，尝试不同的分支数，以及在不同分支上尝试不同的算子。如图 9-7c 所示，开发人员也会设计若干规则，在一个基础模型上不断地应用这些规则使模型逐渐变大。

通常这些对模型的细粒度的改变和调优是模型开发者难以根据经验准确知道调优结果（即模型性能会变好还是变坏）的，需要实际将模型训练后才能得到其性能。因此将这类调优和模型训练结合到一起可以让开发人员更专注于模型骨架的设计，这种细粒度调优将留给自动化搜索。

9.2.3 自动机器学习编程范式

在现有的机器学习框架（如 PyTorch、TensorFlow）中编写一个模型空间十分烦琐，比如需要通过复杂的控制流来实例化模型空间中的具体模型。另外，将如此编写的模型空间与搜索算法结合时，会难以避免地带来模型空间与搜索算法的耦合，使扩展到新的模型空间和搜索算法变得困难。因此，需要针对自动机器学习这种场景提供一种新的编程范式。以下内容介绍一种新的自动机器学习编程范式。

1. 前沿的编程接口

探索式训练使模型开发者在模型设计过程中可以含糊地表达一个大致的模型设计思路，而自动机器学习则通过搜索的方式丰富模型的各个细节。如何设计一个服务于这种需求的编程范式是一个挑战，它需要既可以简单地表达模型空间又具有较强的表达能力。

从图 9-7 以及模型开发者调优模型的行为模式可以看出，模型的设计和调优本质上是一个不断改变模型的过程，因此表达一个模型空间等价于表达模型的一个可变化范围。例如，神经网络模型中的一层初始使用的是 Conv3×3 算子，开发人员可以通过模型变化将其替换成 Conv5×5，或者替换成 MaxPool，来验证模型效果是否有提升。这里模型的变化是由变化方式（例如算子的替换操作）和变化空间（例如替换成 Conv3×3、Conv5×5 或者 Maxpool）构成的。例如图 9-7b 中的模型变化，其变化方式是增加、删除分支和替换分支上的算子，变化空间是所有候选的分支数量和所有的候选算子。

模型形变就是表达模型空间的一种编程抽象。它将深度学习模型看作一个数据流图，并提供两类原语（primitive）来操作模型完成模型形变：一类是图操作原语，即图的增删查改，用以灵活地改变模型；另一类是表达变化空间的原语，例如 choice() 接口是从多个候选中选择一个。一个完整的模型空间由一个初始模型和模型形变构成。图 9-8 是一个用模型形变描述出的模型空间的示例，图 9-8a 是初始模型。该示例中的模型空间将模型第三层"model/maxpool"替换成一个类似 inception cell 的层。这个层可以有 2~5 个分支，每个分支上的算子可以从 3 个候选算子（即 Conv、DepthwiseConv 或者 Maxpool）中选 1 个。图 9-8b 用图示描述了该模型形变。图 9-8c 是利用上述编程范式实现的一个模型空间的代码。其中，"Inception-Mutator"是模型变化的伪代码，它在"mutate"函数中确定一个具体的分支数量（第 9 行），每个分支均从候选算子中选择一个并连接到模型中。最后使用"apply_mutator"将这个模型变化应用到模型的目标位置上，即"model/maxpool"。

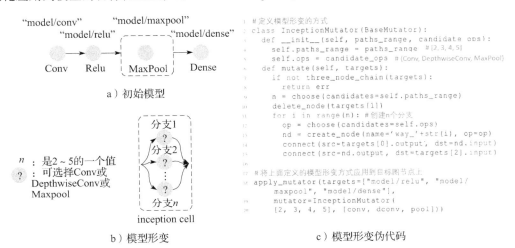

a）初始模型

b）模型形变

c）模型形变伪代码

图 9-8　一个模型空间的示例

这种通过模型形变表述模型空间的新编程范式可以将模型空间的表达、搜索算法和系统优化三者有机地结合起来，并得到下面三个特性：

1）任意的模型空间均可由该编程范式灵活表达；

2）通过该编程接口表达的模型空间可以被搜索算法正确解析，大大提升搜索算法的可复用性；

3）从系统层面来说，模型在探索式训练的过程中发生的任何变化都可以被精准定位，使得模型和模型之间的关系变得非常清晰，从而提供了跨模型优化的机会。

2. 更加易用的编程接口

模型形变是表达模型空间的核心抽象，虽然具有很大的灵活性，但是在编程的易用性上稍有欠缺。因此在该编程范式之上可以提供更加简洁易用的语法糖（syntactic sugar）。在神经网络结构搜索中，有三个接口较为常用，可以构建出大部分模型空间。它们分别是"LayerChoice""InputChoice"和"ValueChoice"。"LayerChoice"是创建模型中的一层，该层的算子是从一系列候选算子中选择一个。"InputChoice"是创建连接，允许从一系列候选张量中选择一个或者多个张量作为模型中一个层的输入。"ValueChoice"是从多个候选数值中选择一个，比如用来选择丢失率的大小。同时这类接口设计应该保持兼容性，可以直接在编写 PyTorch 或者 Tensorflow 的模型代码中使用，将编写的模型变为一个模型空间。

9.2.4　自动机器学习系统优化前沿

1. 自动机器学习系统架构

自动机器学习系统一般由四部分构成，架构如图9-9所示。模型空间分析器将用户编写的模型空间解析成系统可以理解和优化的中间表达（intermediate representation），然后模型生成器可以进行模型生成。生成什么模型由探索式训练控制器决定。模型控制器中会运行一个搜索算法，用来决定要探索到具体哪一个或者哪一些模型。生成的模型可以由跨模型优化器做一系列系统上的优化加速。最后，优化后的模型被放到模型训练平台（如 Kubernetes）上训练。训练的结果（如模型精度）会反馈给探索式训练控制器，用于指导之后的模型生成。

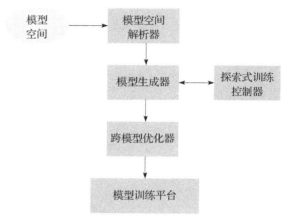

图9-9　自动机器学习系统架构

2. 前沿的自动机器学习优化技术

探索式训练和以往模型训练的不同之处在于它的目标不再是将一个单一的模型训练好，而是快速发现模型空间中性能好的模型并将其训练好，这就带来了新的系统优化机会。常见的优化主要有三类，第一类是利用模型之间的相似性加速多个模型的训练，第二类是加速探索式训练过程，第三类是针对某些探索式训练做定制化的优化。下面依次介绍这三类优化。

多模型训练加速。探索式训练有两个特点，一是一次可以生成多个模型进行探索，二是生成的模型之间有很大的相似性。这给跨模型优化带来了很大的优化空间。

①由于生成的模型之间相似性很大，这些模型可以共用模型中相同的部分，比如使用相同的数据集、相同的数据预处理逻辑，甚至是相同的子模型，图9-10展示了一个这样的例子。因此，这些相同的计算可以通过去重变成一份。对整合后的模型做合理切分并放置到不同的计算设备上，可以达到更快的总体训练速度。

②上面介绍的优化更多的是去重那些没有训练参数的模型部分，对于有训练参数的模型部分，由于每一个模型需要训练自己的参数，因此不能做去重，这时可以考虑模型之间的融合。前面章节介绍过模型优化中的算子融合，即相邻的两个算子可以融合成一个算子从而提升运行效率。而在自动机器学习系统里的算子融合通常表示不同模型中对应位置的相同算子可以融合在一起，从而达到提升设备利用率的效果。这种优化对于小模型的探索式训练非常有效，通过模型之间的融合可以充分利用计算设备上的计算资源。这种优化在 Retiarii[1] 和 HFTA[2] 两个研究工作中均有被提出。

探索式训练过程的加速。通过对模型训练做合理的资源分配和调度，探索式训练过程也

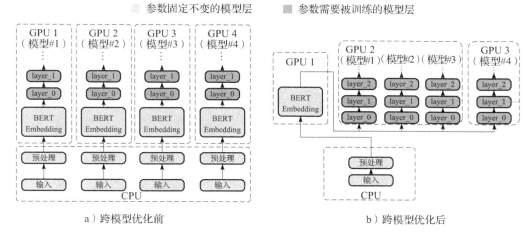

图 9-10 跨模型优化示例

可以被有效加速。这里介绍两种优化技术。一种是时分复用的模型训练，这种方式会分配少量计算资源给一个新生成的模型，用于初步估计这个模型的效果。如果模型性能较好则保留继续参与下一轮的时分复用，如果性能不好则直接剔除。这样可以在使用相同计算资源的情况下，尝试更多的模型，从而快速发现那些性能好的模型。这种优化方法最早在 Gandiva[3] 中被提出。另一种优化技术是通过评估正在训练的模型的性能，动态调整分配给它们的计算资源，性能好的模型会被分配更多资源，而性能较差的模型被分配到的资源会相对较少。它与时分复用的区别在于，它调整资源的维度不在时间维度上，而是在资源的数量维度上，即通过调整模型可以使用的计算资源量来提升探索式训练的效率。早停算法可以看作这种资源调度的一种极端情况。

针对具体场景优化。探索式训练过程有很多算法，例如 9.1 节中介绍的多试验搜索和单发搜索。单发搜索在行为上非常特殊，是将候选的模型结构合并成一个超网络，每一个批尺寸只激活该超模型中的一个子模型。这种超模型的分布式训练需要有特殊设计的模型并行（model parallelism）策略。典型的方法有混合并行（mixed parallelism）[1] 和 NASPipe[4]。

9.2.5 自动机器学习工具概述与实例分析

1. 自动机器学习工具概述

目前市面上的自动机器学习工具种类繁多，侧重点各有不同。自动机器学习工具在围绕着三个核心能力发展和演进。

1）模型自动设计与调优的算法。有些自动机器学习工具仅提供一种模型设计和调优算法，如 Auto-Sklearn、TPOT、H2O AutoML、AutoKeras。这类工具通常提供十分简洁的用户接口，如 tool. fit 和 tool. predict。由于不同的机器学习任务（如图像识别、文本分类）通常需要不同的模型设计空间和搜索方式，这类工具会分任务做定制化模型搜索。Auto-Sklearn 和

TPOT 主要针对 scikit-learn 中的传统机器学习算法，AutoKeras 则主要针对深度学习模型。另外一些自动机器学习工具通过模块化设计提供一系列主流的模型搜索算法（如 9.1 节介绍的算法），由用户根据自己的需求选择合适的搜索算法并应用到自己的任务中，如 NNI、Ray Tune。这类工具的定位偏重于辅助模型开发者设计和调优模型。另外，一些工具，如 Ray Tune、Weights&Biases、MLflow，在算法上主要支持的是超参数搜索算法。Weights&Biases 和 MLflow 虽然有超参数搜索的能力，但是它们在工具的定位上是机器学习训练任务的管理工具。

2）分布式模型搜索与训练的能力。模型搜索通常需要较多的计算资源，一些自动机器学习工具可以连接不同类型的计算资源，比如远程的计算服务器、Kubernetes 集群、云计算服务。如 Ray Tune 和 NNI 都可以连接不同的计算资源，其中 NNI 是用统一的接口将不同的计算资源封装起来，令模型搜索无差别地使用不同类型的计算资源（后面会详细介绍）。Ray Tune 则设计了一种结合了调度能力的远程过程调用（即 ray. remote），将计算分发到不同的计算节点上。Weights&Biases 也具有类似的功能，即将试验分发到用户提供的机器上运行。Auto-Sklearn、AutoKeras 不具备分布式的能力。有些自动机器学习工具与集群管理工具或者云服务紧耦合，如 Kubeflow（Kubeflow 是在 Kubernetes 上构建的针对机器学习任务运行和部署的工具）中原生支持的自动机器学习工具 Katib。在 Katib 中，整个超参数搜索的配置，如需要搜索的超参数及取值范围、搜索并行度，被直接写到了机器学习训练任务的配置文件中。无论上述哪种方式的分布式能力，只需合理的封装，都可以在云上以 SaaS 的形式提供自动机器学习服务。

3）编程接口与用户交互。现有的自动机器学习工具虽然提供的编程接口各不相同，但是总体可以分为两类。一类是用户提供任务数据，工具直接返回搜索到的好的模型，如上述的 Auto-Sklearn、TPOT 等。另一类是用户需要自己编写或者指定模型，指定搜索空间及合适的搜索算法，从而完成搜索过程。用户编写和指定这些内容的方式也有多种，一些工具是通过配置文件描述搜索空间，有些则是在 Python 代码里以 dict 直接描述，还有些为了便于描述搜索空间，支持将超参数的可行域直接在模型使用该超参数的对应位置描述出来，如 NNI 中的 ValueChoice。试验代码的编程方式也有多种，一种是将试验代码作为一个独立脚本，通过命令行参数或者工具提供的接口与搜索过程交互。另一种是将试验代码写作一个函数，其输入参数是超参数的取值，返回值是在该组超参数取值下的性能。前者在试验的隔离性上更优，后者在试验代码的编写上（特别是较简单的试验代码）更友好。用户交互方面有两种模式，命令行和图形用户界面（GUI）。图形化是机器学习模型开发的有力工具，仅仅针对深度学习模型训练的可视化和管理工具已经有很多，如 TensorBoard、Weights&Biases、MLflow。自动机器学习工具中的可视化也是非常重要的，包括每个试验的训练信息、试验之间的对比、搜索过程的演进、搜索出的模型的可视化，以及实验管理等。可以将自动机器学习的可视化视为传统深度学习模型训练过程的可视化的增强。

2. 开源自动机器学习工具简介

我们以 NNI（Neural Network Intelligence）轻量级自动机器学习工具为例，其中主要包括超参数搜索、网络结构搜索和模型压缩。这三种类型的任务有一个共同的特点，即不断尝试新的候选模型结构或者模型配置。每一个候选模型均需要评估其性能。因此，自动机器学习工具需要具备的一个基本功能是机器学习模型评估任务的分发。同时 NNI 具备向不同训练平台分发任务的能力、应用不同搜索算法的能力，以及友好的用户编程和交互接口。

图 9-11 展示了 NNI 的基础架构。中间由虚线框框住的部分是 NNI 的核心组件，起到协调统筹其他组件的作用。其中有两个接入口，实验控制接入口延展出三种实验控制方式，分别是图形化界面的交互控制、通过命令行的实验控制以及使用 Python APIs 的实验控制。三种控制方式方便用户管理和控制自己的实验，比如启停实验、增加或减小实验使用的计算资源数量、控制实验运行时长等等。中枢管理模块除了协同各个模块、对实验数据进行存储和管理之外，它的一个重要职责是和不同调优算法（图左侧）交互，其中包括本章讲到的超参数搜索和神经网络结构搜索。针对神经网络结构搜索，NNI 提供了一套灵活易用的模型空间编程 API，并进一步提供了优秀模型空间的集合，配合搜索算法和模型形变引擎，可以实现强大的神经网络结构搜索能力。针对超参数搜索，NNI 提供了很多搜索算法和早停算法。除了本章提到的超参数搜索和神经网络结构搜索，NNI 另外提供了神经网络模型压缩工具，并且利用超参数搜索能力提供了更加自动化的模型压缩。NNI 核心组件向下提供了训练平台接入口，使不同的训练资源和平台可以接入 NNI，用于运行试验。NNI 已经提供了四类训练资源和平台的接入，分别是本地开发机、远程服务器、基于 Kubernetes 的训练集群和一些云服务（如 Azure ML）。

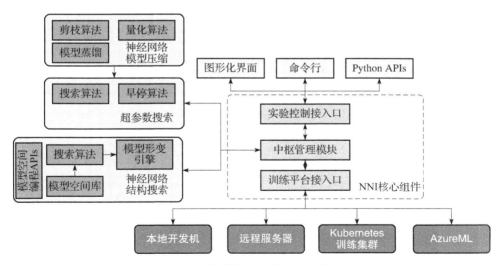

图 9-11 自动机器学习工具 NNI 的基础架构

9.2.6 自动机器学习系统实验

1. 实验目的

通过试用 NNI 了解自动机器学习，熟悉自动机器学习中的基本概念。

2. 实验环境

```
Ubuntu；
Python==3.7.6；
NNI==1.8；
PyTorch==1.5.0。
```

3. 实验原理

在本实验中，我们将处理 CIFAR-10 图片分类数据集。基于一个性能较差的基准模型和训练方法，我们将使用自动机器学习的方法进行模型选择和优化、超参数调优，从而得到一个准确率较高的模型。

4. 实验内容

实验流程图如图 9-12 所示。

具体步骤如下。

1）熟悉 PyTorch 和 CIFAR-10 图像分类数据集。

2）熟悉 NNI 的基本使用。

3）运行 CIFAR-10 代码并观察训练结果。在实验目录下，找到 hpo/main. py，运行程序，记录模型预测的准确率。

4）手动参数调优。通过修改命令行参数来手动调整超参数，以提升模型预测准确率。记录调整后的超参数名称和数值，记录最终准确率。

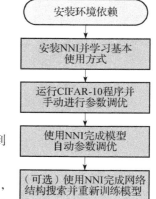

图 9-12　实验流程图

注：main. py 暴露大量的命令行选项，可以进行调整，命令行选项可以直接从代码中查找，或通过 python main. py-h 查看，例如--model（默认是 resnet18）、--initial_lr（默认是 0. 1）、--epochs（默认是 300）等。一种简单的方法是通过手工的方法调整参数（例如 python main. py、--model resnet50、--initial_lr 0. 01），然后根据结果再做调整。

5）使用 NNI 加速参数调优过程。

a）参考 NNI 的基本使用教程，安装 NNI（建议在 Linux 系统中安装 NNI 并运行实验）。

b）参照 NNI 教程运行 mnist-pytorch 样例程序，测试安装正确性，并熟悉 NNI 的基本使用方法。

c）使用 NNI 自动调参功能调试 hpo 目录下 CIFAR-10 程序的超参数。创建 search_space. json 文件并编写搜索空间（即每个参数的范围是什么），创建 config. yml 文件配置实验（可以视资源量决定搜索空间的大小和并行量），运行程序。在 NNI 的 WebUI 查看超参数搜索结果，记录结果截图，并记录得出最优准确率的超参数配置。

6）（可选）上一步中进行的模型选择是在若干个前人发现的比较好的模型中选择一个。此外，还可以用自动机器学习的方法选择模型，即网络架构搜索（NAS）。请参考 nas 目录下 model.py，采用 DARTS 的搜索空间，选择合适的 Trainer，进行搜索训练。记录搜索结果架构，并用此模型重新训练，记录最终的训练准确率。

注：搜索完成后得到的准确率并不是实际准确率，还需要使用搜索到的模型重新进行单独训练。

5. 实验报告

- 实验环境

记录实验中的硬件环境和软件环境，见表 9-1。

表 9-1　实验环境登记表

硬件环境	CPU（vCPU 数目）	
	GPU（型号，数目）	
软件环境	OS 版本	
	深度学习框架	
	Python 包名称及版本	
	CUDA 版本	

- 实验结果

1）记录不同调参方式下，CIFAR-10 程序训练结果的准确率，见表 9-2。

表 9-2　CIFAR-10 在不同调参方式下训练结果的准确率

调参方式	超参数名称和设置值	模型准确率
原始代码		
手动调参		
NNI 自动调参		
网络架构搜索（可选）		

2）提交使用 NNI 自动调参方式对 main.py、search_space.json、config.yml 进行改动的代码文件或截图。

3）提交使用 NNI 自动调参方式，Web UI 上的结果截图。

4）（可选）提交 NAS 的搜索空间、搜索方法和搜索结果（得到的架构和最终准确率）。

6. 参考代码与资料

- 自动调参

1）代码位置：Lab8/hpo。

2）参考答案：Lab8/hpo-answer。

- 网络架构搜索（NAS）

代码位置：Lab8/nas。

9.2.7　小结与讨论

自动机器学习系统是机器学习模型在落地过程中不可或缺的重要组成部分。和机器学习模型的不断进步一样，自动机器学习系统也在不断摸索演进，其从模型的训练和调优过程中，提取标准化流程并以系统或工具的形式提高模型开发人员的效率。当流程被标准化之后，系统中的模块就可以更加通用和高效。随着机器学习模型的日渐成熟，自动机器学习工具也逐渐演进得更加强大。随着人工智能系统的系统和接口不断统一与标准化，从一个给开发人员的开发工具，到更加端到端的模型生成，机器学习系统可以自动化的部分变得越来越多。另外在模型的整个生命周期上，自动化的程度也越来越深，比如在模型的部署和服务过程中，越来越多的组件被自动化，逐渐让整个 MLOps 更加自动化。

虽然自动机器学习系统和工具演进迅速，但是目前的这类系统和工具还有很大的局限性。由于深度学习框架（PyTorch、TensorFlow）并没有收敛，这给设计一个通用的自动机器学习工具带来很大困难，一些相对高阶的优化方式很难提供稳定鲁棒的支持。另外，端到端的模型自动化生成仍然具有很大挑战，特别是考虑到更加多样的硬件环境。克服这些局限性可以很大程度上促进机器学习模型的广泛部署。

9.2.8　参考文献

［1］ ZHANG Q L, HAN Z H, YANG F, et al. Retiarii：A deep learning｛Exploratory-Training｝framework［C］//14th USENIX Symposium on Operating Systems Design and Implementation(OSDI 20). Berkeley：USENIX Association，2020：919-936.

［2］ WANG S, YANG P M, ZHENG Y X, et al. Horizontally fused training array：An effective hardware utilization squeezer for training novel deep learning models［C］//Proceedings of Machine Learning and Systems 3. San Jose：MLSys，2021：599-623.

［3］ XIAO W C, BHARDWAJ R, RAMJEE R, et al. Gandiva：Introspective cluster scheduling for deep learning［C］//13th USENIX Symposium on Operating Systems Design and Implementation(OSDI 18). Berkeley：USENIX Association，2018：595-610.

［4］ ZHAO S X, LI F X, CHEN X S, et al. NASPipe：High performance and reproducible pipeline parallel supernet training via causal synchronous parallelism［C］// Proceedings of the 27th ACM International Conference on Architectural Support for Programming Languages and Operating Systems. New York：ACM，2022：374-387.

## 第 10 章

强化学习系统

本章简介

近年来，强化学习不断发展，强化学习应用层出不穷，应用领域呈现爆发式增长。同时纵观近年的机器学习顶级会议论文，强化学习的理论也取得了长足进步。例如，2016 年的 AlphaGo[1] 通过自我对弈进行练习强化，在一场五番棋比赛中以 4 : 1 的比分击败顶尖职业棋手李世石。深度强化学习真正的发展归功于深度学习算法以及计算力的提升。

然而，不同于深度学习框架正逐步向成熟稳定的解决方案收敛（例如 PyTorch，它以其灵活性和易用性赢得了广泛的支持），强化学习的框架处于百花齐放的状态。这是由于强化学习的环境多种多样、算法模块丰富、不同算法结构差异很大，以及执行计算模式多样等原因造成的，但强化学习在系统上仍然面临许多挑战。本章将描述强化学习有别于传统机器学习和深度学习的地方，以及讲解由此带来的在框架和系统上的需求与挑战。

内容概览

本章包含以下内容：
1) 强化学习概述；
2) 分布式强化学习算法；
3) 分布式强化学习对系统提出的需求和挑战；
4) 分布式强化学习框架。

10.1 强化学习概述

本节将介绍强化学习的定义和基本概念，让读者对强化学习有最基本的了解。同时为了区别相关的领域，本节还会讨论强化学习和传统机器学习以及自动化机器学习的区别和联系。本节的目的是为后文讲解强化学习概念做铺垫。如果对强化学习基本概念非常了解的读者，可以酌情跳过本节。

本节主要围绕以下内容展开：

1）强化学习的定义；

2）强化学习的基本概念；

3）强化学习的作用；

4）强化学习与传统机器学习的区别；

5）强化学习与自动机器学习的区别。

10.1.1 强化学习的定义

强化学习（reinforcement learning）即通过不断地试错和尝试进行学习，并以奖励作为指导改善学习者的行为，最终完成训练。学习者不会被提前告知应该采取什么动作，而是通过尝试去发现哪些动作会产生最丰厚的收益或者奖励。在强化学习里，收益可能是多步的决策结果，即当前的动作会对未来的收益产生影响。因此，我们可以称这种收益是延迟的收益。通过试错来学习和延迟的收益，是强化学习两个最重要的特征。

在很长的一段时间里，强化学习被有监督学习（supervised learning）的光芒所遮掩。有监督学习是根据外部有知识的监督者提供的监督信号进行学习的。值得注意的是，这种学习模式和强化学习是不同的，因为有监督学习可以从训练数据里获得标准的监督信号而不需要试错。但是，在许多可以形式化成优化问题的场景里，通常没有最优解作为监督信号。在这样的情况下，就需要通过强化学习来探索未知的解空间。

直到 2013 年，DeepMind 发表了利用强化学习玩 Atari 游戏的论文[1]，至此强化学习开始了新的十年。2016 年 3 月，通过自我对弈的强化练习，基于蒙特卡洛树搜索的强化学习模型 AlphaGo[2]在一场五番棋比赛中以 4：1 的比分击败了顶尖职业棋手李世石。此后，一系列被强化学习解决的问题和应用如雨后春笋般相继出现。很多成功的应用都证明了强化学习是十分适合解决优化问题的一种方式，这些应用包括：游戏、自动驾驶、路径规划、推荐系统、金融交易、控制等。自从深度学习技术的兴起，学术界便开始探索将神经网络融入强化学习中，这一结合不仅拓宽了强化学习的应用范围，也显著提高了其性能，这一领域的研究被称为深度强化学习，而深度强化学习真正的发展归功于神经网络、深度学习以及计算力的提升。纵观近年的顶级会议论文，强化学习的理论和应用都进入了蓬勃发展阶段。

10.1.2 强化学习的基本概念

下面介绍一些强化学习里的关键要素：环境（environment），智能体（agent），奖励（reward），动作（action），状态（state）和策略（policy）。强化学习需要在环境里探索和学习一个最优的策略，使得在该策略下获得累积的奖励最大，以解决当前的问题。

如图 10-1 所示，由于真实的环境复杂度较高，且存在很多与当前问题无关的冗余信息，因此通常构建模拟器（simulator）来模拟真实环境。智能体通常指做决策的模型，即强化学习算法本身。智能体会根据当前这一时刻的状态 s_t 执行动作 a_t 来和环境交互；同时，环境会执行智能体给出的动作建议，然后到达下一个时刻的状态 s_{t+1}。而执行这个动作拿到的奖励 r_t 将会返回给智能体。智能体可以收集一个时间段内的状态，包括动作和奖励等序列 $(s_1,a_1,r_1,\cdots,s_t,a_t,r_t)$ 作为历史信息，并将其用来训练自身的强化学习模型。

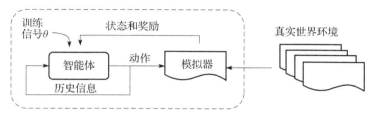

图 10-1　强化学习的过程图

例如，在众所周知的吃豆人小游戏里，智能体就是吃豆人，环境或者模拟器就是网格世界。智能体能观测到的状态是智能体在网格世界中的位置、豆子的位置或者途中鬼魂的位置。而智能体的动作包括上下左右运动的操作。当智能体吃到了豆子以后，会得到一个及时的奖励。

强化学习的优化目标是期望能在一段时间内获得的累积奖励或者收益 G_t 最大：

$$G_t = \sum_{k=0}^{T} \gamma^k r_{t+k+1}$$

其中，$\gamma \in [0,1]$ 且 γ 表示一个折扣因子。γ 越大，表示智能体更加关注长期奖励；而 γ 越小，表示智能体更加关注短期奖励。T 表示一段时间。

对应在吃豆人的小游戏里，智能体的目标是吃掉网格中的食物，同时避开途中的鬼魂。在这种情况下，智能体的长期目标是尽可能地累积奖励值，并最终赢得比赛。

为了建立最优策略，智能体面临探索（exploration）还是利用（exploit）的两难境地。所谓探索，就是选择去尝试没有探索过的新状态。所谓利用，是指利用已知的知识，选择能让智能体最大化累积奖励的动作；这种情况下，执行特定动作到达的状态通常是之前探索过的状态，或者是和之前探索过的状态比较相似的状态。为了平衡探索和利用，最好的策略可能牺牲短期的奖励。因此，智能体应该收集足够的信息，以便在未来做出最佳的整体决策。

强化学习模型通常包括策略和价值函数。智能体根据策略去决定做出什么样的动作。策略可以分为以下几种。

1）确定性的策略（deterministic policy），策略模型根据当前的状态给出确定性的动作建议：

$$\pi(s) = a$$

2）非确定性的策略（non-deterministic policy），策略模型根据当前状态给出执行不同动作的概率分布：

$$\pi(a \mid s) = p(a_t = a \mid s_t = s)$$

在某些情况下，策略模型可能是一个简单的函数或者查询表。而在另一些情况下，策略模型可能涉及大量的计算，此时可以用神经网络来近似模拟。

价值函数指的是在策略 π 下能得到的未来的奖励的加权期望值：

$$v^{\pi}(s_t = s) = E_{\pi}[r_t + \gamma r_{t+1} + \gamma^2 r_{t+2} + \cdots \mid s_t = s]$$

其中，$\gamma \in [0,1]$ 且 γ 表示一个折扣因子，和累积奖励里提到的 γ 的含义一致。

除此之外，强化学习里还涉及其他的概念。由于篇幅有限，本章只介绍一些后面章节可能涉及的简单概念，更多的基本概念可以参考文献 [3] 等。

10.1.3　强化学习的作用

真实世界很多问题需要根据动态变化的环境，做出正确的序列决策来解决。而强化学习非常擅长解决这类问题，并在以下领域有广泛的应用。

1）游戏（例如 Atari 小游戏[1]、围棋[2]、Dota2[4]、麻将[5]、星际争霸[6]等）。例如，对于围棋来说，不仅需要根据当前的局面做出判断，还需要预测对手在未来多步落子的路径，来谋求一个当前最佳的落子策略。而强化学习可以通过自我博弈等方式，有效地从数据里学习下棋的规律。

2）自动驾驶（文献 [7-9]）。对于自动驾驶来说，通常需要根据规划的路径以及周围车辆的情况，来决定采取什么样的操作（加速、减速、刹车等）。而强化学习在模拟器里，学习在什么样的路况下采取什么样的操作，使驾驶员安全到达目的地。

3）路径规划（文献 [10]）。路径规划里通常存在很多 NP-hard 的问题，求解这些问题通常需要很高的复杂度或者很多的算力。而强化学习可以从大量的数据里，学习到一些路径规划的策略，从而使得求解问题的复杂度更小，速度更快。例如，最经典的旅行商问题，强化学习可以规划从 A 城市到 B 城市，在必须遍历某些城市的约束下，路径如何走能花费最小。

4）推荐系统（文献 [11-13]）。例如新闻推荐系统，强化学习可以根据用户的反馈（例如，阅读时间等），来决定在首页推荐什么样的新闻、新闻放置的位置或者是否要做个性化推荐等。

5）金融交易（文献 [14]）。金融领域涉及时间序列预测的问题，通常也可以使用强化学习来解决。例如，强化学习模型通过学习海量历史数据里的股价变化模式，根据当前的状态决定是否要买入或者卖出股票。

6）控制（文献 [15-16]）。强化学习理论和控制论有很强的相关性，因而强化学习的框架也可以用来解决一些控制的问题。例如，在模拟的环境里，机器人通过不断地试错，可以学会走路、跑步等。

由此可见，许多领域问题一旦涉及需要根据动态环境做决策的序列优化问题，都可以抽象成用强化学习解决的问题。小到虚拟环境里的游戏，大到生物物种的进化，都可以看作一个在变化的环境里探索正确生存之道的问题。

在接下来的小节里，我们会进一步讨论强化学习和传统机器学习以及自动机器学习之间的区别和联系。

10.1.4　强化学习与传统机器学习的区别

文献［17］将机器学习分为三类，分别是有监督学习（supervised learning）、无监督学习（unsupervised learning）和强化学习（reinforcement learning）。强化学习与其他机器学习的不同之处在于以下两点。

1）强化学习不需要预先标记的数据集；相反，它通过与环境/模拟器的交互并观察反馈结果，以经验的形式获取训练数据（离线强化学习除外）。

2）智能体执行动作将会影响后面收集到的数据的分布。因而大多数强化学习（除离线强化学习）的训练和数据采样过程会互相影响。

基于上述两点，在训练过程中，强化学习数据的分布是不断变化的；而有监督学习整体数据的分布通常是相对稳定的。

强化学习的另一个特点是通过奖励去学习，但奖励或许有延时，不能立即返回。对于某些特定环境来说，奖励可能是稀疏的，执行了多个动作以后才能得到一个奖励。例如，围棋必须到最后才知道棋局的胜负，而中间执行的任何一步，都没有明确的反馈信号。而有监督学习通常根据标签去学习，标签通常是和样本一一对应的。值得注意的是，强化学习里的稀疏奖励和有监督学习里的样本不均衡既有相似之处又不完全相同。强化学习里的稀疏奖励意味着，有奖励的样本相比无奖励的样本，其占比是比较小且不均衡的；同时意味着，中间步的估值都需要通过有奖励的最终步回传来学习，这和有监督学习通过标签直接学习有所差别。

10.1.5　强化学习与自动机器学习的区别

自动化机器学习包含一系列子任务（例如超参数优化、神经网络结构搜索、自动特征工程等），用于自动化地设计机器学习算法和模型。

强化学习是机器学习的子领域，负责在环境中做出决策和采取行动以最大化长期奖励的任务。因而强化学习可以用来解决一些优化问题，为特定问题寻找最优策略。

强化学习和自动机器学习是一个你中有我、我中有你的关系。

鉴于强化学习是机器学习的子领域，那么原则上，自动机器学习也可用于自动化地设计强化学习算法或者模型。例如，在深度强化学习里，可以使用自动机器学习来找到最合适的策略网络架构（例如，最合适的层数）。

同时，自动机器学习问题本质上是一个优化问题，例如利用强化学习解决网络结构搜索的问题[3]等。过去的许多工作（ENAS[18]、automatic feature engineering[19]等）表明，强化学习可以是自动机器学习的一种解决方案。例如，在 ENAS 里把网络结构搜索的问题形式化成一个网络模块的序列生成问题，并且用强化学习来探索由什么样的网络模块序列组成的网络结构，可以获得最好的效果（例如，在数据集上取得最好的正确性或者最小的延迟）。

10.1.6　小结与讨论

本节我们主要围绕强化学习的定义、强化学习的基本概念、强化学习的作用等展开介绍。最后我们还对比了强化学习与传统机器学习以及自动机器学习的区别。希望读者能通过本章了解强化学习的基本概念，为后面理解分布式强化学习算法的框架打下基础。

10.1.7　参考文献

［ 1 ］　MNIH V, KAVUKCUOGLU K, SILVER D, et al. Playing atari with deep reinforcement learning[J]. arXiv preprint, 2013, arXiv: 1312. 5602.

［ 2 ］　SILVER D, HUANG A, MADDISON C J, et al. Mastering the game of Go with deep neural networks and tree search[J]. Nature, 2016, 529(7587): 484-489.

［ 3 ］　SUTTON R S, BARTO A G. Reinforcement learning: an introduction [M]. Cambridge: MIT press, 2018.

［ 4 ］　BERNER C, BROCKMAN G, CHAN B, et al. Dota 2 with large scale deep reinforcement learning[J]. arXiv preprint, 2019, arXiv: 1912. 06680.

［ 5 ］　LI J, KOYAMADA S, YE Q, et al. Suphx: mastering mahjong with deep reinforcement learning[J]. arXiv preprint, 2020, arXiv: 2003. 13590.

［ 6 ］　Vinyals O, Babuschkin I, Czarnecki W M, et al. Grandmaster level in StarCraft II using multi-agent reinforcement learning[J]. Nature, 2019, 575: 350-354.

［ 7 ］　SALLAB A E L, ABDOU M, PEROT E, et al. Deep reinforcement learning framework for autonomous driving[J]. Electronic Imaging, 2017, 19: 70-76.

［ 8 ］　WANG S, JIA D, WENG X. Deep reinforcement learning for autonomous driving[J]. arXiv preprint, 2018, arXiv: 1811. 11329.

［ 9 ］　KIRAN B R, SOBH I, TALPAERT V, et al. Deep reinforcement learning for autonomous driving: A survey[J]. IEEE Transactions on Intelligent Transportation Systems, 2022, 23(6): 4909-4926.

［10］　Zhang B, Mao Z, Liu W, et al. Geometric reinforcement learning for path planning of UAVs[J]. Journal of Intelligent & Robotic Systems, 2015, 77(2): 391-409.

［11］　ZHENG G, ZHANG F, ZHENG Z, et al. DRN: a deep reinforcement learning framework for news recommendation[C]//Proceedings of the 2018 World Wide Web Conference. New York: ACM, 2018: 167-176.

［12］　CHEN S Y, YU Y, DA Q, et al. Stabilizing reinforcement learning in dynamic environment with application to online recommendation[C]//Proceedings of the 24th ACM SIGKDD International Conference on Knowledge Discovery & Data Mining. New York: ACM, 2018: 1187-1196.

［13］　WANG X, CHEN Y, YANG J, et al. A reinforcement learning framework for explainable recommendation

[C]//2018 IEEE international conference on data mining (ICDM). Cambridge：IEEE, 2018：587-596.

[14] LIU X Y, YANG H, CHEN Q, et al. Finrl：a deep reinforcement learning library for automated stock trading in quantitative finance[J]. arXiv preprint, 2020, arXiv：2011. 09607.

[15] JOHANNINK T, BAHL S, NAIR A, et al. Residual reinforcement learning for robot control[C]//2019 International Conference on Robotics and Automation (ICRA). Cambridge：IEEE, 2019：6023-6029.

[16] KOBER J, BAGNELL J A, PETERS J. Reinforcement learning in robotics：a survey[J]. The International Journal of Robotics Research, 2013, 32(11)：1238-1274.

[17] KOTSIANTIS S B, ZAHARAKIS I, PINTELAS P. Supervised machine learning：a review of classification techniques[J]. Emerging artificial intelligence applications in computer engineering, 2007, 160 (1)：3-24.

[18] PHAM H, GUAN M, ZOPH B, et al. Efficient neural architecture search via parameters sharing[C]// International Conference on Machine Learning. New York：PMLR, 2018：4095-4104.

[19] ZHANG J, HAO J, FOGELMAN-SOULIÉ F, et al. Automatic feature engineering by deep reinforcement learning[C]//Proceedings of the 18th International Conference on Autonomous Agents and MultiAgent Systems. Richland：International Foundation for Autonomous Agents and Multiagent Systems, 2019：2312-2314.

10.2 分布式强化学习算法

深度强化学习算法在解决各个领域的任务上初见成效，然而复杂的应用场景和大规模的工业应用对算法的要求也特别高，与此同时，深度强化学习由于需要探索试错来进行学习，因此需要探索大量的数据，从而使得简单的、串行的强化学习算法已经不能满足需求。模型的计算时间长、收敛速度慢是导致强化学习迭代速度慢的重要原因，从而也抑制了强化学习在工业界的快速发展。传统的单机 CPU、GPU 等计算已经远远不能满足大数据时代的要求，经典的分布式集群（多机）、GPU 集群运算开始进入深度强化学习领域。

从表 10-1 中可以看到，在复杂游戏中训练一个高水平的智能体所需的计算资源是巨大的。尽管目前学术界有许多工作在想方设法地优化算法来提升样本利用率，但是整体上来讲，目前深度强化学习对于训练样本的需求量仍然是非常惊人的。所以，也有不少工作在致力于如何更高效地利用计算资源，设计更好的系统架构，从而在更短的时间内产生更多的样本，以达到更好的训练效果。许多分布式强化学习（distributed reinforcement learning）的算法和架构应运而生，分布式强化学习提到了极大发展。

表 10-1 训练复杂智能体所消耗的计算资源

智能体（游戏类）	CPU	GPU	TPU
OpenAI Five[8]	约 80 000~173 000	480~1536	N/A
AlphaStar[7]	约 50 000	N/A	约 3000

图 10-2 展示了和 DQN 相关的分布式强化学习的发展路线，从 2013 的 DQN 到 2019 年的 SEEDRL，许多研究人员基于前人的工作不断地向前改进和发展。

图 10-2　分布式强化学习发展路线

本节我们会介绍相关的经典的分布式强化学习算法，希望能从中展现分布式强化学习的发展和演化的脉络。

本节将围绕以下内容进行介绍：

1）分布式强化学习算法的基本概念；

2）分布式强化学习算法的发展。

10.2.1　分布式强化学习算法的基本概念

在分布式强化系统中，系统通常可以抽象出以下组件。

- 采样器（actor）负责和环境交互采集数据，从学习器里拿到推理用的模型，并将采样到的数据发给学习器或者重放缓冲区。采样器和环境交互时，会根据当前状态给环境发送要执行的动作，环境返回下一个状态和单步的奖励。采样器将历史的数据（包括当前状态、动作、下一步状态等）收集起来，为学习器的训练样本提供储备。

- 学习器（learner）的主要功能是拿到训练样本来训练强化学习的模型（例如策略网络或者价值网络），更新模型权重。

- 重放缓冲区（replay buffer）用来缓存采样到的数据。用户可以定义特定的采样策略，再通过采样策略生成训练样本给学习器。对于在线策略学习来说，重放缓冲区通常是一个先进先出的队列，存放的是当前或者最近几个策略采样得到的数据；而对于某些离线策略算法（例如 DQN）来说，重放缓冲区通常被设计为根据优先级采样的存储器，其存放的样本可能为多个不同策略采样的数据。

- 行为策略（behavior policy）即采样器和环境交互时采用的策略，通常存在于采样器中，区别于目标策略。

- 目标策略（target policy）是根据行为策略产生的样本不断学习和优化的策略，即训练完成后最终用来使用的策略。

- 在线策略（on-policy）算法和离线策略（off-policy）算法。在线策略算法是指这类算法要求行为策略和目标策略保持一致，而离线策略算法则不需要这个限制条件，目标策略可以根据任意行为策略产生的样本来学习和优化。

- 架构和交互方式。架构指的是强化学习里不同模块之间的连接关系，以及不同模块使用的硬件资源。交互的方式指的是模块之间数据流动的方式以及传输的数据内容。模块之间的交互方式包括同步或者异步等。

10.2.2　分布式强化学习算法的发展

我们根据时间轴来讲述分布式强化学习算法和架构的发展与变化。而根据算法类型的不同，我们以下列两种类型进行阐述：①DQN-based 的演化（DQN -> Gorila -> ApeX）；②Actor-critic based 的演化（A3C -> IMPALA -> SEEDRL）。

1. DQN-based 的演化

（1）DQN

原始的 DQN[1] 架构非常简单，所有的模块都可以由单一进程串行地实现。如图 10-3 所示，首先，采样器与环境交互并采集训练数据。采样器根据当前状态 s 做出动作 a，环境收到动作以后返回下一个状态 s' 和单步的奖励 r 给采样器。采样器将收集到的一系列的（s, a, r, s'）数据放到重放缓冲区里。学习器每隔一定的时间，将数据从重放缓冲区里拿出并更新强化学习 Q 网络（Q network）；而采样器也会用新更新的 Q 网络来进行新一轮数据的采样。

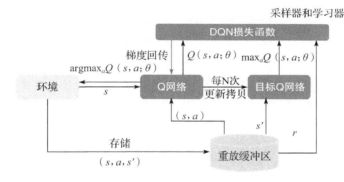

图 10-3　DQN 的架构图

很显然，当学习器和采样器在一个进程中串行执行时，它们互相等待且不能并行，即学习器要等待采样器收集新的训练数据，而采样器在开始下一轮收集数据之前要更新当前的行为策略，这降低了学习器和采样器的工作效率。即使将它们并行起来，由于学习器需要大量的数据去拟合，而单个采样器的吞吐量太低，也会导致学习器单位时间内处理样本的效率较低。

（2）Gorila

Gorila[2] 是早期的将深度强化学习拓展到大规模并行场景的经典工作之一。当时深度强化学习的 SOTA（state of the art）还是 DQN 算法，因此该工作基于 DQN 提出了变体，拓展到了大规模并行的场景。

在该架构中，采样器和学习器不必再互相等待。如图 10-4 所示，在 Gorila 的架构中，学习器可以是多个实例，并且每个学习器中的 Q 网络的参数梯度会发给参数服务器（parameter server）。参数服务器收到后以异步随机梯度下降（SGD）的方式更新网络模型。这个模型以一定的频率同步到采样器中。同样，在 Gorila 的架构里，采样器也可以是多个实例。采样器基于该模型在环境中采样，将产生的经验轨迹发往重放缓冲区。重放缓冲区中的数据再被学习器采样拿去学习。另外，每过 N 步学习器还会从参数服务器中同步最新的 Q 网络模型参数。在这个闭环中有四个角色：采样器、学习器、参数服务器和重放缓冲区。

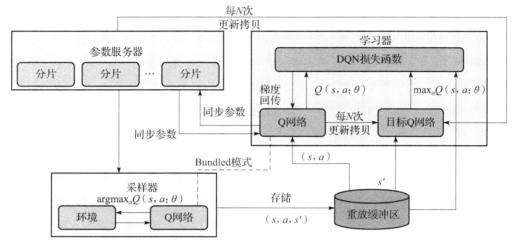

图 10-4　Gorila 的架构图

那么 Gorila 和 DQN 的主要区别如下。

1）采样器：Gorila 里定义了一个捆绑模式（bundled mode），即采样器的策略与学习器中实时更新的策略是捆绑的。这个捆绑模式可以确保采样器和学习器里的最新策略不会差别过大，从而保证采样器可以用相对比较新的策略去探索未知的空间。

2）学习器：学习器会将 Q 网络的参数梯度发给参数服务器。

3）重放缓冲区：Gorila 的重放缓冲区分两种形式，在本地模式下存放在采样器所在的机器上；而多机模式下则将所有的数据聚合在分布式数据库中。这样的优点是可伸缩性好，缺点是会有额外的通信开销。

4）参数服务器：存储 Q 网络中参数梯度的变化，其好处是可以让 Q 网络进行回滚，并且可以通过多个梯度来使训练过程更加稳定。在分布式环境中，稳定性问题（比如节点消失、网速变慢或机器变慢）是不可避免的。Gorila 中采用了几个策略来解决这个问题，如丢弃过旧的和损失值过于偏离均值时的梯度。

Gorila 中可以配置多个学习器、采样器和参数服务器，并放在多个进程或多台机器上以分布式的方式并行执行。如 Gorila 文章中的实验，参数服务器使用了 31 台机器，学习器和采样器进程都有 100 个。实验部分与 DQN 一样基于 Atari 平台。在使用相同参数的情况下，该框架在 41 个游戏中的表现好于非并行版本的传统 DQN，同时训练耗时也有显著减少。

（3）ApeX

ApeX[3] 是 2018 年在 DQN、Gorila 之后的又一个基于 DQN 的工作。在 ApeX 的结构里，采样器可以有多个实例，而学习器只有一个。ApeX 的架构图如图 10-5 所示。

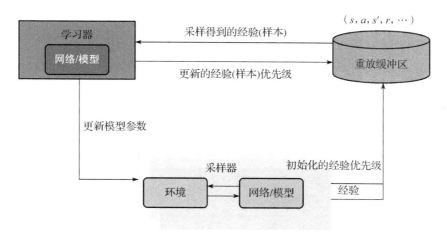

图 10-5 ApeX 的架构图

它和 DQN、Gorila 的差别如下。

1）采样器：以不同的探索策略和环境交互。例如，有的采样器以随机概率更大的策略去探索，有的采样器以随机概率更小的策略去探索。

2）学习器：和 Gorila 不同，ApeX 的中心学习器只有一个，从重放缓冲区里拿到数据进行学习。

3）重放缓冲区：不是均匀采样，而是按照优先级来采样，从而让算法专注于那些重要的数据。

ApeX 的架构上可以适配 DQN（ApeX DQN）或者 DDPG（ApeX-DDPG）等算法。

在 ApeX 的实验里提供了 ApeX 架构在 Atari 环境上的测试。ApeX 的一大优势是采样器可以很方便地扩展。在 ApeX 的实验里，ApeX DQN 的采样器最大扩展到了 360 个 CPU。采样器以异步方式将采集到的经验发送给重放缓冲区，而学习器也以异步方式拿数据。异步的交互方式解耦了采样器、学习器和重放缓冲区的联系。实验结果表示 ApeX DQN 和 DQN、Gorila相比，在训练速度和效果上都更有优势。

2. Actor-critic based 的演化

（1）A3C

A3C[4] 是一个基于 Actor-critic 算法，其架构图如图 10-6 所示。A3C 里没有参数服务器和公用的重放缓冲区。具体来说：

1）每一个工作器实际包含一个采样器、一个学习器还有一个小的缓冲区（通常是先进先出）。

2）每一个工作器里的学习器计算出梯度后都会发送给全局网络。每一个工作器中的采样器都可以用不同的探索策略与环境进行交互，这些样本可以存在一个小缓冲区中。

3）全局网络接收多组梯度后更新参数，再异步地把参数复制给所有工作器。

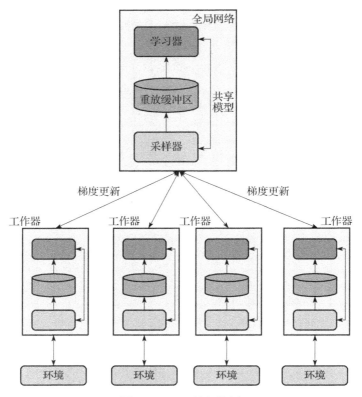

图 10-6　A3C 的架构图

A3C 架构的优点如下：

1）每一个采样器均可以用不同的策略探索环境，使得样本更具有多样性，探索到的状态空间更大；

2）全局网络等所有工作器都传递了梯度后再更新，使训练更稳定；

3）大规模并行非常容易，只需要简单地扩展工作器即可；

4）在 A3C 架构中，每个工作器都独自计算梯度，全局网络只负责使用梯度，所以全局网络的计算量并不大。在作者的原始实现中，A3C 不需要 GPU 资源，只需要 CPU 即可在 Atari 等游戏上取得很好的效果。

但同时 A3C 本身存在着如下问题：

1）当模型变得复杂时，在 CPU 上计算梯度的耗时会变得非常大，而如果将计算迁移到 GPU 上，由于每个工作器都需要一个模型的副本，又会需要占用大量的 GPU 内存资源。

2）当模型变大时，传输梯度和模型参数的网络开销也会变得巨大。

3）全局网络使用异步方式更新梯度，这意味着在训练过程中，部分梯度的方向存在误差，从而可能影响最终的训练效果。这个现象会随着工作器的数量增多变得越来越严重，这也在一定程度上限制了 A3C 的横向扩展能力。

（2）IMPALA

IMPALA[5]（importance weighted actor-learner architectures）是基于 Actor-critic 和 A3C 的改进，最大的创新是提出了 V-trace 算法，在一定程度上修正了由行为策略和目标策略之间估计的分布差距，从而提升了样本效率。

在 IMPALA 架构中，每个采样器都拥有一个模型的副本，采样器发送训练样本给学习器，学习器更新模型之后，会将新模型发送给采样器。在整个过程中，采样器和学习器以异步的方式运行，即学习器只要收到训练数据就会更新模型，不会等待所有的采样器；而采样器在学习器更新模型时依然在采样，不会等待最新的模型。

IMPALA 与 A3C 的区别具体如下。

1）采样器：每一个采样器执行的行为策略不再只来自一个学习器，而是可以来自多个学习器。

2）重放缓冲区：IMPALA 里有两种模式，一种是由先进先出的队列实现的重放缓冲区，本质上是一种在线策略的算法；另一种由一个数据池实现，但是每次随机采样其中的数据，显然后者会产生行为策略和目标策略不一致的现象，即训练用的样本不是由当前的目标策略产生的，而是由行为策略产生，这对算法的收敛提出新的挑战。在 IMPALA 中，作者在数学上推导出了一种严谨的修正方式——V-trace 算法。该算法显著降低了由和目标策略不一样的行为策略生成的训练样本带来的影响。使用 V-trace 修正之后模型最终的收敛效果有明显提升。IMPALA 的架构如图 10-7 所示。

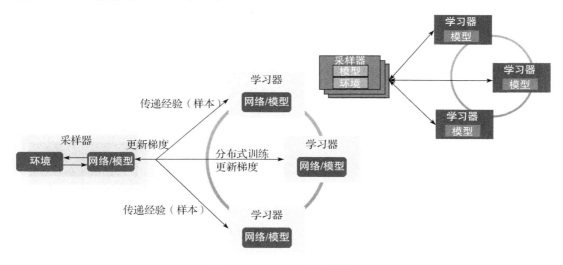

图 10-7　IMPALA 的架构图

（3）SEEDRL

IMPALA 在网络结构比较简单的模型上性能很好，但当神经网络模型变得复杂时，该架构也有瓶颈。IMPALA 主要的问题有以下几点：

1）采样的时候，推理放在采样器上执行，因为采样器是运行在 CPU 上的，所以当神经网络变复杂之后，推理的耗时就会变得很长，进而影响最终的运行效率。采样器上执行了两种操作，一种是和环境交互，另一种是用行为策略做推理。很多游戏或者环境都是单线程实现的，而神经网络的推理计算则可以使用多线程加速，将两种操作放在一起，整体上会降低CPU 的使用率。

2）当模型很大的时候，模型参数的分发会占用大量的带宽。

研究员们针对 IMPALA 存在的一些问题，提出了 SEEDRL[6] 的框架，SEEDRL 的架构如图 10-8 所示。

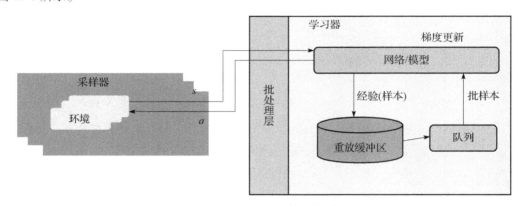

图 10-8　SEEDRL 的架构图

SEEDRL 和 IMPALA 的主要区别是，前者把采样器上的推理过程和学习器放在同一块TPU/GPU 上。采样器和学习器之间只交换状态和采样的动作。

SEEDRL 通过优化通信层，减少采样器和学习器之间的数据传输开销，包括使用 gRPC的流式 RPC 调用，以及在服务器端集成批处理模块，可以有效地降低延迟和带宽需求。SEEDRL 同样使用了 V-Trace 进行 off-policy 修正 SEEDRL 在多个基准测试中显示出比 IMPALA更快的训练速度和更好的性能。例如，在 Atari-57 游戏的实验中，SEEDRL 能够以比 IMPALA快两倍的速度达到最先进的性能。

10.2.3　小结与讨论

通过本节的学习，我们可以发现强化学习算法，尤其是分布式强化学习算法之间的模块化是有明显差距的。这种差距体现在由不同算法组成的不同模块、模块在不同的设备或者硬件上运行、模块之间的交互方式不同等。在下一节里，我们会讨论算法模块之间的差异会给强化学习系统设计带来什么样的挑战。

10.2.4　参考文献

［1］　MNIH V，KAVUKCUOGLU K，SILVER D，et al. Playing atari with deep reinforcement learning［J］. arXiv preprint，2013，arXiv：1312. 5602.

［2］　NAIR A, SRINIVASAN P, BLACKWELL S, et al. Massively parallel methods for deep reinforcement learning［J］. arXiv preprint, 2015, arXiv：1507. 04296.

［3］　HORGAN D, QUAN J, BUDDEN D, et al. Distributed prioritized experience replay［J］. arXiv preprint, 2018, arXiv：1803. 00933.

［4］　MNIH V, BADIA A P, MIRZA M, et al. Asynchronous methods for deep reinforcement learning［C］// International conference on machine learning. New York：PMLR, 2016：1928-1937.

［5］　ESPEHOLT L, SOYER H, MUNOS R, et al. Impala：Scalable distributed deep-rl with importance weighted actor-learner architectures［C］//International Conference on Machine Learning. New York：PMLR, 2018：1407-1416.

［6］　ESPEHOLT L, MARINIER R, STANCZYK P, et al. Seed rl：Scalable and efficient deep-rl with accelerated central inference［J］. arXiv preprint, 2019, arXiv：1910. 06591.

［7］　ARULKUMARAN K, CULLY A, TOGELIUS J. Alphastar：An evolutionary computation perspective ［C］//Proceedings of the genetic and evolutionary computation conference companion. New York：ACM, 2019：314-315.

［8］　BERNER C, BROCKMAN G, CHAN B, et al. Dota 2 with large scale deep reinforcement learning［J］. arXiv preprint, 2019, arXiv：1912. 06680.

10.3　分布式强化学习对系统提出的需求和挑战

随着数据量和算法复杂度变大，工业界的机器学习逐渐往大规模训练的方向发展，强化学习也不例外。在上一章节中，我们介绍了，为了能快速收集大规模的训练数据，并提升样本的利用率从而让模型能更快地收敛，学术界一直在迭代分布式强化学习的算法设计。而多种多样的强化学习算法计算模式对强化学习框架提出了新的挑战。

本节我们会讨论设计强化学习系统时需要考虑的问题。在本节中，我们通过分析比较强化学习系统和机器学习系统的区别，来进一步明确强化学习对框架和系统的需求以及挑战。

本节将围绕以下内容进行介绍：

1）强化学习系统面临的挑战和机器学习系统的区别；

2）强化学习对框架的需求。

10.3.1　强化学习系统面临的挑战和机器学习系统的区别

目前在 Github 上有超过 2 万个关于强化学习的开源库，大量的强化学习代码和框架都是难以复用的。强化学习无法复用过去的机器学习或者深度学习系统的主要原因有以下几点。

1）强化学习算法的可复现性比较差。随机种子、参数、具体实现的差别等因素的变化，都可能会对强化学习的结果有较大的影响。例如，Rainbow[1]里介绍了可以结合 DQN 使用的六种技巧，包括 Dueling DQN、DDQN、Prioritized DQN、Noisy DQN 等。从图 10-9 中我们可以看出，应用不同的技巧会使得 DQN 的收敛值发生改变，同时采用 6 种技巧的 Rainbow 可以得到超越其他曲线的效果。这些技巧反映在代码上可能仅有几行代码的差别。

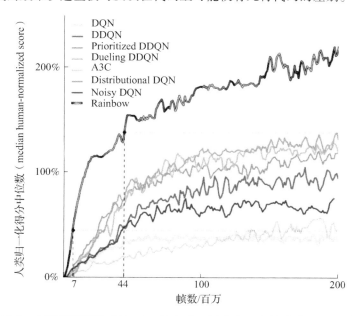

图 10-9　应用了不同技巧的 DQN 的表现（图片来源文献 ［1］）（见彩插）

而文献 ［2］ 给 PPO 带来了真正的性能提升以及将策略约束在信任域（trust region） 内的效果，并且不是通过 PPO 论文中提出的对新策略和原策略的比值进行裁切，而是通过代码层面的一些技巧实现的。这侧面印证了，实现方式的不同也会对强化学习产生比较大的影响。

2）强化学习的执行策略多种多样。这个执行策略包括运行的硬件架构和拓扑（例如 GPU 或者 CPU、单机或者集群）、模块之间的交互模式（同步或者异步）、通信的内容（数据或者梯度）、通信架构的实现（多进程、MPI 或者参数服务器） 等。

在传统的机器学习或者深度学习里，数据集通常是固定的。模型的任务就是拟合数据以求得最优解或者极优解，因此模型的训练可以只运行在固定的设备上（例如 GPU）。而强化学习的数据是采样得到的，采样和训练可以在不同的硬件或者机器上。例如，在 IMPALA 算法架构里，采样器的推理部分运行在 128 个 CPU 上，而学习器的模型训练部分运行在 1 个 GPU 上。

同时，根据采样和训练过程是否解耦，可以将强化学习分为同步算法或者异步算法。例如，PPO 是一种同步算法，因为它会在模型采样到一定量的数据后开始训练，然后继续采样，往复迭代直到收敛。而 ApeX 是一种异步算法，它的采样进程将样本存储到重放缓冲区里，而训练进程则从重放缓冲区中异步地采样数据进行训练。在 ApeX-DQN 里，采样过程和训练过程是异步进行交互的。

3）不同的强化学习算法的结构差异很大。表 10-2 来源于 RLlib[3]，从表里可以看出，不同算法族群的架构差异是很大的，体现在是否使用以下组件，包括策略评估、重放缓冲区、基于梯度优化器，以及其他异构的难以归类的组件。

表 10-2　不同算法族群的架构差异很大

算法类	策略评估	重放缓冲区	基于梯度的优化器	其他组件
DQN Based	√	√	√	
Actor-critic Based	√	√	√	
Policy Gradient	√	√	√	
Model Based	√		√	Model-based Planning
Multi-agent	√	√	√	
Evolutionary Methods	√			Derivate Optimization
AlphaGo	√	√	√	MCTS；Derivate Optimization

4）分布式强化学习的算法和架构互相影响。新的架构通常可以让算法在原来的基础上运行得更快，但也可能会使算法的收敛更难。通常需要提出新的算法来解决新架构带来的收敛问题。例如，IMPALA 提出了 V-trace 算法。该算法显著降低了训练样本（由和目标策略不一样的行为策略生成）带来的影响，从而使得算法相比之前的工作，能在速度和效果方面获得提升。

我们重新总结以上 4 点强化学习对框架的挑战：

1）强化学习算法复现比较困难；

2）强化学习的执行策略多种多样；

3）不同的强化学习算法的结构存在差异；

4）分布式强化学习的算法和架构互相影响。

但是，由于大部分的开源框架都是针对特定的算法和架构模式开发的，因此这些开源框架难以适配不同的分布式强化学习算法，也难以满足通用分布式强化学习框架的需求。

10.3.2　强化学习对框架的需求

通过前文对挑战的分析，我们可以总结出以下需求（包括但不仅限于）。

1）强化学习框架需要有良好的可扩展性。良好的可扩展性可以让用户模块化编程，使得编程更高效清晰。可扩展性的需求体现在以下几个方面（包括但不限于）：

- 通用且对用户友好的强化学习算法接口，不同的强化学习算法的结构差异很大，导致当前的开源框架难以用一个统一的接口去实现大部分的算法，用户很难在一个框架上自定义算法，这也是导致 Github 上许多用户自己开发特定框架的原因；
- 支持可复现的各种强化学习算法和架构；
- 支持不同的强化学习的执行策略。

2）高效率且高并发的数据采集。

在传统的机器学习中，数据集通常都是预先定义好的。和传统机器学习不同，强化学习需要迭代地收集数据和训练数据，并且自主地决定采样什么样的数据。因此，数据量的大小和模型的效果相关，采样数据的效率是强化学习的关键。

由于工业界的环境可能是在单独的服务器或者机器上，因此与环境交互的时间可能会比较长，从而导致采样进程的效率低下。将采样过程并行化通常是一个可行的策略，但同时也给用户带来了分布式编程的成本。ELF[4]等工作利用C++线程并行托管多个环境实例，为用户提供了一个高效的轻量级的环境模拟库。这些工作的好处是免去了用户的开发成本，但同时它们也有自身的局限，例如只能支持特定领域的模拟器。

高效率、高并发的数据采集的需求可以进一步划分为如下两点（包括但不仅限于）：

- 支持与环境的多种交互方式，例如，把数据推送给环境，或主动从环境中拉取数据；
- 提供易用的分布式编程模式（programming API），减少用户的开发成本。

3）高性能的通信框架。

在强化学习尤其是分布式强化学习里，由于模块较多，模块可能分布在不同的设备上，因此需要在不同的设备之间传输数据。同时，不同的模块之间传输的信息量可能跨度很大。

如图10-10所示，在ApeX的架构里，采样进程会将采样到的数据从内存传送到GPU的显存中；而学习进程会将更新的模型参数从GPU的显存传送到内存中供采样进程推理。

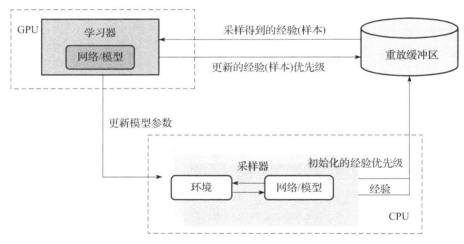

图10-10　ApeX架构里的上下文切换

高性能通信框架的需求可进一步划分为如下几点（包括但不仅限于）：

- 支持简单易用的通信接口；
- 减少上下文切换的代价；
- 优化数据的传输，例如，利用压缩技术，增加传输的吞吐量或者减少传输数据的大小。

另外，有部分强化学习开源框架（例如Surreal[5]）也在为强化学习的可复现性而努力，包括支持可复现的强化学习算法，提出一些支持复现的数据集等。

10.3.3　小结与讨论

在本节里，我们讨论了强化学习框架和系统面临的种种挑战。相比深度学习框架，强化学习框架更具有挑战性。而面对这些挑战，我们提出了当前强化学习框架和系统面临的需求，并且给出了部分当前框架里的解决方案和思路。在下一章节中，我们会以某些经典的强化学习系统为例，探讨当前框架的必要性和合理性。

10.3.4　参考文献

［ 1 ］ HESSEL M, MODAYIL J, VAN H H, et al. Rainbow：combining improvements in deep reinforcement learning［C］//Thirty-second AAAI conference on artificial intelligence. Palo Alto：AAAI Press，2018：3215-3222.

［ 2 ］ ENGSTROM L, IIYAS A, SANTURKAR S, et al. Implementation matters in deep policy gradients：a case study on PPO and TRPO［J］. arXiv preprint, 2020, arXiv：2005. 12729.

［ 3 ］ Liang E, LIAW R, NISHIHARA R, et al. Ray RLlib：a composable and scalable reinforcement learning library［J］. arXiv preprint, 2018, arXiv：1712. 09381.

［ 4 ］ TIAN Y, GONG Q, SHANG W, et al. Elf：An extensive, lightweight and flexible research platform for real-time strategy games［J］. arXiv preprint, 2017, arXiv：1707. 01067.

［ 5 ］ FAN L, ZHU Y, ZHU J, et al. Surreal：open-source reinforcement learning framework and robot manipulation benchmark［C］//Proceedings of The 2nd Conference on Robot Learning. New York：PMLR，2018：767-782.

10.4 分布式强化学习框架

10.4.1　代表性分布式强化学习框架

10.3 节我们讨论了分布式强化学习框架面临的挑战以及需求。这一节我们进一步地通过实例分析具有代表性的强化学习框架。目前，Github 上的强化学习框架数量巨大，而我们可以根据支持的功能将它们简单地分为以下大类。

- 支持某些特定的环境（模拟器）。例如，gym[1] 支持了一些简单的 2D 小游戏（例如 Atari）。ELF 支持一系列并发的实时战略游戏，并且支持 C++ 和 Python 的高效接口。在 C++ 方面，ELF[2] 利用 C++ 多线程并行托管多个游戏，从而提高模拟器的效率。而在 Python 方面也是类似的，ELF 通过一次返回批量的游戏状态，来提高模拟器的吞吐量。

- 支持通用的强化学习的算法。例如，Baselines 等强化学习工具包支持了一系列非分布式的强化学习算法，方便初学者上手。

- 支持分布式强化学习算法。例如，ACME[3]、RLlib[4] 等强化学习工具包，它们都可以在一定程度上帮助用户快速地将分布式强化学习算法部署在多节点上。

- 高效地支持特定的强化学习算法，不存在通用性。例如，TorchBeast[5]是一个基于 IM-PALA[6]的高效实现，可以支持分布式部署，但不支持除了 IMPALA 以外的其他算法。

从表 10-3 中可以看到，用户对通用的强化学习框架的需求十分旺盛，其中支持分布式执行的强化学习框架或者系统受到了很多用户的青睐。这也揭示了未来的强化学习框架是朝着通用性、可扩展性和大规模分布式的方向发展。

表 10-3　不同有代表性的强化学习平台

开源框架	支持通用的算法接口	基于特定的环境开发	支持分布式	受欢迎程度（截至 2022 年 3 月）
ACME+Reverb	√	×	×	约 2100
ELF	×	√	√	约 2000
Ray+RLlib	√	×	√	约 16 400
Gym	×	√	×	约 24 500
Baselines	√	×	×	约 11 600
TorchBeast	×	×	√	约 600
SEEDRL	×	×	√	约 700
Tianshou	√	×	×	约 3200
Keras-RL	√	×	×	约 5100

除此之外，我们还可以根据是否支持多智能体任务对强化学习框架进行分类。例如，MARO[13]就是一个多智能体资源优化平台，可以用于实际资源优化。

我们以上表中提到的分布式强化学习系统 RLlib 为例，希望能通过对该强化学习系统的介绍以及当时设计系统时的一些思考，为未来设计新一代的强化学习系统提供参考和灵感。

在 RLlib[4]设计之初，并没有太多的可以参考的统一的强化学习平台。那时候虽然深度学习在系统和抽象方面取得了很大的进步，出现了一些具有代表性的框架（例如，TensorFlow[7]、Pytorch[8]等），但强化学习的系统和抽象设计方面的进展相对较少。强化学习中的许多挑战都源于对学习和仿真/模拟环境的规模化需求，同时也需要整合快速增长的算法和模型，因此设计通用强化学习系统是很有必要的。

而 RLlib 和其他框架的主要区别包括：

- 采用自顶向下的方式分层控制分布式强化学习算法，从而更好地采用并行计算资源调度来完成这些任务；
- 定义一个通用的强化学习范式，能够让一系列的强化学习算法实现可拓展和大量代码重用。

下面我们从这两点区别入手来探讨 RLlib 的细节。

1. 分层控制分布式强化学习

根据上一节的讨论，强化学习算法的计算模式中是高度多样化的。当前强化学习算法的计算模式突破了如今流行的分布式框架所支持的计算模型的界限。而根据算法的不同体现在以下几个层面。

- 不同的强化学习任务的持续时间和资源需求有数量级的差异，例如，A3C 的更新可能需要几毫秒，但其他算法（如 PPO）则需要更大的时间颗粒。
- 不同的强化学习算法的通信模式各异，从同步梯度优化到异步梯度优化，再到高通量的异策略学习算法（如 IMPALA[6] 和 ApeX[9]），这些算法拥有多种类型的异步任务，通信模式各不相同。
- 不同的强化学习算法的模块构成高度多样化。由于强化学习和深度学习训练相结合，因而有超参数调优，或者在单一算法中结合无导数优化和基于梯度的优化等方式产生嵌套计算的需求。因而强化学习算法经常需要维护和更新大量的状态，包括策略参数、重放缓冲区，甚至还有外部模拟器等。

如表 10-4 所示，单机 DQN 和大规模集群的 IMPALA+PBT 在许多维度上都存在巨大的差别。

表 10-4　单机 DQN 和大规模集群的 IMPALA+PBT 的对比

维度	单机 DQN	大规模集群的 IMPALA+PBT
单任务时长	约 1 毫秒	数分钟
单任务所需要的资源	单 CPU	数个 CPU 和 GPU
总共需要的资源	单 CPU	数百个 CPU 和 GPU
嵌套深度	1 层	大于 3 层
所需内存	MB 量级	百 GB 量级
执行方式	同步	异步高并发

开发人员只能使用大杂烩的框架来实现他们的算法，包括参数服务器和类 MPI 框架中的集体通信基元、任务队列等。

对于更复杂的算法，常见的做法是构建自定义的分布式系统。在这个系统中，进程之间独立计算和协调，没有中央控制（图 10-11a）。虽然这种方法可以实现较高的性能，但开发和评估的成本很大，不仅需要实现和调试分布式程序，而且日益复杂的强化学习算法进一步使其实现复杂化。

此外，当下的计算框架（如 Spark、MPI）通常假设有通用的计算范式，但当子任务的持续时间、资源需求或任务嵌套不同时，这些计算框架就会变得不够高效。因此，RLlib 希望以一个单一的编程模型满足强化学习算法训练的所有要求，并且可以在不放弃结构化计算的情况下实现。

举例来说，图 10-11 展示了 RLlib 如何用一个统一的编程模型来实现不同的分布式强化学习算法。RLlib 的编程模型是逻辑集中的（图 10-11b），也就是说，算法的子任务都由一个单一的驱动程序（图 10-11b 和图 10-11c 中的 D 分配给其他进程并行执行，而不需要其他进程之间互相协调（如用 RPC、共享内存、参数服务器或集体通信）。在这个模型中，工作进程 A、B、C 只负责保存状态（如策略或仿真器状态），不做任何计算，直到被驱动程序 D 调用。为了支持更复杂的计算，RLlib 还提出了一个分层委托控制模型（图 10-11c），让进程（如 B、C）在执行任务时可以把一部分工作（如仿真、梯度计算）交给它们的子进程。

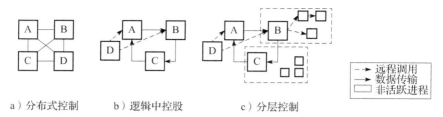

a）分布式控制　　　b）逻辑中控股　　　c）分层控制

图 10-11　目前大多数强化学习算法都是以 a）的模式实现的。RLlib 提出了一种
分层控制模型 c），它扩展了 b），支持强化学习中的嵌套和超参数调
优工作，简化和统一了用于实现的编程模型（图片来源文献［4］）

在这样一个逻辑上集中的分层控制模型的基础上搭建强化学习框架，有如下重要优势。

- 等效算法在实际应用中往往更容易实现，因为分布式控制逻辑完全封装在一个进程
中，而不是多个进程同时执行。

- 将算法组件分离成不同的子程序（例如，做卷积运算、计算梯度与某些策略的目标函
数的梯度），可以在不同的执行模式下实现代码的重用。有不同资源需求的子任务
（CPU 任务或者 GPU 任务）可以放在不同的机器上，从而降低计算成本。

- 在这个模型中编写的分布式算法可以相互之间无缝嵌套，满足了并行性封装原则。

我们用图 10-12 中的例子来具体说明这样的设计在编程模型上的差别。如图 10-12 所示，
将分布式超参数搜索与分布式计算的函数组合在一起，会涉及复杂的嵌套并行计算模式。如
果使用 MPI（图 10-12a）作为底层来设计并行化和编写强化学习算法代码，则需要对每个算
法的适配进行定制化代码修改。这限制了新的分布式强化学习算法的快速开发。如果使用分
层控制（图 10-12b），则无须改动原来的基本的函数，并且可以通过@ ray. remote 等关键字简
单地远程调用。尽管图中的示例很简单，但例如 HyperBand[10]、PBT[11] 等需要长时间运行的
复杂算法，要求框架能够对训练进行细粒度的控制。

```
if mpi.get_rank() <= m:
    grid = mpi.comm_world.split(0)
else:
    eval = mpi.comm_world.split(
        mpi.get_rank() % n)
...
if mpi.get_rank() == 0:
    grid.scatter(
        generate_hyperparams(), root=0)
    print(grid.gather(root=0))
elif 0 < mpi.get_rank() <= m:
    params = grid.scatter(None, root=0)
    eval.bcast(
        generate_model(params), root=0)
    results = eval.gather(
        result, root=0)
    grid.gather(results, root=0)
elif mpi.get_rank() > m:
    model = eval.bcast(None, root=0)
    result = rollout(model)
    eval.gather(result, root=0)
```

a）分布式控制

```
@ray.remote
def rollout(model):
    # perform a rollout and
    # return the result

@ray.remote
def evaluate(params):
    model = generate_model(params)
    results = [rollout.remote(model)
        for i in range(n)]
    return results

param_grid = generate_hyperparams()
print(ray.get([evaluate.remote(p)
    for p in param_grid]))
```

b）分层控制

图 10-12　分布式控制和分层控制的编程模式的差别。用同一种颜色加粗的代码可以
归类为实现同一个目的的代码模块（图片来源文献［4］）（见彩插）

因此 RLlib 在基于任务的灵活编程模型（如 Ray[12]）的基础上，通过分层控制和逻辑中控来构建强化学习算法库。基于任务的系统允许在细粒度的基础上，在子进程上异步调度和执行子例程，并在进程之间检索或传递结果。

2. 通用的强化学习范式

由于强化学习算法之间的差距较大，在 RLlib 之前几乎没有一个统一强化学习接口的框架。大部分代码的可复用性差，导致强化学习开发和学习的成本较高。

RLlib 将强化学习算法里的智能体抽象成两大块：和算法相关的策略与和算法无关的策略优化器（policy optimizer）。策略包括策略图（policy graph）和策略模型（policy model）。策略图定义了算法如何探索和利用，以及如何用采样得到的数据训练模型等，策略模型用来定义算法模型的网络结构。这两块都支持用户的定制化。而策略优化器是与算法无关的部分。策略优化器负责分布式采样、参数更新和管理重放缓冲区等性能关键任务。

这样抽象策略优化器具有以下优点：通过将执行策略与策略优化函数分开定义，各种不同的优化器可以被替换进来，以利用不同的硬件和算法特性，且不需要改变算法的其他部分。策略图类封装了与深度学习框架的交互，使得用户可以避免将分布式系统代码与数值计算混合在一起，并使优化器的实现能够在不同的深度学习框架中被改进和重用。

如图 10-13 所示，通过利用集中控制，策略优化器简洁地抽象了强化学习算法优化中的多种选择，如同步与异步、全局规约与参数服务器，以及 GPU 与 CPU 的选择。

```
grads = [ev.grad(ev.sample())
    for ev in evaluators]
avg_grad = aggregate(grads)
local_graph.apply(avg_grad)
weights = broadcast(
    local_graph.weights())
for ev in evaluators:
    ev.set_weights(weights)
```
a）全局规约

```
samples = concat([ev.sample()
    for ev in evaluators])
pin_in_local_gpu_memory(samples)
for _ in range(NUM_SGD_EPOCHS):
    local_g.apply(local_g.grad(samples)
weights = broadcast(local_g.weights())
for ev in evaluators:
    ev.set_weights(weights)
```
b）本地多GPU

```
grads = [ev.grad(ev.sample())
    for ev in evaluators]
for _ in range(NUM_ASYNC_GRADS):
    grad, ev, grads = wait(grads)
    local_graph.apply(grad)
    ev.set_weights(
        local_graph.get_weights())
    grads.append(ev.grad(ev.sample()))
```
c）异步计算

```
grads = [ev.grad(ev.sample())
    for ev in evaluators]
for _ in range(NUM_ASYNC_GRADS):
    grad, ev, grads = wait(grads)
    for ps, g in split(grad, ps_shards):
        ps.push(g)
    ev.set_weights(concat(
        [ps.pull() for ps in ps_shards])
    grads.append(ev.grad(ev.sample()))
```
d）分片参数服务器

图 10-13　四种 RLlib 策略优化器步骤方法的伪代码。每次调用优化函数时，都在本地策略图和远程评估程序副本阵列上运行。图中用橙色高亮 Ray 的远程执行调用，用蓝色高亮 Ray 的其他调用（图片来源文献［4］）（见彩插）

在上文中，我们描述了 RLlib 的设计思路。而当完成了强化学习系统设计以后，还有一个问题值得我们思考，那就是如何评估强化学习的系统设计，我们应该从哪些维度考虑系统设计。RLlib 从以下角度给出了答案。

1）算法的完备性。RLlib 目前可以支持大部分的算法类型，包括基于 DQN 的变形算法、基于策略梯度、基于进化策略、AlphaGo、多智能体等。同时 RLlib 也支持大部分强化学习的模块和组件，并支持用户在之上做二次开发。

2）性能的高效性。

● 采样效率。通常通过单位时间内能采样多少样本来评估。

采样的过程通常包括和环境交互采集到状态、在策略里评估状态以及拿到策略给出的动作。而在 RLlib 里，它主要对采样进程评估样本的可扩展性进行了基准测试。如图 10-14 所示，在 Pong 和 Pendulum 的环境里，RLlib 通过增加资源（例如 GPU 或者 CPU）数目（从 1 增长到 128），其并行的策略评估的速度呈现几乎线性增长的趋势。

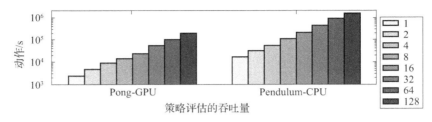

图 10-14 策略评估的吞吐量从 1 到 128 核几乎呈线性扩展（图片来源文献 ［4］）（见彩插）

- 是否能有效地支持大规模的任务。通常情况下，这是衡量框架是否有高效的可扩展性的重要指标。

如图 10-15 所示，RLlib 使用 Redis、OpenMPI 和分布式 TensorFlow 评估了 RLlib 在 ES、PPO 和 A3C 三种算法上的性能，并与专门为这些算法构建的专用系统进行了比较。所有实验中都使用了相同的超参数。实验结果证明，RLlib 在使用相同资源的情况下，能够比 MPI 等获得更好的结果。

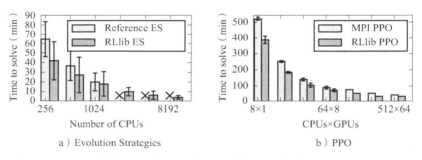

图 10-15 在 Humanoid-v1 任务上达到 6000 的累积分数所需的时间。基于 RLlib 实现的 ES 和 PPO 的性能优于已有实现（图片来源文献 ［4］）

- 是否支持训练的可扩展性，例如，是否支持高效的多 GPU 训练。

RLlib 评估了在使用全局规约和本地多 GPU 两种优化器模式、4 个 GPU 和 16 个 GPU 的计算资源以及不同的环境（Pong 和 Humanoid）下，优化器每秒能处理的数据量。

10.4.2 小结与讨论

RLlib 是一个通用的强化学习的开源框架，它利用细粒度的嵌套并行机制在多种强化学习任务中实现了较好的性能。它既提供了标准强化学习算法的集合，又提供了可扩展的接口，以方便地编写新的强化学习算法。即便如此，RLlib 中仍然存在一些值得改进的地方，并且后续有许多工作针对 RLlib 进行了改进。大家可以思考一个问题，RLlib 中有哪些设计的局限性？还有什么方面可以继续改进？

当前强化学习算法百花齐放，强化学习系统百家争鸣。随着技术的不断发展，相信强化学习系统仍将会有新的设计和演化。

10.4.3　参考文献

［1］　BROCKMAN G, CHEUNG V, PETTERSSON L, et al. Openai gym［J］. arXiv preprint, 2016, arXiv：1606. 01540.

［2］　TIAN Y, GONG Q, SHANG W, et al. ELF：an extensive, lightweight and flexible research platform for real-time strategy games［J］. arXiv preprint, 2017, arXiv：1707. 01067.

［3］　HOFFMAN M, SHAHRIARI B, ASLANIDES J, et al. Acme：a research framework for distributed reinforcement learning［J］. arXiv preprint, 2020, arXiv：2006. 00979.

［4］　LIANG E, LIAW R, NISHIHARA R, et al. RLlib：abstractions for distributed reinforcement learning ［C］//International Conference on Machine Learning. New York：PMLR, 2018：3053-3062.

［5］　KÜTTLER H, NARDELLI N, LAVRIL T, et al. Torchbeast：A pytorch platform for distributed rl［J］. arXiv preprint, 2019, arXiv：1910. 03552.

［6］　ESPEHOLT L, SOYER H, MUNOS R, et al. Impala：scalable distributed deep-rl with importance weighted actor-learner architectures［C］//International Conference on Machine Learning. New York：PMLR, 2018：1407-1416.

［7］　ABADI M, BARHAM P, CHEN J, et al. TensorFlow：a system for Large-Scale Machine Learning［C］//12th USENIX symposium on operating systems design and implementation（OSDI 16）. Berkeley：USENIX Association, 2016：265-283.

［8］　PASZKE A, GROSS S, MASSA F, et al. Pytorch：an imperative style, high-performance deep learning library［C］//Proceedings of the 33rd International Conference on Neural Information Processing Systems. Red Hook：Curran Associates Incorporated, 2019：8026-8037.

［9］　HORGAN D, QUAN J, BUDDEN D, et al. Distributed prioritized experience replay［J］. arXiv preprint, 2018, arXiv：1803. 00933.

［10］　LI L, JAMIESON K, DESALVO G, et al. Hyperband：a novel bandit-based approach to hyperparameter optimization［J］. The Journal of Machine Learning Research, 2017, 18(1)：6765-6816.

［11］　JADERBERG M, DALIBARD V, OSINDERO S, et al. Population based training of neural networks ［J］. arXiv preprint, 2017, arXiv：1711. 09846.

［12］　MORITZ P, NISHIHARA R, WANG S, et al. Ray：a distributed framework for emerging {AI} applications［C］//13th USENIX Symposium on Operating Systems Design and Implementation（OSDI 18）. Berkeley：USENIX Association, 2018：561-577.

［13］　Jiang A, Zhang J, Yu P, et al. Maro：a multi-agent resource optimization platform, 2020［J］. URL https：//github. com/microsoft/maro.

## 第 11 章

模型压缩与加速

本章简介

在深度学习中，模型压缩通常指通过特定的方法使用更少的数据比特表示原有模型，类似传统计算机科学中的数据压缩或视频编码。学术界高精度的深度学习模型在落地部署到工业界应用的过程中，经常面临着低吞吐、高延迟和高功耗的挑战。模型压缩可以删除模型中的冗余，进而减少对硬件的存储需求和计算需求，以达到加速模型推理或训练的目的。适当的压缩通常可以保持模型的原有效果，但是在不同场景和任务中，不同模型能实现的压缩率也不尽相同。近年来广泛使用的模型压缩方法主要包括数值量化（data quantization）、模型稀疏化（model sparsification）、知识蒸馏（knowledge distillation）、轻量化网络设计（lightweight network design）和张量分解（tensor decomposition）。本章第 1 节将首先对这些压缩技术进行简要介绍，其中模型稀疏化是应用最为广泛的一种模型压缩方法，可以直接减少模型中的参数量。本章第 2 节将对基于稀疏化的模型压缩方法进行详细介绍。经过压缩并一定适用于原有通用处理器的模型，往往需要特定的加速库或者加速硬件的支持。本章第 3 节将介绍不同模型压缩算法所适用的硬件加速方案。

内容概览

本章包含以下内容：
1）模型压缩简介；
2）基于稀疏化的模型压缩；
3）模型压缩与硬件加速。

11.1 模型压缩简介

深度学习发展至今，其模型的大小增长了千倍以上，而代表性硬件 GPU 的算力却仅增长了大约十倍。深度学习算力的需求和供给之间存在着巨大的差距，突出了对模型进行压缩和加速的必要性和重要性。本节将首先介绍模型压缩的背景，然后介绍几种常用的模型压缩方法。

11.1.1　模型压缩的背景

1. 模型大小持续增长

近年来，以深度神经网络为代表的深度学习模型在图像、语音、自然语言处理和自动驾驶等人工智能应用领域取得了令人瞩目的成就，在多项任务中已经实现甚至超越了人类的水平。伴随着深度神经网络在各种应用中实现了更好的效果或者解决了更复杂的问题，深度神经网络也变得越来越大，越来越深，越来越复杂，其参数量和计算量呈爆炸式增长。在模型深度方面，以广泛应用于计算机视觉领域的 CNN 为例，早期的 AlexNet 只有几层，VGGNet 达到了十几层，而 ResNet 则超过了一百层。在模型参数量方面，以广泛应用于自然语言处理领域的 Transformer 为例，每年新提出的预训练模型的参数量屡创新高，呈指数型增长，如图 11-1 所示。2017 年基于注意力机制的 Transformer 网络被提出之后，因为其强大的信息提取能力和计算速度优势被广泛应用到自然语言处理任务中。基于 Transformer 的语言模型参数量从 Bert 的亿级，增长到 GPT-2 的十亿级，再到 GPT-3 的千亿级，最大型的语言模型几乎每年增长十倍。2021 年 10 月，微软公司和英伟达公司宣布了它们共同开发的全世界迄今为止最大最强悍的语言模型 Megatron Turing NLG，该语言模型拥有的模型参数量更是高达 5300 亿。

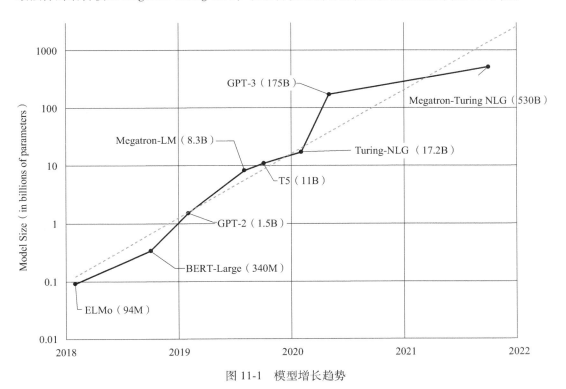

图 11-1　模型增长趋势

2. 训练数据不断增多

大数据促进了大模型的产生，大模型同时也需要大数据作为训练支撑。全球有数十亿互联网用户，互联网应用层出不穷，互联网每天都在产生、收集和存储大量数据。未来物联网、电商、短视频和自动驾驶等应用的蓬勃发展，海量数据的来源和多样性会更加丰富。可以预见的是，未来数据总量将持续快速增长，且增速越来越快。互联网数据中心 IDC 的数据研究报告指出，全球数据总量从 2012 年的 4 ZB（Zettabyte，十万亿亿字节）增长到了 2018 年的 33 ZB，并预计 2025 年的数据总量将突破 175 ZB。一方面，从大数据对模型的需求角度来说，海量数据需要大模型去拟合。理论上模型参数越多就能够拟合更多的数据和更复杂的场景。近十年深度学习的发展也一次次验证，模型越大，效果越好。"大力出奇迹"一度成为许多 AI 算法开发人员的口头禅。另一方面，从大模型对数据的需求角度来说，现阶段深度学习模型也必须有大数据的支持。更多的数据量通常可以增强模型的泛化能力，进而带来算法效果的提升。例如 Imagenet 数据集中图片的种类达到了两万多类，图片规模达到了 1400 万张，GPT-3 模型的训练使用了多个数据集中总共约 45TB 的文本数据。

3. 硬件算力增速放缓

数据、算法和算力是人工智能取得巨大成功的三要素。算力是大数据和大模型的引擎。近十年以深度学习技术为核心的 AI 热潮就是建立在 GPU 提供了强大的算力基础之上。如图 11-2 所示，英伟达 GPU 的算力近年来一直不断提升，支撑着大模型的不断突破，2020 年的 A100 GPU 的性能比 2016 年的 P100 GPU 提升了 11 倍。2022 年英伟达发布了最新一代的 H100 GPU，相比 A100 预计可以带来大约 2~3 倍的性能提升。尽管 GPU 硬件性能在英伟达的推动下依然在不断提升，但是如果我们将模型规模增长速度和 GPU 性能增长速度放在一起比较就会发现，算力的供需之间依然存在巨大差距。基于模型大小的统计可以发现，2010 年以来深度学习的算力需求增长了 100 亿倍，每 6 个月翻一番，远远超过了摩尔定律每 18 个月翻一番的趋势。

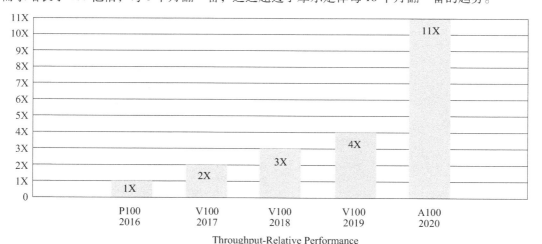

图 11-2　GPU 性能增长

然而硬件算力的增长同时受到了摩尔定律停滞、登纳德缩放比例定律失效、"存储墙"等多种因素的制约。摩尔定律推动了通用处理器长达半个世纪的性能增长，然而近年来受限于芯片工艺的停滞，通用处理器的频率和晶体管密度都无法持续增长。通用处理器性能在 20世纪后半叶每年增长约 50%，验证了摩尔定律的预测，然而近十年来通用处理器的性能增速明显放缓，几乎陷于停滞。经过 CPU 技术多年的创新与发展，体系结构的优化空间也接近上限，很难再带来显著的性能提升。通过多核提升处理器的性能也受到了功耗限制。登纳德缩放比例定律的停滞更是早于摩尔定律，单位面积芯片的功耗不再恒定，更高的晶体管密度意味着更高的功耗。"存储墙"问题是指存储器的带宽成为限制算力的瓶颈。在传统计算机的冯·诺依曼构架中，计算与存储是分离的。处理器的性能以每年大约 50% 的速度快速提升，而内存性能的提升速度每年则只有 10% 左右。不均衡的发展速度造成了当前内存的存取速度严重落后于处理器的计算速度，在大数据和深度学习的人工智能计算时代，更加凸显了原本已经存在的"存储墙"问题。在可预见的将来，算力对模型增长支撑不足的问题会更加严重，算力一定会成为制约 AI 发展和应用的限制因素之一。

11.1.2　模型压缩方法

模型压缩技术可以减少模型对硬件的存储和计算需求，自然成为弥补算力供需差距的重要解决方案之一[1]。同时，随着 IoT 设备的广泛部署和端侧人工智能的兴起，高效处理深度神经网络显得尤为重要。边缘设备（如智能传感器、可穿戴设备、移动电话、无人机等）有着严格的资源和能源的预算要求，同时需要对任务进行实时处理。大型深度神经网络需要巨大的存储开销和计算开销，严重制约了深度学习在硬件资源有限或有着性能约束的场景中的应用。因此，模型压缩对于人工智能落地部署尤为重要。

深度神经网络一直存在一个"模型大小问题"，即如何确定一个合适参数量（其中参数在其他章节也被称作权重或权值）的模型（appropriately-parameterized model）。针对一个特定任务，理想的模型是包含合适数量的参数达到恰好的效果，既不过参数化（over-parameterized）也不欠参数化（under-parameterized）。然而在训练神经网络时，我们没有办法直接训练一个合适参数量的模型。这是因为给定一个任务和数据集，我们无法确定一个合适的参数量。即使我们能得到一个近似合适的参数量，这样的网络也很难利用基于梯度下降的方法进行训练。如何确定合适的模型参数量以及如何高效地训练该模型依然是一个亟待解决的研究问题，而在实践中的常用做法则是先训练一个过参数量的模型以达到更好的模型效果，再利用模型压缩方法降低模型大小和推理开销。这种训练范式在大模型预训练中得到了更广泛的应用。例如在语言预训练模型中，可利用的数据量巨大甚至可以认为是无限增长的，大模型可以更加快速地拟合更多数据。在大模型训练完成之后和真正部署之前，我们都可以对大模型进行压缩。

模型压缩有着重要的研究价值和广阔的应用前景，不仅是学术界的研究热点也是工业界人工智能应用落地的迫切需求。现阶段的模型压缩方法主要包括：**数值量化**、**模型稀疏化**、**知识蒸馏**、**轻量化网络设计**和**张量分解**。

1. 数值量化

量化在数字信号处理领域是指将信号的连续取值近似为有限多个离散值的过程，可以认为是一种信息压缩的方法。而在深度学习中，数值量化是一种非常直接的模型压缩方法，例如将浮点数（floating-point）转换为定点数（fixed-point）或者整型数（integer），或者直接减少表示数值的比特数（例如将 FP32 转换为 FP16，进一步转换为 Int16，甚至是 Int8）。图 11-3 是一个非常简单的将浮点数量化为整型数的例子，量化函数可以直接选择 Python 中的 int( ) 函数。当然实际中的量化函数则更为复杂，需要根据原始权值的分步和目标数值比特数进行设计。数值量化方法根据量化对象可以分为权值量化和激活量化。权值量化可以直接压缩模型大小，例如将 FP32 压缩成 Int8 可以直接减少四分之三的模型存储需求。同时，对激活进行量化也可以降低硬件访存和计算开销。更低的比特位宽通常意味着更快的访存速度和计算速度，以及更低的功耗。在芯片计算单元的实现中，低比特计算单元也具有更低的芯片面积和更低功耗的优势。

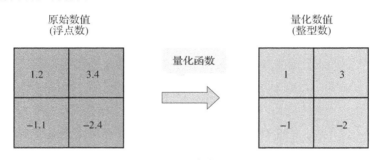

图 11-3　数值量化

数值量化广泛应用于模型部署场景，即模型推理，原因是模型推理对数值精度并不敏感，没有必要使用浮点数，使用更低比特的定点数或整型数就足以保持模型的准确率。当然由于模型量化是一种近似算法，不能无限地降低表示数值的比特数，由极低比特导致的精度损失是一个严峻的问题。如何使用更低的比特数以及降低量化对模型准确率的影响是当前研究关注的热点问题之一。在大多数任务和模型中的实践表明，使用 8 比特定点数进行模型推理足以保证模型准确率。如果结合一些重训练、权值共享等优化技巧，卷积神经网络中的卷积核甚至可以压缩到 4 比特。相关研究甚至尝试只使用三值或二值来表示模型参数，这些方法仅仅需要 2 比特或 1 比特表示权值，再结合特定的硬件设计就可以获得极致的计算性能和效能提升，但受限于数值精度往往会带来模型准确率的损失。

不同于模型推理，模型训练由于需要反向传播和梯度下降，对数值精度敏感性更高，定点数或整型数一般无法满足模型训练要求。低数值精度无法保证模型的收敛性。因此在模型训练场景中，FP16、TF32、BF16 等浮点格式则成为了计算效率更高、模型收敛效果更好的折中选择。表 11-1 列举了不同浮点格式中三个域的比特数，分别是符号域（sign）、指数域（exponent）、尾数域（mantissa）。

表 11-1　不同浮点格式中三个域的比特数

	符号域	指数域	尾数域
FP32	1	8	23
TF32	1	8	10
FP16	1	5	10
BF16	1	8	7

2. 模型稀疏化

模型的稀疏性是解决模型过参数化对模型进行压缩的另一个维度。不同于数值量化对每一个数值进行压缩，稀疏化方法则尝试直接"删除"部分数值。近年来的研究工作发现深度神经网络中存在很多数值为零或者数值接近零的权值，合理地去除这些"贡献"很小的权值，再经过对剩余权值的重训练微调，模型可以保持相同的准确率。根据稀疏化的对象，稀疏化方法主要可以分为权值剪枝和神经元剪枝。前者减少神经网络中的连接数量，后者减少神经网络中的节点数量，如图 11-4 所示。当然，神经元剪枝后也会将相应的连接剪枝，当某个神经元的所有连接被剪枝后也就相当于神经元剪枝。对于很多神经网络来说，剪枝能够将模型大小压缩 10 倍以上，这就意味着可以减少 90% 以上的模型计算量，再结合定制硬件的计算力提升，最终可能达到更高的性能提升。

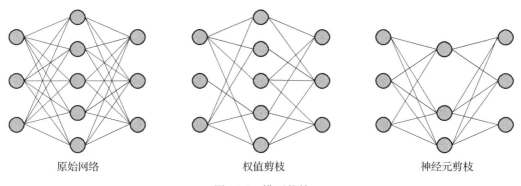

原始网络　　　　　　权值剪枝　　　　　　神经元剪枝

图 11-4　模型剪枝

权值剪枝是应用最为广泛的模型稀疏化方法。权值剪枝通常需要寻找一种有效的评判手段，来评判权值的重要性（例如权值的绝对值大小），再根据重要性对部分权值（小于某一个预先设定好的阈值）进行剪枝。权值剪枝的缺点是不同模型的冗余性不同，过度剪枝后模型的准确率可能会有所下降，需要通过对模型进行重训练，微调剩余权值以恢复模型的准确率，甚至需要多次迭代剪枝和微调的过程以达到最好的压缩率和模型精度。然而这种针对每一个权值的**细粒度剪枝**方法使得权值矩阵变成了没有任何结构化限制的稀疏矩阵，引入了不规则的计算和访存模式，对高并行硬件并不友好。后续的研究工作通过增加剪枝的粒度使得权值矩阵具有一定的结构性，更加有利于硬件加速。**粗粒度剪枝**方法以一组权值为剪枝对象，例如用一组权值的平均值或最大值来代表整个组的重要性，其余的剪枝和重训练方法与细粒度剪枝基本相同。例如，以二维矩阵块为剪枝粒度的方法通常被称为块稀疏（block sparsity）。在 CNN 中对 Channel、Filter 或 Kernel 进行剪枝，同样增加了剪枝粒度，也可以认为是粗粒度剪枝。基于剪枝的稀疏化方法是一种启发式的搜索过程，缺乏对模型准确率的保证，经常面临模型准确率下降，尤其是在粗粒度剪枝中或追求高稀疏度时。为了解决这个问题，研究人员将模型稀疏化定义为一个优化问题，利用 AutoML 等自动化方法寻找最佳的剪枝位置和比例等。11.2 节将对基于稀疏化的模型压缩方法进行详细介绍。

3. 知识蒸馏

知识蒸馏是一种基于教师-学生网络的迁移学习方法[2]。为了压缩模型大小，知识蒸馏希望将一个大模型的知识和能力迁移到一个小模型中，而不显著影响模型准确率。因此，教师网络往往是一个参数量多且结构复杂的网络，具有非常好的性能和泛化能力，学生网络则是一个结构简单、参数量和计算量较小的网络。通常做法是先训练一个大的教师网络，然后用这个教师网络的输出和数据的真实标签去训练学生网络，如图 11-5 所示。当然知识蒸馏也可以使用多个教师网络对学生网络进行训练，使得学生网络有更好的效果。知识蒸馏的核心思想是学生网络能够模仿教师网络从而获得相同甚至更好的能力。经过知识蒸馏得到的学生网络可以看作对教师网络进行了模型压缩。知识蒸馏由三个关键部分组成，分别是知识、蒸馏算法和教师-学生网络架构，研究人员针对不同的任务提出了许多蒸馏算法

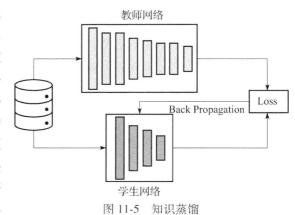

图 11-5　知识蒸馏

和教师-学生网络架构。近年来，知识蒸馏方法已扩展到师生学习、相互学习、终身学习和自身学习等。知识蒸馏目前的大多数研究工作都集中在压缩深度神经网络上。由知识蒸馏产生的轻量级学生网络可以轻松部署在视觉识别、语音识别和自然语言处理等应用中。

4. 轻量化网络设计

目前工业界和学术界设计轻量化神经网络模型主要分为人工设计轻量化神经网络和基于神经网络架构搜索（Neural Architecture Search，NAS）的自动化设计轻量化神经网络。人工设计轻量化神经网络的主要思想在于设计更高效的"网络计算方式"（主要针对卷积方式），从而使网络参数量和计算量减少，并且尽量不损失模型准确率。例如在 mobilenet 中，研究人员利用了深度可分离卷积（depthwise seprable convolution）代替了标准卷积[3]。如图 11-6 所示，深度可分离卷积就是将普通卷积拆分成为一个深度卷积（depthwise convolution）和一个逐点卷积（pointwise convolution）。标准卷积的参数量是 $D_k \times D_k \times M \times N$，计算量是 $D_k \times D_k \times M \times$

$N×D_w×D_h$。而深度可分离卷积的参数量是 $D_k×D_k×M+M×N$，计算量是 $D_k×D_k×M×D_w×D_h+M×N×D_w×D_h$。两者相除可以得出，深度可分离卷积可以将标准卷积的参数数量和乘加操作的运算量均下降为原来的 $1/N+1/D_k^2$。以标准的 3×3 卷积为例，也就是会下降到原来的 1/9~1/8。

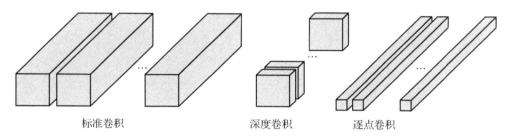

标准卷积　　　　　深度卷积　　　逐点卷积

图 11-6　深度可分离卷积

然而人工设计轻量化模型需要模型专家对任务特性有深入的了解，且需要对模型进行反复设计和实验验证。NAS 是一种自动设计神经网络结构的技术，原理是在一个被称为搜索空间的候选神经网络结构集合中，用某种策略从中搜索出最优网络结构。NAS 为了找出更好的网络结构，需要对很大的搜索空间进行搜索，因此需要训练和评估大量的网络结构，对 GPU 数量和占用时间均提出了巨大的挑战。为了解决这些挑战，大量的研究工作对 NAS 的不同部分进行了优化，包括搜索空间、搜索算法和搜索质量评估等。NAS 搜索出的网络结构在某些任务上甚至可以达到媲美人类专家的水准，甚至发现某些人类之前未曾提出的网络结构，这可以有效地降低神经网络的实现和使用成本。

5. 张量分解

张量（矩阵）计算是深度神经网络的基本计算单元，直接对权值张量进行压缩可以实现模型的压缩与加速。基于张量分解的压缩方法主要是将一个庞大的参数张量分解成多个更小的张量相乘的方式。例如将一个二维权值矩阵进行低秩分解，可分解成两个更小的矩阵相乘，如图 11-7 所示。对于一个大小为 $m×n$ 的矩阵 A，假设其秩为 r。则 A 可以分解为两个矩阵相乘（$A=WH$），其中 W 的大小为 $m×r$，H 的大小为 $r×n$。当 r 小于 m 和 n 时，权值矩阵的空间复杂度从 $O(mn)$ 减少到了 $O(r(m+n))$。主要的张量分解方法包括 SVD 分解、Tucker 分解和 CP 分解等。然而张量分解的实现并不容易，因为它涉及计算成本高昂的分解操作。同时，权值张量分解后可能会对原有模型准确率造成影响，需要大量的重新训练来达到再次收敛。

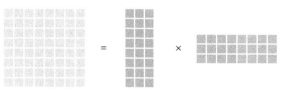

图 11-7　二维矩阵分解示例

11.1.3　小结与讨论

本节介绍的模型压缩方法从不同角度对深度学习网络进行压缩，但是由于不同任务的特性不同，不同网络的冗余性不同，不同压缩方法在不同任务和不同模型上的压缩效果也不尽相同，往往需要通过实验来选取最适合的模型压缩方法。同时在实际应用中，不同的压缩方法还可以组合使用以达到更高的压缩率，例如同时进行稀疏化和数值量化，对轻量化网络再次进行稀疏化或数值量化。组合使用多种压缩方法虽然可以达到极致的压缩效果，但增加了多种模型配置超参数，对模型训练增加了巨大的负担。结合 NAS 和 AutoML 等方法可以减轻搜索压缩模型的负担。

11.1.4　参考文献

［1］　DENG L, LI GQ, HAN S, et al. Model compression and hardware acceleration for neural networks: a comprehensive survey[J]. Proceedings of the IEEE, 2020, 108(4): 485-532.

［2］　HINTON G, ORIOL V, JEFF D. Distilling the knowledge in a neural network[J]. arXiv preprint, 2015, arXiv: 1503. 02531.

［3］　HOWARD A G, ZHU ML, CHEN B, et al. Mobilenets: efficient convolutional neural networks for mobile vision applications[J]. arXiv preprint, 2017, arXiv: 1704. 04861.

11.2　基于稀疏化的模型压缩

基于稀疏化的模型压缩受到了研究人员的广泛关注。不仅仅因为稀疏化在实际应用中可以在不影响模型效果的情况下去除模型中的冗余，同时研究人员相信人类大脑就是稀疏的，稀疏的深度神经网络最契合人类大脑中的神经网络。

11.2.1　人类大脑的稀疏性

生物研究发现人脑是高度稀疏的。例如当人类识别一只猫时，我们不会仔细检查每一根毛发的纹理，仅仅使用简单的几何边缘就足以做出判别，如图 11-8 所示。在交通场景中，当人类看到眼前物体时，我们的神经系统不会处理所有像素，因为那样无法在瞬息万变的场景中迅速做出反应。我们此时仅会关注视野中主要的物体，比如交通参与者（人、车辆）。这些人类认知的本能是千百万年进化与自然选择的结果。同样，在语音识别、医疗成像、自动驾驶、社交网络等各行各业的海量数据中，每种数据都有其内在的结构性。自动学习数据内生的结构性是人工智能算法的核心，数据的结构性带来了信息表达中的稀疏性，高效的人工智能系统应该充分利用这种稀疏性。其实对于人工智能模型稀疏度的追求早在深度学习风行之前就已得到了广泛研究，稀疏编码曾经是实现人脸识别的主流技术手段之一[1]。这是因为训练数据的噪声使得模型中包含大量冗余信息，降低了模型的泛化能力，而通过模型稀疏化则可以消除这部分冗余信息从而提升模型精度，但是过度的稀疏则会丢失模型中的关键信息，严重损坏精度指标。在深度神经网络中，对模型尺寸、浮点运算量等性能指标的追求成为主要的关注点，模型稀疏度的增加可以持续提升上述性能。如何在模型精度与性能之间寻求最优的平衡是一个复杂的研究话题，也是神经网络稀疏化的研究目标。

图 11-8　人类的视觉系统是稀疏的，不需要处理所有像素即可迅速做出判别

11.2.2　深度神经网络的稀疏性

根据深度学习模型中可以被稀疏化的对象，深度神经网络中的稀疏性主要分为权重稀疏、激活稀疏和梯度稀疏。接下来我们将对权重、激活和梯度三种主要类型的稀疏进行介绍。剪枝后的权重稀疏属于静态稀疏，因为在剪枝完成后，其稀疏连接结构不会再发生改变。相比之下，激活及梯度稀疏则属于动态稀疏，无论卷积层发生窗口滑动或是输入样本改变，激活函数都会产生变化的稀疏输出结构。同样，梯度数值也与样本输入直接相关。权重稀疏与激活稀疏可以压缩模型推理阶段的网络规模或浮点运算量，梯度稀疏则用于压缩分布式训练情况下的网络通信数据量。

1. 权重稀疏

在大多数类型的深度神经网络中，通过对各层卷积核元素的数值（即网络权重）进行数值统计，人们发现许多层权重的数值分布很像正态分布（或者是多正态分布的混合），越接近 0，权重就越多。这就是深度神经网络中的权重稀疏现象[2]，一个典型的网络权重分布直方图如图 11-9 所示。舍弃掉其中接近 0 值的权重，相当于在网络中剪除部分连接，对网络精度的影响并不大，这就是权重剪枝[3]。这么做的道理是权重数值的绝对值大小可以看作重要性的一种度量，较大的权重意味着对最终输出的贡献较大，也相对更加重要，反之则相对不重要。删除不重要的权重对精度影响就应该较小。

然而过度地移除绝对值接近 0 的权重也会带来推理精度的损失。为了恢复因为剪枝造成的网络精度损失，通常在剪枝之后需要再次进行训练，这个过程称为微调（fine-tuning）。微调之后的权重分布将部分地恢复高斯分布的特性，同时网络精度也会达到或接近剪枝前的水平。大多数的权重剪枝算法都遵循"正则化-剪枝-微调"反复迭代的流程，如图 11-10 所示，直到网络规模和精度的折中达到预设的目标为止。

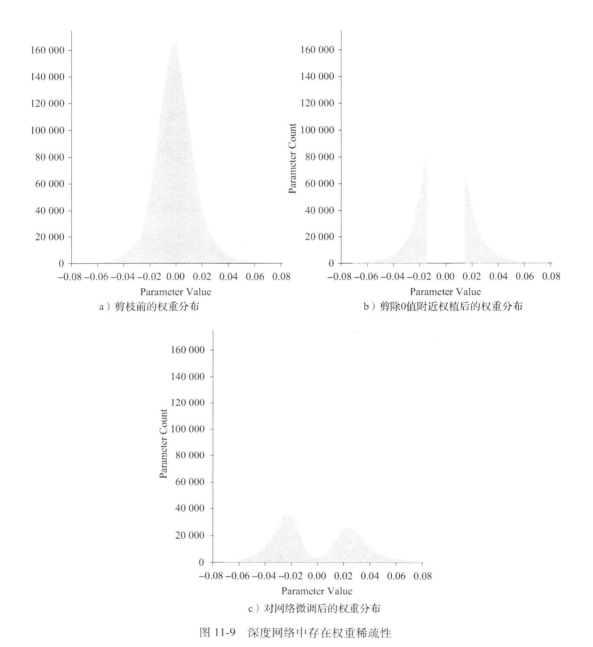

a）剪枝前的权重分布

b）剪除0值附近权植后的权重分布

c）对网络微调后的权重分布

图 11-9　深度网络中存在权重稀疏性

图 11-10　剪枝算法常用的迭代计算流程

2. 激活稀疏

神经网络模型中的非线性激活单元（activation）是对人类神经元细胞中轴突末梢（输出）的一种功能模拟。早期的神经网络模型——多层感知机（MLP）多采用 Sigmoid 函数作为激活单元。然而随着网络层数的加深，Sigmoid 函数引起的梯度消失和梯度爆炸问题严重影响了后向传播算法的实用性。为解决上述问题，多种多样新的非线性激活单元被提出，其中 ReLU 函数是目前应用最为广泛的激活函数，由"2D 卷积-ReLU 激活函数-池化"三个算子串接而成的基本单元就构成了 CNN 网络的一个完整层。ReLU 激活函数的定义为

$$\phi(x) = \max(0, x)$$

该函数使得负半轴的输入都产生 0 值的输出，图 11-11 中的特征图经过非线性激活后，产生激活输出，可以看出激活函数给网络带了另一种类型的稀疏性，圆圈标识了特征图中被稀疏化的元素。利用激活稀疏同样可以减少模型推理中的计算量。

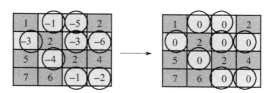

图 11-11　激活稀疏效果示意图

3. 梯度稀疏

在第 5 章中我们已经看到，大模型（如 BERT）由于参数量庞大，单台主机难以满足其训练时的计算资源需求，往往需要借助分布式训练的方式在多台节点上协作完成。采用分布式随机梯度下降（Distributed SGD）算法可以允许 N 台节点共同完成梯度更新的后向传播训练任务。其中每台主机均保存一份完整的参数拷贝，并负责其中 $1/N$ 的更新计算任务。按照一定时间间隔，节点在网络上发布自身更新的梯度，并获取其他 $N-1$ 台节点发布的梯度计算结果，从而更新本地的参数拷贝。

可以看出，随着参与训练任务节点数目的增多，网络上传输的模型梯度数据量也急剧增加，网络通信所占据的资源开销将逐渐超过梯度计算本身所消耗的资源，从而严重影响大规模分布式训练的效率。并且，大多数深度网络模型参数的梯度是高度稀疏的，研究表明在分布式 SGD 算法中，99.9% 的梯度交换都是冗余的。图 11-12 显示了在 AlexNet 的训练早期，各层参数梯度的幅值还是较高的。但随着训练周期的增加，参数梯度的稀疏度显著增大，大约 30 个训练周期后，各层梯度的稀疏度都趋于饱和。显然，将这些 0 值附近的梯度进行交换，对网络带宽资源是一种极大的浪费。

梯度稀疏的目的是压缩分布式训练时被传输的梯度数据，减少通信资源开销，如图 11-13 所示。由于 SGD 算法产生的梯度数值是高度噪声的，移除其中并不重要的部分并不会显著影响网络收敛过程，与之相反，有时还会带来正则化的效果，从而提升网络精度。梯度稀疏实现的途径包括：①预设阈值，在网络上仅仅传输那些幅值超过预设阈值的梯度；②预设比例，在网络上传输根据一定比例选出的一部分正、负梯度的更新值；③梯度丢弃，在各层梯度完成归一化后，按照预设阈值丢弃掉绝大多数幅值较低的梯度。一些梯度稀疏算法在机器

翻译任务中可以节省 99% 的梯度交换，而仅带来 0.3% 的模型精度损失，文献［4］证明可以将 ResNet-50 模型训练的梯度交换参数量从 97MB 压缩为 0.35MB 而并不损失训练精度。

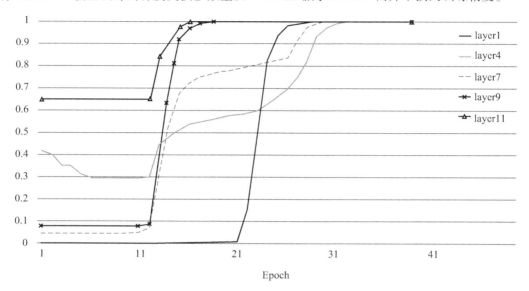

图 11-12　深度神经网络训练中的各层梯度值存在高度稀疏特性

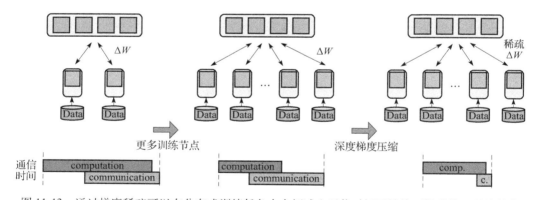

图 11-13　通过梯度稀疏可以在分布式训练任务中大幅减少通信时间开销从而提升模型训练效率

11.2.3　小结与讨论

近年来尽管神经网络稀疏化已经取得了丰富的研究成果，但是作为一个新的研究方向，并没有完全成熟的知识体系，许多固有结论被不断地打破和重建，深度网络模型的稀疏与压缩仍然具有巨大的潜力和研究空间。下面对现有剪枝方法进行小结，并指出未来该领域的部分挑战性问题。早期的剪枝工作多针对非结构化剪枝及启发式方法，当前结构化剪枝及自动化剪枝受到越来越多的关注，因为其更易获得实际的模型加速机会及更高的模型压缩率。卷积层相比全连接层，由于其冗余性更小，因而剪枝方法的设计更具挑战性。因此，那些没有大规模全连接结构的神经网络（如 ResNet、GoogLeNet、DenseNet 等）就要比拥有较多全连接结构的网络（如 VGG、AlexNet 等）更加难以压缩。

　　网络剪枝一般流程也并不是一成不变的，最新的研究表明，对于随机初始化网络先进行剪枝操作再进行训练，有可能会比剪枝预训练网络获得更高的稀疏度和精度。因此，究竟剪枝后的残余连接结构与残余权重值两者哪个更为关键，就成为一个开放的研究问题。

11.2.4　参考文献

［1］ WRIGHT J, YANG A Y, GANESH A, et al. Robust face recognition via sparse representation［J］. IEEE transactions on pattern analysis and machine intelligence, 2008, 31(2):210-227.

［2］ HOEFLER T, ALISTARH D, BEN-NUN T, et al. Sparsity in deep learning: pruning and growth for efficient inference and training in neural networks［J］. Journal of Machine Learning Research, 2021, 22(241): 1-124.

［3］ LI H, KADAV A, DURDANOVIC I, et al. Pruning filters for efficient convnets［J］. arXiv preprint, 2016, arXiv: 1608. 08710.

［4］ LIN Y, HAN S, MAO H, et al. Deep gradient compression: reducing the communication bandwidth for distributed training［J］. arXiv preprint, 2017, arXiv: 1712. 01887.

11.3　模型压缩与硬件加速

　　模型压缩的一个潜在缺点是，部分经过压缩后的模型并不一定适用于传统的通用硬件，如 CPU 和 GPU，往往需要定制化硬件的支持。对于模型稀疏化后的网络模型来说，如果没有专用的稀疏计算库或者针对稀疏计算的加速器设计，则无法完全发挥稀疏所能带来的理论加速比。对于经过数值量化之后的网络模型，很多硬件结构并不支持低比特运算，例如 CPU 中只支持 Short、Int、Float、Double 等类型，而定制化硬件可以为不同比特的网络提供特定的支持。因此，相关的研究工作如稀疏神经网络加速器和低比特神经网络加速器也被相继提出。

11.3.1　深度学习专用硬件

　　深度学习模型不仅是学术研究前沿，在工业和生活中也应用广泛，具有广阔的市场前景和巨大的经济价值，因此其重要性也促使了针对深度学习的领域专用架构或 AI 专用芯片的出现和发展。基于 ASIC（Application Specific Integrated Circuit）实现 AI 专用芯片，可以在芯片电路级别对深度学习模型的计算和访存特性进行全面深度定制，相比 GPGPU 可以达到更高的性能和效能提升。当然，AI 专用芯片也损失了一定的通用性和灵活性。以 2015 年的谷歌 TPU 芯片为代表和开端，AI 芯片进入了发展的爆发期。TPU 也是 AlphaGo 战胜人类顶尖围棋选手李世石、柯洁的幕后英雄，它比 CPU+GPU 硬件平台的计算和决策速度更快。TPU

也为谷歌在其他人工智能领域的创新和突破起到重要支撑作用。TPU 在芯片内部定制了专用于矩阵乘法计算的脉动阵列架构，实现了比同时期 CPU 和 GPU 更高的计算效率。为深度学习定制的体系结构和硬件加速器可以实现更高效的计算单元和达到更高的并行度，减少通用计算设备中不必要的开销，从而使得深度学习计算达到更高的吞吐量、更低的延迟和更高的能效。在之后的几年中，国内的互联网公司，例如阿里巴巴、华为等，也都设计了自己的 AI 专用芯片。图 11-14 分别展示了谷歌 TPU 芯片、阿里巴巴 Hanguang 芯片、华为 Ascend 芯片。

图 11-14　AI 芯片：谷歌 TPU、阿里巴巴 Hanguang、华为 Ascend

11.3.2　稀疏模型硬件加速

1. 结构化稀疏与非结构化稀疏

最早提出的模型稀疏化方法是细粒度的权值剪枝。深度神经网络中存在大量数值为零或者接近零的权值，模型剪枝合理地去除这些"贡献"很小的权值，在很多模型中能够将模型大小压缩 10 倍以上，同时也意味着可以减少 90% 以上的模型计算量。尽管听起来非常美好，现实却不尽如人意。模型剪枝带来的稀疏性，从计算特征上来看非常"不规则"，这对计算设备中的数据访问和大规模并行计算非常不友好。例如对 GPU 来说，我们使用 cuSPARSE 稀疏矩阵的计算库来进行实验时，90% 稀疏性（甚至更高）的矩阵的运算时间和一个完全稠密的矩阵的运算时间相仿。也就是说，尽管我们知道绝大部分的计算是浪费的（90% 稀疏性意味着性能提升的上限是 10 倍），却不得不忍受"不规则"带来的机器空转和消耗。这种"不规则"的稀疏模式通常被称为非结构化稀疏（unstructured sparsity），在有些文献中也被称为细粒度稀疏（fine-grained sparsity）或随机稀疏（random sparsity）。

顺着这个思路，许多研究开始探索通过给神经网络剪枝添加一个"规则"的约束，使得剪枝后的稀疏模式更加适合硬件计算。例如使非零值的位置分布不再是随机的，而是集中在规则的子结构中。相比细粒度剪枝方法针对每个权值进行剪枝，粗粒度剪枝方法以组为单位对权值矩阵进行剪枝，使用组内的最大值或平均值代表一组权值的重要性。这种引入了"规则"的结构化约束的稀疏模式通常被称为结构化稀疏（structured sparsity），在很多文献中也被称为粗粒度稀疏（coarse-grained sparsity）或块稀疏（block sparsity）。但这种方法通常会牺牲模型的准确率和压缩比。结构化稀疏对非零权值的位置进行了限制，在剪枝过程中会对一些数值较大的权值剪枝，从而影响模型准确率。"非规则"的剪枝契合了神经网络模型中不同大小权值的随机分布，这对深度学习模型的准确度至关重要。而这种随机分布是深度学习模型为了匹配数据特征，通过训练后所得到的固有结果。为了迎合计算需求而设定的特定稀疏分布会增加破坏模型表达能力的风险，降低模型的准确度和压缩比。大量的研究工作也验证了这个观点。

综上所述，深度神经网络的权值稀疏存在模型有效性和计算高效性之间的权衡，如图 11-15 所示。非结构化稀疏模式可以保持高模型压缩率和准确率，但因为不规则的稀疏模式对硬件不友好，导致高效的硬件加速很难实现。而结构化稀疏使得权值矩阵更规则、更加结构化，更利于硬件加速，但同时因为对权值的空间位置分布进行了限制，所以牺牲了模型压缩率或准确率。结构化稀疏在不损失模型准确率的情况下，所能达到的压缩率远低于非结构化稀疏，或者在达到相同压缩率的情况下，所能维持的模型准确率远高于非结构化稀疏。

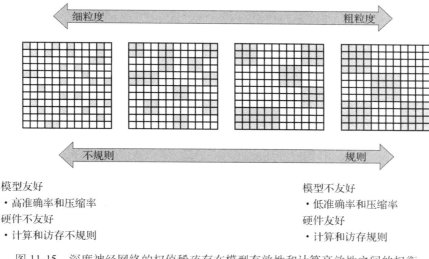

图 11-15　深度神经网络的权值稀疏存在模型有效性和计算高效性之间的权衡

2. 半结构化稀疏

那么，我们如何设计一个更好的稀疏模式以同时实现模型有效性和计算高效性两个目标？在模型有效性方面，为了能够达到高模型准确率和压缩率，稀疏模式应该在稀疏结构上增加很少的约束，以保持非零权值分布的随机性。在计算高效性方面，为了实现高性能稀疏矩阵乘法计算，需要使非零权值分布具有规则性，以消除不规则访存和计算。

"随机"与"规则"看似是一对矛盾的概念，非此即彼。如果要两者兼顾，就不得不各有损失。然而在深度神经网络中，"随机"是权值分布上的随机，并不完全等于计算上的随机。权值上的"随机"与计算上的"规则"并不是绝对矛盾的概念，这就给调和这一对矛盾提供了空间，让我们得以取得既快又准的稀疏模型。有文献提出了一种在权值上"随机"但非常适合硬件计算的稀疏化方法——组平衡稀疏（bank balanced sparsity）。

在组平衡稀疏矩阵中，矩阵的每一行被分成了多个大小相等的组，每组都有相同的稀疏度，即相同数目的非零值。图 11-16 举例说明了组平衡稀疏模式的结构并与非结构化稀疏和结构化稀疏进行了直观的比较。在这个例子中，三个具有不同稀疏结构的稀疏矩阵都是从图 11-16a 中稠密权值矩阵剪枝得到的，稀疏度都是 50%。细粒度剪枝将所有权值排序并剪枝掉绝对值最小的 50% 的权值，从而得到了图 11-16b 中的非结构化稀疏矩阵。粗粒度剪枝针对 2x2 的权值块进行剪枝，每块权值的重要性由块平均值代表，从而得到了图 11-16c 中的结构化稀疏（块稀疏）矩阵。组平衡剪枝将每一个矩阵行分成了两个组，每个组内进行独立的细粒度剪枝，去除每个组内绝对值最小的 50% 的权值，从而得到了图 11-16d 中的组平衡稀疏矩阵。

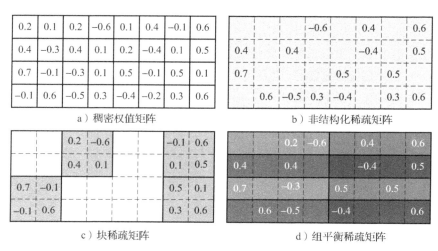

图 11-16   不同稀疏模式的比较

由于我们在每个 bank 内使用细粒度剪枝，因此能够很大程度地保留那些数值较大的权值，保持权值的随机分布，从而保持高模型准确率。同时这种方法得到的稀疏矩阵模式将矩阵进行了平衡的分割，这有利于硬件解决不规则的内存访问，并实现矩阵运算的高并行度。近年来，GPU 和专用 AI 芯片也逐渐开始支持稀疏神经网络。英伟达在 2020 年发布了A100GPU，其稀疏张量核使用了一种称为细粒度结构化稀疏（fine-grained structured sparsity）的权值稀疏模式。英伟达提出的细粒度结构化稀疏与组平衡稀疏解决的是相同的模型有效性和计算高效性的权衡问题，采用了相似的设计思想，因此稀疏结构也非常相似。图 11-17 介绍了英伟达提出的细粒度结构化稀疏与 A100 GPU 的稀疏张量核。细粒度结构化稀疏也称为2：4 结构化稀疏（2：4 structured sparsity）。在剪枝过程中，权值矩阵首先被切分成大小固定为 4 的向量，并且稀疏度固定为 50%（2：4）。2：4 结构化稀疏可以视为组平衡稀疏的一种特殊情况，即将组大小设置为 4，将稀疏度设置为 50%。英伟达将细粒度结构化稀疏应用到图像、语言、语音等任务的模型中，实验结果表明不会对模型准确率造成显著影响，在模型有效性上与组平衡稀疏的结论相一致。基于 2：4 结构化稀疏，A100 GPU 可以实现两倍的理论加速比，印证了组平衡稀疏的计算高效性。

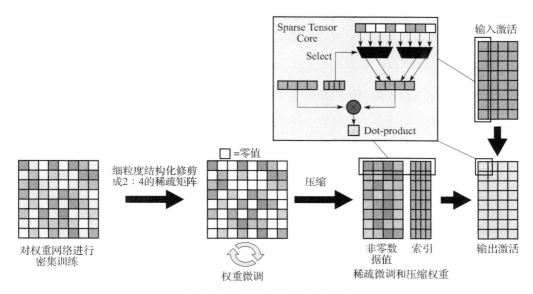

图 11-17　A100 GPU 的稀疏方法

无论是组平衡稀疏，还是 A100 中提出的细粒度结构化稀疏，我们都可以将其称为半结构化稀疏（semi-structured sparsity）。半结构化稀疏很好地解决了稀疏模型存在的模型有效性和计算高效性之间的权衡问题，应用也越来越广泛。

11.3.3　量化模型硬件加速

对于量化模型的硬件加速方法较为直接，实现相应比特数的计算单元即可。在处理器芯片中，低比特计算单元则可以使用更少的硬件资源在更低的延迟内得出计算结果，并且大大降低功耗。TPU 的推理芯片中很早就使用了 INT8，在后续的训练芯片中也采用了 BF16 数制度。英伟达从 A100 中已经集成了支持 INT4、INT8、BF16 的混合精度计算核心，在最新发布的 H100 中甚至支持了 BF8。

11.3.4　小结与讨论

将软硬件分离，单独从硬件端进行定制优化或从软件端进行算法优化并不足以弥补算力供需之间的差距。为了实现高性能人工智能计算，需要将算法和硬件的设计及优化统一起来，同时挖掘算法和硬件的潜力。在算法设计时结合硬件平台的特性对算法进行优化可以减少对算力的需求，减轻硬件的负担。进一步地，在硬件设计时根据算法的特性定制计算和存储微结构，最终可以实现性能的提升。在可预见的未来，不仅是人工智能领域发展更加迅速，应用更加广泛，其他领域（例如物联网、区块链等）也将蓬勃发展，软硬件协同设计将发挥更大的作用。

## 第 12 章

人工智能安全与隐私

本章简介

　　随着人工智能系统在自动驾驶、人脸识别、推荐系统等领域的研究发展与应用，与之相关的安全与隐私问题也获得了广泛的关注和研究。一方面，人工智能系统输出的结果非常重要，会影响人身安全、财产安全、社会公平等；另一方面，人工智能系统涉及的数据也非常敏感，例如人脸图像、浏览记录、社交关系等。因此，需要设计可信的人工智能系统来保护安全与隐私。

　　要达成上述目标，需要在人工智能模型的全生命周期中提供安全与隐私保障（如图 12-1 所示）。这是因为针对人工智能的安全攻击可能发生在训练数据、模型、生产环境中；隐私泄露也可能发生在训练、部署、使用等各个阶段。本章我们将分别从人工智能的内在安全与隐私、训练时的安全与隐私、部署与使用时（统称为服务时）的安全与隐私三个方面介绍相关基础知识与研究进展。注意，前面章节所讲的"训练阶段"与"推理阶段"强调的是模型计算过程，分别是训练时与服务时的一个重要组成部分；本章将说明除了高效的训练与推理之外，还需要额外的过程（如异常检测、加密解密）才能保证各方面的安全与隐私。

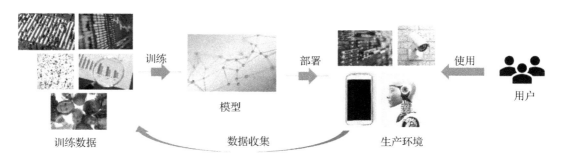

图 12-1　人工智能模型的生命周期

内容概览

本章包含以下内容：
1）人工智能内在安全与隐私；
2）人工智能训练安全与隐私；
3）人工智能服务安全与隐私。

12.1　人工智能内在安全与隐私

本节介绍人工智能的内在安全与隐私问题及缓解方法。所谓"内在"，是指这些安全与隐私问题是深度神经网络内生的，而非不当使用人工智能系统所导致。这些问题反映了人工智能本身的缺陷。

12.1.1　内在安全问题

新的技术往往伴随着新的问题。现代的人工智能模型，特别是深度学习模型，虽然获得了越来越好的效果，但是也存在一些安全问题。2014 年，Christian Szegedy 等人[1]在深度神经网络中发现了一个"有趣"的性质：如果给一张正常的图片输入加入微小的扰动，那么原本能够将正常图片正确分类的深度神经网络会输出完全错误的预测结果。这样的扰动之小，甚至可以让人的肉眼都无法感知，却会让深度神经网络的行为完全错误。如图 12-2 所示，Szegedy 等人成功构造出了这样的扰动，使深度神经网络将图 12-2c（人看起来仍然是车的图片）错误识别为鸵鸟。

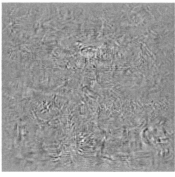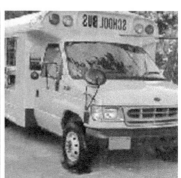

　　　a）原始图片　　　　　　　　　b）微小扰动　　　　　　　c）被加扰动的图片

图 12-2　原始图片 a）在增加微小扰动 b）后，深度神经网络会将被加扰动的图片
　　　　c）错误识别为"鸵鸟"（图片来源文献［1］）

这种被加上扰动并且会导致深度神经网络输出错误结果的输入被命名为对抗样本（adversarial example）。对抗样本的数学定义如下：用 x 表示模型的输入，$f(x)$ 表示模型的输出结果，如分类标签。对于给定的正实数 ϵ 以及模型输入空间中的一个点 x_0，如果存在 x_1 同时满足 $\|x_1-x_0\|<\epsilon$ 且 $f(x_1)\neq f(x_0)$，那么就称 x_1 为 x_0 的一个对抗样本。其中 $\|x_1-x_0\|$ 表示 x_1 与 x_0 之间的距离。

对抗样本攻击（或称为对抗样本生成）的目的是在给定模型、x_0 以及 ϵ 的情况下找到 x_1。这里介绍一种简单而高效地生成对抗样本的方法——快速梯度符号法（Fast Gradient Sign Method，FGSM）。这是 Ian Goodfellow 等人[2] 在 2015 年提出的。如果将寻找对抗样本视为一个关于损失函数的优化问题，那么一种近似方法就是将扰动设置为一个与损失函数 $J_y(x)$ 在 x_0 处的梯度方向相似的向量，即

$$x_1 = x_0 + \epsilon \times \mathrm{sign}(\nabla J(x_0))$$

在以 $\|\cdot\|_\infty$ 衡量距离的意义下，一个大小恰好 ϵ 的扰动就被构造出来了。Goodfellow 等人的实验结果表明这样构造对抗样本有相当高的概率导致深度神经网络误分类。

对抗样本的存在说明深度神经网络的健壮性（robustness）并不好。这种性质如果被攻击者利用，那么有意生成一些微小的扰动就可以让现有的人工智能失效。在重要决策领域，例如无人驾驶、人脸识别、恶意软件检测等，这将带来极大的安全隐患。事实上，已经有研究人员构造出了这些场景中的真实对抗样本攻击。以人脸识别为例，Mahmood Sharif 等人[3] 在 2016 年通过制作一个精心设计的眼镜框，可以使得人脸识别算法无法识别出人脸的存在，或者将一个人识别成另一个人。这种针对检测系统的攻击也被称为"逃逸攻击"（evasion attack）。这是一种经典的安全问题，在深度学习流行之前，安全领域的研究者就已经注意到了这种攻击。但深度神经网络的复杂性和新颖性对人们设计人工智能检测系统带来新的要求和挑战。

理想情况下，人工智能模型应该是抗干扰的。如何提升深度神经网络的健壮性呢？这里介绍一种被认为比较有效的方法——对抗训练（adversarial training），即将对抗样本（以其正确的标注）加入训练过程。例如，可以利用 FGSM，将训练过程中的损失函数重新定义为

$$\widetilde{J}(x) = \alpha \times J(x) + (1-\alpha) \times J(x + \epsilon \times \mathrm{sign}(\nabla J(x)))$$

其中，α 是一个可以设在 0~1 之间的参数。以 $\widetilde{J}(x)$ 作为损失函数，训练出来的模型可以显著地降低 FGSM 对抗样本生成的成功率，并且几乎不损失模型在测试集上的效果。

给定一个由对抗训练得到的模型，还可以通过形式化方法来确定该模型的健壮性，即给定模型、输入 x_0 的集合、ϵ 以及距离函数 $\|\cdot\|$，通过求解器（solver）来确定是否有（或有多少）对抗样本 x_1 满足 $\|x_1-x_0\|<\epsilon$ 且 $f(x_1)\neq f(x_0)$。

但是，对抗训练也有其局限性。第一，一种对抗训练方法往往只针对一种距离函数意义下的对抗样本，而对其他距离函数意义下的对抗样本难以起到很好的防范效果。例如，上述的基于 FGSM 的对抗训练对在 $\|\cdot\|_\infty$ 之外的距离函数意义下的对抗样本效果并不好。还需要

注意的是，在真实世界中的对抗样本往往不是用 p-范数来衡量距离，而是用与人类感知相关的方法来描述"距离很近的样本"，这给对抗训练提出了更大的挑战。第二，能够训练出健壮性非常好的模型的对抗训练往往需要大量的时间开销，因此如何设计既高效效果又好的对抗训练方法是一个备受关注的问题。第三，Song Liwei 等人[4]在 2019 年还发现经过对抗训练的模型反而具有更大的隐私风险，这表明模型的健壮性和隐私性之间存在一种权衡关系。

对抗样本是目前深度学习非常热门的一个研究领域。除了上文介绍的攻击、防御的方法之外，还有各种各样新颖的攻击方法和防御手段，且呈现出"攻防竞赛"的状态，攻与防的工作此消彼长。关于对抗样本存在的原因也众说纷纭，但随着相关研究的继续深入，人们将从安全的角度增加对深度神经网络的理解。

12.1.2　内在隐私问题

人工智能模型是通过大量的数据训练得来的，模型内包含了这些训练数据的信息，这也意味着这些信息可能从模型中泄露。在医疗诊断、金融服务、人脸识别等领域，训练数据是非常敏感的，有的是商业机密，有的受法律（如个人信息保护法）限制，因此需要特别关注人工智能模型中的隐私问题。

Matt Fredrikson 等人[5]在 2015 年提出了针对深度神经网络的模型反转攻击（model inversion attack）：如果攻击者可以访问模型，就可以从训练好的模型中恢复出训练数据的相关信息。具体来说，Fredrikson 等人展示了在人脸识别模型中，给定一个人的名字（即分类类别），攻击者可以从人脸识别模型中重构出受害者的人脸图像，如图 12-3 所示。

a）重构的受害者人脸图像　　　　b）受害者的原始训练图片

图 12-3　模型反转攻击示例（图片来源文献 [5]）

Fredrikson 等人注意到，分类模型的输出往往是信心值（confidence value）向量，其每一维的值大小表示将输入图片分类为某一类别的可能性有多少。因此，给定某一个分类类别，可以通过梯度下降的方式找到一个最大化该类别信心值的输入，这个输入就是对该模型来说可以最好地表征目标类别的图像。这就是模型反转攻击的主要攻击方法。该方法之所以能成功，主要是因为假定攻击者拥有对模型的白盒访问能力，从而能够计算梯度下降。

除了分类模型之外，语言模型也有相似的隐私问题。例如，Nicholas Carlini 等人[6]在2021 年展示了从一个知名的大规模自然语言模型 GTP-2 中提取出训练数据集中的准确记录，包括姓名、地址、电话号码等重要个人信息。分类模型的模型反转攻击提取的只是比较模糊的图片而非准确的训练样本。为了与之区分，Carlini 等人将这种能够提取准确训练样本的攻击称为"训练数据提取攻击"。

模型反转攻击和训练数据提取攻击都表明，如果将一个训练好的模型公开发布，则训练该模型所用的训练数据会有泄露风险。那么如何衡量风险的大小，或者说如何评估这些训练数据泄露了多少呢？Reza Shokri 等人[7]在 2017 年提出了针对深度神经网络的成员推断攻击（membership inference attack）：对于一个给定的样本，在只有模型的黑盒访问能力的情况下，判断该样本在不在训练数据集中。通过这种攻击方法，可以评估一个模型中有多少训练数据会以多高的风险泄露信息。假如一个模型是保护隐私的，那么攻击者应该只有 50% 的成功率猜对一个训练样本是否在训练数据集中，也就是说判断成功的概率跟瞎猜没有区别；反之，对于没有做任何隐私保护措施的模型，成员推断攻击会有相当高的成功率。

值得注意的是，模型反转攻击要求攻击者拥有对模型的白盒访问能力，这是一个比较强的假设；而成员推断攻击只要求黑盒访问能力，对应的现实场景更多。此外，模型反转攻击的成功标准难以准确量化，往往需要人来判断一个模糊的重构图片是不是暴露了训练数据的隐私；而成员推断攻击的成功标准是一个良定义的决定问题，量化地反映了模型的信息泄露程度。除此之外，对于医疗、金融、社交关系、地理位置等领域的数据集来说，"一个样本是否在训练数据集中"本身就是敏感的信息。

那么如何进行成员推断攻击呢？Shokri 等人的方法是用机器学习的方法训练一个分类器，称为"攻击模型"，用来判断一个给定的输入样本在或者不在目标训练数据集中。该攻击模型的输入是输入样本以及目标模型的相应输出（即信心值向量）。但是，攻击者没有目标训练数据集，所以该如何训练这个攻击模型呢？他们的方法是创建多个"影子模型"来模仿目标模型的行为，然后用影子模型的行为数据（在或者不在影子模型的训练集中）来训练攻击模型。而这些影子模型是通过公开数据集、合成数据等"影子数据"以及目标模型对影子数据进行的标注（输出）所训练出来的。

Milad Nasr 等人[8]在 2019 年提出了白盒成员推断攻击，发现如果模型本身的参数被公开（即攻击者拥有白盒访问能力），那么即使模型的泛化性能良好也会受到成员推理攻击，从而泄露大量关于训练数据的信息。Nasr 等人分析了白盒访问导致隐私泄露的原因：为了最小化损失函数，梯度下降法反复更新模型参数，使在训练数据集上的损失函数梯度趋向于零。因此，对于训练好的模型，训练数据样本的梯度更新偏小，非训练数据样本的梯度更新偏大，两者是可以区分的。利用这一点，将梯度加入攻击模型的输入中，就能构造出相比黑盒攻击更为高效的白盒成员推断攻击。

总之，以上攻击都说明深度神经网络模型内在包含关于训练数据的信息，存在隐私问题。那有没有什么办法来保护训练数据的隐私呢？有一种思路是将训练数据模糊化，并在此之上训练模型，以期望在保证模型可用的情况下保护训练数据的隐私。在介绍具体实现方式之前，作者先介绍一种能体现这一思路的技术——随机应答（randomized response）。在社会学调查中，如果调查人员希望获得调查群体中具备某些敏感属性的人员比例（例如犯罪率），那么对于每位受访者，其可采取下面的策略来保护隐私：

1）受访者扔一枚硬币，不让调查人员看见；

2）如果正面朝上，则如实回答是否犯过罪；

3）如果反面朝上，则再抛一枚硬币来决定回答是或否。

因为抛硬币的随机性，调查人员并不知道某个个体的结果是真的还是随机的，所以隐私得到了保护。同时当调查群体足够大的时候，可以得到调查出的比例 p' 和真实属性比例 p 的关系，即 $p' = \frac{1}{2} \times p + \frac{1}{2} \times \frac{1}{2}$，因此 $p = 2p' - \frac{1}{2}$。这种策略既保护了隐私，又得到了可用的结果。

回到深度神经网络上，Martín Abadi 等人[9]在 2016 年提出了带差分隐私（differential privacy）的深度学习算法。差分隐私是一种性质，形式化地定义了什么样的随机化函数是能够保护隐私的：只相差一条数据样本的两组输入在经过随机化函数后得到的结果如果是难以区分的，则认为该随机化函数满足差分隐私。对于深度学习，训练过程就是一个函数，其输入为训练数据集，输出为训练好的模型参数。Abadi 等人提出的差分隐私随机梯度下降法（differentially private SGD）就是一个随机化的函数，其随机化的方法是对每一步的梯度进行削减，从而将梯度大小限制在某一边界内，然后基于这一边界大小向梯度添加适量的高斯噪声。

用差分隐私随机梯度下降法进行训练可以有效地减少模型的隐私泄露。事实上，Abadi 等人定量地分析了该方法能达到什么程度的差分隐私，所以该方法是一种比较严谨的隐私保护方法。但是，这种方法也确实会对模型的效果（如分类准确率）产生不小的影响，训练过程的计算也变得更加复杂。因此，如何开发更高效的差分隐私训练算法是一个重要的研究问题。

12.1.3　小结与讨论

本节主要围绕深度神经网络的内在安全与隐私问题，讨论了对抗样本、模型反转、成员推断等攻击技术和对抗训练、差分隐私训练等防御技术。

最后大家可以进一步思考以下问题，巩固之前的内容：

1）对抗样本存在的原因是什么，为什么对抗样本现象很难消除？

2）模型反转攻击和成员推断攻击的异同是什么？

12.1.4　参考文献

［1］ CHRISTIAN S, WOJCIECH Z, ILYA S, et al. Intriguing properties of neural networks［J］. arXiv preprint, 2014, arXiv: 1312. 6199.

［2］ GOODFELLOW I J, JONATHON S, CHRISTIAN S. Explaining and harnessing adversarial examples ［J］. arXiv preprint, 2015, arXiv: 1412. 6572.

［3］ MAHMOOD S, SRUTI B, LUJO B, et al. Accessorize to a crime: Real and stealthy attacks on state-of-the-art face recognition［C］// ACM Conference on Computer and Communications Security (CCS). New York: ACM, 2016: 1528-1540.

［4］ SONG LW, SHOKRI R, MITTAL P. Privacy risks of securing machine learning models against adversarial examples［C］// ACM Conference on Computer and Communications Security (CCS). New York: ACM, 2019: 241-257.

［5］ FREDRIKSON M, JHA S, RISTENPART T. Model inversion attacks that exploit confidence information and basic countermeasures［C］// ACM Conference on Computer and Communications Security (CCS). New York: ACM, 2015: 1322-1333.

［6］ NICHOLAS C, FLORIAN T, ERIC W, et al. Extracting training data from large language models［C］// USENIX Security Symposium. Berkeley: USENIX Association, 2021: 2633-2650.

［7］ SHOKRI R, STRONATI M, SONG CZ, et al. Membership inference attacks against machine learning models［C］// IEEE Symposium on Security and Privacy (S&P). Cambridge: IEEE, 2017: 3-18.

［8］ NASR M, SHOKRI R, HOUMANSADR A. Comprehensive privacy analysis of deep learning: Passive and active white-box inference attacks against centralized and federated learning［C］// IEEE Symposium on Security and Privacy (S&P). Cambridge: IEEE, 2017: 739-753.

［9］ ABADI M, CHU A, GOODFELLOW I J, et al. Deep learning with differential privacy［C］// ACM Conference on Computer and Communications Security (CCS). New York: ACM, 2016: 308-318.

12.2　人工智能训练安全与隐私

本节介绍人工智能训练时的安全与隐私问题及缓解方法。这些问题涉及人工智能训练过程的完整性与机密性，反映了可信人工智能训练系统的重要性。

12.2.1　训练安全问题

数据投毒（data poisoning）一直是各类机器学习方法都面临着的问题。攻击者通过篡改训练数据来改变最终模型的行为，从而达到一些恶意的目的（例如降低垃圾邮件分类器的精度）。在深度学习中，由于训练数据量和模型参数量的增长，出现了更高级、更复杂的攻击方法。

传统的投毒攻击（poisoning attack）通过数据投毒来影响模型的正常效果，这种很容易被检测出来。近几年针对深度学习的投毒攻击可以在不影响模型对正常测试样本行为的情况下达到恶意攻击的效果。例如 Ali Shafahi 等人[1] 在 2018 年提出了一种隐蔽性很强的投毒攻击，可以让被攻击的模型对某个特定的输入样本产生特定的错误输出，而模型的其他表现一切正常。此攻击除了不影响模型的正常效果之外，还不要求篡改训练数据的标注，即此攻击只需要对训练数据的图片做一些微小的扰动。被篡改的图片看上去很正常，标注也是正确的，因此难以被发现。在现实世界中，攻击者还可以将"毒样本"发布到网上，如果有人使用这些毒样本来训练自己的模型，那模型就很容易"中毒"。

生成这种"毒样本"的方法与生成对抗样本的方法非常相似：将毒样本 $\hat{x}$ 的生成看作损失函数 $J_t(x)$ 关于输入样本 x_0 的优化问题，然后用梯度下降法求解 $\hat{x}$ 使 $J_t(x)$ 较小，即

$$\hat{x} = \underset{\|x-x_0\|<\epsilon}{\arg\min} J_t(x)$$

式中，$J_t(x)$ 里的 t 表示目标类别，即想让 x_0 被模型错误分类到的类别。

另一种利用数据投毒来达到恶意目的的攻击方法是后门攻击（backdoor attack），有时也被称为木马攻击（torjaning attack）。后门攻击顾名思义，是要在模型中留下一个后门，使具有某种特定特征的输入能够触发该后门，从而让模型对这个输入产生一个特定的输出。值得注意的是，首先，该攻击除了可以发生在训练时，也可以在模型正常训练好之后用毒样本对模型进行微调；其次，该攻击不是只能影响某个特定输入，将同一个特征加到不同的输入上都能让模型输出这个特定结果，如图 12-4 所示。

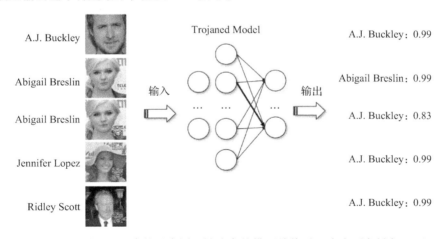

图 12-4 一种后门攻击的示意图，被攻击的模型就将后三个右下角被加入了特定特征贴图的输入样本识别为第一个人（图片来源文献 [2]）

无论是投毒攻击还是后门攻击，都体现了深度学习的一种脆弱性：人们难以验证深度神经网络的行为是否可信。因为深度学习训练数据集的规模庞大，所以人们难以一一检查训练数据；因为深度神经网络缺乏可解释性，所以人们难以测试深度神经网络的全部行为。2019年，Bolun Wang 等人[3] 提出了一种针对后门攻击的检测和缓解方法：给定模型，通过逆向工程反推引起误分类的扰动，检测该扰动是否为一个后门的触发特征；如果一个模型存在后门，则通过剪枝、反学习等手段来修补模型，同时保持模型在正常输入下的效果。与对抗样

本的研究类似，关于投毒攻击、后门攻击的研究也呈现出一种攻防竞赛的形势。然而，不幸的是，目前大多数缓解方法在面对更先进的攻击时效果并不理想，所以迫切需要健壮、严谨的防御方法。

有趣的是，在深度学习的这一脆弱性带来负面安全问题的同时，这一性质也能用于正面的目的。2018 年，Zhang Jialong 等人[4]提出用数字水印（digital watermarking）来保护深度神经网络的知识产权：通过添加一些特殊的训练数据，使模型在输入包含某种特定的水印特征时，模型输出一个特定的非正常结果，同时模型的正常行为不受影响。这个"特定水印特征–特定结果"的信息是模型所有者私有的，在模型被别人窃取时，模型所有者通过提供该信息就能证明自己的所有权。可见，"特定水印特征"就如同后门攻击中的触发特征一样，能够让模型输出特定的结果。同样在 2018 年，Yossi Adi 等人[5]形式化地论证了水印与后门攻击的联系。理论上，可以基于任意一种"强"后门构造出相应的水印，其中强后门主要指难以去除的后门。由此看来，缺乏有效的后门攻击防御方法对于版权保护来说可能并不完全是一件坏事。

12.2.2　训练隐私问题

由于需要大量的计算，深度学习的训练往往是在服务器而非本地进行的。如果训练过程得不到控制和保护，也可能出现隐私问题。一个最直接的问题是，如果模型是交给外部（如云服务商）训练的，那么训练数据集、模型都可能泄露给外部。如何保护训练数据集和模型的隐私呢？

2017 年，Payman Mohassel 和 Zhang Yupeng[6]提出了用安全多方计算（secure multi-party computation）技术来保护整个训练的计算机密性。安全多方计算是密码学中的一种高级技术，可以让参与方在不知道其他参与方数据的情况下联合完成某个计算。在刚刚说的模型训练场景中，可以把模型交给两个不同的外部服务器进行训练：训练发起者首先将自己的训练数据集 D 和模型初始参数 M 分成两份随机的秘密值 D_1、D_2 与 M_1、M_2，满足 $D=D_1+D_2$、$M=M_1+M_2$，也就是安全多方计算中的秘密共享（secret sharing），其中，加法都表示某个有限环上的加法；然后，将 D_1 和 M_1 发给第一个服务器，将 D_2 与 M_2 发给第二个服务器；然后再让两个服务器运行模型训练的安全多方计算协议，分别得到最终模型参数的秘密共享 $\hat{M}_1$ 与 $\hat{M}_2$；最后两个服务器分别将 $\hat{M}_1$ 与 $\hat{M}_2$ 发送给训练发起者，训练发起者得到最终模型参数 $\hat{M}=\hat{M}_1+\hat{M}_2$。在整个过程中，两个服务器都没有得到关于 D、M、$\hat{M}$ 的任何信息，因而保护了隐私。不过这个方法的最大缺点是，由于安全多方计算涉及大量复杂的密码学计算与通信，所以开销特别大，用这种方法训练一个神经网络的开销是正常、不保护隐私方法的几十万倍。随着近几年关于安全多方计算技术研究的进展，这一开销正在不断减少。

最近几年，像安全多方计算这种能在保护隐私的情况下完成计算的技术在国内被称为"隐私计算"。流行的隐私计算技术还有同态加密（homomorphic encryption）、可信执行环境

（trusted execution environment），这两种技术在训练过程中的应用较少，将在下一节中介绍。

除了上述的直接的隐私问题，深度学习训练时还有一些间接的隐私问题，一般出现在训练过程的完整性得不到保证的时候。Song Congzheng 等人[7] 在 2017 年提出了多种攻击方法，通过篡改模型的训练过程使模型携带额外的信息，从而将隐私信息（例如训练数据集的一个子集）嵌入模型中。

假如攻击者拥有对训练后的模型的白盒访问能力，即在训练后可以直接访问模型参数，那么通过在训练时将隐私信息编码进模型参数中，就可以在训练后获取这些信息。Song 等人提出了三种编码方式：第一种方法是修改损失函数，使训练出的模型参数与敏感信息的相关系数最大化，这是通过向损失函数增加一个基于皮尔逊相关系数的正则项实现的，对模型正常行为的影响与添加正则项的正常训练相似；第二种方法是用模型参数的正负来编码信息，然后在有符号约束的情况下训练模型；第三种方法更加直接，用模型参数的浮点数表示的最后一位来编码信息，那么对于参数量为 n 的模型，就可以编码 n 比特的信息，同时不会影响模型的正常行为。

12.2.3　联邦学习

很多时候的训练是中心化的，即训练发起者收集好训练数据，然后在此之上训练模型。但是由于隐私保护的要求，许多外部的数据不能直接收集。例如大公司想收集用户数据训练模型，但如果用户不愿意将个人数据共享给大公司，这些数据就不能收集。又例如医疗机构想利用其他医疗机构的数据进行训练，但由于医疗数据是非常敏感的，所以其他医疗机构不能分享自己的数据。因为深度学习的效果往往随着数据量的增长而提高，所以如果不能利用外部的更多数据，就只能用属于训练方自己的内部数据进行训练，训练出的模型效果就不如联合训练的效果。有没有什么办法既能保护隐私，又能利用外部的数据呢？

协作式学习（collaborative learning）或称联邦学习（federated learning），就是针对这种场景提出的解决方案：训练数据分布在不同参与方中，通过让每个参与方根据自己的数据在自己本地训练模型，并定期与其他参与方交换、更新模型参数，来联合训练一个模型。在整个过程中，各个参与方的训练数据一直保持在本地而不会被共享，因此被认为能够在一定程度上保护隐私。

在 2015 年，Reza Shokri 和 Vitaly Shmatikov[8] 就提出了通过协作式学习来保护隐私。他们提出了"选择性参数更新"的方法，让每个参与方定期选择部分模型参数的梯度上传给一个参数服务器（参数服务器专门用来聚合梯度），同时定期从参数服务器中选择部分模型参数下载，用来替代自己本地的模型参数。除此之外，他们还提出可以在上传部分参数梯度前对其添加一些噪声来满足差分隐私。

在 2017 年，为了提升训练的效果和收敛速度，并由此减少训练轮数和通信开销，Brendan McMahan 等人[9] 提出了更为简单而有效的"联邦平均"（federated averaging）算法，其主要思想是增加参与方每轮迭代的计算从而减少训练轮数。McMahan 等人将这种学习方法称为"联邦学习"。联邦学习一般分为四个步骤：①参数服务器随机选择参与方的一个子集，并分发当前全局模型到这些参与方；②被选到的参与方基于全局模型和本地数据训练模型多轮；③参与方上传训练产生的梯度；④参数服务器对收到的所有梯度进行加权求和，得到新的全局模型。这四个步骤一直持续下去直到收敛。联邦学习的流程如图 12-5 所示。

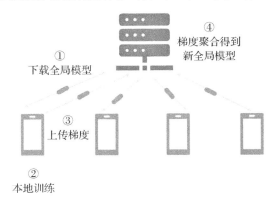

图 12-5　联邦学习的流程

联邦学习作为一种新兴的学习方法，在这几年受到了工业界与学术界的很大关注。联邦学习在算法、系统、安全等方面存在的诸多问题也成了目前的研究热点，例如，如何改进算法提升联邦学习的学习效果和学习效率，如何减少模型上传和梯度下载产生的大量通讯数据，梯度数据与参数的更新值有没有可能泄露隐私。本节接下来主要介绍联邦学习训练时的隐私问题。

Briland Hitaj 等人[10]在 2017 年声称联邦学习的任意参与方都能推断出其他一个参与方的私有训练数据。相比之下，中心化的训练只是把训练数据泄露给一个中心服务器，反而不会让其他参与方获取私有数据的信息。虽然有些骇人听闻，但他们提出的攻击方法确实很强大：恶意的参与者可以在训练过程中利用生成对抗网络（Generative Adversarial Network，GAN）来构造出别人的私有训练数据，如图 12-6 所示。

图 12-6　联邦学习的恶意参与方（右）可以利用训练时的信息构造出其他参与方（左）的私有训练数据（图片来源文献［10］）

这种攻击方法的思想是，联邦学习的参与方拥有模型的所有参数，即拥有模型的白盒访问能力，同时参与方自己的行为（本地参数更新）还可以影响到其他的参与方。因此，恶意参与方可以针对其他参与方的某个类别数据，影响训练过程，从而让被影响的参与方在无意间泄露更多相关信息。具体来说，恶意参与方可以用 GAN 生成看起来很像目标类别（如猫）的合成图片，并故意将其标注为其他类别（如狗），并将这个假样本加入自己的训练过程中。这样，有真正的猫的数据的参与方就会更加"努力"地用自己的数据来训练模型以分辨合成的猫与真正的猫，从而使模型包含了更多的信息。而攻击者可以将这个分类模型作为 GAN 的判别模型，从而提升 GAN 生成模型的效果。

对于这种攻击，Luca Melis 等人[11]在 2019 年认为它并没有泄露某个真正的训练样本，反而体现了模型的可用性好。他们认为"任何有用的机器学习模型都揭露了关于训练数据的总体信息"，所以给定一个类别，可以重构出一张图片来代表该类别的总体特点。这种攻击并不能从同类别的训练数据中找到某个真正的训练样本。

然而，对于"梯度数据与参数的更新值有没有可能泄露隐私"这个问题，Melis 等人仍然给出了肯定的回答。他们提出的攻击方法能够推断出特定样本是否出现在某个参与方的训练数据中，以及能够推断出某个参与方的训练数据集的非主要属性（而非关于某个类别的总体特点，例如，对于年龄分类模型，推断某个参与方的训练数据中的人是否戴眼镜）。这种攻击的主要思想是对联邦学习进行白盒成员推断攻击（见 12.1.2 节）以及属性推断攻击，后者可以视为前者的扩展，是通过多任务学习的技巧来使攻击者学习模型参数中的非主要信息。可见，联邦学习也有着棘手的隐私问题。只要让参与方知道训练过程中（或训练结束后）的模型参数，那么恶意的参与方总是可以对模型发动类似成员推断攻击、模型反转攻击的攻击。

刚刚的两种攻击主要站在参与方的角度，探讨了训练数据隐私的问题。如果站在参数服务器的角度，就会发现参数服务器知道的信息更多：除了参与方都能知道的模型参数更新值之外，还能知道每个参与方上传的梯度信息。因此，如果参数服务器是恶意的，会对隐私产生更大的影响。不过好消息是，Keith Bonawitz 等人[12]在 2017 年指出，联邦学习中参数服务器可以只知道聚合后的模型参数更新值，而不必知道每个参与方上传的梯度。这样，参数服务器知道的信息就不比参与方知道的信息多。这种方法被称为"安全聚合"，是通过安全多方计算技术实现的。在不知道各方输入的情况下求和是安全多方计算的一个十分经典且比较高效的应用。与 12.2.2 节中用安全多方计算做复杂计算的十几万倍开销不同，安全聚合做求和计算的开销只有正常方法的几倍。

12.2.4　小结与讨论

本节主要围绕深度学习的训练安全与隐私问题，讨论了投毒攻击、后门攻击等攻击技术，训练时的直接与间接隐私泄露、联邦学习及其隐私泄露等隐私问题，以及水印、安全多方计算训练、安全聚合等防御技术。

看完本节内容后，读者可以思考以下几点问题：

1）有没有办法确保训练过程的完整性？

2）联邦学习有棘手的隐私问题，但为什么联邦学习仍被广泛视为一种保护隐私的训练方式？

3）深度学习训练时的安全问题在联邦学习中是否更严重？

12.2.5　参考文献

[1]　SHAFAHI A, HUANG WR, NAJIBI M, et al. Poison Frogs! targeted clean-label poisoning attacks on neural networks[C]//Conference on Neural Information Processing Systems(NeurIPS). Red Hook: Cur-

ran Associates Incorporated，2018：6106-6116.

[2]　LIU YQ，MA SQ，AAFER Y，et al. Trojaning attack on neural networks［C］//Network and Distributed System Security Symposium(NDSS). San Diego：NDSS，2018.

[3]　WANG B，YAO YS，SHAN S，et al. Neural cleanse：Identifying and mitigating backdoor attacks in neural networks［C］//IEEE Symposium on Security and Privacy(S&P). Cambridge：IEEE，2019：707-723.

[4]　ZHANG JL，GU ZS，JANG JY，et al. Protecting intellectual property of deep neural networks with watermarking［C］//ACM Asia Conference on Computer and Communications Security (AsiaCCS). New York：ACM，2018：159-172.

[5]　ADI Y，BAUM C，CISSÉ M，et al. Turning your weakness into a strength：watermarking deep neural networks by backdooring［C］//USENIX Security Symposium. Berkeley：USENIX Association，2018：1615-1631.

[6]　MOHASSEL P，ZHANG YP. SecureML：A system for scalable privacy-preserving machine learning ［C］//IEEE Symposium on Security and Privacy(S&P). Cambridge：IEEE，2017：19-38.

[7]　SONG CZ，RISTENPART T，SHMATIKOV V. Machine learning models that remember too much［C］// ACM Conference on Computer and Communications Security(CCS). New York：ACM，2017：587-601.

[8]　SHOKRI R，SHMATIKOV V. Privacy-preserving deep learning［C］//ACM Conference on Computer and Communications Security(CCS). New York：ACM，2015：1310-1321.

[9]　MCMAHAN B，MOORE E，RAMAGE D，et al. Communication-efficient learning of deep networks from decentralized data［C］//Proceedings of the 20th International Conference on Artificial Intelligence and Statistics. New York：PMLR，2017：1273-1282.

[10]　HITAJ B，ATENIESE G，PÉREZ-CRUZ F. Deep models under the gan：Information leakage from collaborative deep learning［C］//ACM Conference on Computer and Communications Security(CCS). New York：ACM，2017：603-618.

[11]　MELIS L，SONG CZ，DE CRISTOFARO E，et al. Exploiting unintended feature leakage in collaborative learning［C］//IEEE Symposium on Security and Privacy(S&P). Cambridge：IEEE，2019：691-706.

[12]　BONAWITZ K A，IVANOV V，KREUTER B，et al. Practical secure aggregation for privacy-preserving machine learning［C］//ACM Conference on Computer and Communications Security(CCS). New York：ACM，2017：1175-1191.

12.3　人工智能服务安全与隐私

本节介绍人工智能服务时的安全与隐私问题及缓解方法。这些问题涉及人工智能推理的完整性与机密性，反映了可信人工智能推理系统的重要性。

12.3.1　服务时安全

对于一个部署好的深度学习服务，推理系统通常将模型参数存储在内存中。但是，内存在长期使用后可能发生错误，例如其中的一些比特可能会发生反转。Li Guanpeng 等人[1]在2017 年研究发现，深度学习推理系统常常使用的高性能硬件更容易出现这种内存错误，而这种错误会在深度神经网络中传导，导致模型的结果出错。这种现象如果被恶意攻击者利用，就可以通过故障注入攻击（fault injection attack）来篡改内存中存储的模型参数，从而影响模型的行为。Sanghyun Hong 等人[2] 在 2019 年提出如果精心选择，一个比特翻转就能让模型的精度下降超过 90%。他们还通过 Rowhammer 故障注入攻击（恶意程序通过大量反复读写内存的特定位置来使内存目标位置的数据出错）成功让运行在同一台机器上的受害模型下降了99% 的分类精度。这种攻击的危害之处在于它无须攻击者物理访问目标设备，只需要软件干扰就能让模型失效。如果模型部署在手机、自动驾驶汽车等不受部署者控制的终端设备上，可能会造成更严重的安全问题。

对于这种攻击，最简单的缓解方式是使用量化后的模型，因为量化后的模型参数是以整数存储的，而整数对于比特翻转的敏感性比浮点数小。但是，Adnan Siraj Rakin 等人[3] 在2019 年提出了一种针对量化深度神经网络的攻击，利用梯度下降的思想来搜索模型中最敏感的几个参数。例如，对于一个有 9000 多万比特参数的量化深度神经网络，找到并翻转其中最敏感的 13 个比特，成功地使其分类精度降到只有 0.1%。

由此可见，对于攻击者来说深度神经网络是非常脆弱的，这颠覆了之前很多人的观点——深度神经网络是健壮的，一些微小的改动并不会产生大的影响（见 1.5.4 节）。事实上，该观点在大多时候都是成立的，但安全研究需要分析最坏的情况，因为攻击者会利用最坏情况时的脆弱性来进行攻击。对此弱点，比较好的缓解方法是将模型部署到拥有纠错功能的内存（ECC 内存）中，因为 ECC 内存会在硬件中自动维护纠错码（error correction code），能够对每个字节自动更正一比特的错误，或者发现但不更正（可以通知系统通过重启解决）两比特的错误。这是基于汉明码（Hamming code）来实现的，下面为简单介绍。

如果要编码 4 位数据 (d_1, d_2, d_3, d_4)，则需要增加 3 位奇偶校验位 (p_1, p_2, p_3) 以及附加的一位奇偶校验位 p_4，总共 8 位排列成 $(p_1, p_2, d_1, p_3, d_2, d_3, d_4, p_4)$ 的顺序，构成所谓"带附加奇偶校验位的汉明码"。其中，前 7 位称为"(7, 4)-汉明码"，最后一位为附加的奇偶校验位 p_4。奇偶校验位的取值应该使所覆盖的位置（即表 12-1 中的 x 所在的位置）中有且仅有偶数个 1，即

$$p_1 = d_1 \oplus d_2 \oplus d_4$$
$$p_2 = d_1 \oplus d_3 \oplus d_4$$
$$p_3 = d_2 \oplus d_3 \oplus d_4$$
$$p_4 = p_1 \oplus p_2 \oplus d_1 \oplus p_3 \oplus d_2 \oplus d_3 \oplus d_4$$

其中，$\oplus$ 表示异或。这样，如果出现了位翻转错误，无论是 $(p_1, p_2, d_1, p_3, d_2, d_3, d_4, p_4)$ 中的哪一位出错，都可以通过上面的公式推算出错的是哪一个，并且进行更正。通过验证上面的公式是否成立，也可以确定是否发生了（两位以内的）错误。目前流行的 ECC 内存一般采用的是带附加奇偶校验位的（71，64）-汉明码，即每 64 比特的数据需要 72 比特进行编码。

表 12-1　带附加奇偶校验位的（7，4）—汉明码

	p_1	p_2	d_1	p_3	d_2	d_3	d_4	p_4
p_1	x		x		x		x	
p_2		x	x			x	x	
p_3				x	x	x	x	
p_4	x	x	x	x	x	x	x	x

12.3.2　服务时的用户隐私

深度学习服务时最直接的隐私就是用户隐私。服务以用户传来的数据作为输入，那么这些数据可能会直接暴露给服务方，服务方能够看到，甚至收集这些输入数据（以及最后的输出数据），在很多时候这是侵犯用户隐私的。例如使用医疗模型进行辅助诊断时，用户很可能并不希望自己的输入数据被模型拥有者或者运营商知晓。

这时候，可以使用 12.2.2 节中提到的安全多方计算技术来保护用户隐私，同时完成深度神经网络的推理计算。2017 年，Liu Jian 等人[4]设计了针对深度神经网络推理计算的安全多方计算协议，这个协议的参与方是用户和服务方两方。在整个计算过程中，用户的输入和中间结果都保持着秘密共享的状态，因此服务方无法知道关于用户数据的信息。虽然安全多方计算可能比正常计算多出成千上万倍的开销，但对于小规模的模型推理计算（例如 LeNet-5）来说可以做到一秒以内的延迟。近几年有大量的研究工作致力于提升安全多方计算的效率。目前，已经有工作[5]可以在十几秒的时间内完成 ResNet32 的安全推理计算。

除了安全多方计算之外，同态加密和可信执行环境都是进行安全推理计算的常用隐私计算技术，其目的与安全多方计算一样，都是保护模型推理时的输入（以及输出）数据隐私，使服务方在不知道输入的情况下完成计算。用同态加密做深度神经网络计算的代表工作是 2016 年由 Ran Gilad-Bachrach 等人[6]提出的 CryptoNets：通过对输入数据进行同态加密，可以将密文发送给服务方并让服务方在密文上做计算，最终将密文结果发回用户，用户用私钥对其解密得到计算结果。CryptoNets 使用的微软 SEAL 库也是目前使用最为广泛的同态加密库。然而，同态加密也有非常大的开销，目前来看其计算开销比安全多方计算的计算开销更大，但通信开销更小。此外，同态加密有一个与安全多方计算相似的局限：对加法、乘法的支持很好，计算开销也比较小；但对其他类型的计算（如深度神经网络中的非线性激活函数）的支持并不好，计算开销非常大。因此，为了提升性能，同态加密会用多项式来进行近似非线性激活函数，从而产生计算开销与计算精度（近似的程度）之间的权衡问题。

相比安全多方计算、同态加密的性能瓶颈，基于可信执行环境的方案有着很高的性能。可信执行环境是处理器在内存中隔离出的一个安全区域，由处理器硬件保证区域内数据的机密性和完整性。以 Intel 处理器的 SGX（Software Guard Extensions）技术为例，处理器中的内存控制器保证其他进程无法访问或篡改可信执行环境（Intel 称之为 enclave）中的代码和数

据，并且保证这些数据在存储、传输过程中都是加密保护的，密钥只掌握在处理器硬件中。只有在使用这些数据时，处理器才会在内部对其解密并使用。基于这种技术，只要将模型推理系统部署在服务器的可信执行环境中，就能保护用户数据的隐私，因为这种技术使服务方自己都不能获取可信执行环境中的数据。尽管早期的 SGX 有可用容量的问题（不足 128 MB），但这个问题可以通过软件设计[7]或硬件设计[8]的方法进行改善。目前，更先进的 TEE 架构设计已经出现在了商用产品上，例如 Intel 的 Ice Lake 架构的服务器端 CPU 已经支持了 SGX 2，大大扩展了可用容量；NVIDIA 最新的 H100 处理器成为首个提供 TEE 的 GPU。可信执行环境的缺点是开发难度高，又存在引入额外信任的问题，这一方案只有在信任处理器制造方的情况下才是安全的。近年来针对可信执行环境的攻击也非常多，暴露了许多安全缺陷（如侧信道攻击问题）[9-10]，说明这一信任并不一定是可靠的。

　　以上三种隐私计算技术都各有利弊，需要根据实际场景的特点进行选择和适配。这些领域还在快速发展中，相信未来一定会出现高效、易用的解决方案，让保护用户隐私的深度学习服务能更广泛地部署在人们的日常生活中。

12.3.3　服务时的模型隐私

　　上一节主要站在用户的角度，探讨了输入数据的隐私保护问题。事实上，站在开发者以及模型拥有者的角度，模型也是一种高度敏感的数据。考虑到模型在实际使用中可能涉及知识产权问题，以及训练该模型所需要的大量数据和大量计算成本，保证隐私对于深度学习服务来说是个重要问题。本节将讨论和模型数据保护相关的攻击。

　　一种最常见的针对模型数据的攻击就是模型窃取攻击（model stealing attack）。模型窃取有两种方式，第一种是直接窃取，即通过直接攻克模型的开发、存储或部署环境，复制原模型；第二种是间接窃取，通过不断调用服务提供的 API（application programming interface），重构出一个与原模型等效或近似等效的模型。前者的例子有 Lejla Batina 等人[11]在 2019 年提出的通过侧信道攻击进行的模型窃取。而人工智能安全领域关注的模型窃取攻击通常属于第二种，因为这种攻击看上去并没有违背深度学习服务系统的完整性与机密性，只通过 API 调用这一看起来正常的手段就窃取了模型；而且，即使使用了 12.2.2 节中的隐私计算技术保护了用户隐私，但攻击者（伪装成普通用户）仍然知道自己的输入和服务返回的结果，因此隐私计算对于防御这种攻击无能为力。

　　最简单的模型窃取攻击是针对线性模型 $f(x) = \mathrm{sigmoid}(wx+b)$ 的，即通过选取足够多个不同的 x 并调用服务 API 得到相应的 y，再将其组成一个以 w 和 b 为未知数的线性方程组，就可以解出该线性方程组，从而得到模型参数 w 和 b。2016 年，Florian Tramèr 等人[12]将这种方法扩展到了多层的神经网络上：由于深度神经网络的非线性层，组成的方程组不再是一个线性方程组，没有解析解，所以改用优化方法来求解近似解。这种方法本质上就像把深度学习服务当作一个标注机，然后利用它来进行监督学习。

　　不过需要注意的是，调用服务 API 是有成本的，因为这些服务往往是按次收费的。所以，如果所需的调用次数太多导致成本过高，攻击就变得没有意义了。近几年关于模型窃取攻击的一大研究方向就是如何提升攻击的效率，即如何用更少的询问次数来得到与目标模型等效或近似等效的模型。2020 年，Matthew Jagielski 等人[13]优化了学习策略，通过半监督学习的方式显著提升了攻击的效率。同时，他们还讨论了另一种攻击目标——精准度，即能否像攻击线性模型那样准确地恢复出模型的参数。他们注意到采用 ReLU 激活函数的深度神经网络其实是一个分段线性函数，因此可以在各个线性区域内确定分类面的位置，从而恢复出模型参数。同样是 2020 年，Nicholas Carlini 等人[14]通过密码分析学的方法进行模型提取攻击，也精确恢复了深度神经网络的参数。事实上，如果模型参数被精确提取出来了，那除了模型参数泄露之外还会有更大的安全问题：这时模型对于攻击者来说变成白盒了，因此更容易发起成员推断攻击和模型反向攻击（见 12.1.2 节），从而导致训练模型时所用的训练数据的隐私泄露。

　　如何保护模型的隐私呢？一种防御方法是检测模型窃取攻击并限制使用。Mika Juuti 等人[15]在 2019 年提出模型窃取攻击时发出的请求和正常的请求有不同的特征，可以依此判断什么样的请求是攻击者发起的请求。由于模型窃取攻击往往需要大量请求服务 API，限制攻击者的请求次数可以阻碍模型窃取攻击。还有一种防御策略是事后溯源以及追责，即如果模型被窃取，假如可以验证模型的所有权，那么可以通过法律手段制裁攻击者。这种策略可以通过模型水印技术（见 12.2.1 节）来实现。

12.3.4　小结与讨论

　　本节主要围绕深度学习的服务安全与隐私问题，讨论了故障注入攻击、模型提取攻击等攻击技术，服务时的用户隐私与模型隐私问题，以及 ECC 内存、安全多方计算、同态加密、可信执行环境等防御技术。

　　看完本节内容后，读者可以思考以下几点问题：

　　1）纠错码检查错误和纠错的具体过程是什么？如何用硬件实现？效率如何？

　　2）不同隐私计算技术的异同是什么？

　　3）能否利用可信执行环境来防止模型窃取攻击？

12.3.5　参考文献

［1］ LI GP，SASTRY HARI S K，SULLIVAN M B，et al. Understanding error propagation in deep learning neural network（DNN）accelerators and applications［C］//International Conference for High Performance Computing，Networking，Storage and Analysis（SC）. Cambridge：IEEE，2017：1-12.

［2］ HONG S，FRIGO P，KAYA Y，et al. Terminal brain damage：Exposing the graceless degradation in deep neural networks under hardware fault attacks［C］//USENIX Security Symposium. Berkeley：USE-NIX Association，2019：497-514.

［ 3 ］ RAKIN A S, HE ZZ, FAN DL. Bit-Flip attack: Crushing neural network with progressive bit search［C］// IEEE International Conference on Computer Vision(ICCV). Cambridge: IEEE, 2019: 1211-1220.

［ 4 ］ LIU H, JUUTI M, LU Y, et al. Oblivious neural network predictions via MiniONN transformations［C］// ACM Conference on Computer and Communications Security(CCS). New York: ACM, 2017: 619-631.

［ 5 ］ HUANG ZC, LU WJ, HONG C, et al. Cheetah: Lean and fast secure two-party deep neural network inference［C］//31st USENIX Security Symposium(USENIX Security 22). Berkeley: USENIX Association, 2022: 809-826.

［ 6 ］ BACHRACH G R, DOWLIN N, LAINE K, et al. CryptoNets: Applying neural networks to encrypted data with high throughput and accuracy［C］//Proceedings of the 33rd International Conference on International Conference on Machine Learning. Cambridge: MIT Press, 2016: 201-210.

［ 7 ］ LEE T, LIN ZQ, PUSHP S, et al. Occlumency: Privacy-preserving remote deep-learning inference using SGX［C］//The 25th Annual International Conference on Mobile Computing and Networking. New York: ACM, 2019: 1-17.

［ 8 ］ VOLOS S, VASWANI K, BRUNO R. Graviton: Trusted execution environments on GPUs［C］//USENIX Symposium on Operating Systems Design and Implementation(OSDI). Berkeley: USENIX Association, 2018: 681-696.

［ 9 ］ CERDEIRA D, SANTOS N, FONSECA P, et al. SoK: Understanding the prevailing security vulnerabilities in trustzone-assisted TEE systems［C］//IEEE Symposium on Security and Privacy(S&P). Cambridge: IEEE, 2020: 1416-1432.

［10］ FEI SF, YAN Z, DING WX, et al. Security vulnerabilities of SGX and countermeasures: A survey［J］. ACM Computing Surveys, 2021, 54(6): 1-36.

［11］ BATINA L, BHASIN S, JAP D, et al. CSI NN: Reverse engineering of neural network architectures through electromagnetic side channel［C］//USENIX Security Symposium. Berkeley: USENIX Association, 2019: 515-532.

［12］ TRAMÈR F, ZHANG F, JUELS A, et al. Stealing machine learning models via prediction APIs［C］// USENIX Security Symposium. Berkeley: USENIX Association, 2016: 601-618.

［13］ JAGIELSKI M, CARLINI N, BERTHELOT D, et al. High accuracy and high fidelity extraction of neural networks［C］//29th USENIX Security Symposium(USENIX Security 20). Berkeley: USENIX Association, 2020: 1345-1362.

［14］ CARLINI N, JAGIELSKI M, MIRONOV I. Cryptanalytic extraction of neural network models［C］//Annual International Cryptology Conference(CRYPTO). Berlin: Springer, 2020: 189-218.

［15］ JUUTI M, SZYLLER S, MARCHAL S, et al. PRADA: Protecting against DNN model stealing attacks ［C］//2019 IEEE European Symposium on Security and Privacy(EuroS&P). Cambridge: IEEE, 2019: 512-527.

## 第 13 章

人工智能优化计算机系统

本章简介

"The world runs on software" ——我们生活中依赖的各种服务都离不开计算机系统，比如搜索、购物、聊天、视频流应用和新闻推荐服务等，它们背后都是由超大规模的计算机系统来提供服务的。随着用户的需求和场景增多，这些系统的复杂度和规模也在不断增加。复杂度和规模不仅仅体现在其巨大的代码量上，更体现在背后成百上千位工程师在不断地设计、开发及维护。

如何准确理解并设计这些计算机系统已成为现代计算机科学中的一个核心问题。然而，在系统复杂度呈几何量级上升的今天，该问题已经无法仅仅依赖人的直觉和经验来解决。这就促使了学术界和工业界开始思考如何利用机器学习和大数据，来驱动、优化，其至取代计算机系统里现有的启发式算法和运维决策规则。这类系统被称为"学习增强系统"（Learning-Augmented Systems）。本章我们将介绍学习增强系统的发展趋势和几个代表性的工作。最后，我们也基于我们过去的科研和产品经验，来总结学习增强系统为机器学习带来的新挑战。

内容概览

本章包含以下内容：
1）系统设计的范式转移；
2）学习增强系统的应用；
3）学习增强系统的落地挑战。

13.1 系统设计的范式转移

计算机系统的设计和运维一直以来都依靠工程师的经验和试错。在系统的规模和复杂度较小时，工程师可以经由大量的实验来评估系统的性能并理解系统的行为。工程师从这些实验里来获得经验，并编写为系统里的启发式算法和决策规则。另外，这些经验不仅能帮助工程师来优化现有的系统，也能帮助他们设计未来的系统。

　　然而，现代计算机系统的复杂性和规模快速提升，为这种依赖人力和经验的方式带来了前所未有的挑战，尤其是人力的增长赶不上系统规模和动态性上升的速度。我们用现代系统常用的微服务架构当作一个例子。微服务架构强调模块化，也就是说一个系统由多个单独模块组成，每一个模块是基于类似 Docker（容器技术）或 Hypervisor（虚拟技术）来实现。模块化的一大优势是使现代系统能够很好地支持横向扩展、纵向扩展和持续更新，尤其是配合像 Kubernetes 等自动集群管理。用户的需求和场景有了改变，集群的规模也能做出相对应的调整来保证系统的服务品质。然而，每一次的变化都代表着工程师需要重新理解系统的行为，来优化和维护系统。但是，人脑难以理解大规模系统的行为是如何被每一个设定参数和决策所影响的。系统里的每一种微服务有着不同的设定参数和决策，微服务和微服务之间有着不同的执行依赖关系。例如，计算机系统里常用的数据库有着上百个设定参数，也有着像如何设计数据索引的决策。另外，操作系统里有调度策略，分布式系统里有资源的分配策略，云微服务有扩容和调参策略，互联网有拥塞控制（congestion control）和流量控制（flow control）的设定参数，视频流应用有网络品质的评估策略，防火墙有规则匹配策略，中央处理器里有缓存置换和预存取算法，甚至代码编译器也有设定参数，等等。

13.1.1　学习增强系统

　　近几年，学习增强系统的范式转移已成为系统设计的趋势。自从机器学习和深度学习在计算机视觉和自然语言处理等领域取得突破，计算机系统领域也开始探讨如何利用机器学习和深度学习增强计算机系统。系统的性能和行为与决策和参数的关系，可以被想象成一个非线性的空间。而学习增强系统的范式就是在这个空间里学习并搜索全局最优解。学习这个空间可能很复杂，但现代系统普遍有着完善的行为监测机制和精细的日志，再加上近期机器学习的进步（例如深度学习和强化学习），大大提升了数据驱动系统设计与配置的可行性。

　　学习增强系统普遍有 3 种实现的方式。第一，机器学习被用来辅助启发式算法和决策规则的执行；第二，机器学习被用来取代现有的启发式算法和决策规则；第三，机器学习被用来设计新的启发式算法和决策规则。不同的实现方式有着不同的折中与取舍，尤其是在以下的维度：系统所需要的决策准确度、系统所能提供的数据、系统所能容忍的模型训练时间与资源开销、系统所能容忍的模型推理时间与资源开销、系统所能容忍的模型推理误差等。比如，相比于辅助启发式算法和决策规则的执行，用机器学习来取代启发式算法和决策规则可以充分地利用机器学习在优化问题上的求解能力。但是，从过往的经验上来看，机器学习的执行时间往往比简单的启发式算法长，并且推理的误差可能造成系统错误。另外，虽然利用机器学习来设计新的启发式算法和决策规则可以降低工程师的工作量，但其在系统上采集的训练数据可能非常庞大。我们将在后续的内容中从我们过去的科研和产品经验里，来总结这些折中与取舍为机器学习带来的新挑战。

13.1.2 小结与讨论

机器学习可以从海量的系统数据中归纳总结出其内在的行为规律。在进入下一节的学习前，读者可以思考有哪些系统问题适合用机器学习的思维来解决。

13.2 学习增强系统的应用

我们介绍学习增强系统的初衷和范式转移。本节包含以下内容：

1）流媒体系统；

2）数据库索引；

3）系统性能和参数调优；

4）芯片设计；

5）预测性资源调度。

13.2.1 流媒体系统

流媒体系统允许用户通过网络边下载边播放视频，是如今互联网的重要应用场景。为了优化用户体验，流媒体运营商广泛采用了根据用户网络状况而动态调整视频码率的自适应流（adaptive bitrate streaming）。这种部署在自适应流的动态码率调整算法被称为码率自适应（Adaptive Bit Rate，ABR）算法，简称 ABR 算法。

在编码视频时，自适应流媒体系统事先将视频切分成若干个几秒钟长的切片，并逐一将视频切片编码为不同码率。同一切片的不同码率可以互相替代，只是高码率的切片通常画质更清晰，但文件大小也更大。在播放视频时，流媒体客户端中运行的 ABR 算法会根据实时网络状况向服务器依次请求拥有最合适码率的视频切片，以达到优化用户体验质量（Quality of Experience，QoE）的目的。简单来说，QoE 主要由视频的清晰度和流畅度组成，优化 QoE 的关键是在不影响视频流畅度的同时播放更清晰的视频。

ABR 算法的难点之一在于用户的网络状况可能不稳定，带宽会随时间变化。比如，用户在移动网络下观看视频时带宽波动可能较大，这使得 ABR 算法难以简单地根据过去观测到的下载速度来预估未来的网络带宽，从而导致算法误选过高或过低的码率，带来视频卡顿或画质不清晰的问题。ABR 算法的难点之二在于其每一步的码率决策不只影响当下的视频切片，对未来的码率选择也有影响。举例来说，如果 ABR 算法选择请求了高码率的切片，但用户的网络同时突然变差，那么客户端本地的视频缓存将逐渐耗尽，继而导致 ABR 算法只好请求一系列低码率的视频切片以避免潜在的卡顿。也就是说，优化长期平均的 QoE 需要 ABR 算法对未来提前做出规划并进行序列决策（sequential decision making）。同时，这也意味着强化学习（Reinforcement Learning，RL）可以适用于此问题。

　　为了应对以上挑战，弥补传统 ABR 算法的缺陷，麻省理工学院和斯坦福大学先后提出了基于强化学习的 ABR 算法。这里，我们着重介绍来自斯坦福大学的工作 Puffer[1]，然后概述麻省理工学院的工作 Pensieve[2]，并对比两者应用强化学习的异同之处。

　　Puffer 的作者为了在真实网络环境中研究视频流算法，首先搭建了一个大规模流媒体直播平台（puffer. stanford. edu）。该平台允许美国的用户免费收看 6 个电视频道，并部署了多种 ABR 算法进行随机对照实验。迄今为止，Puffer 已有超过 20 万的真实用户注册，收集了上百年长度的视频观看数据。同时，Puffer 每天自动发布匿名后的实验数据供公众进行分析，也将平台开放给学术研究人员来测试新的 ABR 算法。此外，Puffer 的论文中还提出了一种新的基于强化学习的 ABR 算法——Fugu。在不影响理解的前提下，我们简化并描述 Fugu 算法如下。

　　为了解决 ABR 算法的难点之一，Fugu 首先训练了一个用于传输时间预测的神经网络，简称 TTP（Transmission Time Predictor）。给定某码率视频切片的大小，TTP 能够从历史数据中学习到如何精确地预测该切片从服务器传输到客户端的时间。TTP 的输入包含①最近下载的 t 个视频切片的大小；②最近下载的 t 个视频切片的传输时间；③Puffer 服务器上的 TCP 统计信息；④希望预测传输时间的视频切片大小。TTP 的输出正是对这一切片传输时间的预测。由于在数据收集时能够观测到下载过的所有切片的传输时间，因此在训练 TTP 时自然可以使用标准的监督学习（supervised learning）来最小化 TTP 的预测误差，即预测传输时间与真实传输时间的平均差距。

　　针对 ABR 算法的难点之二，Fugu 在线下训练好 TTP 网络之后，在线上决策时采用了一种传统的控制论算法——模型控制预测（Model Predictive Control，MPC）算法。具体来说，MPC 向前考虑长度为 h 个切片的时间窗口，并枚举该窗口内所有的决策"路径"，即由 h 个切片的码率依次组成的序列（在实际运行中 Fugu 通过动态规划避免了枚举）。对于每条决策路径，MPC 算法模拟并计算出在该时间窗口内可获得的总 QoE，并选择 QoE 总和最大的路径。虽然如此，在执行完最优路径上的第一个决策后（即下载完指定码率的下个切片），MPC 算法会重复相同的方法进行规划，以便纳入最新观测到的系统状态（如该切片的下载时间、当前视频缓存大小等），避免更多的决策误差。

　　结合起来，如图 13-1 所示，Fugu 在线上运行 MPC 算法时，不断从 Puffer 服务器上获取更新的系统状态，并反复调用 TTP 网络来计算出最大化 QoE 的码率选择。每隔一段时间，Fugu 会整合服务器上最近收集到的数据，重新在扩展后的数据集上训练 TTP 网络，然后在服务器上部署训练完毕的 TTP。总的来说，Fugu 这类依赖数据对环境（即自适应流系统）建模，然后基于学到的模型做规划和控制的方法被称为基于模型的强化学习（Model-based RL）。

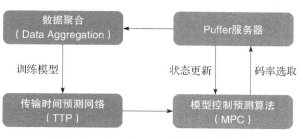

图 13-1　Fugu 使用基于模型的强化学习算法

通过长达 8 个月在 Puffer 真实用户上运行的实验，作者发现 Fugu 的性能优于现有的其他 4 个算法，包括我们即将介绍的 Pensieve。由于 QoE 不存在统一的定义，作者分别比较了组成 QoE 的常见维度。结果显示，在所有 ABR 算法中，Fugu 实现了最高的视频画质（由一种衡量画质的 SSIM 参数描述）、最小的画质浮动（相邻视频切片的平均 SSIM 差），以及接近最低的视频卡顿。此外，在 Fugu 被使用时，Puffer 用户的平均观看时长也高于其他算法。

相较于 Fugu 的基于模型的强化学习算法，Pensieve 则采用了典型的无模型的强化学习（Model-free RL）。无模型的强化学习不试图对环境建模（比如不去明确地预测未来网络的带宽或者相对应的视频切片的下载时间），而是通过与环境交互和依赖试错的方式来直接学习最优的策略。这类算法往往需要更多的训练数据，训练更不稳定，行为也更难解释，但好处是在环境复杂到无法建模时也可以学习，同时也避免了先学习模型、再进行控制所带来的潜在的双重误差。

简单来说，Pensieve 将希望学习的 ABR 算法参数化为一个神经网络，使其在每一步可以直接输出最优的切片码率。Pensieve 使用了名为 A3C（Asynchronous Advantage Actor Critic）的算法，如图 13-2 所示，作者指出选择 A3C 的原因为多个客户端的反馈可同时用于线上训练。图中展示了模型的输入：①之前 k 个切片的吞吐量；②之前 k 个切片的下载时间；③下个切片所有可选码率对应的大小；④当前视频的缓存大小；⑤该视频中仍未下载的切片数量（假设视频长度有限）；⑥上一个切片下载时的码率。为了训练模型，Pensieve 搭建了一个模拟自适应流的环境，包括模拟网络。在模型输出一个码率决策后，该模拟环境会模拟切片的下载，并计算出 QoE 作为模型的奖励。随后，Pensieve 使用一种策略梯度（policy gradient）的算法通过反向传播将神经网络的参数向着期望奖励更高的方向进行调整。A3C 算法在一般策略梯度算法上做的优化在此不过多赘述，感兴趣的读者可以阅读原文。

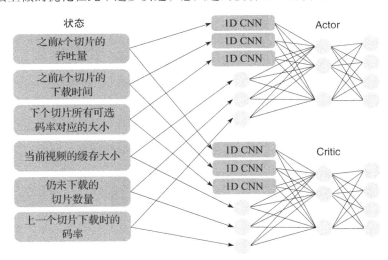

图 13-2　Pensieve 的模型使用了 A3C

与 Fugu 相比，Pensieve 必须与环境交互才能学习。由于在真实网络上训练速度太慢、成本太高，所以 Pensieve 只能搭建一个模拟环境（和网络）来用于训练。然而，由于模拟网络与真实网络不可避免地存在差异（simulation-to-reality gap），Puffer 的作者发现这种差异导致了 Pensieve 的模型泛化能力变差，即部署在真实的自适应流系统后，QoE 不如预期。相比之下，Fugu 不需要与任何（模拟或者真实）环境交互，可以直接使用最终测试环境上收集到的数据来训练，所以不存在泛化问题，实际表现更好。这也是 Puffer 论文标题中"Learning in situ"的来历。

13.2.2　数据库索引

索引技术在数据库中扮演着重要角色。索引是一种结构，用来对数据库表中一个或多个列（例如人名的姓氏列）的值进行排序。索引的目的在于定位表里的数据，进而提升数据查询的效率。一个例子是范围查询，比如返回所有首字母为"L"的姓氏值。如果没有索引，这些查询则需要遍历整个数据库表。

主流关系数据库索引的实现通常基于平衡树，即 B tree 或 B+tree。平衡树的叶节点储存着数据的物理位置。由于平衡树的高度可以很小，每次数据查询只需要进行几次树查询。但是这些索引是广义目的的数据结构，没有利用被索引数据的分布特征。所以，在一些极端情况下，它们可能会表现得较差。比如，当数据键值从 1 递增到 n，如果使用 B tree 索引，查询的时间复杂度为平衡树常见的 $O(\log n)$。但是，在理想情况下，如果将排序数据键值作为位置的特性，则只需要 $O(1)$ 的复杂度。同样，索引的空间复杂度也只需要 $O(1)$，而不是平衡树常见的 $O(n)$。

我们可以先思考，为什么数据库索引有可能被机器学习这一类的方法来解决。美国麻省理工学院的学习索引（Learned Index[3]）的动机就在于是否能够用模型来学习到数据的分布特征，从而进一步提升数据查询的效率。学习索引的目的是学习到一个映射函数 $f(key) \rightarrow$ pos。如果将 key 写成 x，pos 写成 y，则学习索引希望学习到一个模型 $f(x) \approx y$。在上面的极端例子里，因为 x 是排序过的，所以 f 可以看作将数据抽象成 CDF。换句话说，学习索引的模型是学习此 CDF。

学习索引的作者首先尝试的方案是使用训练一个 2 层全连接的神经网络，每层有 32 个单元，并使用 ReLU 作为激发函数。该神经网络的输入为搜索的键值，输出为物理位置的预测。实验结果表明，此模型每秒大概能执行 1250 次预测。但这种性能远远比不上 B tree 索引每秒大约 1 111 111 次的查询。作者指出了几个可能的原因：第一，TensorFlow 的设计在于有效地运行大模型，而不是小模型；第二，和 B tree 不同，神经网络所有的单元都必须参与计算；第三，神经网络擅长学习数据的宏观趋势，如果需要针对性地去学习数据里某一部分的细节，则会带来巨大的空间和运算开销。换句话说，这是一个数据空间变小以后模型的预测能力变差的问题。作者称此问题为最后一英里（last mile）。

基于以上 3 个问题，作者提出了 Learning Index Framework（LIF）。首先，LIF 将 Tensor-Flow 的模型转换为一个 C++的表达形式，来加速对小模型的推理。另外，作者提出了 Recursive Model Index（RMI）的递归模型索引来解决 Last Mile 的问题，如图 13-3 所示。RMI 是一种层级化的架构，包含许多个模型。每一层中的模型都接收键值作为输入，然后根据所得到的预测来选择下一层需执行的模型。该流程一直持续到最后一层，然后 RMI 输出在最后一层时模型对位置的预测。从概念上来说，每一个模型都可以看作对键值空间的某一部分负责。而 RMI 在逐层选择的过程中，逐渐降低了预测误差。

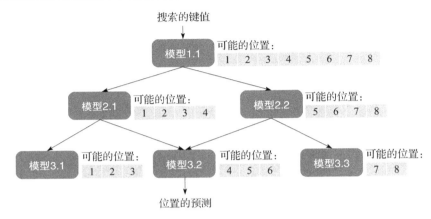

图 13-3　学习索引的 Recursive Model Index（RMI）

实验结果显示，与 B tree 相比，学习索引的速度更快，消耗的空间最多可以节省 99%。但是，学习索引目前假设静态工作负载，也就是数据库表只读不写。虽然如此，学习索引并不是有意图地去替代现有的索引，而是提供了另外一种构建数据库索引的思路。值得注意的是，学习索引启发了行业的很多科研工作，比如 ALEX[4]（如何实现高效的写入操作）、APEX[5]（如何在持久内存上实现学习索引）、XStore[6]（如何在分离式内存上实现学习索引）等。

13.2.3　系统性能和参数调优

现代系统里有很多的设定与配置参数。通过调整这些设定与配置参数，系统工程师可以改变系统的行为，进而提高系统效能，一个例子是 MySQL 数据库[7]。MySQL 有着上百个参数，包括与缓存相关的（如 query_cache_size、key_cache_block_size、read_buffer_size），与磁盘缓式写入相关的（如 delay_key_write、flush_time），与并发线程相关的（如 innodb_commit_concurrency），与连接通信相关的（如 max_connections、net_buffer_length），等等。有趣的是，许多系统的设定与配置参数的数量都有着增长的趋势。在文献［8］中，作者对 MySQL 数据库、Apache 网页服务器和 Hadoop 大数据运行系统做了一个调查来量化这种趋势。比如，从 1999 年到 2015 年，MySQL 的设定与配置参数从大约 200 增加到 450；从 1998 年到 2014 年，Apache 的设定与配置参数从大约 150 增加到 600；从 2006 年到 2014 年，Hadoop 的设定与配置参数从大约 20 增加到 180。另外，我们考虑到一个大型系统可能由许多个子系统组成（例如网页服务器和数据库），因此这些大型系统的参数数量将以指数级增长。

调整这些设定与配置参数需要工程师理解系统的行为如何被每一个参数所影响。然而，参数和系统性能的关系是一个高维度的非线性空间，而该空间超出了人的理解能力。所以，对于工程师而言，他们不确定手调的设定与配置是否最优，也很难知道如何有效地找到最优的设定与配置。

我们可以先思考，为什么系统配置参数调优有可能被机器学习这一类的方法来解决。这是因为它可以被看作一个空间搜索的问题，而这类问题能在贝叶斯优化（Bayesian Optimization，BO）的框架下被解决。简单来说，我们可以先对不同的系统设定与配置做性能评测。这些数据的采样可以看作"系统设定与配置-性能"的空间采样。有了一定数量的数据后，我们对此空间进行非线性建模，进而推断最有可能使系统效能达到最优的系统设定与配置。在这流程之上，贝叶斯优化的中心思想是基于已采集的系统性能评测，来选择接下来应该被采集的新性能评测，从而更进一步地加强模型训练数据的质量。贝叶斯优化的优势在于可以用非常少的步数（每一步可以想象成用一组性能评测来训练）就能找到比较好的系统配置参数。另一个优势是贝叶斯优化不需要求参数的导数。

接下来，我们从两个贝叶斯优化的角度，来探讨影响准确度的两个因素：①模型的选取；②空间的采样。

在模型的选取上，一个常见的做法是假设系统里大多数的配置参数的属性都为连续值，然后把需要探索的空间当作一个连续空间，并用回归模型为此连续空间建模。这种假设在很多系统里都是成立的。有很多的工作都用高斯过程（Gaussian Process，GP）作为这里的回归模型[9]。一个原因是高斯过程模型能为每一个预测提供置信区间（confidence interval），而这信息能为我们之后讨论的空间采样给予帮助。简单来说，高斯过程建模的方式是基于数据和数据之间的距离，这距离由核函数计算出来，常见的核函数包括径向基函数核（RBF kernel）和马顿核（Matérn kernel）。已知数据（及训练数据）的距离为0，模型最有把握预测正确，所以置信区间最小。未知的数据如果离已知的数据越远（由核函数来定义），模型越没把握预测正确，所以置信区间越大。值得注意的是，由于需要计算数据和数据之间的距离，高斯过程模型在高维和大规模的训练集情况下，训练和推断的时间会有显著增长。

讲到这里，我们提一个有趣的工作——DNGO（Deep Networks for Global Optimization）[10]。虽然深度神经网络（DNN）无法提供像高斯过程一样的置信区间，但它的训练和推断的时间普遍比高斯过程短。DNGO结合了DNN模型和高斯过程，即先独立训练基于DNN的回归模型，然后把DNN最后的输出层替换成GP的模型。根据DNGO作者的测试，DNGO能达到接近DNN的速度并能提供高斯过程的置信区间。

不光是模型，空间的采样也非常重要。如果只是基于纯随机采样，那不是每一次的采样都能为建模提供有效的信息增益。理想情况下，每一次的采样点都应该能补充之前已采样点所无法得到的信息，而"探索-利用"（exploration-exploitation）是一个解决该采样问题的思路。简单来说，"探索-利用"尝试在探索不确定区域和开采当前已知区域之间进行权衡。前者让我们有机会在还没有充分探索的区域里寻找最优解（比如之前提到的"大"置信区间的区域），以期望获得更高的回报；后者让我们在相对已知的区域里（比如之前提到的"小"置信区间的区域）寻找最优解。然而，我们必须思考什么时候应该在探索和利用之间切换，来尽可能快地找到全局最优解。对于这种问题，几个常用的结合高斯过程的策略包括 Upper Confidence Bound（UCB）、Expected Improvement（EI）、Maximum Probability of Improvement（MPI）。首先，UCB 较为简单，它的策略是直接采样置信区间最大的区域。EI 的策略是寻找哪个未采样点相比目前已采样的点有着最显著的更优结果。EI 评估的方法在于利用每个未采样点的预测和置信区间，来计算未采样点可能达到的最优值。MPI 和 EI 有点类似，但它的策略是寻找哪个未采样点有着最大的概率可以比目前的已采样点取得更优的结果。

最后，我们介绍一个为系统参数调优的"探索-利用"策略——Metis[11]。Metis 解决了系统数据的一个挑战，也就是性能评测可能存在噪声。换句话说，重复一个性能评测可能会得到不同的结果，尤其是和延迟类似的时间类指标。Metis 在探索和利用的基础之上，也考虑了重采样来保证模型的质量。在每一次选取下一个采样点时，Metis 会评估探索的采样点、利用的采样点和重采样的采样点所带来的信息增益。简单来说，Metis 假设这些采样点被实际采样了，并使用现有模型预估的值来更新模型，从而得到这些采样点可能为模型带来的变化，如图 13-4 所示。

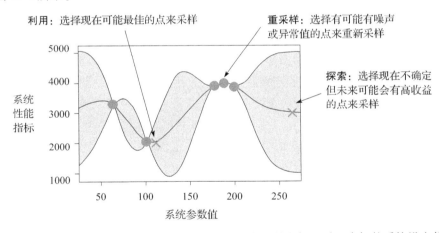

图 13-4　以高斯过程模型为例展示"系统设定-系统性能"的空间。对于未知的系统设定值，模型用置信区间表示有可能的系统性能范围。另外，Metis 在常见的探索和利用策略的基础上，也考虑了重采样来保证模型的训练质量

13.2.4　芯片设计

芯片是电子设备中最重要的部分，早已融入到我们生活中的方方面面，电脑、手机、汽车都离不开芯片的计算存储和控制。芯片设计，也称为集成电路设计，代表了人类科技与智慧的结晶。芯片设计本身是一项复杂的系统工程，想象一下在指甲盖大小的区域上集成上百亿个晶体管，并且还需要对更微观的区域进行功能划分和相互通信。由于芯片设计的流程复杂烦琐、周期长，其中的每一个步骤都离不开电子设计自动化（Electronic Design Automation，

EDA）软件和算法的辅助。芯片设计的三个核心目标是优化功耗、性能和面积（Power，Performance and Area，PPA），但三者之间需要相互取舍和权衡，即使是借助成熟的 EDA 工具和经验丰富的工程师，其结果也会有很大差异。随着当前集成电路的集成规模不断扩大，优化 PPA 变得越来越具有挑战性。近年来，随着 AI 技术的广泛应用，芯片设计公司和 EDA 软件提供商也在不断探索利用 AI 技术辅助芯片设计，提升芯片 PPA 和开发效率[12]。

那么 AI 技术具体能够帮助解决芯片设计中的哪些问题呢？我们先看一下芯片设计的流程和步骤。如图 13-5 所示，芯片设计流程主要分为前端设计（逻辑设计）和后端设计（物理设计）。前端设计首先根据应用需求进行规格与架构设计，然后进行 RTL 实现、功能仿真、逻辑综合等步骤并生成门级网表。后端设计主要包括布图规划、布局与布线、时序分析等步骤，经过功能验证后最终

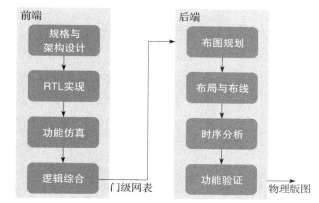

图 13-5　芯片设计流程。芯片设计公司和 EDA 软件提供商正在尝试使用 AI 技术助力芯片设计的各个步骤

将门级网表转换为物理版图。芯片代工厂根据物理版图在晶圆硅片上制造出实际的芯片。AI 技术几乎可以助力芯片设计流程中的每一个步骤。谷歌、英伟达、三星和新思科技等公司近年来纷纷加入了使用 AI 技术辅助设计芯片的大潮，并且在部分场景中实现了媲美其至超越人类工程师的性能，大幅缩短了芯片设计的开发周期。新思科技在 2020 年推出了 DSO.ai，旨在利用人工智能技术更好、更快、更便宜地制作芯片。芯片设计的潜在设计空间巨大，对应的性能、功耗和面积（PPA）也不尽相同。DSO.ai 利用强化学习等技术自动搜索设计空间中的最佳方案。例如，新思科技与三星合作，使用 DSO.ai 设计手机芯片，不仅实现了更高水准的 PPA 并大幅缩减了设计周期。英伟达对该领域的研究和探索主要包括使用卷积神经网络、图神经网络进行设计空间探索、功耗分析、可步线性分析等。谷歌也一直在研究如何使用人工智能算法辅助设计其 AI 芯片 TPU，例如利用 AI 技术为不同网络设计最优的加速器前端架构，利用强化学习为芯片进行后端设计等。

接下来我们深入介绍一个如何利用强化学习进行后端设计中的布图规划（Floor planning）的案例。布图规划主要是完成芯片中宏单元（macro）和标准单元的放置，是芯片设计中最复杂最耗时的阶段之一，并且对芯片的最终 PPA 有着重要的影响。我们可以把芯片中的布图规划想象成城市中的建设规划。如何在芯片中放置各种单元就如同在城市中规划学校、医院、住宅和商务等功能区的地理位置。布图规划的优化目标可以抽象为最小化布线中的线长（wirelength），并且需要满足对布局密度（density）和布线拥塞（congestion）的约束。类似于在城市规划中需要使得交通线路最合理最通畅，并且满足居住密度和绿化率等要求，谷歌提出使用强化学习解决布图规划，通过训练一个强化学习智能体（RL Agent）完成单元的

放置，如图 13-6 所示。这个智能体可以根据芯片当前的布图结果决定下一个单元在芯片中的

放置位置。强化学习中的奖励函数对模型的效果和收敛速度起着至关重要的作用，谷歌采用线长、密度和拥塞的加权和作为奖励函数，以达到各指标之间的权衡。从一个空芯片开始，AI 智能体按从大到小的顺序依次放置单元，最终获得一个系统的奖励。根据这个奖励，系

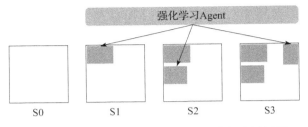

图 13-6　使用强化学习完成芯片设计中的布图规划

统不断地对放置策略进行优化。谷歌采集了大量的芯片布图规划对该强化学习智能体进行训练，并透露最终基于强化学习的布图规划成功应用到了谷歌 TPU 的设计中，将原本需要工程师花费几个月完成的工作缩短到六个小时内完成。

当前，AI 技术应用于芯片设计还处于尝试和摸索的阶段，人们期待着 AI 能够解决更复杂的芯片设计问题，甚至可以端到端地完成芯片设计。然而我们也必须意识到，现阶段 AI 技术在芯片设计中扮演的还是"助手"角色，AI 技术可以辅助芯片设计的某一个步骤，但是并不能主导芯片设计或者拥有完全自主决策的能力。我们相信随着 AI 技术本身的发展，以及更多的 AI 技术应用到更多的芯片设计工作中，芯片设计的效率和性能会取得更大的突破。

13.2.5　预测性资源调度

"The public cloud is the most powerful general-purpose computer ever assembled" ——这句话出自美国加利福尼亚大学伯克利分校的 Joe Hellerstein 教授。云计算带来的改变在于，任何人能够在任何地方、任何时间，获取其服务所需的计算资源。但是，计算资源毕竟有限，当存在大量的用户服务共享这些资源时，云服务商就需要考虑资源配额的问题。一方面，如果资源配额低于其用户服务所需，服务的响应性能就会降低，甚至达不到服务级别协议（Service Level Agreement，SLA）。另一方面，如果资源配额超过了其用户所需，服务的响应性能则有可能会显著超过服务级别协议，造成资源的浪费。有一个值得注意的点是，我们此处所讨论的计算资源除了 CPU 的运算以外，也可以包含内存、硬盘、能源功耗等。更进一步地去思考，如果云服务商能够用预测的方法来预估用户服务现在（或未来）的工作量和所需的资源，那资源配额的问题就能更好地被优化。近年来，资源配额成为 AIOps（Artificial Intelligence for IT Operations）关注的一个大方向。

我们可以先思考，为什么资源配额有可能被机器学习这一类的方法来解决。一般来说，从数据中心采集到的历史数据来看，许多云服务的资源需求取决于用户的交互式请求（即云服务的系统负载），而用户请求有着规律。这规律主要在时间上（比如工作日和周末的搜索引擎的关键字），但也可以在空间上（比如不同城市居民的搜索引擎的关键字）。而机器学习能很好地帮助云服务商来学习并运用这些规律；我们根据文献［13］来更深一步地讨论。在

现在 Azure 的框架下，用户购买资源是以虚拟机为一个部署单位。文献作者通过收集 Azure 上的虚拟机部署的信息，周期性地学习虚拟机部署外在行为的规律（由于虚拟机的内部数据属于用户隐私），并生成预测模型。模型的预测信息提供给 Azure 的资源管理器作为调度的依据。比如，Azure 的资源管理器决定哪几个等待的虚拟机可以同时被部署在同一个物理机上，来最高限度地达到物理机的资源上限。甚至，如果有些虚拟机很大概率不会使用已配额的资源，云服务商可以考虑"超卖"资源。

Resource Central[13] 用不同的模型来分别预测一个新部署的以下指标：①部署里全部虚拟机的平均 CPU 使用量（Average CPU Utilization）；②部署里全部虚拟机的 P95 CPU 使用量（P95 CPU Utilization）；③部署里虚拟机的最大数量（Deployment Size in Number of VMs）；④部署里虚拟机的最多使用核数（Deployment Size in Number of CPU Cores）；⑤部署的生命时长（Deployment Lifetime）；⑥部署的负载等级（Deployment Workload Class）。Resource Central 使用了随机森林（random forest）来预测前 2 个 CPU 类别的指标，以及使用极端梯度提升树（Extreme Gradient Boosting Tree，XGBoost Tree）来预测后 4 个指标。虽然作者没有给出选择随机森林和极端梯度提升树的理由，但我们可以从认识这两种方法开始。第一，随机森林是一个包含多个决策树的分类器，其输出的类别取决于个别决策树输出结果中最多的类别。由于随机森林里的每棵树是基于训练数据的随机样本，随机森林通常比单个决策树更准确。第二，极端梯度提升树是对梯度提升算法（Gradient Boosting Decision Tree，GBDT）的改进，而后者由梯度提升（Gradient Boosting）和提升树（Boosting Tree）演化而来。提升树利用多个弱学习器更好地学习一个训练数据集。弱学习器是串行迭代生成的，而构建提升树则是通过最小化每一步的弱学习器损失函数。基于这种思想，GBDT 利用了决策树去拟合上一步损失函数的梯度。XGBoost 在 GBDT 的工程实现上做了大量的优化，比如支持决策树之外的基分类器。

由于每个指标的模型不一样，我们这边以 P95 CPU 使用量为例来讨论实验结果。Resource Central 把 CPU 使用量分成了 4 个档次：0 ~ 25%、25% ~ 50%、50% ~ 75%、75% ~ 100%。将新部署的信息作为模型输入（比如 Azure 用户账号、用户请求的虚拟机规格、用户请求的时间）可用来预测最有可能的区间。对于 P95 CPU，实验数据表示 Resource Central 能达到 81% 的准确率。在模拟环境下，Resource Central 能有效地决定哪几个 VM 可以同时被部署在同一台物理机上，从而最高限度地达到物理机的资源上限。

Resource Central 的架构如图 13-7 所示，

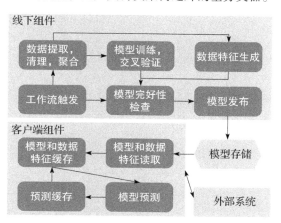

图 13-7　Resource Central 的架构，包括了线下组件（负责数据的处理工作）和客户端组件（负责外部系统与 Resource Central 的通信）

它包含线下（Offline）和客户端（Client）两个组件。相比模型选取，Resource Central 的作者还指出一个更重要的痛点——数据的处理工作，由 Offline 组件负责。数据的处理工作包括了数据的提取、清理、聚合、特征生成，等等。客户端组件则被包装成一个动态链接库（Dynamic Link Library，DLL），用来进行模型预测。外部系统通过和客户端的 DLL 交互，来与 Resource Central 进行通信。

13.2.6　小结与讨论

本节通过案例展示了如何把系统的问题抽象成机器学习的问题。有趣的是，对于有些系统的问题，深度学习不是唯一的工具，而传统机器学习也是可以尝试的方法。在进入下一个章节的学习前，读者可以思考落地模型的痛点和考虑要素。

13.2.7　参考文献

［1］　YAN F Y, AYERS H, ZHU CZ, et al. Learning in situ：A randomized experiment in video streaming［C］//Proceedings of the 17th USENIX Symposium on Networked Systems Design and Implementation（NSDI'20）. Berkeley：USENIX Association, 2020：495-512.

［2］　MAO HZ, NETRAVALI R, ALIZADEH M. Neural adaptive video streaming with pensieve［C］//Proceedings of the Conference of the ACM Special Interest Group on Data Communication（SIGCOMM'17）. New York：Association for Computing Machinery, 2017：197-210.

［3］　KRASKA T, BEUTEL A, CHI E H, et al. The case for learned index structures［C］//Proceedings of the 2018 International Conference on Management of Data（SIGMOD'18）. New York：Association for Computing Machinery, 2018：489-504.

［4］　DING JL, MINHAS U F, YU J, et al. ALEX：An updatable adaptive learned index［C］// Proceedings of the 2020 ACM SIGMOD International Conference on Management of Data（SIGMOD'20）. New York：Association for Computing Machinery, 2020：969-984.

［5］　LU BT, DING JL, LO E, et al. APEX：A high-performance learned index on persistent memory［J］. Proceedings of the VLDB Endowment, 2021, 15（3）：597-610.

［6］　Wei XD, Chen R, Chen HB, et al. Fast RDMA-based Ordered Key-Value Store using Remote Learned Cache［C］//Proceedings of the 14th USENIX Symposium on Operating Systems Design and Implementation（OSDI 20）：USENIX Association, 2020：117-135.

［7］　AKEN D V, PAVLO A, GORDON G J, et al. Automatic database management system tuning through large-scale machine learning［C］//Proceedings of the 2017 ACM International Conference on Management of Data（SIGMOD'17）. New York：Association for Computing Machinery, 2017：1009-1024.

［8］　XU TY, JIN L, FAN XP, et al. Hey, You have given me too many knobs！：understanding and dealing with over-designed configuration in system software［C］//Proceedings of the 2015 10th Joint Meeting on Foundations of Software Engineering（ESEC/FSE'15）. New York：Association for Computing Machinery, 2015：307-319.

［9］　ALIPOURFARD O, LIU HQ, CHEN JS, et al. CherryPick：Adaptively unearthing the best cloud configurations for big data analytics［C］//Proceedings of the 14th USENIX Symposium on Networked Systems Design and Implementation(NSDI'17). Berkeley：USENIX Association，2017：469-482.

［10］ SNOEK J，RIPPEL O，SWERSKY K，et al. Scalable bayesian optimization using deep neural networks ［C］//Proceedings of the 32nd International Conference on International Conference on Machine Learning- Volume 37(ICML'15). Cambridge：MIT Press，2015：2171-2180.

［11］ LI Z L，LIANG C J，HE WJ，et al. Metis：Robustly optimizing tail latencies of cloud systems［C］//Proceedings of the 2018 USENIX Conference on Usenix Annual Technical Conference(ATC'18). Berkeley：USENIX Association，2018：981-992.

［12］ MIRHOSEINI A，GOLDIE A，YAZGAN M，et al. A graph placement methodology for fast chip design ［J］. Nature，2021，594：207-212.

［13］ CORTEZ E，BONDE A，MUZIO A，et al. Resource central：Understanding and predicting workloads for improved resource management in large cloud platforms［C］//Proceedings of the 26th Symposium on Operating Systems Principles (SOSP'17). New York：Association for Computing Machinery，2017：153-167.

13.3　学习增强系统的落地挑战

虽然学习增强系统的核心是利用机器学习来解决计算机系统的问题，但构建和落地一个学习增强系统并不仅仅是选取和整合已有的模型。在文献［1］中，作者将相关的落地痛点和考虑要素称为隐藏技术债务（hidden technical debt）。基于过去的科研和产品经验，我们从多个维度来讨论学习增强系统落地的痛点和考虑要素。

本节包含以下内容：

1）系统数据；

2）系统模型；

3）系统动态性；

4）系统正确性。

13.3.1　系统数据

机器学习的基本思维是从数据中学习。理论上，如果训练数据集越大、越多元、越正确，则对机器学习越有利。幸运的是，采集多维度的系统数据普遍来说并不是一件困难的事，尤其是现代的计算机系统普遍有着完善的行为监测机制和精细的日志。另外，线上线下的基准测试（benchmarks）已经是一种常见的做法。基于基准测试，我们理论上能在相对可控的状态下采集到大量的系统行为数据。但是，使用这些系统数据来训练模型存在以下的难点。

首先，许多计算机系统数据的原始格式对机器学习并不友好。不同的监测机制有着不同的格式。而且，因为现代系统的接口设计主要是面向开发者的，计算机系统的行为监测机制和精细日志的设计目标为帮助工程师处理错误，很多的系统数据格式并不是机器学习熟悉的"输入-输出"结构格式，例如当操作系统崩溃时产生的内核调试信息（kernel crash dump）。

所以，落地学习增强系统需要能自动化地转化并统一所有的系统数据流的格式。再进一步探索，统一这些数据流还需要注意如何关联系统指令和采样反馈。对于机器学习而言，前者为训练集的输入（比如系统参数），后者则是输出（比如系统性能）。需要注意的是，即使尝试做了关联，在很多情况下也很难做到正确且高质量的关联。一个例子就是系统里的缓冲存储器需要适当的预热，如果太早采集反馈会得到错误的结果，但太晚采集则会浪费大量的等候时间。

其次，工程师需要判断哪些数据需保留为训练数据集，尤其是当系统能输出多维度的系统数据流时。我们以数据库为例，工业界常用的键值数据库 RocksDB 有超过 50 个设定参数，能记录超过 100 个性能指标。但是，判断哪一个设定参数和哪一个性能指标有很大的相关性并不是一个简单的问题。该问题类似于机器学习的特征选择（feature selection）。

系统数据可能会有大量的噪声和异常值，从而造成模型训练的准确度过低。一个常见的案例是当我们用机器学习模型来预测时间类性能指标时，如云服务的请求延迟或网络传输延迟，即使重复相同的基准测试也很有可能采集到不同的延迟数据。这是因为影响系统延迟的因素有很多，不只是系统的设定参数。这些因素可能包含从处理器的缓存策略、操作系统的资源分配策略和线程、虚拟主机上其他租户的负载、网络的环境和负载、用户的流量等。虽然我们可以取多次延迟数据的平均或最低值来训练模型，但重复相同的基准测试线性地增加了时间开销。

另外一个基准测试的痛点是时间上的开销，这使在有效的时间内无法完成大量的基准测试，比如，每一次的基准测试都需要等待系统完成初始化和冷启动，直到能输出稳定的性能指标为止。根据之前的经验，一个完整的基准测试普遍需要至少几分钟，所以采集完所有的数据可能需要几天的时间。即使是在模拟和仿真的环境下，一个完整的基准测试（比如硬件模拟）甚至有可能需要几天的时间才能完成，更不用说模拟和仿真的真实性对于正确性的影响（请见 13.3.4 节）。以直觉判断，我们应该用长期的全局最优的眼光来选择能带来信息增益最大的基准测试，而不是随机地完成更多的基准测试。所以，一个有趣的想法是如何使用"探索-利用"的策略来降低基准测试的次数。在 13.2 节里，我们提到过 Exploration 探索未知空间以获取更多信息，而 Exploitation 利用当前已知信息做决策。

13.3.2 系统模型

由于学习增强系统的决策是基于机器学习模型的，因此模型的时间和资源开销是系统运维必须考虑的一部分。我们这里用文献［2］中的学习排序（Learned Ranker）为例。文献作者的目标是利用机器学习来加速规则匹配系统，一个常见的规则匹配系统是网络防火墙。本质上来说，规则匹配系统的任务是从所有内建的规则中找出符合当前输入的字符串。所以，规则匹配的速度显著影响了整个系统的延迟和吞吐量。基于每个网络封包，Learned Ranker 为防火墙预先排列规则。在最理想的情况下，最有可能匹配上的规则就会先被防火墙处理，进而大大降低防火墙需要为每个封包处理的规则数量。Learned Ranker 的作者尝试了逻辑回归（Logistic Regression，LR）、深度神经网络（DNN）和循环神经网络（RNN）。有趣的是虽然 RNN 能更准确地预测最有可能匹配上的规则，但从系统整体开销的角度来看，这种提升并不明显。原因在于，相比 LR 和 DNN，RNN 模型需要更多的资源和时间来做推理。所以，RNN 在规则匹配上节约的时间，有很大一部分都变相地被模型推理消耗掉。

对于人工编写的启发式算法，系统工程师可以优化代码和逻辑来降低时间和资源的开销。但是，机器学习模型的架构（比如深度神经网络的神经元）并不是系统工程师能轻易读懂和手动优化的。一个有趣的想法是如何使用自动机器学习（AutoML）的技术来帮助系统工程师设计针对场景时间和资源限制的模型，包括模型的架构和超参数。

13.3.3 系统动态性

现代计算机系统在线上生产环境中有着强烈的动态性，而这些动态性使得系统的行为随着时间而改变。这些动态性来自几个因素，第一个因素是系统的负载，比如，搜索引擎随着用户的数量和搜索关键字而变化；视频流系统的负载随着视频的选择和解析度而变化；数据库的负载随着读写请求和比例而变化。第二个因素是系统的部署，一个典型的例子是微服务的架构[3-4]。由于微服务的架构隔离了每个系统的子服务，这些子服务可以被像 Kubernetes 这类的容器管理平台随着系统的负载而自动扩容。扩容改变了子服务的数量和部署，也因此改变了系统的特性和性能。第三个因素是系统的环境，这包括软件和硬件的升级、多租户服务器上的其他租户的资源使用等。不难理解，在这些情况下，机器学习模型对于任务的一些假设会随着时间而不成立。有趣的是，这些模型的假设不仅仅反映在数据分布上，也反映在模型的架构中。

所以，学习增强系统的机器学习模型必须要能自适应，以便做出对的决策。比如，如果系统的当前行为是模型训练时不曾见过的，学习增强系统需要训练机器学习模型。一个有趣的想法是整合增量学习和线上学习，但这些方法存在一定的限制。这是由于系统动态性对模型的假设改变不仅限于数据分布，也可能反映在模型的架构上。在这种情况下，我们不能只重新训练模型，而是需要重新设计模型的架构。比如，如果微服务的应用被扩容到之前两倍的大小，这改变了集群里节点的数量。所以，模型的输入维度和架构也需要做出相对应的改动来接收增加的子服务。反之，当微服务应用的部署规模被缩小时，我们也需要新模型。另外，线上学习有灾难性遗忘（catastrophic forgetting）的问题，即神经网络在新数据上训练后，权重发生变化，导致神经网络遗忘在旧数据上学习到的知识。虽然有一种解决灾难性遗忘的办法是保存历史数据来做重复训练，但这造成了储存空间的开销。并且，有些系统数据具有隐私的性质，不能被长久保存。

13.3.4 系统正确性

机器学习的预测和推理带有不确定性。当学习增强系统基于不确定的模型预测进行决策时，所做的系统决策很有可能是不合理的（甚至太激进）。比如，当模型无法准确地预测一个系统的性能指标时，学习增强系统无法保证参数调优的效果。上线一组不适当的系统参数可能会造成系统性能大幅度下降，其至系统崩溃。另一个例子是自动驾驶汽车。我们要减轻行驶过程中所遇到的新型物体对汽车安全的影响，如行人和动物等。但是，要做到这一点，我们需要了解什么时候汽车对它看到的对象产生很大的不确定性，以及如何最好地解决这种不确定性。然而，机器学习模型不像人工编写的启发式算法，模型的架构（比如深度神经网络的神经元）并不是系统工程师能轻易读懂的。即使是机器学习专家，也很难知道模型何时产生不确定性以及如何计算不确定性。另外，由于机器学习模型的架构有别于代码，传统的软件测试方法很难适用于学习增强系统。所以，如何降低机器学习的不确定性对系统正确性的影响是一个至关重要的挑战。

现阶段，解决该问题的方法有以下三大思路。

第一种思路是降低模型的不确定性，即尽可能地采集更多的数据来训练和设计模型，也尽可能地采集模型有可能预测错误的输入。但是，对于有些计算机系统，本思路需要大量的时间和资源开销，其中牵扯到 13.3.1 节讨论过的系统数据的低采样效率。虽然训练也可以在仿真环境下进行，但这需要我们对仿真环境的真实性有足够的信心。一个有趣的想法是如何利用机器学习的增量学习和线上学习，来整合线下测试环境和线上生产环境所采集到的训练数据。另外，在这方面我们可以参考强化学习的一个相关挑战——仿真迁移到真实（Simulation to Real，Sim2Real）[5]。目前，Sim2Real 的算法大致可以分为以下几种类别。第一种是域随机化（domain randomization）[6]，即对仿真环境的参数加入随机数（如物体颜色等），来使仿真环境中的参数大概率地包含了真实环境中的参数。第二种是域适应（domain adaptation），即更新另一个已经有大量数据的仿真环境，来使其靠近真实环境的数据分布。域随机化和域适应都属于无监督，但是域适应普遍来说会需要比域随机化更多的真实环境数据。第三种是系统辨识（system identification），即为真实环境建立一个精确的数学模型，使仿真环境更加真实。

第二种思路是使模型有能力量化、解释和反馈一个推理的不确定性。一个简单的例子是高斯过程模型（Gaussian process）。高斯过程是一种概率模型，无论是回归或者分类预测都能以高斯分布标准差的方式给出预测置信区间估计（confidence interval）。基本上，在已知的数据点周围，置信区间较小（对于预测的信心越大），离已知的数据点越远，置信区间越大（对于预测的信心越小）。基于置信区间估计，学习增强系统可以间接地评估一个决策。对于信心较小的预测，学习增强系统可以用人机回圈的方式来得到专家的帮助。但是，除高斯过程模型之外，目前大多数的模型都无法提供预测置信区间估计。

第三种思路是利用手写的规则来线上评估模型驱动的决策。在本思路下，工程师把经验上能产生系统错误的条件写成规则。如果一个模型驱动的决策符合任意一条规则，则拦截其决策。本思路的好处在于这些手写规则是可被工程师理解并随时更改的。但是，写规则可能会花费工程师大量的精力和时间。

最后，我们想讨论当决策太激进而影响系统正确性的可能性，这常发生在利用机器学习来驱动系统行为调整的场景中，比如系统参数的调优[7]。激进的决策可能是因为计算机系统的行为被太频繁或太大幅度地调整，这两种情况都有可能造成系统的不稳定。当计算机系统的行为被太频繁地调整，计算机系统没有足够的时间来达到稳定的状态。理论上，这时的系统反馈还不能正确地表达上个行为调整的结果，所以不应该作为下个行为调整的依据。一个例子是在扩容微服务或参数调优之后，微服务需要一段时间来清空之前堆积的请求。另外，当计算机系统的行为被太大幅度地调整（例如太多的系统设定参数在同一时间被调整）时，计算机系统也可能需要一段时间来达到稳定的状态。

13.3.5　小结与讨论

虽然学习增强系统的设计思维能解决很多现有的计算机系统挑战，但它也可能增加系统落地的复杂度。所以，构建学习增强系统并不仅仅是选取和整合复杂的模型，而是一个严谨的计算机系统与机器学习的同协设计问题。最后，我们引用图灵奖得主 Edsger Dijkstra 的一句话："Simplicity is a great virtue but it requires hard work to achieve it"。

13.3.6　参考文献

［1］ SCULLEY D, HOLT G, GOLOVIN D, et al. Hidden technical debt in machine learning systems［C］//Proceedings of the 28th International Conference on Neural Information Processing Systems（NIPS'15）. Cambridge：MIT Press, 2015：2503-2511.

［2］ LI Z L, LIANG C J, BAI W, et al. Accelerating rule-matching systems with learned rankers［C］//Proceedings of the 2019 USENIX Conference on Usenix Annual Technical Conference（ATC'19）. Berkeley：USENIX Association, 2019：1041-1047.

［3］ LIANG CJ, FANG Z, XIE YQ, YANG F, LI Z L, ZHANG L L, YANG M, ZHOU LD, et al. On Modular Learning of Distributed Systems for Predicting End-to-End Latency［C］//Proceedings of the 20th USENIX Symposium on Networked Systems Design and Implementation（NSDI'23）. Boston：USENIX Association, 2023：1081-1095.

［4］ WANG ZB, LI PH, LIANG C J, WU F, YAN F Y, et al. Autothrottle：A Practical Bi-Level Approach to Resource Management for SLO-Targeted Microservices［C］//Proceedings of the 21th USENIX Symposium on Networked Systems Design and Implementation（NSDI'24）. Santa Clara：USENIX Association, 2024.

［5］ TOBIN J, FONG R, RAY A, et al. Domain randomization for transferring deep neural networks from simulation to the real world［C］//Proceedings of the 2017 IEEE/RSJ International Conference on Intelligent Robots and Systems（IROS'17）. Cambridge：IEEE, 2017：23-30.

［6］ PENG XB, ANDRYCHOWICZ M, ZAREMBA W, et al. Sim-to-Real transfer of robotic control with dynamics randomization［C］//Proceedings of the 2018 IEEE International Conference on Robotics and Automation（ICRA'18）. Cambridge：IEEE, 2018：3803-3810.

［7］ LIANG C J, XUE H, YANG M, et al. AutoSys：The design and operation of learning-augmented systems［C］//Proceedings of the 2020 USENIX Conference on Usenix Annual Technical Conference（ATC'20）. Berkeley：USENIX Association, 2020：323-336.